AF824898

Tabelle 4.1. Zellenreaktionsgleichungen und wichtige Kennziffern von Akkumulatoren

Akkumulatorbezeichnung	Zellenreaktion (von links nach rechts Entladung)	Elektrolyt	Arbeitstemperatur
Blei	$Pb + PbO_2 + 2H_2SO_4 \rightleftharpoons 2PbSO_4 + 2H_2O$	H_2SO_4	Umgebungstemperatur
Bleilösungsakkumulator	z. B. $Pb + PbO_2 + 4HBF_4 \rightleftharpoons 2Pb(BF_4)_2 + 2H_2O$	HBF_4	
Nickel-Cadmium	$Cd + 2NiOOH + 2H_2O \rightleftharpoons Cd(OH)_2 + 2Ni(OH)_2$	KOH	Umgebungstemperatur
Nickel-Eisen	$Fe + 2NiOOH + 2H_2O \rightleftharpoons Fe(OH)_2 + 2Ni(OH)_2$	KOH	Umgebungstemperatur
Silber-Zink	$2Zn + Ag_2O_2 + 2H_2O \rightleftharpoons 2Zn(OH)_2 + 2Ag$	KOH	Umgebungstemperatur
Silber-Cadmium	$2Cd + Ag_2O_2 + 2H_2O \rightleftharpoons 2Cd(OH)_2 + 2Ag$	KOH	Umgebungstemperatur
Nickel-Zink	$Zn + 2NiOOH + 2H_2O \rightleftharpoons Zn(OH)_2 + 2Ni(OH)_2$	KOH	Umgebungstemperatur
Nickel-Wasserstoff	$H_2 + 2NiOOH \rightleftharpoons 2Ni(OH)_2$	KOH	Umgebungstemperatur
Luftsauerstoff-Zink	$2Zn + O_2 + 2H_2O \rightleftharpoons 2Zn(OH)_2$	KOH	Umgebungstemperatur
Luftsauerstoff-Eisen	$2Fe + O_2 + 2H_2O \rightleftharpoons 2Fe(OH)_2$	KOH	Umgebungstemperatur
Luftsauerstoff-Cadmium	$2Cd + O_2 + 2H_2O \rightleftharpoons 2Cd(OH)_2$	KOH	Umgebungstemperatur
Zink-Chlor	$Zn + Cl_2 \rightleftharpoons ZnCl_2$	wäßrige, saure $ZnCl_2$-Lösg.	Umgebungstemperatur
Zink-Brom	$Zn + Br_2 \rightleftharpoons ZnBr_2$	wäßrige, saure $ZnBr_2$-Lösg.	Umgebungstemperatur
Redoxzellen	z. B. $2FeCl_3 + SnCl_2 \rightleftharpoons SnCl_4 + 2FeCl_2$		50 °C
Natrium-Schwefel	$2Na + Na_2S_x \rightleftharpoons 2Na_2S_{x/2}$	β-Al_2O_3	300···350 °C
Lithium-Schwefel	$2Li + S \rightleftharpoons Li_2S$	LiCl-KCl- oder LiF-LiCl-LiJ-Schmelze	> 365 °C
Lithium-Eisensulfid	z. B. $4Li(Al) + FeS_2 \rightleftharpoons 2Li_2S + Fe\ (+ Al)$	LiCl-KCl-Schmelze	≈ 400 °C
Lithium-Chlor	$2Li + Cl_2 \rightleftharpoons 2LiCl$	LiCl-Schmelze	650 °C

[1] bei nichtkommerziellen Systemen nur im Laborversuch ermittelt

, spez. ie /kg	Prakt. spez. Energie in Wh/kg	Prakt. Energiedichte in Wh/l	Prakt. spez. Leistung in W/kg	Lebensdauer in Anzahl der Zyklen[1]	Energie- wirkungsgrad in %	Investitionskosten in M pro speicherbare kWh
	25···40	60···80	40	Starter 400 GT 1500	70···80	150 [273] 200 [244]
	40···60	50		300		
	30···45	50	50	2000···3000	50···60	1200 [568] > 400 [244]
		50 50···100	50	> 1000 3000	60	800 [568] > 60 [244]
	60···120	100···250	150···350	100···300	70···75	1800 [568] 720 [244]
	40···80	90···180		600	70	
	40···80	50···100	100···250	< 2000	60	300 [244]
	100 50···65		100···500	1200···2000 Vollentladung 10000 Teilentladung		
	100···200	140	30···80	< 250 50···30	40	< 70 [244]
	115	150	20···50	200···300	30···35	
	60···90 [277] 60···90 [247] 60···90 [244]	230 205 165		200···300	35	
	200	200			50	> 100 [244]
	60	83	73	200	65	
	20···30	10···50		100	60···90	
	150···200	200···500	250	500···1000	70···80	> 100
	150···200		200	100···200		60
	80···100		150···200	200	60···80	
	150···200	440	150	< 150	80	

Elektrochemische Stromquellen

Elektrochemische Stromquellen

Von

Prof. Dr. rer. nat. habil. Klaus Wiesener
Dr. rer. nat. Jürgen Garche
Dr. rer. nat. Wolfgang Schneider

Dresden

Mit 157 Abbildungen und 36 Tabellen

AKADEMIE-VERLAG · BERLIN
1981

Erschienen im Akademie-Verlag, DDR - 1080 Berlin, Leipziger Straße 3–4
Lektor: Fritz Schulz

Lizenznummer: 202 · 100/466/80
Einband und Schutzumschlag: Rolf Kunze
Gesamtherstellung: VEB Druckhaus „Maxim Gorki“, 7400 Altenburg
Bestellnummer: 762 085 6 (6519) · LSV 1215
Printed in GDR
DDR 48,– M

Vorwort

Elektrochemische Stromquellen werden seit mehr als hundert Jahren genutzt und haben sich einen festen Platz in Technik, Industrie und Haushalt erworben. Darüber hinaus ist heute eine Vielzahl von elektrochemischen Systemen bekannt, die prinzipiell als Stromquellen geeignet sind; ihre zusammenfassende Darstellung ist jedoch kaum erfolgt.

Das vorliegende Buch soll deshalb eine lang vorhandene Lücke in der Fachliteratur auf diesem speziellen Anwendungsgebiet der Elektrochemie schließen, indem es einen gründlichen Überblick über die elektrochemischen Stromquellen vermittelt. Die Behandlung der einzelnen Systeme konnte dabei selbstverständlich nicht erschöpfend erfolgen; vielmehr war eine Wichtung entsprechend ihrer gegenwärtigen und voraussichtlich zukünftigen Bedeutung erforderlich. So werden insbesondere die traditionellen und die aussichtsreichsten neuen elektrochemischen Stromquellen ausführlich beschrieben. Dem Bleiakkumulator wird in diesem Rahmen ein besonders breiter Raum im Vergleich zu den anderen Systemen gewährt, da er z. Z. der wichtigste elektrochemische Speicher ist und auch mindestens die nächsten zwanzig Jahre bleiben wird.

Das umfangreiche Literaturverzeichnis gestattet zudem, sich bezüglich spezieller Probleme in der Originalliteratur noch eingehender zu informieren.

Das Buch wendet sich sowohl an den Fachmann auf diesem Spezialgebiet als auch an Naturwissenschaftler, Ingenieure und Pädagogen, die sich einen Einblick in die Technik verschaffen wollen. So ist es ebenfalls für die Chemie- und Elektrotechnikstudenten höherer Semester gedacht. Nicht zuletzt soll auch der Anwender elektrochemischer Stromquellen angesprochen werden. Für diesen Kreis ist besonders der 6. Abschnitt von Interesse, der sich mit der Anwendung elektrochemischer Stromquellen befaßt.

Da bei den neueren Systemen die durch die Fachliteratur vermittelten Informationen zum Teil noch nicht ausreichend fundiert sind, wir aber im Sinne einer aktuellen Darlegung des Stoffes darauf nicht verzichten sollten, ergeben sich möglicherweise Unschärfen in der Wertung, so daß mit fortschreitender Entwicklung dieser Stromquellen eine Präzisierung erfolgen muß. Für diesbezügliche Hinweise sind wir jederzeit dankbar.

Es sei uns an dieser Stelle gestattet, allen Fachkollegen, die durch Anregungen, Diskussionen und fördernde Kritik zum Gelingen des Buches beigetragen haben, herzlich zu danken. Insbesondere gilt unser Dank den Herren *Prof. Dr. Dr. h.c. mult. K. Schwabe*, *Prof. Dr. V. S. Bagockij*, *Prof. Dr. E. Budevski*,

Prof. Dr. W. Forker, Dr. E. Brackmann, Dr. J. Mrha, Dr. P. Reinhardt, Mgr. J. Kwaśnik, Dipl.-Ing. I. Doroslovački und *Dipl.-Ing. P. Horváth.* Sehr herzlich möchten wir außerdem Herrn *Dozent Dr. H.-H. Möbius* für seine Zuarbeit zum Abschnitt Festelektrolytbrennstoffzellen danken.

Frau *W. Ahnefeld,* Frau *S. Hehme* und Frau *A. Kulbe* danken wir für die stete Hilfe bei der technischen Gestaltung des Buches.

Dem Verlag sind wir für die verständnisvolle Zusammenarbeit bei der Drucklegung zu Dank verpflichtet.

Die Autoren

Inhalt

Verzeichnis der verwendeten Symbole

c	Konzentration
d	Dichte
E_A	Aktivierungsenergie
E_F	Fermi-Energie
E_g	Bandabstandsenergie
e	Elementarladung (1,602 · 10^{-19} As)
F	Faraday-Konstante (96487 As val^{-1})
F	Leistung
F_N	Nernst-Faktor (0,059 V; bei 25 °C)
f_m	spezifische Leistung
f_v	Leistungsdichte
H	molare Enthalpie
I	Stromstärke
I_E	Entladestromstärke
I_L	Ladestromstärke
I_N	Nenn-Entladestromstärke
i	Stromdichte
i_0	Austauschstromdichte
$i_{d,gr}$	Diffusionsgrenzstromdichte
K	Amperestundenkapazität (Ladung)
K_t	Nenn-Amperestundenkapazität
l_m	spezifische Ladung
$l_{m,th}$	theoretische spezifische Ladung
l_v	Ladungsdichte
$l_{v,th}$	theoretische Ladungsdichte
M	Molmasse
m	Masse
n	Anzahl (zählbarer Objekteinheiten)
P	Energie
p	Druck
p	kinetische Reaktionsordnung
p_m	spezifische Energie
$p_{m,th}$	theoretische spezifische Energie
p_v	Energiedichte
$p_{v,th}$	theoretische Energiedichte
Q	Wärme
q	Ladung
R	Gaskonstante (8,314 J K^{-1} mol^{-1})
R	Ohmscher Widerstand
r	Radius

T	absolute Temperatur (in K)
t	Zeit
t_E	Entladezeit
t_L	Ladezeit
t_N	Nenn-Entladezeit
U	Zellenspannung
$\bar{U}$	mittlere Zellenspannung
U_0	Ruhezellenspannung
$U^{\ominus}$	Standardzellenspannung
U_A	Entladeanfangsspannung
U_E	Entladespannung
U_{eq}	Gleichgewichtszellenspannung
U_H	Elektrodenpotential
$U_{H,0}$	Ruheelektrodenpotential
$U_H^{\ominus}$	Standardelektrodenpotential
$U_{H,eq}$	Gleichgewichtselektrodenpotential
U_{Kl}	Klemmenspannung (Arbeitsspannung)
U_L	Ladespannung
U_N	Nennspannung
U_R	OHMscher Potentialabfall
U_S	Entladeschlußspannung
u	Ionenbeweglichkeit
v	Volumen
v_K	Korrosionsgeschwindigkeit
W	Arbeit
z	Ladungszahl
z_r	Reaktionsladungszahl
α	Durchtrittsfaktor
$\Delta_R G$	molare freie Reaktionsenthalpie
$\Delta_R H$	molare Reaktionsenthalpie
$\Delta_R S$	molare Reaktionsentropie
ΔU	Polarisation
ΔU_{An}	Anodenpolarisation
ΔU_E	Elektrodenpolarisation
ΔU_{Kat}	Katodenpolarisation
ΔU_Z	Zellenpolarisation
η	Überspannung
η	Wirkungsgrad
η_{An}	anodische Überspannung
η_B	Betriebswirkungsgrad
η_c	Konzentrationsüberspannung
η_D	Durchtrittsüberspannung
η_d	Diffusionsüberspannung
η_E	Energiewirkungsgrad
η_G	Gesamtwirkungsgrad
η_{id}	idealer (thermodynamischer) Wirkungsgrad
η_K	Kristallisationsüberspannung
η_{Kat}	katodische Überspannung
η_L	Ladewirkungsgrad
η_{pr}	praktischer Wirkungsgrad
η_r	Reaktionsüberspannung

η_{Sp}	Spannungswirkungsgrad
η_{th}	thermischer Wirkungsgrad
η_U	Umsatzwirkungsgrad (FARADAYscher Wirkungsgrad)
η_Ω	Widerstandspolarisation
ϑ	Randwinkel
ϑ	Temperatur (in °C)
ϑ_F	Schmelztemperatur
ϑ_Z	Zersetzungstemperatur
$\varkappa$	spezifische Leitfähigkeit
ν	Stöchiometriezahl
ϱ	spezifischer Widerstand
σ	Oberflächenspannung
φ	inneres elektrisches Potential

1. Einführung

Die stürmische Entwicklung der Technik und die damit in Zusammenhang stehende zunehmende Automatisierung ist mit der durchgehenden Elektrifizierung aller technischen Prozesse verbunden, was gleichzeitig die Forderung nach leistungsfähigen netzunabhängigen Elektroenergiequellen ausgelöst hat. Das Eindringen der Elektrotechnik und der Elektronik in alle Bereiche der Wirtschaft und des gesamten gesellschaftlichen Lebens ist immer mit dem Einsatz adäquater Elektroenergiequellen verbunden. Für mobile Anwendungen sind vielfach eigenständige Energieträger erforderlich. Als autonome Elektroenergiequelle im Bereich niedriger und mittlerer Leistung hat die *elektrochemische Stromquelle*, auch *galvanische Zelle* oder *galvanisches Element* genannt, aus technischen und ökonomischen Gründen vor allen anderen Systemen den Vorrang. In elektrochemischen Stromquellen wird die chemische Energie, die bei der Oxydation eines Stoffes und gleichzeitiger Reduktion eines anderen Stoffes frei wird, *direkt* in elektrische Energie umgewandelt.

Die elektrochemischen Stromquellen können einerseits zur *Erzeugung* von Elektroenergie (Primärzellen, Brennstoffzellen) und andererseits zur *Speicherung* von auf andere Weise erzeugter Elektroenergie (Sekundärzellen oder Akkumulatoren) dienen. Beide Funktionen werden der grundlegenden Forderung unserer Zeit nach rationeller Gewinnung und Nutzung von elektrischer Energie gerecht. Während das Ziel der elektrochemischen Elektroenergieerzeugung vor allem in einer effektiveren Umwandlung von Primärenergie in Elektroenergie liegt, leistet die elektrochemische Energiespeicherung, indem elektrische Energie in gespeicherte chemische Energie umgewandelt und bei Bedarf wieder in elektrische Energie zurückgewandelt wird, einen Beitrag zur effektiveren Nutzung von Elektroenergie. Als netzunabhängige, mobile Elektroenergieträger stehen die elektrochemischen Stromquellen von der Mikroelektronik (z. B. Taschenrechner, Uhren) bis zum autonomen Elektrofahrzeug konkurrenzlos da.

1.1. Erzeugungsmethoden für Elektroenergie

Für den Einsatzzweck der *Elektroenergiegewinnung* wurden elektrochemische Zellen bisher im Leistungsbereich von wenigen Mikrowatt bis zu einigen Kilowatt verwendet. Neuerdings werden Projekte von mit elektrochemischen Zellen ausgerüsteten Kraftwerken im MW-Bereich diskutiert. Im

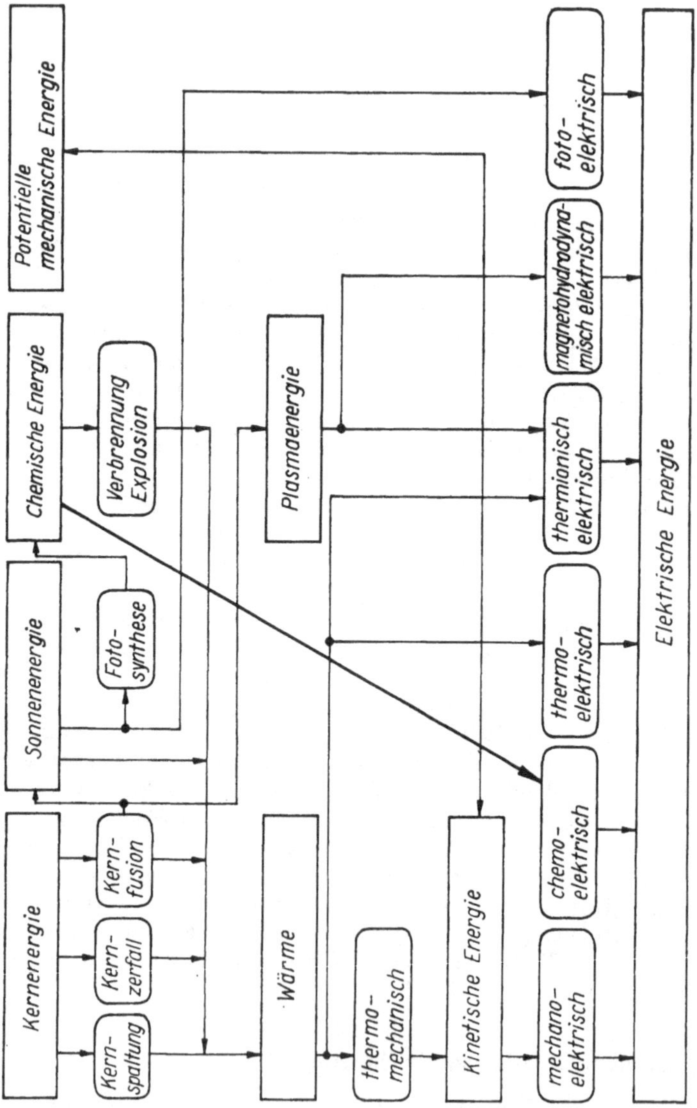

Bild 1.1. Prinzipiell mögliche Wege zur Erzeugung von Elektroenergie aus Primärenergie

unteren Leistungsbereich gibt es zu den elektrochemischen Stromquellen z. Z. keine technisch und ökonomisch interessanten Alternativen.

Bild 1.1. zeigt die prinzipiellen Methoden der Erzeugung von Elektroenergie. Wenn man die Kernfusion als Basis der Sonnenenergie ansieht, ist die Kernenergie die Quelle aller anderen Energieformen auf der Erde. Die Sonnenenergie wird in gespeicherte chemische Energie (Holz, Kohle, Erdöl, Erdgas) oder über die Wärme in mechanische Energie (Wasser- und Windenergie) umgewandelt. Die Erzeugung von elektrischer Energie aus chemischer Energie erfolgt von der gegenwärtigen Gesamtenergieproduktion her gesehen fast ausschließlich auf dem Wege der chemischen Oxydation fossiler Brennstoffe (Verbrennung).

Aus der bei der Verbrennung entstehenden Wärme wird in einer Wärmekraftmaschine mechanische Energie erzeugt, die wiederum mit einem Generator in elektrische Energie umgewandelt wird.

Schon im Jahre 1894 wies Wilhelm Ostwald [1] auf die Unzulänglichkeit der klassischen Elektroenergieerzeugung auf dem Wege chemische Energie — Wärmeenergie — mechanische Energie — Elektroenergie hin, nicht nur wegen der zur damaligen Zeit noch vorhandenen technischen Mängel, die dem Verfahren anhaften, sondern vor allem aus prinzipiellen Erwägungen. Bei der Umformung von Wärmeenergie in mechanische Energie ist nämlich aus thermodynamischen Gründen der Wirkungsgrad

$$\eta = \frac{T_2 - T_1}{T_2} \qquad \langle\text{Carnot-Faktor}\rangle \qquad (1.1.)$$

besonders gering. T_2 ist die absolute Temperatur des in die Turbine einströmenden, T_1 die des aus der Turbine ausströmenden Mediums. Die maximal zu gewinnende Arbeit W ergibt sich aus

$$W = -\eta Q, \qquad (1.2.)$$

wobei Q die der Wärmekraftmaschine zugeführte Wärme ist. Das gilt auch für alle anderen Verfahren, bei denen die Wärmeenergie eine Zwischenstufe darstellt, so z. B. bei den thermoelektrischen, thermoionischen und magnetohydrodynamischen Methoden. Die Umformverluste auf Grund des Carnot-Faktors sind natürlich auch bei der Ausnutzung der potentiellen mechanischen Energie des aufgestauten Wassers und der Windenergie vorhanden, obwohl sie bei diesen Prozessen nicht im Wirkungsgrad des Wasserkraftwerkes oder Windgenerators ausgewiesen sind, sondern in der nicht berücksichtigten irreversiblen Energieumwandlung in der Natur zum Ausdruck kommen. Prinzipiell weniger verlustreich ist die direkte Umformung der chemischen in elektrische Energie durch elektrochemische Prozesse in galvanischen Zellen (s. Abschn. 2.3.).

1.2. Speichermethoden für Elektroenergie

Zur Elektroenergiespeicherung spielen die elektrochemischen Akkumulatoren im unteren Leistungs- (1 μW bis 100 kW) und Energiespeicherbereich (1 μWh bis 10 MWh) die dominierende Rolle. Sie sind die einzigen z. Z. wirtschaftlich realisierten mobilen Elektroenergiespeicher. Immer wieder wird aber auch die Anwendung von Akkumulatoren zum Lastausgleich für den Spitzenlastbedarf (load leveling) diskutiert, was eine Erhöhung des genannten Energiespeicherbereichs zur Folge hätte. Für größere Speicherkapazitäten bieten gegenwärtig die Pumpspeicherwerke, die die potentielle Energie des aufgestauten Wassers ausnutzen, die technisch und ökonomisch günstigsten Bedingungen, wenn dafür die geographischen Voraussetzungen bestehen [2].

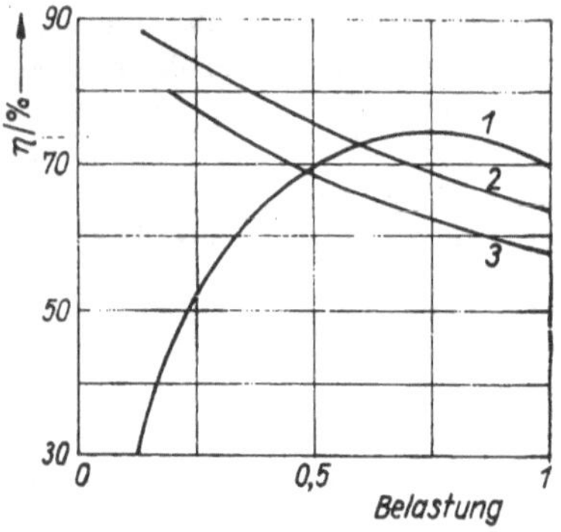

Bild 1.2. Wirkungsgrad von Pumpspeicherwerk und elektrochemischen Speichersystemen in Abhängigkeit von der Belastung

1 – modernes Pumpspeicherwerk;
2 – Bleiakkumulator ortsfest;
3 – Elektrolysezelle und H_2/O_2-Brennstoffzelle (Vollast 2000 A/m²)

In Tab. 1.1. sind die wichtigsten allgemein-technischen Daten für Pumpspeicherwerke und Akkumulatoren gegenübergestellt, wobei sich die Angaben zu Akkumulatoren im wesentlichen auf Bleiakkumulatoren beziehen. Bild 1.2. zeigt die Speicherwirkungsgrade als Funktion der Belastung. Bei Pumpspeicherwerken stehen den Vorteilen wie hoher Wirkungsgrad und große Lebensdauer als Nachteile der große Flächen- und Wasserbedarf, die Wirkungsgradverminderung bei Teillast und die zeitlich eng begrenzte optimale Speicherperiode gegenüber.

Neben diesen bereits technisch realisierten Speichermethoden für elektrische Energie befinden sich eine Vielzahl weiterer mehr oder weniger direkter Methoden wie kapazitive, induktive und elektretische Elektroenergiespeicherung in der Diskussion, an deren praktischen Einsatz z. Z. aber noch nicht gedacht werden kann. Kapazitiv läßt sich relativ zur Größe des Kondensators nur eine geringe Speicherkapazität erzielen, d. h. das Verhältnis von gespeicherter Elektroenergie zur Speichermasse ist selbst bei Anwendung von Höchstspannungen viel ungünstiger als bei allen anderen Methoden. Außerdem sind die zu erwartenden Kosten unverhältnismäßig hoch. Auf der Basis von Niob bei tiefen Temperaturen arbeitende supraleitende Drosselspulen bieten theoretisch die Möglichkeit, Elektroenergie verlustarm über lange Zeit induktiv zu speichern. Um Elektroenergie im GWh-Bereich zu akkumulieren, brauchte man ausgedehnte und teure Anlagen, wobei gleichzeitig erhebliche Kräfte durch die aufgebauten Magnetfelder entstehen würden. Obwohl diese Methode aussichtsreicher als die kapazitive Speicherung ist, kann ihre praktische Realisierung auch noch nicht abgesehen werden. Für die Anwendung von Elektreten, d. h. von Dielektrika, deren Polarisation nach Entfernung eines starken elektrischen Feldes erhalten bleibt, als elektrische Speicher, gibt es gegenwärtig weder theoretisch noch praktisch überzeugende Lösungswege.

Tabelle 1.1. Vergleich der Eigenschaften von Speicheranlagen nach Euler [3]

	Pumpspeicherwerk	Akkumulator
Leistungsbereich	0,1···300 MW	1,8 mW bis über 1 MW
Speicherperiode	5···35 h	10 min···400 h
Aufstellung	immer ortsfest	kleinere transportabel; über 3000 kWh bevorzugt ortsfest
zulässige Überlast	nur wenig	hoch
Lebensdauer	30 Jahre	5 Jahre
Wirkungsgrad	65···75%	65···80%
Verhalten bei Teillast	schlecht	gut
Flächenbedarf*)	etwa 10 m^2/kW	etwa 0,6 m^2/kW
Einmaliger Wasserbedarf**)	bei 200 m Höhendifferenz etwa 2,5 m^3/kWh	etwa 6,1 l/kWh

*) Bezogen auf eine Speicherperiode von 10 h.

**) Gemeint ist der einmalige, immer wieder benutzte Einsatz. Die Verluste sind erheblich kleiner.

Indirekte Methoden, die eine Umwandlung der elektrischen Energie in andere Energieformen analog den Pumpspeicherwerken zum Inhalt haben, sind die Gasdruckspeicherung (potentielle mechanische Energie), die Wärmespeicherung (Wärme) und die Wasserstoff- oder Knallgasspeicherung (chemische Energie). Die Gasdruckspeicherung wird im Zusammenhang mit der Elektroenergieerzeugung mittels Gasturbinen [4] erprobt, indem der Generator der Gasturbine in Schwachlastzeiten nach Abkupplung der Turbine als Motor läuft und einen Verdichter betreibt, der Luft in einen Gasspeicher drückt. Als Speicherraum sind Salzstockspeicher vorgesehen, wobei man einen Speicherdruck von $7,5 \cdot 10^6$ Pa zu erreichen sucht. Zur Spitzenlastdeckung wird die komprimierte Luft der Turbinenbrennkammer zugeführt und mit einem Brennstoff auf Betriebstemperatur erhitzt. Auf diese Weise kann die Energie zur Verdichtung der Luft in Spitzenlastzeiten eingespart werden. Die Umwandlung Elektroenergie — Wärmeenergie — mechanische Energie — Elektroenergie ist aus den genannten thermodynamischen Gründen mit erheblichen Verlusten verbunden. Abgesehen von diesen prinzipiellen Nachteilen stellt sie große Anforderungen an die Wärmeisolation und erlaubt nur relativ kurze Speicherperioden. Für eine praktische Anwendung wird dieses Speicherprinzip kaum in Betracht zu ziehen sein.

Bei der Wasserstoffspeicherung erscheint die Kombination von Wasserelektrolyse und Wasserstoff-Luftsauerstoff-Brennstoffzelle (s. Abschn. 5.10.2.3.) am aussichtsreichsten. Dabei ist vorgesehen, mit Hilfe der elektrischen Energie Wasser in Wasserstoff und Sauerstoff zu zerlegen. Im allgemeinen braucht nur der Wasserstoff gespeichert zu werden. Den Sauerstoff läßt man in die Atmosphäre entweichen. Wenn in der Brennstoffzelle die Rückwandlung in elektrische Energie erfolgt, kann der Sauerstoff der Atmosphäre zu beliebiger Zeit an einem beliebigen Ort wieder entzogen werden. Dieses Prinzip läßt sich auch zum Energietransport heranziehen, da jüngste Untersuchungen zeigten, daß der Transport von Wasserstoff in Rohrsystemen über große Entfernungen v rlustarmer als der Transport von Elektroenergie möglich ist (TARGET-P ojekt in den USA).

1.3. Geschichtliche Entwicklung elektrochemischer Stromquellen

Die ersten elcktrochemischen Stromquellen könnten, so läßt sich an Hand von Ausgrabungen vermuten, bereits von den Parthern einige Jahrhunderte vor unserer Zeitrechnung zur Vergoldung von Metallgegenständen verwendet worden sein. In einem Tongefäß aus dieser Zeit wurde ein Kupferhohlzylinder gefunden, in dessen Zentrum ein Eisenstab angeordnet war. Die historisch gesicherte Entdeckung der elektrochemischen Ströme erfolgte aber erst durch Galvani im Jahre 1789, als er präparierte Froschschenkel mittels eines kupfernen Hakens an das eiserne Gitter seines Balkons zum Trocknen hängte und feststellte, daß diese immer in heftige Zuckungen gerieten, wenn sie mit dem Eisen des Gitters in Berührung kamen. Er führte das auf eine sogenannte „animalische Elektrizität" zurück. Volta erkannte wenige Jahre später, daß die Froschschenkel nur den Elektrolyten darstellten. Indem er diese durch eine Salzlösung ersetzte, erhielt er die erste elektrochemische Stromquelle, die „galvanisches Element" genannt wurde. Nennenswerte Spannungen und Stromstärken ließen sich aber erst erzielen, nachdem Volta fand, daß sich durch Hintereinanderschalten von einzelnen Zellen die Spannung addieren läßt. Seine nach ihm benannte „Voltasche Säule" bestand aus einer Reihe abwechselnd aufeinandergestapelter Silber- und Zinkplättchen, wobei er zwischen jede zweite Silber- und Zinkscheibe ein mit Salzlösung getränktes Papier brachte. Die mit der Voltaschen Säule erreichten elektrischen Ströme lagen eine Größenordnung höher als die einer Elektrisiermaschine. Den auf Grund dieser Entdeckung nunmehr möglichen umfangreichen Untersuchungen zur Wechselwirkung von Metallen und Lösungen unter dem Einfluß des elektrischen Stromes, die mit den Namen Nicholson, Carlisle, Ritter, Davy, Faraday und Brugnatelli verbunden sind, haftete der Nachteil an, daß die verwendete Stromquelle wenig konstant war und deshalb bei quantitativen Untersuchungen stets Fehler auftraten.

Eine Stromquelle mit konstanter Spannung erhielt Daniell im Jahre 1838, indem er in einem Gefäß einen Kupferstab in eine Kupfersulfatlösung und einen amalgamierten Zinkstab in eine Zinksulfatlösung tauchte, wobei die beiden Lösungen durch ein Tondiaphragma getrennt wurden. Die parallel dazu erfolgte Entdeckung des OHMschen Gesetzes und der FARADAYschen Gesetze sowie der Grundlagen der Elektrodenpolarisation und Ionenüberführung stimulierten die weitere technische Entwicklung.

Bereits 1839 erkannte der Engländer GROVE im Zusammenhang mit Arbeiten zur Wasserelektrolyse an Platinelektroden das Prinzip der Wasserstoff-Sauerstoff-Brennstoffzelle. Durch SINSTEDEN wurde 1854 das Prinzip des Bleiakkumulators entdeckt und 1859 beschrieb PLANTÉ den ersten gebrauchsfähigen Bleiakkumulator, der aus Bleiblechen bestand, die durch wiederholtes Laden und Entladen (Formation) speicherfähig für Elektrizität gemacht wurden. Ihre Fortsetzung fand diese Entwicklung mit der Entdeckung des Franzosen LECLANCHÉ, daß Braunstein einen praktikablen festen Depolarisator für die Kohlenstoffkatode in einer galvanischen Zelle mit Zinkanode und Ammoniumchloridlösung darstellt. Damit war der prinzipielle Aufbau der noch heute bedeutendsten Primärzelle gefunden worden. Aber erst nachdem SCHMIDT durch Zusatz eines Verdickungsmittels zum flüssigen Elektrolyten die LECLANCHÉ-Zelle praktisch als „Trockenzelle" gestaltet hatte, konnte sie ihren Siegeszug antreten. Weitere wesentliche Etappen waren die Entwicklung des Nickel-Cadmium-Akkumulators durch JUNGNER (1899) und des Nickel-Eisen-Akkumulators durch EDISON (1901) sowie die wichtige Erfindung FAURES, anstelle der massiven, etwas gegliederten Bleiplatten im PLANTÉ-Akkumulator Bleigitter als Träger für poröse Bleidioxid- bzw. Bleistaubmasse einzusetzen, womit die Energie- und Leistungsdichte des Bleiakkumulators ganz wesentlich verbessert werden konnte. Welche Leistungsfähigkeit diese elektrochemischen Stromquellen um die Jahrhundertwende schon hatten, widerspiegelt die Tatsache, daß die ersten selbstgetriebenen Straßenfahrzeuge mit nennenswerter Geschwindigkeit Elektroautos waren. Die heute wichtigsten galvanischen Zellen lagen also bereits zu diesem Zeitpunkt vor. In den nachfolgenden Jahren wurden viele neue Systeme beschrieben, von denen sich aber nur die Zink-Quecksilberoxid-Zelle, die Zink-Silberoxid-Zelle und die alkalische Zink-Braunstein-Zelle kommerziell durchgesetzt haben.

Nach OSTWALDS bemerkenswertem Vortrag anläßlich der Gründungsversammlung der *Bunsengesellschaft* 1894, in dem er auf die großen Vorteile der elektrochemischen Energieerzeugung hinwies, wurde eine merkliche, allerdings wenig erfolgreiche Entwicklungsarbeit an elektrochemischen Brennstoffzellen durchgeführt (HABER, NERNST, SCHMID und vor allem BAUR). Erst nachdem in den vierziger Jahren durch DAVTJAN und BACON erkannt worden war, daß Brennstoffzellen nur durch den Einsatz veredelter Brennstoffe (z. B. Wasserstoff, Hydrazin) anstelle von Kohle leistungsfähig zu gestalten sind, setzte eine erfolgreiche breite Entwicklung auf diesem Gebiet ein, die in der Mitte der sechziger Jahre dazu führte, daß auf Grund der hohen Energiedichte Brennstoffzellen in der Weltraumforschung und Militärtechnik die bedeutendsten transportablen Elektroenergiequellen wurden. Aller technischer Fortschritt bei diesem System konnte ihm aber wegen des hohen Preises für die Materialien, die Herstellung der Zelle und die aufwendigen Zusatzeinrichtungen im zivilen Sektor nicht zum Durchbruch verhelfen. Erst wenn es möglich ist, billige Katalysatoren, Elektroden und Brennstoffe in langlebigen Brennstoffzellen einzusetzen, worauf sich z. Z. die Forschung konzentriert, ist ein breiter Einsatz zu erwarten. Fördernd für die Entwicklung von leistungsfähigen Wasserstoff-Luftsauerstoff-Brennstoffzellen auf dieser Basis ist die möglicherweise in Zukunft zu realisierende „Wasserstoffenergiewirtschaft" (s. Abschn. 5.).

Seit Mitte der sechziger Jahre hat eine neue Phase der Entwicklung galvanischer Stromquellen eingesetzt, die der Entwicklung hochleistungsfähiger Elektroenergiespeicher, die mit den Arbeiten zum Natrium-Schwefel-Akkumulator (s. Abschn. 4.8.2.) ihren Anfang nahm und sich in den Untersuchungen zum Lithium-Schwefel-, Lithium-Chlor-, Zink-Luft- und Nickel-Zink-Akkumulator widerspiegelt, aber auch auf dem Primärzellensektor bei Lithiumzellen mit aprotischen Elektrolyten (s. Abschn. 3.4.) zum Ausdruck kommt.

Damit werden Beiträge einerseits zur Verkleinerung tragbarer elektronischer Geräte durch Bereitstellung zuverlässiger Kleinstromquellen hoher Energiedichte (Lithiumprimärzelle) und andererseits zur Renaissance des umweltfreundlichen Elektroautos durch Schaffen eines Energieträgers mit hoher Energie- und Leistungsdichte, der gleichzeitig Bedeutung für den Spitzenlastausgleich als stationäre Stromquelle haben könnte (Hochleistungsakkumulator), geleistet.

2. Allgemeine Grundlagen der elektrochemischen Energieerzeugung und -speicherung

2.1. Arten galvanischer Zellen

Bei der direkten Umwandlung von chemischer in elektrische Energie während des Ablaufs einer chemischen Reaktion in einer galvanischen Zelle erfolgt die Oxydation bzw. Reduktion der Reaktionspartner getrennt voneinander an zwei Elektroden. Entsprechend der Vorratshaltung der Reaktionskomponenten und der Reaktionsführung unterscheidet man dem Prinzip nach drei Arten von galvanischen Zellen: Primärzellen, Sekundärzellen und Brennstoffzellen.

— Primärzellen enthalten die Reaktionskomponenten nur in begrenzter Menge. Wenn diese umgesetzt sind, können die Zellen keine elektrische Arbeit mehr leisten und werden verworfen. Nach der einmaligen Entladung erfolgt keine Regenerierung.

— Sekundärzellen oder Akkumulatoren enthalten die Reaktionskomponenten ebenfalls nur in begrenzter Menge. Diese können aber nach ihrem Verbrauch, nach Entladung der Zelle, durch elektrische Energie im Sinne eines Elektrolysevorganges wieder regeneriert werden. Bei diesem auf die Entladung folgenden, wiederholbaren Ladeprozeß werden die Reaktionskomponenten erneut erzeugt. Die elektrochemische Reaktion muß dabei umkehrbar sein.

— Brennstoffzellen zeichnen sich dadurch aus, daß die Reaktionskomponenten getrennt und kontinuierlich den beiden entsprechenden Elektroden zugeleitet und dort elektrochemisch umgesetzt werden.[1] Solange die Zufuhr der Reaktionskomponenten erfolgt, können Brennstoffzellen theoretisch unbegrenzt und praktisch bis zum Verschleiß der Bauteile elektrische Energie erzeugen. Deshalb brauchen sie nicht elektrisch regeneriert zu werden.

2.2. Aufbau und Funktionsprinzip galvanischer Zellen

2.2.1. Zelle

Voraussetzung für die Erzeugung von elektrischer Energie aus chemischer Energie ist die Ladungstrennung. Das bedeutet, daß sich die chemische Reaktion in eine anodische und eine katodische Elektrodenreaktion zerlegen und damit als Zellenreaktion verwirklichen lassen muß. Deshalb besteht die

---

[1] Der Name Brennstoffzelle ist darauf zurückzuführen, daß diese Systeme prinzipiell geeignet sind, den Verbrennungsprozeß traditioneller Brennstoffe wie Kohle, Erdöl, Erdgas u. dgl. unter Zufuhr von Luftsauerstoff zur unmittelbaren Erzeugung von Elektroenergie zu nutzen.

galvanische Zelle prinzipiell aus zwei elektronenleitenden Phasen, die über eine oder mehrere Elektrolytphasen verbunden sind. Bei geschlossenem Stromkreis wird der Ladungstransport im Inneren der galvanischen Zelle durch Ionenleiter (Elektrolyte) und im Außenstromkreis durch Elektronenleiter übernommen.

Symbolisch wird die galvanische Zelle als Phasenfolge entsprechend ihrer Schaltung dargestellt, z. B.

Metall(I)/Elektrolyt(II)//Elektrolyt(III)/Metall(IV)/Metall(I'),

wobei der Schrägstrich die Phasengrenze und der Doppelstrich den elektrolytischen Stromschlüssel bzw. das Diaphragma bedeuten. Prinzipiell müssen im Zellensymbol alle Phasengrenzen, an denen ein Ladungsdurchtritt erfolgt, dargestellt werden. Die elektronenleitenden Endphasen werden als Pole der Zelle bezeichnet. In der Praxis versteht man darunter bezüglich des dargestellten Beispiels die Phasen I und IV. Bestehen diese Phasen aus ungleichem Material, so tritt beim Schließen des Stromkreises stets noch eine Kontaktspannung zwischen den elektronenleitenden Materialien auf, die bei exakten Betrachtungen einbezogen werden muß. Im Zellensymbol wird sie dadurch berücksichtigt, daß man an die letzte elektronenleitende Phase noch einmal die erste Phase (I') anfügt, so daß schließlich die Pole aus dem gleichen Material (I und I') bestehen. Zwischen den Polen wird die Zellenspannung U gemessen, die als Differenz der inneren elektrischen Potentiale φ^{I} und $\varphi^{I'}$ der Pole der Zelle definiert ist:

$$U = \varphi^{I} - \varphi^{I'}. \qquad (2.1.)$$

Mit dieser Definition ist das Vorzeichen von Zellenspannungswerten unter Berücksichtigung der Polung eindeutig mit dem Phasensymbol der galvanischen Zelle verknüpft.

Grundlage für den stromliefernden Vorgang in galvanischen Zellen sind stets freiwillig ablaufende Redoxreaktionen. Redoxreaktionen sind immer mit einem Ladungsübergang verbunden.

Laufen die zum Gesamtprozeß gehörigen Oxydations- und Reduktionsvorgänge am gleichen Ort ab, dann treten die übergehenden Elektronen nach außen nicht in Erscheinung; sie gehen direkt vom Reduktionsmittel auf das Oxydationsmittel über, z. B.

$$Cu^{2+} + Zn \rightarrow Zn^{2+} + Cu, \qquad (2.2.)$$

wobei die Reaktionsenthalpie als Wärme in Erscheinung tritt.

Bei galvanischen Zellen verlaufen Oxydation und Reduktion räumlich voneinander getrennt, und das Reduktionsmittel gibt über ein äußeres Leitungssystem die Elektronen an das Oxydationsmittel ab, z. B.

$$Zn \longrightarrow Zn^{2+} + 2e^{-} \qquad \text{Anodenreaktion ⟨Oxydation⟩} \qquad (2.3.)$$

(Leitungssystem)

$$2e^{-} + Cu^{2+} \rightarrow Cu \qquad \text{Katodenreaktion ⟨Reduktion⟩} \qquad (2.4.)$$

$$Cu^{2+} + Zn \rightarrow Zn^{2+} + Cu \qquad \text{Zellenreaktion} \qquad (2.2.)$$

Beim Übergang durch das äußere Leitungssystem können die Elektronen elektrische Arbeit verrichten. Die räumliche Trennung von Oxydations- und Reduktionsvorgang hat zudem den Vorteil, daß durch Öffnen des Außenstromkreises der Redoxvorgang zu beliebiger Zeit und beliebig lange unterbrochen werden kann. Anodische und katodische Elektrodenreaktion ergeben gemeinsam die Zellenreaktion. Den prinzipiellen Aufbau einer galvanischen Zelle zeigt Bild 2.1.

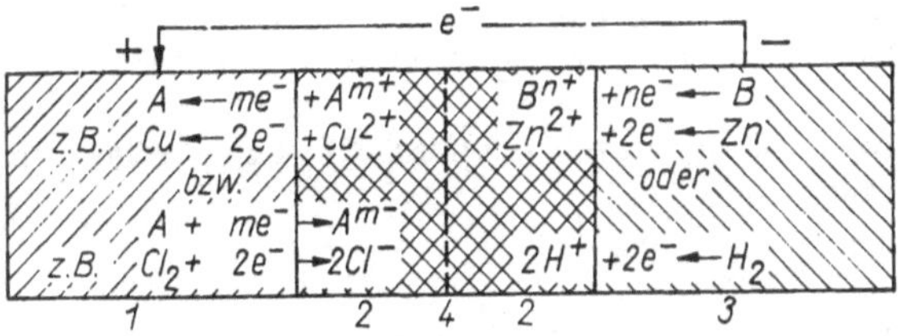

Bild 2.1. Prinzipieller Aufbau einer galvanischen Zelle

1 – Katode; *2* – Elektrolyt; *3* – Anode; *4* – Diaphragma, Separator

Die einzelnen Zellenteile haben folgende Funktion:

An der Anode erfolgt die Oxydation des Reduktionsmittels. An der Katode erfolgt die Reduktion des Oxydationsmittels. Der Elektrolyt übernimmt den inneren ionischen Ladungstransport und ist bei einer Anzahl von galvanischen Zellen gleichzeitig Reaktant. Der Separator dient zur räumlichen Trennung der Reaktanten voneinander, um die Durchmischung der Elektrolyte zu hemmen und/oder die Berührung der Elektroden zu vermeiden.

2.2.2. *Elektroden*

Im elektrochemischen Sinne ist eine Elektrode ein System von zwei oder mehreren hintereinandergeschalteten leitenden Phasen, wobei die eine Endphase ein Elektronenleiter (Forderung für Anschluß an ein äußeres Leitungssystem) und die andere ein Ionenleiter (Forderung für ionischen Ladungstransport innerhalb der Zelle) ist.

Das Potential einer Elektrode ist definiert als die um ein eventuell vorhandenes Diffusionspotential verminderte Zellenspannung der Bezugszelle, die aus dieser Elektrode und einer Bezugselektrode besteht. Im Phasensymbol der Zelle (s. Abschn. 2.2.1.) ist die Bezugselektrode stets rechts anzuordnen. Als Bezugselektrode dient häufig die Standardwasserstoffelektrode, deren Potential bei allen Temperaturen willkürlich gleich null gesetzt wird. Damit erhält man das meist verwendete Elektrodenpotential U_H einer beliebigen Elektrode in bezug auf die Standardwasserstoffelektrode (rechts im Zellensymbol).

Da bei vielen Oxydations- bzw. Reduktionsreaktionen die Elektronenleiter nicht selbst Reaktionspartner sind, wie z. B. bei der Reaktion

$$Fe^{2+} \rightleftharpoons Fe^{3+} + e^-, \qquad (2.5.)$$

müssen in einem solchen Fall zur Realisierung eines Elektronenaustausches inerte elektronenleitende Festkörper, in der Regel Metalle oder Kohlenstoff, mit dem Redoxsystem in Kontakt gebracht werden. Sie haben eine reine Kollektorfunktion. Auch Elektronenleitern, die selbst unmittelbarer Reaktionspartner sind, werden bei galvanischen Zellen zum Teil solche elektrochemisch inerten Stromkollektoren zugesetzt, nämlich dann, wenn die Leitfähigkeit des an der Reaktion beteiligten Festkörpers nicht ausreicht bzw. dieser im Laufe der Reaktion in einen Nichtleiter umgewandelt wird.

Prinzipiell teilt man die Elektroden nach der Art des durch die Phasengrenze hindurchtretenden Ladungsträgers in Metallionen-, Anionen- und Redoxelektroden ein.

Bei Metallionenelektroden ist der durchtrittsfähige Ladungsträger ein Kation, z. B. bei der Kupferelektrode

$$Cu(I)/Cu^{2+}(II)$$

das Kupferion, so daß sich die Elektrodenreaktion mit der Gleichung

$$Cu^{2+}(I) \rightleftharpoons Cu^{2+}(II) \tag{2.6.}$$

oder

$$Cu(I) \rightleftharpoons Cu^{2+}(II) + 2e^-(I) \tag{2.7.}$$

beschreiben läßt. In Klammern wird dabei die Phase angegeben, in der sich der betreffende Reaktionsteilnehmer befindet.

Bei Anionenelektroden erfolgt der Ladungsaustausch zwischen Metall und Lösung über ein schwerlösliches Salz, das als feste Deckschicht das Metall überzieht, so daß für die Elektrodenfunktion die Phasengrenze zwischen Deckschicht und Lösung wesentlich ist. Der durchtrittsfähige Ladungsträger ist ein Anion, z. B. bei der Silber-Silberchlorid-Elektrode

$$Ag(I)/AgCl(II)/Cl^-(III)$$

das Chloridion, so daß sich die Elektrodenreaktion mit der Gleichung

$$Cl^-(II) \rightleftharpoons Cl^-(III) \tag{2.8.}$$

oder

$$AgCl(II) \rightleftharpoons Ag^+(II) + Cl^-(III) \tag{2.9.}$$

oder

$$AgCl(II) + e^-(I) \rightleftharpoons Ag(I) + Cl^-(III) \tag{2.10.}$$

beschreiben läßt.

Bezüglich elektrochemischer Stromquellen werden viele Anionenelektroden oft nicht exakt, sondern vereinfacht bezeichnet, wobei man in der Technik die Elektrode bei Primärzellen häufig nur nach der im unentladenen Zustand vorliegenden Aktivmasse und bei Akkumulatoren noch vereinfachter nach dem

Metall der entsprechenden Verbindung benennt. Diese Vereinfachungen übertragen sich auch auf die Bezeichnung der entsprechenden Systeme.

So müßte die Elektrode

$Ni/Ni(OH)_2/NiO(OH)/KOH$

exakt „Nickel(II)-hydroxid-Nickel(III)-oxid-hydroxid-Elektrode“ bezeichnet werden. Man spricht aber allgemein nur von der „Nickelelektrode“ und entsprechend z. B. vom „Nickel-Cadmium-Akkumulator“.

Die Elektrode

$Ag/Ag_2O/KOH$

müßte exakt „Silber-Silberoxid-Elektrode“ genannt werden. Man spricht aber allgemein nur von der „Silberelektrode“ und entsprechend vom „Silber-Zink-Akkumulator“ bzw. von der „Silberoxid-Elektrode“ und entsprechend von der „Silberoxid-Zink-Primärzelle“.

Bei Redoxelektroden ist der durchtrittsfähige Ladungsträger das Elektron, das den Ladungsaustausch zwischen einem inerten elektronenleitenden Kollektor (meist einem Metall) und dem Elektrolyten bewirkt, z. B. bei der Eisen(II)-Eisen(III)-Elektrode

$Pt(I)/Fe^{2+}, Fe^{3+}(II)$

oder bei der Wasserstoffelektrode

$Pt(I)/H_2, H^+(II)$.

Die Elektrodenreaktion läßt sich einheitlich mit der Gleichung

$$e^-(I) \rightleftharpoons e^-(II) \quad (2.11.)$$

beschreiben; im konkreten Fall gibt man aber die Reaktion genauer an:

$$Fe^{3+}(II) + e^-(I) \rightleftharpoons Fe^{2+}(II) \quad \text{bzw.} \quad (2.12.)$$

$$2H^+(II) + 2e^-(I) \rightleftharpoons H_2(II). \quad (2.13.)$$

Für die Bezeichnung der Elektroden als Katode oder Anode gilt folgende Festlegung. Die Katode ist stets die Elektrode, an der die Reduktion abläuft; während der Entladung einer galvanischen Zelle ist das der positive Pol. Die Anode ist stets die Elektrode, an der die Oxydation abläuft; während der Entladung einer galvanischen Zelle ist das der negative Pol. Zum Beispiel ist bei der Zink-Kupfer-Zelle (DANIELL-Zelle)

$(-)Zn(I)/Zn^{2+}(II)//Cu^{2+}(III)/Cu(IV)/Zn(I')(+)$

die negative Zinkelektrode die Anode, da an dieser Elektrode der Oxydationsvorgang

$$Zn \rightarrow Zn^{2+} + 2e^- \quad (2.14.)$$

abläuft. Die positive Kupferelektrode ist die Katode, da an dieser Elektrode der Reduktionsvorgang

$$Cu^{2+} + 2e^- \rightarrow Cu \qquad (2.15.)$$

abläuft. Die Bezeichnung der Elektroden als Katode und Anode ist bei Primärzellen und Brennstoffzellen eindeutig, weil diese Zellen prinzipiell nur entladen werden. Bei Sekundärzellen dagegen wechselt die Elektrode, an der die Oxydation bzw. die Reduktion erfolgt, mit dem Wechsel von Laden und Entladen. Da die Polung jedoch gleich bleibt, ist es besser, bei Sekundärzellen eindeutig von positiver und negativer Elektrode zu sprechen. Der Sachverhalt ist an einem einfachen schematischen Beispiel in Bild 2.2. dargestellt.

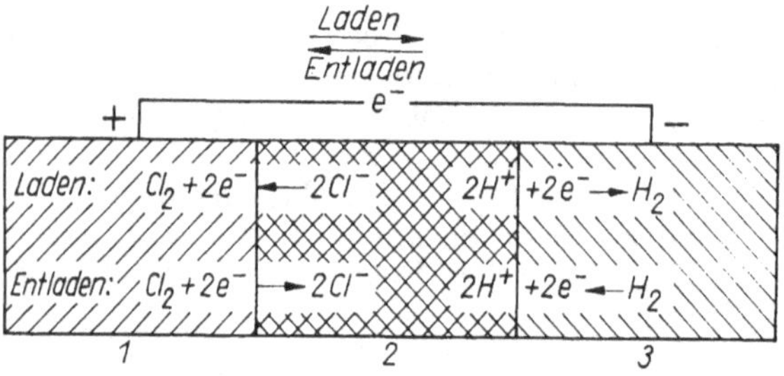

Bild 2.2. Wechsel von Katode und Anode bei Sekundärzellen mit dem Wechsel von Laden und Entladen (Polung bleibt gleich!)

1 – Pluspol (beim Laden: Anode; beim Entladen: Katode); *2* – Elektrolyt; *3* – Minuspol (beim Laden: Katode; beim Entladen: Anode)

Bezüglich ihrer Struktur unterscheidet man prinzipiell glatte Elektroden und Partikelelektroden.

An die in elektrochemischen Stromquellen verwendeten Elektroden werden besondere Forderungen gestellt. Sie sollen eine möglichst große Oberfläche und eine hohe elektrochemische Aktivität besitzen, um die Überspannungserscheinungen gering zu halten, im Falle poröser Elektroden im Innern einen unverzögerten Elektrolyttransport ermöglichen, eine gute elektronische Leitfähigkeit aufweisen und eine ausreichende mechanische Festigkeit haben.

Wegen der Forderung nach einer großen Oberfläche bestehen die meisten Elektroden für elektrochemische Stromquellen aus vielen kleinen Teilchen (Partikelelektrode). Die Partikeln werden

- in einer Flüssigkeit suspendiert (Suspensionselektrode, Fließbettelektrode)
- unter leichtem Druck aneinandergepreßt und so oder zusätzlich mit einem Stützmaterial formstabil gehalten (gestützte Elektrode, Festbettelektrode) oder
- miteinander fest verbunden (poröse Festelektrode).

Die Fließbettelektrode ist eine nichtstationäre Partikelelektrode. In ihr werden die feinkörnigen Elektrodenpartikeln, die im Elektrolyten suspendiert sind, durch eine Strömung gegen das Kollektormaterial geführt. Beim kurzzeitigen Aufprall des Korns auf den Kollektor kommt es zum Ladungsübergang und damit zur elektrochemischen Reaktion. Nachteilig ist der relativ große Übergangswiderstand an der Kontaktfläche. Eine spezielle Form der Fließbettelektrode, die insbesondere in elektrochemischen Stromquellen Verwendung findet, ist die sogenannte Suspensions- oder Slurryelektrode, bei der die bewegten Elektrodenpartikeln aus dem Reaktorraum herausgeführt werden können. Der Vorteil dieser Elektrode besteht darin, daß man die Ladereaktion örtlich getrennt von der Entladereaktion durchführen kann. Ein Beispiel hierfür ist die Zinkelektrode in einem speziellen Zink-Luft-Akkumulator mit einem umgepumpten Zinkpulver-Elektrolyt-Brei (s. Abschn. 4.6.3.2.).

Die Festbettelektrode oder gestützte Elektrode ist eine stationäre Partikelelektrode. In ihr befinden sich die Elektrodenteilchen meistens zwischen einem Stützgerüst und werden unter dem Eigendruck oder geringem äußeren Druck kontaktiert. Diese Elektrode hat den Vorteil, daß sie leicht hergestellt werden kann und in ihr die Partikeloberfläche für die Umsetzung fast vollständig zur Verfügung steht (keine isolierenden Bindemittel). Nachteilig ist der zwar gegenüber der Fließbettelektrode verbesserte, aber immer noch relativ hohe Übergangswiderstand zwischen den Teilchen sowie zwischen Teilchen und Kollektor. Dieser Elektrodentyp ist als Zweiphasenelektrode für den Umsatz gelöster Brennstoffe besonders geeignet, findet aber auch als Dreiphasenelektrode in Brennstoffzellen Anwendung.

Bei porösen Festelektroden wird in solche mit Korn- und solche mit Skelettstruktur unterschieden. Die porösen Elektroden mit Kornstruktur kann man sich im Idealfall aus kugeligen Körnern aufgebaut denken, die an den Kontaktstellen fest miteinander verbunden sind. Dabei besteht das Porengefüge aus zwickelförmigen Bereichen zwischen den verbundenen Körnern. Die Verbindung der Körner kann durch Sintern (Sinterelektrode) oder durch Kleben (gebundene Elektrode) erfolgen. Beide Elektrodentypen haben bisher eine breite Anwendung gefunden. Die Vorteile dieser Elektroden gegenüber den vorhergenannten sind ihre bessere Formstabilität und ihr geringerer elektronischer Widerstand. Demgegenüber ist die Herstellung aufwendiger.

Als Sinterelektroden werden z. B. häufig die Elektroden im Nickel-Cadmium-Akkumulator und die Elektroden für Brennstoffzellen ausgeführt. Als gebundene Elektroden werden beispielsweise die Katalysatorelektroden auf Aktivkohlebasis für Brennstoffzellen, neuerdings aber auch die Elektroden des Nickel-Cadmium-Akkumulators gestaltet. Diese Elektroden können in dünner, flexibler und mechanisch relativ stabiler Form hergestellt werden, wobei Teflon (Dispersion, Pulver) als Bindemittel am besten geeignet ist. Allerdings wird durch das Bindemittel durch teilweise Bedeckung der Elektrodenpartikel die freie Reaktionsfläche und die elektronische Leitfähigkeit gegenüber der Sinterelektrode etwas herabgesetzt.

Die porösen Elektroden mit Skelettstruktur sind denen mit Kornstruktur invers, d. h., man kann sie sich im Idealfall aus zwickelförmigen Feststoffbereichen aufgebaut denken, während das Porengefüge aus kugelförmigen Hohlräumen besteht. Im Realfall sind die Poren aber von konischer, zylindrischer, kugeliger und tintenfaßähnlicher Struktur. Elektroden mit Skelettstruktur werden durch Absonderung flüchtiger oder löslicher Produkte aus der geformten Elektrodenmasse beim Trocknen oder bei Behandlung mit agressiven Flüssigkeiten oder Gasen (Auslaugen, Brennen) hergestellt. Der Vorteil dieses Elektrodentyps ist eine sehr hohe innere Oberfläche. Nachteilig ist die relativ geringe mechanische Stabilität. Deshalb wird in der Praxis für Elektroden die Skelettstruktur meist mit der Kornstruktur kombiniert (z. B. Doppelskelettelektroden mit Raney-Nickel und -Silber).

Die porösen Festelektroden werden sowohl als Ein- wie auch als Mehrschichtelektroden angewendet. Letztere zeichnen sich hinsichtlich unterschiedlicher Porenstruktur und Zusammensetzung (Hydrophobie) der einzelnen Schichten aus, wodurch sich eine Auftrennung der Elektrode in Transport- und Reaktionsschicht ergibt (s. a. Abschn. 5.5.).

Der poröse Körper einer Elektrode kann entweder selbst Reaktant oder Kollektormaterial (teilweise mit katalytischen Eigenschaften) sein. Ist ein Reaktionspartner der Elektrodenreaktion fest, dann wird der poröse Körper meistens durch diesen Reaktanten gebildet. Das trifft vor allem auf Elektroden für herkömmliche Akkumulatoren und Primärzellen zu. Liegen alle Reaktionspartner in flüssiger und/oder gasförmiger Form vor, wird der poröse Körper durch ein elektronisch leitendes Inertmaterial gebildet. Die Reaktanten befinden sich dann in den Poren der Elektrode und werden an der oftmals elektrokatalytisch wirkenden, ausgedehnten Elektrodenoberfläche umgesetzt. Das trifft vor allem für Brennstoffzellen-, Hochtemperaturakkumulator- und Primärzellenelektroden nichtwäßriger Systeme zu. Die Elektroden der ersten Gruppe sind vorwiegend Anionenelektroden. Da sich hierbei Dichte und spezifische Oberfläche von Reaktant und Reaktionsprodukt z. T. wesentlich unterscheiden können, kommt es während der Entladung zu einer Änderung der porösen Struktur. Bei Akkumulatoren kann dieser Effekt ganz wesentlich sein, denn die poröse, meist optimale Ausgangsstruktur soll bei jedem Ladevorgang wieder hergestellt werden. Das ist um so schwieriger, je stärker die Ausgangsstruktur beim Entladeprozeß deformiert wird. Je tiefer die Elektrode entladen wurde, desto mehr wirddie Struktur der Elektrode durch die Struktur des festen Reaktionsprodukts und nicht durch die der Reaktanten bestimmt, d. h., es sind schließlich nicht mehr genügend Keime der Ausgangsstruktur vorhanden, so daß diese nicht mehr zurückgebildet werden kann; der „Memoryeffekt" ist verlorengegangen. Darum haben Tiefentladungen auf die Lebensdauer einen negativen Einfluß. Dient der poröse Körper als Kollektor, so kann der Reaktant sowohl gasförmig (z. B. Sauerstoff-, Wasserstoff-, Chlorelektrode) als auch flüssig sein. Flüssige Reaktanten können geschmolzen (z. B. Natrium-, Lithium-, Schwefelelektrode) oder gelöst (z. B. Hydrazin-, Formaldehydelektrode) vorliegen. Die bei den porösen Reaktantenelektroden geschilderten Schwierigkeiten treten bei den porösen Kollektorelektroden im allgemeinen nicht auf. Eine Ausnahme können die geschmolzenen Hochtemperaturelektroden darstellen, nämlich dann, wenn bei ihnen wie bei den Anionenelektroden der Dichteunterschied zwischen Reaktant und Reaktionsprodukt berücksichtigt werden muß. Das erfolgt meist durch ein entsprechendes Reservevolumen in der porösen Struktur des Inertmaterials.

Besonders bei Hochstrombelastung bringt ein poröses System hinsichtlich des Elektrolyttransports Nachteile mit sich. Der innerhalb der Elektrode auf Migration und Diffusion zurückzuführende Stofftransport wird nämlich gegenüber dem freien Elektrolyten einerseits auf Grund einer durch die Poren bedingten Verlängerung des Wanderungsweges und andererseits auf Grund einer Reduzierung des Wanderungsquerschnitts durch den Festkörper verringert. Die Verlängerung des Wanderungsweges wird durch den Umwegfaktor β und die Flächenreduzierung durch die Porosität korrigiert. Ein weiterer Nachteil der porösen Struktur insbesondere bei den herkömmlichen Akkumulator- und Primärzellenelektroden ist die ungleichmäßige und damit unvollständige Ausnutzung der Aktivmassen. Sie ist auf Unterschiede in der ionischen Leitfähigkeit der Flüssigphase und der elektronischen Leitfähigkeit der Festphase der Elektrode sowie in der Durchtrittspolarisation zurückzuführen. Überwiegt die elektronische Leitfähigkeit, dann erfolgt die eigentliche FARADAYsche Umsetzung vorwiegend an der äußeren Elektrodenoberfläche und die Eindringtiefe, das ist der Bereich, der im wesentlichen an der Elektrodenreaktion teilnimmt, ist gering. Überwiegt dagegen die ionische Leitfähigkeit, so findet die Umsetzung hauptsächlich im Inneren bzw. in Kollektornähe statt. Eine große Eindringtiefe erhält man aber auch bei einer großen Durchtrittspolarisation.

Bei porösen Akkumulator- und Primärzellenelektroden, die im geladenen Zustand eine gute Leitfähigkeit aufweisen, kann die Bildung isolierend wirkender Reaktionsprodukte im Prozeß der Entladung zu bedeutenden OHMschen Spannungsabfällen führen, die durch Einbau großflächiger, gitter- oder netzförmiger Kollektoren bzw. von Graphit und Ruß (z. B. Braunsteinelektrode) vermindert werden.

Bei glatten Elektroden bestehen viele der bei Partikelelektroden auftretenden Nachteile nicht. Dagegen hat man ihre relativ kleine Oberfläche und die oftmals damit verbundene kinetische Hemmung der Elektrodenreaktion zu berücksichtigen. Sie können Reaktanten- oder Kollektorelektroden sein. Glatte Elektroden mit festem Reaktanten werden sowohl in Primärzellen (z. B. Zinkelektrode in der LECLANCHÉ-Zelle) als auch in Sekundärzellen (z. B. Blei-, Bleidioxid- und Zinkelektrode in sogenannten Lösungsakkumulatoren) eingesetzt. Mit den Lösungselektroden kann man eine fast vollständige Massenausnutzung erreichen. Sie haben jedoch den Nachteil, daß während des Ladens keine gleichmäßig dicke Elektrode entsteht (Birnenform) und vielfach starke Dendritenbildung erfolgt.

Glatte Elektroden kommen auch als flüssige Elektroden vor. In ihnen kann der Reaktant geschmolzen (z. B. Natriumelektrode für Hochtemperaturzellen) oder gelöst (z. B. Natriumamalgamelektrode) vorliegen. Die nötige Formstabilität erhält die Elektrode durch die Gefäßmaterialien, die teilweise Kollektorfunktion übernehmen. Glatte Kollektorelektroden finden dort Anwendung, wo der Übergangswiderstand zwischen Reaktant und Kollektormaterial gering ist, z. B. zwischen der Natriumschmelze und dem Eisenfilz einer Natriumelektrode für Hochtemperaturzellen.

Die meisten Elektroden werden monopolar, d. h. entweder als positive oder als negative Elektrode, eingesetzt. Um aber Zuleitungsmaterialien einzusparen, hat man in letzter Zeit verstärkt an der Entwicklung bipolarer Elektroden gearbeitet. Hierbei ist jede Elektrode so aufgebaut, daß ohne äußere Stromverbindung die eine Seite als positive und die andere als negative Elektrode arbeitet.

2.2.3. *Elektrolyte*

Im Innern einer galvanischen Zelle wird der Ladungstransport durch die Ionen eines Elektrolyten übernommen. Im allgemeinen verwendet man in elektrochemischen Stromquellen einen einheitlichen Elektrolyten. Katode und Anode können immer dann mit ein und demselben Elektrolyten kontaktiert werden, wenn die an der einen Elektrode eingesetzten oder entstehenden Reaktionsteilnehmer die elektrochemische Reaktion an der anderen Elektrode nicht hemmend beeinflussen. Bei Verwendung von Anionenelektroden bleiben die Reaktionsteilnehmer wegen ihrer Schwerlöslichkeit stets voneinander getrennt an den beiden Elektroden, so daß diese mit einem gemeinsamen Elektrolyten und ohne Trennung der Elektrolyträume zu einer galvanischen Zelle zusammengestellt werden können. Beim Bleiakkumulator z. B. befinden sich die „Bleielektrode" $Pb/PbSO_4/H_2SO_4$ und die „Bleidioxidelektrode" $Pb/PbO_2/PbSO_4/H_2SO_4$ im gemeinsamen Schwefelsäureelektrolyten:

$$(-)Pb/PbSO_4/H_2SO_4/PbSO_4/PbO_2/Pb(+).$$

Sind im Elektrolytraum der einen Elektrode Bestandteile, die die elektrochemische Reaktion an der anderen Elektrode stören, so ist es erforderlich, den Anolyten (Elektrolyt im Anodenraum) vom Katolyten (Elektrolyt im Katodenraum) durch ein Diaphragma oder einen elektrolytischen Stromschlüssel (inerter Elektrolyt) zu trennen. Dadurch werden unerwünschte, meist rein chemische Nebenreaktionen ausgeschlossen. Beispielsweise muß man in der Daniell-Zelle ein Vermischen von Katolyt und Anolyt vermeiden, weil durch Kupferionen im Anodenraum eine unerwünschte Zementation des Kupfers auf der Zinkelektrode eintreten würde.

An den Elektrolyten werden folgende Anforderungen gestellt:

- hohe ionische Leitfähigkeit,
- keine elektronische Leitfähigkeit,
- Zersetzungsspannung höher als Zellenspannung,
- chemische Resistenz gegenüber Baumaterialien und Reaktanten (um die Selbstentladung einzuschränken),
- kein physikalisches Lösevermögen für feste Reaktanten,
- thermische Stabilität,
- geringer Dampfdruck,
- geringe Dichte (um die Gesamtmasse der Zelle klein zu halten).

Die Eigenschaften des Elektrolyten, insbesondere seine Leitfähigkeit, sollen sich während des Ablaufs der Zellenreaktion möglichst nicht verändern. Das kann aber häufig nicht gewährleistet werden, da oftmals Elektrolytkomponenten an den Elektrodenreaktionen beteiligt sind wie z. B. die Schwefelsäure im Bleiakkumulator. Bei Brennstoffzellen, denen die Reaktionspartner stets kontinuierlich zugeführt werden, muß man die Zellenreaktion von vornherein so auswählen, daß die Entfernung der Reaktionsprodukte leicht erfolgen kann, um eine konstante Zusammensetzung des Elektrolyten zu gewährleisten. Aus Wasserstoff-Sauerstoff-Brennstoffzellen muß beispielsweise das bei der Umsetzung entstehende Wasser entfernt werden, um die Elektrolytkonzentration aufrecht zu erhalten. Bei Brennstoffzellen mit kohlenstoffhaltigen Brennstoffen, in denen als Reaktionsprodukt Kohlendioxyd oder eine organische Säure entsteht, kommt es bei Anwendung alkalischer Elektrolyte zur Salzbildung und damit zu einer deutlichen Herabsetzung der elektrolytischen Leitfähigkeit. Deshalb ist bei solchen Zellen der Einsatz saurer Elektrolyte vorteilhaft, da aus diesen das Kohlendioxid entweicht.

Bei den herkömmlichen Stromquellen sind die wäßrigen Elektrolytsysteme dominierend. Wenn jedoch in galvanischen Zellen als Elektroden Aktivmaterialien mit stark negativem Standardpotential (Lithium, Natrium) zur Anwendung kommen, müssen aprotische Elektrolytsysteme eingesetzt werden, um eine spontane chemische Umsetzung der unedlen Metalle zu vermeiden. Dazu wurden bisher vier Arten aprotischer Elektrolytsysteme erprobt: aprotische anorganische Elektrolytlösungen, organische Elektrolytlösungen, Salzschmelzen und Festelektrolyte.

Aprotische anorganische Elektrolytlösungen sind flüssige Mischphasen, die relativ leicht lösliche Salze (Halogenide, Rhodanide) in einem aprotischen, polaren anorganischen Lösungsmittel wie z. B. flüssigem Schwefeldioxid, Thionylchlorid oder Phosphorylchlorid enthalten.

Organische Elektrolytlösungen [7, 8] bestehen aus einem polaren organischen Lösungsmittel mit hoher Dielektrizitätskonstante, z. B. Propylencarbonat oder Dimethylformamid, und einem gut löslichen Leitzusatz ($LiClO_4$, KPF_6).

Diese beiden Arten aprotischer Systeme haben den Nachteil einer relativ niedrigen Leitfähigkeit, was ihre Verwendung für Hochleistungssysteme ausschließt (s. Abschn. 3.4.). Für Systeme mit höherer Leistung bieten sich Salzschmelzen an, deren Leitfähigkeit bei hohen Temperaturen relativ groß ist. Bild 2.3. zeigt am Beispiel des LiCl, daß bei hohen Temperaturen dessen Leitfähigkeit über der von Schwefelsäure bei Normaltemperatur liegt. Im allgemeinen geht die Leitfähigkeit von Salzschmelzen bis zu etwa 10 S cm^{-1}. Wegen der hohen Temperatur der Schmelzen ist es jedoch schwierig, die Forderung nach chemischer Resistenz des Elektrolyten gegenüber Baumaterialien und Reaktanten zu realisieren. Um die Schmelztemperatur des Elektrolyten, die in den meisten Fällen die Arbeitstemperatur der Zelle bestimmt, gering zu halten, verwendet man möglichst eutektische Salzmischungen. So beträgt z. B. die Schmelztemperatur des reinen LiCl 610 °C, jedoch die des Eutektikums aus LiCl, LiBr, LiJ, KJ und CsJ 184 °C.

Die Verwendung von Eutektika ist besonders vorteilhaft bei wärmeaktivierbaren galvanischen Zellen, deren Inbetriebnahme durch Aufschmelzen einer Salzmischung nach Zünden eines Pyrosatzes erfolgt. Bei der Anwendung von

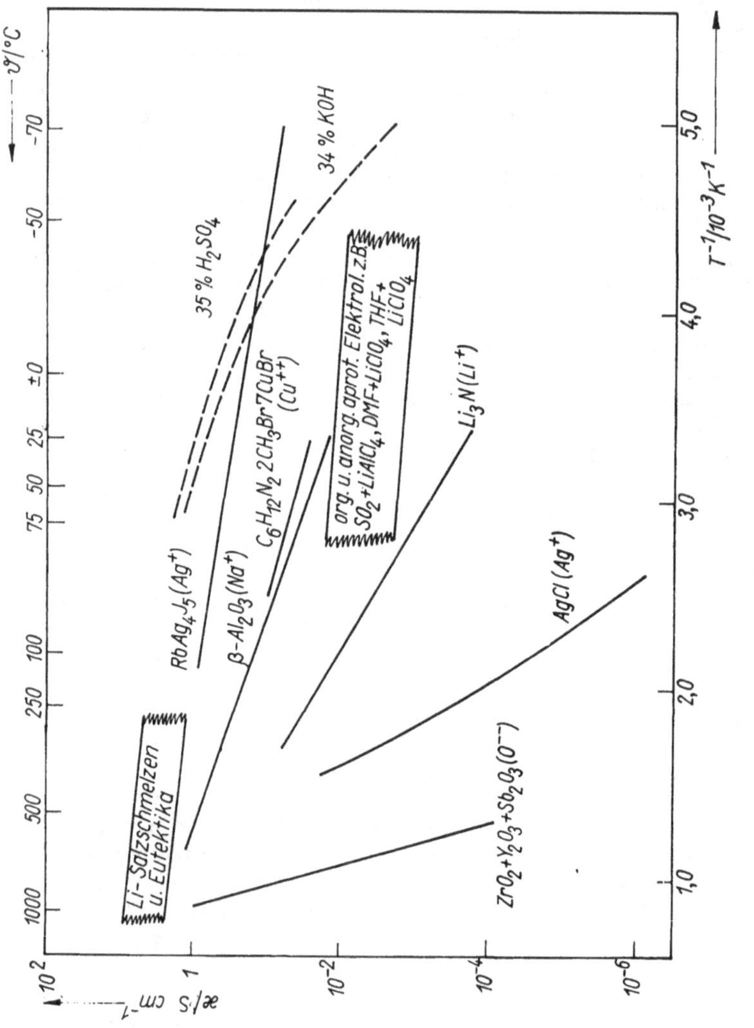

Bild 2.3. **Temperaturabhängigkeit der spezifischen Leitfähigkeit verschiedener Elektrolytsysteme**

Salzschmelzen in Hochtemperaturakkumulatoren ist zu berücksichtigen, daß die Löslichkeit der meisten Alkalimetalle in Alkalihalogenidschmelzen relativ hoch ist [9], so daß nur Lithiumanoden eingesetzt werden können. Für Anwendungen in elektrochemischen Stromquellen zur Elektrotraktion wird die Schmelze in einer keramischen Matrix (MgO) immobilisiert oder als halbfester Pastenelektrolyt (Mischung mit feinem Al_2O_3- oder $LiAlO_2$-Pulver) verwendet, was allerdings zu einem Leitfähigkeitsabfall führt.

Festelektrolyte sind ionische Festkörper mit einer bei gewöhnlicher oder erhöhter Temperatur relativ großen elektrischen Leitfähigkeit, in denen der Ladungstransport vorzugsweise durch die Kationen oder die Anionen mit einer Überführungszahl größer als 0,99 erfolgt [10]. Die spezifische Leitfähigkeit $\varkappa_i$ ist direkt proportional der Anzahl der Ionen n_i in der Volumeneinheit, ihrer Ladung $z_i e$ und ihrer Beweglichkeit u_i:

$$\varkappa_i = n_i z_i e u_i . \qquad (2.16.)$$

Für Hochleistungszellen soll die spezifische ionische Leitfähigkeit des Festelektrolyten größer als 0,1 S cm^{-1} sein, es sei denn, man verwendet extrem dünne Festelektrolytmembranen.

Man kann die Festelektrolyte prinzipiell in zwei Gruppen einteilen [11,12]. Bei der ersten Gruppe ist die Anzahl der leitfähigen Ionen gleich der Anzahl der Leerstellen des Gitters, in denen sich das Ion bewegen kann (äquivalente Plätze). Durch Dotieren mit Ionen, deren Wertigkeit sich von der der Wirtionen unterscheidet, kann die Leerstellenkonzentration und damit die spezifische Leitfähigkeit erhöht werden.

Ein Beispiel hierfür sind Mischoxide entsprechend der sogenannten Nernst-Masse (z. B. $Zr_{0,85}Y_{0,15}O_{1,925}$), die man erhält, wenn ZrO_2 mit Y_2O_3 oder CaO dotiert wird. Die Sauerstoffleitfähigkeit dieser Masse ist aber erst im Bereich von 800···1000 °C hoch genug, um sie in Hochtemperaturbrennstoffzellen (s. Abschn. 5.11.) einsetzen zu können.

Bei der anderen Gruppe der Festelektrolyte ist die hohe spezifische Leitfähigkeit auf die Grundstruktur des Kristalls zurückzuführen, die selbst bei stöchiometrischen Verbindungen eine hohe Zahl von Gitterlücken aufweist [14]. Beispiele hierfür sind:

- Silbersalze mit selektiver Silberionenleitfähigkeit wie z. B. $RbAg_4J_5$, das selbst bei Zimmertemperatur eine ausreichende Leitfähigkeit ($\varkappa = 10^{-2}$ bis 10^{-1} S cm^{-1}) hat (s. Abschn. 3.5.), oder α-AgJ, das erst bei erhöhter Temperatur eine entsprechende Leitfähigkeit aufweist.
- Lithiumsalze wie α-$LiSO_4$, Li_4SiO_4 und Li_3N mit selektiver Lithiumionenleitfähigkeit im Bereich von 200···600 °C (s. Abschn. 3.5. und 4.8.3.). Besondere Beachtung als sehr selektiver Li^+-Ionen-Leiter verdient das Li_3N [236, 235, 151a]. Die Schichtstruktur des Li_3N bedingt die hohe Li^+-Ionenbeweglichkeit. Bei 200 °C wurde eine spezifische Leitfähigkeit von $5 \cdot 10^{-2}$ S cm^{-1} an Einkristallen und von immerhin noch $5 \cdot 10^{-3}$ S cm^{-1} an polykristallinem Material gemessen. Bei Normaltemperatur geht die

spezifische Leitfähigkeit auf 10^{-3} S cm^{-1} bzw. 10^{-5} S cm^{-1} zurück. Die elektronische Leitfähigkeit beträgt etwa 1% der ionischen. Li_3N ist thermodynamisch gegen Lithium stabil, die Zersetzungsspannung beträgt 1,4 V.

- β-Aluminiumoxid, das eine spezifische Natriumionenleitfähigkeit besitzt und bei 300···350 °C im Natrium-Schwefel-Akkumulator Verwendung findet (s. Abschn. 4.8.2.);
- organische Kupferverbindungen mit Kupfer(I)-Ionenleitfähigkeit, bestehend aus einer Kombination von quartären organischen Ammoniumhalogeniden und den entsprechenden Kupfer(I)-halogeniden, wie z. B. die Anlagerungsverbindungen N,N'-Dimethyl-triethylendiammoniumdibromid-Kupfer(I)-bromid, $[C_6H_{12}N_2(CH_3)_2]Br_2 \cdot 0{,}94\,CuBr$, N-Methyl-chinuclidiniumbromid-Kupfer(I)-bromid, $[C_7H_{13}NCH_3]Br \cdot 0{,}875\,CuBr$, und Pyridiniumbromid-Kupfer(I)-bromid, $[C_5H_5NH]Br \cdot 0{,}875\,CuBr$ [15, 16, 17, 18].

Bei allen hier dargestellten Beispielen können jedoch Übergänge zwischen beiden Gruppen auftreten [19, 20].

Die spezifische Leitfähigkeit der Festelektrolyte ist abhängig von der Energiebarriere zwischen den äquivalenten Plätzen. Ein Maß hierfür ist die Aktivierungsenergie E_A der spezifischen Leitfähigkeit

$$\varkappa_i = \varkappa_i^0 \exp\left(-\frac{E_A}{RT}\right) \tag{2.17.}$$

die bei der zweiten Gruppe besonders niedrige Werte annimmt [152]. Da viele Festelektrolyte erst bei hohen Temperaturen eine ausreichende Leitfähigkeit aufweisen, machen sich auch bei ihrer Anwendung Materialprobleme nachteilig bemerkbar. Der Vorteil von Festelektrolyten gegenüber Salzschmelzen besteht darin, daß sie sehr dünn hergestellt werden können und man ohne Separator arbeiten kann, ohne die Gefahr eines Kurzschlusses zu steigern. Ein geringer Aufwand an Elektrolytmaterial ist außerdem vorteilhaft für die Energie- und Ladungsdichte von Festelektrolytzellen.

2.2.4. *Separatoren* [20a]

Zum ungestörten Ablauf der Elektrodenreaktionen in einer galvanischen Zelle werden Separatoren eingesetzt, die die Aufgabe haben, die gegenseitige Berührung beider Elektroden und das Vermischen von Katolyt und Anolyt zu verhindern. Sie teilen den Elektrolytraum in Katoden- und Anodenraum auf.

An den Separator werden folgende allgemeine Anforderungen gestellt:

- gute ionische Leitfähigkeit in Verbindung mit dem Elektrolyten,
- große Selektivität bezüglich des Transports bestimmter Ionen (Überführungszahl dieser Ionen möglichst nahe 1),
- gute Benetzbarkeit,
- keine elektronische Leitfähigkeit,

- hohe mechanische Festigkeit über lange Zeit und
- chemische Beständigkeit gegenüber den Elektrolytbestandteilen und Reaktanten, insbesondere gegen Oxydationsmittel bei erhöhter Temperatur.

In galvanischen Zellen, bei denen sich Katode und Anode in einem gemeinsamen Elektrolyten befinden, wie z. B. beim Bleiakkumulator, hat der Separator nur die Funktion eines Scheiders, nämlich die Berührung der Elektroden und damit einen inneren elektrischen Kurzschluß zu vermeiden. Er soll aber den Elektrolyten ungehindert durchtreten lassen. Hierfür werden grob- bis feinporöse nichtelektronenleitende Materialien eingesetzt. In Zellen, in denen an den Elektroden keine Veränderungen auftreten, genügen als Separatoren perforierte, gewellte Kunststoffolien. Dagegen werden für Zellen, in denen zwischen den Elektroden entweder durch Abtragung elektrisch leitender Partikel von den Elektroden oder beim Ladeprozeß durch Dendritenwachstum auf den Elektroden Kurzschlußbrücken entstehen könnten, als Separatoren dünnwandige, poröse Materialien aus Kunststoff (z. B. PVC) oder kunststoffgebundener und glasfaserverstärkter Zellulose verwendet. Meist gibt aber der Separator allein keine sichere Garantie für die Vermeidung von Kurzschlüssen durch Dendritenwachstum; deshalb müssen dazu noch weitere Maßnahmen (z. B. Anwendung einer Hilfselektrode) getroffen werden.

In galvanischen Zellen, bei denen sich Katode und Anode in unterschiedlichen Elektrolyten befinden, wie z. B. bei der DANIELL-Zelle, muß der Separator sowohl einen inneren Kurzschluß als auch die Vermischung von Anolyt und Katolyt verhindern. Der Ladungstransport im Separator soll möglichst nur durch solche Ionen übernommen werden, die bei Überführung von dem einen in den anderen Elektrodenraum weder die Elektrodenreaktion störend beeinflussen noch unerwünschte chemische Reaktionen auslösen, während alle anderen Ionen in den betreffenden Elektrodenräumen verbleiben. Der Ionentransport soll nur durch die Migration und nicht durch Diffusion oder Konvektion erfolgen.

Als Separatoren können Diaphragmen, Ionenaustauschermembranen und Festionenleiter, die eine Doppelfunktion als Elektrolyt und Scheider wahrnehmen, eingesetzt werden. Am häufigsten werden Diaphragmen verwendet, obwohl die Selektivität des Massetransports durch diese Separatoren nur mittels der Porenverteilung im Material reguliert werden kann und Diffusion und Konvektion der Ionen nicht auszuschließen sind. Die unerwünschte Vermischung von Anolyt und Katolyt wird im wesentlichen nur durch den gehemmten Stofftransport durch das Diaphragma verhindert. Als Diaphragmen für wäßrige Elektrolyte haben gegenwärtig teflonverstärkte, poröse Asbestmembranen, z. T. in Verbindung mit Glasfasern, große Bedeutung. In zunehmendem Maße werden als Separatoren auch poröse Kunststoffe (z. B. poröses PVC oder Teflon) mit sehr eng begrenzten, definierten Porenradienbereichen eingesetzt. Kationen- und Anionenaustauschermembranen sind Separatoren, die sehr selektiv nur ganz bestimmte Ionensorten passieren lassen. Ihr praktischer Einsatz ist aber dadurch eingeschränkt, daß ihre Selektivität mit steigender Elektrolytkonzentration verlorengeht und ihre ionische Leitfähigkeit relativ niedrig ist. Nur wenige Separatoren lassen bei guter ionischer Leitfähigkeit eine bestimmte Ionensorte ganz selektiv passieren. Dazu gehören Festionenleiter, wenn sie gleichzeitig Separatorfunktion ausüben, wie z. B. das β-Aluminiumoxid mit seiner selektiven Leitfähigkeit für Natriumionen, das im Natrium-Schwefel-Akkumulator (s. Abschn. 4.8.2.) als Separator verwendet wird.

2.3. Thermodynamik galvanischer Zellen

Bei einer chemischen Reaktion erfolgt außer der stofflichen Umwandlung stets auch eine Veränderung des energetischen Zustandes, die sich in einem Austausch von Wärme und Arbeit zwischen dem reagierenden System und der Umgebung äußert. Dieser Energieumsatz wird für chemische Reaktionen, die unter konstantem Druck ablaufen, wie es bei galvanischen Zellen meist der Fall ist, mit der molaren Reaktionsenthalpie $\Delta_R H$, der Differenz der molaren Enthalpien des Systems im End- und im Ausgangszustand

$$\Delta_R H = H_E - H_A, \tag{2.18.}$$

angegeben. Die molare Reaktionsenthalpie ist gleich der bei der isobaren chemischen Reaktion ausgetauschten molaren Wärme, wenn dabei außer Volumenarbeit keine andere Arbeit verrichtet wird. Sie ist negativ, wenn sich während des Reaktionsablaufs die Enthalpie des Systems verringert, und sie ist positiv, wenn sich die Enthalpie des Systems vergrößert. Bei Umkehr der Richtung einer chemischen Reaktion ändert sich nur das Vorzeichen der molaren Reaktionsenthalpie; dem Betrage nach ist sie für beide Richtungen gleich. Jedoch ist die molare Reaktionsenthalpie zur Beurteilung der Richtung eines chemischen Prozesses nicht geeignet. Bei isotherm-isobarer Prozeßführung ist das Kriterium für den Ablauf und für das thermodynamische Gleichgewicht einer chemischen Reaktion die molare freie Reaktionsenthalpie $\Delta_R G$. Es gilt für

Ablauf in betrachteter Reaktionsrichtung: $\Delta_R G < 0$, (2.19.)

Gleichgewicht: $\Delta_R G = 0$, (2.20.)
$\langle T, p = \text{const.}\rangle$

Ablauf in entgegengesetzter Reaktionsrichtung: $\Delta_R G > 0$. (2.21.)

Bei einem negativen Wert von $\Delta_R G$ verläuft die Reaktion in der betrachteten Richtung, bei einem positiven Wert in der entgegengesetzten Richtung; beim Wert Null herrscht Gleichgewicht. Die molare freie Reaktionsenthalpie ist bei isothermen Prozessen mit der molaren Reaktionsenthalpie durch die Gleichung

$$\Delta_R G = \Delta_R H - T\Delta_R S \qquad \langle dT = 0\rangle \tag{2.22.}$$

verknüpft, wobei $\Delta_R S$ die molare Reaktionsentropie und T die absolute Temperatur bedeuten.

Das Produkt $T\Delta_R S$ ist die gebundene Energie, die nur in Wärme umgewandelt werden kann, während für die freie Reaktionsenthalpie die Möglichkeit der Umwandlung sowohl in Wärme als auch in Arbeit besteht. Die Anteile an Wärme und Arbeit sind von der Art des Prozeßablaufs abhängig. Einerseits kann der Prozeß so geführt werden, daß keinerlei Nutzarbeit geleistet wird und nur ein Wärmeaustausch erfolgt; andererseits ist im Idealfall des reversiblen Ablaufs einer isotherm-isobaren Reaktion, d. h. wenn diese eine unendliche Folge von Gleichgewichtszuständen durchläuft, die (reversible) Nutzarbeit vollständig gleich der freien Reaktionsenthalpie. Der reversible Fall läßt sich für keinen real ablaufenden Prozeß verwirklichen; alle natürlichen Prozesse sind irreversibel. Als einen reversiblen Fall kann man aber das Gleichgewicht betrachten, obwohl es makroskopisch gesehen einen Zustand und keinen Prozeß darstellt. In galvanischen Zellen ist dieser Gleichgewichtszustand nur bei Stromlosigkeit realisierbar.

Setzt man eine reversible Arbeitsweise der beiden Elektroden der Zelle voraus, dann liegt bei offenem Stromkreis ein elektrochemisches Gleichgewicht vor, wobei sich zwischen den Polen der Zelle die Gleichgewichtszellenspannung U_{eq} einstellt. Ihre Messung muß stromlos (Kompensation, Meßverstärker) erfolgen; sobald ein Strom durch die Zelle fließt, weicht die Zellenspannung („Klemmenspannung") vom Wert der Gleichgewichtszellenspannung ab. Für die meisten chemischen Reaktionen ist die reversible Nutzarbeit gleich der reversiblen elektrischen Arbeit. Wenn man die Gesamtreaktion, in einen katodischen und anodischen Teilprozeß zerlegt, in einer (idealen) galvanischen Zelle reversibel ablaufen lassen kann, gilt für den Zusammenhang zwischen der molaren freien Reaktionsenthalpie dieser Zellenreaktion und der Gleichgewichtszellenspannung die Beziehung

$$\Delta_R G = z_r F U_{eq}, \qquad (2.23.)$$

wobei z_r die Reaktionsladungszahl und F die Faraday-Konstante bedeuten. Die Reaktionsladungszahl gibt die Anzahl der durch die Phasengrenze hindurchtretenden Elementarladungen pro elementarem Formelumsatz an. Während das Vorzeichen der Gleichgewichtszellenspannung nur vom Zellensymbol abhängt (s. Abschn. 2.2.1.), ist das Vorzeichen der Reaktionsladungszahl mit dem Zellensymbol und der Gleichung der Zellenreaktion verknüpft. Die Reaktionsladungszahl ist positiv, wenn bei Ablauf der Zellenreaktion durch die Phasengrenzen gemäß Zellensymbol positive Ladung von links nach rechts oder negative Ladung von rechts nach links hindurchtritt. In den entgegengesetzten Fällen ist die Reaktionsladungszahl negativ. Beispielsweise ergibt sich für die Daniell-Zelle unter Verwendung des Zellensymbols

$$(+)Cu/Cu^{2+}//Zn^{2+}/Zn/Cu(-)$$

und des Reaktionsablaufs entsprechend Gl. (2.2.) ein Übergang positiver Ladung durch die Phasengrenze von rechts nach links, woraus eine negative Reaktionsladungszahl ($z_r = -2$) resultiert. Die Gleichgewichtszellenspannung ist positiv, so daß sich insgesamt ein negativer Wert der freien Reaktionsenthalpie und damit ein Ablauf der Zellenreaktion in der formulierten Richtung ergibt.

Sobald nach Ablauf der Zellenreaktion das chemische Gleichgewicht erreicht ist ($\Delta_R G = 0$), hat die Gleichgewichtszellenspannung den Wert Null.

Verläuft durch Anlegen einer ausreichend großen (positiven) Spannung die formulierte Zellenreaktion in die entgegengesetzte Richtung (von rechts nach links), dann tritt im Zellensymbol die positive Ladung von links nach rechts durch die Phasengrenze, so daß eine positive Reaktionsladungszahl ($z_r = +2$) resultiert. Es ergibt sich ein positiver Wert der freien Reaktionsenthalpie der formulierten Zellenreaktion, was mit dem Ablauf von rechts nach links (Ladeprozeß, Elektrolyse) gleichbedeutend ist.

Zur Festlegung der optimalen Arbeitstemperatur einer galvanischen Zelle ist die Kenntnis der Temperaturabhängigkeit ihrer Zellenspannung wesentlich. Der Temperaturkoeffizient der Gleichgewichtszellenspannung steht mit der molaren Reaktionsentropie $\Delta_R S$ in folgendem Zusammenhang:

$$\left(\frac{\partial U_{eq}}{\partial T}\right)^p = -\frac{(\Delta_R S)_p}{z_r F}. \tag{2.24.}$$

Ist bei positiver Reaktionsladungszahl die molare Reaktionsentropie positiv, dann resultiert ein negativer Temperaturkoeffizient, d. h., mit steigender Temperatur wird die Gleichgewichtszellenspannung negativer. Das bedeutet, daß in diesem Fall mit steigender Temperatur eine negative Zellenspannung dem Betrage nach größer und eine positive Zellenspannung dem Betrage nach kleiner wird.

Der Temperaturkoeffizient der Gleichgewichtszellenspannung bestimmt in entscheidendem Maße den idealen (thermodynamischen) Wirkungsgrad η_{id} einer galvanischen Zelle, der gleich dem Betrag des Verhältnisses aus reversibler molarer elektrischer Arbeit und molarer Reaktionsenthalpie ist. Die reversible molare elektrische Arbeit ist unter isotherm-isobaren Bedingungen gleich der molaren freien Reaktionsenthalpie, so daß für den idealen Wirkungsgrad gilt:

$$\eta_{id} = \frac{\Delta_R G}{\Delta_R H}, \tag{2.25.}$$

woraus unter Berücksichtigung von Gl. (2.22.) bis (2.24.)

$$\eta_{id} = \left| \frac{U_{eq}}{U_{eq} - T\left(\frac{\partial U_{eq}}{\partial T}\right)} \right| \tag{2.26.}$$

folgt. Bei Anwendung dieser Gleichung sind stets die Vorzeichen der Gleichgewichtszellenspannung und ihres Temperaturkoeffizienten zu beachten. Nimmt der absolute Betrag der Gleichgewichtszellenspannung mit der Temperatur zu, so ergibt sich ein idealer Wirkungsgrad größer als 1, d. h., es wird von der Zelle mehr elektrische Energie erzeugt als der Reaktionsenthalpie der elektrochemischen Zellenreaktion entspricht. Der Differenzbetrag wird als reversible Wärme aus der Umgebung aufgenommen. Ein Beispiel für eine Zellenreaktion mit idealem Wirkungsgrad größer als 1 ist die Oxydation von Kohlenstoff zu Kohlenmonoxid:

$$C + \frac{1}{2} O_2 \rightarrow CO. \tag{2.27.}$$

Könnte dieser Prozeß als elektrochemische Reaktion in einer Brennstoffzelle realisiert werden, so wäre bei 500 °C sein idealer Wirkungsgrad 1,63. Für die meisten Zellenreaktionen ist er aber kleiner als 1. In Tab. 2.1. sind für einige Zellenreaktionen molare Standard-Reaktionsgrößen sowie daraus berechnete Gleichgewichtszellenspannungen (Standardwerte) und ideale Wirkungsgrade angegeben.

Tabelle 2.1. Molare (Standard-) Reaktionsgrößen, Gleichgewichtszellenspannung (Standardwert) und idealer Wirkungsgrad einiger Zellenreaktionen bei verschiedenen Temperaturen

Zellenreaktion	ϑ in °C	$\Delta_R H$ in kJ mol^{-1}	$\Delta_R G$ in kJ mol^{-1}	$\lvert U_{eq}\rvert$ in V	η_{id}
$H_2 + \frac{1}{2} O_2 \rightarrow H_2O\,(l)$	25	−285,9	−237,4	1,23	0,83
	60	−285,1	−231,8	1,20	0,81
$H_2 + \frac{1}{2} O_2 \rightarrow H_2O\,(g)$	25	−241,8	−228,6	1,18	0,95
	100	−242,6	−225,2	1,17	0,93
	500	−246,2	−203,5	1,05	0,83
$C\,(\textit{Graphit}) + \frac{1}{2} O_2 \rightarrow CO$	25	−110,5	−137,1	0,71	1,24
	500	−110,8	−180,3	0,93	1,63
$C\,(\textit{Graphit}) + O_2 \rightarrow CO_2$	25	−393,5	−394,5	1,02	1,00
$CO + \frac{1}{2} O_2 \rightarrow CO_2$	25	−283,0	−257,4	1,33	0,91
$CH_3OH\,(l) + \frac{3}{2} O_2 \rightarrow CO_2 + H_2O\,(l)$	25	−726,6	−700,6	1,21	0,96
$HCHO + \frac{1}{2} O_2 \rightarrow HCOOH$	25	−306,9	−249,6	1,29	0,81
$HCHO + O_2 \rightarrow CO_2 + H_2O\,(l)$	25	−563,5	−520,7	1,35	0,92
$CH_4 + 2O_2 \rightarrow CO_2 + 2H_2O\,(l)$	25	−890,4	−816,0	1,06	0,92
$CH_4 + 2O_2 \rightarrow CO_2 + 2H_2O\,(g)$	25	−802,2	−800,8	1,04	1,00
	100	−801,7	−800,2	1,04	1,00
	500	−800,3	−798,9	1,03	1,00
$N_2H_4(l) + O_2 \rightarrow N_2 + 2H_2O\,(l)$	25	−621,1	−622,6	1,61	1,00
$Zn + \frac{1}{2} O_2 \rightarrow ZnO$	25	−349	−318,5	1,65	0,91
$2Na + 3S \rightarrow Na_2S_3$	300	−427	−401,5	2,08	0,94
$Li + \frac{1}{2} F_2 \rightarrow LiF$	25	−611,9	−584	6,05	0,95

Der ideale Wirkungsgrad stellt einen maximalen Grenzwert dar, der beim praktischen Betrieb nicht zu erreichen ist, da verschiedenartige Verlustfaktoren den Gesamtwirkungsgrad einer galvanischen Zelle entscheidend beeinflussen. Im einzelnen sind außer dem idealen Wirkungsgrad noch Spannungs-, Umsatz- und Betriebswirkungsgrad zu berücksichtigen.

Der Spannungswirkungsgrad η_{Sp} ist das Verhältnis von Klemmenspannung (Arbeitsspannung) U_{Kl} und Gleichgewichtszellenspannung U_{eq}:

$$\eta_{Sp} = \frac{U_{Kl}}{U_{eq}}. \qquad (2.28.)$$

Die Klemmenspannung einer galvanischen Zelle liegt bei Stromfluß auf Grund von Überspannungserscheinungen an den Elektroden und von JOULEschen Wärmeverlusten infolge des Innenwiderstandes der Zelle stets unter der Gleichgewichtszellenspannung, so daß der Spannungswirkungsgrad immer kleiner als 1 ist.

Als Produkt aus idealem Wirkungsgrad und Spannungswirkungsgrad errechnet sich der thermische Wirkungsgrad

$$\eta_{th} = \eta_{id} \cdot \eta_{Sp} = \frac{\Delta_R G}{\Delta_R H} \cdot \frac{U_{Kl}}{U_{eq}} = \frac{z_r F U_{Kl}}{\Delta_R H}. \qquad (2.29.)$$

Er gibt das Verhältnis von erzeugter Elektroenergie und Reaktionsenthalpie an und kann zum direkten Vergleich von Wirkungsgraden galvanischer Zellen mit denen konventioneller thermischer Elektroenergieerzeugungsanlagen herangezogen werden.

Der Umsatzwirkungsgrad (FARADAYscher Wirkungsgrad) η_U berücksichtigt, daß die Zellenreaktionen nie ganz vollständig verlaufen, unerwünschte Nebenreaktionen beim Entlade- und Ladeprozeß auftreten und eine Verminderung der umzusetzenden Aktivmasse- bzw. Brennstoffmenge durch Selbstentladung beim Stehen der Zelle oder durch Materialverluste erfolgt. Zur Selbstentladung einer Zelle kann es durch elektrochemische Reaktionen infolge inneren Kurzschlusses oder Lokalelementbildung und/oder durch chemische Umsetzung der Elektrodenmaterialien untereinander oder mit dem Elektrolyten kommen. Der Umsatzwirkungsgrad ist definiert als das Verhältnis von praktisch der Zelle entnommener Ladungsmenge q und theoretisch auf Grund der FARADAYschen Gesetze zu erwartender Ladungsmenge

$$\eta_U = \frac{q}{z_r \frac{m}{\nu_b M} F}. \qquad (2.30.)$$

m — Masse des verbrauchten Elektrodenmaterials
M — Molmasse des Elektrodenmaterials
ν_b — Stöchiometriezahl des Elektrodenmaterials in der Zellengleichung

Der Betriebswirkungsgrad η_B ist von Bedeutung für technische galvanische Zellen. Insbesondere bei Brennstoffzellen sind zum praktischen Betrieb verschiedene Zusatzeinrichtungen notwendig, wie z. B. zur Elektrolytreinigung, Entfernung von Reaktionsprodukten, Zwangsumwälzung, Thermostatierung und Regelung. Von diesen Anlagen werden bis zu 10% der in der galvanischen Zelle erzeugten Elektroenergie verbraucht, so daß der Betriebswirkungsgrad etwa 0,9 beträgt.

Als Produkt aus Spannungs-, Umsatz- und Betriebswirkungsgrad errechnet sich der praktische Wirkungsgrad einer galvanischen Zelle

$$\eta_{pr} = \eta_{Sp}\eta_U\eta_B, \qquad (2.31.)$$

der bei 0,5···0,8 liegt.

Der Gesamtwirkungsgrad ergibt sich zu

$$\eta_G = \eta_{id}\eta_{pr} = \eta_{id}\eta_{Sp}\eta_U\eta_B. \qquad (2.32.)$$

Wirkungsgradbetrachtungen sind bezüglich der Möglichkeit einer effektiven Erzeugung von Elektroenergie besonders für elektrochemische Brennstoffzellen interessant. Bei günstigen Systemen, z. B. bei der Wasserstoff-Sauerstoff-Brennstoffzelle mit alkalischem Elektrolyten, werden Gesamtwirkungsgrade von 0,5···0,6 erreicht.

Die Arbeitsweise von Akkumulatoren wird durch den Ladewirkungsgrad η_L und den Energiewirkungsgrad η_E charakterisiert. Diese Wirkungsgrade geben das Verhältnis der beim Entladen zu entnehmenden zu den für das Laden des Akkumulators erforderlichen Ladungs- bzw. Energiemengen an:

$$\eta_L = \frac{\int_0^{t_E} I_E\,dt}{\int_0^{t_L} I_L\,dt}, \qquad (2.33.)$$

$$\eta_E = \frac{\int_0^{t_E} I_E U_E\,dt}{\int_0^{t_L} I_L U_L\,dt}. \qquad (2.34.)$$

I_L, I_E — Lade- bzw. Entladestrom
U_L, U_E — Lade- bzw. Entladespannung
t_L, t_E — Lade- bzw. Entladezeit

Verluste ergeben sich hierbei durch Überspannungserscheinungen, JOULEsche Wärme, Selbstentladung und häufig beim Ladevorgang durch Nebenreaktionen. Der Energiewirkungsgrad liegt je nach Akkumulatortyp zwischen 0,3 und 0,8.

2.4. Kinetik von Elektrodenprozessen

Die Zellenspannung der meisten als Stromquellen betriebenen galvanischen Zellen weicht von der aus thermodynamischen Daten berechneten Gleichgewichtszellenspannung ab; ihr Betrag ist beim Entladen kleiner und muß beim Laden größer eingestellt werden als der Betrag der Gleichgewichtszellenspannung. Diese Abweichung ist ganz allgemein auf kinetische Hemmungen der verschiedenartigen in der Zelle vor sich gehenden Prozesse, insbesondere der Elektrodenprozesse, zurückzuführen.

Bezüglich der Elektrodenprozesse unterscheidet man einfache Elektroden, an denen nur eine einzige Elektrodenreaktion abläuft, und mehrfache Elektroden, an denen zwei oder mehr Elektrodenreaktionen parallel ablaufen.

Einfache Elektroden, bei denen sich das Gleichgewicht der Elektrodenreaktion hinreichend schnell einstellt, arbeiten reversibel. Für diese Elektroden stimmt das Ruhepotential $U_{H,0}$ (Potential im stromlosen Zustand der Elektrode) mit dem Gleichgewichtspotential $U_{H,eq}$ überein. Das ist nur bei wenigen Elektroden der Fall; beispielsweise bei den Metallionenelektroden Ag/Ag^+ und Hg/Hg_2^{2+}, bei den Anionenelektroden $Ag/AgCl/Cl^-$, $Hg/Hg_2Cl_2/Cl^-$ und $Hg/Hg_2SO_4/SO_4^{2-}$ sowie bei den Redoxelektroden $Pt/H_2,H^+$ und $Pt/Fe^{2+},Fe^{3+}$. Bei nicht reversibel arbeitenden einfachen Elektroden weicht das Ruhepotential mehr oder weniger vom Gleichgewichtspotential ab. Die Ursache hierfür besteht darin, daß die Elektrodenreaktion stark gehemmt ist und dadurch die Einstellung des Gleichgewichts nur sehr langsam erfolgt (kleine Austauschstromdichte).

Mehrfache Elektroden besitzen kein Gleichgewichtspotential, da sich dieses stets eindeutig auf eine einzige Elektrodenreaktion bezieht. Sie weisen vielmehr ein Mischpotential aus den Potentialen der an der Elektrode vor sich gehenden Einzelreaktionen auf, das im stromlosen Zustand das Ruheelektrodenpotential ist.[1]

Solche Elektroden sind z. B. die Metallionenelektroden Fe/Fe^{2+} und Cr/Cr^{3+}, an denen außer der betreffenden Elektrodenreaktion noch Nebenreaktionen (häufig die Reduktion des Luftsauerstoffs) stattfinden.

Im stromdurchflossenen Zustand der Zelle ändern sich im allgemeinen die Potentiale beider Elektroden in bezug auf das entsprechende Ruheelektrodenpotential, da an der Phasengrenze außer der Hemmung des Durchtritts der Ladungsträger noch Konzentrationsveränderungen gegenüber dem Lösungsinneren auftreten, wenn die Diffusion bzw. die dem Ladungsdurchtritt vor- oder nachgelagerten chemischen Reaktionen langsam ablaufen. Sobald einer dieser Vorgänge besonders gehemmt ist, bestimmt er die Geschwindigkeit der gesamten Elektroden- bzw. Zellenreaktion.

---

[1] Im Sonderfall kann auch bei mehrfachen Elektronen das Ruhepotential gleich dem Gleichgewichtspotential der einzelnen Elektrodenreaktionen sein, z. B. wenn in einer Mischung zwei Redoxsysteme miteinander im Gleichgewicht stehen.

Die Differenz zwischen dem Elektrodenpotential U_H bzw. der Zellenspannung U bei Stromfluß und den entsprechenden Werten $U_{H,0}$ und U_0 bei Stromlosigkeit wird als Polarisation ΔU der Elektrode bzw. der Zelle bezeichnet:

$$\Delta U_E = U_H - U_{H,0} \quad \langle\text{Elektrodenpolarisation}\rangle, \tag{2.35.a}$$

$$\Delta U_Z = U - U_0 \quad \langle\text{Zellenpolarisation}\rangle. \tag{2.35.b}$$

Der Begriff Elektrodenpolarisation bezieht sich sowohl auf einfache als auch auf mehrfache Elektroden.

Die Differenz zwischen dem Potential einer einfachen Elektrode bei Stromfluß und ihrem Gleichgewichtspotential wird auch als Überspannung η der Elektrodenreaktion bezeichnet:

$$\eta = U_H - U_{H,eq}. \tag{2.36.}$$

Die Hemmung geht auf unterschiedliche Ursachen zurück, denen gemäß die Überspannung in die folgenden Überspannungsarten aufgeteilt werden kann:

- Durchtrittsüberspannung η_D,
- Konzentrationsüberspannung η_c, die
  - Diffusionsüberspannung η_d und/oder
  - Reaktionsüberspannung η_r sein kann, sowie
- Kristallisationsüberspannung η_K.

Außerdem tritt noch die Widerstandspolarisation η_Ω auf.

Die Durchtrittsüberspannung η_D wird von der Hemmung des Ladungsdurchtritts durch die Phasengrenze der Elektrode verursacht. Ist der Betrag der Überspannung genügend groß ($|\eta_D| > \frac{25}{|z|}$ mV bei 25 °C), so gilt für ihre Abhängigkeit von der Stromdichte i die TAFELsche Gleichung

$$\eta_D = a + b \lg |i| \tag{2.37.a}$$

bzw.

$$\eta_D = -\frac{RT}{\alpha z F} \ln i_0 + \frac{RT}{\alpha z F} \ln |i|, \tag{2.37.b}$$

wobei α den Durchtrittsfaktor, z die Ladungszahl des durchtretenden Ions oder Elektrons und i_0 die Austauschstromdichte bedeuten. Der Durchtrittsfaktor hat für viele Elektrodenreaktionen den Wert 0,5. Die Austauschstromdichte ist die Stromdichte des außenstromlosen Ladungsübergangs durch die Phasengrenze der Elektrode, d. h. wenn im dynamischen Gleichgewicht anodische und katodische Stromdichte entgegengesetzt gleich sind. Aus der TAFELschen Gleichung ergibt sich die Austauschstromdichte als Stromdichte bei der Überspannung Null ($\eta_D = 0$).

Für die Stromdichte der Durchtrittsreaktion gilt bei jedem Wert der Überspannung

$$i = \frac{z}{|z|}\, i_0 \left(e^{\frac{\alpha z F \eta_D}{RT}} - e^{-\frac{(1-\alpha) z F \eta_D}{RT}} \right). \tag{2.38.}$$

Wenn der Ladungsdurchtritt die Geschwindigkeit der gesamten Elektrodenreaktion bestimmt, folgt die Beziehung zwischen Stromdichte und Überspannung, die dann Durchtrittsüberspannung ist, dieser Gleichung, und die Stromdichte-Spannungs-Kurve nimmt einen der Kurve 1 in Bild 2.4. entsprechenden Verlauf.

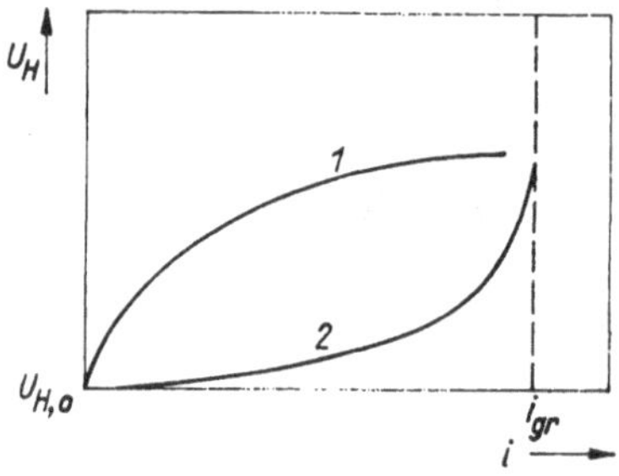

Bild 2.4. Verlauf der Stromdichte-Spannungs-Kurven verschiedener Elektroden bei Begrenzung der Stromdichte durch die Geschwindigkeit

1 – des Ladungsdurchtritts; $i = i(\eta_D)$;
2 – der Diffusion bzw. chemischen Reaktion: $i = i(\eta_c)$

Berücksichtigt man noch, daß die Austauschstromdichte entsprechend der Proportionalität

$$i_0 \sim e^{-\frac{E_A}{RT}} \tag{2.39.}$$

von der Aktivierungsenergie E_A der Durchtrittsreaktion und der Temperatur T abhängig ist, so kann die Stromdichte durch folgende Maßnahmen erhöht werden:

- durch Verringerung der Aktivierungsenergie der Durchtrittsreaktion mittels eines Katalysators,
- durch Erhöhung der Temperatur sowie
- durch Vergrößerung des Betrages der Elektrodenpolarisation.

Die Konzentrationsüberspannung η_c wird durch die Veränderung der Konzentration der an der Elektrodenreaktion beteiligten Komponenten an der Elektrodenoberfläche verursacht. Unter dem Einfluß des elektrisches Stromes verändert sich durch Ablauf der Elektrodenreaktion die Konzentration am Reaktionsort gegenüber der Konzentration im stromlosen Zustand bzw. der im Lösungsinneren. Ursache dafür ist die Hemmung des An- bzw. Abtransportes der Reaktionskomponenten infolge langsamer Diffusion oder langsamen Ablaufes einer vor- oder nachgelagerten chemischen Reaktion. Die Konzentrationsüberspannung ist somit die Summe aus Diffusions- und Reaktionsüberspannung. Für die Abhängigkeit der Diffusionsüberspannung η_d bzw. der Reaktionsüberspannung η_r von der Stromdichte gelten die Gleichungen

$$\eta_d = \frac{RT}{z_r F} \sum \nu_j \ln \left(1 - \frac{i}{i_{d,gr,j}}\right) \tag{2.40.}$$

und

$$\eta_r = -\frac{\nu RT}{p z_r F} \ln \left(1 - \frac{i}{i_{r,gr}}\right) \quad \langle\text{heterogene Reaktion}\rangle, \tag{2.41.}$$

wobei z_r die Reaktionsladungszahl, p die kinetische Reaktionsordnung und $i_{d,gr,j}$ und $i_{r,gr}$ die Diffusions- bzw. Reaktionsgrenzstromdichte bedeuten; ν_j sind die Stöchiometriezahlen in der Zellenreaktionsgleichung mit j als Laufindex für alle Reaktionsteilnehmer, und ν ist die Stöchiometriezahl des bei der vorgelagerten heterogenen Reaktion entstehenden Stoffes in der Gleichung der Durchtrittsreaktion. Wenn die Diffusion oder eine dem Ladungsdurchtritt vor- oder nachgelagerte heterogene chemische Reaktion die Geschwindigkeit der gesamten Elektrodenreaktion bestimmt, folgt die Beziehung zwischen Stromdichte und Überspannung, die dann Konzentrationsüberspannung ist, einer dieser analogen Gleichungen (im Falle homogener Reaktionen ist der Zusammenhang komplizierter), und die Stromdichte-Spannungs-Kurve nimmt einen der Kurve 2 in Bild 2.4. entsprechenden Verlauf. Sie weist bei genügend großem Betrag der Überspannung ein Gebiet der Diffusions- bzw. Reaktionsgrenzstromdichte auf.

Bis zu diesem Grenzwert läßt sich beispielsweise die Stromdichte einer diffusionsbestimmten Elektrodenreaktion durch Vergrößerung des Betrages des Elektrodenpotentials erhöhen. Berücksichtigt man, daß die Diffusionsgrenzstromdichte vor allem vom Konzentrationsgefälle abhängig ist, so kann die Stromdichte außerdem durch folgende Maßnahmen erhöht werden:

— durch Vergrößerung der Konzentration der Reaktionskomponenten und
— durch intensives Durchmischen des Elektrolyten.

Die Kristallisationsüberspannung η_K tritt bei der Abscheidung von Metallionen an festen Elektroden auf, wenn die Metallatome nicht unmittelbar in die stabile Halbkristallage (Wachstumsstelle) des Kristallgitterverbandes eingebaut werden, sondern zunächst als adsorbierte Atome in eine andere Lage (Stufe, Fläche) übergehen, bzw. bei der Auflösung der festen Elektrode in umgekehrter Richtung. Die Kristallisationsüberspannung wird durch die Hemmung des Übergangs der Metallatome vom ad-Atom-Zustand in den geordneten Gitterverband oder umgekehrt verursacht. Sie folgt der Gleichung

$$\eta_K = \frac{RT}{z_r F} \nu_{ad} \ln \frac{a_{ad}}{a_{ad,eq}}, \tag{2.42.}$$

wobei a_{ad} und $a_{ad,eq}$ die Aktivitäten der *ad*-Atome bei Stromfluß bzw. im Gleichgewicht, z_r die Reaktionsladungszahl und ν_{ad} die Stöchiometriezahl des adsorbierten Metallatoms in der Zellenreaktion bedeuten.

Prinzipiell kann es auch bei Anionenelektroden zu Kristallisationsüberspannungen kommen, da trotz der geringen Löslichkeit der Spezies die Reaktion oft über eine Lösungsphase erfolgt und so die verzögerte Kristallkeimbildung geschwindigkeitsbestimmend wird.

Die Widerstandspolarisation η_Ω ist der Spannungsabfall in der Diffusionsschicht der Elektrode, der im allgemeinen nicht dem OHMschen Gesetz gehorcht. Somit kommt mit der Ausbildung der Diffusionsschicht außer der Diffusionsüberspannung noch ein weiterer, etwa gleichgroßer Spannungsanteil zustande.

Außerdem ist bei Stromfluß noch der OHMsche Spannungsabfall U_R im Inneren aller die Zelle aufbauenden Phasen entsprechend der Gleichung

$$U_R = IR \tag{2.43.}$$

zu berücksichtigen, wobei I die Stromstärke und R den OHMschen Widerstand bedeuten. Bei gegebener Stromstärke kann der OHMsche Spannungsabfall durch folgende Maßnahmen gering gehalten werden:

- durch Verwendung eines Elektrolyten mit hoher spezifischer Leitfähigkeit,
- durch Verringerung der Schichtdicke des Elektrolyten und
- durch Verwendung eines Elektrodenmaterials, das keine Deckschichten oder nur solche mit geringem elektrischen Widerstand ausbildet.

Für die gesamte als Stromquelle dienende galvanische Zelle

(+)Metall(I)/Elektrolyt(II)//Elektrolyt(III)/Metall(IV)(−)

mit der Katode (Pluspol) links und der Anode (Minuspol) rechts im Zellensymbol ergibt sich für den Fall einfacher Elektroden unter dem Einfluß der

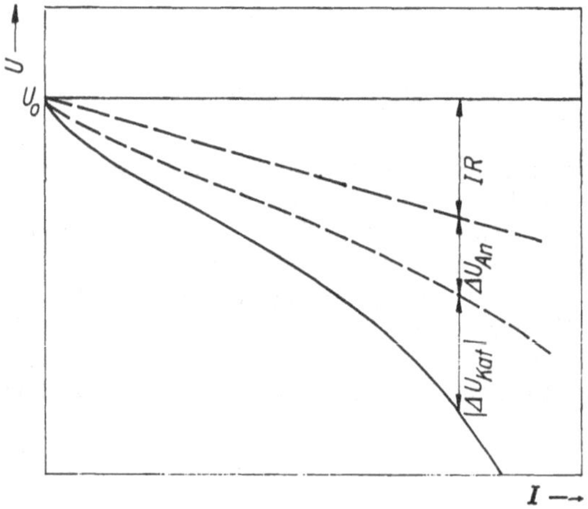

Bild 2.5. Strom-Spannungs-Kurve einer galvanischen Zelle beim Entladen unter Berücksichtigung des OHMschen Spannungsabfalls sowie der Katoden- und Anodenpolarisation, die zur Abweichung von der Ruhezellenspannung beitragen

auf verschiedene Ursachen zurückzuführenden kinetischen Hemmungen für die (positive) Zellenspannung beim Entladen die Gleichung

$$U = U_{eq} + \eta_{Kat} - \eta_{An} - I(R_{Kat} + R_{An} + R_E + R_D), \tag{2.44.}$$

wobei R_{Kat}, R_{An}, R_E und R_D die Widerstände des Katodenmaterials, des Anodenmaterials, des Elektrolyten bzw. des Diaphragmas bedeuten. Bei der Gleichung muß berücksichtigt werden, daß die katodische Überspannung stets negativ und die anodische Überspannung stets positiv ist und daß Kontaktwiderstände und eventuell auftretende Diffusionspotentiale vernachlässigt wurden. In Bild 2.5. ist der prinzipielle Verlauf der Strom-Spannungs-Kurve einer galvanischen Zelle beim Entladen wiedergegeben, wobei auch die Aufteilung der Zellenpolarisation auf die Katoden- und Anodenpolarisation und den OHMschen Spannungsabfall dargestellt ist. In der Praxis wird häufig der OHMsche Widerstand aller die Zelle aufbauenden Phasen und der Widerstand, der auf die Polarisation bzw. Überspannung zurückzuführen ist, zu einem gesamten inneren Widerstand zusammengefaßt.

2.5. Kenngrößen elektrochemischer Stromquellen

Zur Charakterisierung elektrochemischer Stromquellen werden verschiedene Kenngrößen verwendet, die sich vorwiegend von der elektrischen Spannung, Ladung, Energie und Leistung ableiten.

Im stromlosen Zustand der galvanischen Zelle stellt sich zwischen ihren Polen im Falle einer reversiblen Arbeitsweise beider Elektroden die aus thermodynamischen Daten berechenbare Gleichgewichtszellenspannung und im Falle einer irreversiblen Arbeitsweise auch schon einer Elektrode die Ruhezellenspannung (Ruhespannung, Leerlaufspannung) ein (s. Abschn. 2.3. und 2.4.). Wie in den Bildern 2.5. und 2.6. dargestellt, sinkt beim Entladen einer galvanischen Zelle infolge kinetischer Hemmungserscheinungen (s. Abschn. 2.4.) mit steigender Stromstärke die Zellenspannung. Die Polarisation beider Elektroden verändert die Elektrodenpotentiale dabei so, daß sich die Zellenspannung mit dem Anwachsen der Stromstärke vermindert (Grenzwert: Null). Wird der durch den inneren Widerstand bedingte OHMsche Spannungsabfall im Inneren der Zelle berücksichtigt, so gelangt man zu der für den praktischen Betrieb wesentlichen Klemmenspannung, der Zellenspannung bei Stromfluß (s. Bild 2.5.). Die Entladespannung ist die Klemmenspannung während des Entladevorganges. Ihr Betrag wird mit fortschreitender Entladung der Zelle geringer. In Abhängigkeit von den Eigenschaften der Stromquelle und von ihrem Einsatzgebiet, durch das vor allem die Entladestromstärke bestimmt wird, legt man die Entladeschlußspannung als unteren Grenzwert der Entladespannung fest. Die Angabe der sogenannten Nennspannung dient als Hinweis auf den Spannungswert einer als elektrochemischen Stromquelle gebräuchlichen galvanischen Zelle oder Batterie; sie ist also ein normierter Betrag der Entladespannung. Für die praktische Anwendung außerordentlich wichtige Kenngrößen elektrochemischer Stromquellen sind die Ladung und die Ladungsdichte. Die Ladung oder die Amperestundenkapazität (Kapazität) ist die Ladungsmenge, die einer Stromquelle unter gegebenen Bedingungen entnommen werden kann. Die Amperestundenkapazität wird in erster Linie von der Menge des in einer Stromquelle enthaltenen elektrochemisch aktiven Materials bestimmt. Sie ist aber auch abhängig vom Entladestrom und von der Entladeschlußspannung. Je kleiner die Entladestromstärke und die Entladeschlußspannung sind, um so größer ist die Kapazität ein und desselben Typs einer elektrochemischen Stromquelle.

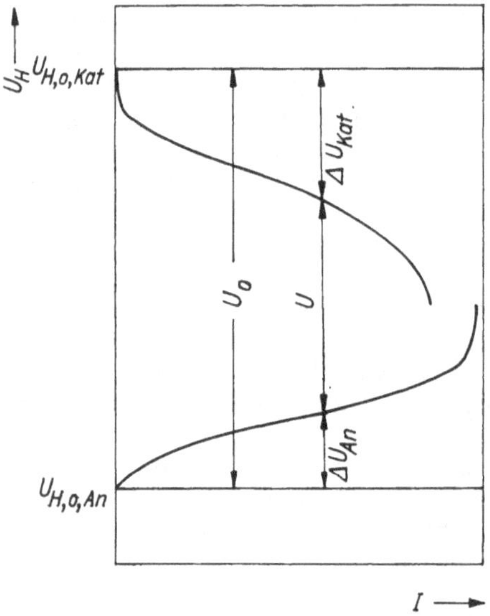

Bild 2.6. Strom-Potential-Kurven für Katode und Anode einer galvanischen Zelle beim Entladen ohne Berücksichtigung des OHMschen Spannungsabfalls

Da die Entladestromstärke mit der Entladezeit (Zeitdauer der Entnahme der gesamten Ladung) in Beziehung steht, ist die Kapazität auch von der Entladezeit abhängig. Je größer die Entladezeit ist, um so größer ist die Kapazität ein und desselben Typs einer elektrochemischen Stromquelle. Aus diesem Grunde ist es erforderlich, bei der sogenannten Nenn-Amperestundenkapazität K_t, die als Hinweis auf die Ladung einer galvanischen Zelle oder Batterie dient, auch die Nenn-Entladezeit t_N anzugeben, auf die sich diese Kapazität bezieht.

In der Praxis werden die Nenn-Amperestundenkapazitäten K_{20}, K_{10}, K_5 und K_1 am häufigsten verwendet, wobei im Index die Nenn-Entladezeiten in Stunden angegeben sind. Der Nenn-Entladestrom I_N errechnet sich nach der Gleichung

$$I_N = \frac{K_t}{t_N}. \qquad (2.45.)$$

Zum Beispiel ist bei einer Batterie der Kapazität $K_{20} = 5$ Ah vorausgesetzten Nenn-Entladezeit von 20 h der Nenn-Entladestrom auf

$$I_N = \frac{K_{20}}{t_N} = \frac{5\ \mathrm{Ah}}{20\ \mathrm{h}} = 0{,}25\ \mathrm{A}$$

festgelegt.

Selbstverständlich kann der Entladevorgang auch bei anderen Stromstärken als der Nenn-Entladestromstärke erfolgen.

Die Amperestundenkapazität bezieht sich stets auf den Entladevorgang. Bei Akkumulatoren ist diese Entladekapazität von der Ladekapazität zu unterscheiden. Die Ladekapazität ist die Ladungsmenge, die unter gegebenen Bedingungen einem Akkumulator zur Wiederaufladung auf den vor Entladungsbeginn vorhandenen Ladezustand zugeführt werden muß. Das Verhältnis von Ladekapazität zur Entladekapazität ist der sogenannte Ladefaktor. Er ist größer als eins, sobald beim Ladevorgang Nebenreaktionen, die nicht zur Ladungsspeicherung beitragen, auftreten und/oder wenn beim Stehen Selbstentladereaktionen vor sich gehen. Trotzdem kann größtenteils ein vollständiges Laden des Akkumulators erfolgen. Wenn jedoch die Aktivmasse eine ungünstige Struktur hat, braucht das nicht gewährleistet zu sein, d. h., die Ladefähigkeit des Akkumulators ist vermindert und läßt dann kein Volladen mehr zu. Die Ladefähigkeit hängt in starkem Maße von der Ladestromstärke und der Temperatur ab.

Zum Vergleich verschiedener als Stromquelle einsetzbarer elektrochemischer Systeme werden deren spezifische Ladung und deren Ladungsdichte herangezogen. Die spezifische Ladung l_m ist der Quotient aus Ladung und Masse einer elektrochemischen Stromquelle:

$$l_m = \frac{q}{m} \quad \text{(in Ah/kg)}. \tag{2.46.}$$

Die Ladungsdichte l_v ist der Quotient aus Ladung und Volumen einer elektrochemischen Stromquelle:

$$l_v = \frac{q}{v} \quad \text{(in Ah/}l\text{)}. \tag{2.47.}$$

Häufig werden auch die theoretische spezifische Ladung und die theoretische Ladungsdichte berücksichtigt, die sich allein auf das aktive Elektrodenmaterial beziehen, wofür aus dem FARADAYschen Gesetz die Gleichungen

$$l_{m,th} = \frac{z_r F}{M} \tag{2.48.}$$

und

$$l_{v,th} = \frac{d z_r F}{M} \tag{2.49.}$$

folgen. Dabei bedeuten z_r die Reaktionsladungszahl, M die Molmasse und d die Dichte des Elektrodenmaterials und F die FARADAY-Konstante ($F = 26{,}8$ Ah/val).

Von großer praktischer Bedeutung für den Einsatz elektrochemischer Stromquellen sind auch deren Energie, spezifische Energie und Energiedichte. Diese Kenngrößen erhält man prinzipiell als Produkt aus Entladespannung und Ladung, spezifischer Ladung bzw. Ladungsdichte. Die Energie einer elektrochemischen Stromquelle ist die elektrische Energie, die ihr unter gegebenen Bedingungen entnommen werden kann. Sie ist in noch stärkerem Maße als die Ladung der Stromquelle vom Entladestrom abhängig, denn je größer die Entladestromstärke ist, um so geringer sind Kapazität und Entladespannung ein und desselben Typs einer elektrochemischen Stromquelle. Da die Entladespannung zunächst langsam und gegen Ende des Entladeprozesses schnell abnimmt, ergibt sich die Energie P einer Stromquelle zu

$$P = \int_0^t U(t)\, I(t)\, dt. \tag{2.50.}$$

In erster Näherung kann die Energie einer Stromquelle auch aus Nennspannung U_N und Nenn-Amperestundenkapazität K_t nach

$$P = U_N K_t \tag{2.51.}$$

berechnet werden.

Die spezifische Energie p_m ist der Quotient aus Energie und Masse einer elektrochemischen Stromquelle:

$$p_m = \frac{P}{m} \quad \text{(in Wh/kg)}. \tag{2.52.}$$

Die Energiedichte p_v ist der Quotient aus Energie und Volumen einer elektrochemischen Stromquelle:

$$p_v = \frac{P}{v} \quad \text{(in Wh/}l\text{)}. \tag{2.53.}$$

Während die theoretische spezifische Ladung und die theoretische Ladungsdichte für jede einzelne Elektrode berechnet werden, gibt man die theoretische spezifische Energie und die theoretische Energiedichte meistens nur für das gesamte aus Anode und Katode bestehende System an, da die hierbei zu berücksichtigende Gleichgewichtszellenspannung als Differenz der Gleichgewichtselektrodenpotentiale stets von beiden Elektroden bestimmt wird. Unter der Voraussetzung, daß die Stromquelle äquivalente Mengen an aktivem Katoden- und Anodenmaterial enthält, ergeben sich die theoretische spezifische Energie und die theoretische Energiedichte nach den Gleichungen

$$p_{m,th} = \frac{U_{eq}}{\left(\frac{1}{l_{m,th,K}} + \frac{1}{l_{m,th,A}}\right)} \tag{2.54.}$$

bzw.

$$p_{v,th} = \frac{U_{eq}}{\left(\frac{1}{l_{v,th,K}} + \frac{1}{l_{v,th,A}}\right)} \tag{2.55.}$$

Die Leistung einer elektrochemischen Stromquelle entspricht der elektrischen Energie, die ihr in der Zeiteinheit ohne Schädigung entnommen werden kann. Sie ist das Produkt aus Entladestrom und Entladespannung:

$$F = UI \qquad \text{(in W)}. \tag{2.56.}$$

Zu Vergleichszwecken gibt man für verschiedene Systeme die spezifische Leistung oder die Leistungsdichte an. Die spezifische Leistung f_m ist der Quotient aus Leistung und Masse einer elektrochemischen Stromquelle:

$$f_m = \frac{F}{m} \qquad \text{(in W/kg)}. \tag{2.57.}$$

Die Leistungsdichte f_v ist der Quotient aus Leistung und Volumen einer elektrochemischen Stromquelle:

$$f_v = \frac{F}{v} \qquad \text{(in W/}l\text{)}. \tag{2.58.}$$

Voraussetzung für eine hohe Leistungsdichte ist eine gute Belastbarkeit der Elektroden. Eine Elektrode ist um so stärker belastbar, je größer die Stromdichte (Stromstärke pro Flächeneinheit) bei einem bestimmten, möglichst geringen Betrag der Elektrodenüberspannung ist.

2.6. Auswahlprinzipien für elektrochemische Stromquellen

Für die praktische Anwendung als elektrochemische Stromquelle werden an eine galvanische Zelle bestimmte Anforderungen gestellt, die teils von genereller Bedeutung und teils vom Anwendungsgebiet der Stromquelle abhängig sind. Die wichtigsten Anforderungen sind:

- hohe Zellenspannung,
- hohe Ladungsdichte bzw. hohe spezifische Ladung,
- hohe Energiedichte bzw. hohe spezifische Energie,
- hohe Leistungsdichte bzw. hohe spezifische Leistung,
- großer Umsatzwirkunggrad,
- lange Lebensdauer,
- niedrige spezifische Kosten,
- günstiges Betriebsverhalten.

Die Zellenspannung soll möglichst groß sein. Deshalb werden häufig zwei Elektroden mit weit auseinanderliegenden Potentialen zu einer galvanischen Zelle kombiniert. Ein sehr negatives bzw. positives Elektrodenpotential haben z. B. Lithium und Fluor. Bei der Kombination einer Lithium- mit einer Fluorelektrode ergibt sich darum eine extrem große Zellenspannung (s. Tab. 2.1. und 2.4.). Hierbei ist aber u. a. der Einsatz protischer Elektrolyte nicht möglich, da sich diese sowohl mit Lithium als auch mit Fluor spontan umsetzen. Die Ruhezellenspannung liegt bei als Stromquelle eingesetzten galvanischen Zellen zwischen 0,5 und 3,3 V. Damit die Klemmenspannung möglichst nahe der Ruhezellenspannung gehalten werden kann, muß die Zelle einen kleinen inneren Widerstand haben, den man vor allem durch Verwendung gut leitender Elektrolyte, geringer Elektrodenabstände und dünner, poröser Separatoren erreicht.

Für die Ladungsdichte bzw. die spezifische Ladung einer galvanischen Zelle werden möglichst hohe Werte angestrebt. Dazu ist es erforderlich, aktive anodische und katodische Materialien mit großer theoretischer Ladungsdichte einzusetzen und das Volumen der notwendigen Zusatzmaterialien wie Elektrolyte, Kollektoren, Separatoren, Gefäße und Dichtungen gering zu halten.

In den Tab. 2.2. und 2.3. sind die theoretische spezifische Ladung (Ladung pro Masseneinheit) und die theoretische Ladungsdichte (Ladung pro Volumeneinheit) einer Reihe technisch angewandter oder labormäßig erprobter Elektrodenmaterialien für elektrochemische Stromquellen angegeben. Die theoretische spezifische Ladung eines Stoffes ist um so größer, je kleiner dessen Äquivalentmasse ist. Die höchste spezifische Ladung besitzt unter den Anodenmaterialien der Wasserstoff und unter den Katodenmaterialien der Sauerstoff. Beide haben jedoch im gasförmigen Zustand eine extrem niedrige theoretische Ladungsdichte, so daß für bestimmte Einsatzzwecke, z. B. für die Raumfahrt, die Verwendung von flüssigem Wasserstoff und Sauerstoff vorteilhaft ist, da deren Ladungsdichten in der Größenordnung der anderer brauchbarer Elektrodenmaterialien liegen.

Um eine hohe Energiedichte bzw. spezifische Energie zu erreichen, wählt man Systeme mit möglichst hoher Zellenspannung und Ladungsdichte bzw. spezifischer Ladung. In Tab. 2.4. sind die sich aus der Kombination äquivalenter Mengen an Anoden- und Katodenmaterial ergebenden theoretischen spezifischen Energien und theoretischen Energiedichten für einige als Stromquellen brauchbare Systeme zusammengestellt. Diese theoretischen Grenzwerte sind nicht zu erreichen, da einerseits beim praktischen Betrieb der Zelle die Klemmenspannung immer kleiner als die Gleichgewichtszellenspannung ist und andererseits die praktische Ladungsdichte wegen der außer den aktiven Materialien stets erforderlichen Zusatzmaterialien unterhalb der theoretischen bleibt (s. Abschn. 2.4. und 2.5.). Häufig beträgt der praktische Wert nur 20···30% des theoretischen.

Die Leistungsdichte einer elektrochemischen Stromquelle ist um so höher, je größer die Energiemenge ist, die ihr pro Volumen- und Zeiteinheit entnommen werden kann.

Eine hohe Leistungsdichte bedeutet, daß die Ruhespannung groß ist und bei Belastung der Zelle durch Stromfluß die Verminderung der Klemmenspannung nur gering sein darf, d. h. der Spannungswirkungsgrad soll hoch sein. Ein hoher Spannungswirkungsgrad ist bei guter elektrischer Leitfähigkeit der Elektroden und des Elektrolyten, ungehemmtem Ladungsdurchtritt an der Phasengrenze und schnellem An- und Abtransport der Reaktionskomponenten gewährleistet. Leistungserhöhend wirkt sich eine große Berührungsfläche zwischen Elektrodenmaterial und Elektrolyten aus.

Die größten Leistungsdichten haben einige Akkumulatoren, z. B. der Silber-

Tabelle 2.2. Theoretische spezifische Ladung $l_{m,th}$ und theoretische Ladungsdichte $l_{v,th}$ aktiver anodischer Materialien (bei 25 °C)

Anodenmaterial	$l_{m,th}$ in Ah kg^{-1}	$l_{v,th}$ in Ah l^{-1}
H_2 (l; −253 °C)	26587	1860
H_2 (g)	26587	2,19
Li	3862	2060
Na	1166	1130
Mg	2204	3840
Zn	820	5850
Cd	477	4120
Al	2980	8050
Fe	1440	11320
Pb	259	2930
N_2H_4	3345	3380
CH_3OH	5018	3970
HCHO (l; −21 °C)	3570	2910

Tabelle 2.3. Theoretische spezifische Ladung $l_{m,th}$ und theoretische Ladungsdichte $l_{v,th}$ aktiver katodischer Materialien (bei 25 °C)

Katodenmaterial	$l_{m,th}$ in Ah kg^{-1}	$l_{v,th}$ in Ah l^{-1}
O_2 (l; −183 °C)	3350	3750
O_2 (g)	3350	4,39
S	1672	3460
F_2 (l; −188 °C)	1411	1560
F_2 (g)	1411	2,19
Cl_2 (l; −34 °C)	756	1190
Cl_2 (g)	756	2,19
J	211	1040
H_2O_2	1576	2300
CuO	674	4350
CuCl	271	960
Ag_2O	231	1670
Ag_2O_2	433	3220
AgCl	187	1040
Ag_2CrO_4	162	910
HgO	247	2750
PbO_2	224	2100
MnO_2	308	1550
$SOCl_2$	450	740

Tabelle 2.4. Gleichgewichtszellenspannung (Standardwert), theoretische spezifische Energie $p_{m,th}$ und theoretische Energiedichte $p_{v,th}$ für einige Kombinationen aktiver Anoden- und Katodenmaterialien (bei 25 °C)

Anoden-material	Katoden-material	$\|U_{eq}\|$ in V	$p_{m,th}$ in Wh kg^{-1}	$p_{v,th}$ in Wh l^{-1}
H_2 (l; −253 °C)	O_2 (l; −183 °C)	1,23	3660	1530
H_2 (g)	O_2 (g)	1,23	3660	1,80
Li	F_2 (l; −188 °C)	6,05	6250	5370
Li	F_2 (g)	6,05	6250	13,2
Li	Cl_2 (l; −34 °C)	4,41	2790	3330
Li	Cl_2 (g)	4,41	2790	9,65
Li	J	3,56	712	2460
Li	Ag_2CrO_4	3,47	540	2190
Na	S	2,08 (300 °C)	1430	1770
Mg	CuCl	2,80	676	2150
Mg	AgCl	2,90	500	2370
Zn	O_2 (l; −183 °C)	1,62	1070	3700
Zn	O_2 (g)	1,62	1070	7,11
Zn	Ag_2O_2	1,70	482	3530
Zn	HgO	1,32	251	2470
Zn	MnO_2	1,55	347	1900
Cd	Ag_2O_2	1,27	288	2300
Pb	PbO_2	2,04	245	2500

Zink-Akkumulator, bei denen im wesentlichen nur der Widerstand des Elektrolyten sowie unter sehr hohen Stromstärken gehemmte Transportprozesse leistungsvermindernd wirken. Akkumulatoren, auf deren Elektroden sich beim Lade-Entlade-Vorgang schlecht leitende Deckschichten bilden, sind dagegen weniger gut belastbar.

In Brennstoffzellen kommt zu den bei Akkumulatoren auftretenden leistungsmindernden Faktoren noch die Hemmung des Ladungsdurchtritts, insbesondere an der Phasengrenze der Sauerstoffelektrode hinzu, so daß sie eine im Vergleich zur Energiedichte geringe Leistungsdichte besitzen. Bei Systemen mit nichtwäßrigen Elektrolyten ist wegen des bei Normaltemperatur hohen Ohmschen Spannungsabfalls im Elektrolyten die Leistungsdichte ebenfalls niedrig.

Ein großer Umsatzwirkungsgrad für den stromliefernden Vorgang in galvanischen Zellen wird vor allem dadurch erreicht, daß man ihre Selbstentladung gering hält, ein Entweichen ungenutzter Mengen der Reaktionspartner verhindert und für einen weitgehend vollständigen Verlauf der Zellenreaktion sorgt (s. Abschn. 2.3.). Die Selbstentladung erfolgt durch Korrosion infolge Lokalelementbildung bei Elektrodenmaterialien geringer Reinheit, durch Ablauf rein chemischer Reaktionen zwischen Elektrodenmaterial und Elektrolyt sowie bei unzulänglicher Isolation und inneren Kurzschlüssen. Starke Selbstentladung hat eine geringe Lebensdauer elektrochemischer Stromquellen zur Folge.

Eine lange Lebensdauer galvanischer Zellen erfordert hohe Korrosionsfestigkeit der Elektroden und aller Bauteile der Zelle wie z. B. der Separatoren und Zellengefäße. Insbesondere bei Anwendung aggressiver saurer Elektrolyte ist diese Forderung nur bei Einsatz korrosionsfester Baumaterialien auf der Basis von Kunststoffen, Glas, Keramik und Speziallegierungen zu erfüllen. Bei Akkumulatoren muß die Struktur der Elektroden beim wiederholten Lade-Entlade-Vorgang erhalten bleiben bzw. beim Laden in der vor dem Entladen vorhandenen Form wieder erzeugt werden. Wichtig ist auch, daß die elektrochemische Aktivität der Aktivmassen während der Zyklisierung erhalten bleibt und die Masse nicht abschlammt. Bei Brennstoffzellen führt eine Desaktivierung der Elektrokatalysatoren zu schlechteren Leistungskennziffern und verminderter Lebensdauer. Neben einer hohen Aktivität besteht also die Forderung nach Vergiftungsfestigkeit und chemischer Stabilität der Elektrokatalysatoren. Bei Primärzellen ist die Lebensdauer umgekehrt proportional der Selbstentladung.

Die Forderung nach niedrigen spezifischen Kosten, d. h. der Kosten der vom System während der gesamten Lebensdauer zur Verfügung gestellten bzw. gespeicherten Energie, beinhaltet die Anwendung billiger und ausreichend verfügbarer Materialien sowie kostengünstiger automatisierter Herstellungsverfahren in Relation zur Lebensdauer und Leistungsfähigkeit der Zelle. Dazu gehört aber auch die einfache und wartungsarme Bedienung. Generell sind die Investitionskosten (Material, Herstellung) und die Betriebskosten (Wartung, Energieverluste) zu berücksichtigen. Gegenüber den klassischen Systemen elektrochemischer Stromquellen wie LECLANCHÉ-Zellen, Bleiakkumulator und Nickel-Cadmium-Akkumulator weisen neue Systeme hoher Energie- und Leistungsdichte z. Z. noch höhere Energie- und Speicherkosten auf, was vor allem auf teuere Materialien und geringere Lebensdauer zurückzuführen ist.

Inwieweit in der Zukunft neue Systeme kommerziell genutzt werden, wird insbesondere vom technischen Fortschritt, von der technologischen Entwicklung und von der Erschließung neuer Anwendungsgebiete für den Einsatz galvanischer Zellen bestimmt.

Unter dem Betriebsverhalten elektrochemischer Stromquellen versteht man ihr elektrisches Betriebsverhalten, ihr Serviceverhalten und ihre Sicherheit. Zum elektrischen Betriebsverhalten gehören solche Kenngrößen wie Spannungskonstanz während des Entladeprozesses, die Entladbarkeit bei niedrigen Temperaturen, Überlast- und Überladeverträglichkeit. Gutes Serviceverhalten bedeutet den möglichst wartungsfreien Betrieb der Zelle. Er wird durch Anwendung hermetisch verschlossener Systeme erreicht, bei denen ein Austritt von Gasen oder Elektrolyt völlig auszuschließen und ein Nachfüllen nicht erforderlich ist. Unter Sicherheit der Arbeitsweise versteht man vor allem die Lecksicherheit, insbesondere in Verbindung mit dem Einsatz elektrochemischer Stromquellen in hochempfindlichen elektronischen Geräten, deren Bauteile unter dem Einfluß des Elektrolyten korrodieren könnten, und die bei besonders aktiven Systemen unter gewissen Umständen existierende Explosionsgefahr (Lithium-Schwefeloxochlorid-Systeme) bzw. Brandgefahr bei Zerstörung (Natrium-Schwefel-Akkumulator, Zellen mit schmelzflüssigen Elektrolyten).

3. Primärzellen

3.1. Allgemeines

Auf Grund der spezifischen Anwendung der Primärzellen, die nach einer einmaligen Entladung weggeworfen werden, ergeben sich neben den in Abschn. 2.6. gestellten allgemeinen Forderungen an galvanische Zellen folgende spezielle Bedingungen für ihre Herstellung und Anwendung:

— Wegen der nur einmaligen Verwendung ergibt sich ein hoher Verbrauch an Primärzellen. Die daraus resultierende Herstellung in hohen Stückzahlen erfordert eine weitgehende Automatisierung der Produktion.
— Da Primärzellen ein Massenartikel sind, müssen beim Herstellungsprozeß billige Materialien und kostengünstige Technologien eingesetzt werden.
— Die Bedienung und Auswechselbarkeit von Primärzellen muß einfach sein. Ihre Kennzeichnung muß eine deutliche Unterscheidung zwischen Plus- und Minuspol gewährleisten; außerdem sollten ihre Form und der Zellensitz im Gerät so gestaltet sein daß, eine falsche Polung bei Verwendung durch Laien unmöglich ist.
— Die Zelle muß wartungsfrei und mit hoher Betriebs- und Lecksicherheit arbeiten.
— Primärzellen sollen gewissen elektrischen Betriebsbedingungen genügen, wozu weitgehende Spannungskonstanz bei Entladung, geringe Selbst-

Tabelle 3.1. Anwendungsgebiete von Primärzellen

Anwendung	Stromverbrauch in mA
Taschentransistorempfänger	10···90
Kofferempfänger	40···120
Kassettenrecorder	120···200
Radiorecorder/hochwertige Kofferempfänger	50···250
elektromotorische Geräte (Rasierapparat, Zahnbürste)	100···500
Spielwaren	100···500
Taschenleuchten	200···500
elektrische Wohnraum- und Küchenuhren	0,1···1000*)
Filmkameras	150···400
Herzschrittmacher	$(10\cdots20)\,10^{-3}$

*) Kurze Stromimpulse

entladung bei Lagerung und Arbeitsfähigkeit bei niedrigen Temperaturen gehören.

Die generellen Anwendungsgebiete der Primärzellen sind in Tab. 3.1. zusammengestellt.

3.2. Primärzellen mit neutralen und schwach sauren Elektrolyten

3.2.1. LECLANCHÉ-*Zelle* [30]

Die LECLANCHÉ-Zelle[1] [31] ist zur Zeit die am meisten angewandte Primärzelle. Ihre positive Elektrode besteht aus Braunstein (MnO_2) als Oxydationsmittel, dem zur Steigerung der Leitfähigkeit Graphit und/oder Ruß zugesetzt wird; als Stromableiter dient ein Kohlestift. In der negativen Elektrode wird Zink als Lösungsanode eingesetzt, das gleichzeitig die Stromableitung sowie bei Rundzellen auch die Funktion des Behälters für das gesamte System übernimmt. Als Elektrolyt wird eine wäßrige Ammoniumchloridlösung verwendet, die im allgemeinen mit Weizenmehl verdickt ist, so daß die Zelle beim Kippen nicht ausläuft, selbst wenn sie nicht völlig hermetisch abgeschlossen ist. Daher werden diese Zellen auch als „Trockenelemente" bezeichnet. Die Zellenreaktion der LECLANCHÉ-Zelle ist zusammen mit den wichtigsten Kennziffern in Tab. 3.2. wiedergegeben. Eine schematische Darstellung der typischen zylinderförmigen LECLANCHÉ-Zelle zeigt Bild 3.1.

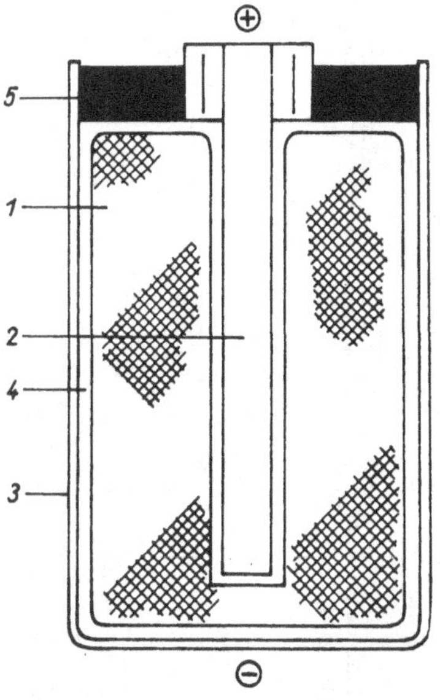

Bild 3.1. Schematische Darstellung einer zylinderförmigen LECLANCHÉ-Zelle

1 – MnO_2-Depolarisatormasse (Katode); *2* – Kohlestift; *3* – Zinkbecher (Anode); *4* – Elektrolyt; *5* – Abdichtung

---

[1] Die Konstruktion dieser Zelle basiert auf der Erfindung des französischen Ingenieurs LECLANCHÉ (1865), nach dem sie benannt wurde.

Tabelle 3.2. Zellenreaktionen und Leistungsdaten von Primärzellen (s. a. Tab. 3.5 und 3.8)
(U_0 = Ruhespannung, $\overline{U}$ = mittlere Entladespannung, p_m = spez. Energie)

System	Zellenreaktion	U_0 in V	$\overline{U}$ in V	p_m in Wh kg^{-1}
LECLANCHÉ-Zelle	$Zn + 2\,MnO_2 + 2\,NH_4Cl \rightarrow 2\,MnOOH + Zn(NH_3)_2Cl_2$	1,65	1,0···1,2	40···70
Alkalische Zink-Braunstein-Zelle	$Zn + 2\,MnO_2 + H_2O \xrightarrow{KOH} ZnO + 2\,MnOOH$	1,60	1,1···1,3	90···100
Zink-Quecksilberoxid-Zelle	$Zn + HgO \xrightarrow{KOH} ZnO + Hg$	1,35	1,1···1,3	80···120
Zink-Silberoxid-Zelle	$Zn + Ag_2O \xrightarrow{KOH} ZnO + 2\,Ag$	1,7···1,8	1,3···1,5	120···190
Alkalische Zink-Luftsauerstoff-Zelle	$Zn + 1/2\,O_2 \xrightarrow{KOH} ZnO$	1,35	1,1	180···250
Silber-Rubidiumjodid-Festelektrolyt-Zelle	$4\,Ag + 2\,RbJ_3 \xrightarrow{RbAg_4J_5} Rb_2AgJ_3 + 3\,AgJ$	0,66	0,6	18

3.2.1.1. *Elektrochemische Vorgänge beim Entladeprozeß*

Die in der Zelle ablaufenden Reaktionen hängen von der Entladestromdichte und dem Entladezustand ab. Für eine frische, nichtentladene Zelle gelten bei schwachen bis mittleren Entladestromstärken folgende Gleichungen.

Katode: $2MnO_2 + 2H_2O + 2e^- \rightarrow 2MnOOH + 2OH^-$ (3.1.)

Anode: $Zn + 2NH_4Cl + 2OH^- \rightarrow Zn(NH_3)_2Cl_2 + 2H_2O + 2e^-$ (3.2.)

Zelle: $Zn + 2MnO_2 + 2NH_4Cl \rightarrow 2MnOOH + Zn(NH_3)_2Cl_2$ (3.3.)

Im zunächst schwach sauren ammoniumchloridhaltigen Elektrolyten ($pH \approx 5$) kann die katodische Reaktion wie folgt formuliert werden:

$2MnO_2 + 2H^+ + 2e^- \rightarrow 2MnOOH$ (3.4.)

Da aber infolge des Verbrauchs der H^+-Ionen bei der Entladung der pH-Wert an der Katode sehr schnell ansteigt, wird die Reaktion nach Gl. (3.1.) als überwiegend zutreffend angenommen. Bei einem pH-Wert $\leqq 5$ erfolgt die Reduktion des MnO_2 auch zu Mn^{2+}-Ionen. Da dieser pH-Wert aber nur zu Beginn der Entladung existiert, hat diese Reaktion praktisch keine Bedeutung.

Es entstehen in den Hauptreaktionen Manganoxidhydroxid (MnOOH) und kristallwasserhaltiges Diamminzinkchlorid ($Zn(NH_3)_2Cl_2 \cdot \frac{1}{4} \ldots \frac{1}{2} H_2O$), das eine Salzkruste an der Zinkelektrode bildet.

Wenn mit fortschreitender Entladung eine Verarmung an Ammoniumchlorid im Elektrolyten auftritt, läuft an der Anode die Reaktion

$Zn + 2OH^- \rightarrow Zn(OH)_2 + 2e^-$ (3.5.)

ab, so daß dann als Zellenreaktion folgt:

$Zn + 2MnO_2 + 2H_2O \rightarrow 2MnOOH + Zn(OH)_2.$ (3.6.)

Dabei entsteht auch basisches Zinkchlorid der Zusammensetzung $ZnCl_2 \cdot 4Zn(OH)_2 \cdot 4H_2O$[1].

Bei niedrigen Stromstärken oder bei intermittierender Entladung kommt es durch die nachgelagerte chemische Reaktion

$2MnOOH + Zn(NH_3)_2Cl_2 \rightarrow ZnO \cdot Mn_2O_3 + 2NH_4Cl$ (3.7.)

unter Ausfällung von Hetärolith ($ZnO \cdot Mn_2O_3$) zur Rückbildung von NH_4Cl [32].

---

[1] Diese Verbindung tritt bei Zellen, in deren Elektrolyt das NH_4Cl weitgehend durch $ZnCl_2$ ersetzt wurde ($NH_4Cl < 10\%$), schon zu Beginn der Entladung auf. Da die basischen Zinkchloride große Mengen an Wasser binden, ist die Gefahr des Elektrolytaustritts nach tiefer Entladung solcher Zellen erheblich herabgesetzt.

Bei Entladung mit höherer Stromstärke (Starkentladung) wird infolge der hohen OH^--Konzentration im Katodenraum NH_3 aus NH_4Cl freigesetzt, so daß an der Anode entsprechend der Reaktion

$$Zn(NH_3)_2Cl_2 \cdot \frac{1}{2} H_2O + 2\ NH_3 \rightarrow Zn(NH_3)_4Cl_2 + \frac{1}{2} H_2O \qquad (3.8.)$$

das sehr gut lösliche Tetramminzinkchlorid entsteht. Im weiteren Entladeverlauf erfolgt durch die schnelle Verarmung an NH_4^+-Ionen die Bildung von basischen Zinkchloriden und Zinkhydroxid, die wesentlich zur Erhöhung des Innenwiderstandes der Zelle beitragen. Daneben bildet sich an der Katode der wasserarme Hausmannit (Mn_3O_4) [33].

In Zellen, die mit niedrigen Stromstärken intermittierend entladen werden, härtet die mit Salzkristallen durchzogene Braunsteinelektrode aus. Bei starker Dauerbelastung hingegen überzieht sich die Braunsteinelektrode mit einer gelartigen Elektrolytpaste, da einerseits bei Ablauf der Reaktion nach Gl. (3.8.) das Kristallwasser des Diamminzinkchlorids freigesetzt und andererseits mit steigendem Zinksalzgehalt der Quellstoff beeinträchtigt wird. Unter den Bedingungen der Starkentladung neigen die Zellen stärker zum Austreten von Elektrolyt, zumal sich die Braunsteinelektrode infolge der Volumenzunahme beim Entladeprozeß ausdehnt.

Es ist verschiedentlich versucht worden, die Gleichgewichtszellenspannung für die Leclanché-Zelle aus thermodynamischen Daten zu berechnen [34, 35, 36, 37, 38]. Die dabei erhaltenen Werte liegen je nach den angenommenen Reaktionsprodukten und verwendeten Elektrodenmaterialien zwischen 1,2 und 1,8 V. Das Gleichgewichtselektrodenpotential für die Reduktion des Braunsteins hängt stark von dessen Struktur ab (s. Abschn. 3.2.1.2.) und liegt bei $pH = 9$ zwischen 0,46 und 0,52 V [39, 40]. Den erreichten Ruhezellenspannungen frischer Leclanché-Zellen zwischen 1,6 und 1,7 V entspricht am besten der von Kaneko [35] unter Berücksichtigung von Gl. (3.3.) berechnete Wert 1,605 V.

3.2.1.2. Braunsteinelektrode

Vom Hauptbestandteil der positiven Elektrode, dem Braunstein (MnO_2), sind vier Modifikationen bekannt [30]. Sie weichen mehr oder weniger stark von der idealen MnO_2-Stöchiometrie ab und enthalten Manganionen mit niederer Wertigkeit; in das Gitter sind z. T. Fremdionen und Wasser strukturell eingebaut.

Das α-MnO_2 (Kryptomelan) besitzt ein tetragonales Kristallgitter und hat strukturell Kaliumionen eingebaut, wobei sich als Grenzfall eine Verbindung mit der Formel $K_2Mn_8O_{16}$ ergibt. α-MnO_2 mit einem Homogenitätsbereich bis herunter zu $MnO_{1,875}$ [41] ist Hauptbestandteil des chemisch erzeugten Kunstbraunsteins, der sich durch gute batterietechnische Eigenschaften, insbesondere durch hohe Ladungsdichten auszeichnet [42—46].

Das β-MnO_2 (Pyrolusit) ist ebenfalls tetragonal kristallisiert und besitzt Rutilstruktur. Seine Zusammensetzung entspricht weitgehendst der Formel

MnO_2. Es weist die geringste elektrochemische Aktivität auf. β-MnO_2 ist Hauptbestandteil des Naturbraunsteins, der u. a. in der UdSSR (südlich des Kaukasus), in Westafrika (Gabun, Ghana) und in den USA (Montana) in hoher Qualität (etwa 90% MnO_2-Gehalt) gefördert wird.

Die γ-Modifikation (Ramsdellit) mit orthorhombischem Kristallgitter weist einen hohen Anteil an strukturell gebundenem Wasser und einen breiten Homogenitätsbereich bis hinunter zu $MnO_{1,6}$ auf [23, 47, 48]. Ramsdellit ist elektrochemisch sehr aktiv. Er ist die Hauptkomponente des elektrolytisch aus Mangansalzlösungen hergestellten Braunsteins [46, 49], kommt aber auch in geringerer Konzentration in Naturbraunsteinen vor.

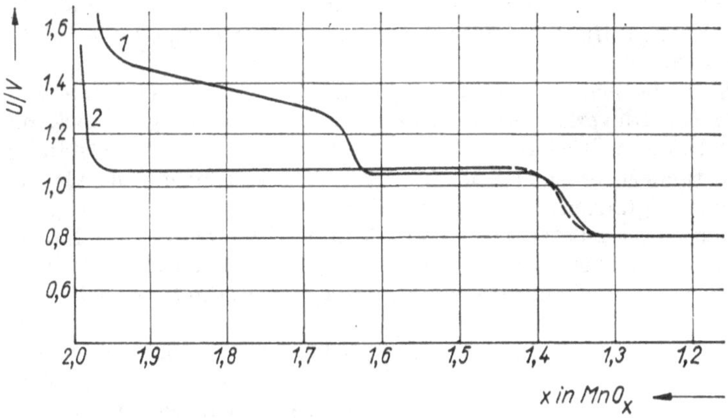

Bild 3.2. Ruhezellenspannung als Funktion des Entladegrades von LECLANCHÉ-Zellen beim schrittweisen Entladen nach HUBER [23]
1 – γ-MnO_2; *2* – β-MnO_2

Gelegentlich wird auch eine vierte Braunsteinmodifikation, das δ-MnO_2 (Psilomelan), erwähnt, die große Ähnlichkeit mit dem α-MnO_2 hat. δ-MnO_2 ist tetragonal kristallisiert, besitzt strukturelle Fremdionen- und Wasseranteile und ist ein Bestandteil des Kunstbraunsteins [50].

Der Spannungsverlauf beim Entladen einer LECLANCHÉ-Zelle wird maßgeblich von der Braunsteinelektrode beeinflußt. Da bei heterogenen elektrochemischen Reaktionen die Spannung während des Reaktionsablaufs weitgehend konstant bleibt, wählt man zur Erzielung von Spannungskonstanz während des gesamten Entladeprozesses galvanischer Zellen solche Systeme, bei denen Ausgangs- und Endprodukte in verschiedenen Phasen vorliegen. Mehrere feste Phasen sollen unterschiedliche Kristallstruktur besitzen und keine Mischkristalle bilden. Das trifft im wesentlichen auf das tetragonale β-MnO_2 zu, welches bei Reduktion in das monokline γ-MnOOH übergeht.

Die dabei auf dem β-MnO_2 aufwachsenden Deckschichten aus γ-MnOOH hemmen aber die weitere Reduktion des Braunsteins, was eine schlechte Energieausbeute zur Folge hat (Bild 3.2.).

Anders verläuft die Reduktion des γ-MnO_2, bei der in homogener Phase Wasserstoffionen in das Kristallgitter eingebaut werden, so daß ein Übergang von O^{2-} zu OH^- erfolgt, während gleichzeitig eine Umwandlung von Mn^{4+} in Mn^{3+} stattfindet. Dabei kommt es zu einer Gitteraufweitung, wobei die Kristallstruktur des γ-MnO_2 bis hinab zur Zusammensetzung $MnO_{1,6}$ erhalten bleiben soll [23, 47]. Daß die Reduktion in homogener Phase erfolgt, zeigt sich am während der Entladung kontinuierlich mit dem Sauerstoffgehalt absinkenden Potential (Bild 3.2.). Bei weiterer Reduktion entsteht auch hier ein Produkt mit neuer Struktur (α-MnOOH), [50], das dem ersten Plateau der Entladekurve 1 entspricht. Schließlich bildet sich sowohl aus γ-MnO_2 als auch aus β-MnO_2 Hausmannit (Mn_3O_4) entsprechend einer Ruhezellenspannung von 0,8 V. Die Polarisation der Braunsteinelektrode hängt somit davon ab, inwieweit das auf dem Braunstein gebildete passivierende Reduktionsprodukt in das Innere des Korns diffundiert oder durch nachgelagerte chemische Reaktionen entfernt wird.

Die unterschiedliche elektrochemische Aktivität der Braunsteinarten und der dargestellte Entladeverlauf unter praktischen Arbeitsbedingungen kann aber allein mittels seiner Stöchiometrie und Kristallstruktur nicht vollständig erklärt werden, sondern es spielen auch Korngröße, Kornform, Oberfläche, Porosität, Verunreinigungen und Benetzbarkeit des Braunsteins eine ganz wesentliche Rolle. Diese zuletzt genannten Eigenschaften werden bei Naturbraunsteinen durch Aktivierungsprozesse (Rösten, Säurebehandlung zur Entfernung von Verunreinigungen, mechanochemische Verfahren) gezielt verändert [51].

Da der Braunstein als Halbleiter über eine nicht ausreichende Elektronenleitfähigkeit verfügt, wird der positiven Elektrode Graphit oder Acetylenruß als Leitmaterial zugegeben [52, 53]. Des weiteren setzt man der Elektrodenmischung auch Leitsalz und flüssigen Elektrolyten zu, wodurch ein sofortiger Ionentransport im Inneren der porösen Elektrode gewährleistet ist. Da Ruß außerdem die Eigenschaft hat, die Feuchtigkeit zu binden, ist er maßgeblich an der Elektrolytspeicherung in der Katodenmasse beteiligt. Allerdings führt der Rußzusatz in der Mischung teilweise zu einer unerwünschten chemischen Reduktion des Braunsteins [54].

3.2.1.3. Zinkelektrode

Das als Lösungsanode verwendete Zink muß zur Gewährleistung einer hohen Wasserstoffüberspannung eine große Reinheit (99,9···99,99% Zn) besitzen, damit es als unedles Metall im wäßrigen Elektrolyten nicht bereits chemisch aufgelöst wird. Die Korrosion des Zinks steigt an, wenn Spuren edlerer Metalle zur Ausbildung von Lokalelementen führen. Besonders gefährlich sind dabei Eisen, Antimon und Kupfer, deren Gehalt im Zink 0,01% Fe bzw. 0,001% Sb oder Cu nicht übersteigen darf [55]. Durch Amalgamierung (Quecksilbersalze werden dem Elektrolyten zugesetzt) oder durch Chromatierung der Zinkoberfläche und durch Zusatz organischer Inhibitoren [56, 57, 58] zum Elektrolyten kann die Korrosion weiter eingedämmt werden.

Legierungszusätze bis zu 1% Pb oder 0,1% Cd verbessern die mechanische Verformbarkeit des Zinks bei der Herstellung der Anodenbecher.

3.2.1.4. Elektrolyt und Separator

Der wäßrige Elektrolyt enthält im allgemeinen als Leitsalz 20···30% Ammoniumchlorid (NH_4Cl), 5···30% Zinkchlorid ($ZnCl_2$), 0,1···0,6% Quecksilber(II)-chlorid ($HgCl_2$). Er dient sowohl zum Anfeuchten der positiven Elektrode und des Separators (Innenelektrolyt ohne Quecksilbersalz) als auch mit 20 bis 25 Gew.-% Quellmittel verdickt (Elektrolytpaste) als Ionenleiter zwischen Zink- und Braunsteinelektrode. Als Quellmittel finden neben Weizenmehl und Stärke in gewissem Umfange auch Methylcellulose, Polyvinylalkohol und modifizierte Stärke Verwendung.

Leitsalzzusammensetzung und -konzentration beeinflussen entscheidend Qualität und Arbeitsverhalten der galvanischen Zelle. Hohe Anteile an $ZnCl_2$ ($>$ 15%) ergeben kalt verdickende Elektrolyte, d. h. die gefertigten Zellen brauchen zur Gelbildung keiner Wärmebehandlung im Wasserbad unterzogen zu werden. Ein Zusatz von $MgCl_2$ zum Elektrolyten, das als stark hygroskopische Substanz große Mengen an Wasser bindet, führt zur Ausbildung einer korrosionshemmenden Schicht auf dem Zink, so daß die Selbstentladung und die Gefahr des Elektrolytaustritts erniedrigt werden. Lithiumchloridelektrolyte werden wegen ihrer guten Leitfähigkeit auch bei niedrigen Temperaturen (um 0 °C) für die Fertigung spezieller Zellen eingesetzt. Auch eine partielle Substitution des NH_4Cl durch $MnCl_2$ (bis 20%) ist möglich. Dadurch wird die Spannungsspitze zu Beginn des Entladevorgangs gesenkt. Dieser Elektrolyt ist aber vor allem deshalb interessant, weil man ihn bei der Sekundärrohstoffverwertung direkt durch chemischen Aufschluß verbrauchter Leclanché-Zellen gewinnen kann.

Der Separator hat die Aufgabe, Kurzschlüsse in der Zelle zu vermeiden und/oder als Elektrolytträger zu dienen. Im allgemeinen wird dazu ein reißfestes, elastisches, mit Polymerkomponenten oder Zellulosederivaten abgebundenes oder nachbehandeltes Papier verwendet [59, 60]. Der Elektrolyt wird entweder als dünne Pastenschicht aufkaschiert oder eingetränkt. Der Transportprozeß im Scheider der Leclanché-Zelle ist in letzter Zeit intensiv untersucht worden [58, 61].

3.2.1.5. Technische Ausführung der Leclanché-*Zelle*

Die Leclanché-Zelle wird als Becherzelle (Bild 3.3.-A und 3.3.-B) sowie als Plattenzelle (Bild 3.3.-C) gefertigt.

Bei der Becherzelle, die einen kreisförmigen (Rundzelle) oder (heute seltener) einen quadratischen Querschnitt besitzt, befindet sich im Zentrum des Zinkbechers, der sowohl die Funktion des Zellengefäßes als auch der Lösungsanode übernimmt, die Braunsteinkatode (Puppe). Die Katode, die aus einer Mischung von Braunstein, Graphit und/oder Acetylenruß und Elektrolyt gepreßt ist und einen Kohlestift als Stromableiter enthält, wird am Zellenboden durch eine Bodenscheibe gegenüber der Zinkelektrode isoliert. Bezüglich der Anordnung des Elektrolyten existieren zwei prinzipielle Herstellungsvarianten, die Pastenzelle (Bild 3.3.-A) und die Paperlined-Zelle (Papierfutterzelle) (Bild 3.3.-B).

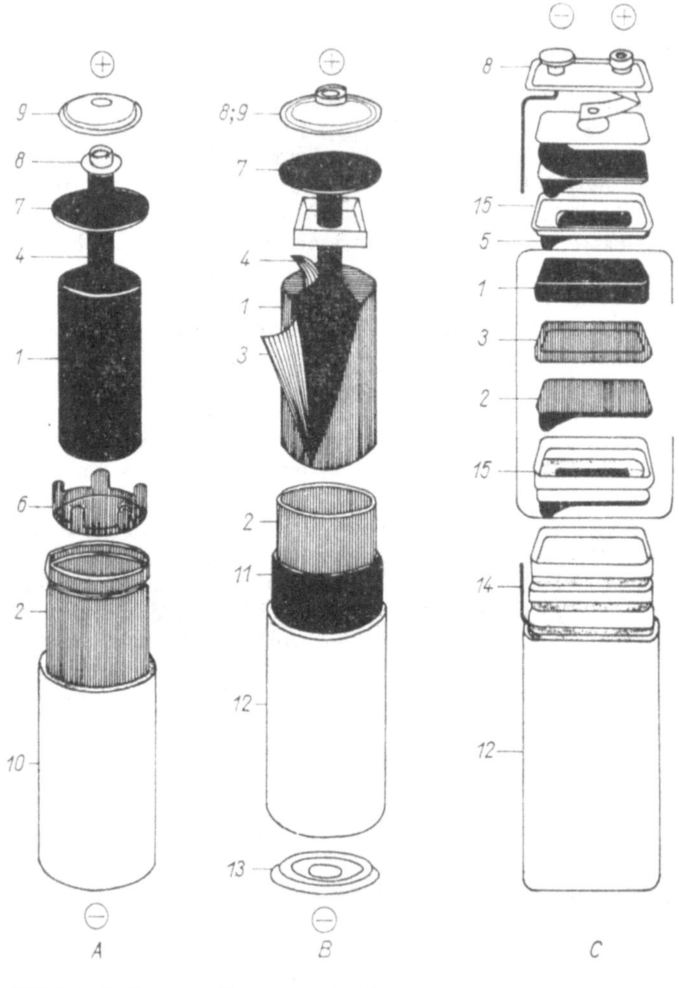

Bild 3.3. Aufbau von LECLANCHÉ-Zellen

A – Pastenzelle, wickellos; *B* – Paperlined-Zelle, leckgeschützt; *C* – Plattenzellenbatterie
1 – positive Braunsteinelektrode; *2* – negative Zinkelektrode; *3* – Separator (mit Elektrolytpaste); *4* – Stromableitung der positiven Elektrode; *5* – Graphitleitschicht; *6* – Bodenscheibe; *7* – Lochscheibe; *8* – Polkappe bzw. positiver Außenkontakt; *9* – Zellendeckel; *10* – Papphülse; *11* – bitumengetränktes Papier; *12* – Stahlblech- bzw. Kunststoffmantel; *13* – negativer Außenkontakt; *14* – negativer Kontakt der Plattenzelle; *15* – Kunststoffschale

Bei der Pastenzelle ist der im Millimeterbereich liegende Abstand zwischen Braunsteinelektrode und Zinkbecher mit einer Elektrolytpaste (s. Abschn. 3.2.1.4.) ausgefüllt [62]. Früher wurde die Braunsteinelektrode (Puppe) zur mechanischen Verfestigung und zur Kurzschlußsicherung noch mit Wickelgaze oder Papier eingeschlagen und verschnürt.

Heute wird beim sogenannten wickellosen Verfahren auf diese Maßnahme verzichtet, indem bei der Braunsteinelektrode von einer entsprechenden mechanischen Qualität ausgegangen wird und Kurzschlüsse durch gute Zentrierung (Bodenführung und Deckelring mit Lochscheibe) vermieden werden. Der Vorteil der Pastenzelle liegt in der Betriebssicherheit, da die dickere Elektrolytschicht das Quellen oder Schrumpfen der Braunsteinelektrode ausgleichen kann.

Bei Paperlined-Zellen ist der Abstand zwischen Braunsteinelektrode und Zinkbecher sehr gering und nur durch die Stärke des Papierseparators, auf dem eine dünne Elektrolytpastenschicht aufkaschiert ist, gegeben. Der Elektrolyt muß bei dieser Variante in die Katodenmasse eingebracht werden. Der Vorteil der Paperlined-Zelle gegenüber der Pastenzelle liegt in der größeren Menge an Katodenmasse und im geringeren Innenwiderstand, resultierend aus dem geringeren Elektrodenabstand. Daraus folgt eine höhere Amperestundenkapazität und eine höhere Belastbarkeit. Die Vorteile zeigen sich besonders bei kleinen Rundzellen. Der Nachteil liegt in der höheren Kurzschlußgefahr bei mechanischer Beschädigung des Papierseparators, was gleichzeitig die Gefahr des Elektrolytaustritts durch anwachsenden Innendruck und Korrosion des Zinks in sich birgt. Die Zellen werden nach oben durch eine gelochte, paraffinierte Pappscheibe und darüber mit Bitumenverguß bis zum Becherrand verschlossen. Nach außen wird die Zelle mit einer Papphülse verkleidet, die nur einen geringen Schutz gegenüber austretendem Elektrolyten bietet.

Eine hohe Leck- und Betriebssicherheit erreicht man durch

- hohe Reinheit der Aktivkomponenten (s. Abschn. 3.1.2.2. und 3.1.2.3.),
- sorgfältige Fertigung, insbesondere maßhaltigen Einbau der Komponenten und
- gute Abdichtung der Zelle.

Die zusätzliche Abdichtung der Zelle (leak proof) ist zu erreichen (Bild 3.3.-B) durch

- Stahlmantelausführung, wobei die Zelle mit einem bitumengetränkten Papier verkleidet [63] und in einen Stahlblechmantel oder Stahlblechbecher geschoben und durch Einbördelung eines Stahldeckels verschlossen wird,
- Kunststoffummantelung, die prinzipiell analog der Stahlmantelausführung vorgenommen wird, wobei die Kontaktierung durch eingespritzte Metallkontakte erfolgt, die Zelle wird mittels Ultraschallschweißtechnik verschlossen oder
- Verkleidung mittels spiralgewickelter Papphülse mit eingepaßten und abgedichteten Boden- und Hutkontakten.

In der Plattenzelle (Bild 3.3.-C) sind die Bauelemente scheibenförmig übereinandergelegt, und zwar in der Reihenfolge: Zinkplättchen (auf der Rückseite mit Leitlack oder Leitfolie beschichtete Zinkplatine), Separator (Papier mit dünner Elektrolytpastenschicht analog der Paperlined-Zelle), Braunstein-Ruß-Tablette. Ein Kantenschutzpapierumschlag verhindert das Abbröckeln der Katodenmasse. Die komplette Zelle wird in einer Kunststoffschale oder mit

Schrumpfschlauch zusammengehalten. Zur Kontaktgebung mehrerer übereinandergestapelter Zellen dient eine Erhöhung (Nase) an der Braunsteintablette. Plattenzellenbatterien werden aus sogenannten Gruppen, bestehend aus mehreren Zellen, zusammengesetzt, mit einem Wachsüberzug und einer Hülle umgeben. Sie finden als Stromquellen mit höherer Spannung, aber geringer Leistung, Verwendung.

Eine neue Generation von Plattenzellen mit dünnen Elektroden und vereinfachtem Bauprinzip ist von Bredland u. a. [64] vorgestellt worden.

3.2.1.6. Herstellung der Leclanché-*Zelle*

Die Herstellung von Leclanché-Zellen ist ein weitgehend automatisierter Prozeß, in dem sich manuelle Arbeitsgänge im wesentlichen auf die Bestückung der Magazine der Maschinen mit den Baukomponenten, die Überwachung und Pflege der Automaten und auf die Abnahme und Verpackung der Zellen beschränken.

Die Mischung der genau dosierten Bestandteile der Katodenmasse erfolgt in Intensivmischern meist nach dem Gegenstromprinzip, erst trocken und dann im angefeuchteten Zustand. Über einen Kollergang wird die Masse weiter homogenisiert und verdichtet. Die Daten- und Rezeptureingabe für die automatische Dosierung aus Vorratsbunkern geschieht über Lochkarten. Die Katodenmasse wird vor ihrer Weiterverarbeitung einige Tage abgelagert.

Zur Fertigung der Zinkbecher für Rundzellen dienen Fließpreßverfahren, wobei der Preßmatrize automatisch Zinkscheiben (Ronden, Kalotten) vom Durchmesser des Bechers zugeführt werden und durch hohen Druck (etwa 1000 MPa) das Zink am Druckstempel entlang fließt. Die Rohbecher werden automatisch auf die gewünschte Höhe beschnitten.

Bei der wickellosen Bauweise wird im Vormontageautomaten die Katodenmasse unter gleichzeitiger Einbringung des Kohlestiftes zu Puppen verpreßt. Ein maßgerechter Sitz des Kohlestifts und maßhaltige, glatte Puppen ohne anhaftende Massekrümel sind entscheidend für die Qualität der Zelle. Durch Zangen werden die Puppen in die vorher mit Bodenscheibe, Kantenschutzpapier und Elektrolyt versehenen Becher eingeführt. Nach Zentrierung der Puppen durch Aufbringen der Lochscheibe und der eventuell notwendigen Erwärmung in einem Heiztunnel zur Gelierung des Elektrolyten ist die Vormontage abgeschlossen.

Bei der Paperlined-Bauweise wird zuerst aus dem elektrolytbeschichteten Separatorpapier im Vormontageautomaten eine Tüte geformt, in die die vorgepreßte Aktivmasse eingebracht wird. Nach dem Einführen der Tüte in einen Zinkbecher erfolgt das Eindrücken des Kohlestiftes und die weitere Verdichtung der Braunsteinmasse, so daß ein guter Kontakt zum Becher gewährleistet wird.

Die Endmontage ist bei beiden Bauweisen gleich. In einer Fließreihe erfolgt der Verguß der Zellen mit Bitumenmasse, das Aufbringen von Messingkontakten auf die Kohlestifte, die Einführung der Zellen in Papphülsen und deren Etikettierung. In dieser Prozeßstufe befindet sich auch die automatische

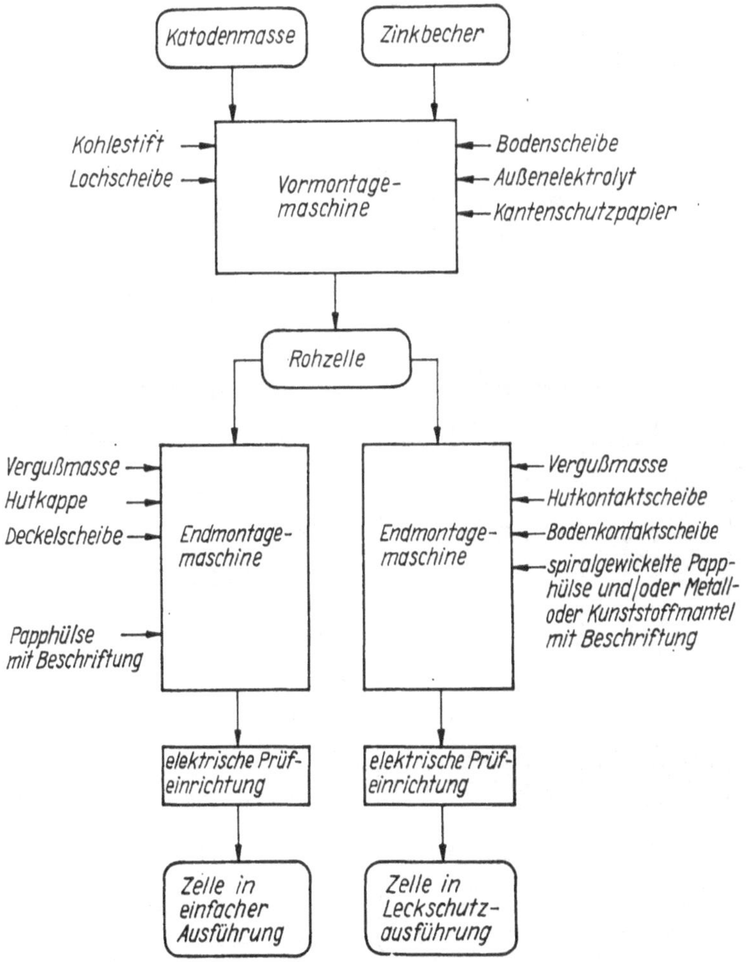

Bild 3.4. Prozeßschema für die Fertigung becherförmiger wickelloser Pastenzellen

Spannungs- und Kurzschlußkontrolle sowie der selbständige Ausstoß fehlerhafter Zellen. Zur zusätzlichen Lecksicherung werden weitere Maßnahmen (s. Abschn. 3.2.1.5.) vorgenommen. Die Prozeßschemata für beide Bauweisen sind in den Bildern 3.4. und 3.5. dargestellt.

Die Montage von Flachbatterien (3R12) erfolgt durch Serienschaltung von drei vorgefertigten Rundzellen, wobei die Zellen mittels Kontaktschweißautomaten miteinander über Drahtverbindungen verschweißt bzw. mit Ableitfahnen versehen werden. Anschließend erfolgt die Konfektionierung. Auch bei Arbeitsgängen wird ein hoher Automatisierungsgrad erreicht.

Bei der Fertigung von Plattenzellen werden aus dem mit einer Leitfolie

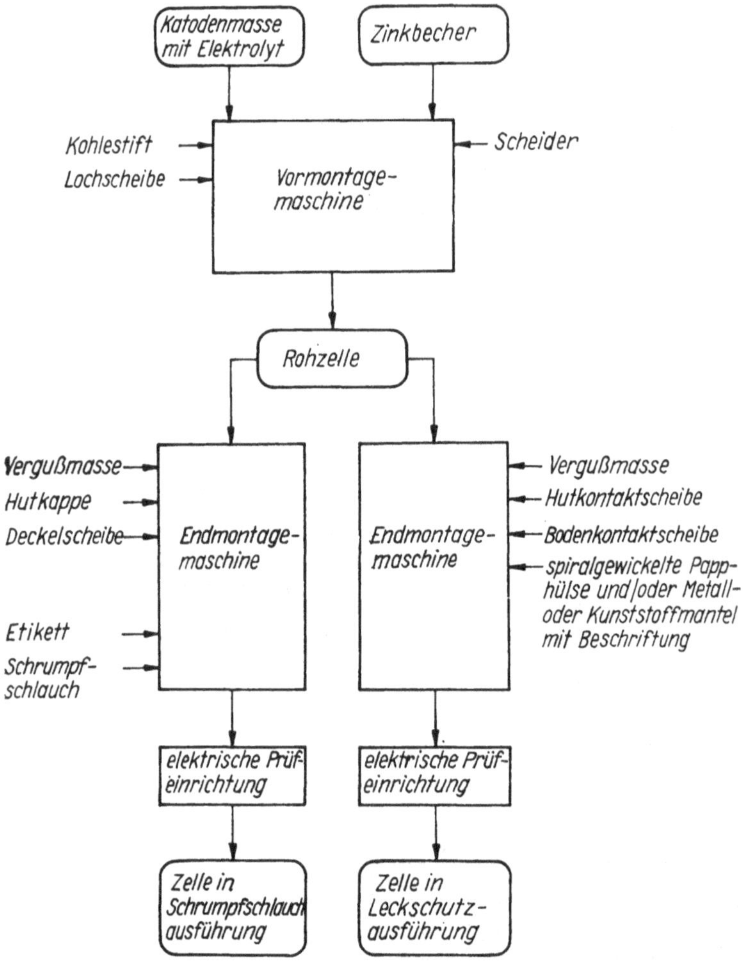

Bild 3.5. Prozeßschema für die Fertigung becherförmiger Paperlined-Zellen

(Acetylenruß, Graphit und Bindemittel) beschichtetem Zinkblechband Plättchen entsprechender Größe ausgestanzt, diese in die Kunststoffschale mit Bodenöffnung gelegt und die obere unbeschichtete Zinkseite mit dem angefeuchteten, elektrolytbeschichteten Separatorpapier mit Kantenschutzumschlag bedeckt. Darauf wird die gepreßte Tablette der Katodenmasse aufgelegt und eine entsprechende Anzahl solcher Schalen fest übereinander gestapelt, verklebt sowie mit einer schützenden, isolierenden Wachs- oder Kunststoffschicht überzogen. Wegen der geringen Stückzahlen dieser Zelle ist der Automatisierungsgrad weniger entwickelt als bei der Rundzellenausführung; die Montagearbeiten erfolgen meist manuell an Fließbändern. Eine ausführliche Darstellung der Technologie und der Fertigungsmaschinen für Plattenzellen geben W. N. Dame und N. F. Rysuchin [21].

3.2.1.7. Eigenschaften und Anwendungsgebiete der Leclanché-*Zelle*

Maßgeblichen Einfluß auf die Einsatzgebiete der Leclanché-Zelle haben deren Eigenschaften wie z. B. Lagerfähigkeit, Lecksicherheit, Strom-Spannungs-Charakteristik, Temperaturarbeitsverhalten und Energieinhalt.

Die Prüfung von Primärzellen erfolgt nach standardisierten Methoden (z. B. TGL 7487, Bl. 1—5, Gost 296-68, 296-76, 253-70, 11100-70, 7534-68, 3004-67, IEC 86-1).

Die wichtigsten Kriterien sind dabei die elektrischen Kennwerte

- Ruhespannung und Arbeitsspannung bei bestimmter Belastung als Funktion des Entladezustandes, der Entladezeit, der Lagerzeit und der Betriebstemperatur,
- Entladezeit bei unterschiedlichem Entladeregime (Dauerentladung oder intermittierende Entladung) mit verschiedenen Entladestromdichten als Funktion der Lagerzeit und
- Kurzschlußstromdichte als Maß für den Innenwiderstand.

Dazu kommt noch die Beurteilung der äußeren Beschaffenheit (Lecksicherheit, Konstanz der äußeren Abmessungen) bei der Entladung und Lagerung.

Die Alterung von Leclanché-Zellen äußert sich im Absinken der Amperestundenkapazität sowie der Ruhespannung infolge steigenden Innenwiderstands. Ursachen für den steigenden Innenwiderstand sind der Wasserverlust undichter Zellen bei Lagerung, insbesondere bei erhöhter Temperatur und geringer Luftfeuchtigkeit, sowie Bildung oxidischer Deckschichten auf dem Zink.

Maßgeblich für den Kapazitätsverlust ist die Selbstentladung auf Grund der Korrosion des Zinks durch Gegenwart von Schwermetallverunreinigungen und durch eindringenden Luftsauerstoff sowie wegen der Reaktion des aktiven Braunsteins mit Elektrolytbestandteilen und Quellmitteln. Alle Selbstentladungsreaktionen führen zu einer Gasentwicklung, die zu einem Überdruck in der Zelle und gegebenenfalls zum Elektrolytaustritt führt. Die Selbstentladung steigt mit der Temperatur [65]; deshalb schreiben die Hersteller für die Lagerung eine Temperatur zwischen —5 und +20 °C bei einer relativen Luftfeuchtigkeit von 45···60% vor.

Die Leistungsfähigkeit der Leclanché-Zelle nimmt mit fallender Temperatur ab. Bei 0 °C ist nur noch 50% der Kapazität gegenüber der bei 25 °C verfügbar; gleichzeitig steigt der Innenwiderstand der Zelle um 50% an. Unterhalb —20 °C ist die Zelle nicht mehr arbeitsfähig. Durch Modifizierung der Aktivkomponenten wie LiCl-Zusatz zum Elektrolyten, Verwendung aktivster Braunsteinarten und Vergrößerung der Elektrodenflächen sind spezielle Leclanché-Zellen entwickelt worden, die auch einen Einsatz unter 0 °C zulassen [65].

Unter bestimmten Bedingungen lassen sich LECLANCHÉ-Zellen wieder elektrisch regenerieren [66]. Die Regenerierung ist aber weit komplizierter als das Aufladen eines Akkumulators, da eine Primärzelle an sich prinzipiell nicht für eine Wiederaufladung vorgesehen ist. So stehen einer elektrischen Regenerierung die mit fortschreitender Entladung auftretenden, nachgelagerten chemischen Reaktionen (u. a. Hetärolithbildung), die Gefahr der Gasentwicklung (auch Chlorabscheidung bei unsachgemäßer Ladespannung) sowie die Abscheidung des Zinks in schwammiger, pulverförmiger Form entgegen. Die Abscheidung von Chlor führt außerdem zu hohen Anfangsentladespannungen bei frisch regenerierten Zellen, was zur Beschädigung der elektronischen Geräte führen kann, in denen diese Zellen eingesetzt sind. Die elektrische Regenerierung ist also nur bei sofortiger Durchführung nach einer Entladung von maximal 30% der Kapazität der Zelle, bei Begrenzung der Ladespannung auf 1,8 V pro Zelle und gleichzeitiger Wechselstromüberlagerung des Ladegleichstroms (glattere Zinkabscheidung) sinnvoll. Weitere Nachteile sind die aus der Ladespannungsbegrenzung folgenden niedrigen Ladeströme, woraus bei einem Ladefaktor von etwa 1,4 lange Regenerierzeiten resultieren. Außerdem erhöht der Aufwand für die Ladeeinheit die Kosten entsprechender elektronischer Geräte.

Die Hauptanwendungsgebiete der LECLANCHÉ-Zelle sind kleinere, tragbare elektrische Geräte, bei denen der gegenüber der Elektroenergie des Stromversorgungsnetzes wesentlich höhere kWh-Preis (Faktor 10^3) keine Rolle spielt. Es sind dies vor allem die in Tab. 3.1. aufgeführten Geräte. Entsprechend dem Strombedarf, der Betriebszeit und dem für die Batterie vorgesehenen Raum werden in den Geräten LECLANCHÉ-Zellen verschiedener standardisierter Abmessungen eingesetzt. Dafür gelten die TGL 25330, TGL 7487, die RGW-Empfehlung RS 429/65 und die IEC-Empfehlung 86. Die Daten der wichtigsten Zellen sind in Tab. 3.3. gegeben.

Da es nicht möglich ist, eine Zelle herzustellen, die für jede Betriebsart sowohl in technischer wie ökonomischer Hinsicht optimales Verhalten zeigt,

Tabelle 3.3. Abmessungen der wichtigsten standardisierten Rundzellen

Zellenbezeichnung IEC DIN	US-Standard	Name	Durchmesser in mm	Höhe in mm	Breite in mm	Länge in mm	ungefähre Masse der entsprechenden LECLANCHÉ-Zellen in g	Nennspannung der entsprechenden LECLANCHÉ-Zellen in V
R 6	AA	Mignon	14,5	50,5	—	—	15	1,5
R 14	C	Baby	26,2	50	—	—	45	1,5
R 20	D	Mono	34,2	61,5	—	—	90	1,5
2R 10			21,8	74,6	—	—	45	3
3R 12				67	22	62	120	4,5

werden Zellen für spezifische Anwendungen gefertigt und nach TGL 7487 mit einem Kurzzeichen mit folgender Bedeutung versehen:

— *A* für kleine tragbare Rundfunkempfänger,
— *B* für Taschenleuchten,
— *C* für Rundfunkempfänger mit hohem Stromverbrauch und Kassettenrecorder.[1]

3.2.2. Zink-Luftsauerstoff-Zelle [67]

Die Zink-Luftsauerstoff-Zelle steht vom Funktionsprinzip gesehen zwischen Primär- und Brennstoffzelle; sie wird aber im allgemeinen wegen ihrer der Primärzelle ähnlichen Konstruktion zu diesen gezählt.

Die Zinkelektrode und der Elektrolyt der neutralen Zink-Luftsauerstoff-Zelle entsprechen praktisch denen der LECLANCHÉ-Zelle. Als Katode dient ein großoberflächiges elektronenleitendes Material, das gleichzeitig katalytisch aktivierend für die katodische Sauerstoffreduktion wirkt. Dazu verwendet man Aktivkohle, die mit Ruß (oder Graphit), NH_4Cl und Elektrolyt um einen zentralen Kohlestift als Stromableiter zu Puppen nicht zu fest verpreßt wird. Die elektrochemische Reduktion des Sauerstoffs erfolgt entsprechend folgender Gleichungen:

$$\text{pH} = 0: \quad O_2 + 4H^+ + 4e^- \rightarrow 2H_2O \qquad \langle U_H^{\ominus} = +1{,}229\ \text{V}\rangle, \tag{3.9.a}$$

$$\text{pH} = 14: \quad O_2 + 2H_2O + 4e^- \rightarrow 4OH^- \qquad \langle U_H^{\ominus} = +0{,}401\ \text{V}\rangle. \tag{3.9.b}$$

Diese bis zu H_2O führende Reduktion tritt aber nur bei frischen, unbelasteten, gut katalysierenden Elektroden auf. Praktisch läuft die Reaktion in der Zelle entsprechend dem BERLschen Mechanismus [69] nur bis zum Wasserstoffperoxid:

$$\text{pH} = 0: \quad O_2 + 2H^+ + 2e^- \rightarrow H_2O_2 \qquad \langle U_H^{\ominus} = 0{,}682\ \text{V}\rangle, \tag{3.10.a}$$

$$\text{pH} = 14: \quad O_2 + H_2O + 2e^- \rightarrow HO_2^- + OH^- \qquad \langle U_H^{\ominus} = -0{,}076\ \text{V}\rangle. \tag{3.10.b}$$

Daraus resultierend ergeben sich niedrigere Zellenspannungen. In einer nachgelagerten chemischen Reaktion erfolgt die Zersetzung des H_2O_2 nach den Gleichungen

$$H_2O_2 \rightarrow H_2O + \frac{1}{2}\,O_2 \tag{3.11.a}$$

oder

$$HO_2^- \rightarrow OH^- + \frac{1}{2}\,O_2. \tag{3.11.b}$$

Für die Geschwindigkeit dieser Reaktion ist die katalytische Aktivität des Kohlematerials maßgebend, die neben den strukturellen Parametern (Poro-

---

[1] Um eine hohe Entladestromstärke zu erreichen, wird bei speziellen Herstellungsvarianten die geometrische Zink- und Katodenoberfläche erhöht [68].

sität, Oberfläche) auch von den chemischen Eigenschaften (basische Oberflächenoxide wirken katalytisch) [70, 71, 72, 73] beeinflußt wird. Ausführlich wird der Mechanismus der Sauerstoffelektrode im Abschn. 5.9.1.1. behandelt.

Als Summenreaktion ergibt sich demnach:

$$2Zn + 4NH_4Cl + O_2 \rightarrow 2Zn(NH_3)_2Cl_2 + 2H_2O. \qquad (3.12.)$$

Mit fortschreitender Entladung kommt es zur Verarmung an NH_4Cl und zur Erhöhung des pH-Wertes, so daß $Zn(OH)_2$ entsprechend Gl. (3.5.) gebildet wird; die Summenreaktion ist dann

$$2Zn + O_2 + 2H_2O \rightarrow 2Zn(OH)_2. \qquad (3.13.)$$

Die Konstruktion und Fertigung der Becherzelle (Bild 3.6.) hat große Ähnlichkeit mit der der entsprechenden LECLANCHÉ-Zelle. Durch Belüftungsröhrchen wird von der Oberseite der Zelle her der Luftzutritt ermöglicht.

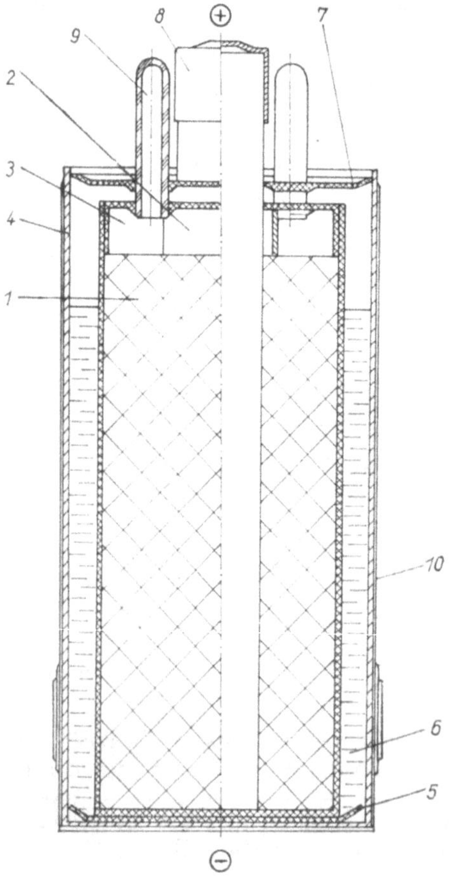

Bild 3.6. Schematische Darstellung einer neutralen Zink-Luftsauerstoff-Zelle

1 – Katodenmasse; *2* – Wickelring; *3* – Wickelscheibe; *4* – Zinkbecher (Anode); *5* – Bodenscheibe; *6* – Elektrolytpaste; *7* – Abdeckscheibe; *8* – Kohlestift mit Hutkontakt; *9* – Belüftungsrohr; *10* – Papphülse

Während der Lagerzeit sind diese Röhrchen verschlossen, so daß das Austrocknen und die Korrosion unter dem Einfluß von Sauerstoff eingedämmt sind. Gewisse Abweichungen bestehen in der Elektrolytzusammensetzung, da Zellen, die überwiegend NH_4Cl im Elektrolyten enthalten, durch die „offene" Arbeitsweise zum Austrocknen neigen. Das läßt sich umgehen, indem man die hygroskopischen Salze $MnCl_2$ und $MgCl_2$ als Elektrolytkomponenten zusetzt. Außerdem werden beim $MnCl_2$-Elektrolyten auf Grund der Reaktionen

$$2MnCl_2 + 4OH^- \rightarrow 2Mn(OH)_2 + 4Cl^- \quad (3.14.)$$

und

$$2Mn(OH)_2 + \frac{1}{2}O_2 \rightarrow Mn_2O_3 + 2H_2O \quad (3.15.)$$

Chloridionen bereitgestellt, die die Entladung begünstigen [74].

Plattenzellen mit neutralem Elektrolyten [75, 76] besitzen größere Elektrodenflächen bei gleichem Bauvolumen, woraus eine höhere Belastbarkeit folgt. Sie sind aber aufwendiger in ihrer Herstellung, so daß sie sich kommerziell nicht durchgesetzt haben.

Neutrale Zink-Luftsauerstoff-Zellen zeichnen sich bei Dauerentladung mit niedrigen Belastungen ($i < 1$ mA/cm²) durch eine flacher verlaufende Entladekennlinie und durch eine hohe spezifische Ah-Kapazität aus (Bild 3.7.). Dasselbe gilt auch für Impulsbetrieb mit kurzzeitigen Belastungen ($i > 10$ mA/cm²), wobei die mittlere Entladestromdichte der niedrigen Dauerstromdichte ($i < 1$ mA/cm²) entsprechen muß. Für Langzeit-Niederleistungs-Betrieb sind sie den Leclanché-Zellen in der Energiedichte überlegen.

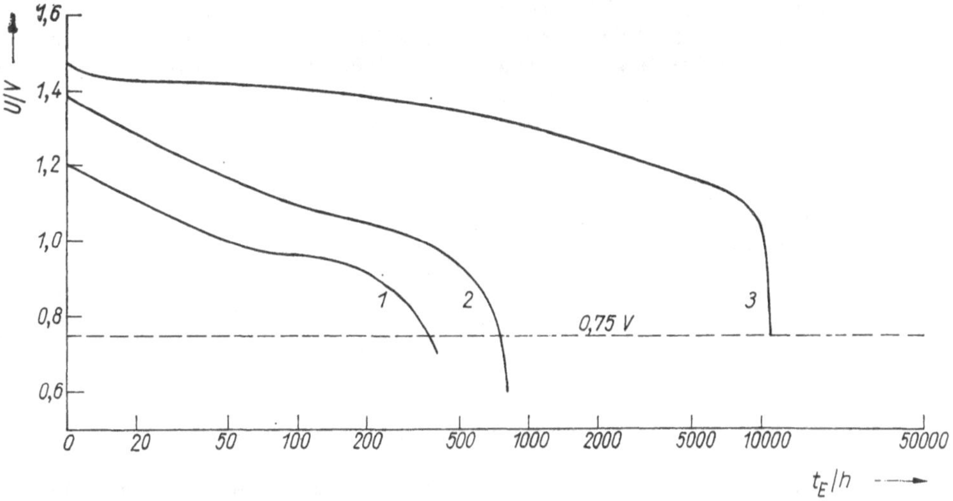

Bild 3.7. Dauerentladekennlinien von neutralen Zink-Luftsauerstoff-Zellen (Typ ELT) bei unterschiedlicher Belastung nach Huber [23]
Entladewiderstände:
1 – 5 Ω; *2* – 10 Ω; *3* – 100 Ω

Der Nachteil der neutralen Zink-Luftsauerstoff-Zelle liegt in der niedrigen Belastbarkeit. Leistungsbegrenzend wirkt die Sauerstoffdiffusion in den Poren und die Hemmung der Sauerstoffreduktion. Aus dem letzteren folgt auch die Notwendigkeit einer großen reaktiven Elektrodenfläche der Katode, woraus die großvolumige Gestaltung der Katode (Puppe) resultiert, so daß für Kurzzeitbetrieb das System geringere Energiedichten als die LECLANCHÉ-Zelle aufweist, d. h., der Vorteil des nicht benötigten Braunsteinvolumens wird durch den erhöhten Aktivkohleeinsatz aufgehoben. Die Anwendung erfolgt deshalb vorwiegend in der Signaltechnik (Warnblinkleuchten), in der Telefontechnik und als Energiequelle für elektrische Weidezäune. Die Arbeitsdauer beträgt dabei mehr als 6 Monate.

Es sind noch eine Reihe weiterer Systeme mit neutralem oder schwachsaurem Elektrolyten vorgeschlagen worden, die sich aber technisch nicht durchsetzen konnten [77]. Ausgenommen sind dabei die wasseraktivierten Primärzellen auf der Basis von Magnesium, die im Abschn. 3.6.1. behandelt werden.

3.3. Primärzellen mit alkalischem Elektrolyten

Primärzellen mit alkalischem Elektrolyten weisen eine Reihe von prinzipiellen Unterschieden im Vergleich zu denen mit neutralem oder schwach saurem Elektrolyten auf. So zeigen sie eine horizontal verlaufende Entladekennlinie (Bild 3.8.), eine bessere Hochstrombelastbarkeit und eine günstigere Tieftemperatur-Entladecharakteristik. Die Ursache dafür liegt in der besseren Leitfähigkeit des alkalischen Elektrolyten. Nachteilig sind jedoch die zusätzlichen Maßnahmen, die zur Lecksicherung getroffen werden müssen, um ein Austreten des aggressiven Elektrolyten zu vermeiden. Bei allen kommerziell angewandten Systemen kommt immer nur Zink als Anodenmaterial zum Einsatz.

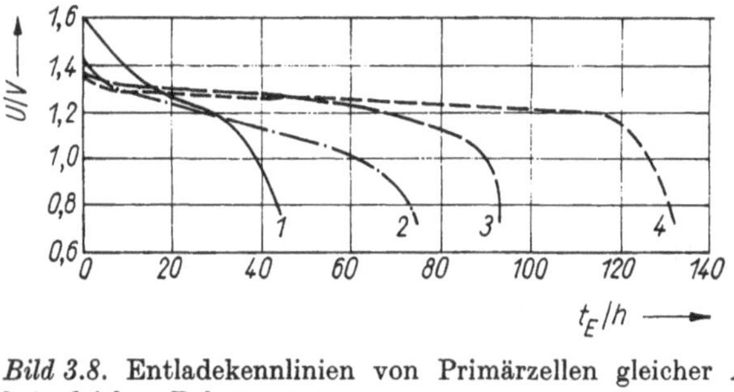

Bild 3.8. Entladekennlinien von Primärzellen gleicher Abmessung bei gleicher Belastung

1 – LECLANCHÉ-Zelle; *2* – alkalische Zink-Braunstein-Zelle; *3* – alkalische Zink-Quecksilberoxid-Zelle; *4* – alkalische Zink-Luft-Zelle

3.3.1. *Alkalische Zink-Braunstein-Zelle* [78]

Die alkalische Zink-Braunstein-Zelle ist von der LECLANCHÉ-Zelle nicht nur hinsichtlich des Elektrolyten (45···50% KOH und ZnO) abgewandelt. Da als Lösungsanode großoberflächiges Zinkpulver in unterschiedlicher Fixierung Verwendung findet, muß die Aufgabe des Behälters für das Element durch einen zusätzlichen Becher wahrgenommen werden (Bild 3.9.).

Die Zellenreaktion bei der Entladung ist in Tab. 3.2. angegeben.

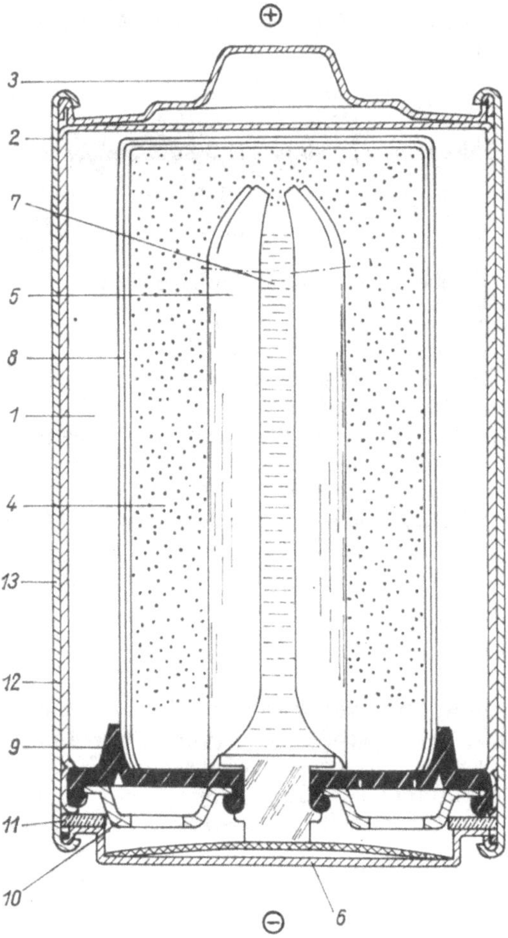

Bild 3.9. Aufbau einer leckgeschützten becherförmigen alkalischen Zink-Braunstein-Zelle [79]

1 – Braunsteinkatode; *2* – Stahlbecher; *3* – Kappe; *4* – Zink-Anodenpaste; *5* – Stromableiter; *6* – äußerer Metallboden; *7* – Elektrolyt (KOH); *8* – Scheider; *9* – Dichtung; *10* – innerer Metallboden; *11* – Isolator; *12* – Isolatormantel; *13* – Metallmantel

Die Reaktion des MnO_2 erfolgt im wesentlichen auch nur bis zum dreiwertigen Mangan. Mit zunehmender OH^--Konzentration ($\geqq 10$ mol/l) tritt eine Auflösung des festen MnOOH unter Bildung von Mangan(III)-Ionen auf, die ihrerseits zu Mangan(II)-Ionen weiterreduziert werden können, so daß es zur Bildung von $Mn(OH)_2$ kommt [80, 81]. Die höhere Kapazität der alkalischen Braunsteinzelle resultiert aber aus dem höheren Ausnutzungsgrad des MnO_2 in Gegenwart des KOH-Elektrolyten und aus der größeren MnO_2-Menge, die in die Zelle eingebracht wird (30···50% mehr als in der entsprechenden LECLANCHÉ-Zelle).

An der Zinkelektrode kommt es in der stark alkalischen Lösung gemäß folgender Gleichung zur Zinkatbildung:

$$Zn + 4OH^- \rightarrow Zn(OH)_4^{2-} + 2e^- \qquad \langle U_H^{\ominus} = 1{,}225\ \text{V} \rangle. \tag{3.16.}$$

Diese Reaktion besteht aus 2 Teilschritten; erstens der Bildung einer Zinkhydroxidzwischenschicht gemäß

$$Zn + 2OH^- \rightarrow Zn(OH)_2 + 2e^- \tag{3.17.}$$

und zweitens der Auflösung der Zwischenschicht durch Zinkatbildung

$$Zn(OH)_2 + 2OH^- \rightarrow Zn(OH)_4^{2-}. \tag{3.18.}$$

Diese Zwischenschichtbildung auf der Zinkelektrode ist auch maßgeblich für die Passivierung derselben verantwortlich [82].

In einer nachgelagerten chemischen Reaktion fällt aus der gesättigten Zinkatlösung bei einer Hydroxidkonzentration < 6 mol/l $Zn(OH)_2$ und bei einer Hydroxidkonzentration > 8 mol/l ZnO aus. Im Detail werden die Reaktionen an der Zinkelektrode in einer Reihe von Arbeiten [83, 84, 85, 86] diskutiert.

Die Korrosion des Zinks in stark alkalischen Elektrolyten gemäß folgender Gleichung

$$Zn + 2H_2O + 2OH^- \rightarrow Zn(OH)_4^{2-} + H_2 \tag{3.19.}$$

wird durch Amalgamierung (0,4···8% Hg) zur Erhöhung der Wasserstoffüberspannung entscheidend zurückgedrängt [83, 87, 88], (Bild 3.10.). Ähnlich korrosionshemmend, allerdings weniger ausgeprägt, wirken auch Blei und Indium [89] sowie organische Inhibitoren [90]. Dabei kann aber auch eine gleichzeitige Herabsetzung der gewünschten elektrochemischen Aktivität während des Entladeprozesses vermieden werden. Andere metallische Verunreinigungen, vor allem Eisen, Arsen, Antimon [91], Nickel und Edelmetalle führen zur Herabsetzung der Wasserstoffüberspannung und damit zur Verstärkung der Korrosion. Korrosionssteigernd wirkt auch freier Sauerstoff im Elektrolyten. Die Korrosionsgeschwindigkeit hängt stark von der KOH-Konzentration des Elektrolyten und von der Arbeitstemperatur ab. Die geringste Korrosion wird in einer 40%igen KOH gefunden [92]. Steigende Temperatur wirkt erwartungsgemäß korrosionsfördernd [83]. Durch Korrosion oder elektrochemische Oxydation gebildete Zinkoxide auf der Metalloberfläche wirken passivierend [93, 94, 95, 96].

Die Konstruktion der alkalischen Zink-Braunstein-Zelle hat viel Ähnlichkeit mit der der LECLANCHÉ-Zelle (Bild 3.9.) [97]. Im allgemeinen ist aber in der alkalischen Becherzelle die Braunsteinkatode außen mantelförmig angeordnet, wodurch ein besserer Massetransport als in einer zentralen massiven Elektrode gewährleistet ist. Der Nachteil der kleineren geometrischen Oberfläche der zentralen Zinkelektrode wird durch die große innere Oberfläche der Zinkpulverelektrode mehr als ausgeglichen, so daß sich Passivierungserscheinungen an der Zinkelektrode praktisch wenig auswirken [82, 86].

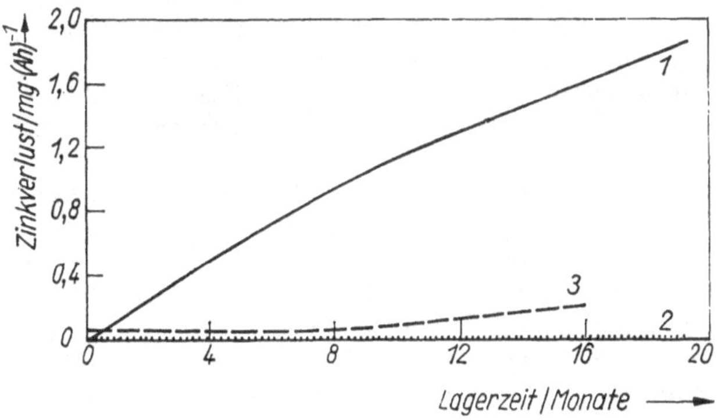

Bild 3.10. Korrosion von Zinkelektroden in alkalischen Zink-Braunstein-Zellen in Abhängigkeit von Lagerzeit und Lagertemperatur [83]

1 – nicht amalgamiert, 25 °C; *2* – amalgamiert, 25 °C; *3* – amalgamiert, 54 °C

Die Katodenmasse (80···85% MnO_2, 8···15% Graphit oder/und Ruß, 10 bis 15% 7···9 M KOH und gegebenenfalls Bindemittel) wird mit hohem Druck gegen die Wand des Metallbechers (Stahl, auch oberflächenveredelt) [98, 99, 100] gepreßt, um eine gute elektronische Leitfähigkeit zu gewährleisten.

Das zwischen beiden Elektroden gelagerte Scheidermaterial, bestehend aus einem Flies auf der Basis von Zellulose-Polymer-Gemischen [29, 101], hat die Aufgabe, eine Zinkpenetration zur Katode zu vermeiden und gleichzeitig viel Elektrolyt aufzunehmen.

Die Zinkelektrode wird in sehr unterschiedlichen Ausführungsformen angewandt. Es werden kalt [102, 103, 104] oder heiß [105, 106] mit [107, 108] und ohne Bindemittel verpreßte und gesinterte Zinkpulverelektroden beschrieben [29]. Sehr aussichtsreich ist die sogenannte Gel-Anode, die in Pastenform, bestehend aus 50···70% Zinkpulver, 15···20% KOH, 5···10% Gelierungsmittel (z. B. Natriumcarboxymethylcellulose), 2···4% ZnO und Wasser, in die Zelle eingespritzt wird [109, 110, 111]. Im metallischen Stromableiter im Zentrum der Zelle befindet sich bei manchen Ausführungsformen ein Reservoir an freiem Elektrolyt zur Aufrechterhaltung des Elektrolythaushaltes während des Entladeprozesses, insbesondere bei Hochstrombelastung (Bild 3.9.).

Zur Lecksicherung der Zelle dient eine Stahlmantelung in Verbindung mit speziellen Kunststoffdichtungen aus Polyamiden. Der hermetische Abschluß setzt voraus, daß der Gasdruck im Inneren der Zelle gewisse Grenzen nicht überschreitet. Als Explosionssicherung dienen Überdruckventile [112]. Die Selbstentladung der Zelle während der Lagerzeit ist niedrig. Sie hängt von der Qualität der Elektrodenmaterialien ab und beträgt im allgemeinen bei Zimmertemperatur in 12 Monaten oder bei 50 °C in 3 Monaten 10% der Anfangskapazität. Alkalische Zink-Braunstein-Zellen sind unter bestimmten technologischen Zusatzmaßnahmen elektrisch regenerierbar (s. a. Abschn. 3.2.1.7.), [113]. Dazu gehören die Erhöhung der mechanischen Stabilität des Separators, Elektrolytzusätze zur Erniedrigung der Zinkatlöslichkeit [114], Erhöhung des Zinkanteils in der Zelle, netzförmige versilberte oder verzinkte Kupferstromableiter [115], Zusatz von Bindemitteln (Portlandzement, Latex) [116, 117] und weitere Leit- und Stabilisierungsmittel (Stahlwolle, Fasern) [118] zur positiven Masse. Eine weitere Voraussetzung dafür ist die Einhaltung eines bestimmten Lade-Entlade-Regimes. So darf die Entladetiefe nur maximal 30% der Gesamtkapazität betragen. Verantwortlich dafür ist die Braunsteinelektrode. Für die Wiederaufladbarkeit der Zelle ist die Bildung von $Mn(OH)_2$ unerwünscht, da dabei die Struktur des γ-MnO_2 zerstört wird, was bei der direkten Bildung des strukturell ähnlichen MnOOH noch nicht geschieht [33]. Deshalb verwendet man in aufladbaren Zellen einen Elektrolyten mit niedriger KOH-Konzentration, da dort die Löslichkeit des MnOOH als Voraussetzung für die Reduktion zum zweiwertigen Mangan gering ist. Bei diesem Regenerierungsprozeß müssen außerdem hohe Ladeströme, insbesondere am Ende der Ladephase, vermieden werden (spannungsbegrenzende Ladesysteme). Da man deshalb niedrige Ladestromstärken anwendet, ergibt sich bei einem Ladefaktor von 1,3···1,4 eine entsprechend lange Regenerierungszeit. Um bei der Überladung die Bildung von freiem Wasserstoff zu vermeiden, wird einerseits die Zinkelektrode überdimensioniert und andererseits durch den ZnO-Zusatz zum Elektrolyten dafür Sorge getragen, daß sich auch im voll geladenen Zustand noch Zinkionen im Elektrolyten befinden. Der sich entwickelnde Sauerstoff wird an der großoberflächigen Zinkelektrode chemisch zu ZnO umgesetzt. Zur Zeit werden mit speziellen alkalischen Zink-Braunstein-Zellen etwa 50···100 Lade-Entlade-Zyklen erreicht. Entscheidenden Einfluß auf die Lebensdauer hat die unerwünschte Dendritenbildung [119, 120].

Die Vorteile der alkalischen Zink-Braunstein-Zelle gegenüber der LECLANCHÉ-Zelle sind

- zwei- bis dreifache Energiedichte je nach der Entladestromstärke,
- bessere Entladekennlinie (Bild 3.8.),
- höhere Belastbarkeit, d. h. höhere Entladestromstärke bei gleichem Spannungsabfall auf Grund des geringeren Innenwiderstandes (bessere Leitfähigkeit der KOH),
- besseres Tieftemperaturentladeverhalten, insbesondere unter 0 °C (bis −40 °C) (Bild 3.11.),
- besseres Lagerverhalten und
- bessere elektrische Regenerierbarkeit.

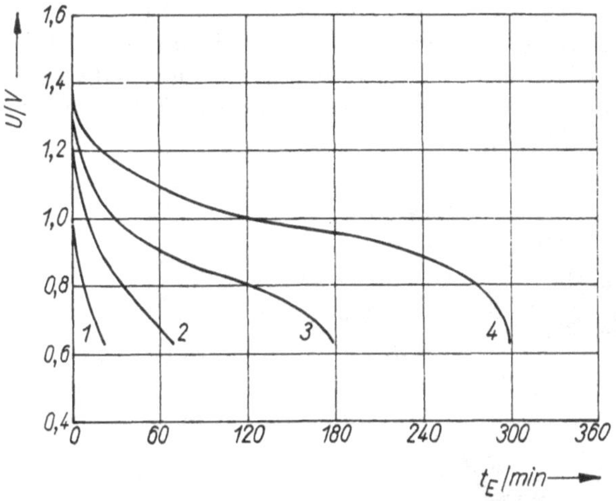

Bild 3.11. Entladekennlinien von alkalischen Zink-Braunstein-Zellen (Typ R 14) bei unterschiedlicher Temperatur, Entladewiderstand 2,25 Ω
1 – −40°C; *2* – −15°C; *3* – 0°C; *4* – +22°C

Dem stehen folgende Nachteile gegenüber:

- teuerere Aktivkomponenten (Elektrolytbraunstein, hochreines pulverförmiges Zink, Quecksilber) und teuerere Baumaterialien (z. B. Stahlbecher),
- kompliziertere, aufwendigere, weniger produktive Fertigung unter Berücksichtigung besonderer Maßnahmen zum Leckschutz, um das Auslaufen des aggressiven Elektrolyten zu verhindern, sowie
- etwas höhere spezifische Kosten, bezogen auf die verfügbare Energiemenge.

Daraus ergibt sich, daß die Anwendung überall dort vorteilhaft ist, wo eine hohe kontinuierliche Belastbarkeit gefordert wird (Tab. 3.1.).

3.3.2. *Zink-Quecksilberoxid-Zelle und Zink-Silberoxid-Zelle* [21, 121]

Bei diesem Zellentyp besteht die Katode aus einer Mischung von 92% Quecksilberoxid (HgO) und 8% Graphit oder aus Silberoxiden (Ag_2O, Ag_2O_2), [122, 26]. Gepreßtes oder gesintertes amalgamiertes Zinkpulver bzw. gewellte amalgamierte Zinkfolie dient als Anodenmaterial und mit ZnO gesättigte wäßrige Kalilauge (35···40% KOH, 5% ZnO) als Elektrolyt. Als Elektrolytträger kommt α-Cellulose zur Anwendung, der eine Schicht von ionenpermeablem, mechanisch stabilem Separatorpapier zugefügt wird.

Die Zelle wird in Stahlmantelausführung, meist allerdings als Flach- bzw. Knopfzelle (Bild 3.12.) gefertigt. Die Abdichtung zur Verhinderung des Austretens des aggressiven Elektrolyten sowie die Überdrucksicherungen sind noch zuverlässiger als in der alkalischen Zink-Braunstein-Zelle. Eine Absorptionsmanschette sorgt dafür, daß beim Entweichen von Gas, im Falle zu hohen Überdrucks, mitgerissener Elektrolyt absorbiert wird. Im übrigen haben die Materialien mit Ausnahme der veränderten Katode die gleiche Funktion wie in der alkalischen Braunsteinzelle.

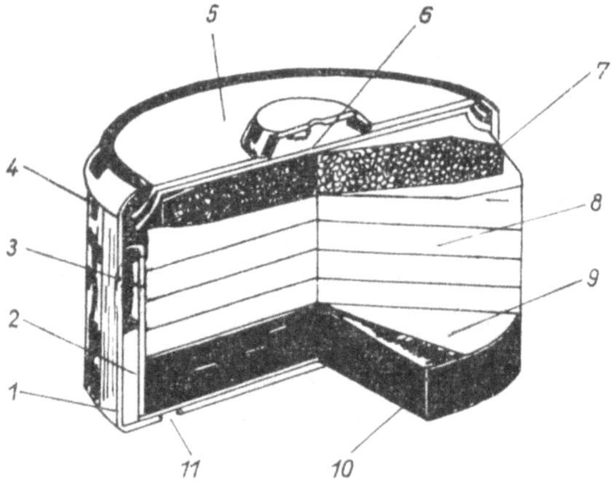

Bild 3.12. Schnitt durch eine Zink-Quecksilberoxid-Zelle

1 — äußerer Stahlbecher; *2* — Absorptionsmanschette; *3* — innerer Stahlbecher; *4* — Dichtung; *5* — äußerer Deckel; *6* — innerer Deckel; *7* — Anode aus amalgamiertem Zinkpulver, gepreßt; *8* — Elektrolytträger; *9* — Separator; *10* — HgO-Katode; *11* — Gasaustrittsöffnung

Die Bruttoreaktionsgleichungen und die wichtigsten Leistungskennziffern sind in Tab. 3.1. gegeben.

$$HgO + H_2O + 2e^- \rightarrow Hg + 2OH^- \qquad \langle U_H^\ominus = +0{,}0976\ V\rangle \qquad (3.20.)$$

$$Ag_2O_2 + H_2O + 2e^- \rightarrow Ag_2O + 2OH^- \qquad \langle U_H^\ominus = +0{,}570\ V\rangle \qquad (3.21.)$$

$$Ag_2O + H_2O + 2e^- \rightarrow 2Ag + 2OH^- \qquad \langle U_H^\ominus = +0{,}344\ V\rangle \qquad (3.22.)$$

Als katodisches Reaktionsprodukt entsteht in beiden Zellen aus dem Oxid das Metall, das nicht passivierend, sondern im Gegenteil leitfähigkeitserhöhend wirkt. Das Ag_2O_2, das in frisch hergestellten Elektroden einen Anteil bis 70% hat [121], ergibt zwar gegenüber dem Ag_2O eine höhere Zellenspannung, sein Oxydationspotential liegt aber so positiv, daß es sich in Verbindung mit Wasser unter Sauerstoffentwicklung zersetzt und u. U. das Separatormaterial oxydativ zerstört, wodurch die Lagerfähigkeit der Zelle herabgesetzt wird.

Die Vorteile beider Zellen sind

— die von der Quecksilberoxid- zur Silberoxidzelle zunehmend höhere Energiedichte (drei- bis fünffach gegenüber der LECLANCHÉ-Zelle) und spezifische Energie (zweifach gegenüber der LECLANCHÉ-Zelle),

- die sehr gute Entladecharakteristik (Bild 3.8.) speziell bei Hochstrom- [123] und Niedertemperaturbelastung [105],
- die gute Lagerfähigkeit (z. B. bei der Quecksilberoxidzelle nur 7% Kapazitätsverlust in 24 Monaten) und
- die mechanisch stabile, lecksichere Ausführung.

Nachteile dieser Zellen sind die hohen Materialkosten und diffizile Herstellung und der daraus resultierende hohe Preis.

Die Anwendung dieser Zelle liegt deshalb auf dem militärischen Sektor, z. B. als Energieträger für Steuersysteme von Torpedos und Raketen [121 (S. 393 und 405)] und ist im zivilen Bereich auf spezielle Gebiete wie Herzschrittmacher, elektrische Uhren, Taschenrechner mit Flüssigkristallanzeige, Hör- und Meßgeräte begrenzt. Wegen der Rohstoffsituation sollten sich gewisse Begrenzungen im Produktionsvolumen ergeben; außerdem treten bei HgO-Zellen Probleme des Umweltschutzes auf.

3.3.3. Alkalische Zink-Luftsauerstoff-Zelle

Die Einführung von Luftsauerstoff als Oxydationsmittel in alkalischen Zellen bietet die Möglichkeit, die Energiedichte weiter zu steigern, wenn eine elektrochemisch aktive Katalysatorelektrode zur Verfügung steht, an der die katodische Sauerstoffreduktion schnell abläuft. Das ist in alkalischen Elektrolyten prinzipiell der Fall.

Zinkelektrode und Elektrolyt sind in ihrer Beschaffenheit und Funktion der alkalischen Braunsteinzelle entlehnt.

Als Katode wird überwiegend ein poröses Aktivkohlematerial verwendet, das oberflächlich aktiviert (basische Oberflächenoxide) oder katalysiert (Silber- oder Mischoxidkatalysatoren) mit Binde- und Hydrophobierungsmitteln (Teflon) zu hochporösen, dünnen Diffusionselektroden verpreßt oder gesintert wird [124, 125, 126, 127]. Zur Erzielung definierter stabiler Dreiphasengrenzschichten (feste Elektrode, flüssiger Elektrolyt, gasförmiger Reaktant) werden Mehrschichtelektroden, die aus einer aktiven Reaktionsschicht und einer hydrophoben Gasdiffusionsschicht bestehen, verwendet. Meist wird in die Elektrode noch ein Metallnetz zur mechanischen Stabilisierung und zur Erhöhung der elektronischen Leitfähigkeit eingebracht. Die hydrophobe Gasschicht verhindert das Durchtreten des Elektrolyten. Durch diese Maßnahme werden Diffusions- und Durchtrittsüberspannung wesentlich herabgesetzt und die Belastbarkeit der Sauerstoffelektrode gegenüber der im neutralen Elektrolyten deutlich erhöht.

Aufbau und Elektrodenreaktion der Sauerstoffelektrode werden ausführlich in Abschn. 5.5. und 5.9.1.1. behandelt.

Durch die notwendige halboffene Bauweise sind bei der Zink-Luftsauerstoff-Zelle Lecksicherheit und Wasserhaushalt des Elektrolyten schwerer zu beherrschen. Eine hohe relative Luftfeuchtigkeit ($> 80\%$) führt zur Wasseradsorption an der porösen Luftsauerstoffelektrode und im Elektrolyten, während bei niedriger relativer Luftfeuchtigkeit ($< 50\%$) der Elektrolyt austrocknet. Die

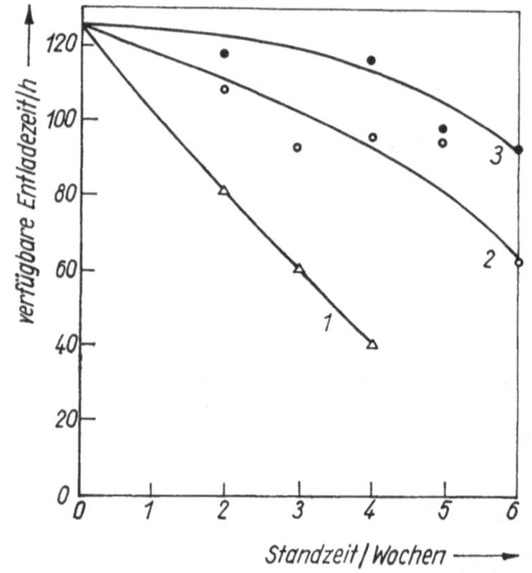

Bild 3.13. Einfluß der Luftfeuchtigkeit auf den Kapazitätsverlust von alkalischen Zink-Luftsauerstoff-Zellen während der Standzeit [130]

Relative Luftfeuchtigkeit:
1 – 20%; *2* – 50%; *3* – 80%

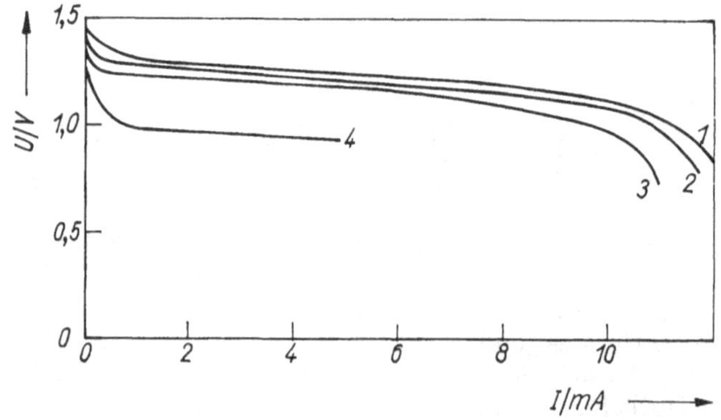

Bild 3.14. Einfluß des Carbonatisierungsgrades auf die Strom-Spannungs-Charakteristik einer alkalischen Zink-Luftsauerstoff-Zelle bei Zimmertemperatur [133]

Carbonatisierungsgrad:
1 – 0%, 25%; *2* – 50%; *3* – 75%; *4* – 100%

Gleichgewichtsluftfeuchtigkeit liegt je nach der Elektrolytzusammensetzung zwischen 50 und 80%. Den Einfluß der Luftfeuchtigkeit auf den Kapazitätsverlust einer Zink-Luftsauerstoff-Zelle während der Standzeit zeigt Bild 3.13. Wenn der Sauerstoff an die Zinkelektrode gelangt, steigt deren Korrosion, was zu einem weiteren Kapazitätsverlust während der Standzeit führt. Schließlich reagiert der alkalische Elektrolyt mit dem Kohlendioxid der Luft unter Bildung von Carbonat, das die Poren der Elektroden verstopft und die Leitfähigkeit des Elektrolyten sowie die Arbeitsspannung herabsetzt (Bild 3.14.). Dadurch ist die offene Arbeitsdauer[1] der alkalischen Zink-Luftsauerstoff-Zelle z. Z. auf 6···10 Wochen begrenzt. Ihre Zellenreaktion und wichtigsten Leistungsdaten sind in Tab. 3.2. angegeben.

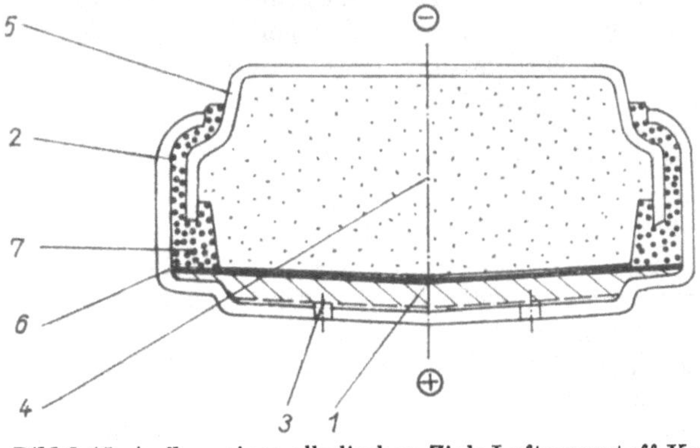

Bild 3.15. Aufbau einer alkalischen Zink-Luftsauerstoff-Knopfzelle [133]

1 – Luftsauerstoffelektrode (Katode); *2* – Katodenbecher; *3* – Luftdurchtrittsöffnung; *4* – Zinkanode; *5* – Anodenbecher; *6* – Scheider; *7* – Isolator

Durch HEISE und SCHUMACHER (1932) wurden die ersten technischen Zink-Luftsauerstoff-Zellen mit alkalischem Elektrolyten beschrieben [128], in denen paraffinierte, poröse Kohle-Sauerstoff-Elektroden eingesetzt waren. Diese Zellen mit noch sehr niedrigen Energiedichten fanden bereits in der Signaltechnik und im Telefonwesen ihre Anwendung.

In den letzten Jahren sind Platten- [129, 130, 83], Rund- [124, 125, 131, 132] und Knopfzellenausführungen [133] beschrieben worden. Bild 3.15. zeigt eine Knopfzelle nach CRETZMEYER im Schnitt [133]. Die Vorzüge dieser Zelle liegen in der hohen Energiedichte (Bild 3.8.) und der günstigen Entladekennlinie bei niedrigen Stromdichten ($i < 20$ A/cm²). Demgegenüber erweist sich aber die z. Z. noch relativ kurze Betriebsdauer, das schlechte Hochstrombelastungsverhalten sowie die geringere Lecksicherheit als Nachteil und ist die Ursache für die sehr begrenzte Anwendung, die sich z. Z. nur auf Batterien für Hörgeräte [133] und militärische Zwecke [130] erstreckt.

Eine Kombination von alkalischer Zink-Braunstein-Zelle und Zink-Luft-Zelle stellt die sowjetische Zelle „Krona-WZ“ dar. Die wesentliche Erhöhung

[1] Unter „offener Arbeitsdauer“ versteht man die Zeit nach Beginn des Luftzutritts.

der Kapazität im Vergleich zu einer gleichartigen LECLANCHÉ-Zelle wird durch eine halboffene Bauweise erzielt, wobei außer dem Braunstein an der katalytisch aktiven Elektrode vor allem Sauerstoff reduziert wird.

Eine Reihe von Arbeiten beschäftigten sich in der letzten Zeit auch mit der Substitution des Zinks in alkalischen Metall-Luftsauerstoff-Zellen durch andere Metalle, die eine höhere Energiedichte erwarten lassen und/oder regional leichter verfügbar sind wie z. B. Magnesium [134—136] und Aluminium [137—140]. Obwohl hierbei erhebliche Fortschritte erzielt wurden, insbesondere hinsichtlich der Stromausbeute und der Unterdrückung der Korrosionsreaktion durch Anwendung von neuartigen Legierungen und Korrosionsinhibitoren, die eine weitgehende Passivierung der Elektroden während der Standzeit bewirken, ohne die Elektrodenaktivität bei der Entladung merklich zu hemmen, sind die Aussichten auf praktische Anwendung ziemlich gering, zumal sich die alkalische Zink-Luft-Zelle selbst noch nicht durchsetzen konnte.

3.4. Primärzellen mit aprotischen flüssigen Elektrolyten [26, 142]

Höhere Energiedichten und spezifische Energien in Primärzellen lassen sich durch Anwendung von Anodenmaterialien mit sehr negativem Redoxpotential erreichen. Hierfür kommen potentiell die Alkali- und Erdalkalimetalle in Frage (s. Abschn. 2.6.). Da diese unedlen Metalle mit protischen Elektrolyten spontan chemisch reagieren, können sie nur in Verbindung mit nichtwäßrigen aprotischen organischen oder anorganischen Elektrolytlösungen, Salzschmelzen[1] oder Festionenleitern (s. Abschn. 3.5.) eingesetzt werden.

3.4.1. Elektrolyte [143, 144]

Aprotische organische und anorganische Elektrolyte bestehen aus einem Lösungsmittel und einem Leitsalz.

Die elektrolytische Leitfähigkeit aprotischer Lösungen hängt in entscheidendem Maße von den Leitsalzzusätzen ab. Die Elektrolyte müssen, ausgehend von den allgemeinen Anforderungen (s. Abschn. 2.2.3.), folgende Voraussetzungen erfüllen:

— hohe elektrolytische Leitfähigkeit auch bei niedrigen Temperaturen, resultierend aus einer hohen Löslichkeit des Leitzusatzes, dessen weitgehender Dissoziation und hoher Ionenbeweglichkeit,
— keine chemischen Reaktionen zwischen Lösungsmittel, Leitzusatz und Elektroden,

[1] Salzschmelzen sollen hier nicht berücksichtigt werden, da sie erst bei einer Temperatur über 100°C angewandt werden können, was für normale Primärzellen undiskutabel ist. Wärmeaktivierte Zellen mit Salzschmelzen werden in Abschnitt 3.6.2. behandelt.

- thermische Stabilität des Elektrolyten,
- niedrige Schmelztemperatur (möglichst unter —40 °C) und hohe Siedetemperatur (möglichst über 150 °C), um einen breiten Arbeitsbereich hinsichtlich der Betriebstemperatur der Zellen, insbesondere aber bei Temperaturen unter 0 °C zu ermöglichen.

Als Lösungsmittel kommen deshalb stark polare Substanzen mit guten Donor- oder Akzeptoreigenschaften, hoher Dielektrizitätskonstante, niedriger Schmelz- und hoher Siedetemperatur und nicht zu hoher Viskosität in Frage (Tab. 3.4.).

Sehr aussichtsreich als aprotisches Lösungsmittel ist das Propylencarbonat, das hinsichtlich der thermischen [145] und elektrochemischen [146] Stabilität anderen organischen Verbindungen überlegen ist. Die erprobten anorganischen aprotischen Substanzen Thionylchlorid und Sulfurylchlorid sind gleichzeitig Reaktanten an der Katode.

Als Leitzusätze eignen sich solche Stoffe, die eine gute Löslichkeit im Lösungsmittel besitzen und die gleichzeitig weitgehend in Ionen mit guter Leitfähigkeit dissoziieren. Diese Anforderungen erfüllen vor allem Halogenide, insbesondere die Fluoride der Elemente der 3. und 5. Hauptgruppe des Periodensystems, Perchlorate, Halogenide und Rhodanide der leichten Alkalimetalle (Li, Na, K) und von quartären Ammoniumionen (Tab. 3.4.).

Die Löslichkeit dieser Salze in den aprotischen Lösungsmitteln beruht auf der Bildung kationenstabilisierender Solvate, sogenannter Donor-Akzeptor-Komplexe, wobei nach Liebig [147] die Donizität[1] so hoch ist, daß das aprotische Lösungsmittel andere Solvate zerstören und Anionen freisetzen kann, die dann eine hohe Reaktionsfähigkeit und Beweglichkeit besitzen.

Die spezifische Leitfähigkeit dieser aprotischen Elektrolyte ist nur wenig temperaturabhängig, so daß die entsprechenden galvanischen Zellen auch bei niedrigen Temperaturen (bis —40 °C) noch entladbar sind.

3.4.2. Anoden

Von den Alkali- und Erdalkalimetallen, die ein stark negatives Elektrodenpotential aufweisen, ist das Lithium [148—155] aus folgenden Gründen als Anodenmaterial besonders geeignet:

- relativ gute Löslichkeit seiner Salze in nichtwäßrigen Lösungen,
- extrem negatives Elektrodenpotential ($U_H^\ominus = -3{,}01$ V) und
- niedrige Äquivalentmasse (6,9 g/val).
- Einbau der beim Entladevorgang gebildeten Li^+-Ionen in das Katodenmaterial ohne Ausbildung passivierender Salzschichten.

---

[1] Unter Donizität versteht man den negativen Wert der Bildungsenthalpie eines Adduktes mit einem bestimmten Donor in hochverdünnter Lösung in einem möglichst inerten Lösungsmittel. Im allgemeinen ist die Donizität auf das Addukt mit Antimonpentachlorid (Donorzahl) bezogen. Je größer die Donizität ist, um so größer ist das Ionisierungsvermögen des aprotischen Lösungsmittels.

Tabelle 3.4. Aprotische Elektrolytsysteme für Primärzellen

Lösungsmittel					
Name	Formel	Viskosität in 10^{-3} Pa s	ϑ_F in °C	ϑ_V in °C	Donorzahl
Propylencarbonat (PC)	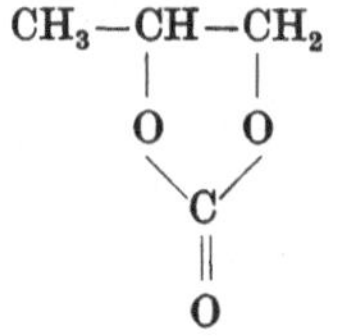	2,5 (25 °C) 2,3 (40 °C)	−49	+242	15,1
Ethylencarbonat (EC)	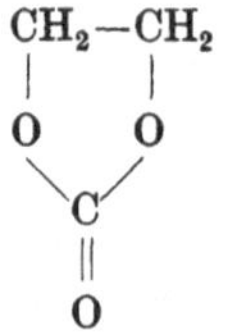	1,69 (50 °C) 1,9 (40 °C)	36,7	238	16,4
Acetonitril (AN)	CH_3-CN	0,345 (25 °C)	−45,7	81,5	14,1
Butyrolacton (BL)	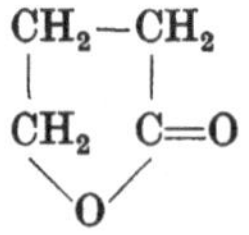	1,75 (25 °C)	−43	+202	
Dimethylformamid (DMF)	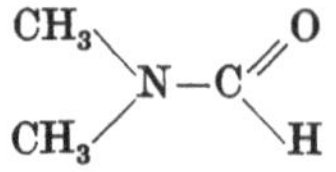	0,796 (25 °C)	−61	+153	26,6
Tetrahydrofuran (THF)	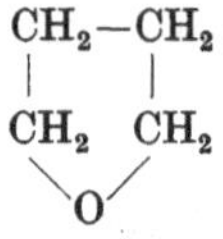	0,46 (25 °C)	−65	+64	20
Methylformamid (MF)	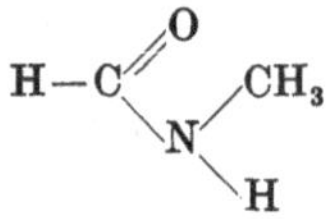	0,347 (20 °C)	−99	+31,5	
Phosphoroxochlorid	$POCl_3$	1,06 (25 °C)	+1,25	105,8	11.7
Thionylchlorid	$SOCl_2$	0,603 (25 °C)	−104,5	76,5	0,4

Relative Dielektrizitäts-konstante (bei 25 °C)	Dipol-moment in 10^{-27} C cm	Leitzusatz	Spezifische Leitfähigkeit des Elektrolyten in 10^{-1} S cm^{-1}	Literatur
66,1		$LiClO_4$	0,56 (25 °C)	[150, 155]
		KSCN	0,89 (25 °C)	[150]
		KPF_6 (1,0 M)	0,73 (25 °C)	[26]
		LiCl (1,0 M)	0,04 (25 °C)	[26]
95,3	1,62	$LiClO_4$ (0,85 M)	0,79 (40 °C)	[150, 155]
		KSCN	1,18 (40 °C)	[150]
		KPF_6	1,13 (40 °C)	[150]
36,0	1,32	$LiClO_4$	2,85	[26]
		KPF_6	1,79	[26]
		KSCN	2,20	[26]
39,1		$LiBF_4$ (1,0 M)	0,71 (25 °C)	[26]
		$LiClO_4$	1,5	
		KPF_6	1,3	[26]
		KSCN	1,14	[26]
37		$LiClO_4$ (1,16 M)	2,22	[142]
		KPF_6 (1,22 M)	2,52	[142]
		KSCN (20 g/100 ml)	2,08 (24 °C)	[26]
7,39		$LiAlCl_4$ (1,6 M)	1,7	[151]
8,5		$LiClO_4$ (2,8 M)	3,2	[191]
13,7		$LiAlCl_4$ (0,9 M)	0,78	
		$LiBCl_4$ (1,2 M)	0,87	
		$LiBF_4$ (1,5 M)	0,11	[151]
		$LiPF_6$ (0,4 M)	0,37	
9,05		$LiAlCl_4$ (1,7 M)	2,04 (25 °C)	[151]

Tabelle 3.4. (Fortsetzung)

Lösungsmittel					
Name	Formel	Viskosität in 10^{-3} Pa s	ϑ_F in °C	ϑ_V in °C	Donorzahl
N-Methyl-pyrrolidon (NMP)	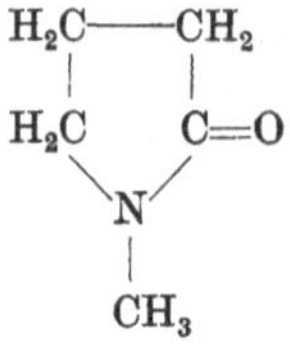	1,67	−24	204	
Zum Vergleich:					
Wasser	H_2O	0,89 (25 °C)	0	100	18
Ammoniak	NH_3	0,276 (−40 °C)	−78	−33	

Aus den beiden zuletzt genannten Fakten resultiert eine sehr hohe Energiedichte bei Primärzellen mit Lithiumanoden.

Andere Alkali-Erdalkali- und Erdmetalle wie Na, Mg, Ca und Al [156—158] haben demgegenüber bis jetzt keine praktische Bedeutung erlangt.

Stationäre Stromdichte-Potential-Kurven an der Li/Li^+-Elektrode mit einem 1,0 M $AlCl_3$-Elektrolyten in Propylencarbonat zeigen, daß sich diese Elektrode nahezu reversibel verhält [159]. Ein geringer Wassergehalt im Elektrolyten ($c_{H_2O} < 500$ ppm) hat bei Anwesenheit von Li^+ in der Lösung kaum einen Einfluß auf das Potential der Lithiumelektrode, da die Li^+-Ionen das Wasser als Aquokomplex $Li_n(H_2O)_m{}^+$ binden, wodurch die Aktivität des Wassers stark vermindert wird [160]. Ein höherer Wassergehalt führt infolge der Korrosionsreaktion

$$Li + H_2O \rightarrow LiOH + \frac{1}{2} H_2 \qquad (3.23.)$$

und der anodischen Reaktion

$$Li + H_2O \rightleftharpoons LiOH + H^+ + e^- \qquad (3.24.)$$

zur Ausbildung einer festen, den weiteren Entladevorgang hemmenden LiOH-Schicht auf der Elektrode [161], so daß diese zur Anionenelektrode wird. Insbesondere beim Einsatz von Elektrolyten mit gelösten Oxydationsmitteln als Reaktanten, die an der Katode reduziert werden, muß eine spontane chemische Reaktion mit dem Lithium vermieden werden, was bei Vorhandensein einer protektiven Schicht auf dem Lithium gewährleistet ist. Diese Schutzfunktion übernehmen Lithiumsalzschichten, die mehr oder weniger porös sind [159, 162] und durch chemische Reaktion des Lithiums mit Elektrolytbestandteilen (z. B. LiCl in Li-$SOCl_2$-Zellen) entstehen. Die Bestimmung des Polarisations-

		Leitzusatz	Spezifische Leitfähigkeit des Elektrolyten in 10^{-2} S cm^{-1}	Literatur
Relative Dielektrizitätskonstante (bei 25 °C)	Dipolmoment in 10^{-27} C cm			
32,0		$LiClO_4$ (0,85 M)	1,12	
		KPF_6 (0,92 M)	0,94	[152, 21, 29]
78,3	0,6	KOH (3,56 M)	56,5	
22	0,5	KSCN (28%)	22	[26]

widerstandes [198] sowie Austauschstromdichtemessungen an der Lithiumelektrode in Elektrolyten mit verschiedenen Leitsalzen [163] und unterschiedlichem Wassergehalt [164] zeigten, daß die Schichtbildung stark von diesen Komponenten sowie von der Temperatur und der Standzeit der Zelle [165] beeinflußt wird. Die Schutzschicht bewirkt allerdings eine ‚Aktionsverzögerung" (delayed action) zu Beginn jeder Stromentnahme, die sich in einem Sekunden bis Minuten dauernden starken Spannungsabfall äußert (Bild 3.20.) [166].

Die Herstellung technischer Lithiumelektroden geschieht, indem das Lithiummetall als Folie ausgewalzt in ein Kupfer-, Nickel- oder vernickeltes Eisennetz oder -streckmetall eingepreßt wird, so daß meist noch eine Flexibilität der Elektrode gegeben ist [164].

3.4.3. *Katoden* [167]

Bei den Katoden muß man zwischen den Aktivkomponenten (Oxydationsmittel) und den Stromableitern (Stromkollektoren) unterscheiden.

Die Aktivkomponenten sind entweder in fester Form am Kollektor angeordnet oder im Elektrolyten gelöst, wie z. B. SO_2 in Acetonitril oder Propylencarbonat [153]. Die Aktivkomponenten sollen

- ein stark positives Redoxpotential besitzen,
- niedrige Äquivalentmasse haben,
- hohe elektrochemische Aktivität aufweisen,
- keine chemischen Reaktionen mit anderen Komponenten der Zelle eingehen und
- in einem geeigneten Aggregatzustand (kein freies Gas) vorliegen.

Tabelle 3.5. Batteriesysteme mit aprotischem Elektrolyten und Lithium als Anode

System	Katode	Elektrolyt	
		Lösungsmittel	Leitzusatz
Li/CuO	93,5% CuO 6,5% Graphit + Bindemittel	organischer Elektrolyt, nicht näher spezifiziert	
Li/SO_2	SO_2 80% Acetylenruß 20% Graphit + Bindemittel	64% SO_2 28% Acetonitril 8% Propylencarbonat	LiBr (1,8 M)
Li/$(CF_x)_n$	75—92% $(CF_x)_n$ 8—25% Acetylenruß Teflon in Ti-Streckmetall	γ-Butyrolacton Propylencarbonat + Dimethoxyethan + Ethylencarbonat	$LiBF_4$ (1,0 M) $LiClO_4$ (1,0 M)
Li/MoO_3	70% MoO_3 30% Graphit + Bindemittel	γ-Butyrolacton 70% Tetrahydrofuran 30% Dimethoxyethan Methylformamid + Butyrolacton	$LiMoF_6$ (1,5 M) $LiClO_4$ (1 M) $LiAsF_6$ $LiAlCl_4$
Li/Ag_2CrO_4	70% Ag_2CrO_4 30% Graphit + Bindemittel	Propylencarbonat	$LiClO_4$ (1 M)
Li/HgF_2	54% HgF_2 18% Silberpulver 18% Acetylenruß 10% Bindemittel	Propylencarbonat	Phenyltrimethyl-ammonium-hexafluoro-phosphat
Li/CuF_2	CuF_2 Graphit Polyethylen auf Cu-Netz	Ethylencarbonat	$LiClO_4$ (0,85 M)
Li/V_2O_5	70% V_2O_5 30% Graphit + Bindemittel	organischer Elektrolyt, nicht näher spezifiziert	
Li/MnO_2	MnO_2	Propylencarbonat	$LiClO_4$ (1 M)
Li/$SOCl_2$	$SOCl_2$	$SOCl_2$	$LiAlCl_4$ (0,5 M)
Li/SO_2Cl_2	SO_2Cl_2	SO_2Cl_2	$LiAlCl_4$
Li/H_2SO_4	H_2SO_4 (Molybdänblech)	Schwefelsäure wasserfrei	—
Li/H_2O	H_2O (Eisennetz)	H_2O $POCl_3$	LiOH (1,5 M) $LiBCl_4$

(bei 20 °C)

Zellenreaktion	U_0 in V	$\bar{U}$ in V	$p_{v,\max}$ in Wh l^{-1}	$p_{m,\max}$ in Wh kg^{-1}	Literatur
$2Li + CuO \rightarrow Li_2O + Cu$	2,24	1,3	632	290	[149]
$2Li + 2SO_2 \rightarrow Li_2S_2O_4$	2,95	2,80	500	290 130 (−54 °C)	[153]
$nx\,Li + (CF_x)_n \rightarrow nx\,LiF + nC$	3,0 3,0	2,4 2,3	560 290	300 204	[154] [155]
$2Li + MoO_3 \rightarrow Li_2O + MoO_2$	2,90 3,0	2,80 2,7	740	210	[184] [151, 185]
	2,9				
	2,8	2,0			[186]
$2Li + Ag_2CrO_4 \rightarrow Li_2CrO_4 + 2Ag$ (über 2,5 V) $10Li + 2Ag_2CrO_4 \rightarrow 5Li_2O + Cr_2O_3 + 4Ag$ (unter 2,5 V)	3,35	3,2	730	210	[187, 197, 169]
$2Li + HgF_2 \rightarrow 2LiF + Hg$	3,20	1,6			[188]
$2Li + CuF_2 \rightarrow Cu + 2LiF$	3,4	3,0			[150]
$2Li + V_2O_5 \rightarrow Li_2V_2O_5$		2,65	570	220	[189]
$2Li + 2MnO_2 \rightarrow Mn_2O_3 + Li_2O$	3,4	2,9			[151]
$4Li + 2SOCl_2 \rightarrow 4LiCl + SO_2 + S$	3,6	3,3	380	355	[148, 197, 165]
$6Li + 2SO_2Cl_2 \rightarrow 4LiCl + Li_2SO_4 + S$	3,9	3,3		355	[148]
$12Li + H_2SO_4 \rightarrow 2LiH + Li_2S + 4Li_2O$	3,7				[181]
$Li + H_2O \rightarrow LiOH + 1/2\,H_2$	2,20 3,70	1,1 3,20		225	[182] [190]

Für die Stromkollektoren sind die wichtigsten Anforderungen:

- gute elektronische Leitfähigkeit,
- Vorliegen im festen Aggregatzustand und
- keine Veränderung während der Entladung oder Lagerung der Zelle.

Als Aktivkomponenten, die in der festen Katode angeordnet sind, wurden bisher folgende Stoffe erprobt:

- Schwermetalloxide (CuO, MoO_3, V_2O_5, WO_3, MnO_2, Bi_2O_3, PbO_2) [168];
- Schwermetallhalogenide (HgF_2, CuF_2, NiF_2, $AgCl$, PbF_2) [168];
- Schwermetallsulfide und -borosulfide (CuS, Cu_2S, Ni_3S_2, MnS, PbS, Ag_2S, Cu_2S, $AgBS$, $CuBS$, $Pb_2B_2S_5$, MnB_2S_4);
- Silbersalze (Ag_3PO_4, Ag_2CrO_4, $AgMnO_4$, $AgJO_3$, $AgJO_6$, Ag_2SnO_3, Ag_2WO_4, Ag_2MoO_4), [169];
- Fluoride und Oxide des Graphits [$(CF_x)_n$, $(CO_x)_n$] [154];
- Schwefel [170—172];
- Jod [173—175];
- Übergangsmetallchalkogenide (NbS_2, $FePSe_3$, TiS_3, $NiPS_3$, $NbSe_2J_2$), auch in Verbindung mit Jod und Schwefel [176—179];
- organische Nitro-, Nitroso- und Azoverbindungen (m-Dinitrobenzol);

Gelöst im Elektrolyten kommen zur Verwendung

- Brom [180];
- Schwefel- und Phosphorverbindungen (SO_2, $SOCl_2$, SO_2Cl_2, H_2SO_4 wasserfrei, SO_3, $H_2S_2O_7$, $S_2O_5Cl_2$, HSO_3F, $POCl_3$) [181];
- H_2O und O_2 [182, 183].

Nur einige dieser erprobten Oxydationsmittel bewährten sich beim Einsatz in kompletten Zellen (s. Abschn. 3.4.4. und Tab. 3.5.).

Eine besondere Rolle spielen die Kohlenstofffluorverbindungen $(CF_x)_n$ mit der Zusammensetzung $0{,}8 < x < 0{,}99$. Das Fluor ist zwischen den Kohlenstoffschichten des Graphits eingebaut, wodurch allerdings dessen elektronische Leitfähigkeit zurückgeht. Der bei der katodischen Reduktion entstehende Kohlenstoff führt jedoch wieder zu einer Erhöhung der Leitfähigkeit [154, 155, 191, 192].

Die Katoden für technische Zellen werden hergestellt, indem eine großoberflächige, gut elektronenleitende Komponente (Graphit, Acetylenruß, Metallpulver) und Bindemittel (meist Teflon) sowie im Falle fester Aktivkomponenten

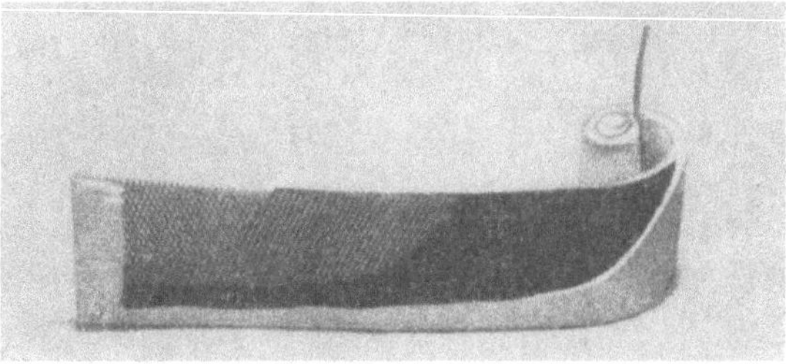

Bild 3.16. Spiralförmig gewundene flexible $(CF_x)_n$-Elektrode für eine Lithiumzelle [154]

(Oxydationsmittel) auch diese gut gemischt in ein flexibles Metallnetz oder Streckmetall (Ni, Ti) verpreßt oder eingewalzt werden. Häufig umgibt man die Katoden zur Vermeidung von Kurzschlüssen in der Zelle noch direkt mit einem porösen Separator (Polypropylen). Bild 3.16. zeigt eine flexible, spiralförmig gewundene $(CF_x)_n$-Elektrode mit Titanstreckmetall und Polypropylenseparator.

3.4.4. *Komplette Zellen*

Technische Entwicklungen sind ausschließlich mit Lithium als Anodenmaterial, meist in den genormten Formaten R 20, R 14 und R 6, gemacht worden.

Der innere Aufbau der Zelle ist im allgemeinen so gestaltet, daß die flexiblen Elektroden mit Separator- und Isolatorfolien aufgewickelt sind. Dadurch ergeben sich geringe Elektrodenabstände, kurze Diffusionswege und große reaktive Oberflächen, was wegen der relativ niedrigen Leitfähigkeit des Elektrolyten von großer Wichtigkeit ist (Bild 3.16.).

Große Bedeutung wird dem Ausnutzungsgrad der Reaktanten bei der Entladung beigemessen; er liegt für die Katodenprozesse zwischen 30 und 95% und wird entscheidend durch den Leitzusatz (Graphit, Acetylenruß, Metallpulver) und die Porosität der Elektroden beeinflußt. Berechnungen zur Optimierung der Elektroden und Zellen sind von Marničič [193] vorgenommen worden.

In Tab. 3.5. sind die wichtigsten der in der Literatur beschriebenen Lithiumzellen aufgeführt. Die mittlere Arbeitsspannung und maximale Energiedichte bzw. maximale spezifische Energie ist bezogen auf die optimale Zellengröße (im allgemeinen Typ R 20) und auf die Entladestromdichte, die die höchste Energiedichte bzw. maximale spezifische Energie ermöglicht.

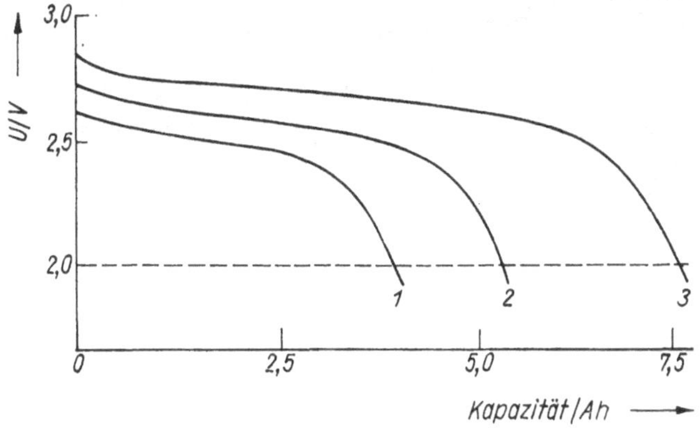

Bild 3.17. Entladecharakteristik einer Li—MoO_3-Zelle (Typ R 20) bei verschiedenen Arbeitstemperaturen; $I = 0{,}25$ A [191]

1 — −40°C; 2 — −18°C; 3 — +21°C

Von den Metalloxidzellen sind vor allem die mit V_2O_5, CuO und MoO_3 technisch entwickelt worden. Bild 3.17. zeigt die Entladecharakteristik einer Li—MoO_3-Zelle [191] mit einem guten Tieftemperaturverhalten. Diese Metalloxidzellen besitzen zwar nicht so hohe spezifische Energien, weil einerseits die Äquivalentmasse der Metalloxide ziemlich hoch liegt und andererseits auch der Ausnutzungsgrad der Metalloxide für den Entladeprozeß niedrig ist; sie zeichnen sich aber durch eine gute Betriebssicherheit aus. Das gilt auch für Zellen mit Ag_2CrO_4 als Katodenmaterial, die für Herzschrittmacher Betriebszeiten von 6 Jahren ermöglichen [194]. Die ursprünglich intensiv bearbeiteten Zellen mit Metallhalogeniden und -chalkogeniden sind heute etwas in den Hintergrund getreten. Ein Grund dafür ist auch die fallende Kennlinie bei der Entladung. Sehr aussichtsreich sind die Lithiumzellen mit fluoriertem Graphit als katodischem Aktivmaterial und organischem Elektrolyten. Sie besitzen eine horizontale Entladekennlinie (Bild 3.18.). Höhere Belastbarkeiten sind in Verbindung mit aprotischen anorganischen Elektrolyten ($POCl_3$, $SOCl_2$) erreicht worden. Die dabei ermittelten Katodenwirkungsgrade von 300···500%, bezogen auf das $(CF_x)_n$, zeigen, daß hier im wesentlichen das Oxochlorid an der Katode reduziert wird.

Zellen mit im Elektrolyten gelösten anorganischen Oxydationsmitteln besitzen sehr gute Entladeeigenschaften. Sie sind hoch belastbar bei gleichzeitig hoher Energiedichte und horizontaler Entladekennlinie (Bild 3.19.).

Beim System Li/SO_2 kommt es während der Entladung an der Katode zur Ausscheidung des schwerlöslichen Lithiumdithionits. Da der Entladeprozeß beendet ist, wenn die gesamte Katodenoberfläche mit dem nichtleitenden Niederschlag bedeckt ist, muß die Katode eine hohe innere Oberfläche und Porosität (etwa 80%) besitzen. Diese Deckschichten hemmen offensichtlich auch die

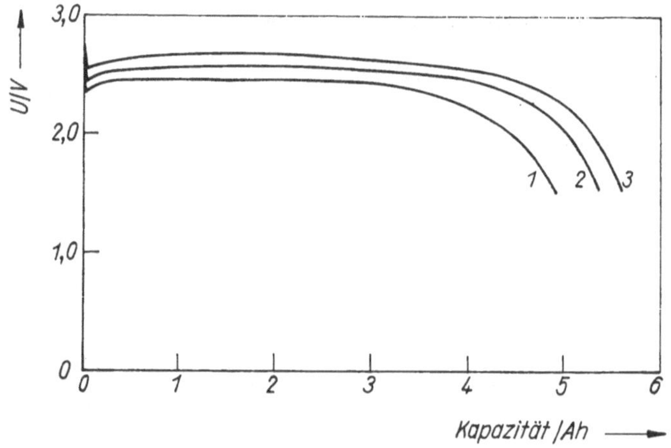

Bild 3.18. Entladecharakteristik von Li—$(CF_x)_n$-Zellen (Typ R 14) bei 20°C und unterschiedlicher Belastung [154]

1 — I = 0,3 A; *2* — I = 0,125 A; *3* — I = 0,05 A

Selbstentladung. So bleibt z. B. die Ladung in Li—SO_2-Zellen auch bei intermittierender Entladung mehr als 5 Jahre lang erhalten [195].

Entscheidender Nachteil der Zellen mit Oxochloriden ist die z. Z. nicht genügende Betriebssicherheit. Insbesondere bei teilentladenen Zellen kommt es zu Beginn einer erneuten Belastung nach einer Ruhezeit auf Grund des elektrischen Widerstandes der sich während der Standzeit ausgebildeten protektiven Deckschicht (s. Abschn. 3.4.2. und Bild 3.20.) zu einer starken örtlichen Erwärmung, wobei die Schicht einerseits zerstört wird und andererseits der beim Entladeprozeß gebildete und dort abgelagerte Schwefel schmilzt ($\vartheta_F = 113\,°C$). Dabei tritt eine spontane explosionsartige Reaktion zwischen diesem durch den Schmelzvorgang aktivierten Schwefel und dem Lithium ein [165, 196]. Problematisch ist bei dieser Zelle auch der Volumenschwund bei Entladung.

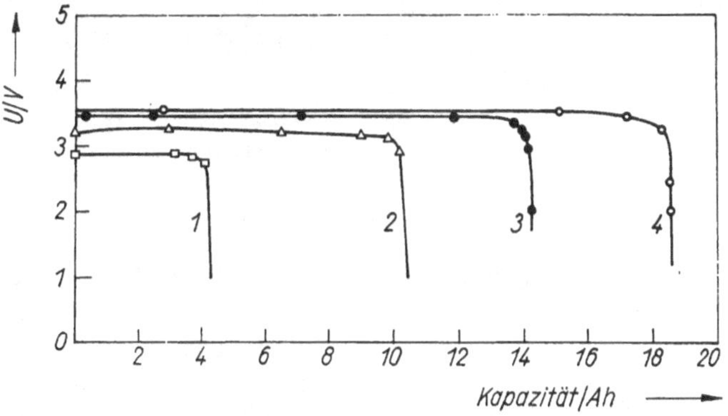

Bild 3.19. Entladecharakteristik einer Li—$SOCl_2$-Zelle (Typ R 20) bei 25 °C und unterschiedlicher Belastung [197], Elektrolyt: 0,5 M $LiAlCl_4$ in $SOCl_2$
1 — I = 1,0 A; *2* — I = 0,3 A; *3* — I = 0,1 A; *4* — I = 0,03 A

Die Vorteile der Lithiumzellen bestehen in

— einer hohen Energiedichte und hohen spezifischen Energie (je nach Entladeregime drei- bis vierfach im Vergleich zur LECLANCHÉ-Zelle),
— einer guten Spannungskonstanz beim Entladeprozeß,
— einem breiten Temperaturarbeitsbereich (—40 bis +60 °C) und
— einer hohen Lagerfähigkeit (über mehrere Jahre).

Demgegenüber bestehen aber folgende Nachteile, die eine breite Anwendung verhindern:

— Aus relativ teuren Baumaterialien (Lithium, Elektrolyt, Leitzusatz, Zellenbauteile) und diffiziler technischer Fertigung (Trockenboxen usw.) resultiert ein hoher Wh-Preis.
— Die leistungsfähigsten Systeme besitzen eine ungenügende Betriebssicherheit.

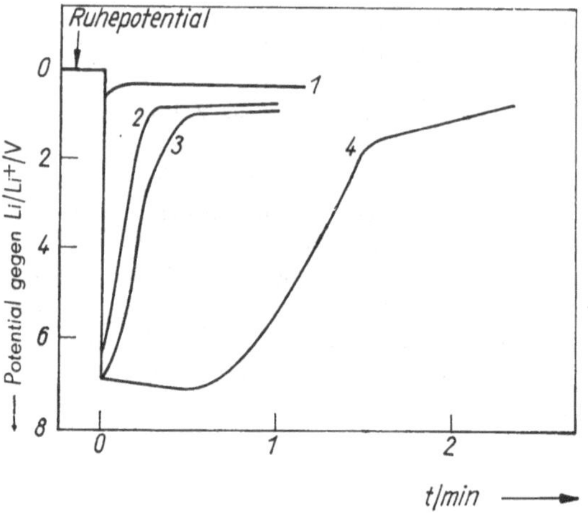

Bild 3.20. Potentialabfall (Aktionsverzögerung) einer Lithiumelektrode in einem 1,8 M $LiAlCl_4$—$SOCl_2$-Elektrolyten zu Beginn der Belastung [166], anodische Stromdichte: 15 mA/cm²

Vorhergehende Lagerzeit bei 55 °C: *1* – 154 h; *2* – 267 h; *3* – 406 h; *4* – 590 h

- Die unsachgemäße Handhabung durch Laien (mechanische Zerstörung) führt zu gefährlichen Reaktionen.
- Die Belastbarkeit bei organischen Elektrolyten ist niedrig.

Daraus ergibt sich, daß Lithiumzellen vorläufig nur für begrenzte Einsatzgebiete (mikroelektronische Geräte, Herzschrittmacher, Militärtechnik) in Frage kommen.

3.5. Primärzellen mit Festelektrolyten

Für Primärzellen kommen vor allem solche Festelektrolyte (s. Abschn. 2.2.3.) in Frage, die bereits bei Zimmertemperatur ionisch leitend sind, wie die Silbersalze mit einer selektiven Silberionenleitfähigkeit und neuerdings auch Lithiumsalze mit einer selektiven Lithiumionenleitfähigkeit.

Tab. 3.6. zeigt eine Auswahl erprobter Primärzellensysteme, die auf der Basis silberionenleitender Festelektrolyte arbeiten. Die Belastbarkeit dieser Zellen ist mit Ausnahme von $Ag/Ag_3SJ/J_2$ und $Ag/RbAg_4J_5/RbJ_3$ gering, da deren innerer Widerstand zu hoch ist, so daß sie für eine praktische Anwendung nicht interessant sind.

Aussichtsreich erscheint die Einführung organischer Bis-Sulfonium-Kationen $(CH_3)_2S^+(CH_2)_3S^+(CH_3)_2$ in den Festelektrolyten $Ag_{13}(CH_3)_2S(CH_2)_3S(CH_3)_2J_{15}$ ($\varkappa_{Ag^+} \approx 10^{-2}$ S cm^{-1}), [203] (Tab. 3.6.), deren praktische Eignung im Langzeitbetrieb aber noch nicht genügend bekannt ist.

Binäre Systeme von AgJ und Silbersalzen von Sauerstoffsäuren der 5. Gruppe und 6. Nebengruppe des Periodensystems der Elemente wie Ag_3PO_4,

Tabelle 3.6. Niedertemperaturfestelektrolytsysteme auf der Basis von Silberionenleitern nach ARGUE, GROCE und OWENS [205]

System	U_0 in V	Zellen-widerstand in Ω	Kurzschluß-stromdichte in A cm^{-2}
$Ag/AgBr/CuBr_2$	0,74	$4{,}2 \cdot 10^7$	$7 \cdot 10^{-6}$
$Ag/AgJ/V_2O_5$	0,40	$4{,}2 \cdot 10^5$	—
$Ag/AgBr,Te/CuBr_2$	0,79	—	$3 \cdot 10^{-5}$
$Ag/AgCl/KJCl_4$	1,04	$5 \cdot 10^4$	$1{,}5 \cdots 10^{-5}$
$Ag/Ag_3SJ/J_2$	0,68	4	10^{-2}
$Ag/Ag_{13}(CH_3)_2S(CH_2)_3S(CH_3)_2J_{15}/$ 2 Perylen · 3 J_2	0,66	5	$1 \cdot 10^{-2}$
$Ag/RbAg_4J_5/RbJ_3$	0,66	0,2	$8 \cdot 10^{-1}$

Ag_3AsO_4, Ag_2MoO_4, Ag_2CrO_4, Ag_2WO_3 eignen sich ebenfalls als Festelektrolyte [204]. Untersuchungen zeigten, daß diese Phasen bei Zimmertemperatur in einem metastabilen Zustand vorliegen, deren Zerfall aber extrem langsam verläuft, speziell beim $AgJ-Ag_3AsO_4$-Festelektrolyten. Dieser Elektrolyt verhält sich wie eine „unterkühlte Flüssigkeit" ($\varkappa_{Ag^+} \approx 10^{-2}$ S cm^{-1} bei 25 °C).

Tabelle 3.7. Physikalische und chemische Konstanten für $RbAg_4J_5$ nach OXLEY und OWENS [206]

Diffusionskoeffizient für Ag^+	$3 \cdot 10^{-6}$ cm^2/s
Überführungszahl für Ag^+	1,00
Dichte	5,38 g/cm^3
Elektronische Leitfähigkeit	10^{-11} S cm^{-1}
Ionische Leitfähigkeit	0,39 S cm^{-1} (+75 °C)
	0,26 S cm^{-1} (+25 °C)
	0,09 S cm^{-1} (−55 °C)
Schmelztemperatur	232 °C
Zersetzungsspannung	0,66 V

Besondere Aufmerksamkeit wurde dem $RbAg_4J_5$-Festelektrolyten gewidmet [205—209]. Seine Leitfähigkeit übersteigt die der KOH unter −20 °C und die der H_2SO_4 unter −40 °C (Bild 2.3.). Einige wichtige Angaben zu diesem Elektrolyten gibt Tab. 3.7. Versuche, das teure Rubidium durch Kalium im Festelektrolyten zu substituieren (KAg_4J_5) ergaben, daß die Belastbarkeit der Zellen auf Grund der schlechteren Leitfähigkeit eine Größenordnung niedriger lag [210]. Als Anode dient eine Mischung von feinkörnigem Silber- und Kohlepulver unter Zusatz von $RbAg_4J_5$ mit einer großen wirksamen Oberfläche [206]. Die Anodenreaktion ist

$$Ag \rightarrow Ag^+ + e^- . \quad (3.25.)$$

Geeignete Aktivmaterialien für die Katode sind Polyjodide unter Zusatz von Kohlepulver und $RbAg_4J_5$. Neben dem oben erwähnten RbJ_3 und CsJ_5 [209] kommen auch Perylen-[1] und Tetraalkylammoniumjodide, die Jod komplex zu binden vermögen, z. B. $(C_2H_5)_4NJ_7$, wegen des höheren spezifischen Jodgehaltes [207—211] zur Anwendung. Das reversible Potential der Katode muß unter der Zersetzungsspannung des Festelektrolyten liegen.

Wegen der thermodynamischen Instabilität des $RbAg_4J_5$ unter 27 °C unterscheidet sich die Katodenreaktion unter bzw. oberhalb dieser Temperatur:

$$\text{über } 27\,°C:\ 14\,Ag^+ + 7\,RbJ_3 + 14e^- \rightarrow 3\,RbAg_4J_5 + 2\,Rb_2AgJ_3 \qquad (3.26.)$$

$$\text{unter } 27\,°C:\ 4\,Ag^+ + 2\,RbJ_3 + 4e^- \rightarrow Rb_2AgJ_3 + 3\,AgJ. \qquad (3.27.)$$

Bild 3.21. zeigt eine komplette $RbAg_4J_5$-Festelektrolytzellenbatterie. Aus den Entladekennlinien dieser Batterie (Bild 3.22.) geht hervor, daß sie bei —55 °C noch etwa 70% der Energiedichte von 25 °C besitzt. Die Zelle eignet sich für intermittierende und pulsierende ($I \leqq 1$ A über 50 ms) Entladung.

Die Lagerfähigkeit der Zelle wird mit 10 Jahren angegeben [206], da die Selbstentladung gering ist und mit dem Festelektrolyten keine Korrosionsreaktionen auftreten. Der Kapazitätsverlust soll nach 10 Jahren bei 25 °C 10% und bei 50 °C 30% nicht überschreiten. Die Selbstentladung kommt durch die Diffusion des Jods durch den Festelektrolyten zur Anode ($D_0 = 1{,}1 \cdot 10^{-5}\ cm^2\, s^{-1}$) [206, 208] zustande. Das bei der Selbstentladung bzw. durch Disproportionierung des Elektrolyten bei tiefen Temperaturen entsprechend

$$2\,RbAg_4J_5 \rightarrow Rb_2AgJ_3 + 7\,AgJ \qquad (3.28.)$$

gebildete AgJ führt zum Anstieg des Innenwiderstandes und damit zu einem weiteren Leistungsverlust. Ein Zusatz von Jodfängern zum Festelektrolyten soll die Selbstentladung der Anode unterdrücken. Versuche zur Wiederaufladung verbrauchter Zellen ergaben eine zu geringe Zyklenzahl, so daß dieses praktisch bisher nicht interessant geworden ist [207].

Festelektrolytprimärzellen mit Lithium als Anodenmaterial und zu einem Charge-Transfer-Komplex, z. B. mit Polyvinylpyridin, gebundenes Jod als Katodenmaterial sind vor allem als Energiequellen für Herzschrittmacher entwickelt worden, wobei im einfachsten Fall LiJ als fester Lithiumionenleiter wirkt. Der Charge-Transfer-Komplex weist im Gegensatz zum Jod eine Elektronenleitfähigkeit auf. Der hohe spezifische Widerstand des LiJ ist von untergeordneter Bedeutung, da die Zelle für den Einsatz bei geringer Belastung vorgesehen ist. Die Lebensdauer soll etwa 10 Jahre betragen [233]. Eine höhere spezifische Leitfähigkeit als das LiJ besitzen dessen Komplexe, wie z. B. $LiJ \cdot xC_9H_{15}NO_3 \cdot CH_3J$, die deshalb in jüngster Zeit in Lithiumfestelektrolyt-

[1] Perylen: 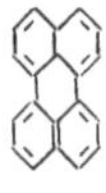

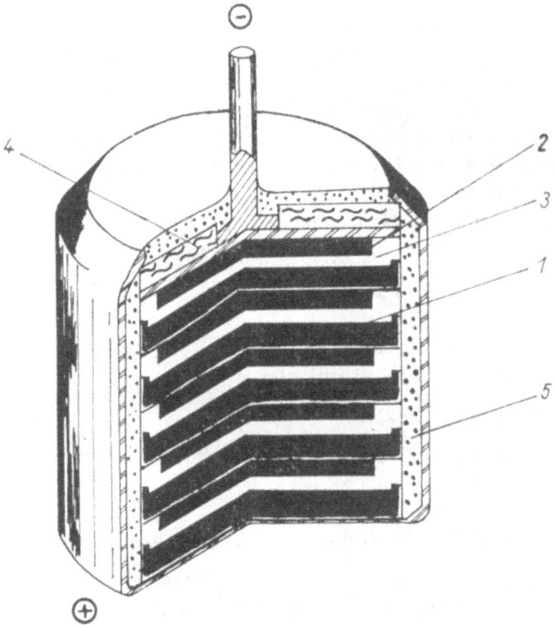

Bild 3.21. Jod-Silber-Batterie mit $RbAg_4J_5$-Festelektrolyt nach OXLEY und OWENS [206], bestehend aus 5 Zelleneinheiten (Durchmesser 2,54 cm; Höhe 2,23 cm; Masse 46 g)

1 – Katode; *2* – Anode; *3* – Elektrolyt; *4* – Isolator; *5* – Kapselung

Batteriedaten bei 25 °C:

U_0 = 3,32 V; K = 0,28 Ah*); p_m = 18 Wh/kg*); p_v = 85 Wh/l*); R_i = 2,7 Ω

*) bei Entladung über 1250 Ω bis auf 2,25 V

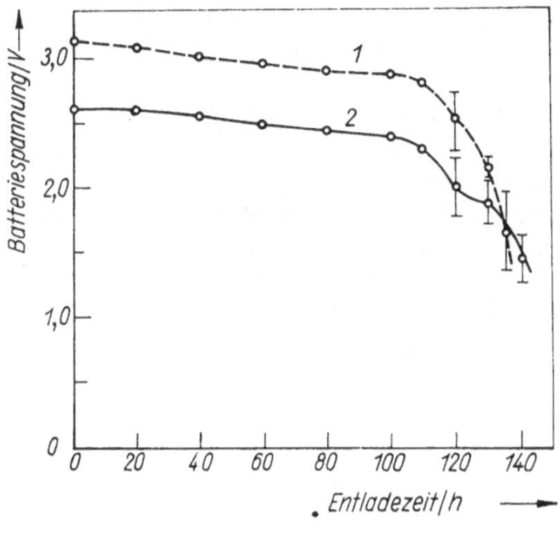

Bild 3.22. Entladekennlinie der im Bild 3.21 dargestellten Jod-Silber-Batterie (Entladewiderstand: 1250 Ω bei verschiedenen Temperaturen)

1 – 25 °C; *2* – 55 °C

zellen erprobt werden [238]. Sehr optimistische Aussichten werden auch den Zellen mit Li_3N als Festelektrolyt (s. auch Abschn. 2.2.3.) gegeben [235, 236, 236a], wobei eine $Li/Li_3N/N_2$-Zelle bei 25 °C eine Ruhezellspannung von 1,33 V ergeben soll. Die Zelle soll über Jahre lagerfähig sein und eine spezifische Energie von 200 Wh/kg erwarten lassen. Problematisch für die Herstellung der Lithiumfestelektrolytzellen ist jedoch die extreme Empfindlichkeit des Systems gegen Luftfeuchtigkeit.

Die Vorteile der Festelektrolytprimärzelle lassen sich wie folgt zusammenfassen:

— Arbeitsfähigkeit in weiten Temperaturgrenzen (+75···−55 °C) ohne wesentliche Leistungsverluste,
— hohe Lebensdauer (10 Jahre) infolge geringer Selbstentladung sowie
— hermetische Kapselung und mechanische Stabilität.

Dem stehen folgende Nachteile gegenüber:

— geringere Belastbarkeit im Vergleich zu herkömmlichen galvanischen Zellen (z. B. HgO—Zn),
— relativ hoher Preis und
— niedrige spezifische Energie im Falle der Zellen mit Silberionenleitern.

Die Anwendung der Zelle liegt auf dem Gebiet der Herzschrittmacher. Prinzipiell kommt sie aber auch für die Signal- und Relaistechnik in Frage, wo sie sich aber bisher aus ökonomischen Gründen noch nicht durchsetzen konnte.

3.6. Aktivierbare Primärzellen

Aktivierbare Primärzellen besitzen die Eigenschaft, daß sie im nicht aktivierten Zustand über sehr lange Zeiten lagerfähig sind, ohne durch Korrosion oder Selbstentladung ihre Leistungsfähigkeit zu verlieren. Das wird erreicht, indem man die chemische Wechselwirkung zwischen den Elektrodenkomponenten und dem aktiven Elektrolyten vermeidet.

Die Zellen erhalten ihre Betriebsbereitschaft durch eine Aktivierung, z. B.

— durch Zuführung des Elektrolyten oder von Elektrolytbestandteilen wie Lösungsmitteln (z. B. Wasser in Füllelementen[1]),
— durch Aufschmelzen eines festen Elektrolytsalzes, wodurch dieses elektrolytisch leitend wird, in wärmeaktivierten Zellen oder
— durch Beseitigung von hermetischen Trennwänden zwischen den Aktivkomponenten und dem Elektrolyten in mechanisch aktivierten Zellen.

Aktivierbare Primärzellen sind hochbelastbar und besitzen eine hohe Leistungsdichte. Ihre Arbeitsfähigkeit liegt im Bereich von Minuten bis maximal einigen Stunden, da sie im aktiven Zustand eine hohe Selbstentladung aufweisen.

[1] In Ausnahmefällen werden auch die Elektrodenkomponenten zur Aktivierung zugeführt.

3.6.1. *Füllelemente*

Die wichtigsten Füllelemente basieren auf der Aktivierung durch Wasserzugabe als Elektrolytlösungsmittel oder durch Zuführung des kompletten Elektrolyten [213].

Die größte Bedeutung haben die Magnesium-Kupfer(I)-chlorid- und die Magnesium-Silberchlorid-Zelle (Tab. 3.8.) [214—221]. Die Magnesiumanode (Mg-Blech) ist von der CuCl- bzw. AgCl-Katode (Paste des Metallsalzes und Binder auf perforierter Metallfolie) durch einen dichten vliespapierartigen Zellulose- bzw. Kunstfaserseparator getrennt.

Die Zellen werden durch Eintauchen in Seewasser bzw. Wasser[1] aktiviert. Die Selbstentladung der aktivierten Zelle ist sehr hoch, da das unedle Magnesium im stark chloridhaltigen Elektrolyten unter Wasserstoffentwicklung korrodiert. Bild 3.23. zeigt die Entladekennlinie einer aus 5 Einzelzellen bestehenden Mg—CuCl-Batterie.

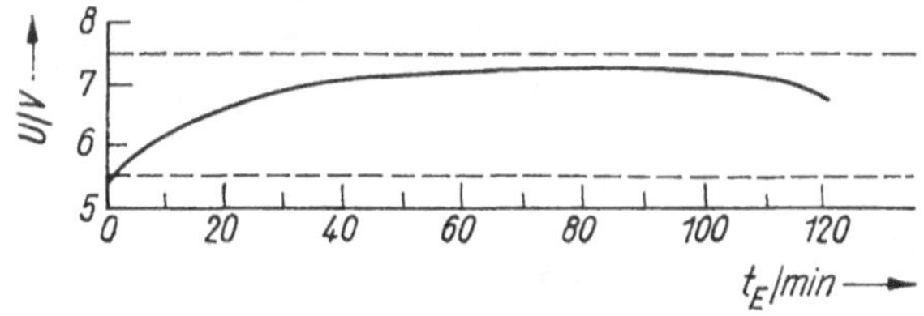

Bild 3.23. Entladekennlinie einer wasseraktivierten Mg—CuCl-Batterie (5 Zellen in Serie geschaltet); $i = 5$ mA/cm²

Die AgCl-Zelle besitzt die höhere Arbeitsspannung und daraus resultierend die höhere Energiedichte sowie das bessere Tieftemperaturverhalten, da aber bei der Aktivierung und bei der danach üblichen hohen Stromentnahme eine starke Selbsterwärmung einsetzt, sind die Zellentemperaturen selbst bei einer Außentemperatur um —40 °C noch über 0 °C, d. h., daß die billigere CuCl-Zelle den allgemeinen Anforderungen genügt.

Als Katodenmaterial wurde auch Hg_2Cl_2, $PbCl_2$ [222, 223] sowie eine Mischung aus CuJ und Schwefel erprobt [224].

Wenn das Mg als Anode durch Zn ersetzt wird, erhöht sich die Arbeitsdauer (bei allerdings niedrigeren Stromdichten) beträchtlich. Hohe Energiedichten besitzen wasseraktivierte Zellen mit Aluminium als Anode in Verbindung mit einer Katodenmischung aus 65% 3-Trichlorisocyansäure ($C_3N_3O_3Cl$), Acetylenruß und Bindemittel (Tab. 3.8.) [216, 217]. Nach der Aktivierungszeit von etwa zwei Minuten wird der bis dahin vorhandene $AlCl_3$(1,5 M)—NaCl(0,5 M)-haltige Elektrolyt gegen reine 0,5 M-NaCl-Lösung ausgetauscht. Bild 3.24. zeigt die Entladecharakteristik dieser Zelle für verschiedene Stromdichten; der Katodenwirkungsgrad, bezogen auf die Masse der eingesetzten Trichlorisocyansäure, liegt bei etwa 60%. Durch Anwendung einer speziellen Aluminiumlegierung (0,15% Pb, 0,15% Bi, 0,03% Ga) läßt sich ein sehr negatives Entladepotential (—1,2 V gegen bei 25 °C und $i = 100$ mA/cm²) erreichen, wodurch

[1] In diesem Falle ist das Elektrolytsalz vorher in den Separator eingebracht.

Tabelle 3.8. Aktivierbare Primärzellen

System	Zellenreaktion	U_0 in V	$\overline{U}$ in V	Arbeitsdauer in min	Aktivierungszeit in s	Spezifische Energie in Wh/kg	Literatur
Füllelemente							
Mg/NaCl/CuCl	$Mg + 2\,CuCl \rightarrow 2\,Cu + MgCl_2$	1,65	1,2	20–120	20	70	[214, 215]
Mg/NaCl/AgCl	$Mg + 2\,AgCl \rightarrow 2\,Ag + MgCl_2$	1,9	1,3 (bei 0,7 A/cm²)	20–120	20	140	[214, 215]
Al/AlCl$_3$, NaCl/Trichlorisocyansäure	$2\,Al + C_3N_3O_3Cl_3 + 6\,H_2O \rightarrow C_3N_3O_3H_3 + 2\,Al(OH)_3 + 3\,HCl$	2,2	2,0 (bei 0,1 A/cm²)	30	60	125	[216, 217]
Zn/KOH/Ag$_2$O$_2$	$2\,Zn + Ag_2O_2 \rightarrow 2\,ZnO + 2\,Ag$	1,7···1,8	1,4 (bei 0,12 A/cm²)	20	20	80···140	[218]
Wärmeaktivierte Zellen							
Li/LiCl, KCl/CaCrO$_4$	$6\,Li + 2\,CaCrO_4 \xrightarrow{\text{LiCl-KCL-Schmelze}} 3\,Li_2O + 2\,CaO + Cr_2$	2,5	2,0 (bei 0,135 A/cm²)	20	50	90	[219]
Li/LiJ,LiCl,LiF/S/C (Graphit)	$2\,Li + S \xrightarrow[400\,°C]{\text{LiJ-LiCl-LiF-Schmelze}} Li_2S$	2,1	1,9 (bei 0,5 A/cm²)	20		270	[220]
Mechanisch aktivierte Zellen							
Zn/KOH/Luft/C	$2\,Zn + O_2 + H_2O + \rightarrow 2\,Zn(OH)_2$	1,35	1,1	1000	600		[221]

sich die spezifische Energie über den in Tab. 3.8. angegebenen Wert erhöhen läßt. Die Anodeneffektivität soll bei $i = 100$ mA/cm² 50···80% betragen. Eine aus 50 Einzelzellen in Sandwichbauweise angeordnete Batterie (Elektrodendurchmesser = 25,4 cm, Elektrodenfläche = 420 cm²) soll einen Energieinhalt von etwa 700 Wh ermöglichen [217].

Auch Zink-Silberoxid-Zellen sind als Füllelemente entwickelt worden [218], (Tab. 3.8.). Elektrolytfreie Zellen wurden bis 5 Jahre bei verschiedenen Temperaturen (18···60 °C) gelagert (jährlicher Kapazitätsverlust 2% bei Zimmertemperatur). Steigende Lagertemperatur führt zu einer merklichen Silberoxidzersetzung und damit zu größeren Kapazitätsverlusten. Die Zelle wird durch Zugabe von KOH (36%) aktiviert.

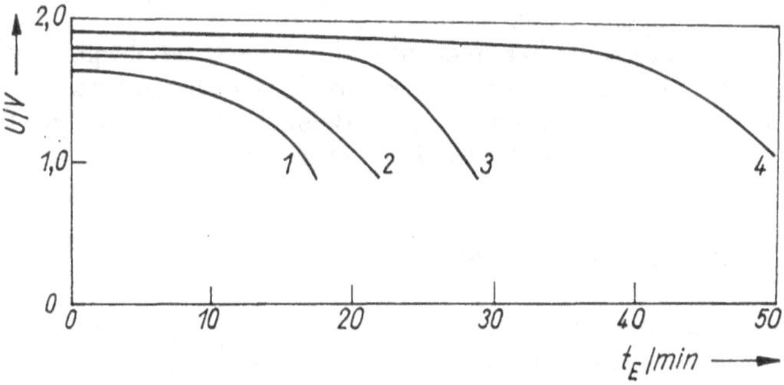

Bild 3.24. Entladekennlinien einer wasseraktivierten Al-Trichlorisocyansäure-Zelle bei 60 °C und verschiedenen Stromdichten [216]; Elektrolyt: 0,5 M NaCl

1 – i = 150 mA/cm², Katodeneffektivität: 57%
2 – i = 125 mA/cm², Katodeneffektivität: 59%
3 – i = 100 mA/cm², Katodeneffektivität: 61%
4 – i = 50 mA/cm², Katodeneffektivität: 56%

Metall(Zn, Mg, Al)-Luftsauerstoff-Zellen existieren ebenfalls als Füllelemente. Sie werden mit Wasser oder Seewasser aktiviert. Als Elektrolyt fungiert dann eine Salzlösung oder Seewasser. Die Luftsauerstoffelektrode (poröse Kohle oder Metallpulver bzw. -netz) muß mit Katalysatoren versehen werden. Da trotzdem die Belastbarkeit dieser Elektrode und damit die Leistungsdichte relativ niedrig ist, kommt der Vorteil dieser Zelle (hohe Energiedichte bei niedrigen Stromdichten) nur dann zum Tragen, wenn das System für eine längere Betriebszeit (> 100 h) ausgelegt ist. Um das beim Magnesium zu erreichen, schlagen CARSON und KENT [225] Legierungen des Magnesiums mit Al, Zn und Hg vor, an denen die Korrosion des Magnesiums zurückgedrängt ist. Seewasseraktivierte Aluminium-Luft-Zellen erlauben sehr hohe Belastbarkeiten bei allerdings niedrigem Amperestunden-Wirkungsgrad bezogen auf das Aluminium, wegen der hohen Korrosion desselben. Stromdichten von 200 mA/cm² bezogen auf die Aluminiumoberfläche bei Wirkungsgraden von 30···40% wurden erreicht. Durch Aluminium-Lithium-Legierungen läßt sich der Wirkungsgrad verbessern [227]. Alle Metall-Sauerstoff-Füllelemente besitzen eine geringe technische Reife sowie ökonomische Nachteile, so daß an eine breite Anwendung auch in Zukunft nicht zu denken ist.

Eine besondere Art von Füllelement stellt eine Zelle mit einer Magnesium- oder Zinkplatte als negative Elektrode dar, bei der das Katodenmaterial, eine Mischung von Kaliumpersulfat ($K_2S_2O_8$), Kohlepulver und wenig NH_4Cl oder NaCl auf einer Papierunterlage in fester Form fixiert (als Energiepapier bezeichnet) erst bei Bedarf in die Zelle eingelegt und angefeuchtet wird [226]. Das System ist für kurzzeitige hohe Leistungsabgabe gedacht, hat sich aber bis jetzt nicht durchsetzen können.

Genau genommen, sind auch die in der Entwicklung befindlichen biogalvanischen Zellen als Energiequellen für Herzschrittmacher [228] mit Al- oder Zn-Anoden, die direkt in das Körpergewebe implantiert werden, in Verbindung mit Platinkatoden, die den Blutsauerstoff als Oxydationsmittel benutzen, als Füllelemente zu werten, indem die mit der Zeit verbrauchten Metallanoden durch neue ersetzt werden.

Praktische Anwendung haben bisher fast nur die zuerst beschriebenen Magnesium-Kupfer(I)-chlorid- und Magnesium-Silberchlorid-Füllelemente für Seenotsignale, Wettersonden, Notbatterien für Beleuchtungszwecke und Torpedoantriebe sowie andere militärische Gebiete gefunden.

3.6.2. Wärmeaktivierte Zellen [229, 230]

Die Zelle enthält alle Komponenten bereits bei der Fertigung, als Elektrolyt wirkt im aktivierten Zustand eine Salzschmelze, die in fester, nichtleitender Form vor der Inbetriebnahme vorliegt. Die Inbetriebsetzung erfolgt durch Aufschmelzen des Elektrolytsalzes mittels eines gezündeten pyrotechnischen Satzes (z. B. $Fe-KClO_4$).

Es kommen als Anoden Li [219], Ca [231] oder Mg und als Katodenmaterialien $CaCrO_4$, $ZnCrO_4$, WO_3, Fe_2O_3, V_2O_5 oder S in Verbindung mit Eisen- oder Nickel-Stromkollektoren zur Anwendung.

Elektrolyte sind eutektische Salzschmelzen mit möglichst niedrigem Schmelzpunkt z. B. ein LiCl—KCl- oder LiJ—LiCl—LiF-Eutektikum aufgenommen in einem Glasfaservlies.

Die Arbeitstemperatur liegt bei etwa 500 °C. Da bei dieser Temperatur die Selbstentladung durch chemische Reaktion der sehr aktiven Komponenten groß ist (die Elektrodenausnutzung beträgt 30···40%), liegt die Anwendung im Bereich von etwa 20 Minuten bei hoher Belastung und beliebiger Außentemperatur, also vorwiegend auf dem militärischen Sektor.

Die wichtigsten Kennwerte, der in Bild 3.25. schematisch dargestellten Zelle, sind in Tab. 3.8. angegeben. Eine weitere dem Lithium-Schwefel-Akkumulator (s. Abschn. 4.8.3.1.) entlehnte Zelle ist in ihren Kennwerten ebenfalls in Tab. 3.8. aufgeführt.

Auch Festelektrolyte sind vorgeschlagen worden. Als Festelektrolyte mit einer Lithiumionenleitfähigkeit sind Lithiumsilikate [232], -jodide [233], -sulfate und -nitride [235, 236] in Primärelementen erprobt worden [234]. Eine $Mg-Li_{1,72}Mg_{0,14}SO_4-MnO_2$-Festelektrolytzelle besitzt bei 650 °C eine Ruhespannung von 2,5 V in guter Übereinstimmung mit dem thermodynamisch errechneten Wert. Eine Zelle des Volumens von 1,5 cm^3 soll bei gleichzeitig hoher spezifischer Energie ($\gg$ 100 Wh/kg) mit 0,5 A belastbar sein, was einer spezifischen Leistung von 6,3 W/cm^3 entspricht [237]. Die praktische Anwendung solcher Zellen sollte aber wegen der hohen Arbeitstemperatur einige Schwierigkeiten bereiten.

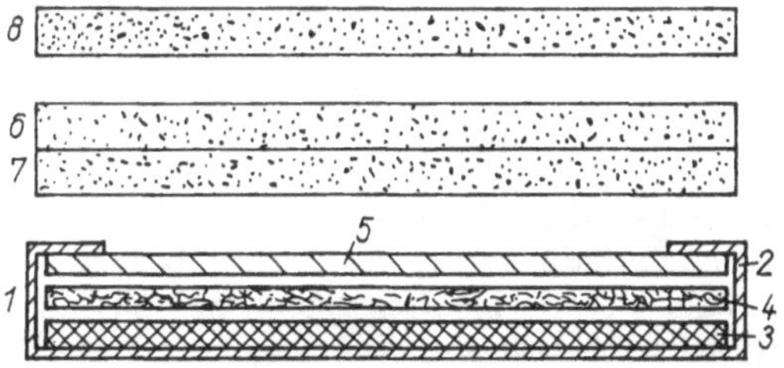

Bild 3.25. Schematische Darstellung einer wärmeaktivierten Li/LiCl,KCl/$CaCrO_4$-Zelle [219]

1 — Anode; 2 — Stahlbecher;
3 — Stahlnetz mit Li imprägniert;
4 — Asbest; (trocken);
5 — Asbest mitElektrolyt;
6 — Katode ($CaCrO_4$);
7 — Elektrolyt (LiCl, KCl, Binder);
8 — Pyrotechnischer Satz (Fe, $KClO_4$)

3.6.3. *Mechanisch aktivierte Zellen*

Bei diesen Zellen befindet sich der Elektrolyt bzw. das Lösungsmittel des Elektrolyten im nicht aktivierten Zustand der Zelle in einem hermetisch von den übrigen Komponenten abgetrennten Raum, der bei Inbetriebsetzung durch eine äußere Kraft perforiert wird, so daß der Elektrolyt an die für ihn bestimmte Stelle zwischen die Elektroden gelangen kann.

Die Aktivierung kann durch einen mechanischen Stoß oder Gasdruck erfolgen. Letzterer kann auch von innen erzeugt werden, indem der Elektrolyt durch eine Wärmequelle erhitzt wird. Auf diesem Prinzip beruht eine Zink-Luft-Zelle mit Kohle- und Zinkpulverelektroden. Diese enthält im unaktivierten Zustand Kalilauge als Elektrolyt in einem Folienbeutel im Innern der Zelle. Die Zelle ist nicht aktiviert 10 Jahre lagerfähig. Die aktive Lebensdauer nach der Perforation des Elektrolytbeutels beträgt etwa einen Monat [221].

In einer sogenannten Ammoniumbatterie [239], (Mg/KSCN—NH_3/m-Dinitrobenzol) wird wasserfreier Ammoniak, angeordnet in einem flexiblen hermetisch abgedichteten Raum durch eine Wärmequelle so stark erhitzt, daß die Wand aufbricht, Ammoniak in den Elektrolytraum strömt und dort als Lösungsmittel für den Kaliumrhodanid-Elektrolyt wirkt. Die Zelle ist innerhalb weniger Millisekunden nach Einströmen des NH_3 aktiviert und arbeitet im Temperaturbereich von $-70\,°C$ bis $+60\,°C$ bei niedriger Belastung ($\mu A/cm^2$) bis zu einigen hundert Stunden. Praktische Bedeutung haben diese mechanisch aktivierten Zellen bis heute nicht gefunden.

3.6.4. *Gasaktivierte Zellen* [240]

Das Prinzip gasaktivierter Zellen beruht darauf, daß zwischen den Elektroden eine feste, nicht elektrolytisch leitende chemische Substanz (z. B. ein Säureanhydrid) angeordnet ist, die durch Einleiten eines Gases (z. B. Wasserdampf) ionisch leitend wird (z. B. in Säure übergeht). Das Prinzip hat wohl wegen der komplizierten Aktivierung bisher keine merkliche Bearbeitung erfahren.

4. Sekundärzellen

4.1. Allgemeines

Entsprechend dem Prinzip der Sekundärzellen (Akkumulatoren, Sammler), das in einer häufigen wechselweisen Entladung und Aufladung besteht (s. Abschn. 2.1.), woraus infolge oftmaliger elektrischer Regenerierung eine langzeitige Verwendung der Zellen resultiert, ergeben sich folgende spezielle Forderungen für deren Herstellung und Anwendung:

— hoher Energiewirkungsgrad (s. Abschn. 2.3.), der erreicht werden kann, wenn die Differenz zwischen Lade- und Entladespannung klein ist, beim Ladeprozeß keine Nebenreaktionen ablaufen, d. h., daß die Stromausbeute fast 100% beträgt;
— hohe Lebensdauer, d. h. eine möglichst große Anzahl von Lade-Entlade-Zyklen;
— geringe Selbstentladung, d. h. möglichst kein Ladungsverlust durch Nebenreaktionen während der Lagerung;
— gute Ladefähigkeit, d. h. schnelle Aufladung des Akkumulators mit hoher Stromstärke;
— gute Überladeverträglichkeit, d. h. keine Zerstörung des Akkumulators beim Überladen;
— einfache Bedienung, Pflege und Wartung, geringe spezifische Kosten[1] (s. Abschn. 2.6.), woraus folgt, teuere und schwer verfügbare Materialien (z. B. Cd, Ag) durch konstengünstigere zu substituieren und einen hohen Automatisierungsgrad in der Produktion zu erreichen.

Hinzu kommen noch die in Abschn. 2.6. ausführlich beschriebenen allgemeinen Anforderungen an elektrochemische Stromquellen.

Es haben sich deshalb bisher nur solche Systeme bewährt und kommerziell durchsetzen können,

— die denselben Elektrolyten für beide Elektrodenreaktionen benötigen,
— bei denen an der Hauptreaktion keine Gase beteiligt sind und
— bei denen die Ausgangs- und Endprodukte der Reaktion im Elektrolyten schwer löslich sind.

Das sind der Bleiakkumulator, der Nickel-Cadmium- bzw. Nickel-Eisen-

[1] Die spezifischen Kosten der Akkumulatoren können sich für verschiedene Anwendungsgebiete (z. B. Elektrofahrzeuge, elektronische Geräte) sehr unterscheiden.

Akkumulator und der Silber-Zink-Akkumulator. Die hauptsächlichste Anwendung finden Akkumulatoren als

- Fahrzeugstarterbatterie,
- Elektroantriebsbatterie für Elektrokarren und Gabelstapler,
- Beleuchtungsbatterie (z. B. Zugbeleuchtung),
- Notstromaggregat oder Batterie für den Bereitschaftsparallelbetrieb (z. B. bei Telefonanlagen) und als
- Elektroenergiequelle für spezielle elektronische und elektrotechnische Geräte (z. B. Taschenrechner, Kameras, Herzschrittmacher, Phono- und Funkgeräte).

Neue Anwendungsgebiete größeren Ausmaßes zeichnen sich als Spitzenlastenenergiequelle (load leveling, peak-off-energy) und als Antriebsquelle für Elektromobile (PKW, Kleintransporter, Omnibusse) vor allem für den innerstädtischen Verkehr ab.

4.2. Bleiakkumulator

Der Bleiakkumulator geht auf Entwicklungen von Sinsteden und Planté in der Mitte des 19. Jahrhunderts zurück. Seine Geschichte kann man in drei Etappen einteilen:

- 1860 bis 1910: Periode des Suchens nach geeigneten Elektrodenformen, -strukturen und -herstellungsmöglichkeiten [241];
- 1910 bis 1950: Periode der Entwicklung einer relativ modernen Produktionstechnologie sowie der Einführung von Expandern, mikroporösen Scheidern und korrosionsstabileren Legierungen [242] und
- ab 1950: Periode der Einführung besserer Baumaterialien (z. B. Kunststoffe), günstigerer Konstruktionen (z. B. tiefliegende und Interzell-Verbinder, optimale Gitterformen) und korrosionsbeständigerer Legierungen sowie einer verstärkten theoretischen Durchdringung aller Gebiete der Bleiakkumulatorentwicklung [242a—c].

Der Bleiakkumulator hat sich inzwischen auf den verschiedensten Gebieten bewährt und ist für einige Anwendungszwecke (z. B. als Starterbatterie) zur Zeit konkurrenzlos, insbesondere deshalb, weil er in bezug auf Energie- und Leistungsdaten, Lebensdauer, Preis und Rohstoffangebot unter den kommerziellen Akkumulatoren z. Z. das optimale System darstellt.

4.2.1. Aufbau und Funktionsprinzip des Bleiakkumulators

Die wichtigsten Kennziffern des Bleiakkumulators sind in Tab. 4.1. enthalten.

Das Akkumulatorsystem kann durch folgendes Zellensymbol charakterisiert werden:

$(+)Pb/PbO_2/PbSO_4/H_2SO_4/PbSO_4/Pb(-)$.

Der elektrochemische Gesamtprozeß beim Entladen bzw. Laden der Zelle wird durch die Zellenreaktion

$$Pb + PbO_2 + 2H_2SO_4 \underset{\text{Laden}}{\overset{\text{Entladen}}{\rightleftharpoons}} 2PbSO_4 + 2H_2O \qquad (4.1.)$$

beschrieben. Beim Entladevorgang bildet sich an beiden Elektroden Bleisulfat. Das entspricht der sogenannten Theorie der doppelten Sulfatation, die bereits 1882 von GLADSTONE und TRIEBE [243] aufgestellt wurde. Obwohl vielfach angezweifelt, kann diese Theorie auch wegen der guten Übereinstimmung der praktischen mit der thermodynamisch berechneten Zellenspannung [244—248] als gesichert gelten.

An der positiven Elektrode verläuft die Reaktion

$$PbO_2 + HSO_4^- + 3H^+ + 2e^- \underset{\text{Laden}}{\overset{\text{Entladen}}{\rightleftharpoons}} PbSO_4 + 2H_2O \qquad (4.2.)$$

und an der negativen Elektrode die Reaktion

$$Pb + HSO_4^- \underset{\text{Laden}}{\overset{\text{Entladen}}{\rightleftharpoons}} PbSO_4 + H^+ + 2e^-. \qquad (4.3.)$$

Unter Berücksichtigung der Gln. (4.1) bis (4.3.) erhält man für die Gleichgewichtszellenspannung des Bleiakkumulators die Beziehung

$$U_{eq} = U^{\ominus} + \frac{F_N}{2} \lg \frac{a^2_{HSO_4^-} \cdot a^2_{H^+}}{a^2_{H_2O}} = 2{,}041\ \text{V} + 0{,}059\ \text{V} \lg \frac{a_{H_2SO_4}}{a_{H_2O}} \ \langle 25\,°\text{C}\rangle. \qquad (4.4.)$$

Die praktisch meßbare Ruhezellenspannung des Bleiakkumulators hängt, wie die Gleichgewichtszellenspannung, von der Schwefelsäurekonzentration ab (Bild 4.1.).

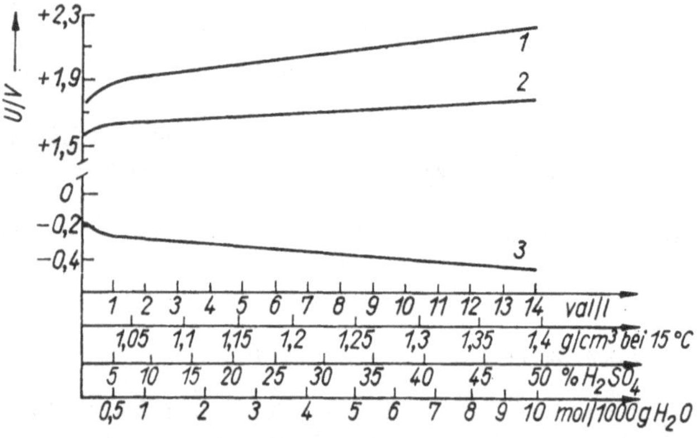

Bild 4.1. Abhängigkeit der Ruhezellenspannung des Bleiakkumulators sowie der Elektrodenpotentiale von der Schwefelsäurekonzentration

1 — Ruhezellenspannung; *2* — Elektrodenpotential der positiven Elektrode; *3* — Elektrodenpotential der negativen Elektrode

Zur näherungsweisen Berechnung der Ruhezellenspannung kann die empirisch ermittelte Formel

$$U_0 \text{ (in V)} \triangleq 0{,}84 + \text{Säuredichte (in g/cm}^3\text{)} \quad (4.5.)$$

verwendet werden.

4.2.2. *Positive Elektrode*

Die positive Elektrode (positive Platte, Positive) besteht im allgemeinen aus der Aktivmasse PbO_2 und dem Masseträger Blei bzw. dessen Legierungen-

4.2.2.1. *Bleidioxid* [249—253]

Bleidioxid existiert in der orthorhombischen α-Modifikation, in der tetragonalen β-Modifikation [254—257], die beide besondere Bedeutung bei der Aktivmassenfertigung und -ausnutzung besitzen, und in der vor einigen Jahren diskutierten pseudotetragonalen γ-Modifikation [257a]. Auch über amorphes, röntgenographisch nicht nachweisbares PbO_2 wird berichtet [257b, 423]. Die Strukturen von α- und β-PbO_2 sind in Bild 4.2. dargestellt.

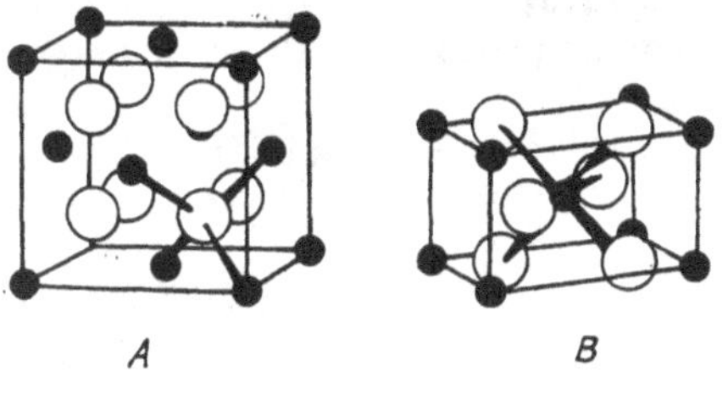

Bild 4.2. Strukturen von Bleidioxidmodifikationen

A – Elementarzelle des α-PbO_2;
B – Elementarzelle des β-PbO_2
● – Pb^{4+}
○ – O^{2-}

Tab. 4.2. enthält wichtige physikochemische Daten dieser beiden Modifikationen.

Unter Normaldruck ist β-PbO_2 die stabilere Modifikation. Sie läßt sich bei einem Druck von etwa 860 MPa in α-PbO_2 umwandeln [252, 259]. Andererseits kann man durch Erhitzen an der Luft schon bei 100 °C [260], besser aber bei 300 °C [261] aus der α-Modifikation die β-Modifikation erhalten. Zu demselben Ergebnis kommt man, wenn α-PbO_2 in überhitzter Lösung bei 180 °C umkristallisiert wird [262]. Bei Normaltemperatur konnte eine Umwandlung von α-PbO_2 in β-PbO_2 selbst nach einem Jahr nicht beobachtet werden [263].

Die Bildung der einen oder anderen Bleidioxidmodifikation hängt stark vom pH-Wert ab. α-PbO_2 erhält man vorwiegend in neutralen bis alkalischen Medien, während β-PbO_2 im Sauren gebildet wird [264, 265]. Dieser Einfluß wird z. B. durch die Bildung von intermediären Pb(IV)-Komplexen erklärt die entweder OH^--Gruppen [266—269] im Alkalischen, z. B. $Pb(OH)_2^{2+}$, oder HSO_4^--Gruppen im Sauren, z. B. $[Pb(HSO_4)_2]^{2+}$, enthalten [251, 270—272].

Von den vielfältigen Herstellungsmöglichkeiten der beiden PbO_2-Modifikationen [273, 274] sollen hier nur einige erwähnt werden.

Tabelle 4.2. Physikochemische Daten von α- und β-PbO_2

	α-PbO_2	β-PbO_2
Symmetrieklasse	orthorhombisch	tetragonal
Typ	Kolumbit	Rutil
Raumgruppen	Pbcn	P4/mnm
Gitterkonstanten	$a = 4{,}938$ Å	$a = 4{,}945$ Å
	$b = 5{,}939$ Å	$b = 4{,}955$ Å
	$c = 5{,}486$ Å	$c = 3{,}378$ Å
Zwischenebenenabstände	3,12 Å	3,50 Å
mit größter Röntgenintensität	2,74 Å	2,80 Å
	2,63 Å	1,856 Å
Dichte	9,75 g cm^3	9,56 g/cm^3
Molekülvolumen	40,3 $Å^3$	41,7 $Å^3$
spez. Widerstand	$10^{-3}\ \Omega$ cm	$4 \cdot 10^{-3}\ \Omega$ cm
Bildungsenthalpie	−265,95 kJ/mol	−276,83 kJ/mol
Freie Bildungsenthalpie	−217,46 kJ/mol	−219,14 kJ/mol

Herstellung von α-PbO_2:

— Oxydation von gelbem PbO in einer $NaClO_3$—$NaNO_3$-Schmelze [275].
— Oxydation von Natriumplumbit mit ClO_2 [273].
— Oxydation von Bleiacetat mit Ammoniumperoxodisulfat in ammoniakalischer Lösung [275].
— Anodische Oxydation von Bleiacetat in alkalischer Lösung [276].
— Formation von positiven Bleiakkumulatorelektroden im alkalischen Elektrolyten [277].

Herstellung von β-PbO_2:

— Oxydation von Mennige mit Salpetersäure.
— Anodische Oxydation von Bleiperchlorat [274].
— Anodische Oxydation von Bleiacetat in saurer Lösung [274].
— Hydrolyse von Pb(IV)-Acetat.
— Formation von positiven Bleiakkumulatorelektroden im sauren Elektrolyten [278].

Bleidioxid liegt nicht stöchiometrisch vor. Seine allgemeine Formel ist $PbO_{2-x} \cdot y H_2O$. Es konnte nachgewiesen werden, daß Wassermoleküle oder Protonen in unterschiedlich fester Bindung im Bleidioxid „verteilt" vorliegen [264, 274, 278, 286—288], was die Ursache für dessen schwankende elektrochemische Aktivität sein soll [288].

Die Zahl x in der Formel $PbO_{2-x} \cdot y H_2O$ gibt die Abweichung von der Stöchiometrie des Bleidioxids an. Auf Grund des Sauerstoffunterschusses sind im Bleidioxid quasi freie Elektronen vorhanden, die dessen Halbleitereigenschaften mit einer den Metallen ähnlich guten Leitfähigkeit bewirken [264, 274, 278, 286, 289—292].

Für x wurden Werte bis 0,34 gefunden [293], wobei der x-Wert für α-PbO_2 im allgemeinen größer als der für β-PbO_2 ist [292].

4.2.2.2. *Thermodynamik der Bleidioxidelektrode*

Das Gleichgewichtselektrodenpotential der positiven Elektrode ergibt sich nach der NERNSTschen Gleichung unter Berücksichtigung von Gl. (4.2.) wie folgt:

$$U_{H,eq}(PbO_2/PbSO_4/H_2SO_4) = U_H^{\ominus}(PbO_2/PbSO_4/H_2SO_4) + \frac{F_N}{2} \lg \frac{a_{HSO_4^-}\, a_{H^+}}{a_{H_2O}^2} \tag{4.6.}$$

Für praktische Arbeiten muß jedoch beachtet werden, daß sich an der PbO_2-Elektrode kein Gleichgewichtspotential einstellt, sondern ein auf Mischpotentialbildung zurückzuführendes, etwas negativer liegendes Ruhepotential (s. Abschn. 2.4. und 4.2.2.4.).

Das Standardelektrodenpotential $U_H^{\ominus}(PbO_2/PbSO_4/H_2SO_4)$ bei 25 °C für β-PbO_2 (stabile Modifikation) wurde von verschiedenen Arbeitskreisen [248, 251, 258, 279—284] ermittelt, wobei sich als Mittelwert 1,685 V ergab. Die im einzelnen erhaltenen Werte weichen von diesem Durchschnittswert nur geringfügig ab. Das entsprechende Elektrodenpotential bei 25 °C für α-PbO_2 (instabil; kein Standartzustand) liegt etwa 10 mV positiver.

Bei höheren pH-Werten gilt Gl. (4.6.) nicht mehr, da dann die potentialbildende Reaktion unter Beteiligung basischer Sulfate und Oxide abläuft [282]. Das steht auch mit dem POURBAIX-Diagramm für das System Pb/H_2SO_4 (Bild 4.3.) in Einklang [285].

Der Unterschied des Elektrodenpotentials zwischen α-PbO_2 und β-PbO_2 von etwa 10 mV ist nur bei 25 °C zutreffend, da sich die Temperaturkoeffizienten des Elektrodenpotentials für beide Modifikationen unterscheiden. Bei 25 °C wurden in 4,62 M H_2SO_4 folgende Temperaturkoeffizienten gemessen:

$$\frac{dU_{H,}(\alpha)}{dT} = -0{,}36\ \text{mV/K}, \tag{4.7.}$$

$$\frac{dU_{H,}(\beta)}{dT} = -0{,}2\ \text{mV/K}. \tag{4.8}$$

Das führt dazu, daß bei $\vartheta > 50$ °C das Potential von β-PbO_2 positiver ist als das von α-PbO_2. Die der Literatur zu entnehmenden unterschiedlichen Meßwerte der Elektrodenpotentiale sind sicherlich auf Schwankungen in der Zusammensetzung des ver wendeten Bleidioxids zurückzuführen.

Von einigen Autoren wurde versucht, die Änderung der Zusammensetzung des PbO_2 als Funktion der Sauerstoffaktivität im Bleidioxid zu bestimmen und die Abweichungen von der Stöchiometrie mit Fehlordnungsmodellen zu diskutieren [292, 294]. Hierfür sowie für die Interpretation der Ergebnisse kinetischer Untersuchungen [295, 296] ist es vorteilhaft, die Bleidioxidelektrode als eine Sauerstoffelektrode [297—299] aufzufassen, deren Sauerstoffgleichgewichtspartialdruck (im PbO_2) durch die Gleichung

$$\lg p_{O_2}(PbO_2) = \text{const} - 2 \lg a_{Pb^{2+}} + 4 \lg a_{H^+} \qquad (4.9.)$$

bestimmt ist. Zu analogen Aussagen kommt man, wenn man die Bleidioxidelektrode als Bleielektrode mit variablem chemischen Potential des Bleis im Bleidioxid betrachtet.

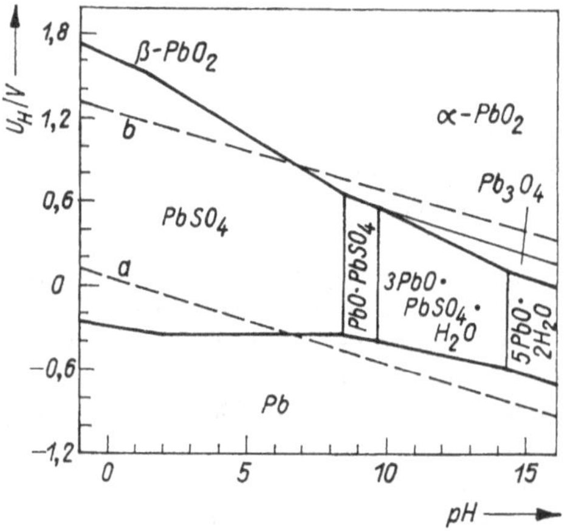

Bild 4.3. POURBAIX-Diagramm für das System Pb/H_2SO_4 bei 25 °C und $\alpha_{SO_4^{2-}} = 1$ mol/l
a – Wasserstoffelektrode
b – Sauerstoffelektrode

4.2.2.3. *Kinetik der Bleidioxidelektrode*

Zur Kinetik der PbO_2-Elektrode sind eine Vielzahl von Untersuchungen mit verschiedenen Methoden durchgeführt worden. Da im für den Bleiakkumulator interessanten schwefelsauren Elektrolyten auf Grund der Schwerlöslichkeit des $PbSO_4$ Messungen problematisch sind, wurden viele Grundlagenuntersuchungen auch in anderen Medien wie z. B. HBF_4, HNO_3, KOH und vor allem in $HClO_4$ durchgeführt [272, 295, 296, 300—312]. Die Ergebnisse dieser Untersuchungen fanden u. a. bei Arbeiten zum Lösungsakkumulator (s. Abschn. 4.2.8.2.) Verwendung.

Zum Mechanismus der Entladereaktion von PbO_2 in Schwefelsäure entsprechend Gl. (4.2), die in den Teilschritten

$$PbO_2 + 4H^+ + 2e^- \rightarrow Pb^{2+} + 2H_2O \qquad (4.10.)$$

$$Pb^{2+} + HSO_4^- \rightarrow PbSO_4 + H^+, \qquad (4.11.)$$

abläuft, gibt es unterschiedliche Auffassungen. Von einigen Autoren [313 bis 315] wird insbesondere für das α-PbO_2 eine Festkörperreaktion (Bild 4.4.) angenommen, die ähnlich der thermischen Zersetzung von PbO_2 über Zwischenoxide [278, 316, 317], deren Oxydationsgrad sich fortwährend ändert, bis zum PbO verlaufen soll. Die Elektrode ist hierbei als eine feste Mischung von Pb^{4+}-,

Pb^{2+}- und O^{2-}-Ionen anzusehen, die Halbleitereigenschaften besitzt. Entstehendes PbO würde dann mit Schwefelsäure zu Bleisulfat reagieren.

Weitaus häufiger wird jedoch ein Lösungs-Fällungs-Mechanismus über eine Flüssigphasenreaktion (Bild 4.5.) diskutiert [271, 318—325]. Für die elektrochemische Reduktion wird überwiegend ein Zweielektronenschritt entsprechend Gl. (4.10.) angegeben, obwohl auch die Existenz von intermediären Pb^{3+}-Ionen beschrieben und indirekt nachgewiesen wurde [303, 308, 326, 327].

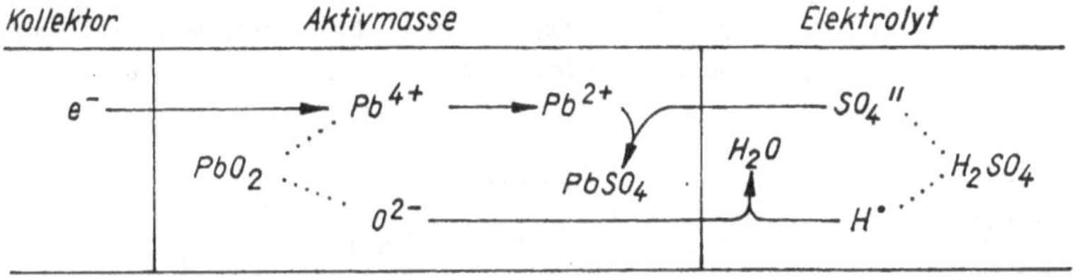

Bild 4.4. Schema des Entlademechanismus von PbO_2 nach der Festkörperreaktion

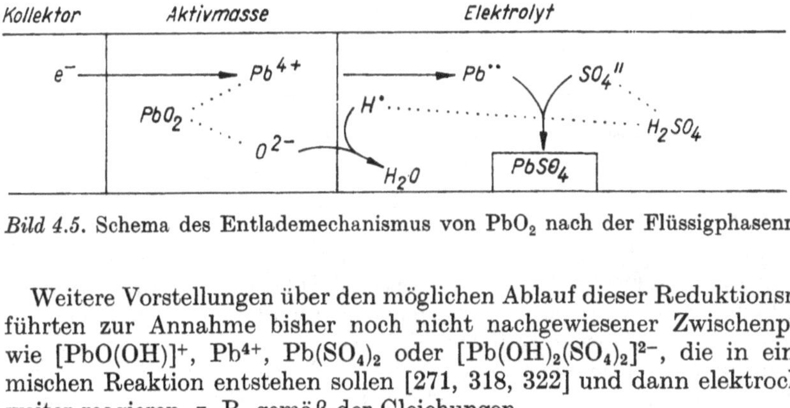

Bild 4.5. Schema des Entlademechanismus von PbO_2 nach der Flüssigphasenreaktion

Weitere Vorstellungen über den möglichen Ablauf dieser Reduktionsreaktion führten zur Annahme bisher noch nicht nachgewiesener Zwischenprodukte wie $[PbO(OH)]^+$, Pb^{4+}, $Pb(SO_4)_2$ oder $[Pb(OH)_2(SO_4)_2]^{2-}$, die in einer chemischen Reaktion entstehen sollen [271, 318, 322] und dann elektrochemisch weiter reagieren, z. B. gemäß der Gleichungen

$$PbO_2 + H^+ \rightarrow [PbO(OH)]^+ \qquad (4.12.)$$

$$[PbO(OH)]^+ + 3H^+ + 2e^- \rightarrow Pb^{2+} + 2H_2O. \qquad (4.13.)$$

Dem Flüssigphasenmechanismus sollte sowohl für das α-PbO_2 als auch für das β-PbO_2 der Vorzug gegeben werden, da beim Entladeprozeß eine zu geringe Feldstärke auftritt, um bei Zimmertemperatur eine ausreichende Ionenwanderung im festen PbO_2 zu ermöglichen, und vor allem deshalb, weil rasterelektronenmikroskopische Aufnahmen [328—332] an α-PbO_2 und β-PbO_2 sowie in-situ-Messungen [333] zeigten, daß das $PbSO_4$ aus der Lösung heraus aufwächst.

Das unterschiedliche Reduktionsverhalten von α-PbO_2 und β-PbO_2 [270, 275, 277, 282, 300, 334—338], das sich in unterschiedlichen katodischen

Strom-Spannungs-Kurven, unterschiedlichen Reduktionskapazitäten und einem anfänglichen Abfall („Spannungssack") der Spannungs-Zeit-Kurve für β-PbO_2 (Bild 4.6.) zeigt, kann man nicht auf die Wirkung verschiedener Reaktionsmechanismen zurückführen. Offensichtlich stellt das α-PbO_2 auf Grund der dem $PbSO_4$ ähnlichen Kristallstruktur für dieses einen besseren Kristallisationskeim dar, als β-PbO_2. Deshalb wird die anfänglich freie Oberfläche des α-PbO_2 schneller mit feineren $PbSO_4$-Kristallen überzogen und eher passiviert als die des β-PbO_2. Darum wird auch bei α-PbO_2 keine Übersättigung des Elektrolyten mit Pb^{2+}-Ionen, die Ursache des „Spannungssackes" bei β-PbO_2, beobachtet und eine höhere Polarisation und demzufolge niedrigere Reduktionskapazität gefunden.

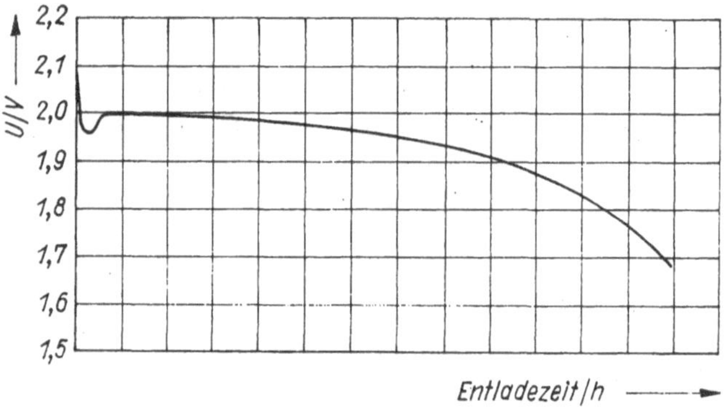

Bild 4.6. Galvanostatische Entladekurven von β-PbO_2-Elektroden

Die elektrochemische Oxydation von $PbSO_4$ zu PbO_2 verläuft unter Umkehr der Gln. (4.2.), (4.10.) und (4.11.). Entscheidend für die Geschwindigkeit der Oxydation ist die Geschwindigkeit der Bildung von PbO_2-Keimen und deren Wachstum. In schwefelsaurer Lösung entsteht dabei nur das β-PbO_2. Bei konstantem Potential erhöht sich der Strom mit der 3. Potenz der Zeit [318, 339, 340]. Die Austauschstromdichte der Reaktion gemäß Gl. (4.2.) wurde aus Impedanzmessungen zu 0,32 mA/cm^2 ermittelt [341].

4.2.2.4. *Sauerstoffüberspannung an Bleidioxid und Selbstentladung*

Bei der anodischen Oxydation von Bleisulfat sollte entsprechend der Lage der Standardelektrodenpotentiale vor der PbO_2-Bildung eine Sauerstoffentwicklung erfolgen. Auf Grund der hohen Sauerstoffüberspannung kommt es jedoch zuerst zur PbO_2-Bildung und erst mit steigendem Potential parallel dazu noch zur Sauerstoffentwicklung. Jedoch wird bei glatten Elektroden dieser Effekt durch die starke $PbSO_4$-Passivierung der Elektrode überdeckt, die dazu führt, daß zuerst das höhere Sauerstoffabscheidungspotential erreicht wird und dann nach der Depassivierung bei niedrigeren Potentialen die PbO_2-Bildung erfolgt (s. Abschn. 4.2.2.7.).

Zur Sauerstoffüberspannung an PbO_2, die relativ groß ist und z. B. in Schwefelsäure ($d = 1{,}28\ g/cm^3$) bei $1\ \mu A/cm^2$ 0,8 V beträgt, sind eine Vielzahl von Untersuchungen durchgeführt worden [258, 264, 275, 289, 300, 342—361]. Dabei konnte gezeigt werden, daß die Sauerstoffüberspannung um so größer wird, je höher der Oxydationsgrad des Bleidioxids ist. Deshalb übersteigt die Überspannung des Sauerstoffs an β-PbO_2 die an α-PbO_2 beträchtlich.

Der Anstieg der Tafelgeraden beträgt für das α-PbO_2 0,07 V und für das β-PbO_2 0,14 V [270]. Aus dem unterschiedlichen Anstieg wird auf verschiedene Reaktionsmechanismen bei der O_2-Bildung geschlossen [258, 270, 275, 282].

Eine Reihe von Zusätzen, z. B. Kobalt-, Kupfer- oder Silberionen, senkt die Sauerstoffüberspannung. Das führt dazu, daß die parallele Entwicklung von Sauerstoff und PbO_2 beim Laden eher einsetzt. Dadurch wird zwar einerseits der Ladefaktor gesenkt und die Gasentwicklung verstärkt, andererseits aber die Korrosionsstabilität des Masseträgers erhöht.

Eng im Zusammenhang mit der Sauerstoffüberspannung steht die Selbstentladung des PbO_2. Das PbO_2 ist in schwefelsaurer Lösung thermodynamisch nicht stabil. Die Standardpotentiale der $PbO_2/PbSO_4/H_2SO_4$-Elektrode und der Sauerstoffelektrode unterscheiden sich um etwa 0,47 V, so daß es zur Sauerstoffentwicklung nach folgender Gleichung kommen müßte:

$$2\,PbO_2 + 2\,H_2SO_4 \rightarrow 2\,PbSO_4 + 2\,H_2O + O_2. \qquad (4.14.)$$

Die Geschwindigkeit dieser Selbstentladereaktion ist jedoch auf Grund der hohen Sauerstoffüberspannung relativ gering. Die angeführten sauerstoffüberspannungssenkenden Zusätze führen natürlich zur Geschwindigkeitserhöhung, d. h. auch zur Zunahme der Selbstentladung. Dazu kommt es auch, wenn die Säurekonzentration erhöht wird [275, 362—364], da es dadurch zu einer Erhöhung der Potentialdifferenz kommt, wie aus der NERNSTschen Gleichung für obige Reaktion abzulesen ist.

$$U_{eq} = U^{\ominus} + \frac{F_N}{4} \lg \frac{a^2_{H_2SO_4}}{a^2_{H_2O}\,p_{O_2}}, \qquad (4.15.)$$

Weiterhin können zur verstärkten Selbstentladung Ionen mit wechselnder Wertigkeit beitragen (Elektrolytverunreinigungen), wie z. B. Eisenionen. Diese werden zuerst unter Reduktion des PbO_2 nach der Gleichung

$$PbO_2 + 2\,FeSO_4 + 2\,H_2SO_4 \rightarrow PbSO_4 + Fe_2(SO_4)_3 + 2\,H_2O \qquad (4.16.)$$

zu Fe(III)-Ionen oxydiert. An der negativen Elektrode erfolgt dann die Reduktion der Fe(III)-Ionen und die Entladung des PbO_2 kann erneut einsetzen.

Auch durch den direkten Kontakt von Aktivmasse und Masseträger kann es zu einer Selbstentladereaktion kommen, die der Reaktion gemäß Gl. (4.1.) entspricht. Die Geschwindigkeit dieser Reaktion ist abhängig von der Säurekonzentration und der Art und Zusammensetzung der verwendeten Bleilegierung.

Auf Grund der Ausbildung isolierender Korrosionsschichten auf dem Bleigitter trägt diese Selbstentladereaktion aber nur wenig zur Gesamtselbstentladung bei [362].

4.2.2.5. Porosität der Bleidioxidelektrode

Um eine Akkumulatorplatte möglichst hoher Energie- und Leistungsdichte zu erhalten, werden poröse Aktivmassen eingesetzt. Beim Bleiakkumulator muß die Porosität der Aktivmassen auch deshalb genügend groß sein, um einen Nachtransport der Schwefelsäure zu ermöglichen, da im allgemeinen nur etwa ein Drittel der zur Reaktion benötigten Säure von vornherein in der Platte untergebracht werden kann.

Ein genaues Maß für die Möglichkeit des Schwefelsäuretransports in der porösen Masse stellt der Labyrinthfaktor dar, der gleich dem Quotienten aus Umwegfaktor und Porosität ist [365—370]. Andererseits darf die Porosität aber auch nicht zu hoch liegen, da es sonst zu einer kritischen Verringerung der mechanischen Stabilität der Aktivmassen kommt. Bei industriellen Massen liegt die Porosität bei etwa 55%.

Aussagekräftig in bezug auf die Güte der Elektroden sind Porosität und Porenvolumen jedoch nur in Verbindung mit der Porenradienverteilung, da während der Entladung die kleineren Poren sehr schnell verstopfen, während die größeren langsam zuwachsen, also längere Zeit am Entladevorgang beteiligt sind [332].

Eine weitere Größe zur Charakterisierung der porösen Struktur ist die spezifische Oberfläche, die für α-PbO_2 bei $1 \cdots 2\ m^2/g$ und für β-PbO_2 bei $4 \cdots 8\ m^2/g$ liegt [275, 289, 332, 345]. Die Umrechnung von Porositätsdaten in Oberflächendaten ist unter bestimmten Voraussetzungen möglich [371]. Weiterhin ist die poröse Elektrode durch Rasterelektronenmikroskopie [328—332] und mit Doppelschichtkapazitätsmessungen [289, 345, 372, 373] charakterisierbar.

In einem relativ schmalen Bereich kann man durch die Herstellungsbedingungen (s. Abschn. 4.2.7.2.) die Struktur der Platte ändern, und zwar durch Variation der zur Trockenmasse zuzumischenden Wasser- und Schwefelsäuremengen, durch Zuschlagstoffe, durch Formationstemperatur und Formationsstromstärke, durch die Formationssäurekonzentration sowie durch die Standzeit der Platten vor der Formation in der Säure [373a].

Elektrochemische Reaktionen an porösen Elektroden weisen eine Besonderheit auf, da es auf Grund des Spannungsabfalls im Porenelektrolyten zu unterschiedlichen Potentialen in der Elektrode kommt. Das führt zu lokal unterschiedlichen Stromdichten, und damit zu unterschiedlicher Aktivmassenausnutzung. Dieser Effekt wird bei der PbO_2-Elektrode durch den reaktionsbedingten Säureverbrauch und die verzögerte H_2SO_4-Nachlieferung, insbesondere bei hoher Stromstärke vergrößert (Bild 4.7.). Mit Autoradiographie [374] und Mikrosondenmessungen [375, 376] konnte diese Erscheinung sichtbar gemacht werden.

Die Erhöhung der Aktivmassenausnutzung ist möglich, wenn die Platten dünner gemacht werden, was aber zu einer Verringerung der Lebensdauer führt, oder wenn der Elektrolyt durch die Platten gepumpt wird, was aber den Aufbau des Akkumulators komplizierter und teurer macht.

Um die Elektrodenparameter wie Dicke, Porosität, Säurekonzentration optimal gestalten zu können, werden mit Hilfe der ionischen und elektronischen Leitfähigkeit sowie von Polarisationsdaten Berechnungen über Stromverteilung und Säurekonzentration innerhalb der Platte durchgeführt, was besonders für Hochstromentladungen von Interesse ist [370]. Insbesondere in letzter Zeit hat man erfolgreich versucht, die in porösen Elektroden ablaufenden Vorgänge mathematisch zu erfassen sowie in Analogmodellen darzustellen [369, 370, 377–409].

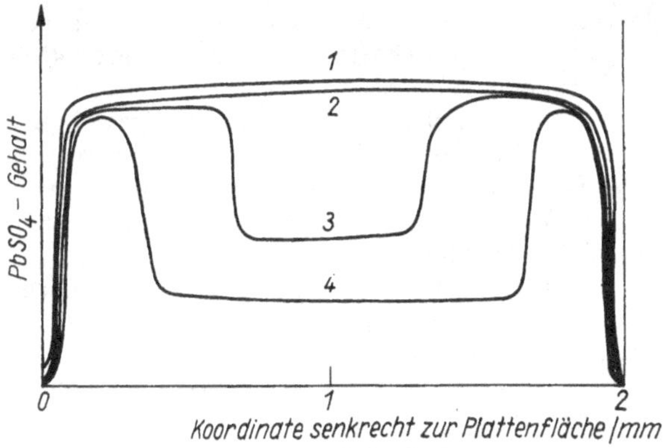

Bild 4.7. $PbSO_4$-Konzentration nach der Entladung der PbO_2-Elektrode über der Elektrodendicke bei verschiedenen Entladestromdichten und Entladezeiten [375]

1 – 1,5 mA/cm² (20 h); *2* – 6 mA/cm² (5 h); *3* – 30 mA/cm² (1 h); *4* – 180 mA/cm² (10 min)

4.2.2.6. *Masseträgermaterial*

Die Aktivmassen sind sowohl bei positiven als auch bei negativen technischen Elektroden in einem Masseträger fixiert. Dieser Masseträger hat im wesentlichen Kollektor- und Trägerfunktion.

- Kollektorfunktion muß er deshalb übernehmen, weil die elektronische Leitfähigkeit der Aktivmassen zwar im geladenen Zustand relativ gut ist, mit zunehmender Entladung und der damit verbundenen Bildung isolierenden Bleisulfats aber stark abnimmt,
- Trägerfunktion hat er, weil ohne Fixierung der Aktivmassen in einem Gerüst die geforderte mechanische Stabilität der Elektroden nicht gegeben wäre.

Als Masseträgermaterial verwendet man Blei oder seine Legierungen. Für Großoberflächenplatten (s. Abschn. 4.2.6.1.) und einige andere Spezialtypen kommt reines Blei zum Ensatz, das eine gute Korrosionsbeständigkeit zeigt. Größtenteils werden aber dem Blei zur Verbesserung seiner Verarbeitbarkeit und mechanischen Parameter Legierungsmetalle zugesetzt. In erster Linie verwendet man dafür Antimon, das die Gießbarkeit und Festigkeit des Bleis erhöht.

Diese Vorteile werden aber auf Kosten der Korrosionsbeständigkeit des Bleis erzielt, die mit steigendem Antimongehalt sinkt (s. Abschn. 4.2.2.7.).

Ein weiterer Nachteil besteht darin, daß das Antimon anodisch in Lösung geht und sich auf der Aktivmasse der negativen Elektrode niederschlägt und dort die Wasserstoffüberspannung senkt [375]. Dieser Effekt wird „Antimonvergiftung" genannt (s. Abschn. 4.2.3.). Deshalb hat man den Antimongehalt der Legierungen inzwischen größtenteils von anfänglich 8···12% auf etwa 5% und weniger gesenkt. Die Senkung des Antimongehaltes drängt zwar die „Antimonvergiftung" zurück, führt aber, wie bereits erwähnt, zu einer Verschlechterung der Festigkeits- und Gießeigenschaften sowie der Gußstruktur. Deshalb werden noch weitere Elemente zulegiert [410—418a]. Insbesondere ist dies As (bis 0,2%); in einigen Fällen verwendet man auch Sn (gewöhnlich 0,01%, z. T. aber auch $> 0{,}2\%$) und Cu (bis 0,05%). Zusätzlich gibt man zu diesen Legierungen sogenannte Kornverfeinerer (S, Se, Te) im ppm-Bereich, wobei man im allgemeinen dem Se auf Grund seiner besseren Löslichkeit in der Schmelze gegenüber dem S den Vorzug gibt.

In einigen wenigen Fällen versuchte man auch Cd als Zusatz zu einer niedrigantimonhaltigen Legierung zu verwenden, wobei der Cd-Gehalt geringfügig über dem Antimongehalt liegt. Insbesondere sollen dadurch die mechanischen und Korrosionseigenschaften verbessert werden. Solche Gitter werden in Startakkumulatoren, die mit negativen Pb—Ca-Gittern bestückt sind als positive Masseträger eingesetzt. Diese Kombination, die die Vorteile von Sb- und Ca-haltigen Legierungen vereint, bezeichnet man als „Calcium-Plus".

Um die Antimonvergiftung völlig auszuschließen, werden auch antimonfreie Bleilegierungen eingesetzt [418a].

Als legierende Elemente kommen hierfür solche in Frage, die sich aus wäßriger Lösung gar nicht erst abscheiden lassen. Das sind die Alkali- und Erdalkalimetalle, insbesondere Ca, Sr und Ba. Aus ökonomischen Gründen wurde bisher in erster Linie Calcium verwendet.

Da die Liquidustemperatur der Pb—Ca-Schmelze mit wachsendem Calciumgehalt sehr schnell ansteigt, liegt der günstigste Konzentrationsbereich bei 0,06···0,09% Ca. Das geringe Ca-Konzentrationsintervall macht das Gießen dieser Legierung aber ziemlich problematisch; denn auf Grund der Oxydationsneigung des Ca kann es schnell unterschritten werden, und Qualitätseinbußen sind die Folge. Mangelnder mechanischer Festigkeit wird durch Zulegieren von 0,5···1,5% Sn begegnet; auch Ag (0,1%) wird in einigen wenigen Fällen eingesetzt.

Zunehmend gewinnt die Pb—Sr- bzw. Pb—Sr—Sn-Legierung an Bedeutung. Deren Vorteil gegenüber den Pb—Ca-Legierungen besteht darin, daß bei etwa gleichen Eigenschaften das günstigste Sr-Konzentrationsintervall zwischen 0,10 und 0,20% liegt. Dadurch kann es trotz Sr-Abbrand besser eingehalten werden, und das Gießen wird weniger problematisch.

Das Fehlen von Antimon in den Legierungen führt aber zu einer Abnahme der Zyklenlebensdauer der positiven Platte, was auf eine Verringerung der Festigkeit der Aktivmasse und ihres Kontaktes mit dem Gitter zurückgeführt wird [419—425]. Auch die Bildung einer $PbSO_4$-Sperrschicht auf dem Gitter wird als Ursache dafür angenommen. Dieser sogenannte Antimonmangeleffekt tritt in abgeschwächter Form schon bei den Pb—Sb-Legierungen mit sehr niedrigem Antimongehalt auf.

Es gibt verschiedene Möglichkeiten, diesen Effekt zurückzudrängen:

— Zugabe von Phosphorsäure [305, 315, 321, 428—431].
— Zugabe von Antimon-, Arsen- oder Phosphoroxiden oder gemischter Blei-Antimon- oder Blei-Wismut-Oxide zur Aktivmasse [425, 426].
— Dünner Antimonüberzug auf dem Masseträger [432].
— Zugabe von etwa 0,3% unlöslicher Erdalkalisilikate zur Schwefelsäure [432a].

Neben gießtechnischen Problemen (z. B. Oxydation von Ca) ist dieser Antimonmangeleffekt auch der Grund, weshalb Pb—Ca- und Pb—Ca—Sn-Legierungen [364, 387] noch nicht überall Anwendung gefunden haben. Eingesetzt wurde diese Legierung in kleinen transportablen Batterien sowie in ortsfesten Akkumulatoren und Starterbatterien, fast nicht jedoch bei Traktionsbatterien, da der Antimonmangeleffekt mit steigender Entladetiefe zunimmt [419, 420, 433—435].

Für die Traktionsbatterie wird von der Firma TUDOR die ASTAG-Legierung eine Pb—**As**—**Te**—**Ag**-Legierung verwendet, die aber relativ teuer ist.

Neben den bereits genannten Legierungselementen wurde eine Vielzahl anderer Elemente des Periodensystems untersucht. Man kann die Elemente insgesamt in strukturmodifizierende und elektrokatalytisch wirksame, die besonders wichtig beim Einsatz von Bleielektroden in der Elektrosynthese sind, einteilen [428].

Um besonders bei Starterbatterien eine hohe Leitfähigkeit des Bleigerüstes und eine Erhöhung der Energiedichte zu erreichen, wird vorgeschlagen, ein verbleites Cu-, Al- oder Ti-Gerüst (auch von vornherein mit PbO_2-Überzug) zu verwenden [438—445] bzw. modifizierte DSA-Elektroden [445a] einzusetzen. Sogar mit PbO_2 überzogene Keramik wurde auf Grund ihrer hohen Korrosionsbeständigkeit in Erwägung gezogen [446]. Das hat jedoch den generellen Nachteil, daß bei der Verhüttung des Akkumulators zur Bleirückgewinnung Schwierigkeiten auftreten.

Die zur Gewichtserleichterung und Bleieinsparung eingeführten bleiüberzogenen Plastgitter oder Glasfasern bleiben aus ökonomischen Gründen nur Spezialzwecken vorbehalten, da diese Stoffe bei der Verhüttung des Bleiakkumulators nicht zurückgewonnen werden können [447—450].

Auch die Verwendung von dispersionsverstärktem Blei, einem Bleipulver, das unter Zusatz geringer Mengen Bleioxid pulvermetallurgisch verdichtet wird, wurde vorgeschlagen. Man erhält dadurch gegenüber dem aus der

Schmelze kristallisierenden Blei eine andere, mechanisch wesentlich günstigere Struktur, wobei jedoch die guten Korrosionseigenschaften des reinen Bleis etwa erhalten bleiben. Die Lebensdauer der damit hergestellten Akkumulatoren ist noch nicht befriedigend, da es öfters zur Rekristallisation des Bleis kommt. Außerdem ist die Herstellungstechnologie ziemlich kompliziert [451].

Für eine zukünftige praktische Anwendung im großen Rahmen orientiert man sich in Europa vor allem auf niedrig antimonhaltige Legierungen, die konventionell verarbeitet werden können und in den USA vorwiegend auf Pb—Ca-Legierungen.

4.2.2.7. *Korrosion des Masseträgers*

Zur anodischen Korrosion der Masseträger, die entscheidend die Lebensdauer des Akkumulators beeinflußt, sind umfangreiche Arbeiten ausgeführt worden. Den Schwerpunkt bildeten Grundlagenuntersuchungen zum Wachstum der anodischen Korrosionsschicht von Blei und seinen Legierungen sowie zur Struktur der entstandenen Schicht.

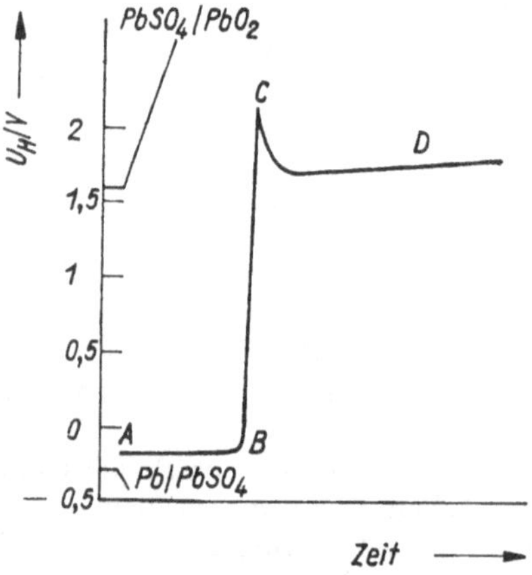

Bild 4.8. Galvanostatische Potential-Zeit-Kurven von Pb in H_2SO_4

Galvanostatische Untersuchungen an Blei zeigen den in Bild 4.8. dargestellten typischen Kurvenverlauf.

Im Abschnitt *AB* kommt es zu einer Umwandlung von Blei in Bleisulfat. Mit der sich dabei ausbildenden $PbSO_4$-Deckschicht fällt die Doppelschichtkapazität auf Werte von $1 \cdots 3\,\mu F/cm^2$ und gleichzeitig steigt der Schichtwiderstand auf etwa $1\,\Omega\,cm^2$ an [271, 320, 452—455], was zu einer Passivierung führt, wodurch das Potential schnell zum Sauerstoffüberspannungspotential (*C*) ansteigt, um danach auf etwas geringere Werte (*D*) abzufallen. Hier kommt es dann nebeneinander zur Bildung von PbO_2 und O_2. Struktur und Zusammensetzung der Schicht wurden vor allem mit Hilfe potentiostatischer Messungen in Kombination mit röntgenographischen [456–458] und elektronenoptischen Methoden [320, 454, 455, 459] untersucht. Die Ergebnisse führen zu Modellvorstellungen für die Bildung und Zusammensetzung der anodischen Korrosionsschicht [456, 460–462].

Interessant bei dem in Bild 4.9. dargestellten Modell ist die Anwesenheit von PbO, basischen Sulfaten und α-PbO_2 in Gegenwart der schwefelsauren Lösung. Die Bildung dieser Produkte ist ansonsten nur im alkalischen Bereich möglich. Hier ist sie dadurch zu erklären, daß in den Poren eine Alkalisierung des Elektrolyten stattfindet, da bereits gebildetes $PbSO_4$ als semipermeable Schicht wirkt, die für H^+, OH^- und H_2O, nicht aber für HSO_4^- und SO_4^{2-} durchlässig ist. Da die leichtbeweglichen Wasserstoffionen durch Migration bevorzugt auswandern und keine SO_4^{2-}- bzw. $H_2SO_4^-$-Ionen einwandern können, muß zur Aufrechterhaltung der Elektroneutralität in den Poren die OH^--Konzentration ansteigen [270, 455].

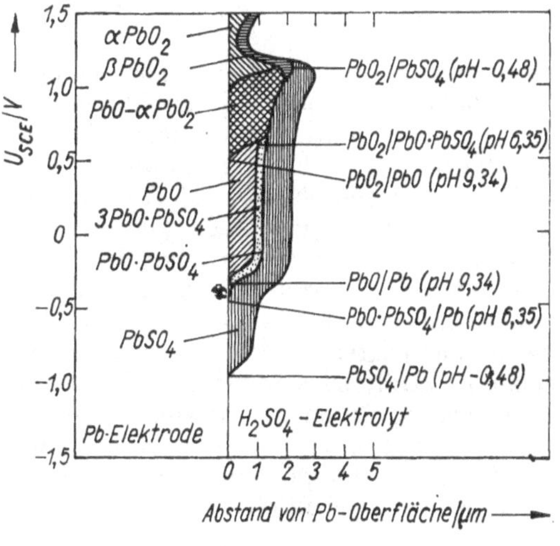

Bild 4.9. Zusammensetzung der Korrosionsschicht von Blei nach anodischer Polarisation bei konstantem Potential nach [460]

Auch potentiodynamische Untersuchungen (zyklische Voltammetrie) [463 bis 467], die an Blei und seinen Legierungen und teilweise auch an PbO_2 durchgeführt wurden, gaben Hinweise zur Korrosionskinetik. Die an und für sich schon hohe Überspannung bei der PbO_2-Bildung aus $PbSO_4$ steigt mit fallender Temperatur weiter an. Die hohe Aktivierungsenergie von etwa 50 kJ/mol für diese Reaktion deutet darauf hin, daß sie durchtrittskontrolliert verläuft. PbO_2-Spuren in der $PbSO_4$-Schicht wirken katalytisch [467].

Im allgemeinen wird zwischen Korrosionsschichtbildung und Korrosionsschichtwachstum unterschieden. Die Schichtbildung erfolgt auf der reinen Metalloberfläche an der Phasengrenze Metall/Elektrolyt, während das sich anschließende Schichtwachstum bereits durch dieKorrosionsschicht beeinflußt wird. Ist die Korrosionsschicht genügend porös, kann das Wachstum an der

Phasen grenze Metall/Elektrolyt in einer Flüssigphasenreaktion, z. B. nach Gleichung

$$Pb + 2H_2O \rightarrow PbO_2 + 4H^+ + 4e^- \quad (4.17.)$$

ablaufen.

Nimmt die Porosität der Schicht und vor allem die Größe der Poren ab, muß das Wachstum vorwiegend in einer Festkörperreaktion über die Korrosionsschicht erfolgen. Dazu existieren folgende Vorstellungen:

— Der eigentliche elektrochemische Schritt erfolgt an der Phasengrenze Korrosionsschicht/Elektrolyt und besteht in der durch PbO_2 katalysierten Sauerstoffentwicklung. Der Sauerstoff tritt in das PbO_2-Gitter ein und wandert über Sauerstoffehlstellen zur Phasengrenze Metall/Korrosionsschicht, wo er das Blei in einer chemischen Reaktion über Übergangsoxide bis zum PbO_2 oxydiert [330]

$$Pb + 2O \rightarrow PbO_2. \quad (4.18.)$$

— Der eigentliche elektrochemische Schritt erfolgt an der Phasengrenze Metall/Korrosionsschicht und besteht in der Ionisierung von Pb zu Pb^{2+} oder Pb^{4+}. Diese Ionen kann man sich zunächst als Gerüstbestandteile eines PbO_x-Gitters ohne Sauerstoff vorstellen. Um die Elektroneutralität zu gewährleisten, wandern Sauerstoffionen aus benachbarten PbO_x-Schichten zur Phasengrenze Metall/Korrosionsschicht. An der Phasengrenze Korrosionsschicht/Elektrolyt werden wiederum Sauerstoff-ionen aus dem Elektrolyten in das PbO_x-Gitter eingebaut. Dieser Vorgang kann auch als eine Sauerstoffehlstellenwanderung in Richtung Elektrolyt aufgefaßt werden, wobei die Sauerstoffehlstellen an der Phasengrenze Korrosionsschicht/Elektrolyt durch Einbau von aus dem Elektrolyten stammenden Sauerstoffionen eliminiert werden [467a]. Unabhängig davon, ob man eine Sauerstoffionen- oder Sauerstoffehlstellenwanderung annimmt, stellt sich in der Korrosionsschicht ein Sauerstoffkonzentrationsgradient mit einem in Richtung Elektrolyt zunehmenden Sauerstoffgehalt ein.

Die Korrosionsgeschwindigkeit v_K setzt sich aus den Geschwindigkeiten der Flüssigphasenreaktion $v_{K,l}$ und der Festkörperreaktion $v_{K,s}$ zusammen:

$$v_K = v_{K,s} + v_{K,l}. \quad (4.19)$$

Die Korrosion nach dem Flüssigphasenmechanismus sollte sich durch Erzeugung dichter Oxidschichten oder zumindest solcher mit kleinen Porendurchmessern zurückdrängen lassen [315]. Die Korrosion nach dem Festkörpermechanismus könnte in dem Maße eingeschränkt werden, wie es gelingt, Sauerstoffehlstellen im Gitter abzubauen, die Voraussetzung für die Sauerstoffwanderung sind. Das kann über entsprechende Legierungszusätze gesteuert werden. Außerdem besteht die Möglichkeit, durch Elektrolytzusätze wie Co^{2+} die Sauerstoffradikale vor dem Eintritt in das PbO_2 abzufangen [468].

Die anodische Korrosion von Blei und seinen Legierungen ist ein sehr komplexer Vorgang. Er hängt vor allem von der Temperatur, dem Elektrodenpotential, dem Polarisationsstrom, der Säurekonzentration und der Legierungszusammensetzung ab. In der Literatur ist zu lesen, daß die Korrosion mit steigendem Sb-Gehalt zunimmt. Diese Feststellung trifft zwar für die permanente und intermittierende Überladung zu, bei der Lade-Entlade-Zyklisierung von Panzerplattenröhrchen ist dieser Effekt jedoch genau umgekehrt [467b]. Außerdem muß beachtet werden, daß mit steigendem Sb-Gehalt die Korrosion gleichmäßiger wird.

Die für die Praxis wichtigste Erkenntnis ist, daß man die Korrosion am intensivsten durch genaue Kontrolle des Ladevorganges bekämpfen kann, d. h. durch Vermeiden von Überladungen. Bei stationären Batterien ist die richtige Wahl der Pufferspannung entscheidend. Sie soll bei 2,23 V liegen. Darunter kommt es an der positiven Elektrode durch Korrosion zur $PbSO_4$-Bildung und darüber durch anodische Oxydation zur PbO_2-Bildung [469 bis 471].

Mit zunehmender Polarisationszeit erfolgt teilweise eine Ablösung von Korrosionsprodukten. Ist aber die Legierung mit Aktivmasse umgeben, wird die Ablösung verhindert, und die Korrosionsprodukte wirken weiterhin als Schutzschicht [472]. Das führt zu einer Verlangsamung der Korrosion. Diesen Effekt kann man dadurch praktisch ausnutzen, daß beim Pastierungsprozeß für eine allseitige Umschließung des Gitters mit Aktivmasse gesorgt wird [473, 474].

4.2.3. Negative Elektrode

Die negative Elektrode (negative Platte, Negative) besteht prinzipiell aus der Bleiaktivmasse und dem Masseträger (s. Abschn. 4.2.2.6.). Als Aktivmasse kommt Blei in Form von Schwammblei zum Einsatz. Die Porosität der negativen Aktivmasse beträgt 60···70%. Sie ist demnach etwas größer als die der positiven Masse. Die BET-Oberfläche der negativen Masse beträgt 0,5···2 m^2/g und ist damit kleiner als die der positiven Masse. Das ist vor allem auf größere Poren zurückzuführen, wie aus dem Vergleich der BET-Oberflächen folgt. Beim Lade-Entladeprozeß tritt an der negativen Elektrode eine stärkere Volumenänderung als an der positiven Elektrode ein.

Für das Gleichgewichtselektrodenpotential ergibt sich unter Berücksichtigung der Reaktion gemäß Gl. (4.3.) mit der NERNSTschen Gleichung die Beziehung

$$U_{H,eq}(\mathrm{Pb/PbSO_4/H_2SO_4}) = U_H^{\ominus}(\mathrm{Pb/PbSO_4/H_2SO_4}) + \frac{F_N}{2} \lg \frac{a_{\mathrm{H^+}}}{a_{\mathrm{HSO_4^-}}}. \qquad (4.20.)$$

Analog der PbO_2-Elektrode muß auch hier beachtet werden, daß sich an der negativen Elektrode kein Gleichgewichtspotential, sondern ein auf Mischpotentialbildung (s. Abschn. 2.4.) zurückzuführendes, etwas positiver liegendes Ruhepotential einstellt.

Das Standardelektrodenpotential $U_H^{\ominus}(\mathrm{Pb/PbSO_4/H_2SO_4})$ bei 25 °C beträgt −0,356 V.

Die anodische Oxydation des Schwammbleis entsprechend

$$Pb \rightleftharpoons Pb^{2+} + 2e^- \quad (4.21.)$$

$$Pb^{2+} + HSO_4^- \rightleftharpoons PbSO_4 + H^+ \quad (4.11.)$$

ist eine Flüssigphasenreaktion. Der damit verbundene Lösungs-Fällungs-Mechanismus ist an Hand von rasterelektronenmikroskopischen Aufnahmen der $PbSO_4$-Kristallstruktur [475, 476] und Impedanzmessungen [289] bestätigt worden.

Die katodische Reduktion des $PbSO_4$ zum Pb beim Ladeprozeß verläuft unter Umkehr der Gln. (4.3.), (4.11.) und (4.21.).

Bei der anodischen Oxydation von kompaktem Blei kommt es normalerweise durch Bildung eines Überzugs aus nichtleitendem $PbSO_4$ [439, 454, 464, 478—480] sehr schnell zur Passivierung der Elektrode. Das wird in abgeschwächter Form auch beim Schwammblei beobachtet, das während der Zyklisierung zur Schrumpfung neigt.

Zugabe von sog. Spreizmitteln (Expander) inhibiert diese Effekte [481 bis 494]. Besonders wirksam sind oberflächenaktive Stoffe, die früher, zur Zeit der Verwendung von Holzscheidern aus dem Separator ausgelaugt wurden und heute der negativen Aktivmasse zugesetzt werden. Besonders bewährt haben sich z. B. Natriumligninsulfamat, Huminsäure, Chinone, α-Naphthol und dessen Abkömmlinge sowie viele Naturstoffe, wie Torf, Holzmehl und Gerbstoffe oder Ruß. Sie werden meist als Mischungen untereinander und mit $BaSO_4$ sowie analogen Verbindungen verwendet.

Die Spreizmittel haben folgende erwünschte, aber auch unerwünschte Wirkungen:

— Erhöhung der Ah-Kapazität, besonders beim Kaltstart,
— Verlangsamung der Ladung, Erhöhung der Ladespannung,
— Erhöhung der Wasserstoffüberspannung und damit Verringerung der Selbstentladung.

Bisher konnte noch keine befriedigende Erklärung für die Wirkung der Expander gegeben werden. Es scheint so, daß diese oberflächenaktiven Stoffe am Blei adsorbiert werden und damit bei der Entladung die Keimbildung auf der Elektrodenoberfläche partiell inhibieren, so daß die Struktur der $PbSO_4$-Schicht gröber sowie poröser wird und dadurch weniger passivierend wirkt.

Das $BaSO_4$ vergrößert die Wirkung der oberflächenaktiven Stoffe, indem es zu deren verstärkten Adsorption in der Phasengrenze Aktivmasse/Elektrolyt beiträgt. Durch Isomorphie mit dem $PbSO_4$ führt es anfänglich auch zu einer schnelleren Kristallisation. Während der Kristallisation soll der oberflächenaktive Stoff teilweise auch auf das $PbSO_4$ übergehen und adsorbiert werden. Diese Adsorption kehrt sich jedoch während der Ladephase nicht völlig um, und ein Teil der $PbSO_4$-Oberfläche wird damit blockiert. Dies führt zu einer unerwünschten Verlangsamung des Ladevorganges und zu einer Erhöhung der Ladespannung. Gleichzeitig führt das aber auch zur Bildung lockerer, leichter entladbarer Bleischichten.

Aus neueren potentiodynamischen und Impedanzmessungen folgt, daß die Inhibierung des Passivierungsvorganges mit der stabilisierenden Wirkung des Expanders auf intermediär gebildete lösliche Spezies zurückgeführt werden kann [495].

Bei der katodischen Reduktion des Bleisulfats sollte entsprechend der Lage der Gleichgewichtspotentiale vor der Bleibildung eine Wasserstoffabscheidung erfolgen. Auf Grund der hohen Überspannung des Wasserstoffs kommt es jedoch zuerst zur Bleibildung und dann parallel dazu zu einer den Ladefaktor senkenden Wasserstoffabscheidung.

Die Wasserstoffüberspannung an Blei in 5,6 M H_2SO_4 folgt einer Tafel-Gleichung, wobei sich die Tafel-Anstiege bei Stromstärken $> 0{,}1$ mA/cm² (0,16 V) und $< 0{,}1$ mA/cm² (0,12 V) unterscheiden, was auf eine Desorption von Sulfationen bei negativen Potentialen zurückgeführt wird [496, 315]. Eine Reihe von Metallen, z. B. Sb, As und Ag, setzen die Wasserstoffüberspannung herab. Da diese Metalle häufig Legierungsbestandteil der positiven Gitter sind, die beim Ladeprozeß infolge der Gitterkorrosion anodisch in Lösung gehen, werden sie an der negativen Elektrode katodisch abgeschieden oder entsprechend der Gleichung

$$2SbO^+ + 3Pb + 3H_2SO_4 \rightarrow 2Sb + 3PbSO_4 + 2H_2O + 2H^+ \qquad (4.22.)$$

an der Aktivmasse zementiert [497—499].

Das Antimon katalysiert die Wasserstoffentwicklung beträchtlich [270, 296]. Diese Erscheinung wird „Vergiftung“ oder „Antimonvergiftung“ der negativen Platte genannt.

Eng im Zusammenhang mit der Wasserstoffüberspannung steht die Selbstentladung der Bleielektrode. Blei ist in schwefelsaurer Lösung thermodynamisch nicht stabil. Die Standardpotentiale der $Pb/PbSO_4/H_2SO_4$-Elektrode und der Wasserstoffelektrode unterscheiden sich um 0,356 V, und es müßte zur Wasserstoffentwicklung nach folgender Gleichung kommen:

$$Pb + H_2SO_4 \rightarrow PbSO_4 + H_2. \qquad (4.23.)$$

Auf Grund der hohen Wasserstoffüberspannung ist diese Selbstentladereaktion aber gehemmt. Ihre Geschwindigkeit wächst jedoch mit steigender Säurekonzentration und Temperatur sowie in Gegenwart überspannungssenkender Metalle. Einige oberflächenaktive Stoffe, z. B. Sulfanol, inhibieren die Wasserstoffentwicklung [500, 501], wobei das auf eine Verringerung der effektiven Pb-Oberfläche durch Adsorption dieser Stoffe an den reaktiven Zentren und der damit verbundenen Erhöhung der Aktivierungsenergie der H_2-Entwicklung zurückzuführen sein soll.

Auch einige Expander zeigen, wie bereits erwähnt, eine inhibierende Wirkung, die jedoch die von Spezialinhibitoren nicht erreicht. Die Anwendung dieser Spezialinhibitoren muß aber auf den Expander abgestimmt sein, um dessen depassivierende Wirkung nicht aufzuheben.

4.2.4. Separator

Die Aufgaben des Separators und die an ihn zu stellenden Forderungen sind bereits in Abschn. 2.2.4. genannt worden.

Im Bleiakkumulator soll der Separator Kurzschlüsse vermeiden, die durch Berührung der eng aneinander liegenden Platten oder nach längerem Betrieb durch ein Hinüberwachsen der Aktivmasse von einer Elektrode zur nächsten (Kurzschlußbrücken) zustande kämen. Außerdem soll er auf mechanische Weise das Abschlammen der Aktivmasse verhindern. Die Wirksamkeit des Separators wird durch

- Wasserdurchlässigkeit,
- Volumenporosität,
- Porengröße,
- mechanische Festigkeit,
- ionischen Widerstand,
- chemische Resistenz gegen Oxydationsmittel und Säure sowie durch
- geometrische Gestaltung

charakterisiert [502, 503], wobei diese Größen komplex wirken, so daß letztlich immer ein praktischer Test der Batterie das entscheidende Kriterium ist.

Tabelle 4.3. Physikalische Daten verschiedener Scheidermaterialien

Scheidermaterial	Volumenporosität in %	Mittlerer Porendurchmesser in µm	Festigkeit in MPa	Spez. ionischer Widerstand in 10^{-3} Ω cm
Holz	83	<1	1···20	5,6
Latex, Kieselgur	78	21	0,5···8	3,9
Mikroporöser Gummi	66	4	2,5···6,5	11,5
Gesintertes PVC	48	25	4···4,5	6,5
Gesintertes PE	47	50	2,5···3	9,2
Mikropor. PVC (PORVIC)	87	5	2···2,5	6,2
Harzgetränktes Papier	67	34	2···7,5	7,5

Der Separator ist meistens so gestaltet, daß die der positiven Platte zugewandte Seite mit Rippen (Höhe 0,4···0,5 mm) versehen wird, um der die Kapazität begrenzenden positiven Elektrode mehr Säure zur Verfügung zu stellen, und die der negativen Platte zugewandte Seite glatt ist. Neuerdings wird auch diese Separatorseite mit flachen Rippen (Höhe 0,1···0,25 mm) versehen. Das hat den Vorteil, daß die den Platten zur Verfügung stehenden Säurevolumina größer sind als bei glatter Bauweise, während durch direkten Kontakt der Separatorrippen mit den Platten ein Deformieren der Elektroden trotzdem weitgehend verhindert wird. Außerdem ist dadurch eine bessere Gasblasenabwanderung möglich.

Anfänglich wurde als Separatormaterial für den Bleiakkumulator Holz benutzt, bis schließlich mikroporöse Scheider sowie gesinterte Separatoren auf PVC- und Polyethylenbasis eingeführt wurden. Wichtige physikalische Daten der Scheidermaterialien sind in Tab. 4.3. zusammengestellt.

Die mikroporösen Scheider wurden früher aus Mischungen von Latex mit Kieselgur oder Gummi gefertigt. Gegenwärtig findet für diese Separatorart fast ausschließlich mikroporöses PVC Verwendung. Zusehends mehr werden auch mit Phenol-Formaldehyd-Harz getränkte Papierscheider eingesetzt, die auf Grund der größeren Porendurchmessers allerdings noch nicht die Langzeitwirkung der mikroporösen PVC-Scheider erreichen. Sie sind aber dünner und verringern dadurch den Innenwiderstand des Akkumulators. Außerdem nehmen sie weniger Volumen ein. Als vorteilhaft haben sich Separatoren erwiesen, die auf der „positiven Seite" mit einer Schicht Glasfaserwatte versehen sind, in der sich die abschlammende positive Masse verfangen soll (Doppelseparation). Teilweise wird die Glasfaserwatte auch auf den harzgetränkten Papierscheider laminiert.

Die Separatoren sind im allgemeinen etwa 5 mm länger und breiter als die Elektrodenplatten. Die Grunddicke der Scheider ist in den letzten Jahren verringert worden und beträgt heute etwa 0,4···0,8 mm. Für Hochleistungsbatterien sind mikroporöse Plastscheider mit einer Dicke von 0,1···0,2 mm entwickelt worden. Dies führt dazu, daß der Innenwiderstand der Batterie im Vergleich zu dem herkömmlicher Typen stark gesenkt wird [504], was insbesondere bei tiefen Temperaturen wichtig ist. Andererseits läßt sich die Scheiderdicke nicht beliebig verringern, da dies zu einer Senkung der mechanischen Eigenschaften des Separators führt, an die bei einer automatischen Konfektionierung (Stapelautomat) hohe Anforderungen gestellt werden.

4.2.5. *Elektrolyt*

Die allgemeinen Anforderungen an einen Elektrolyten für elektrochemische Stromquellen sind bereits in Abschn. 2.2.3. dargelegt worden. Einige wichtige physikalische Daten von Schwefelsäure im für den Bleiakkumulator zu berücksichtigenden Konzentrationsbereich sind in Tab. 4.4. angegeben. Insbesondere muß die Leitfähigkeit des Elektrolyten optimal sein und darf der Elektrolyt keine Reaktion mit Reaktanten und Masseträger eingehen. Die Abhängigkeit der spezifischen Leitfähigkeit der Schwefelsäure von ihrer durch die Konzentration bestimmten Dichte ist in Bild 4.10. dargestellt.

Da sich während der Entladung des Bleiakkumulators die Schwefelsäurekonzentration verringert (3,6 g H_2SO_4 für 1 Ah), wird als Optimierungskriterium nicht die spezifische Leitfähigkeit der Schwefelsäure im geladenen Zustand des Akkumulators verwendet, sondern ihre mittlere spezifische Leitfähigkeit im bis zur Entladeschlußspannung überstrichenen Konzentrationsgebiet. Die mittlere spezifische Leitfähigkeit kann nach folgender Gleichung berechnet werden:

$$\bar{\varkappa} = \int_{c_1}^{c_2} \frac{\varkappa(c)}{c}\, dc, \tag{4.24.}$$

c_1 – Säurekonzentration bei der Entladeschlußspannung
c_2 – Säurekonzentration im geladenen Zustand

Tabelle 4.4. Physikalische Daten von Schwefelsäure unterschiedlicher Konzentration

Konzentration in				d_{20}	β	$\varkappa_{20}$	ϱ_{20}	Θ	Viskosität	ϑ_F
$\frac{\text{mol}}{1000\text{ g H}_2\text{O}}$	$\frac{\text{val}}{l}$	g/l	Masse-%	in g/cm³	in $\frac{\text{g}}{10^{-4}\text{ cm}^3 \cdot \text{K}}$	in S cm^{-1}	in Ω cm	in $\frac{10^{-2}\,\Omega\text{ cm}}{\text{K}}$	bei 20 °C in Pa s	in °C
1	1,93	94,6	8,93	1,059	3,6	0,342	2,92	3,65	0,116	−4,2
2	3,72	184	16,40	1,112	5,2	0,602	1,66	2,27	0,135	−10,0
3	5,38	264	22,73	1,160	6,2	0,741	1,35	1,98	0,167	−19,2
4	6,92	339	28,18	1,204	6,8	0,758	1,32	2,07	0,192	−30,8
5	8,33	409	32,90	1,242	7,2	0,752	1,33	2,21	0,223	−51,7
6	9,65	473	37,04	1,277	7,4	0,735	1,36	2,37	0,248	−62,7
7	10,87	533	40,71	1,309	7.5	0,704	1,42	2,56	0,270	−64,6
8	12,00	588	43,96	1,338	7,7	0,658	1,52	2,84	0,288	−46,3

Die Berechnung der Dichte- und Widerstandswerte bei von 20 °C verschiedenen Temperaturen erfolgt nach den Gleichungen:

$d_\vartheta = d_{20} + \beta\,(20\,°\text{C} - \vartheta)$, $\varrho_\vartheta = \varrho_{20} + \Theta\,(20\,°\text{C} - \vartheta)$,

$\beta = \frac{\partial d}{\partial T}$ ⟨Temperaturkoeffizient der Dichte⟩, $\Theta = \frac{\partial \varrho}{\partial T}$ ⟨Temperaturkoeffizient des spezifischen Widerstandes⟩

Man legt die Säurekonzentration für den geladenen Zustand so fest, daß die mittlere spezifische Leitfähigkeit ein Maximum erreicht. Dabei ist auch die Abhängigkeit der Konzentrationsänderung vom Elektrolytvolumen zu berücksichtigen, das durch die Konstruktionsparameter der verschiedenen Akkumulatortypen bestimmt wird. So beträgt die der Konzentration im geladenen Zustand entsprechende Säuredichte bei 20 °C für Panzerplattenbatterien 1,26 g/cm³ und für Starterbatterien 1,28 g/cm³. In Schwefelsäure dieser Konzentration hat das Blei eine ausreichende Beständigkeit.

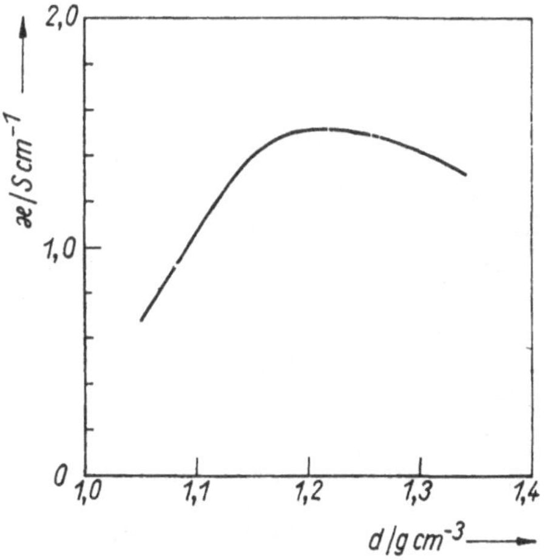

Bild 4.10. Spezifische Leitfähigkeit der Schwefelsäure in Abhängigkeit von der Dichte bei 20 °C

Wichtig ist es, die Gefriertemperatur des Elektrolyten zu kennen, um einer Zerstörung des Akkumulators vorzubeugen. Wie aus Tab. 4.4. zu entnehmen ist, steigt die Gefriertemperatur mit abnehmender Konzentration im interessierenden Bereich, d. h. beim Entladen des Bleiakkumulators. Deshalb wird in Klimazonen mit extremer Kälte für Starterbatterien die Säuredichte im geladenen Zustand von vornherein auf 1,31 g/cm³ erhöht.

In Spezialfällen wurde, um eine hohe Zellenspannung zu erreichen, mit Säuredichten bis zu 1,4 g/cm³ gearbeitet. Das führte aber auf Grund der nun geringeren Bleibeständigkeit zu einer drastischen Reduzierung der Lebensdauer der Batterie.

4.2.6. *Technische Ausführung des Bleiakkumulators*

4.2.6.1. *Elektroden*

Die Elektroden des Bleiakkumulators werden im allgemeinen in Form von strukturierten Platten gefertigt, wobei die Aktivmasse in verschiedener Art und Weise auf dem Masseträger fixiert ist. Danach unterscheidet man Großoberflächen-, Kasten-, Gitter- und Panzerplatten.

Die Großoberflächenplatte (Gro-Platte) besteht aus einem materialintensiven, reinen Bleigerüst (Stärke 10···12 mm), das lamellenförmig aufgebaut ist (Bild 4.11.A). Dadurch erhöht sich die tatsächliche gegenüber der durch den Plattenrahmen vorgegebenen Oberfläche um den Faktor 8 bis 10. Die aktive Masse wird erst durch chemische und elektrochemische Formation aus dem Gerüstmaterial erzeugt, indem die Elektrode in einer Schwefelsäure-Perchlorat-Lösung längere Zeit anodisiert wird, so daß eine dünne PbO_2-Schicht entsteht.

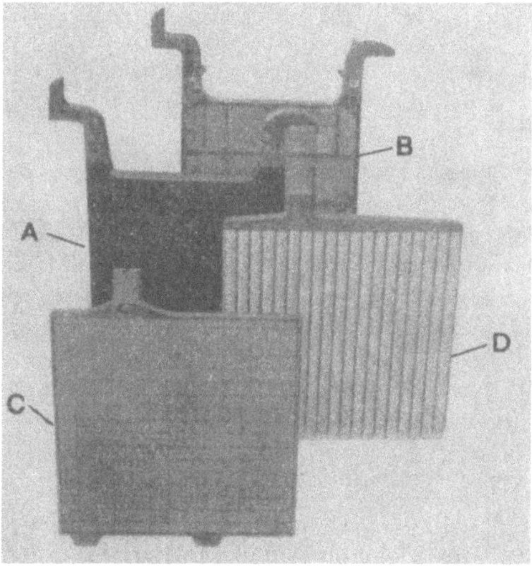

Bild 4.11. Verschiedene Ausführungsformen von Bleiakkumulatorelektroden
A – Großoberflächenplatte;
B – Kastenplatte;
C – Gitterplatte;
D – Panzerplatte

Sie zeichnet sich durch lange Lebensdauer (10 Jahre und mehr) aus.

Die Kastenplatte besteht aus einem gitterförmigen Bleilegierungsrahmen (Stärke etwa 8 mm), dessen beide Hauptflächen mit perforiertem Bleiblech abgedeckt sind (Bild 4.11.B). Zwischen die Bleibleche wird die Aktivmasse eingebracht. Die Kastenplatte wird nur als negative Elektrode hoher Lebensdauer (bis 3000 Zyklen) in Kombination mit der Gro-Platte eingesetzt.

Die Gitterplatte (Gi-Platte) besteht aus einem Gitter auf der Basis von Bleilegierungen. Im allgemeinen hat sich heute die in Bild 4.11.C dargestellte Plattenform durchgesetzt, wobei die Rahmen stärker als die Längsstege und diese wiederum stärker als die Querstäbe sind. Die Stromzuführung zum Gitter erfolgt über eine kompakte Fahne. An dieser Stelle sind die Längs- und Querstäbe sowie der Rahmen verstärkt.

Um eine größere Berührungsfläche mit der Aktivmasse zu erhalten und eine gute Massenhaftung zu verwirklichen, wurde der Querschnitt der Längs- und Querstege modifiziert (z. B. Trapezform). Oft wird jedoch nicht mit der günstigsten Querschnittsform gearbeitet, da diese gießtechnisch sehr schwer realisierbar ist. Neben dieser Anordnung fanden auch Gitter mit rechteckigen Rahmen, aber diagonalen Gitterstäben Verwendung. Auch über Rundgitter wurde berichtet, bei denen die Stromzuführung im Zentrum erfolgt und die eine gleichmäßige Stromverteilung garantieren sollen [505]. Sie finden für stationäre Zwecke Verwendung.

Die Dicke der herkömmlichen Gitter beträgt 1···5 mm; für Starterbatterien bevorzugt 1,5···2,5 mm. In das Gitter wird eine Paste eingestrichen. Diese wandelt man anschließend durch elektrochemische Formation in Aktivmasse um. Die Gitterplatten werden sowohl für positive als auch für negative Elektroden verwendet, wobei die Dicke der Negativen meist etwas geringer ist. Ihre Lebensdauer ist vom Verwendungszweck und der Dicke der Elektrode abhängig und beträgt etwa 200···1000 Zyklen.

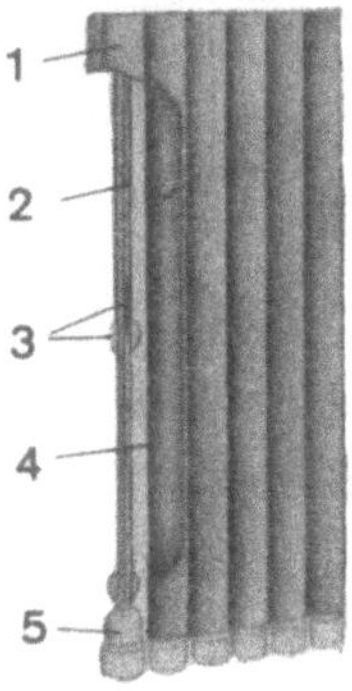

Bild 4.12. Aufbau einer Panzerplatte im Schnitt
1 – Gewebetasche;
2 – Seele;
3 – Abstandshalter;
4 – Aktivmasse;
5 – Kunststoffleiste

Die Panzer- (Pz-Platte), Röhrchen- oder Gewebetaschenplatte (Gt-Platte) besteht aus dem Gerüst mit der Aktivmasse, die mit einer Hülle aus säurebeständigem Material umgeben wird, damit die sich im Laufe der Betriebszeit lockernde Aktivmasse nicht aus der Platte herausfällt (Bild 4.11.D). Den optimalen Effekt erzielt man, wenn die Hülle in Röhrchenform ausgeführt wird (Bild 4.12.). Deshalb müssen die Gitterquerstege wegfallen, so daß der Stützrahmen nur noch aus Längsstäben (Seelen) mit Abstandhaltern, um den Stab in der Röhrchenmitte zu fixieren, besteht. Zwischen Röhrchen und Stab befindet sich die Aktivmasse. Die Röhrchen sind unten mit einer Kunststoffleiste geschlossen. Die Röhrchen werden aus perforiertem PVC (oder Hartgummi) mit einem innenliegenden Glasfasergewebe gefertigt. Zunehmend wird aber auch an Stelle dieser Zweifachseparation nur eine Einfachseparation aus Polyestergewebe verwendet. Dabei benutzt man im allgemeinen keine individuellen Röhrchen mehr, sondern einen Röhrchenverband, die sogenannte Gewebetasche. Um die Menge der einzusetzenden Aktivmasse und damit die Kapazität noch weiter zu steigern, wurden für Spezialzwecke auch viereckige Röhrchen verwendet.

Aus technologischen Gründen ist die Platte relativ dick (etwa 8···9 mm). Die Panzerung erhöht den Innenwiderstand und erschwert die Säurediffusion. Dadurch kommt es zur Leistungsminderung. Die Panzerplatte wird nur als positive Elektrode vorwiegend für Traktionsbatterien eingesetzt. Die Lebensdauer liegt bei etwa 1500 Zyklen.

4.2.6.2. *Batterieaufbau*

Zur Erhöhung der Speicherkapazität werden mehrere Platten einer Polung parallel über eine Polbrücke zu einem Plattensatz verbunden (Bild 4.13.). Jeweils ein positiver Plattensatz mit n Elektroden und ein negativer mit $(n + 1)$ Elektroden werden ineinander geschachtelt und die Elektroden durch Separatoren getrennt in ein Zellengefäß je nach Verwendungszweck aus Glas (ortsfest) oder Hartgummi gesetzt. Der Überschuß von einer negativen Platte pro Plattensatz führt zu einer kapazitätsmäßigen Überdimensionierung der

Bild 4.13. Schnitt durch eine Starterbatterie

1 – Zellenverbinder; *2* – Pol; *3* – Elektrolyteinfüllöffnung; *4* – Deckel; *5* – Polbrücke; *6* – Schwappschutz; *7* – Blockkasten; *8* – negative Platte; *9* – positive Platte; *10* – Separator

negativen Elektroden, und zwar um 10···20%. Man erhält dadurch eine bessere Kaltstartleistung, da die negative Elektrode gegenüber der positiven Elektrode bei tiefen Temperaturen einen starken Leistungsabfall zeigt. Außerdem erreicht man dadurch, daß die Entladetiefe der Negativen relativ gering bleibt und damit ihre stärkere Sulfatierungsneigung zurückgedrängt wird.

Die Zellengefäße sind mit einem Deckel versehen, durch den die Pole geführt werden und der normalerweise die mit einem Verschlußstopfen versehenen Öffnungen zum Einfüllen des Elektrolyts und Nachfüllen von Wasser enthält. Unter diesen Öffnungen befindet sich oft ein Schwappschutz, der das Austreten von Säure behindern soll, oder ein Niveauindikator. Verschiedene Produzenten arbeiten mit einem PVC-Netz auf den Plattensätzen, um eine Zerstörung der Separatoren bei einer Säureprobenentnahme mit einer Pipette zu

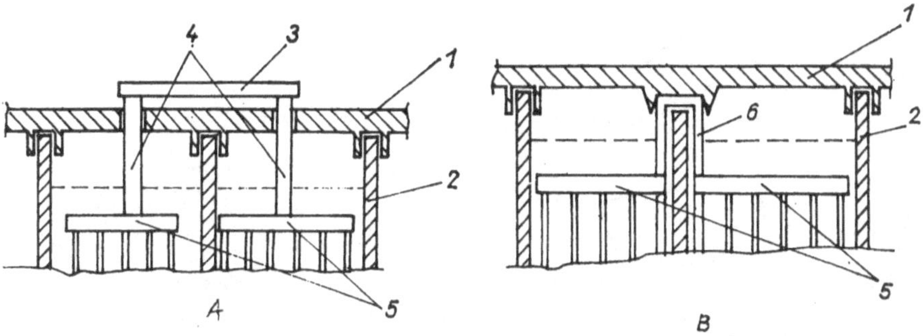

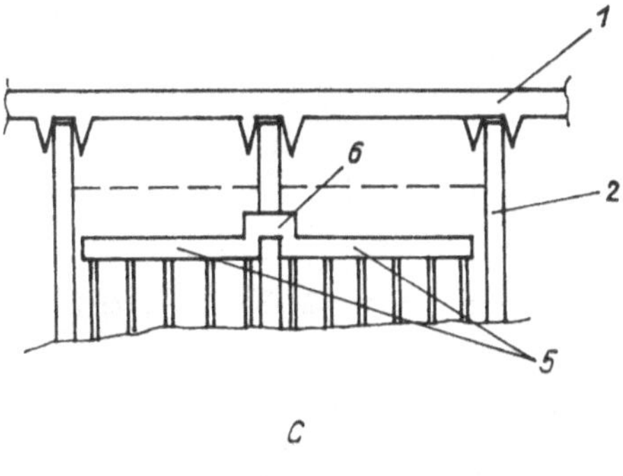

Bild 4.14. Schematische Darstellung von Zellenverbindern nach [512]

A – hochliegende Verbinder;
B – tiefliegende Verbinder;
C – Verbinder durch die Wand

1 – Deckel;
2 – Gefäßwand;
3 – Verbinderlamellen;
4 – Polstutzen;
5 – Polbrücke;
6 – Verbinder

verhindern. Bei einigen Typen, z. B. bei der Starterbatterie, wird der Deckel mit Bitumen oder anderen Materialien abgedichtet.

Mehrere dieser Zellen werden zur Erhöhung der Spannung in Reihe (gängige Batteriespannungen sind 6, 12, 24, 40, 80, 110 und 220 V) oder zur weiteren Erhöhung der Kapazität parallel geschaltet. Die Zellen werden dazu in Trögen aus Holz oder Stahl angeordnet.

Für Batterien, die in größerer Stückzahl produziert werden, z. B. Starterbatterien, wird ein Blockkasten, der aus mehreren Zellengefäßen besteht, und teilweise auch ein Monodeckel verwendet.

Die Zellen der Batterie werden durch Blei- (Starterbatterien), verbleite Kupfer- oder Messingverbinder, die an die Pole angeschweißt oder angeschraubt werden (Traktionsbatterien), zusammengeschaltet. Diese Verbinder können auch tiefliegend unter dem Deckel über die Zellenzwischenwand oder durch diese hindurch (Interzellverbinder) geführt werden (Bild 4.14.), um eine Bleieinsparung zu erreichen. Für herkömmliche und moderne Starterbatterien ergibt sich die in Bild 4.15. in Kreisdiagrammen dargestellte Masseverteilung.

Um die Masse der Batterie zu reduzieren, ist man zu Zellen- und Blockgefäßen aus Polypropylen oder Acrylnitril-Butadien-Styrol-Copolymeren (ABS) übergegangen. Das hat gleichzeitig den Vorteil, daß man bei diesen Materialen die Zellenverbinder besser durch die Zellenzwischenwand führen kann. Gleichzeitig wird die Schlagfestigkeit des Gehäuses erhöht.

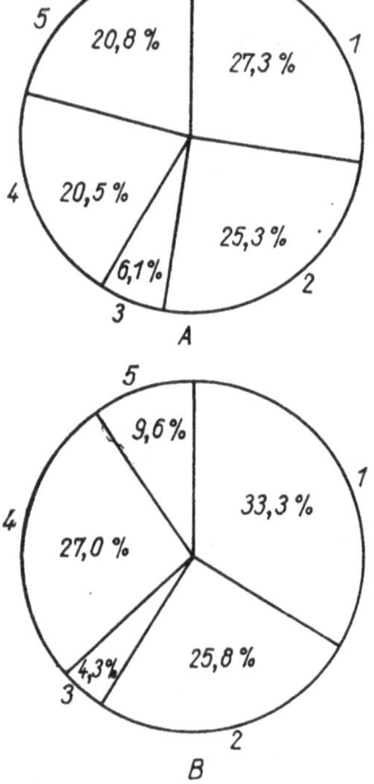

Bild 4.15. Masseverteilung von Bleistarterbatterien (42 Ah, 12 V)
A – konventionelle Batterie (Hartgummi);
B – moderne Batterie (Polypropylen)
1 – Aktivmasse; *2* – Gitter; *3* – Verbinderblei;
4 – Elektrolyt; *5* – Blockkasten, Deckel, Scheider

4.2.7. Herstellung des Bleiakkumulators [505a, 505b]

Man teilt die Herstellung des Akkumulators in drei Abschnitte ein:

— Masseträgerherstellung,
— Aktivmassen- und Plattenherstellung,
— Batteriekonfektionierung.

Die Herstellung wird relativ ausführlich für den Startakkumulator beschrieben. Besonderheiten, die sich für den Akkumulator mit Panzerplatten und Großoberflächenplatten ergeben, sind im Abschnitt 4.2.7.4. bzw. 4.2.7.5. zusammengefaßt. Die Unterschiede in der Herstellung der beiden wichtigsten Batteriearten (Gitter- und Panzerplattenakkumulator) sind besonders deutlich den technologischen Schemata (Bild 4.16.) zu entnehmen.

4.2.7.1. Gitterherstellung

In Gußautomaten, die mit thermostatierten Schmelzöfen und Formen hauptsächlich nach dem Fallgußprinzip arbeiten, werden Doppelgitter mit relativ hoher Geschwindigkeit (12···16 Doppelgitter/min) hergestellt. Die Temperatur der Schmelze liegt bei 420···500 °C und die der Form in Abhängigkeit von der Legierung bei 150···200 °C. Die Einhaltung dieser Temperaturen und eine nachfolgende gleichmäßige Abkühlung auf Raumtemperatur sind wichtig für die Ausbildung eines einheitlichen, feinen Gefüges, das Voraussetzung für eine gute Korrosionsbeständigkeit ist [506, 507]. Die Form wird aller 2···3 Stunden mit einem Trennmittel (in der Regel eine Korkmehlsuspension) ausgesprüht.

Mit der Tendenz des abnehmenden Antimongehalts der Legierungen geht auch eine abnehmende Warmrißbeständigkeit einher, die nur durch langsamere Gießfrequenz ausgeglichen werden kann.

Ein Faktor, der die Leistungsfähigkeit der Elektrode entscheidend mitbestimmt, ist der gute Kontakt zwischen Gitter und Aktivmasse. Ist dieser nicht gegeben, wird die Platte schlecht formiert. Verschiedentlich wurden deshalb auf der Gitteroberfläche z. B. durch thermische Behandlung poröse PbO-Schichten erzeugt [507a], die während der Formation in PbO_2 umgewandelt werden, das dann eine gute Bindung zwischen Aktivmasse und Gitter ermöglicht.

Das konventionelle Gußverfahren ist zwar in hohem Maße mechanisiert, läßt aber keine völlig kontinuierliche Arbeitsweise zu. Man versucht deshalb, neue Verfahren zu entwickeln. Am aussichtsreichsten sind das Stanzen von gewalztem Bleiblech, die Herstellung von Streckmetall, das Profilwalzen, wobei die entstehende Folie zwischen den Stegen herausgedrückt wird, und das Trommelgießen. Bei der letztgenannten Methode rotiert eine mit einem Gitterprofil versehene, innen gekühlte Trommel zur Hälfte in einem Bleibad. Tritt ein Teil der Trommel aus der Schmelze aus, erstarrt auf ihr ein kontinuierlich abnehmbares Gitterband.

Da bei allen diesen Herstellungsprozessen die Bleilegierungen jedoch hohen mechanischen Beanspruchungen ausgesetzt sind, wird die Chance einer breiten Einführung in die Produktion in dem Maße steigen, wie die mechanische Festigkeit der Legierungen zunimmt. Die Pb—Ca—Sn-Legierungen wären dafür geeignet, da sich außerdem keine großen metallurgischen und mechanischen Unterschiede zwischen den nach neuen und konventionellen Methoden hergestellten Gittern zeigen sollen.

4.2.7.2. Aktivmassenherstellung

Die Aktivmassenherstellung erfolgt in den Arbeitsstufen der Herstellung von Bleistaub, Trockenmischung, Feuchtmasse sowie Pastieren, Reifen, Trocknen und Formation.

Bleistaubherstellung:
Ziel dieses Verfahrensschrittes ist die Herstellung eines Bleistaubes mit etwa 60% PbO in einer Korngröße, die möglichst unter 40 μm liegen soll. Zu beachten ist auch das Verhältnis von orthorhombischem zu tetragonalem PbO, das Einfluß auf die Kinetik der Pastenbildung hat [508—511].

Die Herstellung erfolgt durch mechanische Zerkleinerung von Bleibarren (früher von speziell gegossenen Bleikugeln mit einem Durchmesser von 15 bis 20 mm) in Stahlmahltrommeln unter gleichzeitigem Einblasen von Luft bei

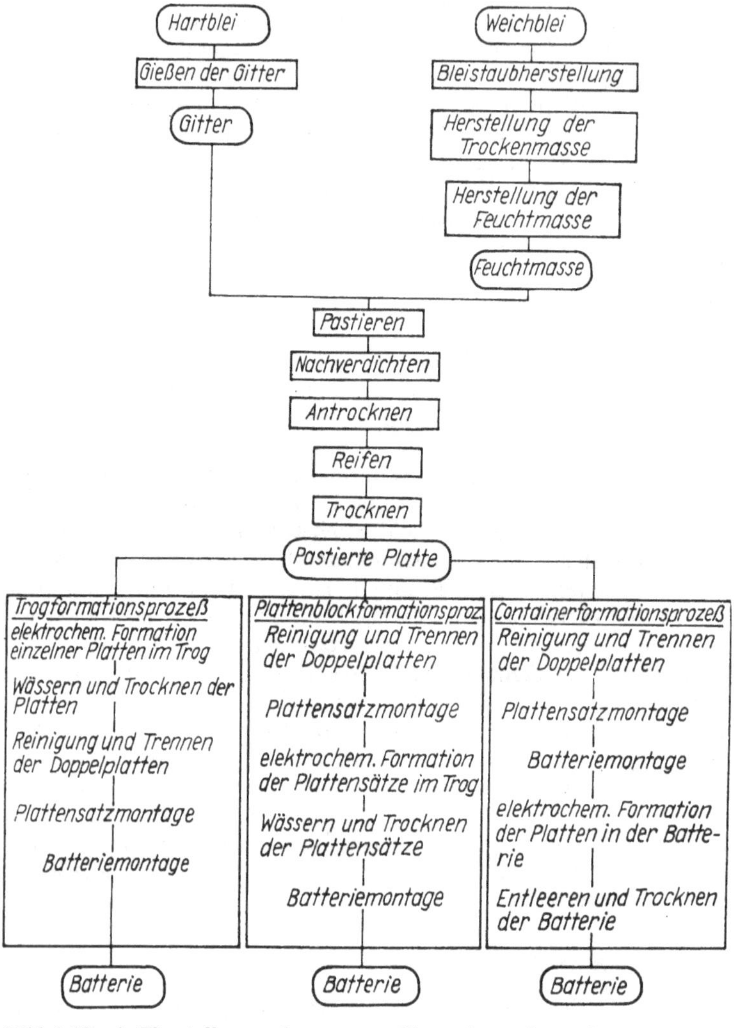

Bild 4.16. A. Herstellungsschema von Gitterplattenbatterien

Temperaturen von 120···170 °C. Entscheidend für die Qualität des Bleipulvers sind sowohl die Luftmenge, ihre Feuchtigkeit und Temperatur als auch die eingegebene Bleimenge, die Temperatur der Trommel, die u. a. durch Wasserkühlung reguliert wird, und deren Umdrehungsgeschwindigkeit.

Beim Barton-Kesselprozeß [318] werden die Barren aufgeschmolzen und Luft über eine in Bewegung gehaltene Bleischmelze (370···420 °C), geleitet. Dabei führt die Luft feine Bleitröpfchen mit und oxydiert sie partiell. Mit

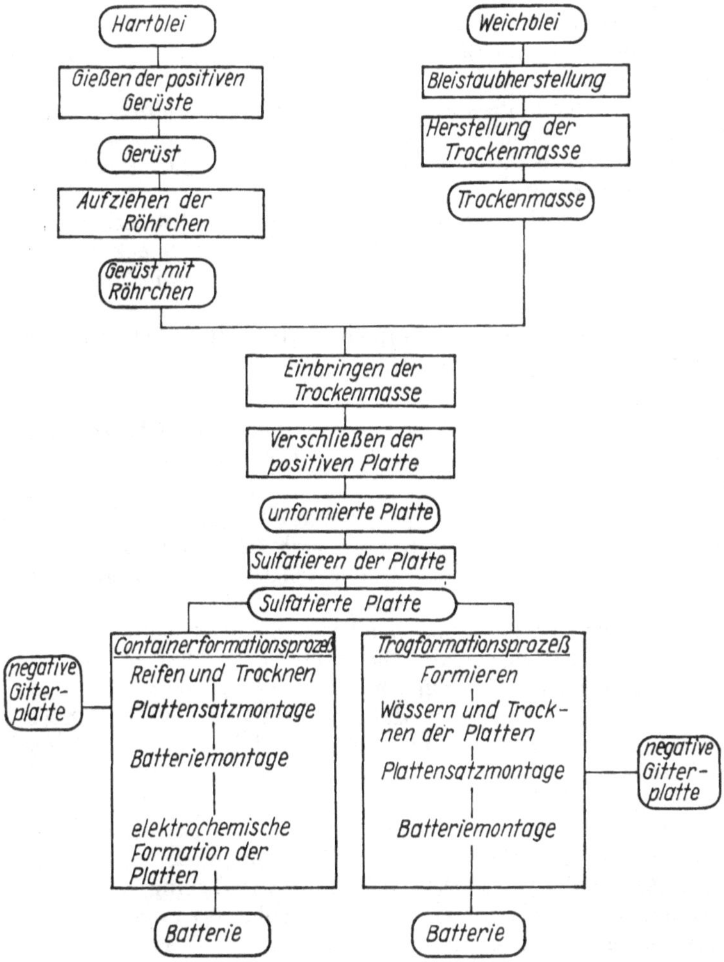

Bild 4.16. B. Herstellungsschema von Panzerplattenbatterien

dieser Methode werden bis zu 30% orthorhombisches PbO erhalten; in der Mühle dagegen nur etwa 5% [512].

Der aus den Trommeln oder dem BARTON-Kessel kommende Bleistaub muß nach der Größe klassiert werden. Bei älteren Verfahren wurde nur eine Siebung vorgenommen. Bei modernen Anlagen werden die vom Luftstrom mitgerissenen Teilchen in einem Klassierer (Windsichter) aufgetrennt. Die gröberen Teilchen werden hier wieder der Trommel und die feineren dem Zyklon zugeführt, in dem die Trennung der Luft vom Staub erfolgt. Der Staub wird entweder sofort verarbeitet oder in Eisenfässer mit dicht schließenden Deckeln abgefüllt.

Herstellung der Trockenmischung

Für die positive Masse werden im Bleistaub meist etwa 10% Mennige zur Erhöhung der Anfangskapazität zugesetzt. Teilweise geht man aber von diesem Mennigezusatz ab und gibt andere porositätserhöhende Zusatzstoffe mit einer Maximalkonzentration von einem Prozent dazu.

Der negativen Masse werden Spreizmittelmischungen (1%) zugesetzt.

Die Trockenmasse wird im Mischer gründlich durchmischt, um insbesondere die Spreizmittel gleichmäßig zu verteilen, wobei man diskontinuierlich arbeitende Trog- sowie Intensiv- und kontinuierlich arbeitende Schneckenmischer verwendet, die z. T. vollautomatisch arbeiten und elektronisch gesteuert werden.

Um die positiven und negativen Massen in ein Gitter einbringen zu können, müssen sie in Pastenform überführt werden.

Herstellung der Feuchtmasse

Die Paste erhält man durch Zugabe von Wasser und Schwefelsäure. Diese Zugabe beeinflußt sowohl die Verarbeitbarkeit der Paste als auch Struktur und Morphologie der daraus erhältlichen Aktivmasse. Vor allem von der Menge des zugegebenen Wassers ist die Konsistenz der Masse abhängig, die die weitere Verarbeitbarkeit entscheidend beeinflußt, aber auch Säuerung, Mischtemperatur (etwa 55 °C) und Abstehzeit, die bei der Positiven 24 h und bei der Negativen 30 h nicht überschreiten darf, haben einen Einfluß.

Die Zugabe von Wasser und Schwefelsäure bestimmt die Dichte der Masse, die bei etwa 4,1···4,4 g/cm^3 liegen soll. Die Pastendichte hat bedeutenden Einfluß auf die Struktur der positiven und negativen Aktivmasse.

Mit abnehmender Pastendichte steigt die Porosität und Speicherfähigkeit der Aktivmasse, aber gleichzeitig nimmt deren Festigkeit und damit auch ihre Lebensdauer ab. Deshalb stellt die Dichte einen wichtigen Parameter bei der Pastenherstellung dar [513].

Weiterhin beeinflußt der Schwefelsäurezusatz über die Umwandlung von PbO in verschiedene basische Bleisulfate die Morphologie der Aktivmasse. Die basischen Sulfate $3PbO \cdot PbSO_4 \cdot H_2O$ und $4PbO \cdot PbSO_4$ entstehen sowohl während der Mischung als auch bei der Reifung, wobei im allgemeinen am Schluß der Umwandlungsprozesse der Gehalt an tetrabasischem Bleisulfat überwiegt [373a, 508—510, 512, 514—519].

Durch die Reaktionswärme der PbO-Umsetzung mit H_2SO_4 steigt die Temperatur. Dadurch kann ein Teil des freien Bleis zu PbO umgewandelt werden, womit der PbO-Gehalt auf etwa 80% ansteigt. Die Umwandlung der Trocken- in die Feuchtmasse erfolgt in speziellen Knetmischern und modernen Intensivmischern, kann aber auch in dem Mischer vorgenommen werden, in dem die Trockenmasse hergestellt wurde.

Pastieren der Gitter

Die Feuchtmasse wird durch kontinuierlich laufende Pastiermaschinen (Bild 4.17.) in die Gitter einpastiert. Der Prozeß ist weitgehend mechanisiert; von einem Magazin werden die Doppelgitter auf ein Fließband oder andere Mitnehmereinrichtung gegeben und durch Walzen die feuchte Masse eingebracht und verdichtet. In einem etwa 4 m langen Tunneltrockenofen (170···200 °C) wird die Platte angetrocknet, wobei der Feuchtigkeitsgehalt auf etwa 5···10% sinken soll.

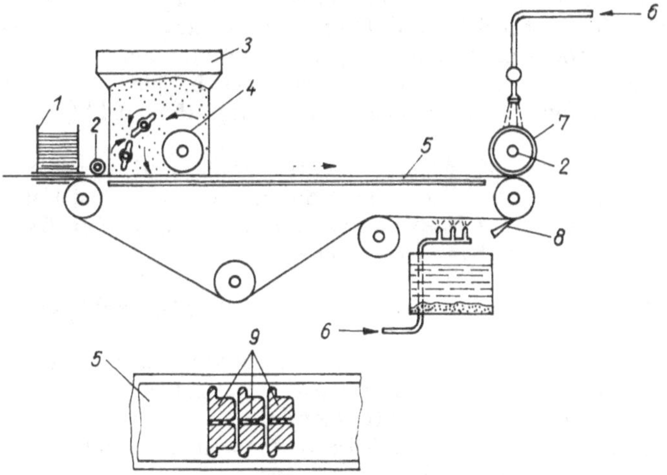

Bild 4.17. Schema einer Pastiermaschine für Gitterplatten

1 — Speicher für die Doppelgitter; 2 — Andrückwalze; 3 — Vorratsbehälter für die Paste; 4 — Pastierwalze; 5 — Förderband; 6 — Wasser; 7 — Mull; 8 — Messer zum Entfernen der Paste vom Förderband; 9 — pastierte Doppelgitter (von oben)

Reifung und Trocknung

Die Reifung hat zwei Funktionen; einerseits noch vorhandenes freies Blei in der Paste zu Bleioxid zu oxydieren und andererseits durch weitere Bildung von basischen Sulfaten [510] und von $PbCO_3$ mit dem CO_2 der Luft zu einer Festigung der Paste und damit der gesamten Elektrode zu kommen. Der Prozeß der Bleioxydation läuft am besten bei einem Feuchtigkeitsgehalt der Paste von 3···8% ab; deshalb wird bei hoher Luftfeuchtigkeit gearbeitet.

Die Reifung wird entweder als Blockreifung (aufeinandergestapelte Platten) oder in Gestellen (Plattenabstand etwa 1 mm) durchgeführt. Die Reifung nach der letztgenannten Methode verläuft zwar schneller und gleichmäßiger, ist aber auch arbeitsintensiver. Die Platten sollen vor der Formation einen Feuchtigkeitsgehalt $> 1\%$ haben. Der Trocknungsprozeß beginnt bereits während der Reifung durch die freiwerdende Reaktionswärme. Bei der Blockreifung ist diese Wärme meist schon ausreichend, bei der Gestellreifung jedoch nicht. Deshalb wird der Trocknungsprozeß durch Warmluft unterstützt.

Formationsprozeß

Im Laufe dieses Prozesses erfolgt die Formierung der eigentlichen Aktivmasse durch katodische Reduktion (Negative) bzw. anodische Oxydation (Positive).

Da PbO und die basischen Sulfate in Schwefelsäure nicht stabil sind, ist der elektrochemische Schritt immer von einem chemischen, dem Sulfatationsschritt, begleitet. Das macht die Betrachtung des Formationsprozesses ziemlich kompliziert.

Eine Vielzahl von Arbeiten beschäftigt sich mit dem Formationsprozeß der positiven [520—525] und negativen Elektrode [483, 526—529]. Bei der positiven Elektrode sollen im ersten Schritt PbO und die basischen Sulfate chemisch in $PbSO_4$ und elektrochemisch in α-PbO_2 und im zweiten Schritt $PbSO_4$ in β-PbO_2 umgewandelt werden [525]. Es wird aber auch berichtet, daß aus $4PbO \cdot PbSO_4$ auf Grund minimaler Volumenänderung (etwa 15%) β-PbO_2 entstehen soll [530].

Bei der negativen Elektrode soll im ersten Schritt $PbSO_4$ und im zweiten Pb gebildet werden. Dieser Prozeß sollte in einer dünnen Schicht, die sich mit zunehmender Zeit immer mehr ins Masseninnere verschiebt, verlaufen [529]. Die Formation ist von folgenden Parametern abhängig:

— Säurekonzentration und -volumen, die Einfluß auf die PbO_2-Modifikation haben,
— Formationsstromdichte, von der das Fortschreiten des Formationsprozesses in das Innere der Platte und damit das Potential abhängig ist,
— Pastendichte, die die Aktivmasseporosität beeinflußt,
— Sulfatationszeit (die Standzeit in Schwefelsäure vor dem Einschalten des Formationsstromes), die den $PbSO_4$-Gehalt erhöht,
— Temperatur, die die Kristallgröße beeinflußt,
— Gitterkonstruktion, da bei kleinen Gitterabständen und dicken Platten der elektrochemische gegenüber dem chemischen Teilschritt beschleunigt wird und somit der $PbSO_4$- und damit β-PbO_2-Gehalt sinken kann.

Zur Formation werden drei Wege beschritten:
— Trogformation: In einem speziellen Formationsbehälter (Trog) werden die getrockneten Platten, abwechselnd eine positive und negative Elektrode, angeordnet. Während die positive Platte in der Regel verschweißt wird, wird jede negative Platte mit ihrer Anschlußfahne auf eine Bleileiste gelegt. Moderne Verfahren arbeiten auch bei der positiven Platte mit einer lötlosen Kontaktierung.
— Plattenblockformation: Hierbei kommen komplette Plattensätze einschließlich Separatoren im Trog zur Formation.
— Formation im Blockkasten (Containerformation): Hierbei werden die Plattensätze nicht im Trog, sondern bereits im Zellgefäß, in dem sie komplett eingebaut sind, formiert. Dadurch fällt der zeitaufwendige Ein- und Ausbau der Elektrode im Formationstrog zwar fort. Die sich während der Formation stets ändernde Säuredichte und ansteigende Temperatur beeinflußt die elektrischen Parameter der Batterie negativ, weshalb dieses Verfahren bisher auch nur eine begrenzte Anwendung gefunden hat.

Besonders auch deshalb, weil man dazu übergegangen ist, die Batterien zwar geladen, aber ohne Elektrolyt an den Verbraucher zu liefern. Diese

„trocken vorgeladenen" oder auch „dry-charged" Batterien haben im Vergleich zu gefüllten Batterien den Vorteil, daß die Selbstentladung zurückgedrängt und beim Transport die Gefahr des Säureaustritts reduziert wird. Sie sollen selbst nach längerer Lagerung nach dem Einfüllen des Elektrolyten noch etwa 75% ihrer ursprünglichen Kapazität aufweisen. Der größte Teil der Schwefelsäure muß deshalb aus den Platten entfernt werden. Dies ist bei der Containerformation problematisch. Deshalb wird für diese Batterieart die Trogformation bevorzugt, und die Platten werden danach getrocknet. Hierbei gilt es vor allem, die Oxydation der negativen Platte zu verhindern, die bevorzugt bei Anwesenheit von Luftsauerstoff und Feuchtigkeit abläuft. Für die Trocknung gibt es verschiedene Verfahren [242b, 530a]:

- Trocknung unter Sauerstoffabschluß (z. B. CO_2)
- Trocknung mit überhitztem Dampf
- Vakuumtrocknung
- Trocknung durch azeotrope Destillation (z. B. Petroleum und Leichtbenzin)
- Trocknung nach Imprägnierung mit organischen Inhibitoren (z. B. Phenol und Kresol)
- Trocknung nach Imprägnierung mit anorganischen Inhibitoren (z. B. Borsäure)
- Trocknung nach Zugabe von Hydrophobierungsmitteln (z. B. Stearinsäure)

Die Trocknung der positiven Platte ist problemloser. Wenn man aber an Stelle der etwa eintägigen Trocknung in der Trockenkammer bei etwa 70···80°C die wesentlich schnellere Kontakttrocknung in Kassetten auf Karusselmaschinen bei ca. 130°C vornimmt, sinkt die Einsatzspannung der positiven Platte. Dieser Effekt wird Thermopassivation genannt und ist eine reine Widerstandspolarisation, die auf die Bildung widerstandserhöhender, halbleitender PbO_x-Schichten während des Trocknungsprozesses zurückzuführen ist [530b, 530c]. Durch längeres Stehen in Schwefelsäure wird die Thermopassivation wieder aufgehoben.

Beim sogenannten Power-Spin-Prozeß einer Variante der Containerformation ist es gelungen die Ladungserhaltung auch im „halbnassen" Zustand zu gewährleisten und damit den Trockenprozeß der Platten zu eliminieren. Nach der Containerformation werden die kompletten Batterien bei diesem Spezialprozeß in eine große Zentrifuge eingesetzt, in der mit einer Kraft von 15···25 g die Säure aus den Platten und den Separatoren herauszentrifugiert wird. Die in der Platte verbleibende Säuremenge soll etwa 10···15% betragen. Außerdem wird durch eine spezielle Formation eine besonders dichte PbO_2-Schutzschicht auf dem Gitter erzeugt, die eine Selbstentladung durch eine Reaktion zwischen Gitter und Aktivmasse verhindern soll. Gegenüber den konventionellen „trocken vorgeladenen" Batterien ist der Power-Spin-Prozeß ökonomischer und erlaubt eine elektrische Prüfung jeder Batterie vor der Auslieferung. Es wird auch eine bessere Ladungserhaltung angegeben [530d], die aber in der Praxis nicht immer erzielt wird.

4.2.7.3. *Batteriekonfektionierung*

Die Konfektionierung wird unterteilt in Plattensatzherstellung und Batteriemontage.

Die Herstellung der Plattensätze erfolgt automatisch durch Stapelmaschinen, die negative Platte, Scheider, positive Platte, Scheider usw. zusammenlegen. Anschließend werden die Platten durch eine Polbrücke, die maschinell angegossen oder manuell aufgeschweißt wird, miteinander verbunden.

Die Batteriemontage erfolgt bei den konventionellen Akkumulatoren in Fließfertigung, aber vorwiegend von Hand. Die Plattensätze werden in den Blockkasten gesteckt, die Zelldeckel aufgesetzt und mit Bitumen vergossen. Anschließend werden die Zellenverbinder aufgeschweißt. Die Montage der modernen Akkumulatoren mit Kunststoffgehäuse erfolgt weitgehend automatisiert. So werden die Plattensätze zwar teilweise noch von Hand eingesetzt, die Intercellverbinder aber automatisch mit Hilfe von Punktschweißen durch die Zwischenzellwände geführt und der Monodeckel durch Heizspiegelschweissung fest aufgebracht.

4.2.7.4. *Besonderheiten bei der Herstellung von Panzerplattenakkumulatoren*

Das technologische Schema der Herstellung dieser Akkumulatorart ist in Bild 4.16B dargestellt. Das Gerüst der Panzerplattenelektroden wird nicht nur im Fallguß, wie das bei Gitterplatten der Fall ist, sondern auch im Druckguß hergestellt. Dies ergibt ein nahezu porenfreies Gerüst, das Voraussetzung für eine gleichmäßige Korrosion und damit höhere Lebensdauer des Gitters ist. Allerdings ist die Produktivität der Druckgußmaschinen geringer als die der Fallgußmaschinen. Das läßt sich durch höheren Antimongehalt ausgleichen.

Auf dieses Gerüst werden dann die Röhrchen oder die Gewebetaschen geschoben. Anschließend wird eine Trockenmischung, die bis zu 25% Mennige enthalten kann, durch Rütteleinfüllmaschinen eingebracht und gleichzeitig verdichtet. Teilweise setzt man der Trockenmasse gemahlene Kieselsäure und/oder Ruß zu, um die Dichte zu variieren und eine bessere Rieselfähigkeit der Masse zu erzielen. Letzteres ist besonders wichtig, um eine gleichmäßige Dichteverteilung zu haben. Danach wird die Platte durch eine Fußleiste aus Kunststoff komplettiert. Die nächste Prozeßstufe ist die „Sulfatierung" oder auch Tauchen bzw. Säuern der Platte genannt. Man taucht die Elektrode in Schwefelsäure der Dichte 1,1···1,59 g/cm³. Dabei wandelt die Schwefelsäure das Bleioxid in Bleisulfat und die Mennige in Bleisulfat und β-Bleidioxid um, das dann im Formationsprozeß für eine gute elektronische Leitfähigkeit sorgt. In Abhängigkeit von der Massedichte, der Säuredichte und der Temperatur kann diese Reaktion bis zu 20 Stunden dauern. Röntgenographische Aufnahmen zeigen danach nur einen geringeren Anteil an basischen Bleisulfaten. Deshalb enthält dann die formierte Elektrode fast ausschließlich β-PbO_2. Durch die Umwandlung in Bleisulfat wird das Volumen vergrößert, und es kommt zum Quellen der Masse, was eine gute Masseträger-Kontaktierung bewirkt. Die gesäuerte Elektrode kann anschließend sofort formiert werden oder nach Trocknung mit negativen unformierten Gitterelektroden zu Akkumulatoren zusammengebaut werden. Diese Akkumulatoren werden dann in Form der Inbetriebsetzungsladung nach dem Auffüllen der Batteriesäure formiert (Containerformation). Diese Formation kann auch beim Anwender erfolgen.

Die trogformierten Elektroden werden analog den trogformierten Starterelektroden weiterverarbeitet. Das Einrütteln der Trockenmischung bei der Panzerplattenherstellung ist ein sehr unproduktiver Prozeß, der von starker Schmutzentwicklung begleitet ist. Es wurden deshalb als neuartige Verfahren vorgeschlagen, feuchte Masse in das Gitter zu pastieren und die Panzerung danach durch Verschweißen, Vernieten, Verkleben oder Vernähen von zwei Halbröhrchen anzubringen [531, 532]. In das Röhrchen kann aber auch feuchte Masse eingepreßt [533, 534] oder trockene Masse mit einer Wendel eingeführt [535] werden.

4.2.7.5. Besonderheiten bei der Herstellung von Großoberflächenplattenakkumulatoren

Die Herstellung von Großoberflächenplattenakkumulatoren ist durch einen sehr aufwendigen und langsamen, meist manuell durchgeführten Gießprozeß der positiven laminierten Platte aus Reinstblei (Weichblei) gekennzeichnet. Da sich auch die aus zwei Halbschalen zusammengesetzte negative Kastenplatte nur manuell mit einer Bleiglätte-Bleistaub-Paste füllen und vernieten läßt, ist der Gesamtprozeß sehr arbeitsintensiv. Man substituiert deshalb bei kleineren Typen die negative Kastenplatte häufig durch maschinell gefertigte Gitterplatten. Die Formation der positiven Großoberflächenplatte erfolgt im Trog, wobei als Gegenelektrode eine gleichartige Platte verwendet wird. Der Formationselektrolyt enthält $NaClO_4$, wodurch infolge geringfügig erhöhter Löslichkeit des Bleisalzes an der Elektrodenoberfläche und Unterstützung des Oxydationsvorganges eine schnellere PbO_2-Bildung auf der Bleielektrode erreicht wird. Durch gute Spülung muß abgesichert werden, daß kein Perchlorat in den Akkumulator verschleppt wird, weil das eine erhöhte Korrosion der positiven Elektrode und damit eine verkürzte Lebensdauer des Akkumulators zur Folge hätte. Um die Elektrodenoberflächen von produktionsbedingten Verunreinigungen (z. B. Talkum) zu befreien wird oft die Formation mit einer kurzzeitigen sogenannten Gegenformation (katodischer Strom) eingeleitet und erst danach die eigentliche Formation (anodischer Strom) durchgeführt. Teilweise wird zur Herausbildung einer günstigen Struktur diese formierte Elektrode anschließend noch einmal entladen.

Große Typen ortsfester Zellen werden meist in Glasgefäßen unmittelbar beim Anwender montiert.

4.2.8. Sondertypen des Bleiakkumulators

4.2.8.1. Abweichungen vom herkömmlichen Batterieaufbau und von der traditionellen Technologie

Wartungsarme und wartungsfreie Batterien

Während der Ladung, Überladung und Standzeit des Akkumulators kommt es zur Wasserzersetzung. Die Folgen davon sind Selbstentladung, Gasentwicklung, Erhöhung der Schwefelsäurekonzentration und Verringerung des Elektrolytvolumens. Durch Zugabe von destilliertem Wasser kann man die letzten beiden Erscheinungen korrigieren.

Die Gasentwicklung macht eine hermetische Bauweise der Batterie unmöglich. Das führt dazu, daß schwefelsaurer Elektrolyt austreten, die Batterie verschmutzen und Geräteteile korrosiv zerstören kann. Das macht aber eine Anwendung kleinerer Zellen und Batterien konventioneller Ausführung in tragbaren Geräten wie Radios, Recordern, Taschenlampen unmöglich. Außerdem ist für die konventionellen Batterien eine ständige Wartung und Pflege erforderlich.

Diese Nachteile kann man durch Einführung geschlossener oder halbgeschlossener Zellen, die wartungsfrei oder zumindest wartungsarm arbeiten, reduzieren [536, 537]. Für kleinere Zellen (bis zu 10 Ah) wird die geschlossene Bauweise bevorzugt [433]. Eine solche Ausführung für Starterakkumulatoren, die 3···4 Jahre wartungsfrei arbeiten sollen, scheint in bezug auf das Verhältnis von Aufwand und Nutzen zumindestens fragwürdig.

Durch folgende Maßnahmen strebt man wartungsarme bzw. wartungsfreie Batterien an: [538]

- Heraufsetzen der Wasserstoff- und Sauerstoffüberspannungen,
- Herabsetzen der Selbstentladung der Elektroden,
- Einsatz von Überdrucksicherheitsventilen [427, 539],
- Umsetzung der entstehenden Gase durch elektrochemische und chemische Reaktionen,
- Immobilisierung des Elektrolyten in hochporösen Separatoren oder Gelbildung mit SiO_2,
- Einsatz eines zentralen automatischen Wassernachfüllsystems und
- Anwendung spezieller Ladegeräte, die ein Überladen und damit eine Gasentwicklung vermeiden.

Die Überspannungen kann man durch den Einsatz der in Abschn. 4.2.2.6. angeführten antimonarmen bzw. antimonfreien Legierungen (Pb—Ca—Sn oder Pb—Sr) heraufsetzen.

Die bei antimonfreien Legierungen jedoch auftretende Abnahme der Massestabilität der positiven Platte versucht man durch Zugabe von Phosphorsäure zum Elektrolyten und anderen Methoden zu kompensieren. Allerdings kann das zu einer Kapazitätserniedrigung führen, die vor allem bei Schwachstromentladung sichtbar wird. Verwendet man antimonarme Legierungen, so kann durch Verwendung spezieller Separatoren [502, 540] und durch Umsetzung des an der negativen Platte abgeschiedenen Antimons zu SbH_3 mittels einer kurzzeitigen kräftigen Wasserstoffentwicklung bei etwa 2,4 V die Antimonvergiftung gering gehalten oder durch Zugabe von Inhibitoren ihre Wirkung annähernd kompensiert werden. Für Starterakkumulatoren scheint der Einsatz antimonarmer Legierungen (1,5···3,5%) bei Zugabe von Kornverfeinerungszusätzen die beste Variante für wartungsfreie bzw. wartungsarme Systeme zu sein [541], wobei die herkömmliche Gittergießtechnologie nicht wesentlich abgewandelt werden muß.

Zur Umsetzung des an der positiven Elektrode gebildeten Sauerstoffs kann man die an der negativen Elektrode mögliche Reaktion gemäß Gleichung

$$2Pb + O_2 + 2H_2SO_4 \rightarrow 2PbSO_4 + 2H_2O \qquad (4.25.)$$

bewußt heranziehen [542—545]. Um den Sauerstofftransport zur negativen Elektrode, der die Geschwindigkeit der Reaktion nach Gl. (4.25.) bestimmt und der durch die gewöhnlichen Separatoren behindert wird, zu beschleunigen, werden Spezialseparatoren eingesetzt oder die Schwefelsäure z. B. durch SiO_2 gelartig immobilisiert [429, 542, 546]. Die Immobilisierung stellt noch zusätzlich eine Auslaufsicherung dar. Ein optimaler Zellenaufbau, d. h. ein richtiges Verhältnis zwischen der Menge des Elektrolyten, der negativen und positiven Aktivmasse und der Separatormatrix trägt entscheidend zur Verbesserung der Wartungsarmut bei [544, 545].

Zur Reduktion des an der positiven Elektrode gebildeten Sauerstoffs können auch teilweise in den Elektrolyten tauchende Hilfselektroden benutzt werden, die den herkömmlichen Sauerstoffelektroden entsprechen (s. Abschn. 5.6.) und Silber- oder Phthalocyaninkatalysatoren [547—549] enthalten.

Der an der negativen Elektrode entwickelte Wasserstoff kann prinzipiell an der PbO_2-Elektrode oxydiert werden [544]. Da dies allerdings mit sehr geringer Geschwindigkeit erfolgt, werden auch hier teilweise in den Elektrolyten tauchende Hilfselektroden verwendet [548, 550, 551], die den herkömmlichen Wasserstoffelektroden entsprechen (s. Abschn. 5.6.).

Neben diesen elektrochemischen Verfahren ist auch eine rein chemische Rekombination von Sauerstoff und Wasserstoff im Gasraum über dem Elektrolyten möglich [552, 553]. Der meist edelmetallhaltige Katalysator (Pt, Pd—Ru) ist in speziellen Katalysatorstopfen enthalten, die in die Säureeinfüllöffnung des Akkumulators eingeschraubt werden können.

Gasentwicklung und Selbstentladung kann man durch Temperaturverminderung drastisch erniedrigen (Bild 4.18.), [554].

Bei wartungsfreien Kleinstzellentypen wird auch die Elektrodenherstellung variiert, indem bereits elektrochemisch erzeugte Aktivkomponenten (PbO_2) in das Gitter eingepreßt werden.

Bipolare Zellen

Zur Gewichts- und Volumenverringerung sind bipolare Zellentypen entwickelt worden. Hierbei entfallen die Zellenverbinder, und die Zellentrennwände werden durch bipolare Elektroden, die auf der einen Seite mit positiver und auf der anderen mit negativer Aktivmasse belegt sind, ersetzt. Die beiden Seiten werden durch einen elektrolytundurchlässigen elektronischen Leiter getrennt, der eine hohe mechanische Stabilität haben muß. Schwierigkeiten entstehen im allgemeinen bei der Fixierung des Aktivmaterials auf diesem Leiter. Bipolare Zellen haben bisher in die Praxis noch keinen Eingang gefunden [555, 555a].

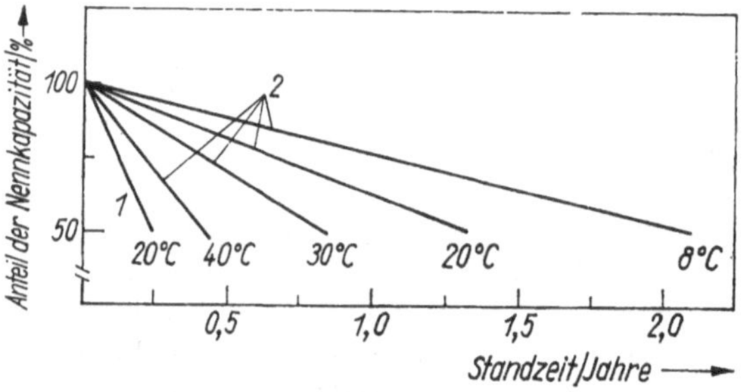

Bild 4.18. Selbstentladung von Bleiakkumuatoren bei verschiedenen Temperaturen
1 – Pb–Sb-Gitter; *2* – Pb–Ca-Gitter

Wasseraktivierte Batterien

Trocken vorgeladene Batterien werden im allgemeinen mit Schwefelsäure der erforderlichen Betriebsdichte aufgefüllt. Für militärische Zwecke jedoch ist immobilisierte Schwefelsäure oder Oleum schon im trockenvorgeladenen Akkumulator enthalten. Dieser muß dann bei Inbetriebsetzung nur mit der entsprechenden Menge Wasser aufgefüllt werden. Die Immobilisierung der Schwefelsäure kann durch mechanische Einkapselung, Adsorption an oberflächenreichem SiO_2, chemische Freisetzung von H_2SO_4 aus am Scheidermaterial gebundener Sulfonsäure und vor allem Gelbildung, z. B. mit Phosphor- und Borsäure, erfolgen [556–560].

Zylindrische Zellen

Zur Substitution von Primärzellen werden auch Pb-Akkumulatoren in z. T. konventionellen Größen gefertigt. Die positiven und negativen Elektroden dieser Rundzellen basieren auf einem Reinbleigitter. Sie werden durch einen speziellen Separator, der einen schnellen Gastransport erlaubt, getrennt und dann gewickelt. Diese Konstruktion schafft eine große Elektrodenoberfläche, die Voraussetzung für einen schnellen Gasverzehr ist. Die Gasrekombination erfolgt ausschließlich am Aktivmaterial und kann eine Überladung mit einem Strom $I = 0{,}33K_{20}$ (in A) ausgleichen. Eine R20-Zelle der Firma GATES hat eine 20stündige Kapazität von 2,7 Ah und eine einstündige von 1,8 Ah. Die Zyklenlebensdauer solcher Zellen wird mit 200···2000 Zyklen und die Lagerfähigkeit bei 23 °C zu 1200 Tagen angegeben.

Von der Firma BELL wurde eine größere zylindrische Batterie für ortsfeste Anwendung entwickelt. Die Elektroden sind pastierte kreisrunde Platten, die durch einen Separator getrennt in einem Glasfibergefäß gestapelt werden. Die Stromzuführung erfolgt bei den Positiven über die Peripherie und den Negativen über das Zentrum. Die Gitter bestehen aus reinem Blei und die positive Paste wird aus tetrabasischem Bleisulfat und Wasser hergestellt. Die Lebensdauer soll besser sein als die konventioneller ortsfester Akkumulatoren.

4.2.8.2. Abweichungen vom charakteristischen elektrochemischen Reaktionsablauf

Substitution des Schwefelsäureelektrolyten

Wegen der Passivierung der Elektroden durch $PbSO_4$ ist keine vollständige Aktivmassenausnutzung möglich. Geht man jedoch dazu über, in $HClO_4$, HBF_4 oder H_2SiF_6 zu arbeiten, ist das Reaktionsprodukt löslich und die Massenausnutzung fast vollständig, insbesondere wenn der Elektrolyt umgewälzt wird. Auf dieser Basis sind Primärzellen [302, 561] konstruiert worden, die jedoch ohne größere Bedeutung geblieben sind.

Interessant ist auch der Versuch, auf dieser Grundlage eine Sekundärzelle zu betreiben (Lösungsakkumulator) [306, 562—564]. Die Zellenreaktion für diesen Lösungsakkumulator verläuft z. B. im HBF_4-Elektrolyten nach der Gleichung

$$Pb + PbO_2 + 4\,HBF_4 \underset{\text{Laden}}{\overset{\text{Entladen}}{\rightleftharpoons}} 2\,Pb(BF_4)_2 + 2\,H_2O. \qquad (4.26.)$$

Unter Verwendung dieses Elektrolyten wurden 300 Zyklen und etwa 40 Wh/kg bei 2-h-Entladung erhalten. Zur Zeit bestehen in der Entwicklung des Lösungsakkumulators folgende Probleme, die ausschließlich mit der positiven Elektrode zusammenhängen:

— anodische Oxydation der Basiselektrode (graphitgefülltes Polypropylen) zu Beginn der Ladung,
— Sauerstoffentwicklung am Ende der Ladung,
— Passivierung bei höheren Stromdichten am Ende der Ladung,
— Ablösung von PbO_2-Partikeln.

Alle diese Effekte führen zur Akkumulation von Blei auf der negativen Elektrode. Durch einfache Regenerierungsmaßnahmen kann eine vollständige Egalisierung des Systems erreicht werden.

Bei weiterer Lebensdauererhöhung kann der Lösungsakkumulator ein echter Konkurrent der Panzerplattenbatterie werden.

Substitution der negativen Elektrode

Die Bleielektrode kann durch eine Cadmium-, Kupfer- oder Eisenelektrode substituiert werden.

Die Cadmium- und Kupfer-Bleidioxid-Zellen arbeiten im schwefelsauren Elektrolyten. Ihre Zellreaktionen werden durch folgende Gleichungen beschrieben:

$$Cd + PbO_2 + 2\,H_2SO_4 \underset{\text{Laden}}{\overset{\text{Entladen}}{\rightleftharpoons}} CdSO_4 + PbSO_4 + 2\,H_2O \qquad \langle U_0 = 2{,}16\ V\rangle \qquad (4.27a.)$$

$$Cu + PbO_2 + 2\,H_2SO_4 \underset{\text{Laden}}{\overset{\text{Entladen}}{\rightleftharpoons}} CuSO_4 + PbSO_4 + 2\,H_2O \qquad \langle U_0 = 1{,}325\ V\rangle. \qquad (4.27b.)$$

Probleme treten vor allem mit den Metallelektroden auf. Die Cadmiumlösungselektrode bildet leicht Dentriten und neigt in Schwefelsäure zur Korrosion [565]. Die Kupferlösungselektrode zeigt während der Zyklisierung birnenförmige Deformationserscheinungen [565a]. Es bestehen deshalb für beide Systeme wenig Chancen einer praktischen Realisierung im größeren Rahmen. Für die $Cu-PbO_2$-Zelle auch auf Grund der niedrigen Zellenspannung und des relativ hohen Kupferpreises.

Die Eisen-Bleidioxid-Zelle arbeitet im alkalischen Elektrolyten. Die Gleichung der Zellenreaktion lautet

$$5\,Fe + 5\,PbO_2 + K_2SO_4 + 7\,H_2O \underset{\text{Laden}}{\overset{\text{Entladen}}{\rightleftharpoons}} 5\,Fe(OH)_2 + 4\,PbO \cdot PbSO_4 \times H_2O + 2\,KOH. \qquad (4.28.)$$

Dieser Akkumulator befindet sich noch im Entwicklungsstadium [566].

Substitution der positiven Elektrode

Die Bleidioxidelektrode kann im alkalischen Elektrolyten durch eine Silberoxidelektrode substituiert werden. Die Zellenreaktion in der Blei-Silber-Zelle verläuft nach der Gleichung

$$Pb + Ag_2O \underset{\text{Laden}}{\overset{\text{Entladen}}{\rightleftharpoons}} PbO + 2\,Ag \qquad \langle U_0 = 0{,}92\ V\rangle. \qquad (4.29.)$$

Vereinzelt werden diese Akkumulatoren als Knopfzellen verwendet, die sich durch eine hohe Selbstentladebeständigkeit auszeichnen [567].

Für den Spitzenlastausgleich wurde das System Pb/MnO_2 in Erwägung gezogen, da die Braunsteinelektrode im sauren Medium relativ gut ladbar ist [1319a].

4.2.9. Elektrische Charakteristik von Bleiakkumulatoren

Zu den wichtigsten Parametern, die Akkumulatoren charakterisieren, zählen (s. auch Abschn. 2.5.)

— Amperestundenkapazität
— spezifische Energie und Leistung

— Lebensdauer
— Selbstentladung
— Ladefähigkeit

Amperestundenkapazität

Die theoretische spezifische Kapazität der Aktivkomponenten (PbO_2, Pb, H_2SO_4) mit Hilfe des FARADAYschen Gesetzes entsprechend Gl. 4.1. berechnet, beträgt 83,5 Ah/kg. Die Aktivmassen Pb und PbO_2 können auf Grund des passivierend wirkenden Reaktionsprodukts $PbSO_4$ nicht vollständig, also nur bis zu einer effektiven Kapazität entladen werden.

Diese effektive Kapazität wird von den verschiedensten Faktoren bestimmt:

— Stromdichte
— Temperatur
— Säurekonzentration
— Plattendicke
— Struktur der Reaktionspartner
(Kristallmorphologie, chemische Zusammensetzung)
— Porenstruktur
(Porosität, Porenverteilung, BET-Oberfläche, Primärkristallitgröße, Labyrintfaktor)
— Elektrische Eigenschaften (Leitfähigkeit)

Mit fallender Entladestromstärke kommt es zu einer gleichmäßigeren Ausnutzung der Aktivmassen (s. Abschn. 4.2.2.5.) und damit zu einem Ansteigen der Kapazität sowohl der positiven als auch der negativen Elektrode (Bild 4.19.). Auf Grund der gleichmäßigeren Ausnutzung der Aktivmasse steigt die spezifische Kapazität mit fallender Plattendicke, insbesondere bei hohen Entladestromstärken, mit steigender Temperatur (Bild 4.19.), wobei man mit einer Zunahme von 1%/K rechnen kann und mit steigender Säuredichte.

Wie bereits in Abschn. 4.2.2.3. vermerkt, weist β-PbO_2 gegenüber α-PbO_2 eine höhere spezifische Kapazität auf. Die gröbere Kristallstruktur von α-PbO_2 führt aber zu fester verwachsener Masse und ist damit lebensdauerfördernder. Unabhängig vom Ausgangsverhältnis beider Modifikationen stellt sich etwa nach dem 100. Zyklus ein konstantes α/β-PbO_2-Masseverhältnis von etwa 1:9 [332] ein, da sich $PbSO_4$ nicht wieder in α-PbO_2 zurückverwandeln läßt.

Die während der Entladung durch die Bleisulfatbildung eintretende Volumenverringerung führt zu einer Porositätsreduzierung bei der positiven Elektrode von etwa 55% auf etwa 30%. Am Ende der Entladung wird die Porenstruktur nur durch das $PbSO_4$ bestimmt, so daß die Porenvolumenverteilung entladener α- und β-PbO_2-reicher Elektroden fast gleich ist [332].

Die Porenstruktur beeinflußt auch stark die ionische Leitfähigkeit der Elektroden [365—367]. Sie fällt bei der Entladung von etwa $0{,}80 \cdots 1{,}25 \cdot 10^{-1}$ S $\times cm^{-1}$ in Abhängigkeit von der Entladetemperatur und -stromstärke auf $0{,}4 \cdots 0{,}5 \cdot 10^{-1}$ S cm^{-1}.

Durch Zusätze, wie Carboxymethylcellulose (*CMC*), Ruß, Silikagel usw. kann die Porenstruktur günstig beeinflußt werden, was sich in einer vergrößerten Oberfläche, insbesondere beim *CMC* und einer verbesserten ionischen Leitfähigkeit zeigt.

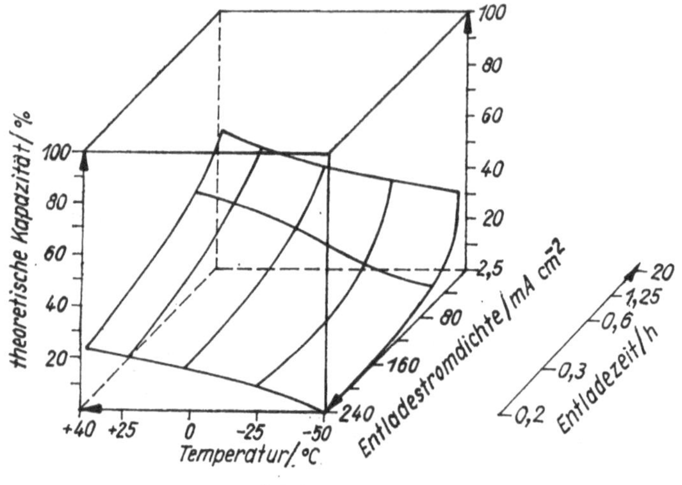

A

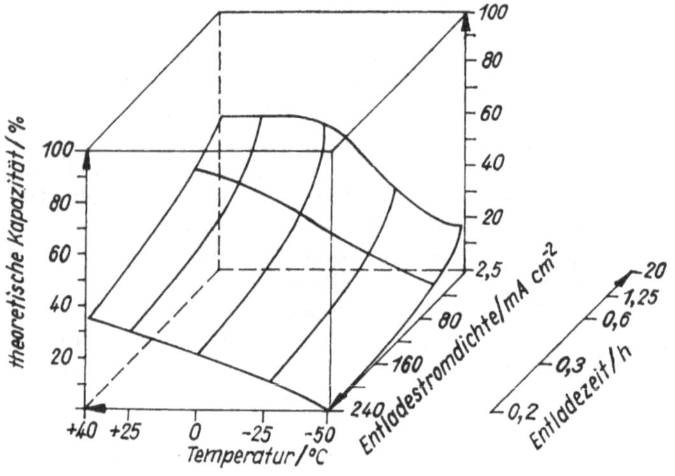

B

Bild 4.19. Relative Amperestundenkapazität als Funktion der Stromdichte (Entladezeit) und Entladetemperatur [567 a]

A – positive Platte; *B* – negative Platte

Die gute elektronische Leitfähigkeit der Aktivmaterialien (kompaktes PbO_2 10^4 S cm^{-1}; kompaktes Pb $5 \cdot 10^4$ S · cm^{-1}) wird durch Umwandlung in das isolierende $PbSO_4$ (kompaktes $PbSO_4$ 10^{-8} S · cm^{-1}) stark reduziert, wodurch es zu einem hohen Spannungsabfall kommt. Außerdem wird das Verhältnis von ionischer zu elektronischer Leitfähigkeit größer und damit die Aktivmassenausnutzung ungleichmäßiger.

Die Aktivmassen zeigen einen unterschiedlichen Ausnutzungsgrad. Für Startakkumulatoren liegt er bei 20stündiger Entladung bei Raumtemperatur für die positive Elektrode bei etwa 55% und für die negative Elektrode bei etwa 60%. Für ortsfeste Akkumulatoren beträgt er für die Positive etwa 40% und die Negative 45%. Auch wird die Schwefelsäure nicht vollständig ausgenutzt, da man aus Leitfähigkeitsgründen am Entladungsende kaum eine Konzentration von 9% (1,06 g/cm^3) unterschreiten kann. Hinzu kommt, daß man, bedingt durch Leitfähigkeit und Korrosion (siehe Abschn. 4.2.5.) mit verdünntem Elektrolyten arbeiten muß.

Da die Kapazität der Zelle durch die Aktivkomponente mit der niedrigsten Kapazität bestimmt wird, kann man durch Überdimensionierung einer Aktivkomponente bestimmte systembedingte Nachteile ausgleichen. Zum Beispiel wird oft beim Startakkumulator, einem System für Hochstromentladung, die negative Masse bis etwa 25% gegenüber der positiven überdimensioniert, um der Anfälligkeit der Negativen gegen Hochstrom-Tieftemperatur-Entladung zu begegnen. Für Traktionsbatterien, bei denen der Entladestrom niedriger liegt, wird z. T. die positive Masse überdimensioniert, um deren etwas niedrigeren Ausnutzungskoeffizienten zu berücksichtigen. Durch Überdimensionierung sowohl von positiver als auch negativer Masse gegenüber der Schwefelsäure bei hermetisch geschlossenen, zylindrischen Kleinstakkus kann eine Gasentwicklung durch Elektrolytzersetzung infolge Überentladung von in Reihe geschalteten Zellen vermieden werden, da dann der Gesamtwiderstand der Reihenschaltung wegen der Widerstandserhöhung des Elektrolyten stark zunimmt.

Durch nicht vollständige Aktivmasseausnutzung, Überdimensionierung und Verwendung von verdünnter Schwefelsäure würde sich bereits die Kapazität der Aktivkomponenten auf ca. 35 Ah/kg beim Startakkumulator, auf ca. 30 Ah/kg beim ortsfesten Akkumulator und auf etwas unter 30 Ah/kg bei der Traktionsbatterie vermindern. Durch die inaktiven Komponenten (Masseträger Verbinder, Pole, Separatoren mit Behälter) kommt es zu einer weiteren Reduzierung der spezifischen Kapazität, obwohl gerade auf dem Gebiet der Masseeinsparung bei Masseträgern und Bauteilen in letzter Zeit ein merkbarer Fortschritt erzielt wurde (s. Abschn. 4.2.6.2.). Die praktische spezifische Kapazität beträgt nunmehr noch etwa 16···20 Ah/kg für Startakkumulatoren, 14···18 Ah/kg für Traktionsbatterien und für ortsfeste Großoberflächenplattenakkumulatoren 5···7 Ah/kg.

Spezifische Energie

Die praktische spezifische Energie erhält man durch Multiplikation der praktischen spezifischen Kapazität mit einer durch Integration über die gesamte Entladezeit erhaltenen mittleren Entladespannung, die natürlich wiederum von der Entladestromstärke, -temperatur und der Säurekonzentration abhängt.

Der Verlauf der Entladespannung für eine normale Pb-Starterzelle ist in Bild 4.20. dargestellt.

Den Spannungsabfall gegenüber der Ruhezellspannung kann man nach $\Delta U = R_i^* \cdot I$ berechnen, wobei R_i^* der gesamte innere Widerstand, also die Summe aus Ohmschem Widerstand und Polarisationswiderstand ist und nach

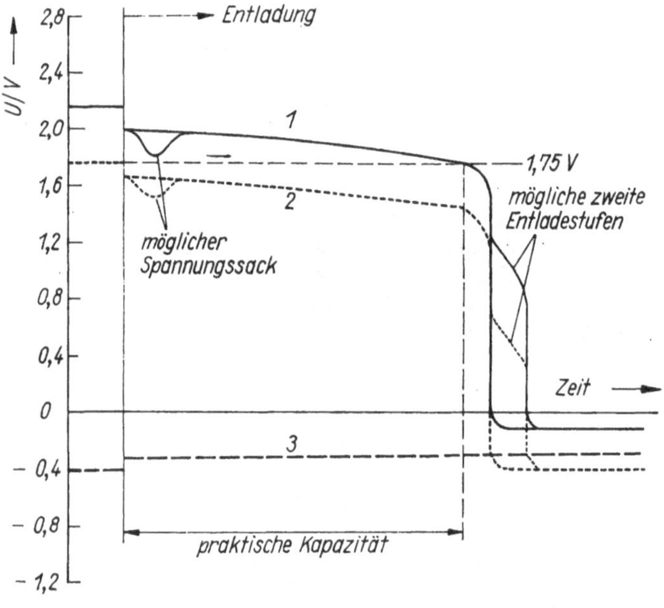

Bild 4.20. Konstantstrom-Entladekurve eines Bleiakkumulators

1 – Zellenspannung; *2* – Elektrodenpotential der positiven Elektrode; *3* – Elektrodenpotential der negativen Elektrode

$R_i = k_r/K$ bei Zellen, die bis etwa 10% entladen wurden, abgeschätzt werden kann, wobei K die Kapazität der Zelle in Ah ist und k_r ein Widerstandsfaktor ist, der in Abhängigkeit vom Zelltyp folgende Werte annehmen kann [567b]:

Startakkumulatoren		ca. 0,1 Vh (27 °C)
Ortsfeste Zellen	Gro-Platte	0,19···0,33 Vh (20 °C)
	Pz-Platten	0,23···0,58 Vh (20 °C)
Traktionsbatterien	Gi-Platten	0,14···0,17 Vh (30 °C)
	Pz-Platten	0,14···0,38 Vh (30 °C)

Zum Beispiel beträgt der Spannungsabfall für eine 120 Ah (K_5) Traktionsbatterie mit Panzerplatten beim Strom $I_5 = 24$ A ca. 50 mV, aber bei $I_1 = 120$ A bereits ca. 260 mV, d. h. die Einsatzspannungen betragen bei einer

Ruhespannung von 2,2 V dann 2,15 V bzw. 1,94 V. Zum weiteren Spannungsabfall kommt es durch die Erhöhung sowohl des elektronischen als auch ionischen Widerstands. Durch die völlige Umsetzung des elektrochemisch aktiven PbO_2 kommt es dann plötzlich zum Zusammenbruch des Potentials der positiven Elektrode und damit der Zellspannung, wobei auf Grund der Überdimensionierung und des besseren Ausnutzungsgrades der negativen Platte, deren Arbeitspotential noch aufrechterhalten wird (Bild 4.20.).

Teilweise zeigt sich bei Entladungen mit geringen Strömen bei etwa $U_H = 0{,}3$ V eine zweite, relativ schwer reproduzierbare Entladestufe, die auf eine Umwandlung von PbO_2 in PbO zurückzuführen sein soll [567c].

Man erreicht, wenn man für den durchschnittlichen Spannungswert in erster Näherung 1,9 V zu Grunde legt, eine spezifische Energie von 30···38 Wh/kg für Startakkumulatoren, von 26···34 Wh/kg für Traktionsbatterien und etwa 10···14 Wh/kg für ortsfeste Großoberflächenplattenakkumulatoren.

Spezialentwicklungen als Antriebsbatterien für Elektroautos weisen spezifische Energien von 50···60 Wh/kg auf [567d].

Spezifische Leistung

Die spezifische Leistung der Bleiakkumulatoren wird mit steigender spezifischer Energie kleiner, wie Bild 6.1. zeigt. Für Akkumulatoren mit Panzerplatten ist sie auf Grund des höheren Diffusionswiderstandes geringer als für Gitterplatten. Sie liegt für Panzerplattenakkumulatoren zwischen 10 und 40 W/kg und für Gitterplattenakkumulatoren zwischen 30 und 90 W/kg, bezogen auf eine spezifische Energie von etwa 20 Wh/kg. Speziell auf hohe Leistung optimierte Akkumulatoren sollen Werte von über 500 W/kg(!) [567d] erreichen.

Lebensdauer

Für Startakkumulatoren und ortsfeste Batterien im Pufferbetrieb wäre es für die Praxis sinnvoll, die Lebensdauer (auch Betriebszeit genannt) in Jahren und für Traktionsbatterien in Zyklen anzugeben. Da sich aber alle Prüfregime auf Zyklen aufbauen, ist allgemein die erreichte Zyklenzahl das entscheidende Kriterium.

Alle Lebensdauerzahlen sind jedoch sehr kritisch zu werten, da sie stark von den Arbeitsbedingungen des Akkumulators abhängen und die Ausfälle zufällig und auch funktionell sein können, was sich in einem plötzlichen oder langsamen Kapazitätsverlust äußert.

Umfangreiche, 1970 durchgeführte Untersuchungen über Ausfallursachen an Startakkumulatoren im Praxisbetrieb zeigten folgendes Ergebnis [567e]:

– Korrosion des positiven Gitters	31%
– Korrosion des positiven Gitters und Veränderungen der negativen Aktivmasse	25%
– mangelhafte Ladung	14%
– Veränderung der negativen Aktivmasse	6%
– Ausfall des Separators	5%
– Abschlammung der positiven Aktivmasse	4%

— mechanische Defekte, gebrochene Behälter, mangelhafte Säuredichte, korrodierte Pole, Zellzwischenwanddefekte usw. ~ 15%

Allgemein kann man sagen, einen positiven Einfluß auf die Lebensdauer haben folgende Betriebsbedingungen [567f]: hohe Temperatur, niedrige Säuredichte, kleiner Ladefaktor, geringe Entladetiefe.

So tritt z. B. im Temperaturbereich von 10···35 °C eine Zyklenerhöhung von 5···6 Zyklen/°C und im Intervall 35···45 °C eine von 25 Zyklen/°C auf. Über 45 °C kommt es jedoch auf Grund des dann verstärkt auftretenden Kapazitätsverlustes der negativen Platte zu einer Reduzierung der Lebensdauer.

Den funktionellen Kapazitätsverlust kann man auf folgende Ursachen zurückführen:

— Masseträgerkorrosion
— Vergiftung, Sulfatierung und Schrumpfung der negativen Masse
— Masseabschlammung der positiven Platte
— Verlust der elektrochemischen Aktivität der positiven Masse

Welcher der Faktoren überwiegt, kann allgemein nicht gesagt werden, da dies, wie bereits erwähnt, von den Betriebsbedingungen der Batterie abhängt.

Eigene Erfahrungen, die sich nicht immer mit den o. g. Ausfallursachen quantitativ decken, zeigen, daß bei Startakkumulatoren mit Gittern, die einen Antimongehalt $\geqq 5\%$ aufweisen, die Korrosion eine Hauptausfallursache darstellt. Durch die Einführung der niedrigantimonhaltigen bzw. antimonfreien Legierungen und durch die teilweise praktizierte Zugabe von Co-Salzen konnte aber auch hier ein Fortschritt erzielt werden. Bei Panzerplattenakkumulatoren ist die Masseträgerkorrosion auf Grund der hohen Zahl von erreichbaren Zyklen, auch wenn die Überladung ziemlich gering bleibt, nach wie vor entscheidend.

Parallel mit der Korrosion geht die Vergiftung der negativen Aktivmasse und stellt damit ebenfalls eine Hauptausfallursache dar (s. Abschn. 4.2.3.). Diese Vergiftung kann dazu führen, daß auf Grund der damit verbundenen Abnahme des Ladefaktors die negative Elektrode nicht mehr vollgeladen wird bzw. längere Ladezeiten erforderlich werden. Letzteres ist gleichbedeutend mit einer verstärkten Überladung der positiven Elektrode, damit einer stärkeren Korrosion und als Folge davon einer weiteren Zunahme der Antimonvergiftung.

Weiterhin kann die Vergiftung der negativen Platte zu einer so schnellen Selbstentladung führen, daß bereits nach relativ kurzer Zeit die Batterie wieder einen Großteil der Kapazität verloren hat. Das ist insbesondere beim Startakkumulator, der keiner kontinuierlichen Nutzung unterworfen ist, zu beobachten.

Die Sulfatierung und das Schrumpfen der negativen Masse kann bei Verwendung optimaler Expander (s. Abschn. 4.2.3.) und bei einem vorschriftsmäßigen Betrieb der Batterie (s. Abschn. 4.2.10.) weitgehend zurückgedrängt werden.

Das Abschlammen der Aktivmasse erfolgt in zwei Etappen; zuerst schlammen kleinere Kristalle (1···2 µm) und etwa vom 50. Zyklus Kristallverbände

(15···20 µm) ab [567g]. Wenn auch das Abschlammen nicht zu den Hauptausfallursachen gezählt werden kann, trägt sie kontinuierlich zur Kapazitätserniedrigung bei und kann Ursache eines Kurzschlusses werden. Bisher ist es noch nicht gelungen, sie auf Basis des ihr zugrundeliegenden Mechanismus zurückzudrängen. Nur durch Spezialseparatoren konnte dieser Prozeß, der vor allem während der Überladephase auftritt, eingeschränkt werden.

Bei Panzerplattenbatterien spielt die Abschlammung praktisch keine Rolle.

Obwohl rein visuell die positive Platte noch in Ordnung ist (geringe Abschlammung, geringe Korrosion) und auch die Strukturparameter (Porenradienverteilung, BET) keine Abnormitäten aufweisen, kann es zu einer Kapazitätsreduzierung kommen. Dafür werden zwei Ursachen diskutiert. Einmal soll es auf die Veränderung der Primärstruktur des PbO_2 zurückzuführen sein. Es konnte nämlich gezeigt werden, daß der Verringerung der elektrochemischen Aktivität ein Ausbau einer bestimmten, nur durch NMR-Relaxationszeitmessungen nachweisbaren Wasserstoffkonfiguration aus der PbO_2-Masse parallel geht [567h]. Zum anderen kann der Kapazitätsverlust auf eine starke Erhöhung des Übergangswiderstandes Gitter/Aktivmasse auf Grund schlechter Massehaftung oder Ausbildung dichter $PbSO_4$-Schichten zurückzuführen sein. Das wird vor allem bei antimonarmen bzw. antimonfreien Bleilegierungen beobachtet (s. Abschn. 4.2.2.6.).

Selbstentladung

Eine Selbstentladung kann sowohl bei der Ladung, Entladung oder auch während der Standzeit auftreten, wobei zur Selbstentladung folgende Reaktionen beitragen:

- Umsetzung von PbO_2 mit dem Elektrolyten (Gl. 4.14.)
- Umsetzung von Pb mit dem Elektrolyten (Gl. 4.23.)
- Umsetzung von Pb mit dem an der positiven Elektrode gebildetem Sauerstoff (Gl. 4.25.) und dem Luftsauerstoff
- Umsetzung von Pb und PbO_2 mit Elektrolytverunreinigungen (z. B. Redoxpaar Fe^{2+}/Fe^{3+}, Gl. 4.16.)
- Umsetzung von PbO_2 mit Gittermaterial
- Umsetzung von PbO_2 mit oxydierbarem Separatormaterial

Die Selbstentladung wird hauptsächlich durch die beiden ersten Reaktionen bestimmt, die durch eine Reihe von Faktoren, wie Temperatur, Säuredichte und Zusatzstoffe beeinflußt wird (s. dazu Abschn. 4.3.3.4. und 4.2.3.).

Den Einfluß von Temperatur und Antimonvergiftung auf die Selbstentladung zeigt Bild 4.18.

Als Selbstentladung wird jedoch nur der Kapazitätsverlust während der Ruhephase bezeichnet. Zur formellen Beschreibung der Selbstentladung wird ein Selbstentladekoeffizient c eingeführt $c \approx \frac{1}{K_0} \frac{\Delta K}{\Delta t}$, wobei K_0 die Anfangskapazität, ΔK der Kapazitätsverlust und Δt die Standzeit ist. Er liegt bei etwa $0{,}4 \cdots 1 \times 10^{-3}\ h^{-1}$. Hieraus folgt, daß man zum Ausgleich der

Selbstentladeverluste den Akkumulator ständig mit einem Strom von $I \triangleq \frac{1}{2500} \cdots \frac{1}{1000} \times K_{20}$ (in A) nachladen müßte.

Ladefähigkeit

Man muß bei der Ladefähigkeit prinzipiell zwischen Ladungsannahme und Stromannahme unterscheiden. Während die Ladungsannahme ein Maß für die Aufnahme der Ladungsmenge unabhängig vom Ladestrom ggf. bei extrem kleinem Ladestrom ein Verhältnis zur Volladung der Aktivmasse darstellt, ist die Stromaufnahme ein Maß für die Geschwindigkeit der Ladereaktion.

Diese Größen hängen vom Alter der Batterie, seiner Konstruktion, der Ladetemperatur und den Ladebedingungen ab und sind kinetisch beeinflußt.

Eine Reduzierung der Ladefähigkeit ist auf eine Erhöhung der Überspannung der Hauptreaktionen (Pb- und PbO_2-Bildung) und eine Erniedrigung der Überspannungen der Nebenreaktionen (H_2- und O_2-Bildung) zurückzuführen. Dadurch kommt es zu einer Annäherung der Elektrodenpotentiale von Haupt- und Nebenreaktion, was zum früheren Einsetzen der Gasentwicklung führt bzw. in Extremfällen zur Überschneidung der Elektrodenpotentiale, was gleichbedeutend ist mit einer nichtladefähigen Masse. Eine Erhöhung der Überspannung der Hauptreaktionen wird vorrangig durch eine Verringerung der Lösungsgeschwindigkeit des $PbSO_4$ [242b] bewirkt. Zu dieser Reduzierung kommt es in erster Linie durch Temperaturerniedrigung und Blockierung der Oberfläche durch oberflächenaktive Substanzen.

Diese Blockierung kann durch eine Reduzierung der inneren Oberfläche infolge Kristallitvergrößerung (Sulfatierung) im Laufe der Betriebszeit verstärkt werden. Die Kristallitvergrößerung hat somit nur einen indirekten Einfluß.

Wie bereits bekannt, kann die Überspannung der Nebenreaktionen bei der Positiven durch Co-Ionen und bei der Negativen durch im Laufe der Betriebszeit zunehmende Antimonabscheidung verringert werden.

Hieraus folgt, daß besonders die negative Elektrode die Ladefähigkeit begrenzt und diese mit zunehmender Entladestromstärke, zunehmendem Alter und abnehmender Temperatur abnimmt.

Prüfung

Um die elektrischen Parameter untereinander vergleichen zu können, sind verschiedene Prüfmethoden eingeführt und teilweise standardisiert worden.

— Amperestundenkapazitätsprüfung:
Entladung mit einem Strom von $I \triangleq 0{,}05 \times K_{20}$ (in A) für Startakkumulatoren, $I \triangleq 0{,}1 \times K_{10}$ (in A) für ortsfeste Batterien und $I \triangleq 0{,}25 \times K_5$ (in A) für Traktionsbatterien bis zu einer Entladespannung von 1,75 V/Zelle bei $40 \pm 3\,°C$.
Kriterium für die Prüfung ist die Entladezeit und die davon abgeleitete, auf 25 °C umgerechnete, relative, d. h. auf die Nennkapazität bezogene Kapazität.

— Startfähigkeitsprüfung:
Kapazitätsprüfung für Starterbatterien mit einem Strom von $I \triangleq 3 \times K_{20}$ (in A)

bei −18 °C und +40 ± 3 °C bis zu einer Entladeschlußspannung von 1,0 V/Zelle (teilweise auch bis 1,33 V/Zelle).

Kriterium für diese Prüfung ist die Entladezeit und z. T. die Einsatzspannung (Klemmspannung 5 s nach Einschalten des Stromes).

- Ladefähigkeitsprüfung:
  Ladung einer zu 50% entladenen Batterie bei 0 °C bei einer Konstantspannung von 2,4 V/Zelle.
  Kriterium für diese Prüfung ist der sich nach 10 min einstellende Strom.

Der Akkumulator muß an den Praxisanforderungen orientierte Minimalkriterien erfüllen, anderenfalls gilt er als nicht qualitätsgemäß.

- Amperestundenkapazität:
  Mindestens 70% der Nennamperestundenkapazität.
- Selbstentladung:
  Nicht mehr als 20% Amperestundenkapazitätsverlust innerhalb von 28 Tagen beim Stehenlassen ohne Belastung.
- Kaltstart:
  Einsatzspannung mindestens 1,40 V/Zelle; Entladedauer mindestens 180 s.
- Warmstart:
  Einsatzspannung mindestens 1,47 V/Zelle; Entladedauer mindestens 240 s
- Ladefähigkeit:
  Ladestrom mindestens $I \triangleq 0{,}1 \times K_{20}$ (in A).
- Lebensdauer:
  Um Aussagen über die Lebensdauer machen zu können, muß der Akkumulator bestimmten, die Praxisbeanspruchung möglichst nahe widerspiegelnden Testregimen unterworfen und nach gewissen Zeitetappen ausgewählten elektrischen Prüfungen unterzogen werden. Durch Standards werden z. T. staatliche Gütevorschriften vorgegeben, die z. B. eine Mindestzeit festlegen, innerhalb der ein Akkumulator die Mindestkriterien erfüllen muß.

• Zyklenlebensdauertest
Bei Startakkumulatoren besteht ein Zyklus aus einer 5stündigen Ladung mit einem Strom von $I \triangleq 0{,}1 \times K_{20}$ (in A) und einer einstündigen Entladung mit einem Strom von $I \triangleq 0{,}4 \times K_{20}$ (in A) bei 40 °C. Im allgemeinen muß der Akkumulator wenigstens bis zum 175. Zyklus das Minimalkriterium der Amperestundenkapazität erfüllen.

Bei Traktionsbatterien besteht ein Zyklus aus einer Ladung in zwei Stufen (1 Stunde mit einem Strom $I \triangleq 0{,}16 \times K_5$ (in A) und anschließend 2 Stunden mit einem Strom $I \triangleq 0{,}04 \times K_5$ (in A)) und einer einstündigen Entladung mit einem Strom $I \triangleq 0{,}2 \times K_5$ (in A).

Das Minimalkriterium der Amperestundenkapazität muß wenigstens bis zum 1500. Zyklus erfüllt werden.

Durch diesen Test wird vor allem die Aktivmassebeanspruchung simuliert. Das Testregime kommt den Arbeitsbedingungen für Traktionsbatterien am nächsten. Es wird deshalb vor allem für diese Batterietype angewendet.

• Überladetest
Er besteht aus 4 Lebensdauerzyklen, denen sich dann Überladezyklen anschließen. Ein Überladezyklus besteht aus einem 100stündigen Überladen mit einem Strom $I \triangleq 0{,}1 \times K_{20}$ (in A) und anschließender 68stündiger stromloser Ruhe bei 40 ± 3 °C.

Wenigstens bis zum 4. Überladezyklus muß das Minimalkriterium der Warmstartprüfung erfüllt werden.

Durch diesen Test wird vor allem die Masseträgerbeanspruchung (Gitterkorrosion) simuliert. Er wurde deshalb früher für Startakkumulatoren eingesetzt. Da dessen Arbeitsbedingungen aber auch durch Lade-Entladephasen charakterisiert sind, war dieser Test allein nicht aussagekräftig und wurde durch den Nennbetriebsdauertest abgelöst.

Nennbetriebsdauertest

Eine Zykluseinheit besteht bei $40 \pm 3\,°C$ aus 36 Lade-Entladezyklen, denen sich eine 96stündige stromlose Ruhe anschließt. Die 5stündige Ladung und die einstündige Entladung werden mit dem gleichen Strom von $I \triangleq 0{,}1 \times K_{20}$ (in A) durchgeführt.

Wenigstens nach 4 Zykleneinheiten muß noch das Minimalkriterium der Kaltstartprüfung erfüllt werden.

Dieser Test kombiniert den Zyklenlebensdauertest und den Überladetest und kommt damit den Praxisbedingungen des Startakkumulators am nächsten.

Die hier aufgeführten Prüfmethoden, Testregime, Minimalkriterien und staatlichen Gütevorschriften stellen nur eine Auswahl der wichtigsten Vorschriften dar und orientieren sich vor allem am TGL-Standard. Sie weichen in anderen Ländern mehr oder weniger von der TGL ab und werden damit teilweise den spezifischen Anforderungen dieser Staaten gerecht.

Für Starterbatterien gelten z. B. folgende Standards:

TGL – 10241
GOST – 9590-77
DIN – 72311 Teil 7
BSI – 3911
SAE – J 537, J 240
IEC – 95-1

Für andere Typen existiert nicht in allen Ländern ein durchgehender Prüfungsstandard.

Für TGL gilt:

- Bleiakkumulatoren für Antriebszwecke: TGL 7747
- Bleiakkumulatoren für ortsfeste Anwendung (Typ Gro): TGL 4894

Sinngemäß können die Prüfmethoden auch auf andere Speichersysteme übertragen werden, können jedoch aus Platzgründen dort nicht noch einmal behandelt werden.

4.2.10. Ladung und Wartung von Bleibatterien

Ladung

Die Ladung wird entscheidend durch die Gasungsspannung der Bleizelle, die bei etwa 2,4 V liegt, beeinflußt. Oberhalb dieser Spannung geht ein Teil des Ladestromes in die unerwünschte Nebenreaktion der Elektrolytzersetzung. Die damit verbundene Knallgasentwicklung führt zu einer Masseteilchenabschlammung, die die Kapazität reduziert und eine Kurzschlußgefahr darstellt. Außerdem kommt es oberhalb von 2,4 V zu einer verstärkten Wärmeentwicklung (hohe Säurekonzentration in den Poren $\varrho \geqq 1{,}30\ g/cm^3$ führt zur Auflösung von Schwammblei) und zu einer Korrosionszunahme.

Bei den gebräuchlichsten Lademethoden ist die Batterie bis zum Erreichen der Gasungsspannung bereits zu ca. 80% geladen.

Unterhalb der Gasungsspannung kann die Batterie mit sehr hohen Strömen geladen werden. Eine Faustregel besagt, daß der Akkumulator mit einer solchen Stromstärke in Ampere geladen werden kann, die zum gegebenen Zeitpunkt dem Zahlenwert der bis zur Volladung noch fehlenden Amperestunden entspricht. Praktisch hat eine Ladung mit Stromstärken, die oberhalb des 3fachen der 5stündigen Entladestromstärke liegen, wenig Sinn, da die Gasungsspannung zu schnell erreicht wird und zum Herabsetzen der Stromstärke zwingt.

Mit hohen Stromstärken kann man jedoch eine Schnelladung vornehmen, die innerhalb von 30 min mindestens 80% der entladenen Kapazität der Batterie wieder herstellen muß. Man bleibt dabei unterhalb der Gasungsspannung. Es ist jedoch dann notwendig, mindestens einmal in der Woche eine gründliche Ausgleichsladung bis zur Volladung durchzuführen, da sonst die Batterie zur Sulfatierung neigt.

Eine abgeschlossene Aufladung erkennt man an einer einheitlichen Gasentwicklung, einer gleichbleibenden Säuredichte, einem gleichbleibenden Ladepotential oder durch Messung der eingeladenen Ah-Zahl sowie durch Kombination dieser Methoden.

Es gibt eine Vielzahl von Lademethoden [567b], die sich durch den Strom- und Spannungsverlauf während der Ladung und die notwendigen Ladezeiten unterscheiden. Die durchlaufenden Kennlinien werden wie folgt bezeichnet:

Konstantstromkennlinie:	*I*
Konstantspannungskennlinie:	*U*
Konstantwiderstandskennlinie: (Reihenschaltung von Konstantspannung und Widerstand)	*W*

Erfolgt ein Übergang von einer Kennlinie zur anderen, werden die Buchstaben nebeneinandergestellt (z. B. *IU*), erfolgt eine Umschaltung innerhalb einer Kennlinie von einem Wert auf einen anderen, wird der Umschaltvorgang durch eine „*0*“ (Null) angegeben (z. B. *I0I*). Wird die Ladung automatisch abgeschaltet, gibt man dies durch den Buchstaben „*a*“ an (z. B. *Wa*).

Die gebräuchlichsten Kennlinien sind:

- *I* für Starterbatterien
- *I0I* für Fahrzeugantriebsbatterien
- *W* für Einzelladung von Fahrzeugantriebsbatterien
- *W0W* für Einzelladung von Fahrzeugantriebsbatterien in abgekürzter Zeit
- *IU* für Parallelladung von ortsfesten Batterien und für schnelle Zwischenladung

— *IUI* für automatische Ladung großer Traktionsbatterien in möglichst kurzer Zeit.

Sämtliche Kennlinien können automatisch abgeschaltet werden.

Das größte Problem, das praktisch bei allen Ladesystemen auftritt, ist das Unvermögen, den Stromfluß in geeigneter Weise mit der Ladungsannahme zu korrelieren. Die Gasungsspannung ist keine geignete Größe dazu, da sie in starkem Maße vom Alter der Zelle (Ausnahme antimonfreie Gitter) und der Temperatur abhängt. Man versucht deshalb, die Gasentwicklung zur Steuerung des Ladestromes einzusetzen.

In neuester Zeit wird über Ladungen mit asymmetrischem Wechselstrom berichtet [567]. Sie erlauben, die Ladezeit um den Faktor 2···3 zu senken. Gleichzeitig kommt man offensichtlich auf Grund anderer Kristallisationsbedingungen auch zu einer 15···20%igen Kapazitätserhöhung.

Wartung

Die verschiedenartigen Vorgänge wie Elektrolytzersetzung während der Ladung, Überladung und Standzeit des Akkumulators (s. Abschn. 4.2.8.1.), wie Kristallitvergrößerung der Aktivmassen, mechanische Defekte, äußere Kurzschlüsse und Säureaustritt machen eine regelmäßige Kontrolle und Wartung der Batterie unerläßlich.

Um eine hohe Lebensdauer der Batterie zu erreichen, sollte man folgende Wartungshinweise beachten:

1. Der Elektrolytstand ist zu kontrollieren und ggf. mit destilliertem Wasser zu ergänzen. Anfänglich ist der Wasserverlust niedrig; mit zunehmender Antimonvergiftung der negativen Elektrode erhöht sich aber die unerwünschte Wasserstoffentwicklung und damit der Wasserverbrauch.
2. Auf Grund der relativ hohen Selbstentladung und der damit verbundenen Sulfatierung sind längere Zeit unbenutzte Batterien aller 4···6 Wochen nachzuladen.
3. Bei Antriebsbatterien ist mindestens monatlich eine Ausgleichsladung durchzuführen; nach tiefen Entladungen öfters. Sie dient dazu, den Volladezustand zu erreichen.
4. Die Kontrolle der Ladespannung ist besonders wichtig für Starterbatterien und andere nicht im Dauerbetrieb befindliche Akkumulatoren. Ist die Ladespannung zu hoch, kommt es zu einer frühzeitigen Gasentwicklung und damit unnötigen Aktivmassen- und Gitterbelastung sowie zur Überladung, und ist sie zu niedrig, zur Sulfatisierung der Batterie.
5. Pole, Polschrauben und Verbinder sind einzufetten und sauber zu halten, um geringe Übergangswiderstände zu erreichen.
6. Batterien müssen an der Oberfläche sauber und trocken sein, um Kriechströme zwischen den Polen zu vermeiden.

Bei Beachtung dieser Wartungshinweise tritt eine frühzeitige Qualitätseinbuße der Batterie kaum ein.

Mängel äußern sich in der Regel durch schlechte Ladbarkeit und starke Selbstentladung.

Die schlechte Ladbarkeit ist, wie bereits in Abschn. 4.2.9. erwähnt, teilweise auf die Bildung großer Bleisulfatkristalle (Sulfatierung), zurückzuführen. Dazu kommt es durch lange Standzeiten der Batterie, ungenügendes Entladen, Alterung der Batterie, hohe Betriebstemperatur und zu hohe Säuredichte.

Man kann diese Sulfatierung durch mehrtägiges Laden mit geringem Strom (1/10 des normalen Ladestroms) beseitigen. In besonders schweren Fällen ersetzt man den Elektrolyten durch destilliertes Wasser, führt dann das Laden ebenfalls mit 1/10 des normalen Ladestroms durch und tauscht anschließend das Wasser wieder gegen Akkusäure aus.

Eine sehr starke Selbstentladung ist meist auf einen mechanischen Kurzschluß zurückzuführen, der durch einen Plattenkontakt über abgeschlammte Aktivmasse am Zellengefäßboden oder durch direkte Berührung auf Grund defekter Separatoren hervorgerufen werden kann. Man kann den Kurzschluß durch Ausspülen der Aktivmassenabschlammung mit Wasser oder/und bei konventionellen Akkumulatoren durch Austausch des defekten Separators beseitigen.

4.2.11. Vor- und Nachteile des Bleiakkumulators

Die Vorteile des Bleiakkumulators bestehen in seiner einfachen, zuverlässigen Arbeitsweise und den verhältnismäßig niedrigen spezifischen Kosten (M/kWh), die auf unkomplizierte Fertigung, gute Lebensdauer, hohe Energieausbeute (70%) und einen noch relativ niedrigen Bleipreis zurückzuführen sind. Außerdem wäre man nicht in der Lage, den Weltbedarf an Akkumulatoren mit anderen Systemen, z. B. Ni—Cd, Ni—Zn oder Ag—Zn, abzudecken, da abgesehen von den Kosten der Welt-Rohstoffvorrat dies nicht zuläßt.

Tabelle 4.5. Anwendungsgebiete des Bleiakkumulators

Anwendung	Platten +	Platten −	übliche Ausführungen
Startakkumulator für Kraftfahrzeuge	Gi	Gi	6 V, 12 V; bis 200 Ah
Akkumulatoren für Traktionszwecke (Elektrokarren, Gabelstapler, Post- und Milchautos, Grubenloks, Busse, U-Boote usw.), Reisezugwagen, Dieseltriebfahrzeuge	Gi Pz	Gi	24···112 V; bis 1200 Ah
Ortsfeste Akkumulatoren für Notstromanlagen (Kino, Theater, Signalanlagen) Fernmeldewesen Steuer-, Meß- und Regeltechnik	Gro Pz	Ka Gi	Einzelzellen bis 9000 Ah, die nach der geforderten Spannung kombiniert werden können, z. B. 110 V
Kleinstakkumulatoren für Taschenlampen, Blitzlicht, Radios usw.	Gi	Gi	2···6 V; 2···7,5 Ah

Gi = Gitterplatte, Gro = Großoberflächenplatte, Ka = Kastenplatte, Pz = Panzerschalenplatte, Gewebetaschenplatte

Die Nachteile des Bleiakkumulators liegen in seiner im Vergleich mit anderen Systemen niedrigen spezifischen Energie und seiner relativ hohen Selbstentladungsrate.

Der Bleiakkumulator findet deshalb überall dort Anwendung, wo keine extrem hohe spezifische Energie gefordert wird (Tab. 4.5.). Als potentielle Anwendungen für den Bleiakkumulator werden der Spitzenlastausgleich und der Einsatz als Energieträger in Elektroautos für den innerstädtischen Verkehr diskutiert, die aber einerseits geringere Kosten und größere Batterien und andererseits eine höhere spezifische Energie der Akkumulatoren erforderlich machen.

Die Perspektive des Bleiakkumulators ist nach wie vor groß. Forschung und Entwicklung auf diesem Gebiet konzentrieren sich auf

- Verlängerung der Lebensdauer,
- Verringerung der spezifischen Gesamtmasse,
- Erhöhung der Masseausnutzung,
- bessere Kaltstartleistung bei Starterbatterien,
- Entwicklung wartungsfreier bzw. -armer Batterien und
- Erhöhung der Lagerfähigkeit trocken vorgeladener Batterien.

4.3. Nickel-Cadmium- und Nickel-Eisen-Akkumulator

4.3.1. Aufbau und Funktionsprinzip des Nickel-Cadmium- und Nickel-Eisen-Akkumulators

Als sich um die Jahrhundertwende JUNGNER den Nickel-Cadmium-Akkumulator [571] und EDISON den Nickel-Eisen-Akkumulator [572] patentieren ließen, haben sie schon die wesentlichsten technischen Aspekte der heute großtechnisch produzierten Zellen mit Taschenelektroden dargelegt.

In Nickel-Cadmium- und Nickel-Eisen-Akkumulatoren werden im geladenen Zustand als positive Elektrode Mischungen aus Nickel(III)-oxidhydroxid (Aktivkomponente) und Graphitpulver oder Nickelflitter (Leitzusatz), umhüllt mit einer perforierten Metalltasche oder einem Röhrchen, sowie als negative Elektrode Cadmium- bzw. Eisenpulver oder -schwamm, in gleicher Weise ummantelt, verwendet. Als Elektrolyt dient Kalilauge. Beim Entladeprozeß entstehen an beiden Elektroden Metall(II)-hydroxide, die im Elektrolyten unlöslich sind. Als Trägermatrix für die positive und negative Aktivmasse haben sich auch poröse Nickelsinterelektroden bewährt [573]. Die Arbeitsspannung des Nickel-Cadmium-Akkumulators beträgt 1,2 V und die des Nickel-Eisen-Akkumulators 1,3 V.

Entlade- und Ladeprozeß an den Elektroden können durch folgende Reaktionsgleichungen wiedergegeben werden.

Positive Elektrode:

$$\mathrm{NiOOH} + \mathrm{H_2O} + e^- \rightleftharpoons \mathrm{Ni(OH)_2} + \mathrm{OH^-} \qquad \langle U_H^\ominus = +0{,}49\ \mathrm{V}\rangle, \qquad (4.30.)$$

Negative Elektrode:

$$Cd + 2OH^- \rightleftharpoons Cd(OH)_2 + 2e^- \qquad \langle U_H^\ominus = -0{,}81\ V\rangle, \qquad (4.31.)$$

bzw.

$$Fe + 2OH^- \rightleftharpoons Fe(OH)_2 + 2e^- \qquad \langle U_H^\ominus = -0{,}88\ V\rangle. \qquad (4.32.)$$

Die Zellenreaktionen und wichtige Kennziffern für diese Akkumulatoren sind in Tab. 4.1. angegeben. Da in die Zellenreaktion nur das Wasser und nicht der Elektrolyt selbst eingeht, verändert sich dessen Konzentration im Vergleich zum Bleiakkumulator nur geringfügig; es sei denn, daß der Akkumulator überladen wird und durch den an der positiven Elektrode abgeschiedenen Sauerstoff bzw. den an der negativen Elektrode abgeschiedenen Wasserstoff ein stärkerer Wasserverbrauch eintritt.

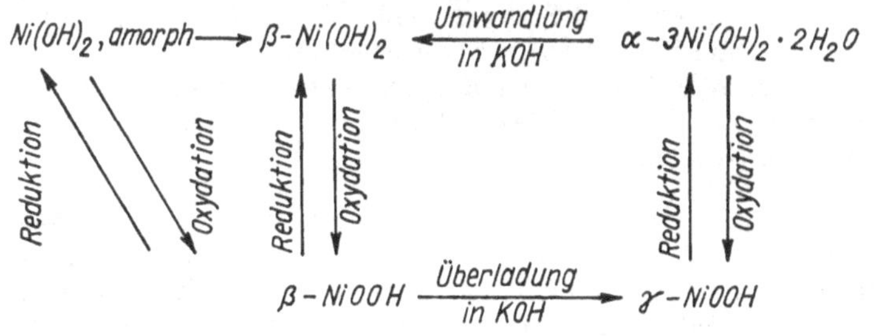

Bild 4.21. Vorgänge an der positiven Elektrode des Nickel-Cadmium-Akkumulators beim Laden und Entladen

Das Aktivmaterial der positiven Elektrode besteht im geladenen Zustand vorwiegend aus β-NiOOH, das beim Entladen teilweise in amorphes $Ni(OH)_2$ und teilweise in β-$Ni(OH)_2$ übergeht [573]. Bei der Überladung wandelt sich das zunächst entstehende β-NiOOH in γ-NiOOH um, woraus beim Entladen α-Nickel(II)-hydroxid gebildet wird, das sich erst bei längerem Stehen in β-$Ni(OH)_2$ umwandelt [574]. In Bild 4.21. sind die Vorgänge an der positiven Elektrode zusammengestellt. Die Hypothese, wonach der Ladeprozeß über ein vierwertiges Nickeloxid $NiO_2 \cdot x\ H_2O$ erfolgen soll, das dann mit zweiwertigem Nickelhydroxid zu β-NiOOH symproportioniert [573, 575], ist bisher nicht eindeutig bestätigt worden. Lediglich eine Nickelverbindung mit der Formel $[Ni_4O_4(OH)_4]O_2K$, in die Kaliumionen eingebaut sind und in der dem Nickel die formale Wertigkeit 3,75 zuzuordnen ist, konnte bisher analytisch nachgewiesen werden.

Aus Untersuchungen zur Alterung von Nickel-Cadmium-Akkumulatoren kamen Bramham u. a. [576] zu dem Ergebnis, daß der mit zunehmender Zyklenzahl und Standzeit auftretende Kapazitätsverlust von der Nickelelektrode ausgeht. Rademacher und Wiesener [577, 578] konnten zeigen, daß sowohl aus dem amorphen $Ni(OH)_2$ als auch aus dem aktiven, gittergestörten β-$Ni(OH)_2$ beim Ladeprozeß ein stark fehlgeordnetes β-NiOOH gebildet wird, aus dem mit zunehmender Anzahl von Lade-Entladezyklen gut kristallisiertes β-$Ni(OH)_2$ entsteht, das elektrochemisch inaktiv ist und sich im Nickel-Cadmium-Akkumulator nicht mehr oxydieren läßt. Eine thermische Behandlung der positiven Elektrode führt zu einer Verringerung des über den stöchiometrischen Anteil hinaus gebundenen offensichtlich physi- und chemisorbiert vorliegenden Wassers, so daß der Durchtritt der Wasserstoffionen durch die Phasengrenzfläche zwischen Festkörperelektrode und Elektrolyt gemäß Gleichung

$$Ni(OH)_2 \rightarrow NiOOH + H^+ + e^- \qquad (4.33.)$$

beim Laden gehemmt ist und zu einer Kapazitätsabnahme führt, ohne daß sich dabei die Kristallitgröße der Nickelhydroxide erhöht [579, 580].

Grundlegende Untersuchungen zur Kinetik der Nickelelektrode wurden von Sagojan u. a. [581], Lukovtsev und Sloidin [582], McArthur [583], Bode u. a. [584] sowie Panich und Sucharev [585] durchgeführt.

An der negativen Elektrode findet nach Breiter und Weiniger [586] als erster Entladungsschritt der Cadmiumelektrode die Bildung und Adsorption eines OH-Radikals nach Gleichung

$$OH^- \rightarrow OH_{ad} + e^- \qquad (4.34.)$$

statt. Da dieselben Autoren durch metallographische Untersuchungen eine lokale Veränderung der Cadmiumatome beim Lade-Entlade-Vorgang feststellten, nehmen sie einen Reaktionsablauf über ein lösliches Hydroxokomplexion nach folgenden Gleichungen an:

$$Cd + 3OH^- \rightarrow Cd(OH)_3^- + 2e^- \qquad (4.35.)$$

$$Cd(OH)_3^- \rightarrow Cd(OH)_2 + OH^-. \qquad (4.36.)$$

Mit zunehmender Dicke der $Cd(OH)_2$-Schicht wird in ihr die Diffusion der Cd^{2+}- oder OH^--Ionen geschwindigkeitsbestimmend für die gesamte Reaktion. Wie bei der Nickelelektrode spielt auch für die Kapazitätsabnahme der Cadmiumelektrode die Zunahme der Kristallitgröße bei der Zyklisierung, insbesondere bei Temperaturen über 35 °C, eine entscheidende Rolle [587—589]. Durch Zusatz von 1% $In(OH)_3$ zum $Cd(OH)_2$ soll das Kristallwachstum verhindert werden [590].

Das Entladen der Eisenelektrode verläuft in Teilschritten nach folgenden Gleichungen:

$$Fe + OH^- \rightarrow Fe(OH)_{ad} + e^- \quad \langle\text{schnell}\rangle \qquad (4.37.)$$

$$Fe(OH)_{ad} + OH^- \rightarrow FeO + H_2O + e^- \quad \langle\text{langsam}\rangle \qquad (4.38.)$$

$$FeO + OH^- \rightarrow HFeO_2^- \quad \langle\text{schnell}\rangle \qquad (4.39.)$$

$$HFeO_2^- + H_2O \rightarrow Fe(OH)_2 + OH^- \quad \langle\text{schnell}\rangle. \qquad (4.40.)$$

Obwohl diese Reaktionsfolge im allgemeinen nur bis zum $Fe(OH)_2$ führt, kann es bei höheren Potentialen ($U_H > 1{,}0$ V) auch zu einer Oxydation bis zum dreiwertigen Eisen entsprechend den Gleichungen

$$Fe(OH)_2 + OH^- \rightleftharpoons \beta\text{-}FeOOH + H_2O + e^- \qquad (4.41.)$$

oder

$$3Fe(OH)_2 + 2OH^- \rightleftharpoons Fe_3O_4 + 4H_2O + 2e^- \qquad (4.42.)$$

kommen, wobei für die β-FeOOH-Bildung ein Festkörpermechanismus [591, 592] und für die Magnetitbildung, gefördert durch die Anwesenheit von Li^+-Ionen im Elektrolyten, ein Flüssigphasenmechanismus [591, 593, 594] nach den Gleichungen

$$HFeO_2^- + OH^- \rightleftharpoons FeO_2^- + H_2O + e^- \qquad (4.43.)$$

und

$$HFeO_2^- + 2FeO_2^- + H_2O \rightleftharpoons Fe_3O_4 + 3OH^- \qquad (4.44.)$$

angenommen wird.

Im gasdichten Nickel-Cadmium-Akkumulator, der hermetisch verschlossen ist, müssen die beim Überlade- und Überentladeprozeß[1] auftretenden Gase in der Zelle umgesetzt werden. Dazu sind eine Reihe von Vorschlägen gemacht worden, so z. B. die Anwendung von Gaselektroden mit Edelmetallkatalysatoren, die mit jeweils einer Arbeitselektrode leitend verbunden sind, wodurch eine intern kurzgeschlossene galvanische Zelle entsteht. An der Gaselektrode erfolgt dann z. B. der Sauerstoffverzehr unter Umkehr von Gl. (4.45.), wobei von der Cadmiumelektrode die Elektronen geliefert werden. Dieses Prinzip erwies sich aber als zu aufwendig und nicht genügend sicher.

Deshalb wird im allgemeinen wie folgt verfahren (Bild 4.22.):

Der beim Überladen an der positiven Elektrode nach Gl. (4.45.) gebildete Sauerstoff reagiert schnell mit dem in der Zelle vorhandenen Cadmium nach Gl. (4.46.), [595]. Dagegen würde sich der beim Überladen an der negativen Elektrode gebildete Wasserstoff nicht schnell genug mit dem NiOOH umsetzen. Um einen Druckanstieg in der Zelle zu vermeiden, wird deshalb die negative Elektrode im Vergleich zur positiven im entladenen Zustand überdimensioniert (Ladereserve). Wenn beim Ladeprozeß an der positiven Elektrode bereits eine Sauerstoffentwicklung einsetzt, erfolgt an der negativen Elektrode noch der normale Ladeprozeß, die Umwandlung von $Cd(OH)_2$ zu Cadmium nach Gl. (4.31.), das dann entsprechend Gl. (4.46.) wieder in $Cd(OH)_2$

[1] Das Überentladen tritt beim Entladevorgang dann auf, wenn mehrere Zellen in Reihe geschaltet sind und auf Grund unvermeidbarer Produktionsschwankungen oder unterschiedlicher Alterung nicht alle Zellen denselben Ladezustand besitzen, so daß einzelne Zellen vorzeitig entladen sind und durch Umpolen als Elektrolysezellen (Wasserzersetzung) fungieren.

zurückgeführt wird (Bild 4.23.-A). Der Ladezustand bleibt konstant, und der Druck im Innern der Zelle steigt nur bis zu einem gewissen Schwellenwert an. Entscheidend ist aber, daß der Sauerstofftransport zur Cadmiumelektrode genügend schnell erfolgt [595] (s. Abschn. 4.3.2.). Die eingeladene Elektroenergie beim Überladen wird also in Wärme umgewandelt.

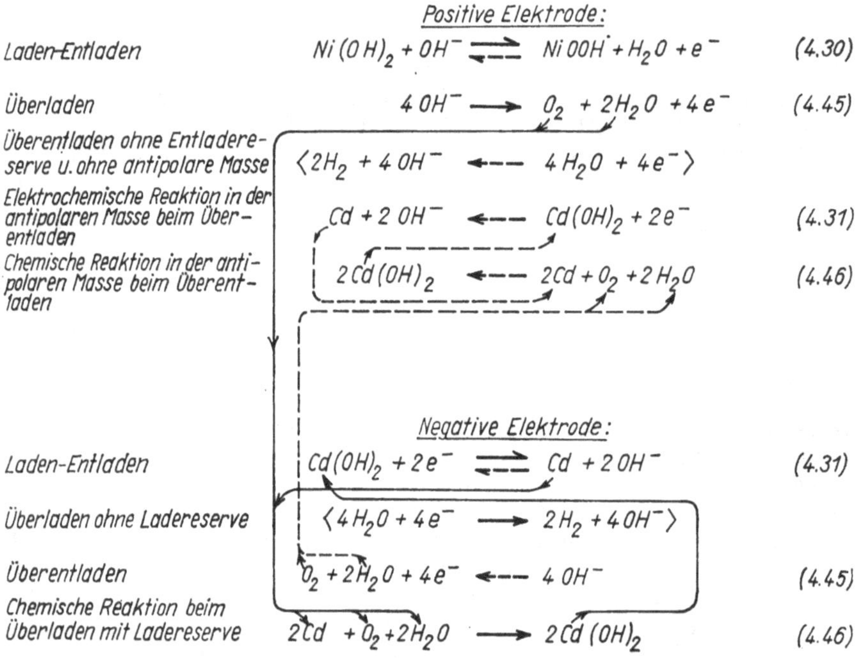

Bild 4.22. Elektrodenprozesse im gasdichten Nickel-Cadmium-Akkumulator beim Lade-, Entlade-, Überlade- und Überentladeprozeß
——— Ladevorgang; – – – – Entladevorgang

Beim Überentladeprozeß träte die Wasserstoffentwicklung an der Nickel(III)-oxidhydroxidelektrode (Gl. 4.17.) und die Sauerstoffentwicklung an der Cadmiumelektrode auf. Um die unerwünschte Wasserstoffentwicklung zu vermeiden, wird der Nickeloxidhydroxidelektrode sogenannte antipolare Masse ($Cd(OH)_2$) zugesetzt und die Cadmiumelektrode noch mit einer Entladereserve (Cd) versehen, die aber eine geringere Kapazität als die antipolare Masse besitzt (Bild 4.23.-B). Ist nun der eigentliche Entladevorgang nach Gl. (4.30.) beendet, d. h. die Aktivmasse der Nickeloxidhydroxidelektrode erschöpft, so wird im weiteren in dieser Elektrode die antipolare Masse nach Gl. (4.31.) reduziert, während in der Cadmiumelektrode wegen der Entladereserve der normale Entladevorgang weiterläuft, so daß es vorerst zu keiner Gasentwicklung kommt; lediglich eine Polumkehrung tritt auf. Die geringe

Gegenspannung resultiert aus der Überspannung an der Cadmiumelektrode. Nach Verbrauch der Entladereserve erfolgt nunmehr an der Cadmiumelektrode, nach Gl. (4.45.) eine Abscheidung von Sauerstoff, der mit dem in der ersten Phase des Überentladens in der Nickeloxidhydroxidelektrode gebildeten Cadmium nach Gl. (4.46.) zu $Cd(OH)_2$ weiterreagiert (Bild 4.23.-B). Auch beim Überentladen überschreitet der Sauerstoffdruck einen bestimmten Grenzwert nicht.

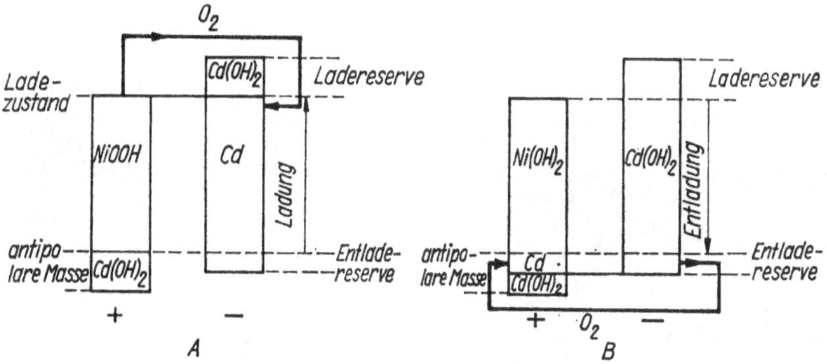

Bild 4.23. Ladezustandsdiagramme der Elektroden im gasdichten Nickel-Cadmium-Akkumulator
A – Überladevorgang; *B* – Überentladevorgang

4.3.2. Technische Ausführungen des Nickel-Cadmium- und Nickel-Eisen-Akkumulators

Der Nickel-Cadmium- und der Nickel-Eisen-Akkumulator sind als Systeme mit Anionenelektroden und alkalischen Elektrolyten prinzipiell wie der Bleiakkumulator aufgebaut. Die Elektroden mit den fest fixierten Aktivkomponenten besitzen einen gemeinsamen Elektrolytraum. Die zwischen den Elektroden angeordneten porösen Scheider haben nur die Aufgabe, elektrische Kurzschlüsse zu vermeiden. Im Nickel-Cadmium-Akkumulator kommen Taschen-, Röhrchen- und Sinterelektroden und im Nickel-Eisen-Akkumulator nur Taschen- und Röhrchenelektroden zur Anwendung.

In der Taschenelektrode ist die Aktivmasse in Behältern aus perforiertem, vernickeltem Stahlband angeordnet; die streifenförmigen Taschen werden zu Elektroden mit unterschiedlicher Kapazität zusammengefügt (Bild 4.24.).

In der Röhrchenelektrode (nur Positive) ist die Aktivmasse von einem ebenfalls aus perforiertem, vernickeltem, aber gewickeltem Stahlband bestehenden Röhrchen fest umschlossen, über das zur Erhöhung der Stabilität in bestimmten Abständen Stahlringe geschoben sind (Bild 4.25.). Die Röhrchen werden zu Elektroden aneinandergereiht.

Bei der Sinterelektrode (Bild 4.26.) befinden sich die Aktivkomponenten auf einem hochporösen Trägergerüst aus Nickel, d. h. das elektronenleitende, stabilisierende Metallgerüst umkleidet nicht die reaktiven Komponenten, sondern befindet sich im Innern der Elektrode. Auf Grund der großen inneren Oberfläche und des unmittelbaren guten Kontakts zwischen aktiver Komponente und Träger (der Abstand zwischen Reaktionsort und Stromkollektor beträgt maximal 10 μm) ist deshalb diese Elektrode hoch belastbar. Sie besitzt außerdem ein besseres Tieftemperaturverhalten. Die Porengrößenverteilung und deren Änderung mit der Zeit spielen als Maß für die reaktionsfähige Fläche

Bild 4.24. Taschenelektrode des Nickel-Cadmium-Akkumulators nach [24]

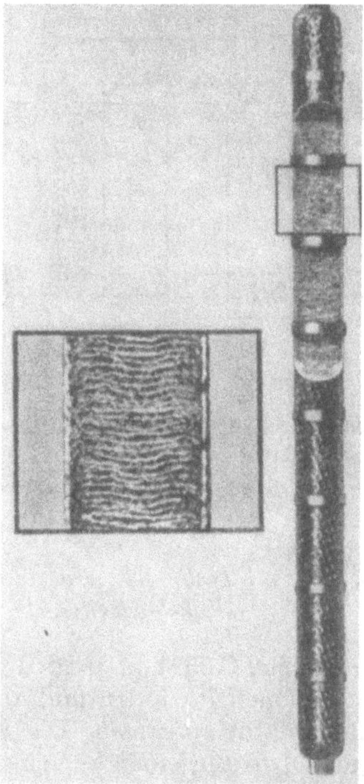

Bild 4.25. Röhrchenelektrode des Nickel-Cadmium-Akkumulators nach [24]

eine wichtige Rolle [596]. Eine hochaktive, hochporöse, großoberflächige Nickelsinterelektrode wird auch durch Imprägnierung eines porösen Schaumkunststoffes mit feinpulvrigem Nickel (Korngröße 2,6···3,4 μm), anschließende Pyrolyse des organischen Materials und Sinterung erhalten. Der Nickelsinterkörper weist die vom Schaumkunststoff bestimmte Makroporosität sowie die von der Nickelpulvergröße bestimmte Mikroporosität auf [597]. Auch Kohlefilzmaterial wurde als Trägergerüst erprobt [597]. Mit einer neuartigen plastgebundenen Cadmiumelektrode (Aktivmasse mit 5···10% Teflonfasern oder

Gemischen aus Teflon und Polyethylen), in einem Walz- oder Preßprozeß bei Zimmertemperatur oder erhöhter Temperatur hergestellt, lassen sich bei gleicher Lebensdauer wie bei Taschenelektroden Leistungsparameter erreichen, die fast denen von Sinterelektroden entsprechen, wobei die Elektroden aber wesentlich einfacher und billiger herzustellen sind [599—601]. Erste Untersuchungen sind auch zur analogen Herstellung von Nickelelektroden gemacht worden [602, 603].

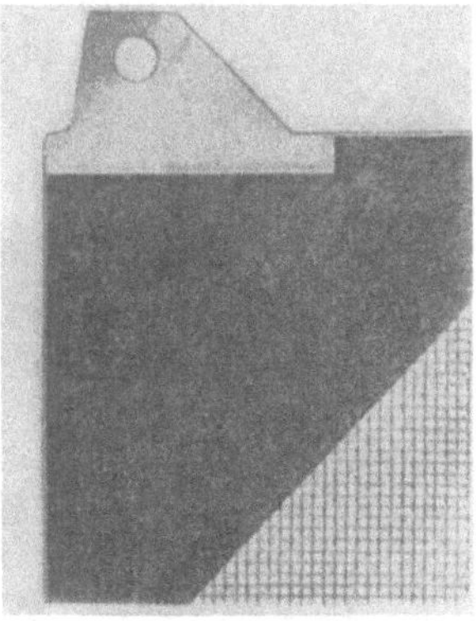

Bild 4.26. Sinterelektrode des Nickel-Cadmium-Akkumulators nach [24]

Hauptbestandteil der negativen Ausgangsaktivmasse des Nickel-Cadmium-Akkumulators ist Cadmiumoxid (CdO), das nach dem ersten Lade-Entlade-Zyklus vollständig in $Cd(OH)_2$ übergeht. Durch Zumischen oder Mitfällen von Eisen- und Nickelhydroxiden wird eine Aktivierung und Stabilisierung der Aktivmasse erzielt, da eine Agglomerisation der Aktivmasse mit zunehmender Anzahl von Lade-Entlade-Zyklen, die zu einem Kapazitätsverlust und zur Senkung der Entladespannung führen würde, vermieden wird (s. a. Wirkung von Spreizmitteln, Abschn. 4.2.3.). Der Zusatz von Oxalsäure zur Cadmiumaktivmasse führt zu einer erhöhten Porosität und einer um 10···20% höheren Wasserausnutzung [605].

Die Ausgangsaktivmasse der negativen Elektrode des Nickel-Eisen-Akkumulators besteht aus einer Fe_3O_4-α-Fe-Mischung und besitzt eine gute elektrische Leitfähigkeit, aus der als Folge des ersten Lade-Entlade-Zyklus die eigentliche Aktivkomponente $Fe(OH)_2$ entsteht.

Die Ausgangsaktivmasse der positiven Elektrode besteht aus Nickelhydroxid ($Ni(OH)_2$) und wegen dessen schlechter elektronischer Leitfähigkeit aus einem Leitzusatz (Nickelflocken oder Graphit). Eine Aktivierung durch Kobaltsulfat führt zur Erhöhung der Aktivmasseausnutzung und Lebensdauer [606].

Zu Plattensätzen verschweißte Elektroden (Bild 4.27.), die durch gewellte und gelochte PVC-Folienscheider vor Kurzschluß gesichert sind, werden in vernickelten Stahlgefäßen oder bei kleineren Typen auch in Plastgehäusen angeordnet, wobei die Zellendeckel fest verschweißt sind (Bild 4.28.).

Die als Elektrolyt eingesetzte Kalilauge hat eine Dichte von $(1{,}20 \pm 0{,}05)$ g/ml. Zusätze von Lithiumhydroxid (15···50 g/l) führen zu Lebensdauererhöhungen der positiven Elektrode, insbesondere bei erhöhter Temperatur. ROMANOV und SANDLER [607] beschreiben eine Methode, wonach sich auch trocken vorgeladene Nickel-Cadmium-Akkumulatoren durch Laden der Cadmiumelektrode in hydrazinhaltigen Lösungen und der Nickelelektrode in persulfathaltigen Lösungen herstellen lassen.

Bild 4.27. Elektrodensatz von Taschenelektroden des Nickel-Cadmium-Akkumulators nach [24]

Gasdichte Nickel-Cadmium-Akkumulatoren kommen als Knopf- und Rundzellen, aber auch in prismatischer Form zum Einsatz und werden mit Sinter- und Taschenelektroden ausgerüstet. Ihre äußeren Abmessungen entsprechen oft denen von Primärzellen, da sie diese z. T. auf speziellen Anwendungsgebieten ersetzt haben. Sie haben in der Regel nur eine kleine Kapazität (bis zu einigen Amperestunden), es sei denn, sie werden in der Weltraumforschung verwendet [608, 609]. Ein wesentlicher Gesichtspunkt ist die präzise lecksichere Fertigung, die ein Austreten von Gas und Elektrolyt verhindern muß. Trotz des in Abschn. 4.3.1. beschriebenen Wirkungsmechanismus beim Überladen und Überentladen, der bei ordnungsgemäßer Behandlung einen Gasüberdruck ausschließt, sind gasdichte Zellen mit einem Überdruckventil ausgerüstet, das eine explosionsartige Zerstörung derselben bei fehlerhafter Bedienung ausschließt. Der Scheider und die Elektroden werden mit Elektrolyt getränkt. Damit die bei der Überladung und Überentladung im Inneren der Zelle notwendigen Transportprozesse (Bild 4.22.) ungehindert ablaufen können, ist die Elektrolytmenge so bemessen, daß sie durch den Scheider, der aus einem textilen Flächengebilde besteht [610] und den Elektroden vollständig aufgesaugt wird. Ein Teil der Elektrode soll nicht vom Scheider bedeckt sein, um einen ungehemmten Übergang des Sauerstoffs zu ermöglichen [611]. Zum schnellen Gastransport werden auch zusätzliche konstruktive Maßnahmen getroffen [612]. Bild 4.29. zeigt den Aufbau einer Knopfzelle mit Taschenelektroden. Gefäß und Deckel bestehen aus vernickeltem Stahlblech. Eine Feder drückt alle Bauteile fest aneinander und sorgt für guten elektrischen Kontakt. Ein Kunststoffring zwischen Deckel und Gefäß dient zur Isolierung und Dichtung der durch Umbördeln verschlossenen Zelle.

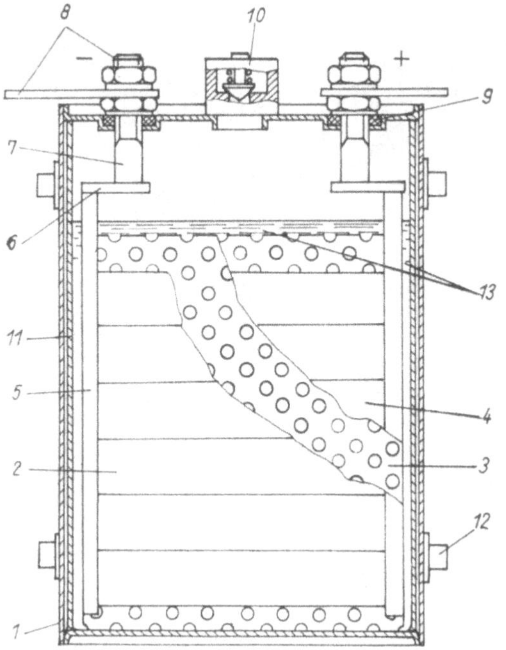

Bild 4.28. Schnitt durch eine Zelle des Nickel-Cadmium-Akkumulators nach [24]

1 – Gehäuse;
2 – negative Elektrode;
3 – Scheider;
4 – positive Elektrode;
5 – Elektrodenfahne;
6 – Polbrücke;
7 – Polbolzen;
8 – Pol mit Zellenverbinder;
9 – isolierte Poldurchführung mit Gummidichtung;
10 – Entgasungseinrichtung (Ventil);
11 – Seitenisolierung;
12 – Aufhängezapfen;
13 – Elektrolyt

Für Rundzellen eignen sich vor allem die flexiblen Sinterfolienelektroden (0,6 mm stark).

Positive und negative Elektrodenstreifen werden unter Zwischenlagerung eines Scheiders spiralförmig aufgewickelt und danach in das Zellengefäß geschoben. Gasdichte Sinterfolienakkumulatoren dürfen nur bei richtiger Ladungsverteilung verschlossen werden. Für die Leistungsfähigkeit der Zellen ist die richtige Porosität der Sinterkörper entscheidend [6.13.].

4.3.3. *Herstellung des Nickel-Cadmium- und Nickel-Eisen-Akkumulators*

Die Fertigung der Taschenelektroden geschieht durch Einbringen loser oder tablettierter Aktivmasse zwischen zwei endlose Bänder aus performiertem, vernickeltem Stahlblech, die anschließend miteinander verfalzt werden. Entsprechend der gewünschten Elektrodendimension werden eine bestimmte Anzahl von Streifen aneinandergereiht, wobei die Falze ineinandergreifen, auf Elektrodenlänge zugeschnitten und mittels Stahlrahmen fixiert (Bild 4.24.). Die Elektroden für die gasdichten Knopfzellen werden durch Einpressen von Tabletten in ein rundes Körbchen aus vernickeltem Eisendrahtgewebe her-

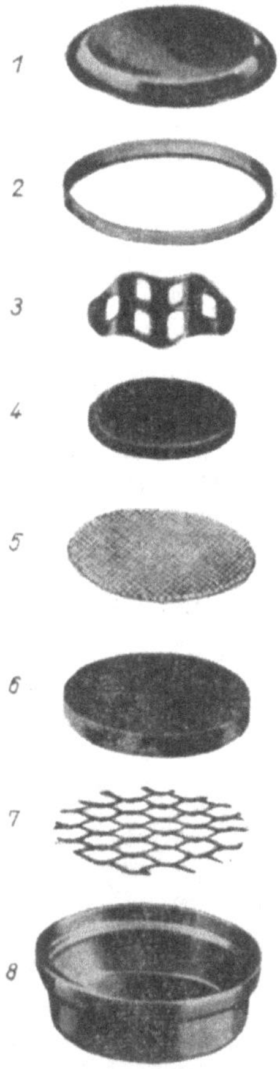

Bild 4.29. Einzelteile der gasdichten Nickel-Cadmium-Knopfzelle entsprechend ihrer Anordnung in der Zelle nach [24]

1 – Zellendeckel;
2 – Isolier- und Dichtungsring;
3 – Kontaktfeder;
4 – negative Elektrode (Körbchen);
5 – Scheider;
6 – positive Elektrode (Körbchen);
7 – Bodeneinlage;
8 – Zellengefäß

gestellt. Die Röhrchenelektrode wird durch Verdrillen und Aufwickeln von perforiertem, vernickeltem Stahlband unter gleichzeitigem Einstampfen der Aktivmasse, anschließendem Verschließen mittels Blechkappen und Anordnung im Stahlrahmen hergestellt (Bild 4.25.). Sinterelektroden (Bild 4.26.) werden durch abwechselndes Tränken von hochporösen Nickelsinterkörpern (Porosität etwa 80%) mit Nickel- bzw. Cadmiumsalzlösung und Tauchen in Kalilauge bei gleichzeitiger katodischer Polarisierung [614—616] oder durch thermische Zersetzung von Metallkomplexen (Nickelaminoformiate) [617] hergestellt. Auf diese Weise bildet sich an den Porenwandungen eine Schicht von Nickel- bzw. Cadmiumhydroxid. Die porösen Metallkörper werden durch Aufsintern von speziellen Nickelpulvern im Korngrößenbereich von 3···6 μm auf Nickeldrahtgewebe oder perforierter Nickelfolie (Sinterfolienplatte) erzeugt [570, 618].

Der wichtigste Ausgangsstoff für die negative Aktivmasse des Nickel-Cadmium-Akkumulators ist der Cadmiumschwamm (feinverteiltes Cadmium mit großer Oberfläche). Er wird auf elektrolytischem Wege durch Abscheiden von Cadmium aus einer schwefelsauren Cadmiumsulfatlösung an Aluminiumkatoden oder durch Zementation aus Cadmiumsalzlösung mittels Magnesium erzeugt. Seine spezifische Oberfläche beträgt 2···4 m^2/g. Stabilisierende Eisenzusätze werden bereits bei der Cadmiumschwammherstellung mit abgeschieden oder mitgefällt oder beim sich anschließenden Mahlen mechanisch untergemischt. Die Aktivierung mittels Nickel erfolgt im allgemeinen durch Tränken mit Nickelsalzlösung. Durch Trocknung an der Luft bei gleichzeitiger Umwälzung des Materials bildet sich Cadmiumoxid. Zur besseren Preßbarkeit setzt man der Masse Polyvinylalkohol, Paraffine und andere Stoffe in kleinen Mengen zu [595].

Zur Herstellung der negativen Aktivmasse des Nickel-Eisen-Akkumulators wird Eisen in H_2SO_4 gelöst, aus der Lösung $FeSO_4 \cdot 7\,H_2O$ auskristallisiert und bis zum Monohydrat getrocknet. Das $FeSO_4$ wird bei 900 °C zu Fe_2O_3 abgeröstet, das man durch eine Wasserstoffreduktion bei 650 °C zu Fe_3O_4 und α-Fe umwandelt. Zusätze von Quecksilberoxid und Cadmiumoxid verbessern die Lebensdauer und Wirksamkeit der Aktivmasse.

Die Herstellung der positiven Aktivmasse erfolgt durch Einleiten einer Nickelsulfatlösung in heiße Kalilauge, in der bei einigen Verfahren bereits der Leitzusatz Graphit suspendiert ist, so daß ein Graphit-Aktivmasse-Brei ausfällt. Im weiteren schließen sich Wasch-, Filtrations- und Trocknungsprozesse an. Die Aktivierung durch $CoSO_4$ kann durch Mitfällen oder durch Tränken der vorgetrockneten Aktivmasse geschehen. Ist der Leitzusatz nicht bereits während des Fällprozesses zugeführt worden, wird er bei dem abschließenden Trockenmisch- und Mahlprozeß zugesetzt (Graphit, Nickelflitter). Dasselbe gilt auch für die antipolare Masse ($Cd(OH)_2$) beim gasdichten Akkumulator.

Die einzelnen Schritte der Endmontage, meist in Fließbandfertigung, sind: Autogen- oder Elektroschweißen der Elektroden zu Sätzen, Zusammenstecken der Sätze und Einfügen der Scheider, Einführen der Sätze in die Zellen, Verschweißen oder Verkleben von Gefäß und Deckel, Polmontage, Elektrolytzugabe und Erstladung.

4.3.4. *Eigenschaften und Anwendungsgebiete des Nickel-Cadmium- und Nickel-Eisen-Akkumulators*

Bild 4.30. zeigt typische Entlade-Lade-Kennlinien von Nickel-Cadmium-Akkumulatoren mit unterschiedlichen Entlade- und Ladestromstärken.

Die Nennkapazität ist auf eine 5stündige Entladung bezogen. Bei einer

10stündigen Entladung, d. h. bei einer Stromstärke, die halb so groß wie bei der 5stündigen Entladung ist, ergeben sich 105% der nominellen Amperestundenkapazität. Bei den hohen Stromstärken der 2stündigen Entladung, die das zweieinhalbfache der bei 5stündiger Entladung ausmacht, erzielt man nur 93% der nominellen Amperestundenkapazität. Die nicht unerhebliche Spannungsdifferenz zwischen Lade- und Entladeprozeß ist maßgeblich für den niedrigen Energiewirkungsgrad von etwa 60% für Nickel-Cadmium-Akkumulatoren mit Taschenelektroden verantwortlich. Bei Sinterelektrodenakkumu-

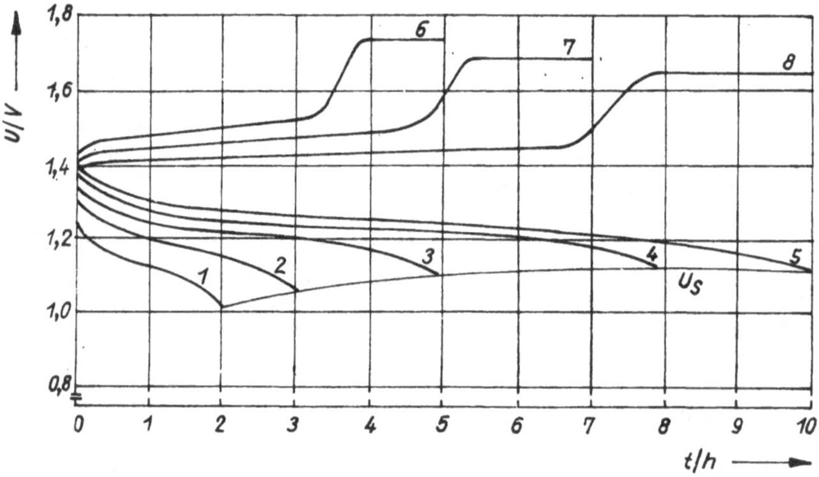

Bild 4.30. Lade- und Entladecharakteristiken einer Nickel-Cadmium-Zelle mit Taschenelektrode bei 25°C

Entladekurven:

1 – 2stündiges Entladen (Kapazität: 92,6%)
2 – 3stündiges Entladen (Kapazität: 97,5%)
3 – 5stündiges Entladen (Kapazität: 100%)
4 – 8stündiges Entladen (Kapazität: 100%)
5 – 10stündiges Entladen (Kapazität: 105%)

Ladekurven:

6 – 5stündiges Laden
7 – 7stündiges Laden
8 – 10stündiges Laden
U_S – Entladeschlußspannung

latoren beträgt der Energiewirkungsgrad rund 70%. Auch die Ladefaktoren unterscheiden sich deutlich mit 1,6 für Taschenelektroden- und 1,2 für Sinterelektrodenakkumulatoren. Die spezifische Energie von Nickel-Cadmium- und Nickel-Eisen-Akkumulatoren hängt von der Entladedauer ab, wenn auch nicht in so starkem Maße wie bei Bleiakkumulatoren. In Bild 4.31. sind die spezifischen Energien verschiedener Typen dieser alkalischen Akkumulatoren miteinander verglichen. Nickel-Eisen-Akkumulatoren erreichen bei niedriger Belastung eine spezifische Energie von ca. 30 Wh/kg. Bei hoher Belastung geht diese entsprechend zurück; hier erweisen sich aber die Sinterzellen sehr vorteilhaft. Spezielle Nickel-Eisen-Batterien für den Fahrzeugantrieb (80 Zellen,

$U = 96$ V, Kapazität = 200 Ah, Masse = 490 kg) sollen durch eine Elektrolytumwälzung und Luftkühlung eine spezifische Energie von 50 Wh/kg bei zweistündiger Entladung ermöglichen [619].

Maßgeblichen Einfluß auf die Arbeitsspannung und verfügbare Kapazität hat die Temperatur. Durch sie wird der Innenwiderstand verändert, der mit fallender Temperatur insbesondere für den Elektrolyten stark zunimmt. Für Temperaturen unter 0 °C sind Nickel-Eisen-Sammler ungeeignet, da die beim

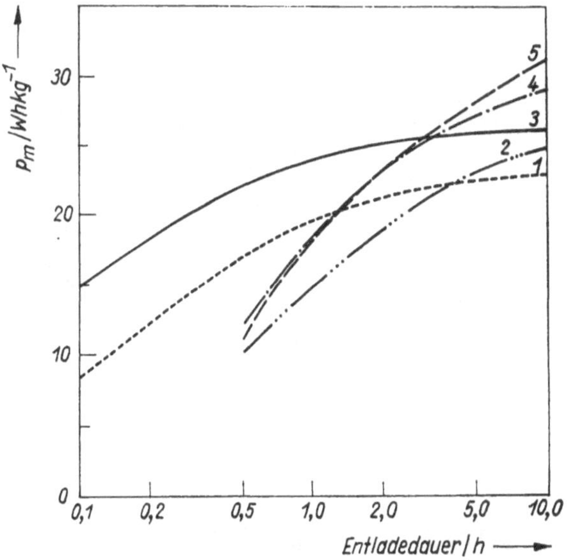

Bild 4.31. Spezifische Energie verschiedener Nickel-Cadmium- und Nickel-Eisen-Akkumulatoren in Abhängigkeit von der den Entladestrom bestimmenden Entladedauer

1 – Sinter-Ni–Cd-Zelle; *2* – Taschen-Ni–Cd-Zelle (TN); *3* – Sinterfolien-Ni–Cd-Zelle; *4* – Röhrchen-Ni–Cd-Zelle; *5* – Röhrchen-Ni–Fe-Zelle

Entladevorgang entstehende, sonst poröse und kristalline $Fe(OH)_2$-Schicht in sehr dichter Form weitgehend amorph auftritt und so den weiteren Zutritt von OH^--Ionen blockiert.

Für spezielle Tieftemperaturakkumulatoren erweist sich eine höhere Elektrolytdichte und die Anwendung von Sinterelektroden als vorteilhaft.

Die Selbstentladung von Nickel-Eisen-Akkumulatoren hängt im wesentlichen von der negativen Elektrode ab. In den ersten 15 Tagen nach dem Ladeprozeß verliert die positive Elektrode zwar etwa 20% ihrer Kapazität, insbesondere durch Sauerstoffabspaltung von den höheren Nickeloxidverbindungen [620]; danach beträgt der Ladungsverlust dieser Elektrode nur noch etwa 2% pro Monat.

Die Eisenelektrode unterliegt von Anfang an der Korrosion entsprechend der Gleichung

$$Fe + 2H_2O \rightarrow Fe(OH)_2 + H_2, \qquad (4.47.)$$

so daß in den ersten 15 Tagen ihr Ladungsverlust ebenfalls etwa 20% beträgt. Danach geht dieser auf 1% pro Tag zurück. Nach etwa drei Monaten ist der Akkumulator vollständig von selbst entladen. Die Selbstentladung der Cad-

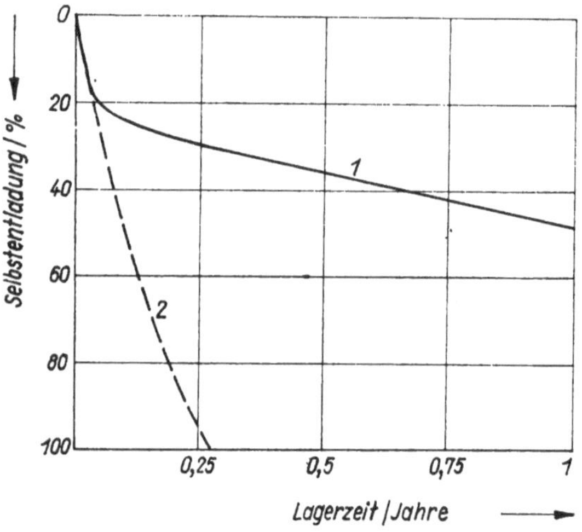

Bild 4.32. Kapazitätsverlust von Nickel-Cadmium- und Nickel-Eisen-Akkumulatoren als Funktion der Lagerzeit bei Raumtemperatur
1 — Ni–Cd-Akkumulator; *2* — Ni–Fe-Akkumulator

mium-Elektrode hängt von deren Reinheit ab und ist bei hochreinem Cadmium vernachlässigbar klein, so daß die Selbstentladung des Akkumulators hier von der positiven Elektrode bestimmt wird (Bild 4.32.).

Die Alterung und der Leistungsrückgang mit zunehmender Betriebszeit von Nickel-Cadmium-Akkumulatoren ist sehr gering. Lediglich an der Nickeloxidhydroxidelektrode tritt vornehmlich bei Betriebstemperaturen über 40 °C eine gewisse Alterung ein (s. Abschn. 4.3.1.).

Gasdichte Nickel-Cadmium-Akkumulatoren zeigen dasselbe Selbstentladungsverhalten wie die offenen Zellen. Allerdings muß hier die Korrosion der Cadmiumelektrode vollständig eingedämmt werden, um den schädlichen Wasserstoff völlig auszuschließen. Der mit zunehmender Betriebszeit auftretende Leistungsabfall ist nach Boldin, Akbulotova und Karpova [621] auf die Bildung von $Cd_{21}Ni_5$ in der Cadmiumelektrode und auf die veränderte Gasadsorptionsgeschwindigkeit zurückzuführen.

Ein Problem der gasdichten Zelle besteht im Beherrschen des Wärmehaushaltes [622—624]. Wird die bei hohen Lade- oder Entladeströmen auf Grund des Innenwiderstandes sowie die beim Überlade- oder Überentladeprozeß auf-

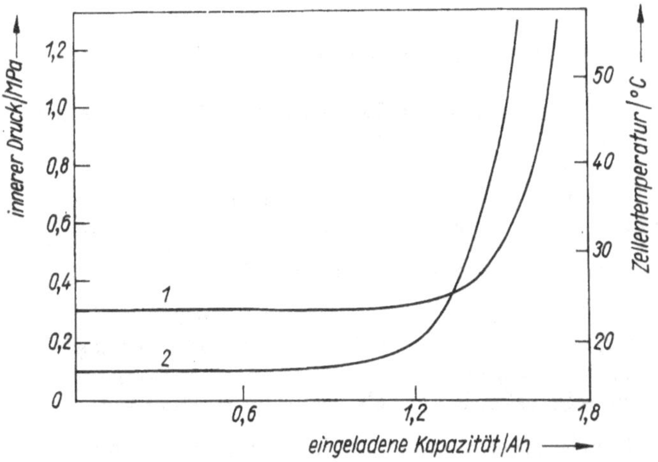

Bild 4.33. Änderung von Druck und Temperatur während des Ladeprozesses von gasdichten Nickel-Cadmium-Akkumulatoren bei hohen Ladeströmen (Kapazität der Zelle: 1,2 Ah; Ladestrom: 2,4 A; Umgebungstemperatur: 25 °C) nach [625]
1 — Temperatur; *2* — Druck

tretende Wärme nicht genügend schnell abgeleitet, führt der Temperaturanstieg in der Zelle zu einer gefährlichen Erhöhung des Sauerstoffdruckes (Bild 4.44.) und zu einer beschleunigten Alterung [588] der Zelle (s. Abschn. 4.3.2.). Schnelladung und Hochstromentladung werden zwar angestrebt [625], sind aber insbesondere bei größeren Zellen oder Batterien, wo die wärmeabstrahlenden Flächen im Vergleich zur vorhandenen Aktivmasse abnehmen, noch nicht gewährleistet. Obwohl der Ladeprozeß aus thermodynamischer Sicht ein endothermer Vorgang ist, überwiegt in der Praxis bei hohen Ladeströmen aber die Joulesche Wärme [626]. Auch zu stark ausgedehnte Überladungen und Überentladungen führen zur Temperaturerhöhung. Durch spezielle Ladeeinrichtungen kann man jedoch den Überladestrom weitgehend begrenzen. Andererseits versucht man durch konstruktive Maßnahmen die Wärmeableitung zu verbessern [627].

Für eine schnelle Ladungsaufnahme in Nickel-Cadmium-Akkumulatoren ist eine pulsierende Ladung vorteilhaft [628, 629].

Nickel-Eisen-Akkumulatoren sind in bezug auf die Leistungsparameter (Energiewirkungsgrad, Arbeitsspannung, Selbstentladung, Tieftemperaturverhalten) den Nickel-Cadmium-Akkumulatoren unterlegen, so daß sie z. Z.

kaum Bedeutung haben. Lediglich die niedrigeren Materialkosten (der Weltmarktpreis des Cadmiums ist in den letzten Jahren stark angestiegen) haben die Weiterentwicklung des Nickel-Eisen-Akkumulators wieder etwas belebt.

Nickel-Cadmium-Akkumulatoren haben folgende Vorteile:

— hohe Lebensdauer;
— geringer Wartungsaufwand; Lagerfähigkeit ohne Schädigung; auch im entladenen Zustand;
— nahezu konstante Entladespannung; selbst bei hoher Stromdichte weitgehend konstante Energiedichte;
— hohe Überlastverträglichkeit (Sinterzellen);
— gutes Tieftemperaturverhalten bis —40 °C (Sinterzellen);
— hermetisch verschlossene Zellen sind möglich.

Demgegenüber bestehen aber auch folgende Nachteile:

— geringerer Energiewirkungsgrad als bei Bleiakkumulatoren;
— hoher Preis (etwa 5···7fach, bezogen auf gleiche Energiespeicherkapazität);
— nur mittelmäßige Energiedichte;
— je nach Qualität höhere Selbstentladung als bei Bleiakkumulatoren.

Nickel-Cadmium-Akkumulatoren werden z. Z. für Zug- und Schiffsbeleuchtungsanlagen und begrenzt für die Elektrotraktion (Karren, kleine Boote), für Signal- und Sicherheitsanlagen und für Grubenleuchten verwendet. Sinterzellen dienen darüber hinaus als Starterbatterien für Flugzeuge [630, 631].

Gasdichte Nickel-Cadmium-Batterien werden hauptsächlich in tragbaren, empfindlichen elektronischen Geräten wie Taschenrechnern, Sprechfunkgeräten, Schwerhörigengeräten, Meßgeräten und Blitzlichtgeräten eingesetzt und haben wegen ihrer guten Eigenschaften in die Militärtechnik Eingang gefunden [632—634], finden aber auch als Pufferbatterien in der Weltraumforschung Verwendung [635—640].

4.4. **Silber-Zink-Akkumulator** [641, 642]

4.4.1. *Aufbau und Funktionsprinzip des Silber-Zink-Akkumulators*

Silber-Zink-Akkumulatoren sind vom Prinzip her ebensolange bekannt wie der Nickel-Cadmium-Akkumulator [643]. Experimentell intensiver wurde dieses System jedoch erst ab 1927 durch ANDRE [644] untersucht. Aber erst Ende der 40er Jahre gelang es, eine kommerziell anwendbare Zelle herzustellen [645, 646]. Die Entwicklung dieser Zelle war der erste Schritt zu technisch realisierbaren Akkumulatoren mit hoher Energie- und Leistungsdichte. Der Aufbau dieses Akkumulators entspricht prinzipiell der analogen Primärzelle (Abschn. 3.3.2.). Als Katodenmaterial dienen die Silberoxide Ag_2O und Ag_2O_2, als Anodenmaterial Zinkpulver. Als Elektrolyt wird mit ZnO gesättigte, 30···40%ige Kalilauge verwendet.

Die Zellenreaktion und wichtige Kennziffern sind in Tab. 4.1. enthalten. Da im Silber-Zink-Akkumulator zwei Silberoxide vorkommen, erfolgt die Reduktion des Ag_2O_2 in zwei Stufen entsprechend den Gleichungen

$$Ag_2O_2 + H_2O + 2e^- \rightleftharpoons Ag_2O + 2OH^- \quad \langle U_H^\ominus = +0{,}570\ \mathrm{V}\rangle, \qquad (4.48.)$$

$$Ag_2O + H_2O + 2e^- \rightleftharpoons 2Ag + 2OH^- \quad \langle U_H^\ominus = +0{,}344\ \mathrm{V}\rangle. \qquad (4.49.)$$

Die zwei Potentialstufen lassen sich im Silber-Zink-Akkumulator allerdings nur bei niedrigen Stromstärken (Bild 4.34.) feststellen. Daraus resultieren die

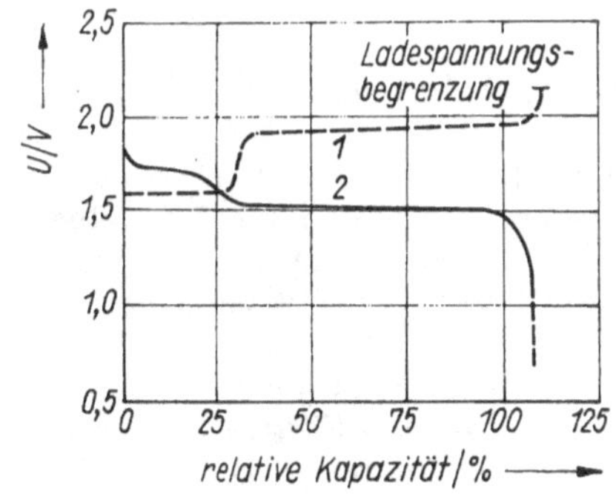

Bild 4.34. Lade- und Entladekurve eines Silber-Zink-Akkumulators bei niedriger Belastung (i_{10})
1 – Ladekurve;
2 – Entladekurve

Zellenspannungen in der 1. Stufe zu 1,7 V und in der 2. Stufe zu 1,5 V. Die unterschiedliche Länge der beiden Stufen weist darauf hin, daß auch im völlig geladenen Zustand beide Silberoxide etwa im Verhältnis 1:1 nebeneinander vorliegen oder daß Ag_2O_2 mit dem Entladeprodukt Silber nach der Gleichung

$$Ag_2O_2 + 2Ag \rightleftharpoons 2Ag_2O \qquad (4.50.)$$

symproportioniert. Die Entlade-Vorgänge an der Zinkelektrode verlaufen in stark alkalischen Elektrolyten über die Zwischenstufe des löslichen Zinkats, aus dem bei Übersättigung je nach dem pH-Wert ZnO oder $Zn(OH)_2$ ausfällt (Abschn. 3.3.1.). Für den Ladeprozeß gelten dieselben Gleichungen in umgekehrter Richtung:

$$Zn + 4OH^- \underset{\text{Laden}}{\overset{\text{Entladen}}{\rightleftharpoons}} Zn(OH)_4^{2-} + 2e^- \qquad (4.51.)$$

$$Zn(OH)_4^{2-} \rightleftharpoons ZnO + H_2O + 2OH^- \quad \langle c_{KOH} > 8\ \mathrm{mol}/l\rangle \qquad (4.52.)$$

$$Zn(OH)_4^{2-} \rightleftharpoons Zn(OH)_2 + 2OH^- \quad \langle c_{KOH} < 6\ \mathrm{mol}/l\rangle. \qquad (4.53.)$$

Bei der elektrolytischen Abscheidung des Zinks aus dem alkalischen Elektrolyten während des Ladevorgangs neigt dieses dazu, an bevorzugten Stellen der Oberfläche und ungleichmäßig verteilt abgeschieden zu werden. Das Kristallwachstum kann nadelförmig erfolgen, so daß es zur Ausbildung von Dendriten kommt. Diese können bis zur Silberelektrode wachsen und einen elektrischen Kurzschluß auslösen. Außerdem kann eine generelle geometrische Verformung der Zinkelektrode beim wiederholten Lade-Entlade-Vorgang eintreten. Auf

Grund der höheren Dichte des Zinkats gegenüber dem zinkatfreien Elektrolyten sinkt dieses zum Boden der Zelle ab, wo dann im nachfolgenden Ladeprozeß bevorzugt Zink abgeschieden wird. Oxley [648] und Moshtev [649] konnten den Zusammenhang zwischen Dendritenwachstum und der Zinkatdiffusion einerseits und der Überspannung andererseits nachweisen. Dendrite bilden sich bei hohen Ladestromdichten unter unerwünschter Mitabscheidung von Wasserstoff, wodurch die Oberfläche für die Zinkationen durch Wasserstoffblasen blockiert wird. Lokale Verunreinigungen (Fremdmetalle) und Kristallfehlordnungen fördern ebenfalls die Bildung von Dendriten [650, 651].

4.4.2. *Technische Ausführung des Silber-Zink-Akkumulators*

Da beim Silber-Zink-Akkumulator die Entladeprodukte der Zinkelektrode in die Elektrolytlösungen übergehen (Metallionenelektrode) und auch die Silberoxide im stark alkalischen Elektrolyten merklich löslich sind, müssen gegenüber den bisher behandelten Systemen einige Besonderheiten berücksichtigt werden.

Die Dendritenbildung läßt sich durch Senken der Zinkatkonzentration im Elektrolyten unterdrücken. Das wird durch Zusätze zum Elektrolyten (Pb^{2+}, Mg^{2+}, Ca^{2+}, KF) [599, 649, 652, 653] und zu den Elektroden (z. B. CdO) sowie durch Verringerung der Elektrolytmenge erzielt [654].

Eine wichtige Rolle spielen dabei die Separatoren zwischen den Elektroden, die Kurzschlüsse und die Wanderung von Silberionen zur Zinkelektrode (Selbstentladung) verhindern sollen, ohne die gute Ionenleitfähigkeit, eine wesentliche Voraussetzung für ein Hochleistungssystem, merklich zu reduzieren [655]. Die Separatoren müssen einerseits über eine hohe mechanische und chemische Stabilität gegenüber den Zinkdendriten bzw. dem stark oxydierend wirkenden Ag_2O_2 verfügen, aber andererseits auch sehr quellfähig sein, um möglichst den gesamten Elektrolyten in sich aufzunehmen und den Elektrolytraum weitgehend auszufüllen. Auf diese Weise wird der Sättigungswert der Zinkatlöslichkeit örtlich sehr schnell erreicht, und ZnO bzw. $Zn(OH)_2$ verbleibt am Ort seiner Bildung weitgehend mit der Elektrode in Kontakt, so daß das Verhalten dem einer Anionenelektrode nahekommt. Häufig bestehen die Separatoren aus mehreren Schichten, die unterschiedliche Aufgaben erfüllen. Als Materialien werden dafür Asbest, Glasfasern, Polymerfasern oder Zellophan verwendet [656]. Das mechanisch stabile Zellophan ist gegen Ag_2O_2 wenig beständig [657]. Bessere Eigenschaften in dieser Hinsicht zeigen mikroporöse Membranen auf der Basis von p-Phenylendiamin-Formaldehyd-Harz mit PVC-Grundlage oder strahlenchemisch vernetzte Copolymere der Acrylsäure [658]. Erfolgreich wurden auch Zirkoniumdioxid-Kaliumtitanat-Mischungen (18:1), abgebunden mit 5% Polyphenylenoxid [659] sowie direkt auf die Silberelektrode mit Hilfe der Plasmastrahltechnik aufgebrachtes ZrO_2 [660] eingesetzt. Eine direkt auf der Zinkelektrode aufgebrachte semipermeable Separatorschicht auf Latexbasis (wäßrige, aushärtbare Emulsionen von Butadien, Styrol oder Acrylaten unter Zusatz von Porenbildnern, Weichmachern und Alterungsschutzmitteln) verhindert das Eindringen von Zinkationen in den Elektrolyten, läßt aber gleichzeitig OH^--Ionen und Wasserstoffgas passieren, so daß ohne merklichen Leistungsverlust einige Hundert Zyklen mit solchen Zinkelektroden erzielt wurden [661].

Eine Elektrolytkonzentration über 40% KOH erhöht zwar die Lebensdauer der Cellulosescheider und ergibt eine höhere spezifische Kapazität der Silberelektrode, da beim Lade-Entlade-Vorgang kleinere Kristalle mit großer Oberfläche gebildet werden [662], setzt aber gleichzeitig die Zinkatsättigungskonzentration in unerwünschter Weise herauf.

Die Elektroden müssen eine große reaktive Oberfläche, d. h. eine hohe Porosität, besitzen, um hoch belastbar zu sein. Bei der Zinkelektrode erreicht man das, indem Zinkoxidpulver mit 1···10% HgO und Bindemittel (Teflon, Polyvinylalkohol) auf ein Metallnetz (z. B. aus Silber) gepreßt wird (Porosität 80···90%) und anschließend eine Formation in verdünnter KOH (5%) erfolgt [92, 599]. Bei einem anderen Verfahren werden Zinkoxid-Kalilauge-Pasten in ein Metallgitter eingebracht und anschließend ebenfalls formiert [663]. Schließlich sind auch Verfahren beschrieben, bei denen die Elektrode durch feinkörnige elektrolytische Abscheidung des Zinks aus wäßrigen Lösungen [664] oder durch Sinterverfahren [665] erhalten wird. Sehr aussichtsreich ist eine von Šandera u. Mitarb. [666] vorgestellte Elektrode, bei der sich das aktive Zink auf einem Cadmiumskelett befindet, das die Elektrodenstruktur stabilisiert. Die Entladekurve des diese Elektrode enthaltenden Akkumulators weist nach der Zinkstufe (1,7 V) noch die Cadmiumstufe (1,2 V) auf. Mit der Elektrode wurden bei drei- bis viermaligem Elektrolytwechsel etwa 1000 Entladezyklen erreicht, ehe die Kapazität unter 80% absank.

Ähnliche Methoden wie die Pastierung von Silbergittern oder- netzen mit Aktivmasse (Ag_2O, Ag_2O_2, H_2O und Bindemitteln) [667], Einpressen von feinen Silberoxidpulvern (Korngröße etwa 1 μm) mit Bindemitteln in ein Metallnetz [668], Sinterung von Silberpulver (Korngröße 5···25 μm) auf einem Metallnetz [669], wobei als Ausgangsmaterial auch AgCl dienen kann [670], werden auch für die Silberelektrode angewendet.

Der Silber-Zink-Akkumulator ist in der üblichen Plattenbauweise (s. Abschnitt 4.2.6.) gestaltet [659, 669]. Der Elektrolytraum ist sehr klein gehalten. Meist werden Plastgefäße verwendet. Der Akkumulator wird mit einer Kapazität von 0,1···300 Ah/Zelle hergestellt [671]. Auch trocken vorgeladene Batterien (s. Abschn. 4.2.7.) kommen zur Anwendung. Zur Ladungserhaltung brauchen nach vorsichtiger Trocknung der formierten Platten und luftdichtem Abschluß des Akkumulators keine weiteren Maßnahmen ergriffen zu werden. Der Ladungsverlust beträgt bei Raumtemperatur 2% pro Jahr [672]. Auch eine gasdichte Ausführung des Akkumulators wurde in Anlehnung an die entsprechende Nickel-Cadmium-Zelle entwickelt. Da am Ende der Ladephase ein steiler Spannungsanstieg erfolgt, ehe es zu einer merklichen Gasentwicklung kommt, ist eine weitgehende Überladesicherung von vornherein gegeben. Im übrigen sind die Konstruktionsprinzipien der gasdichten Nickel-Cadmium-Zelle (Überdimensionierung der negativen Elektrode, antipolare Masse) angewendet [641, 669, 673, 674].

4.4.3. *Eigenschaften und Anwendungsgebiete des Silber-Zink-Akkumulators*

Die hervorstechendsten Eigenschaften des Silber-Zink-Akkumulators sind seine hohen Energie- und Leistungsdaten (Bild 4.35.). Es werden je nach der Entladestromstärke 60···120 Wh/kg bzw. 100···200 Wh/l erreicht. Die mittlere

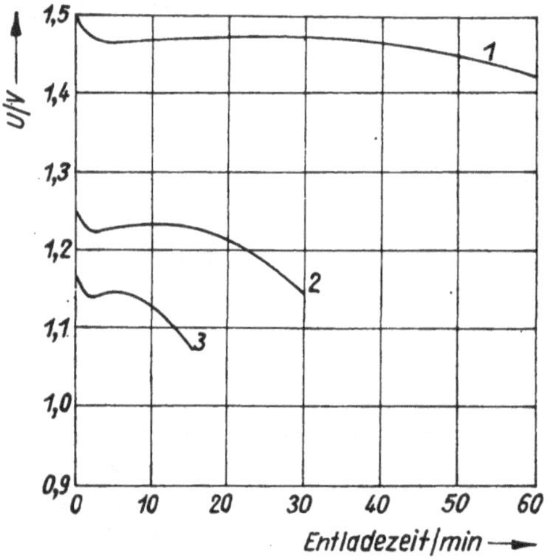

Bild 4.35. Hochstrom-Entladekurven eines Silber-Zink-Akkumulators der Masse von 600 g bei einer Umgebungstemperatur von 25 °C

1 – 1stündiges Entladen mit $I = 40$ A; entnommene Ladung bis $U = 1$ V: 125% der Nennkapazität ($f_m = 100$ W/kg; $p_m = 100$ Wh/kg)

2 – 30minütiges Entladen mit $I = 80$ A; entnommene Ladung bis $U = 1$ V: 100% der Nennkapazität ($f_m = 160$ W/kg; $p_m = 80$ Wh/kg)

3 – 15minütiges Entladen mit $I = 160$ A; entnommene Ladung bis $U = 1$ V: 94% der Nennkapazität ($f_m = 300$ W/kg; $p_m = 75$ Wh/kg)

Zellenspannung bei einer 1stündigen Entladung beträgt etwa 1,45 V. Bei einem Ladefaktor von 1,1 und einer 1stündigen Entladung ist der Ladewirkungsgrad 91% und der Energiewirkungsgrad 73%. Die Zellen vertragen sehr hohe Entladeströme und sogar zeitweilige Kurzschlüsse ohne Schädigung, wenn die damit verbundene Wärmeentwicklung nicht zu groß ist. Sie können auch im entladenen Zustand gelagert werden. Relativ empfindlich ist die Zelle gegen Überladung (Zerstörung der Elektroden; Zinkelektrode wächst schneller durch den Separator), so daß die maximale Ladespannung von 2,2 V/Zelle nicht überschritten werden darf (normale Ladespannung: 2,0 V/Zelle). Insbesondere für die schnelle Aufladung hat sich eine Impulsladetechnik [675, 676] bewährt. Der Silber-Zink-Akkumulator ist bei Hochstromentladung im Temperaturbereich von 10···70 °C und bei niedriger Belastung (24stündige Entladung) bis —20 °C einsetzbar. Allerdings führt eine längere Verwendung bei hoher Temperatur zu Schädigungen der Elektroden und Separatoren sowie zu erhöhter Selbstentladung [677].

Durch chemische Instabilität der Silberoxidelektrode, durch Korrosion der Zinkelektrode und deren chemische Reaktion mit Silberionen kommt es zur Selbstentladung; Elektrolytverunreinigungen und Lokalelementbildung erhöhen diese. Andererseits dienen spezielle Zusätze (z. B. HgO) der Erhöhung der Korrosionsfestigkeit des Zinks (s. Abschn. 3.3.1.). Die Selbstentladung beträgt bei Raumtemperatur je nach der Qualität der Elektroden 3···20% im

Monat, sie geht mit zunehmender Lagerzeit zurück [678, 679]. Die Lebensdauer des Silber-Zink-Akkumulators, die vor allem durch die Veränderung der Zinkelektrode (Erosion, Kurzschlüsse) durch Dendrite und der Silberelektrode (Auflösung im Elektrolyten), aber auch durch die des Separators (oxydative Zerstörung durch Ag_2O_2, mechanische Zerstörung durch Dendrite), begrenzt wird, ist niedrig [680—684]. Bereits nach 10···25 Tiefentladungen bei hoher Stromdichte fällt die Kapazität unter 80% des Nennwertes. Bei niedrigen Belastungen lassen sich 80···150 Zyklen und bei Teilentladungen 200 bis 500 Zyklen erreichen. Beim praktischen Gebrauch ergibt sich deshalb eine Lebensdauer von 6···18 Monaten, unter speziellen Bedingungen bis zu 3,5 Jahren [680]. Auch die Lebensdauer der gasdichten Zelle ist aus den genannten Gründen sehr niedrig. Neuerdings wurden aber unter Anwendung anorganischer Separatoren etwa 350 Lade-Entlade-Zyklen erreicht [685]. Der Vorteil des Silber-Zink-Akkumulators ist seine hohe Energie- und Leistungsdichte; demgegenüber muß man allerdings die wesentlichen Nachteile der geringen Lebensdauer und des hohen Preises berücksichtigen. Daraus ergeben sich nur begrenzte Anwendungsgebiete, die vor allem in der Weltraum- und Militärtechnik liegen [659]. Versuche, Silber-Zink-Akkumulatoren wegen der hohen Energie- und Leistungsdichte auch als Fahrzeugantriebsbatterien einzusetzen, sind aus ökonomischen Gründen aussichtslos.

4.5. **Silber-Cadmium-Akkumulator** [686, 687]

4.5.1. Aufbau und Funktionsprinzip des Silber-Cadmium-Akkumulators

Der Silber-Cadmium-Akkumulator ist dem Silber-Zink-Akkumulator sehr ähnlich. Schon im Jahre 1900 versuchte JUNGNER mit Silber-Cadmium-Batterien Elektroautos zu betreiben. Seine Zellen erreichten bereits eine hohe Zyklenlebensdauer [642].

In diesen Zellen ist eine Silberelektrode (s. Abschn. 4.4.) mit einer Cadmiumelektrode (s. Abschn. 4.3.) kombiniert. Als Elektrolyt wird eine 30 bis 40%ige Kalilauge verwendet.

Die Einzelelektrodenreaktionen sind in den Abschn. 4.3.1. und 4.4.1. ausführlich behandelt worden. Die Zellenreaktion und die wichtigsten Leistungsparameter werden in Tab. 4.1. ausgewiesen.

4.5.2. Technische Ausführung des Silber-Cadmium-Akkumulators

Die technische Ausführung der Elektroden ist bereits in den Abschn. 4.3.2. und 4.4.1.2. eingehend beschrieben worden. Die Zellenkonstruktion sowie das Separatorsystem sind ebenfalls weitgehend vom Silber-Zink-Akkumulator entlehnt, wobei allerdings die mechanische Belastung des Separators, ausgehend von der negativen Elektrode, durch die Formstabilität der Cadmiumelektrode entfällt.

Gasdichte Zellen [688] des Silber-Cadmium-Systems haben wegen der günstigeren Eigenschaften der negativen Elektrode [689] (auch die O_2-Rekombination an der Cadmiumelektrode läuft schneller ab) eine gute Lebensdauer (zehnmal höher als bei der gasdichten Silber-Zink-Zelle). Unter Berücksichtigung der spezifischen Energie haben sie aber nicht so große Vorteile wie die Silber-Zink-Zelle gegenüber der billigeren gasdichten Nickel-Cadmium-Zelle. Auf Grund der beiden Silberoxide Ag_2O und Ag_2O_2 der positiven Elektrode weisen Lade- und Entladekennlinie zwei Stufen auf [690].

4.5.3. *Eigenschaften und Anwendungsgebiete des Silber-Cadmium-Akkumulators*

Die Vorteile der Silber-Cadmium-Zelle sind hohe Zyklenlebensdauer sowohl bei Teil- als auch bei Tiefentladung, resultierend aus der formstabilen Cadmiumelektrode [691] (2000···3000 Zyklen bei Teilentladung, 300···500 Zyklen bei Tiefentladung [692], hoher Ladewirkungsgrad (bis 95% bei einem Ladefaktor von 1,1) und geringe Selbstentladung (1···2% pro Monat [692], nur an der positiven Elektrode durch Zerfall der Silberoxide [693]). Der Silber-Cadmium-Akkumulator steht bezüglich der spezifischen Energie wegen seiner niedrigeren Zellenspannung zwischen dem Silber-Zink- und dem Nickel-Cadmium-Akkumulator. Da in beiden Elektroden sehr teure Materialien eingesetzt werden, ist der alles entscheidende Nachteil des Akkumulators sein sehr hoher Preis. Die Anwendung erfolgte deshalb bisher nur für Spezialzwecke im Militärwesen und in der Weltraumforschung.

4.6. Neuentwicklung von Akkumulatoren mit wäßrigen Elektrolyten

Die im folgenden beschriebenen neuen Systeme befinden sich z. Z. noch im Versuchsstadium oder in der technologischen Entwicklung. Sie sind gegenwärtig z. T. nur für Spezialanwendungen (z. B. Militärwesen, Raumforschung) eingesetzt und noch nicht kommerziell erhältlich.

4.6.1. *Nickel-Zink-Akkumulator* [694, 695]

4.6.1.1. *Aufbau und Funktionsprinzip des Nickel-Zink-Akkumulators*

Die Elektrodenkombination von Nickel-Oxidhydroxidelektrode und Zinkelektrode, die zwar schon lange als prinzipiell vorteilhaft angesehen wurde [696—698], ist zielstrebig erst seit Mitte der 60er Jahre entwickelt worden, um für den Fahrzeugantrieb einen Energieträger mit höherer spezifischer Energie als die der klassischen Blei- und Nickel-Cadmium-Systeme zu bekommen, der gleichzeitig niedrigere spezifische Kosten als der Silber-Zink-Akkumulator aufweist. Diesem trug die Substitution der teueren Silber- durch die Nickelelektrode und die gleichzeitige Lebensdauerverbesserung der Zinkelektrode Rechnung.

Die Elektrodenvorgänge der Nickel- und Zinkelektrode sind bereits in den Abschn. 4.3.1. und 4.4.1. ausführlich diskutiert worden. Die Zellenreaktion und die wichtigsten Leistungskennziffern sind in Tab. 4.1. enthalten. Die höhere spezifische Energie im Vergleich zum Nickel-Cadmium-System resultiert aus der höheren Zellenspannung und der niedrigeren Äquivalentmasse des Zinks. Auch die spezifische Leistung des Systems liegt zwischen der von Silber-Zink- und Nickel-Cadmium-Zelle.

4.6.1.2. Technische Ausführung des Nickel-Zink-Akkumulators

Während an der langlebigen Nickelelektrode kaum Veränderungen vorgenommen wurden (vornehmlich kommen Sinternickelelektroden zum Einsatz), sind bei der Zinkelektrode außer den bereits in Abschn. 4.4. beschriebenen Maßnahmen weitere Schritte zur Erhöhung ihrer Lebensdauer unternommen worden. Das sind:

- Einsatz stabilerer Separatoren (mit anorganischen Zusätzen) [694, 699],
- Elektrolytzusätze (LiOH, H_3BO_3, K_2HPO_4) [700—703],
- Elektrodenzusätze ($Ca(OH)_2$, Bi_2O_3, K_2HPO_4, MgO, Li_2O) [703—705], die die Zinkatlöslichkeit erheblich senken,
- Festlegung von speziellen Lade-Entlade-Parametern (Stromdichte, Entladetiefe, Vermeidung von Überladung usw.) [706, 707] und
- konstruktive Maßnahmen [708, 709].

Weiterhin ist eine hochporöse Matrix auf Polyurethanbasis, die den gesamten Raum zwischen den Elektroden ausfüllt, als Elektrolytträger und Separator erprobt worden, ohne allerdings eine deutliche Steigerung der Lebensdauer zu erreichen [710]. Nach Feuillade und Cord [703] soll eine poröse Zinkelektrode, die große Anteile an K_2HPO_4 und geringe Mengen LiOH und $Mg(OH)_2$ enthält, in Verbindung mit alkalischen Elektrolyten, die ebenfalls Hydrogenphosphate und Chloride oder Fluoride enthalten, über mehrere Hunderte Lade-Entlade-Zyklen formstabil bleiben.

Andererseits kann man aber auch durch weitgehendes Auflösen der Zinkelektrode beim Entladeprozeß in Verbindung mit einer Hilfselektrode zwischen Zink- und Nickelelektrode eine wesentliche Erhöhung der Zyklenzahl (bis 2000) erzielen (Bild 4.36.) [711, 712]. Das zwischen zwei Separatorschichten angeordnete Nickelnetz ist mit einem Katalysator (z. B. Raney-Nickel oder Nickelborid) [713] beschichtet, der eine niedrige Wasserstoffüberspannung besitzt. Wenn Zink mit dieser Hilfselektrode in Berührung kommt, wird es unter Wasserstoffentwicklung aufgelöst. Da sich dieses Netz auch über den Boden der Zelle erstreckt, werden nicht nur Dendriten, sondern auch lose Zinkpartikel beseitigt. Nach diesem Prinzip läßt sich jedoch nur eine relativ niedrige spezifische Energie (30···40 Wh/kg bei 1stündiger Entladung) erreichen, da während der Entladung alles Zink in der Lösung verbleiben soll, um Störungen durch vorzeitige Zinkoxidausscheidung zu vermeiden. Deshalb benötigt man auch eine relativ große Elektrolytmenge. Der Ladewirkungsgrad beträgt etwa 70%.

Eine weitere technische Variante arbeitet unter Vibration der Zinkelektrode beim Ladeprozeß (Bild 4.37.) [714]. Durch einen kombinierten Einfluß von Mikro- und Makroturbulenz soll die Dendritenbildung unterdrückt, eine bessere Formstabilität der Zinkelektrode und insgesamt eine hohe Lebensdauer des Akkumulators (bis 1400 Zyklen) erreicht werden, wobei die Nickelelektrode lebensdauerbegrenzend ist. Die Masse der Zusatzeinrichtung macht etwa 5% der Gesamtbatteriemasse aus. Bei Prototypen von Batterien mit Nickel-Taschenelektroden (63 Zellen je 185 Ah) wurde bei 2stündiger Entladung eine spezifische Energie von 50 Wh/kg erzielt; bei Batterien mit Sinternickelelektroden ergaben sich 65 Wh/kg. Batterien mit 70···80 Wh/kg bei 2stündiger Entladung sollen sich in Vorbereitung befinden. Der erhöhte Aufwand beim Ladeprozeß ist jedoch ein nicht übersehbarer Nachteil dieser Variante.

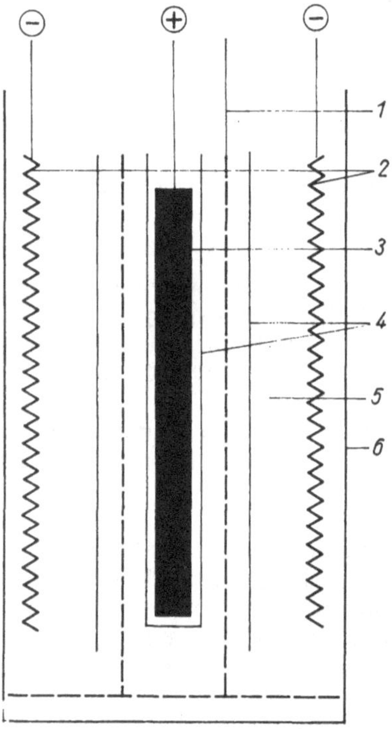

Bild 4.36. Schematische Darstellung eines Nickel-Zink-Akkumulators mit Hilfselektrode nach [711]

1 – Hilfselektrode;
2 – Zinkelektrode;
3 – Nickeloxidelektrode;
4 – Separator;
5 – Elektrolyt;
6 – Zellengefäß

Der Nickel-Zink-Akkumulator ist auch in seiner gasdichten Ausführung entwickelt worden [694]. Dabei ist die negative Elektrode überdimensioniert, so daß bei Überladung nur Sauerstoff gebildet wird, der von einer Hilfselektrode, die mit der Zinkelektrode leitend verbunden ist, verzehrt wird. Bei dieser Elektrode handelt es sich um eine Sauerstoffelektrode mit hoher Wasserstoffüberspannung (amalgamiertes Silber oder Aktivkohle), damit es nicht zur verstärkten Selbstentladung der Zinkelektrode kommt.

Die technische Gestaltung der Zellen entspricht dem typischen Akkumulatoraufbau, wobei zusätzliche Maßnahmen (Separator, Elektrolytraum, Hilfselektroden) getroffen wurden, um das Problem der ungenügenden Formstabilität der Zinkelektrode zu lösen [701, 704]. Von SCHNEIDER und DOMINCZYK [715] ist eine Zelle mit bipolaren Elektroden ausführlich beschrieben worden. Gestaltung, Konstruktion und Produktionstechnologie von Nickel-Zink-Akkumulatoren mit gesinterten Nickelelektroden sind in [716] eingehend diskutiert.

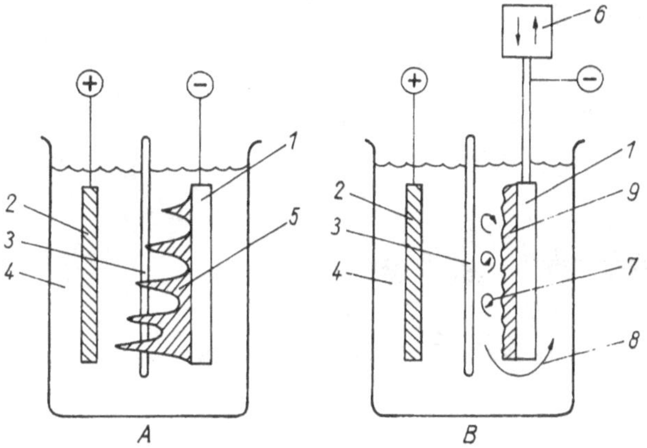

Bild 4.37. Einfluß der Vibration beim Ladevorgang auf die geometrische Form der Zinkelektrode in Nickel-Zink-Akkumulatoren nach [714]

A – stationäre Zinkelektrode; *B* – vibrierende Zinkelektrode

1 – Zinkelektrode; *2* – NiOOH-Elektrode; *3* – Separator; *4* – Elektrolyt (KOH + $Zn(OH)_2$); *5* – Formveränderung durch Dendritenwachstum; *6* – Vibrator; *7* – Mikroturbulenz; *8* – Makroturbulenz; *9* – dichte, gleichmäßige Zinkabscheidung

4.6.1.3. Eigenschaften und Anwendungsgebiete des Nickel-Zink-Akkumulators

Die Vorteile des Nickel-Zink-Akkumulators sind seine hohe spezifische Energie und spezifische Leistung, so daß er über kurze Zeit mit hohen Stromdichten entladen werden kann (Bild 4.38.). Die Nachteile sind in der trotz wesentlicher Verbesserung noch nicht ausreichenden Lebensdauer der Hochleistungszellen und in den Kosten, vor allem der Nickelelektrode, zu suchen, insbesondere wenn diese Batterie als Energieträger für Elektroautos zur Anwendung kommen soll.

4.6.2. Nickel-Wasserstoff- und Silber-Wasserstoff-Akkumulator [717–723]

4.6.2.1. Aufbau und Funktionsprinzip des Nickel-Wasserstoff- und Silber-Wasserstoff-Akkumulators

In diesen Akkumulatoren ist eine Wasserstoffelektrode, wie sie in Brennstoffzellen angewendet wird (s. Abschn. 5.6. und 5.9.1.), mit der positiven Elektrode herkömmlicher Akkumulatoren (Abschn. 4.3.2. und 4.4.2.) kombiniert. Sehr

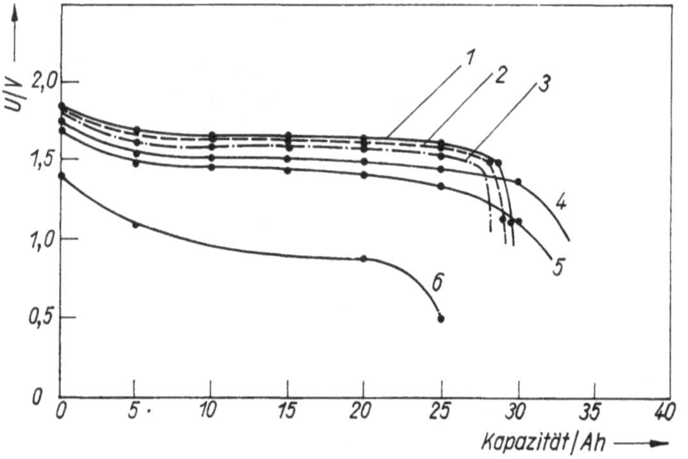

Bild 4.38. Entladecharakteristik eines Nickel-Zink-Akkumulators der Nennkapazität 25 Ah nach [701]

Entladestrom:

1 – 10 A; *2* – 20 A; *3* – 40 A; *4* – 60 A; *5* – 75 A; *6* – 100 A

abweichend von den bisher beschriebenen Akkumulatoren kommt ein gasförmiger Reaktant zur Anwendung, der im Akkumulator gespeichert werden muß. Das Elektrodensystem ist deshalb in einem Überdruckbehälter angeordnet. Der Elektrolyt (Kalilauge) befindet sich vollständig im Separator und in den porösen Elektroden. Je nach Ladezustand beträgt der Wasserstoffdruck im Innern der Zelle zwischen 0,1 und 3 MPa. Obwohl zwischen Wasserstoff und NiOOH bzw. Ag_2O_2 und Ag_2O ein unmittelbarer Kontakt besteht, ist die Selbstentladung mit 3 bis 20% pro Tag noch relativ gering, da die chemische Reduktion der Oxide bei niedriger Temperatur mit sehr geringer Geschwindigkeit abläuft. Die Reaktionen an den positiven Elektroden verlaufen entsprechend den Gln. (4.30.) bzw. (4.48.) und (4.49.).

Für die Wasserstoffelektrode gilt im alkalischen Elektrolyten die Gleichung

$$H_2 + 2OH^- \rightleftharpoons 2H_2O + 2e^- \qquad \langle U_H^\ominus = -0{,}828\ \mathrm{V}\rangle. \qquad (4.54.)$$

Damit ergeben sich als Zellenreaktionen für den Nickel-Wasserstoff-Akkumulator die Gleichung

$$H_2 + 2NiOOH \rightleftharpoons 2Ni(OH)_2 \qquad \langle U^\ominus = 1{,}318\ \mathrm{V}\rangle \qquad (4.55.)$$

und für den Silber-Wasserstoff-Akkumulator die Gleichungen

$$H_2 + Ag_2O_2 \rightleftharpoons Ag_2O + H_2O \qquad \langle U^\ominus = 1{,}398\ \mathrm{V}\rangle \qquad (4.56.)$$

und

$$H_2 + Ag_2O \rightleftharpoons 2Ag + H_2O \qquad \langle U^\ominus = 1{,}172\ \mathrm{V}\rangle. \qquad (4.57.)$$

Wie die Zellenreaktion ausweist, kommt es im Nickel-Wasserstoff-Akkumulator während des Lade- oder Entladevorganges zu keiner Elektrolytveränderung, da nicht einmal Wasser an der Reaktion beteiligt ist.

Da die Systeme hermetisch abgeschlossen arbeiten, muß Überlade- und Überentladesicherheit (s. Abschn. 4.3.1.) bestehen. Dazu brauchen aber keine zusätzlichen Maßnahmen getroffen zu werden. Der beim Überladevorgang an der Nickel- bzw. Silberelektrode gemäß Gleichung

$$4OH^- \rightarrow O_2 + 2H_2O + 4e^- \qquad (4.58.)$$

gebildete Sauerstoff reagiert mit dem gleichzeitig an der Wasserstoffelektrode unter Umkehr von Gl. (4.54.) entstehenden Wasserstoff an der Katalysatorelektrodenoberfläche sehr schnell unter Wasserbildung gemäß Gleichung

$$O_2 + 2H_2 \rightarrow 2H_2O, \qquad (4.59.)$$

so daß der Sauerstoffpartialdruck beim Überladen unter 1% des Gesamtdruckes liegt.

Eine Überentladesicherung besteht insofern, als die positive Elektrode kapazitätsbegrenzend ausgelegt ist, so daß beim Überentladen dort schon eine Wasserstoffentwicklung eintritt, bevor der Wasserstoffvorrat verbraucht ist, also eine Sauerstoffentwicklung an der Wasserstoffkatalysatorelektrode ausgeschlossen ist.

Die Wasserstoffdruck- und Zellenspannungscharakteristik beim Lade-, Überlade-, Entlade- und Überentladevorgang zeigt Bild 4.39. In der Überlade-

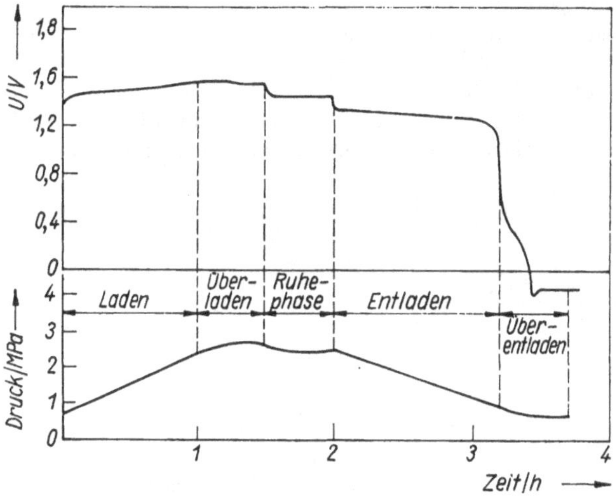

Bild 4.39. Typische Zellenspannungs- und Wasserstoffdruckcharakteristik eines hermetisch geschlossenen Nickel-Wasserstoff-Akkumulators (Umgebungstemperatur 23 °C) nach [719]

bzw. Überentladephase kommt es zu keiner Druckveränderung. Allerdings muß die Ableitung der Reaktionswärme gesichert sein. Der Wasserstoffdruck ist ein gutes Maß für den Ladezustand der Zelle [724].

Die wichtigsten Daten beider Zellen sind in Tab. 4.1. angegeben. Auffallend gut ist die hohe Zyklenlebensdauer bei gleichzeitig hoher spezifischer Energie und spezifischer Leistung.

4.6.2.2. *Technische Ausführung des Nickel-Wasserstoff- und Silber-Wasserstoff-Akkumulators* [725, 726]

Die prinzipielle Elektrodenanordnung in der Zelle ist in Bild 4.40. wiedergegeben.

Technologisch günstig ist die Anordnung zweiseitig wirkender Elektroden (Januselektroden) [719]. Meistens werden Sinternickel- [719, 727] oder Sintersilberelektroden [720] verwendet. Die Wasserstoffelektroden bestehen häufig aus großoberflächigem Platinschwarz, das in einer Flächendichte von 4 mg/cm² mit Teflonbindemittel auf einem Nickelnetz aufgetragen ist, das mit einer hydrophoben Gaszuleitungsschicht in Verbindung steht [719, 728]. Oft werden auch Mehrschichtelektroden mit einer Kohle-Edelmetallkatalysator-Schicht mit maximal 1 mg Pt pro cm² eingesetzt [718] (s. Abschn. 5.6. und 5.7.). Die Wasserstoffelektroden sind 0,2···0,8 mm und die Nickelelektrode ist etwa 1 mm dick. Als Elektrolytträger für die 30%ige Kalilauge und Separator dienen Polyamid- oder Polypropylenfaservliese, auch in Verbindung mit anorganischen Materialien (Kaliumtitanat). Polyamidscheider sind insofern ungünstig, da sie die Sauerstoffrekombination beim Überladeprozeß hemmen ($p_{O_2} \geqq 0{,}05\, p_{ges}$), was andererseits einen Elektrolytverlust zur Folge hat [729].

Die Anordnung der ausschließlich runden Elektrodenpakete erfolgt in einem zylinderförmigen Behälter aus einer Speziallegierung (z. B. Inconel 625 oder Ti 5 Al 2,5 Sn [730]) mit einer Wandstärke von 0,45···0,65 mm, der mehr als den doppelten oberen Arbeitsdruck der Zelle (3···4 MPa) aushält (Bild 4.41) [725]. Die Zelle muß absolut leckdicht verschlossen sein; wenn auch nur ein

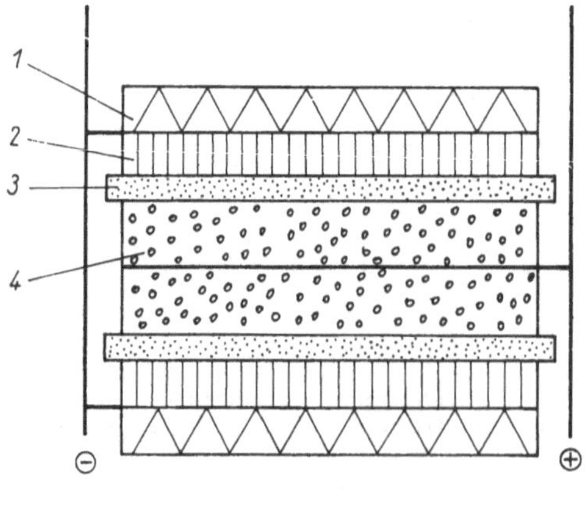

Bild 4.40. Schema der Elektrodenanordnung in der Nickel-Wasserstoff-Zelle nach [719]

1 – Gasdiffusionsnetz;
2 – Platin-Wasserstoffelektrode;
3 – Elektrolytmatrix;
4 – Ni/NiOOH-Elektrode

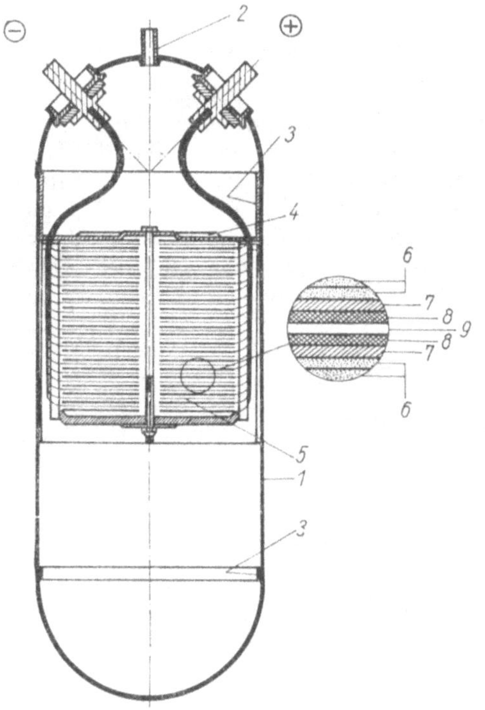

Bild 4.41. Querschnitt eines Nickel-Wasserstoff-Akkumulators nach [728]

1 – zylindrischer Behälter;
2 – Füllstutzen;
3 – geschweißter Ring;
4 – Druckplatte;
5 – Elektrodenpaket;
6 – positive Elektrode;
7 – Separator;
8 – negative Elektrode;
9 – Gasdiffusionsnetz

Teil des Wasserstoffs entwichen ist, arbeitet das System nicht mehr ordnungsgemäß.

Die Anwendung spezieller Legierungen ($LaNi_5$, Palladiumlegierungen), die das Vermögen haben, entsprechend der Gleichung

$$LaNi_5 + 3\,H_2 \underset{0{,}1\,MPa}{\overset{0{,}5\,MPa}{\rightleftharpoons}} LaNi_5H_6. \qquad (4.60.)$$

Wasserstoff bei Raumtemperatur unter Überdruck in das Metallgitter aufzunehmen und bei niedrigerem Druck wieder abzugeben, ermöglichen es die Zellen mit niedrigerem Arbeitsdruck zu betreiben [717, 731, 732]. Allerdings nimmt durch die zusätzliche Anwendung der Wasserstoffträger die spezifische Energie der Zellen ab. Es bietet sich auch die Möglichkeit an, diese Wasserstoffträger selbst als Elektroden einzusetzen [715, 733, 734]. Besonders geeignet erwiesen sich dafür allerdings die teuren Silber-Palladium-Legierungen [734]. Vom ökonomischen Standpunkt etwas günstiger sind die von Gutjahr und Mitarbeitern [715, 735] erprobten Titan-Nickel-Legierungen.

4.6.2.3. *Eigenschaften und Anwendungsgebiete des Nickel- Wasserstoff- und Silber-Wasserstoff-Akkumulators*

Die Selbstentladegeschwindigkeit dieser Akkumulatorsysteme wird von den einzelnen Autoren [718, 719, 728] stark voneinander abweichend (3···20%/Tag) angegeben. Sie nimmt mit der Standzeit ab, wobei steigender Wasserstoffdruck und steigende Temperatur die Selbstentladung fördern. KORDESCH [718] gibt beim $Ni-H_2$-System für 20 °C die niedrigste Selbstentladung während zwei Wochen mit 30% bei einem Wasserstoffdruck von 3 MPa bzw. 20% bei 1,5 MPa an. Nach HAAS und BRIGGS [736] soll die Selbstentladung von Silber-Wasserstoff-Zellen niedriger sein.

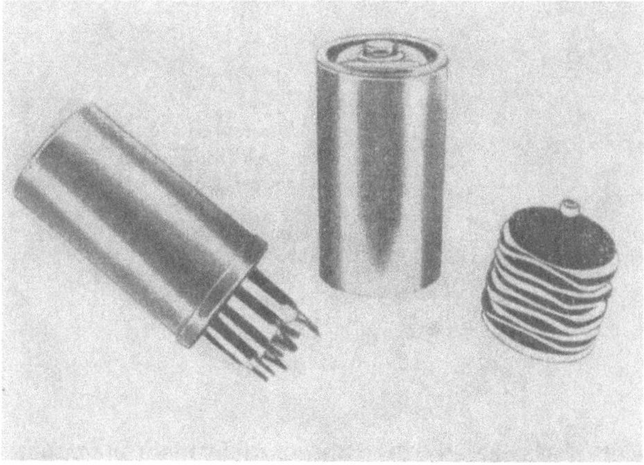

Bild 4.42. Nickel-Wasserstoff-Kleinakkumulatoren im Rundzellenformat (Größe R 20) mit zwei verschiedenen typischen Elektrodenanordnungen nach [718]

Nickel-Wasserstoff-Zellen sind in zwei Größenbereichen vorgestellt worden [717—719, 728, 724]; einerseits solche mit einer Kapazität von 30···60 Ah (Bild 4.41.) (hierzu auch Silber-Wasserstoff-Zellen [720]), wobei für die Weltraumforschung bis zu 23 Zellen pro Batterieeinheit zusammengestellt wurden, und andererseits als kleine Rundzelle (Typ R 20) mit einer Kapazität von 2,5 Ah (Bild 4.42), die anstelle gasdichter Nickel-Cadmium-Zellen Verwendung finden kann. Die Lade- und Entladekennlinien dieser R-20-Zellen (Bild 4.43) weisen aus, daß die Zellen einen guten Energiewirkungsgrad (für eine schnelle Folge von LadeEntlade-Zyklen) besitzen und mit hohen Strömen entladen werden können, ohne daß wesentliche Kapazitätseinbußen auftreten. Auch ein Schnelladen der Zellen innerhalb von 10 min mit einer Stromstärke von 10 A ist möglich. Mit der kleinen 2,5-Ah-Zelle wurden 500 Tiefentladezyklen gegenüber den sonst etwa 2000 der 30···60-Ah-Zellen erreicht.

Der Ausfall der Zellen ist meist auf das Austrocknen des Separators zurückzuführen. Das kommt durch das Eindringen des Elektrolyten in die Poren der Nickelelektrode zustande, da die Elektrode quillt und ihr Mikroporenvolumen während der Zyklisierung ansteigt. Insbesondere bei der Silber-Wasserstoff-Zelle wird die Lebensdauer auf Grund der partiellen Auflösung der positiven Elektrode von dieser begrenzt.

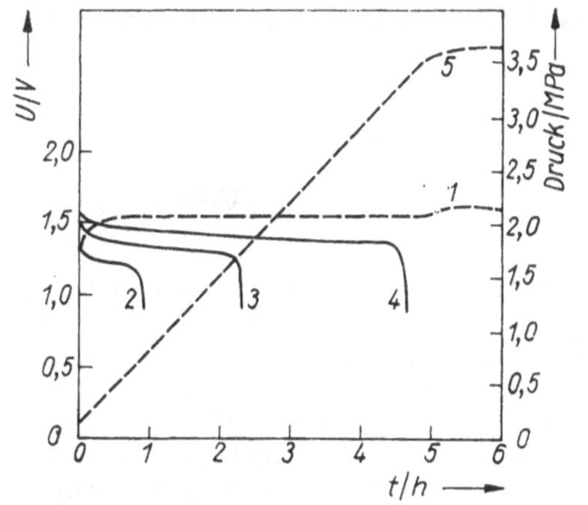

Bild 4.43. Lade-, Entlade- und Druckcharakteristik des in Bild 4.41. dargestellten Nickel-Wasserstoff-Akkumulators nach [718]

1 – Ladekurve (Ladestrom: 0,5 A); *2* – Entladen mit 2,1 A (Kapazität: 2,0 Ah); *3* – Entladen mit 1,1 A (Kapazität: 2,2 Ah); *4* – Entladen mit 0,5 A (Kapazität: 2,3 Ah); *5* – Druck während der Ladephase

Die Vorteile des Nickel-Wasserstoff- und des Silber-Wasserstoff-Akkumulators sind:

- hohe Zyklenlebensdauer besonders beim System $Ni-H_2$ (bis 2000 Tiefentladezyklen),
- hohe spezifische Energie und spezifische Leistung,
- gasdichte, betriebssichere Bauweise und
- Arbeitsfähigkeit des Systems auch unter Schwerelosigkeit.

Demgegenüber bestehen aber folgende Nachteile:

- aufwendige Fertigung mit teuren Baumaterialien (u. a. Edelmetalle), woraus ein hoher Preis resultiert und
- relativ hohe Selbstentladungsgeschwindigkeit.

Der Silber-Wasserstoff-Akkumulator hat im Vergleich zum Nickel-Wasserstoff-Akkumulator zwar eine höhere spezifische Energie; seine Nachteile wie noch höhere Materialkosten und kürzere Lebensdauer (resultierend aus der Löslichkeit der Silberelektrode) überwiegen jedoch diesen Vorteil. Durch Verbesserung des Elektrolythaushalts und der Scheider wurden mit dem Silber-

Wasserstoff-Akkumulator inzwischen bereits 300 Zyklen bei einer Entladetiefe von 50% und 3000 Zyklen bei einer Entladetiefe von 28% erreicht [737].

Die Anwendung des Nickel-Wasserstoff-Akkumulators erfolgte bereits in der Weltraumforschung [717, 738], wo er wegen der größeren spezifischen Energie und der hohen Zyklenlebensdauer besonders auch bei Tiefentladung der Nickel-Cadmium-Batterie überlegen ist [739]. Seine Betriebszeit soll etwa 10 Jahre betragen. Wenn sich seine Kosten etwas senken lassen, könnte er auch auf der Erde an Stelle des gasdichten Nickel-Cadmium-Akkumulators eingesetzt werden.

4.6.3. *Luftsauerstoff-Metall-Akkumulatoren* [740]

4.6.3.1. *Aufbau und Funktionsprinzip von Luftsauerstoff-Metall-Akkumulatoren*

Ein weiteres Akkumulatorsystem mit einem gasförmigen Reaktanten, der allerdings nicht im Akkumulator gespeichert wird, ist die Kombination einer Metallelektrode (Zink, Eisen, Cadmium) mit einer Sauerstoffelektrode, die den Sauerstoff beim Entladen aus der Luft entnimmt und beim Laden wieder abgibt. Als Elektrolyt dient Kalilauge. Da die umgebende Luft in die Arbeit des Systems einbezogen ist, führt ein Wechsel der Luftfeuchtigkeit sowie des Kohlendioxidgehalts zu einer Elektrolytveränderung und wirkt sich erschwerend auf die Arbeitsweise der Zelle aus (s. Abschn. 3.3.3.). Durch die halboffene Betriebsweise läßt sich ein Wasserverlust prinzipiell nicht vermeiden. Deshalb und vor allem auch wegen der Formveränderung der Zinkelektrode (s. Abschn. 4.4. und 4.6.1.) müssen eine Reihe zusätzlicher Maßnahmen getroffen werden, die die Gestaltung der Luftsauerstoff-Metall-Akkumulatoren technisch und ökonomisch aufwendig machen. Die elektrochemischen Vorgänge an der Zink-, Eisen- und Cadmiumelektrode werden in den Abschn. 3.3.1., 4.3.1. und 4.4.1. und die an der Sauerstoffelektrode in den Abschn. 3.3.3. und 5.9.1.1. ausführlich behandelt. Die Zellenreaktionen und die wichtigsten Kenndaten sind in Tab. 4.1. enthalten.

4.6.3.2. *Luftsauerstoff-Zink-Akkumulator*

Zur Realisierung des Luft-Zink-Akkumulators sind eine Reihe technischer Varianten vorgeschlagen worden. Bezüglich der Zinkelektrode gibt es vom Prinzip her zwei Varianten, die in Abwandlung bereits beim Nickel-Zink-Akkumulator praktiziert werden.

Bei der ersten Variante wird angestrebt, daß die beim Entladeprozeß entstehende Zinkationen durch eine Verminderung der Zinkatlöslichkeit oder -beweglichkeit als unlösliches Zinkoxid an derselben Stelle der Elektrodenoberfläche fixiert werden, an der sich vorher das Zink befand, um somit eine Anionenelektrode zu realisieren.

Bei der zweiten Variante wird die Zinkelektrode beim Entladeprozeß vollständig aufgelöst. Damit das möglichst ungehindert geschehen kann, zirkuliert der Elektrolyt durch die Zelle und einen Zinkoxidvorratsbehälter, um das gebildete Zinkat schnell von der Elektrodenoberfläche wegzuführen, eine Passivierung der Zinkelektrode zu vermeiden und aus der gesättigten Lösung außerhalb der elektrochemischen Zelle Zinkoxid auszuscheiden (Bild 4.44.), [741, 742]. Auf diese Weise sind höhere Stromdichten als bei der ersten Variante möglich. Beim Ladevorgang wird die in der Zelle abgereicherte Zinkatlösung im Zinkoxidvorratsbehälter aufkonzentriert und durch die gleichmäßige und hohe Konzentration von Zinkionen an der Oberfläche das Dendritenwachstum zurückgedrängt. Da die von den Sauerstoffelektroden abgeleitete sauerstoffarme

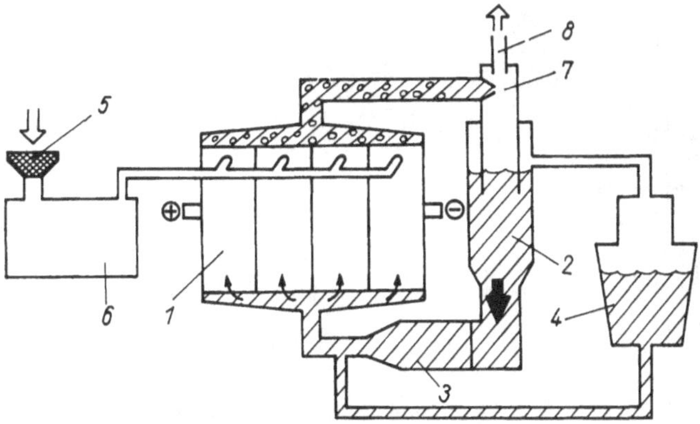

Bild 4.44. Schematische Darstellung eines Luftsauerstoff-Zink-Akkumulators mit Zusatzeinrichtungen nach [741]

1 – Zellenpaket; *2* – Elektrolytreservoir; *3* – Elektrolytpumpe; *4* – Zinkoxidvorratsbehälter; *5* – Lufteintritt; *6* – Luftreiniger; *8* – Luftaustritt

Luft Wasser wegführt, muß der Wasserhaushalt kontrolliert werden [743]. Der Wärmehaushalt ist einfacher beherrschbar. Der Wärmeaustausch kann sowohl über den Elektrolytkreislauf als auch durch die Luftbewegung an den Sauerstoffelektroden erfolgen. Die beim Ladeprozeß in der Zelle auftretende Elektrolyterwärmung wirkt sich günstig auf das Aufkonzentrieren des Elektrolyten im Zinkoxidvorratsbehälter aus. Die Anwendung von sauerstoffdurchlässigen Elektroden („Blubberelektroden") erwies sich als sehr nachteilig, da die im oberen Teil der Zelle hervorgerufene höhere Gasblasenkonzentration dort einen höheren Innenwiderstand und einen ungleichmäßigen Abtrag der Zinkelektrode beim Entladeprozeß hervorruft [741]. Der Nachteil dieser zweiten technischen Lösung liegt in dem höheren apparativen Aufwand und dem zusätzlichen Energiebedarf für den Elektrolytkreislauf. Der Akkumulator benötigt analog den Hochleistungsbrennstoffzellen eine Reihe zusätzlicher Aggregate und bedarf einer hohen Wartung. Eine spezielle Ausführungsform dieses Prinzips stellt die Zelle mit Zink-Fließbettelektrode (Bild 4.45.), [743] dar. Der zirkulierende Elektrolyt schleudert die Zinkkörner gegen eine Kollektorelektrode, wobei sie sich beim Entladeprozeß durch Auflösen verkleinern und beim Ladeprozeß vergrößern. Der Vorteil dieses Prinzips liegt in der hohen reaktiven Oberfläche des Zinks und im ungehemmten Massetransport.

Wesentliche Schwierigkeiten bestehen an der Sauerstoffelektrode nicht nur wegen der schwankenden Luftfeuchtigkeit und der dadurch unregelmäßigen Zu- oder Abfuhr von Wasser oder wegen der Carbonatbildung auf Grund des Kohlendioxidgehaltes der Luft, wodurch eine Veränderung der Leitfähigkeit des Elektrolyten und eine Blockierung der Poren der Sauerstoffelektrode eintritt, sondern auch deshalb, weil es kein Material gibt, das sowohl eine gute elektrokatalytische Aktivität zur Beschleunigung der gehemmten katodischen

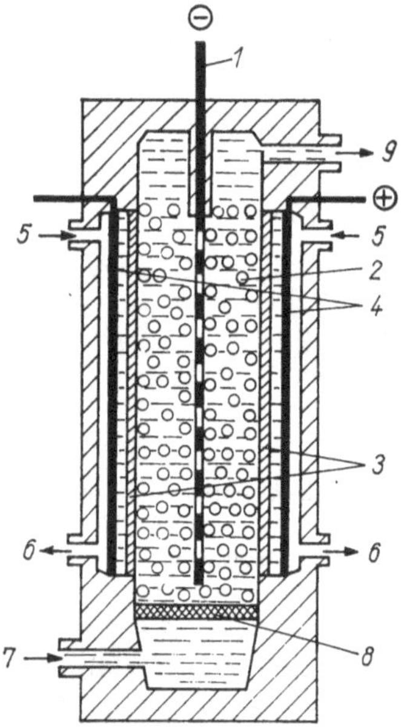

Bild 4.45. Schematische Darstellung einer Zink-Luft-Zelle mit Zink-Fließbett-Elektrode nach [743]

1 – Kollektorelektrode;
2 – Zinkkörner;
3 – Separatoren;
4 – Luftelektroden;
5 – Lufteintritt;
6 – Luftaustritt;
7 – Elektrolyteintritt;
8 – Elektrolytverteiler;
9 – Elektrolytaustritt

Sauerstoffreduktion beim Entladeprozeß besitzt als auch durch den beim Ladeprozeß an der Elektrode gebildeten naszierenden Sauerstoff chemisch nicht angegriffen wird. Um diese Schwierigkeiten zu überwinden, sind verschiedene Varianten vorgeschlagen worden.

Die erste Variante ist die Anwendung eines mechanisch regenerierten Akkumulators [744], in dem die verbrauchten Zinkelektroden und der Elektrolyt nach der Entladung aus der Zelle entfernt und durch neue Elektroden und Elektrolytlösung ersetzt werden. Die Regenerierung der Zinkelektrode erfolgt außerhalb der Zelle in einer größeren Anlage [88]. Im strengen Sinne handelt es sich bei dieser Variante nicht um einen Akkumulator, da die Zelle nicht elektrisch aufgeladen wird. Der Nachteil dieses Prinzips ist die arbeitsaufwendige Regenerierung der Zelle und das Hantieren mit dem aggressiven Elektrolyten. Chodosh [744] beschreibt eine auf dieser Basis arbeitende 24-V-Batterie der Kapazität von 30 Ah und der spezifischen Energie von etwa 150 Wh/kg, womit ein 50maliger Anodenwechsel möglich war.

Eine Abwandlung dieses Prinzips, die eine höhere technische Realisierungschance besitzt, ist die Anwendung einer Zinkstaub-Elektrolyt-Aufschlämmung, die analog zu einem flüssigen Brennstoff aufgetankt werden kann und durch röhrenförmige Stromabnehmerelektroden gepreßt wird, um schließlich als Zinkoxidbrei die Zelle wieder zu verlassen, der außerhalb der Zelle in einer

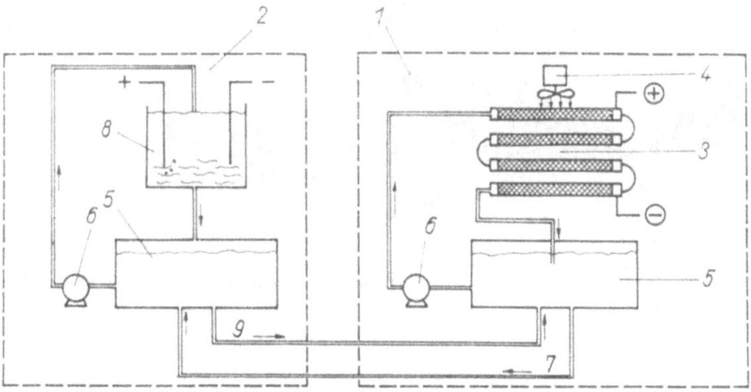

Bild 4.46. Schematische Darstellung eines Zink-Luft-Akkumulators mit Zinkbreisuspension, die außerhalb der galvanischen Zelle regeneriert wird, nach [746]

1 – Stromquelleneinheit (Entladen); *2* – Regeneriereinheit (Laden); *3* – Batterie; *4* – Fön zur Warmluftzufuhr; *5* – Reservoir; *6* – Pumpe; *7* – verbrauchter Elektrolyt; *8* – Elektrolyseeinheit; *9* – regenerierter Zinkstaubbrei

Elektrolyseanlage regeneriert wird (Bild 4.46.), [745, 746]. Bei Anwendung des Luftsauerstoff-Zink-Akkumulators als Energieträger für Elektrofahrzeuge kann diese Regenerierung sowohl im Fahrzeug (1-kW-Elektrolyseanlagen wurden erprobt) als auch in der Garage oder einer Servicestation erfolgen. Wenn die Elektrolyse während des Stillstandes im Fahrzeug selbst erfolgt, entfällt das Hantieren mit der aggressiven Elektrolytsuspension. Allerdings ist dann die Gesamtmasse des Fahrzeugs größer. Die technische Ausführung des Systems ist schon weit entwickelt und sehr kompakt gestaltet (Bild 4.47.). Auf der Anode wird eine Separatorschicht und darauf die ebenfalls röhrenförmige Sauerstoffkatode angeordnet (Bild 4.48.). Die Lebensdauer der Katode soll bei einer spezifischen Leistung von 80 W/kg ($i = 200$ mA/cm²; $U = 1$ V; 50 °C) und einer spezifischen Energie der Gesamtzelle von 100 Wh/kg (ohne Regenerierung) 3000 Stunden betragen. Der Elektrolytbrei enthält etwa 100g/l Zinkpulver und 560g/l KOH. Mit zunehmendem Verbrauch des Zinks und der Bildung von Zinkat im Anodenraum sinkt jedoch die Leistung, unter anderem auch wegen der geringer werdenden Elektrolytleitfähigkeit [745]. Die Verlustenergie durch das Elektrolytzirkulationssystem wird mit 1,4% der bereitgestellten Elektroenergie angesetzt. Die Gesamtkosten dieses Systems

Bild 4.47. Konzeption einer Zinksuspension-Luft-Batterie (Speicherkapazität: 13 kWh; Masse: 130 kg) nach [746]

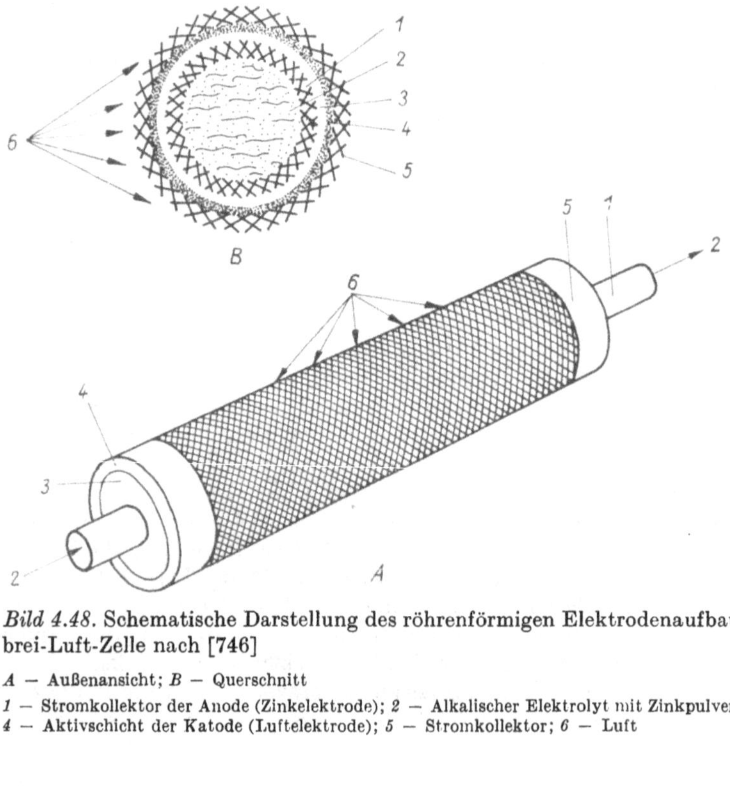

Bild 4.48. Schematische Darstellung des röhrenförmigen Elektrodenaufbaus in der Zinkbrei-Luft-Zelle nach [746]

A – Außenansicht; *B* – Querschnitt

1 – Stromkollektor der Anode (Zinkelektrode); *2* – Alkalischer Elektrolyt mit Zinkpulver; *3* – Separator
4 – Aktivschicht der Katode (Luftelektrode); *5* – Stromkollektor; *6* – Luft

sollen sich auf nur etwa 50% eines entsprechenden Bleiakkumulators belaufen.

Die zweite Variante ist die Anwendung einer Hilfselektrode für den Ladeprozeß, die aus einem gegenüber aktivem Sauerstoff resistenten Material (z. B. Ni) besteht, während für den Entladeprozeß eine katalytisch aktive Sauerstoffelektrode verwendet wird [747—749, 742].

Die Hilfselektrode, die zweckmäßigerweise netzförmig gestaltet ist, wird zwischen den beiden anderen Elektroden angeordnet. Für Lade- und Entladeprozeß bestehen somit getrennte Stromkreise. Nachteilig wirkt sich dabei aus, daß die Hilfselektrode den Innenwiderstand der Zelle erhöht und damit die Entladespannung herabsetzt [747].

Die dritte Variante ist die Anwendung einer Mehrschichtsauerstoffelektrode, wobei die chemisch stabile feinporige Schicht (Nickel) dem Elektrolyten zugewandt und für die Sauerstoffentwicklung während des Ladevorganges vorgesehen ist, während die katalytisch aktive Schicht (Silber, aktivierte Kohle) auf der Gasseite durch eine hydrophobe Elektrolytsperrschicht abgeschlossen wird [750].

Während des Ladevorganges muß der Elektrolyt mittels eines geringen Überdruckes aus den etwas gröberen Poren der Aktivschicht herausgedrückt werden, so daß nur die stabile feinporige Schicht benetzt ist, in der dann die Sauerstoffentwicklung stattfindet. Beim Entladeprozeß dringt der Elektrolyt auch in die Aktivschicht ein und es kommt dort zur Sauerstoffreduktion. Die feinporige Schicht verhindert infolge der großen Kapillarkräfte in den Poren den unerwünschten Sauerstoffdurchtritt zum Elektrolyten. Die Schwierigkeit dieser Variante besteht darin, daß während des Ladeprozesses der Elektrolyt unbedingt vollständig aus der Aktivschicht entfernt sein muß, da diese sonst oxidativ zerstört wird.

Der Vorteil des Luftsauerstoff-Zink-Akkumulators besteht in

— seiner sehr hohen spezifischen Energie (100···200 Wh/kg), für die vor allem die Luftsauerstoffelektrode verantwortlich ist, da der Sauerstoff nicht mit in die Masse des Akkumulators eingeht.

Andererseits bedingt die gehemmte Sauerstoffelektrodenreaktion auch die Nachteile des Systems:

— die Belastbarkeit und damit auch die spezifische Leistung sind relativ niedrig [750] und
— der Energiewirkungsgrad beträgt wegen der Überspannung der Sauerstoffelektrode [750], der relativ hohen Selbstentladung und der unerwünschten Nebenreaktionen beim Ladeprozeß (H_2-Entwicklung) nur etwa 40%.

4.6.3.3. *Luftsauerstoff-Eisen-Akkumulator*

Aus der Erkenntnis, daß Luft-Eisen-Akkumulatoren nur dann aussichtsreich sein können, wenn eine wesentliche Erhöhung der Leistungsfähigkeit der Eisenelektrode erreicht wird, wurde eine hochporöse Eisenelektrode entwickelt, wobei auch die schlechte Leitfähigkeit des $Fe(OH)_2$ bei der Kontaktierung berücksichtigt werden mußte. Es erwies sich als günstig, in der Elektrode grobporige und feinporige Schichten, die senkrecht zur Elektroden-Elektrolyt-Grenzfläche stehen, abzuwechseln. Die grobporige Schicht, bestehend aus Eisenfasern, ist verantwortlich für die Transportvorgänge. Die feinporige Aktivschicht enthält neben Eisenpulver (0,56 g/cm²) als Leitzusatz Acetylenruß (0,09 g/cm²) sowie ein hydrophiles organisches Bindemittel (0,03 g/cm²).

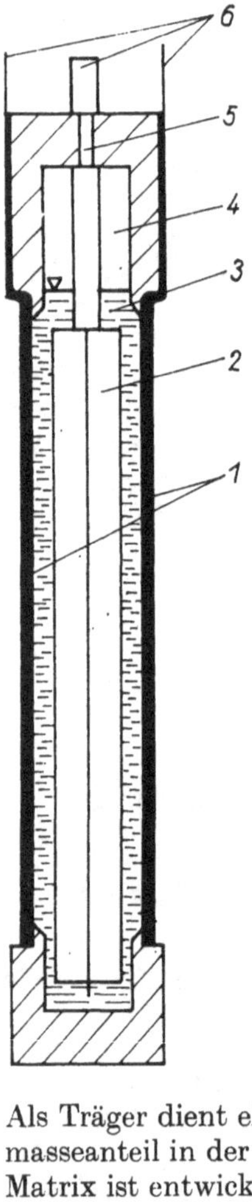

Bild 4.49. Schema einer Luftsauerstoff-Eisen-Zelle nach [752]

1 – Luftelektroden;
2 – Eisenelektrode;
3 – Elektrolyt;
4 – Gasraum;
5 – Gasventil;
6 – Stromableiter

Als Träger dient ein Streckmetall (Kupfer oder Nickel) [751, 752]. Der Aktivmasseanteil in der Elektrode beträgt 70%. Auch eine Sintereisenelektrode mit Matrix ist entwickelt worden [753, 754].

Der schematische Aufbau einer Zellensektion des Luft-Eisen-Akkumulators ist in Bild 4.49. dargestellt. Um den Wasserverlust, der beim Lade-Entlade-Prozeß auftritt, auszugleichen, soll der Gasraum der Sauerstoffelektrode während der Ladephase mit Wasser gefüllt werden [752]. Da der Partialdampfdruck des Wassers im Elektrolyten niedriger als der Dampfdruck des reinen

Wassers ist, findet eine Wasserdampfdiffusion durch die Gasporen der Elektrode und damit eine Wasserzufuhr zum Elektrolyten statt. Abgesehen davon, daß das einen zusätzlichen Wartungsaufwand darstellt, wird dadurch auch die Funktionsweise der Sauerstoffelektrode mit der Zeit beeinträchtigt. Noch kritischer wirkt sich die Carbonatisierung des Elektrolyten aus. Bei der Veränderung der Zusammensetzung des Elektrolyten von beispielsweise (6,16 N KOH; 0,18 N K_2CO_3) auf (3,14 N KOH; 3,20 N K_2CO_3) sinkt die Kapazität der Eisenelektrode um 50%; auch das Potential der Sauerstoffelektrode fällt um etwa 200 mV [752].

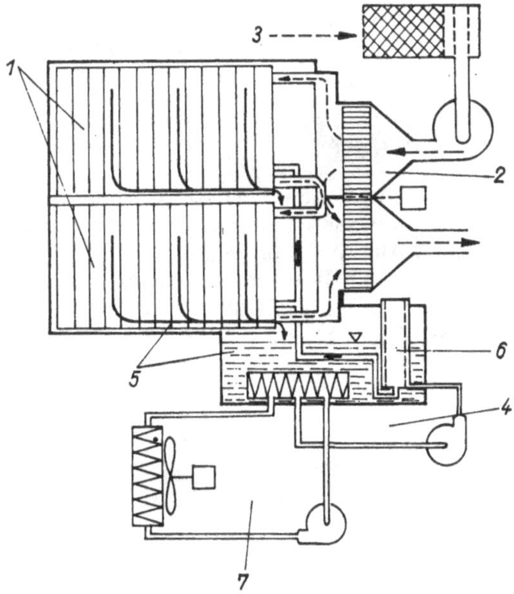

Bild 4.50. Schematische Darstellung eines Luftsauerstoff-Eisen-Akkumulators nach [756]
1 – Zellenpaket; 2 – Belüftungssystem; 3 – Lufteintritt; 4 – Elektrolytkreislauf; 5 – Elektrolyt; 6 – Filter; 7 – Kühlsystem

Maßnahmen zur CO_2-Entfernung aus der Luft, die der Zelle zugeführt wird, sind unerläßlich (s. Abschn. 5.4.). Alle diese Zusatzeinrichtungen zum Betrieb des Akkumulators (Luftumwälzung, CO_2-Filter, Wasserausgleichssystem, Elektrolytkreislauf) machen das System schwerer, teuer und wartungsaufwendig (Bild 4.50.).

In Japan befindet sich eine 1,56-kWh-Luft-Eisen-Batterie mit einer spezifischen Energie von 88 Wh/kg bei 7stündiger Entladung in der Erprobung [755]. Mit der Batterie, die gesinterte Eisenelektroden, Kohle-Luft-Elektroden und Hilfselektroden für den Ladeprozeß enthält, sollen 200···300 Zyklen erzielt werden. Wegen ihrer schlechten Leistungscharakteristik soll die Batterie für den Fahrzeugantrieb mit einem Bleiakkumulator kombiniert werden.

Eine 30-kWh-Luft-Eisen-Batterie mit einer spezifischen Energie von 70 Wh/kg bei 5stündiger Entladung und einer spezifischen Leistung von 20 W/kg ist in Schweden entwickelt worden [756]. Sie ist mit Doppelschichtsauerstoffelektroden für den Lade- und Entladevorgang und mit Sintereisenelektroden ausgerüstet. Mit diesem Akkumulator (Bild 4.50.), der mit Luftumwälzung, CO_2-Filter, Elektrolytkreislauf mit Wärmeaustauscher und Elektrolytfilter sowie Wasserausgleichssystem versehen ist, wurden mehrere Hundert Zyklen bei einer Arbeitstemperatur von 40 °C erreicht.

Ein spezieller Nachteil des Luft-Eisen-Akkumulators ist sein sehr niedriger Energiewirkungsgrad von etwa 30%, der sich aus der Überspannung beim Lade-Entlade-Vorgang (Ladespannung 1,75 V; Entladespannung 0,65 V), den Verlusten durch Wasserstoffentwicklung beim Ladeprozeß und der Selbstentladung ergibt.

4.6.3.4. Luftsauerstoff-Cadmium-Akkumulator

Smrček und Cenek [757] kombinierten eine Cadmiumelektrode (s. Abschn. 4.3.2.) mit einer Luftsauerstoffelektrode, die aus einer porösen Silberschicht besteht. Der so erhaltene Luft-Cadmium-Akkumulator zeigte zu Beginn der Entlade- und Ladephase das typische Verhalten eines Silber-Cadmium-Akkumulators. Nach den Silberoxidentladestufen schließt sich bei allerdings weniger positiven Potentialen die Sauerstoffreduktion bzw. beim Ladevorgang nach der Silberoxidbildung die Sauerstoffentwicklung an (Bild 4.51.). Obwohl

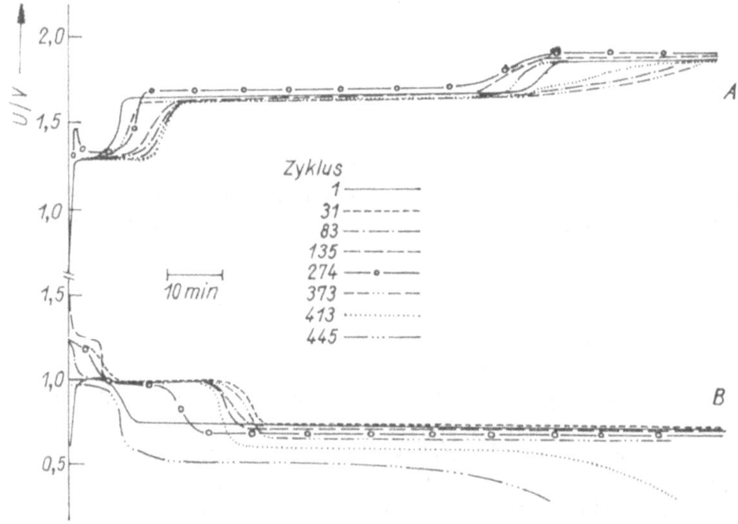

Bild 4.51. Lade-Entlade-Charakteristik einer Luftsauerstoff-Cadmium-Zelle als Funktion der Zyklenzahl nach [557]
A – Laden; *B* – Entladen

sich mit der Zelle bis 400 Zyklen erreichen lassen, ist ihre praktische Nutzung wegen der niedrigen Entladespannung (0,6···0,7 V), des geringen Energiewirkungsgrads, der auf die hohe Ladespannung (1,6···1,8 V) zurückzuführen ist, und des hohen Cadmiumpreises nicht zu erwarten.

4.6.3.5. *Perspektiven für Luftsauerstoff-Metall-Akkumulatoren*

Man kann abschätzen, daß trotz der hohen spezifischen Energie (100···200 Wh/kg) infolge

— des hohen apparativen Aufwandes für Zusatzeinrichtungen,
— des niedrigen Energiewirkungsgrades (30···50%) und
— der geringen Lebensdauer (200···300 Ladezyklen)

Luftsauerstoff-Metall-Akkumulatoren als Energiequellen für Elektrofahrzeuge, wofür sie ausschließlich entwickelt werden sollen, z. Z. unrentabel sind. Günstigere Bedingungen könnten lediglich Zellen mit zirkulierender Zinkpulver-Elektrolyt-Suspension ergeben.

4.6.4. *Halogen-Metall-Akkumulatoren*

4.6.4.1. *Aufbau und Funktionsprinzip von Halogen-Metall-Akkumulatoren*

Neben den technisch interessanten Hochtemperaturzellen mit Halogen als Oxydationsmittel (Abschn. 4.8.4.) sind auch Systeme mit wäßrigen Elektrolyten erprobt worden. Dafür kommen als Oxydationsmittel allerdings nur Chlor und Brom in Frage. Als Anodenmaterial wird vornehmlich Zink verwendet. Als Elektrolyte dienen wäßrige Lösungen der beim Entladevorgang nach der Gleichung

$$Zn + X_2 \rightarrow ZnX_2 \qquad (4.61.)$$

gebildeten Metallhalogenide.

Halogen-Zink-Zellen haben eine hohe theoretische spezifische Energie. Bei Brom-Zink- und Chlor-Zink-Zellen beträgt sie 430 bzw. 834 Wh/kg. Die Halogene lassen sich in der Zelle speichern. Nachteilig jedoch ist, daß sie chemisch aggressiv und giftig sind.

4.6.4.2. *Chlor-Zink-Akkumulator*

Obwohl der Chlor-Zink-Akkumulator bereits 1887 patentiert wurde [758], hat er erst Interesse gefunden, nachdem man erkannte, daß das Chlorhexahydrat ($Cl_2 \cdot 6\,H_2O$) bei Temperaturen von 0···5 °C als stabile wachsförmige Substanz zur Speicherung des Chlors in Akkumulatoren eingesetzt werden kann [759, 760]. Als negative Elektrode dient glattes Zink. Die Funktion des inerten Stromkollektors für die positive Elektrode wird von porösem Graphit übernommen. Der wäßrige Zinkchloridelektrolyt als Chlorträger (pH = 2···5) zirkuliert so durch die poröse Chlor-Kohlenstoff-Elektrode, den Elektrolytraum und den Chlorhydratvorratsbehälter, daß immer nur die chlorarme Lösung in den Elektrolytraum zwischen den Elektrolyten gelangt, um die unerwünschte direkte chemische Reaktion des Chlors mit dem Zink zu vermeiden. Deshalb wird beim Entladevorgang der chlorhaltige Elektrolyt aus dem erwärmten Chlorhydratvorratsbehälter unmittelbar der Graphitelektrode zugeleitet, während beim Ladeprozeß der chlorarme Elektrolyt über den Elektrolytraum zugeführt und mit dem anodisch abgeschiedenen Chlor aufkonzentriert wird. Im gekühlten Vorratsbehälter scheidet sich anschließend Chlorhydrat aus.

Der Ladungsdurchtritt an beiden Elektroden gemäß den Gleichungen

$$Cl_2 + 2e^- \rightleftharpoons 2Cl^- \qquad \langle U_H^{\ominus} = +1{,}36\ \mathrm{V}\rangle \tag{4.62.}$$

und

$$Zn \rightleftharpoons Zn^{2+} + 2e^- \qquad \langle U^{\ominus} = -0{,}76\ \mathrm{V}\rangle \tag{4.63.}$$

verläuft weitgehend reversibel [762], sofern die Chlorreaktion katalytisch beschleunigt wird. Geschwindigkeitsbestimmend sind die Transportprozesse. Bei der beschriebenen Strömungszelle wird die Arbeitsspannung im wesentlichen vom Ionenwiderstand bestimmt; die Ruhezellenspannung (2,10 V) erreicht praktisch die Gleichgewichtszellenspannung (2,12 V).

Der Lade-Entlade-Vorgang an der Zinkelektrode verläuft in schwach saurer Lösung ohne Passivierung in zwei Schritten über ein einwertiges adsorbiertes Zinkion entsprechend der Gleichung

$$Zn \rightleftharpoons Zn_{ad}^{+} + e^- \rightleftharpoons Zn^{2+} + 2e^-, \tag{4.64.}$$

wie durch Impedanz- [763] und stationäre Potentialmessungen [764] nachgewiesen werden konnte. Die Dendritenbildung tritt in saurer Lösung weniger in Erscheinung.

Die Elektrodenreaktion an der Chlorelektrode verläuft über ein Chloradatom entsprechend der Gleichungen

$$Cl_2 \rightleftharpoons 2Cl_{ad} \tag{4.65a.}$$

$$2Cl_{ad} + 2e^- \rightleftharpoons 2Cl^-. \tag{4.65b.}$$

Das reversible Potential stellt sich bei Anwesenheit von Katalysatoren wie Pt, Ir, Rh in geringen Konzentrationen (z. B. 2% Pt auf dem Graphit) ein [765, 766].

Die Zellenreaktion und die wichtigsten Kenndaten des Chlor-Zink-Akkumulators weist Tab. 4.1. aus. Der geringe Energiewirkungsgrad von etwa 50% ist auf die niedrige Effektivität der Chlorelektrodenreaktion zurückzuführen. Neuerdings werden von Entwicklungsfirmen aber auch Energiewirkungsgrade von 65% vorausgesagt [766a].

Symons und Carr [759, 767] beschreiben eine 50-V-Chlor-Zink-Batterie der Kapazität von 1 kWh mit bipolaren Elektroden und strömendem Elektrolyten. Die Leistungsfähigkeit und der Energiewirkungsgrad werden entscheidend vom Chlorgehalt des Elektrolyten und dessen Strömungsgeschwindigkeit bestimmt. Optimale Bedingungen werden mit einem Regelsystem eingestellt [761].

Auch Zellen mit Separator im Elektrolytraum zur Zurückhaltung des Chlors von der Zinkelektrode, bei denen sich zwei getrennte Elektrolytkreisläufe ergeben, sind vorgeschlagen worden [768, 769].

Den Vorteilen einer hohen spezifischen Energie und spezifischen Leistung sowie niedrigen Kosten der Reaktanten stehen als Nachteile dieses — für den Elektrofahrzeugantrieb entwickelten — Systems die Gefährlichkeit und Aggressivität des Chlors und die daraus resultierende Korrosion der Graphitelektroden und der übrigen Bauteile sowie der apparative Aufwand (u. a. Kühlung und Erwärmung des Chlorhydratspeichers) entgegen, woraus sich zusätzliche Energieaufwendungen ableiten. Zuverlässige Informationen über die Lebensdauer des Systems liegen ebenfalls noch nicht vor.

4.6.4.3. *Brom-Zink-Akkumulator* [770, 771]

Der Brom-Zink-Akkumulator hat sowohl bezüglich der elektrochemischen Eigenschaften als auch der technischen Lösung sehr große Ähnlichkeit mit dem Chlor-Zink-Akkumulator. Er hat allerdings eine niedrigere Zellenspannung ($U^{\ominus} = 1{,}82$ V) und eine geringere spezifische Energie (60···90 Wh/kg). Außerdem ist Brom teurer als Chlor. Auch die Selbstentladung der Zelle ist höher, da Brom im Elektrolyten wesentlich stärker löslich ist als Chlor. Ein 2,5-kWh-Prototyp dieser Zelle mit strömendem Elektrolyten ($ZnBr_2$—HBr-Lösung; pH = 1,5···2) und bipolaren Titanelektroden, die einseitig mit poröser Kohle beschichtet sind, erbrachte die Spitzenleistung von 3 kW. Seine Kenndaten sind in Tab. 4.1. enthalten.

Die Zelle soll 200 Lade-Entlade-Zyklen zugelassen haben. Ihre Selbstentladung beträgt 50% in 50 Stunden [770]. Eine Brom-Zink-Zelle mit Ionenaustauschermembranen als Separator und umgewälztem Elektrolyten soll bei niedriger Selbstentladung (0,1%/h) eine Zyklenzahl $\geqq 2000$ ($i = 25$ mA/cm^2) bei einem Energiewirkungsgrad über 70% erlauben [772, 773]. Das Brom kann im geladenen Zustand der Zelle sowohl von der porösen Elektrode als auch von einem wasserunlöslichen organischen Lösungsmittel aufgenommen werden; auch quaternäre Ammoniumsalze binden bis zu 9 Brommoleküle je Formeleinheit [770, 774—776]. Die Bromspeicherung ist jedoch noch nicht optimal gelöst. Die Aussichten bezüglich der Anwendung der Zelle als Elektroantriebsbatterie sind gering [746].

4.6.5. *Redoxzellen* [777—779]

Als Redoxzelle bezeichnet man die Kombination von zwei Redoxelektroden (s. Abschn. 2.2.2.), z. B. die Zelle

$$(+)\ C/Fe^{2+}, Fe^{3+}, Cl^-//Cl^-, Sn^{2+}, SnCl_6^{2-}/C\ (-),$$

in der folgende Zellenreaktion abläuft:

$$2\,Fe^{3+} + Sn^{2+} + 6\,Cl^- \underset{\text{Laden}}{\overset{\text{Entladen}}{\rightleftharpoons}} SnCl_6^{2-} + 2\,Fe^{2+} \quad \langle U^{\ominus} = 0{,}77\ V\rangle. \qquad (4.66.)$$

Im Gegensatz zu den in Abschn. 5.10.2.4. behandelten Redoxbrennstoffzellen, bei denen die Regenerierung durch eine chemische Reaktion erfolgt, wird die Regenerierung hierbei auf rein elektrochemischem Wege vorgenommen.

Für die Konstruktion eines arbeitsfähigen Akkumulators auf dieser Basis sind stark ionenselektiv wirkende Separatoren nötig, die die beiden Elektrolyträume voneinander trennen. Beim angegebenen Beispiel darf der Separator nur für die Chloridionen durchlässig sein. Das ist schwer zu realisieren. Außerdem müssen die Redoxlösungen getrennt gespeichert in zwei Kreisläufen umgepumpt werden.

Andere Redoxsysteme, die als Akkumulatoren erprobt worden sind [778, 780], enthält Tab. 4.6.

Tabelle 4.6. Charakteristische Daten gelöster Redox-Systeme nach [779]

Elektrochemische Reaktionen Positive Elektrode	 Negative Elektrode	$U^{\ominus}$ in V	p_v in Wh/l	Bemerkungen
$Fe^{2+} \underset{\text{Entladen}}{\overset{\text{Laden}}{\rightleftharpoons}} Fe^{3+}$	$Ti^{4+} \underset{\text{Entladen}}{\overset{\text{Laden}}{\rightleftharpoons}} Ti^{3+}$	0,74	1	geringe Zellenspannung; Selbstentladung der negativen Elektrode; hohes Speichervolumen
$Cr^{3+} \rightleftharpoons Cr^{6+}$	$Ti^{4+} \rightleftharpoons Ti^{3+}$	1,32	11	geringe Investitionskosten; Membranprobleme
$Fe^{2+} \rightleftharpoons Fe^{3+}$	$Cr^{3+} \rightleftharpoons Cr^{2+}$	1,19	12	Instabilität von Cr^{2+}; Selbstentladung
$Cr^{3+} \rightleftharpoons Cr^{6+}$	$Cr^{3+} \rightleftharpoons Cr^{2+}$	1,77	43	nur ein Entladeproduktbehälter: Cr^{3+}; Instabilität von Cr^{2+}; lange Lebensdauer der Redoxlösung

Weitgehend reversibel arbeiten organische Redoxelektroden, wie z. B. die Chinon-Hydrochinon-Elektrode [781, 782].

Binder u. Mitarb. [783] beschreiben eine Sekundärzelle mit Chinonen als Aktivkomponenten, die in sauren Elektrolyten schwer löslich sind. Die schlecht elektronenleitenden Substanzen Chloranil für die positive Elektrode und Anthrachinon für die negative Elektrode werden mit Graphit als Leitzusatz gemischt und gegen ein Stromabnehmernetz gepreßt. Als Elektrolyt dient 3···8 N H_2SO_4 oder 1 N HCl. Als Aktivkomponente der negativen Elektrode wirkt Anthrahydrochinon, das erst durch Formation in der Zelle erzeugt wird. Wie die Lade-Entlade-Kurven (Bild 4.52.) ausweisen, arbeitet die Zelle nahezu reversibel. Daraus resultiert die hohe Energieausbeute von etwa 90%, die auch nach 100 Zyklen erhalten bleibt. Nachteilig erweisen sich aber die niedrige Zellenspannung von 0,55 V und die geringe spezifische Energie von 20 Wh/kg, die unter der des Bleiakkumulators liegt. Da wegen der verminderten Leitfähigkeit der Elektroden die Ladestromstärke niedrig gehalten werden muß (10stündige Ladung) und der spezifische Preis der Aktivkomponenten etwa denen des Bleiakkumulators entspricht, ist die Wahrscheinlichkeit des praktischen Einsatzes dieser Art von Akkumulatoren gering.

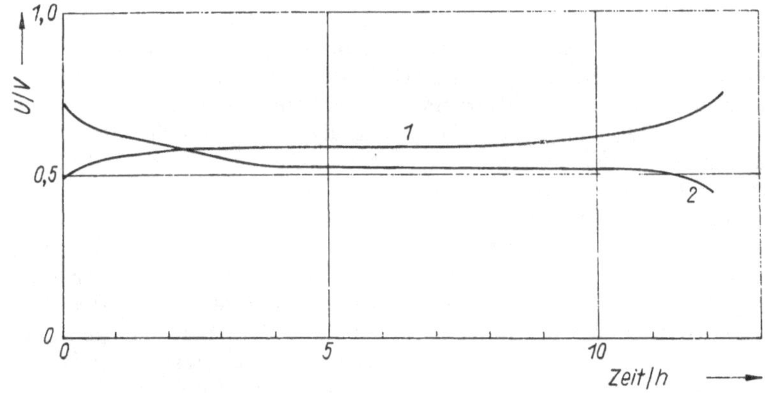

Bild 4.52. Lade-Entlade-Charakteristik einer Zelle mit elektrisch aufladbaren Chinon-Redox-Elektroden bei 25 °C nach [783]
(Anode: Anthrachinon; Katode: Chloranil; Elektrolyt: 1 N HCl; Strom: K_{10}/10 h = 10 mA)
1 – Laden; *2* – Entladen

4.7. Neuentwicklungen von Akkumulatoren mit aprotischen Elektrolyten

Lithiumzellen mit aprotischen organischen und anorganischen Elektrolyten (s. Abschn. 3.4.) lassen sich auch als Sekundärzellen gestalten [784, 142]. Dafür kommen vor allem Systeme mit Metallchloriden und -oxiden (AgCl, CuCl, $CuCl_2$, V_2O_5, TiO_2) als positive Elektrode und mit Elektrolyten, die Säurechloride oder Chloroester als Lösungsmittel sowie $LiAlCl_4$ oder $LiClO_4$ als Leitzusätze enthalten, in Frage [784]. So erwies sich z. B. das System

Li/1 M $LiAlCl_4$ in Chlorameisensäuremethylester/$CuCl_2$

mit einer theoretischen spezifischen Energie von 1 100 Wh/kg als gut geeignet. Die beim Ladeprozeß auftretende Dendritenbildung des Lithiums ließ sich durch Anwendung mikroporöser anorganischer Separatoren zurückdrängen. Mit Versuchszellen konnten bei einer Entladetiefe von 50% etwa 20 Zyklen und bei vollständiger Entladung etwa 10 Zyklen erreicht werden. Der Ladevorgang muß sehr sorgfältig erfolgen, um bei den hermetisch geschlossenen

Zellen eine Gasentwicklung, die auch aus einer Zersetzung des organischen Lösungsmittels resultieren kann, auszuschließen.

Andere Elektrodenkombinationen, die als Sekundärzellen erprobt wurden, sind Li/$LiBF_4$, Dimethoxyethan, Dimethylcarbonat/S [785], Li/$LiPF_6$, Propylencarbonat/LiS_2 [786] und Li/Li_2S_n, Tetrahydrofuran/C [787].

Der Prototyp einer Batterie des zuletzt genannten Systems ließ bei einer Stromdichte von 0,5···2,0 mA/cm² bei 25 und 50 °C 120 Lade-Entlade-Zyklen zu, allerdings nur mit einer Entladetiefe von 10%. Beim Tiefentladen sinkt die Effektivität erheblich.

Sehr widersprüchlich sind generell die Angaben zur Lebensdauer der Zellen. Während einerseits die Lithiumelektrode besonders in propylencarbonathaltigen Elektrolyten nach kurzer Zeit (40 Arbeitsstunden) auf Grund parasitärer Reaktionen unter Bildung von Dendriten und isolierenden Schichten bereits völlig ausfallen soll [788, 789], geben Halleck, Driscall und Shuker [790] bei einer Lithium-Schwefel-Zelle mit organischem Elektrolyten eine Zyklenlebensdauer > 500 bei einer spezifischen Energie von etwa 200 Wh/kg an.

Wenn es gelingt, Lithiumsekundärzellen mit organischem Elektrolyten bei niedrigen Temperaturen genügend sicher zu machen, so würden sich durch die höhere Ausnutzung der teuren Materialien und der daraus resultierenden niedrigeren spezifischen Energiepreise eine wesentliche Erweiterung der Anwendungsmöglichkeiten ergeben, wenngleich nicht außer Betracht gelassen werden darf, daß die Belastbarkeit der Zelle wegen der niedrigeren Leitfähigkeit des aprotischen Elektrolyten gering ist, so daß nur der Einsatz im Niedrigleistungsbereich erwartet werden kann.

4.8. Neuentwicklung von Akkumulatoren mit erhöhter Arbeitstemperatur

4.8.1. Prinzipiell mögliche Systeme für Hochtemperaturakkumulatoren

Hochtemperaturakkumulatoren sind wegen ihrer hohen spezifischen Energie und Energiedichte wie auch hohen spezifischen Leistung und Leistungsdichte für die Zukunft sehr interessant für die Elektrotraktion und den Spitzenlastausgleich. Durch Kombination von Reaktanten mit niedriger Äquivalentmasse, deren Redoxpotentiale weit auseinanderliegen, kann eine hohe spezifische Energie erwartet werden (s. Abschn. 2.3., 2.5. und 2.6.). Elektrodenmaterialien, die dem Rechnung tragen, sind z. B. Li, Na, Ca, Mg, Al und Be sowie F_2, Cl_2, Br_2, O_2, S, Se, Te, N_2, P, C und B. Sie kommen prinzipiell für Hochtemperaturakkumulatoren in Frage. Auf Grund ihrer niedrigen Austauschstromdichten müssen jedoch bei den gewöhnlich für Hochleistungszellen angewendeten Temperauren von 300···500 °C O_2, N_2, C und B ausgeschlossen werden; ebenso auch Phosphor, der bei hohen Temperaturen Polymere bildet, die den Massetransport behindern. Als Elektrolyte für Hochtemperaturakkumulatoren sind nur Salzschmelzen oder Festelektrolyte verwendbar.

Bei hohen Temperaturen steigt die Austauschstromdichte der energieliefernden Reaktion sehr stark an, und es vergrößert sich auch die Geschwindigkeit des Massentransports. Das sind die Voraussetzungen für die geforderte hohe spezifische Leistung dieser Systeme. Da bei Betriebstemperatur viele der Reaktanten flüssig sind, kommt es während der Lade-Entlade-Zyklen zu keinerlei morphologischen Veränderungen an den Elektroden, wie das bei den herkömmlichen Anionenelektroden der Fall ist. Das wirkt sich fördernd auf ihre Lebensdauer aus. Mit der hohen Temperatur sind aber auch eine Reihe von Nachteilen verbunden, da sich auch die Geschwindigkeit von unerwünschten Nebenreaktionen und der Korrosion von Baumaterialien erhöht. Die Korrosion stellt ein Hauptproblem für den Betrieb von Hochtemperaturzellen dar. Bei der Zellenkonstruktion ist zu berücksichtigen, daß es mit steigender Temperatur zur Volumenvergrößerung der Reaktanten und Salzschmelzen kommt.

Durch konstruktive Maßnahmen muß auch das Erwärmen der Zellen auf Betriebstemperatur und ihre Regulierung durch Isolation oder Kühlung abgesichert werden. Das verlangt auch während des Betriebes der Batterie eine ständige automatische Kontrolle und Steuerung, was bei klassischen Akkumulatoren nicht erforderlich ist.

Ein anderer Nachteil, der oft stark überbewertet wurde, aber auch nicht unberücksichtigt bleiben darf, ist die Gefahr, die von diesen Hochtemperatursystemen bei einer eventuellen Havarie ausgeht und eine hermetisch abgeschlossene Zellenbauweise verlangt.

Auf der Basis der Elektrodenmaterialien Li, Na, Ca, Mg, Al und Be sowie F_2, Cl_2, Br_2, S, Se und Te sind eine Vielzahl von Zellenvarianten vorgeschlagen und im Labor erprobt worden.

Eine technische Realisierung zeichnet sich gegenwärtig aber nur bei den Natrium-Schwefel- und Lithium-Schwefel(LiAl/FeS)-Zellen ab.

4.8.2. *Natrium-Schwefel-Akkumulator*

4.8.2.1. *Aufbau und Funktionsprinzip des Natrium-Schwefel-Akkumulators*

Die Energieerzeugung im Natrium-Schwefel-Akkumulator, der erstmalig 1967 von Kummer und Weber [791] vorgestellt wurde, beruht auf der anodischen Oxydation von Natrium und der katodischen Reduktion von Schwefel gemäß Gleichung

$$2Na + 3S \underset{\text{Laden}}{\overset{\text{Entladen}}{\rightleftharpoons}} Na_2S_3 \qquad (4.67.)$$

Ein Festelektrolyt mit selektiver Natriumionenleitfähigkeit übernimmt gleichzeitig die Funktion des Separators für die schmelzflüssigen Reaktanten (Bild 4.53.).

Die Betriebstemperatur liegt bei durchschnittlich 350 °C, um den Widerstand des Elektrolyten zu verringern, den Schmelzpunkt des Reaktanten zu überschreiten und die Reaktivität der Reaktionspartner zu steigern. Sie wird nach unten durch die Schmelztemperatur des Reaktionsproduktes Na_2S_3 (275 °C) und nach oben durch die Siedetemperatur des Schwefels 444 °C) begrenzt.

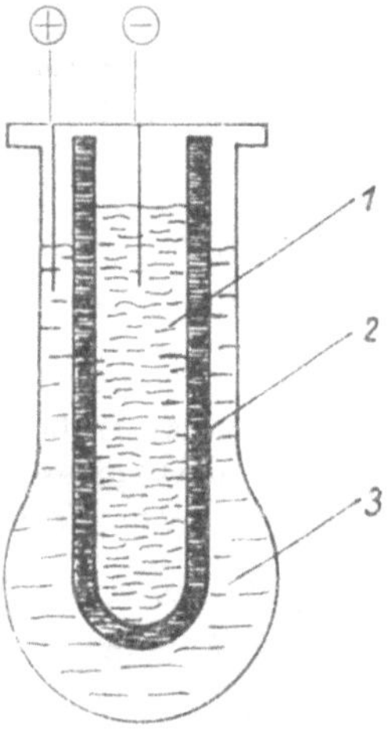

Bild 4.53. Schema der Natrium-Schwefel-Zelle

1 – flüssiges Natrium
2 – Festelektrolyt;
3 – Schwefelelektrode

4.8.2.2. *Negative Elektrode*

Der stromliefernde Vorgang an der negativen Elektrode erfolgt entsprechend der Gleichung

$$Na \rightarrow Na^+ + e^-. \qquad (4.68.)$$

Diese Reaktion läuft bei Betriebstemperatur mit hoher Geschwindigkeit ab. Entscheidend für die einwandfreie Funktion der negativen Elektrode ist eine ausreichende Benetzung des Festelektrolyten durch das Natrium, da sonst der Übergangswiderstand an der Phasengrenze zwischen Natrium und Festelektrolyt zu hoch wird. Ausreichende Benetzung tritt erst oberhalb 350 °C ein. Sie bleibt dann aber auch bei geringeren Temperaturen erhalten [792].

4.8.2.3. *Positive Elektrode*

Da Schwefel keine elektronische und ionische Leitfähigkeit besitzt, wird er in der positiven Elektrode in Gegenwart von geschmolzenem Polysulfid (Ionenleiter), aufgesaugt in einer Graphitfilzmatrix (Elektronenleiter), eingesetzt. Das Polysulfid ist gleichzeitig auch Reaktant, so daß die Elektrodenreaktion entsprechend der Gleichung

$$(x - 1)\ Na_2S_x + 2Na^+ + 2e^- \underset{\text{Laden}}{\overset{\text{Entladen}}{\rightleftharpoons}} x\ Na_2S_{x-1} \qquad (4.69.)$$

formuliert werden kann.

Aus dem Phasendiagramm des Natriumpolysulfid-Schwefel-Systems (Bild 4.54.) ergibt sich,

- daß die Reduktion bei der Arbeitstemperatur von 350 °C nur bis zum Na_2S_3 erfolgen kann, da sonst festes Na_2S_2 ausfällt und
- daß Natriumpolysulfid und Schwefel bei dieser Temperatur miteinander im Gleichgewicht stehende getrennte Phasen bilden.

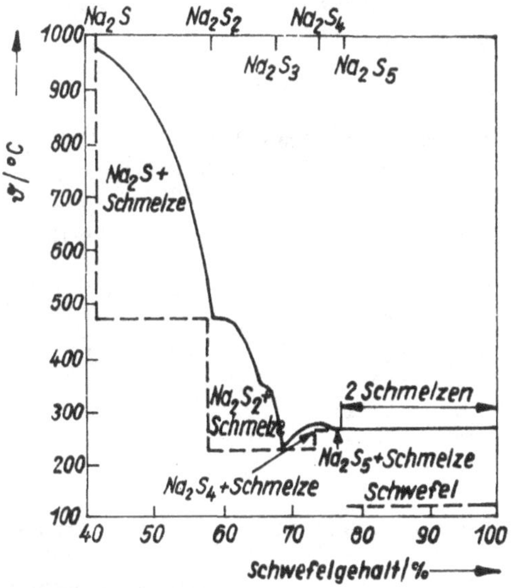

Bild 4.54. Phasendiagramm des Natriumpolysulfid-Schwefel-Systems

Da höhere Polysulfide ($x > 5$) unter den bestehenden Bedingungen nicht stabil sind, bildet sich während des Ladeprozesses, bei einem Molverhältnis $n_{Na}/n_S < 0{,}374$ („$Na_2S_{5,32}$") [793] neben der mit Schwefel gesättigten Polysulfidphase die Schwefelphase. Beim Entladeprozeß wird die Schwefelphase abgebaut. Im entladenen Zustand des Akkumulators liegt dann nur die Polysulfidphase mit einem höheren Anteil der niederen Polysulfide ($x = 3$) vor.

Untersuchungen zur Elektrodenkinetik [794] sind mit chronopotentiometrischen, Linear-Sweep-Voltametrie-, galvanostatischen Doppelimpuls-, Impedanz- u. a. Messungen [795—802] durchgeführt worden. Einige Resultate dieser Messungen sind zusammen mit anderen physiko-chemischen Daten in Tab. 4.7. aufgeführt. Es wurde gezeigt, daß die Durchtrittsreaktion gemäß Gl. (4.69.) mit hoher Austauschstromdichte abläuft.

Für die Entladereaktion werden zwei Einelektronenschritte angenommen, wobei als Endprodukt Na_2S_2 auftritt, das sofort in einer diffusionskontrollierten chemischen Reaktion mit Na_2S_5 oder Schwefel symproportioniert [795, 797, 803]. Da die Geschwindigkeit dieses Prozesses niedriger als die der Durchtrittsreaktion ist, wird die Elektrode bei hohen Stromdichten durch Na_2S_2 oder

Tabelle 4.7. Wichtige elektrochemische und physikalische Daten von Na_2S_x-Schmelzen [794]

Methode	Größe	Literatur
Rotierende Scheibe	$D_{S_4^{2-}} = 3 \cdot 10^{-7}$ cm²/s	[827]
Zyklische Voltametrie	$n = 2$	[834]
Doppelimpulsmethode	$i_0 = 10$ A/cm²	[966]
Spezifischer Widerstand (bei 300 °C) in Ω cm	Na_2S_5: 5,61 $Na_2S_{4,2}$: 4,05 $Na_2S_{3,2}$: 2,66	[967]
Widerstandsmessung von S-Schichten in Na_2S_x-Schmelzen	Lösungszeit einer 5 mm dicken S-Schicht bei 300 °C in Na_2S_4: 2 h in Na_2S_5: 23 h	[794]
Viskosität (bei 300 °C) in 10^{-3} Pa s	$Na_2S_{3,1}$: 28,71 $Na_2S_{4,2}$: 29,59 $Na_2S_{4,7}$: 31,71 S : 2100	[965]
Grenzflächenspannungen (bei 300 °C) in N m⁻¹	$Na_2S_{3,1}$: 0,170 $Na_2S_{4,2}$: 0,1288 $Na_2S_{4,7}$: 0,12811 S : 0,0984	[965]

sogar Na_2S blockiert [794, 804], was sich in einem Anstieg der Polarisation zeigt.

Bei der Ladereaktion kommt es ebenfalls zu einer nachgelagerten chemischen Reaktion. Hier soll ein zunächst elektrochemisch gebildetes S_5^--Ion mit niederen Sulfiden reagieren oder zu Schwefel und Na_2S_5 disproportionieren [795].

$$S_5^{2-} \rightarrow S_5^- + e^- \quad (4.70.)$$

$$2S_5^- + S_4^{2-} \rightarrow 2S_5^{2-} + 4S \quad (4.71.)$$

$$2S_5^- \rightarrow S_5^{2-} + 5S. \quad (4.72.)$$

Da bei hohen Stromdichten der Schwefel nicht genügend schnell abtransportiert werden kann und Schwefeltröpfchen die Elektrode blockieren [796, 800, 805], ist dieser Abtransport geschwindigkeitsbestimmend. Das führt auf Grund dessen, daß Schwefel ein Nichtleiter ist, zu einem starken Widerstandsanstieg, der unter Umständen die Wiederaufladbarkeit von Natrium-Schwefel-Zellen verhindern kann.

Dem kann man entgegenwirken durch

— Nutzung von Kapillarkräften zum Abtransport des Graphit gut benetzenden Schwefels,

- Verringerung der Schwefelviskosität bei Zusatz von Selen, Borsulfid oder Phosphor [806—808] oder
- Bildung geladener Schwefel-Komplexe, die den Schwefel ionisch leitfähig machen (z. B. Zusatz von Tetracyanoethylen [809, 810]).

Außerdem hat die konstruktive Gestaltung der Matrix einen erheblichen Einfluß auf die Leistung der Schwefelelektrode [811].

Das Polarisationsverhalten der Schwefelelektrode spiegelt sich in den Lade- und Entladekurven der Natrium-Schwefel-Zelle (Bild 4.55.) wider.

Untersuchungen zur Thermodynamik des Systems wurden mit Hilfe von Ruhezellenspannungs-, Dampfdruck-, DTA- u. a. Messungen gemacht [792, 796, 813—815]. Es zeigt sich, daß die Ruhezellenspannung der Natrium-Schwefel-Zelle eine Funktion des Na/S-Verhältnisses, d. h. des Entladegrades ist (Bild 4.56.). Das ist auf die unterschiedliche Aktivität des Schwefels und der Sulfide zurückzuführen [797].

4.8.2.4. Elektrolyt

Kernstück des Natrium-Schwefel-Akkumulators ist der Festelektrolyt. Dafür kommen in Frage:

- Beta-Aluminiumoxid [816],
- Na^+-leitendes Glas und
- Skeletonfestelektrolyte.[1]

Fast ausschließlich wird Beta-Aluminiumoxid eingesetzt. Beta-Aluminiumoxid hat die allgemeine Formel $Na_2O \cdot (5 \cdots 11) Al_2O_3$.[2]

Es existiert in fünf verschiedenen Modifikationen (β, β', β'', β''', β''''), [818, 819]. Als Festelektrolyt sind jedoch nur das stabile β- [820—822] und das metastabile β''-Aluminiumoxid interessant, die in Spinellstruktur kristallisieren (Bild 4.57.).

Einige ihrer kristallographischen Daten sind in Tab. 4.8. enthalten. In beiden Kristallgittern folgt auf einen Spinellblock eine Schicht, die nur mit Sauerstoff und Natrium besetzt ist.

Innerhalb dieser Schicht erfolgt die Natriumionenleitung [780], d. h. daß Beta-Aluminiumoxid nur in *a*- und *b*-Richtung leitfähig ist. Zur Elementarzelle gehören beim β-Aluminiumoxid zwei und beim β''-Aluminiumoxid drei Spinellblöcke, so daß man auch synonym von der „2-Block-Phase“ und der

---

[1] Festelektrolyte mit Skeletonstruktur haben dreidimensionale Natriumionenleitfähigkeit. Sie beträgt von $Na_3Zr_3Si_2PO_{12}$ z. B. $\varkappa$ (300 °C) $\geqq$ 0,2 S cm^{-1}. Bisher sind diese noch nicht im praktischen Einsatz [817].

[2] Verbindungen variabler Zusammensetzung der allgemeinen Formel $M_2^IO \cdot x\, M_2^{III}O_3$ mit $x = 5 \cdots 11$ gehören zur β-Aluminiumoxid-Klasse, wobei M^I einwertige Kationen (Alkali, Cu^+, Ag^+, H^+, Ga^+, In^+, Tl^+, NH_4^+, NO^+) und M^{III} dreiwertige Kationen (Al^{3+}, Fe^{3+}, Ga^{3+}) sind. Kleinere Mengen anderer zwei-, drei- und vierwertiger Kationen können auftreten. Im allgemeinen wird jedoch die Bezeichnung β-Aluminiumoxid nur für das (Natrium)-β-Aluminiumoxid verwendet.

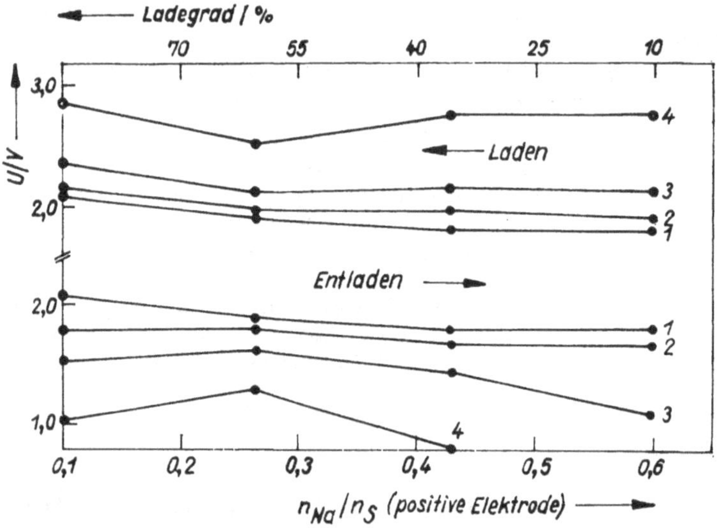

Bild 4.55. Lade- und Entladekurve einer Natrium-Schwefel-Zelle nach [812]

1 – Ruhezellenspannung; *2* – 20 mA/cm²; *3* – 50 mA/cm²; *4* – 100 mA/cm²

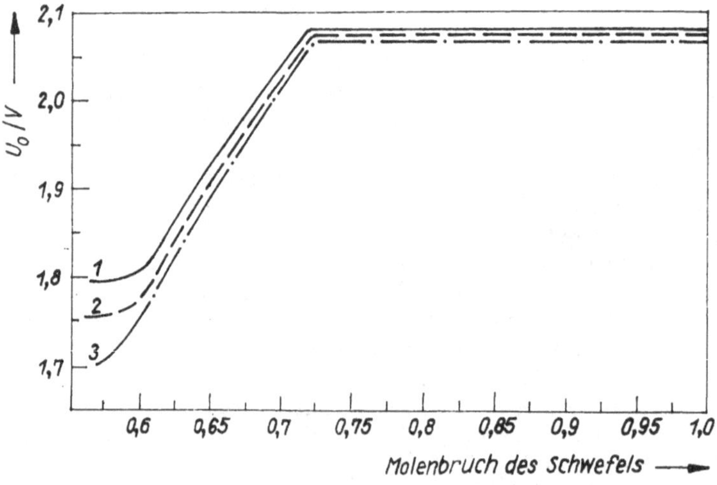

Bild 4.56. Ruhezellenspannung einer Natrium-Schwefel-Zelle in Abhängigkeit von der Schwefelkonzentration nach [795]

1 – 280°C; *2* – 330°C; *3* – 390°C

„3-Block-Phase" spricht. Die in Bild 4.57. dargestellte, von BEEVERS und ROSS [820] konzipierte Struktur ist idealisiert. Mit Hilfe der Neutronenaktivierungsanalyse [823] konnte gezeigt werden, daß β-Aluminiumoxid bis zu etwa 30% Natriumüberschuß enthalten kann. Das Natrium befindet sich jedoch nicht nur auf den ausreichend vorhandenen idealen Gitterplätzen, sogenannten BEEVERS-ROSS-Plätzen (BR-Plätze), sondern auch auf Zwischengitterplätzen zwischen zwei Sauerstoffionen der leitfähigen Schicht auf sogenannten mid-Oxygen-Plätzen (*mO*-Plätze) und auf Al-Positionen, den anti-BEEVERS-ROSS-Plätzen (*aBR*-Plätze).

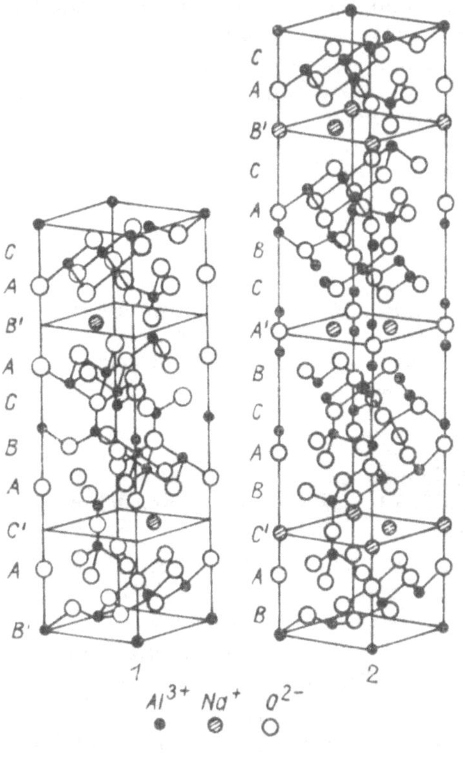

Bild 4.57. Ideale Struktur des Beta-Aluminiumoxids

1 – β-Aluminiumoxid;
2 – β''-Aluminiumoxid

A, *B*, *C* sind kompakte Sauerstoffschichten im Spinellblock
A', *B'*, *C'* sind nichtkompakte Sauerstoffschichten in der Leitfähigkeitsebene

Tabelle 4.8. Kristallographische Daten von β- und β''-Aluminiumoxid

	β-Aluminiumoxid	β''-Aluminiumoxid
Zusammensetzung	$Na_2O \cdot (8 \cdots 11)\, Al_2O_3$	$Na_2O \cdot 5\, Al_2O_3$
Dichte	3,24 g/cm³	–
Symmetrieklasse	hexagonal	rhomboedrisch
Raumgruppe	$P6_3$/mm C	R 3m
Zellkonstanten	$a = 5{,}59$ Å	$a = 5{,}59$ Å
	$c = 22{,}53$ Å	$c = 33{,}95$ Å

Bevorzugt besetzt sind die *BR*- und *mO*-Positionen. Im allgemeinen ist das Verhältnis von *BR*-Plätzen zu *mO*-Plätzen 1,5.

Durch den örtlichen Ladungsüberschuß in der leitfähigen Schicht wird Sauerstoff aus der benachbarten Spinellblockschicht in die leitfähige Ebene hineingezogen, was zu einer Deformation der Lage eines benachbarten Spinellaluminiums führt.

Gerade diese sich auf Zwischengitterplätzen befindenden Natriumionen sollen für die ionische Leitfähigkeit verantwortlich sein [824]. Zum Leitfähigkeitsmechanismus gibt es jedoch verschiedene Auffassungen [825, 826].

Der spezifische Widerstand eines β-Aluminiumoxid-Einkristalls beträgt bei 300 °C etwa 3 Ω cm [791, 827]; bei polykristallinem Material ist er 5- bis 20mal so groß [791, 827]. Die Temperaturabhängigkeit der spezifischen Leitfähigkeit folgt Gl. (2.3.), wobei für den β-Aluminiumoxid-Einkristall $\varkappa^0 = 8{,}23$ S cm^{-1} und $E_A = 15{,}8$ kJ/mol gilt [792, 826, 828, 829].

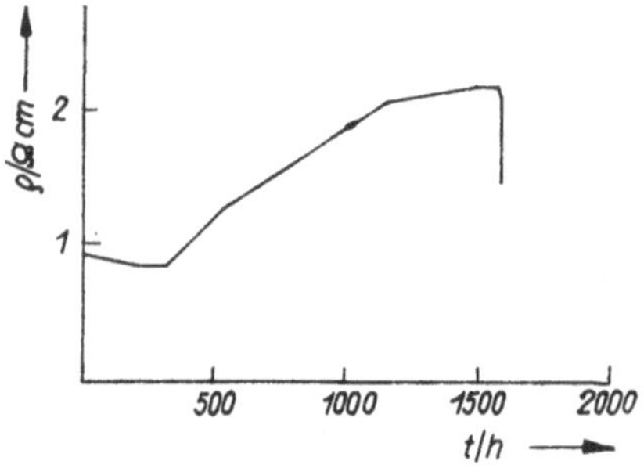

Bild 4.58. Langzeitverhalten des spezifischen Widerstandes von Beta-Aluminiumoxid-Festelektrolyten im Natrium-Schwefel-Akkumulator bei 330 °C nach [850]

Zu günstigen Widerstandswerten kommt man

- durch Einsatz von β''-Aluminiumoxid, das fünfmal besser leitet als β-Aluminiumoxid [801, 827, 828, 830],
- durch Zusätze vor allem von MgO und Li_2O, aber auch von ZrO_2, Y_2O_3, Fe_2O_3, CuO, Co_2O_3 und TiO_2 [831—835, 837—848, 902, 903], die gleichzeitig die metastabile β''-Aluminiumoxidstruktur stabilisieren,
- durch Verwendung von orientiertem, polykristallinem Material und
- durch Optimierung der Kornstruktur [834, 851].

Von besonderem Interesse ist die Langzeitstabilität des Festelektrolyten [849]. Oft wird dafür das in Bild 4.58. dargestellte Verhalten des spezifischen Widerstandes in Abhängigkeit von der Zeit gefunden. Für diesen Kurvenverlauf ist der Abfall der Natriumionenleitfähigkeit und der Bruch des Festelektrolyten verantwortlich zu machen. Die Verminderung der Leitfähigkeit wird vor allem durch partielle Substitution der Natriumionen im Beta-Aluminiumoxid durch weniger bewegliche einwertige Kationen mit geringfügig größerem Ionenradius, insbesondere K^+ [826] oder Ag^+, hervorgerufen die aus unsauberen Ausgangsmaterialien und aus Korrosionsprodukten stammen [851, 852].

Durch Einlagerung von Natriummetall in die Festelektrolytkorngrenze bei Materialien mit einer Dichte $< 95\%$ der theoretischen [853, 854] kommt es neben einer unerwünschten Elektronenleitfähigkeit (für reines Beta-Aluminiumoxid ist diese praktisch gleich null [855]) zu einer starken mechanischen Beanspruchung des Festelektrolyten, die bis zu einem Bruch führen kann [836, 856, 857], was sich im steilen Abfall des Widerstandes widerspiegelt (Bild 4.58.). Auch andere Bruchursachen werden diskutiert, wie

- unregelmäßiger Einbau von Zusätzen und unregelmäßige Kornverteilung, was zu Bezirken mit bevorzugter Leitfähigkeit und damit höherer lokaler Stromdichte mit örtlicher Erhitzung und Gitteraufweitung führt [834, 858];
- Temperaturunterschiede zwischen Arbeits- und Standphase der Zelle, wobei durch den Wechsel des Aggregatzustandes der Reaktanten große mechanische Spannungen entstehen (Thermozyklus);
- Ablagerung von festem Na_2S oder Na_2S_2 auf dem Festelektrolyten [852] sowie
- hohe Stromdichten.

Die Erfahrungen zeigen, daß eine hohe Lebensdauer zu erwarten ist, wenn der Festelektrolyt große Bruchfestigkeit und Dichte sowie ein gleichmäßiges Gefüge aufweist. Spitzenwerte der Festelektrolytlebensdauer in Na/β-Aluminiumoxid/S-Zellen liegen bei 2000 Ah/cm² transportierter Ladung (Stromdichte 0,5 A/cm²), [859]. Lebensdauerwerte von Na—S-Zellen geben nur bedingt Rückschluß auf die Lebensdauer des Festelektrolyten, da auch andere Ausfallursachen (Korrosion) berücksichtigt werden müssen (Tab. 4.9.).

Tabelle 4.9. Kenndaten von Natrium-Schwefel-Akkumulatoren

Zyklenzahl	Betriebszeit in h	Transportierte Ladung in Ah/cm²	Entladestrom in mA/cm²	Ladestrom in mA/cm²	Jahr	Literatur
400	1000	120	120	120	1973	[827]
8500	10400	800	250	125	1975	[896]
5500	22000	2000	—	—	1975	[850]
—	1500	—	314	125	1975	[870]
2800	—	820	250	130	1975	[851]
1000	26000	—	—	—	1975	[935]
9800	17500	1600	250	125	1976	[869]
12200	20500	1780	250	125	1976	[934]
50	200	—	—	—	1977	[869]

4.8.2.5. *Technische Ausführung des Natrium-Schwefel-Akkumulators*

Die Anordnung der Bauteile in der Natrium-Schwefel-Zelle wird im wesentlichen durch die Geometrie des Festelektrolyten bestimmt. Am häufigsten werden einseitig geschlossene Festelektrolytröhrchen (Länge 100···200 mm, Durchmesser 10···20 mm, Wandstärke 1···2 mm) verwendet, in denen sich das Natrium befindet (Bild 4.59.).

Der Natriumfluß vom Reservoir zur Festelektrolytoberfläche und deren

Bedeckung kann durch Kapillarwirkung (Eisenfilz; Rohr im Kapillarabstand zum Festelektrolytrohr) oder durch Inertgasdruck verbessert werden [860 bis 863]. Außerdem bewirkt der Eisenfilz eine Immobilisierung des Natriums und damit höhere Sicherheit [861].

Das Festelektrolytröhrchen sitzt in einem Gehäuse, das meist aus hochlegiertem Stahl gefertigt wird. Im Zwischenraum befindet sich die Schwefelelektrode. Sie muß so konstruiert sein, daß sie die durch Hinzuwandern von Natriumionen bedingte Volumenvergrößerung abfangen kann. Das wird meistens durch Hohlräume im Graphit des Stromkollektors [794, 864, 865],

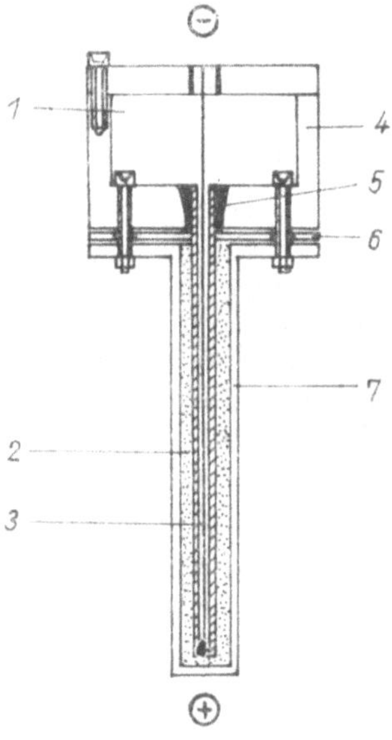

Bild 4.59. Prototyp einer Natrium-Schwefel-Zelle mit röhrchenförmigem Festelektrolyten nach [812]

1 – Natrium;
2 – Schwefel und Polysulfid, adsorbiert an Graphitfilz;
3 – β-Aluminuimoxid-Röhrchen;
4 – Aluminiumgefäß;
5 – Dichtung;
6 – Isolator;
7 – Gefäß aus rostfreiem Stahl (gleichzeitig Stromkollektor)

seltener durch eine Balgenbauweise der Zelle erreicht [866]. Bei Verwendung einer zentralen Schwefelelektrode kann eine Verringerung des Zellenvolumens erreicht werden [867].

Zum Teil werden auch Zellen mit plattenförmigen Festelektrolyten verwendet [827, 868, 869]. Der Plattendurchmesser ist aus fertigungstechnischen Gründen kaum größer als 80 mm [859]. Im allgemeinen sind Plattenzellen für höhere spezifische Leistungen und Röhrchenzellen für größere spezifische Energie bevorzugt geeignet [827, 859, 867, 870]. Eine dritte Variante ist die sogenannte Tassenform [870, 871], die die Vorteile von Röhrchen und Platte zusammenfassen soll.

Durch Parallel- und Reihenschaltung von Einzelzellen wurde bereits 1972 eine 960-Zellen-Traktionsbatterie mit folgenden Daten entwickelt: 100 V, 50 kWh(K_3), 63 Wh/kg und 36 W/kg bei 800 kg Gesamtmasse und 1,5 m^3 Gesamtvolumen.

Vorteilhafter, aber auch schwieriger ist es, Einheiten zu gestalten, bei denen einzelne Bauteile (z. B. Natriumreservoir) für mehrere Zellen genutzt werden. Das kann mit Röhrchen- [869, 872, 873] oder Plattenzellen [827, 874] erfolgen.

In der UdSSR wurde eine 1,5-kW-Batterie projektiert [869], die aus 6 parallel geschalteten Modulen zu je 16 in Reihe geschalteten Zellen besteht. Ihre Kenndaten sind: 120 Wh/kg, 90 W/kg und 16,7 kg.
Eine bei Ford entwickelte 24-Zellen-Batterie [872] (4 parallele Stränge mit 6 Zellen) weist folgende Daten auf: 12 V, 95 Wh/kg und 209 W/kg. Sie ist in Bild 4.60. schematisch dargestellt.

Eine von der CGE konzipierte 37-Zellen-Einheit hat folgende Daten [873]: 165 Wh/kg, 54 W/kg und 8,3 kg.

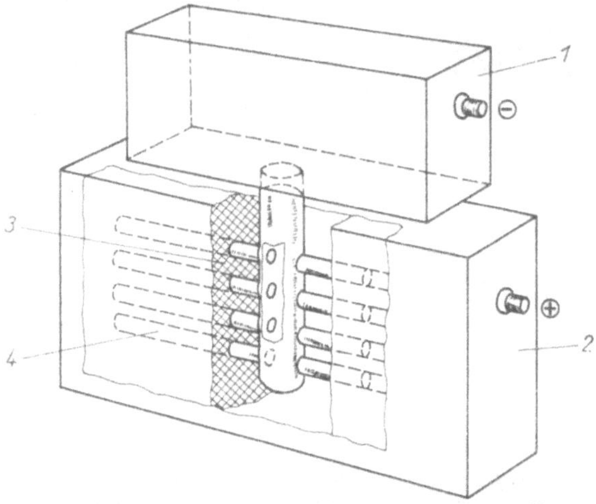

Bild 4.60. Ford-Batterie in schematischer Darstellung nach [872]

1 – Natriumelektrode (und -reservoir); 2 – Schwefelelektrode (und -reservoir); 3 – Graphitfilz; 4 – β-Aluminiumoxid-Keramik

Die Lebensdauer der Batterien wird weitgehend durch die des Festelektrolyten bestimmt. Eine 6-Zellen-Batterie soll über eine Periode von 1,5 Jahren mit 1325 Zyklen gelaufen sein, wobei allerdings Zellen ausgetauscht wurden [875]. Der Ausfall von in Reihe geschalteten Zellen ist ein besonderes Problem bei der Entwicklung von Natrium-Schwefel-Batterien [876]. Ist dieser Ausfall auf die Widerstandserhöhung im Festelektrolyten zurückzuführen, muß die Zelle überbrückt werden. Ist die Ursache der Bruch des Festelektrolyten, so kann die Zelle mit zyklisiert werden. Es kommt dabei allerdings zu einer unerwünschten Wärmeentwicklung, die einen niedrigeren Energiewirkungsgrad bedingt.

4.8.2.6. Abarten herkömmlicher Natrium-Schwefel-Akkumulatoren

Ersetzt man in der herkömmlichen Natrium-Schwefel-Zelle entweder den Beta-Aluminiumoxid-Festelektrolyten oder die Schwefelelektrode durch andere geeignete Materialien, so erhält man Akkumulatorsysteme, die sich dem

Prinzip nach von dieser Zelle ableiten. Als Festelektrolyt für den Natrium-Schwefel-Akkumulator kann auch Na^+-leitendes Glas verwendet werden [877, 878]. Wegen des hohen spezifischen Widerstands dieses Glases ($5 \cdot 10^5$ Ωcm), wird die Wand der als Festelektrolyt verwendeten Glasröhrchen sehr dünn und ihre Fläche sehr groß gestaltet, um den Gesamtwiderstand gering zu halten. Von der Dow Chemical Company wurden 1000 dünne, einseitig geschlossene Röhrchen mit einem Durchmesser von 80 μm und einer Wandstärke von 10 μm mit Metallfolie als Kollektor umgeben zu einer Einheit gebündelt. Solche 1000-Röhrchen-Einheiten wurden dann im Natrium-Schwefel-Akkumulator eingesetzt (Bild 4.61.).

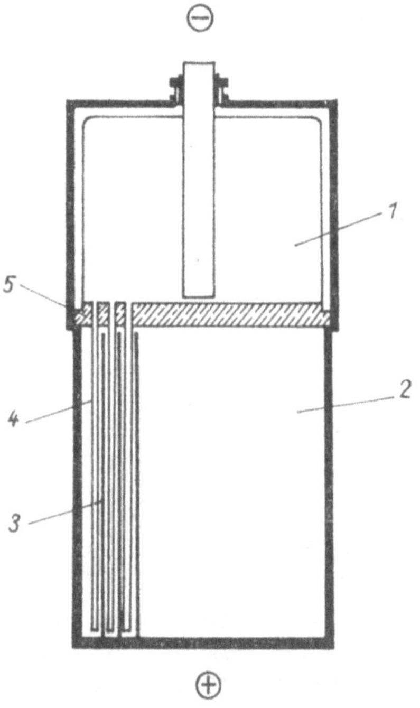

Bild 4.61. Natrium-Schwefel-Zelle mit natriumionensensitivem Glas als Festelektrolyt nach [878]

1 – Natrium;
2 – Schwefel und Polysulfid;
3 – Metallfolie;
4 – Glasröhrchen (natriumionenleitend);
5 – keramischer Isolator

Eine Substitution der schmelzflüssigen Schwefelelektrode wird vor allem deshalb angestrebt, weil durch die hohe Betriebstemperatur des Natrium-Schwefel-Akkumulators, die durch die positive Elektrode vorgegeben ist, verschiedenartige Probleme entstehen (s. Abschn. 4.8.1.). Die Betriebstemperatur kann gesenkt werden. wenn die Polysulfid-Schwefel-Mischung in der positiven Elektrode ersetzt wird durch

– $Na_2O \cdot 11\,Fe_xAl_{2-x}O_3$ ($0{,}9 < x < 1{,}2$), womit bei 120 °C die Elektrodenreaktion entsprechend der Gleichung

$$Fe^{3+} + e^- \rightarrow Fe^{2+} \tag{4.73.}$$

abläuft [879],

— Graphit-CrO_3, das bei Raumtemperatur unter Ablauf der Zellenreaktion

$$x\mathrm{Na} + \mathrm{C_8CrO_3} \rightarrow \mathrm{Na}_x\mathrm{C_8CrO_3} \qquad (4.74.)$$

reagiert [880],

— in Acetonitril gelöstes Halogen ($X = Br_2$, Cl_2), das bei Raumtemperatur die Entladereaktion nach der Gleichung

$$2\mathrm{Na} + X_2 \rightarrow 2\mathrm{Na}X \qquad (4.75.)$$

ergibt [881, 882],

— mit Natriumchloraluminat gemischtes $SbCl_3$, womit bei 210 °C die Entladereaktion

$$3\mathrm{Na} + \mathrm{SbCl_3} \rightarrow 3\mathrm{NaCl} + \mathrm{Sb} \qquad (4.76.)$$

abläuft [884] und

— in einer Mischung von Glycol und Diethylentriamin oder auch anderen organischen Lösungsmitteln [883] gelöstes S und Na_2S_x, womit bei 150 °C die prinzipiell gleiche Entladereaktion gemäß Gl. (4.67.) wie im herkömmlichen Natrium-Schwefel-Akkumulator abläuft [794]. Die Entladung kann aber bis zum Na_2S erfolgen.

Der Hauptnachteil dieser Systeme besteht in ihren meist niedrigen Leistungs daten, wobei man letzterem für stationäre Anwendungen durchaus Realisierungsmöglichkeiten einräumen sollte.

4.8.2.7. *Herstellung des Natrium-Schwefel-Akkumulators*

Die Herstellung der Reaktanten bereitet keine prinzipiellen Schwierigkeiten- Jedoch müssen sowohl Natrium als auch Schwefel hochrein und absolut trocken eingesetzt werden.

Problematischer ist die Herstellung des Festelektrolyten, die in folgenden technologischen Stufen abläuft.

Mischen der Ausgangsstoffe:
Im allgemeinen werden hochdisperses α-Al_2O_3 und Na_2CO_3 sowie Zusätze zur Erhöhung der Leitfähigkeit wie MgO, Li_2O u. a. [834, 836, 885, 886] miteinander gemischt; aber auch andere Aluminium- und Natriumverbindungen können verwendet werden [834, 852, 885, 887—890].

Dispergieren der Mischung:
Mechanisches Mahlen oder spezielle Verfahren wie Sprühzersetzung, Flammenpyrolyse u. a. [834, 835, 891—895].

Calcinieren:
Beim Glühen bei 1200···1400 °C reagiert die Mischung zu Beta-Aluminiumoxid.

Mahlen:

Das Mahlen erfolgt in Kunststoffmühlen zu einem nicht zu hochdispersen Pulver, damit die Sinteraktivität noch technologisch beherrschbar bleibt.

Formgebung:

Das Formen der Festelektrolytkörper wird durch isostatisches Pressen [853, 834, 889], Extrusion [834] oder elektrophoretische Abscheidung [852, 838, 896, 897] vorgenommen.

Sintern:

Abschließend wird bei 1500···1700 °C gesintert. Teilweise werden Formgebung und Sintern in einem Schritt durch Heißpressen vollzogen.

Der Sinterprozeß läuft wie in Bild 4.62. dargestellt ab. Er stellt die schwierigste Stufe der Herstellung des Festelektrolyten dar. Wird die optimale Sintertemperatur nicht erreicht, so ist die Dichte zu gering, wird sie überschritten, so kommt es durch Rekristallisation zu einem groben Gefüge. Man strebt deshalb als Kompromiß eine Duplexstruktur an, wobei rekristallisierte große Kristalle (etwa 150 µm) in eine feinkörnige Matrix (etwa 3 µm) eingebettet sind [898]. Ein weiteres Problem ist die thermische Zersetzung nach

$$\beta''\text{-}Al_2O_3 \xrightarrow[-Na_2O]{1500\,°C} \beta\text{-}Al_2O_3 \xrightarrow[-Na_2O]{1700\,°C} \alpha\text{-}Al_2O_3. \qquad (4.77.)$$

Man muß deshalb durch möglichst kurzzeitiges Sintern in Na_2O-Atmosphäre die Na_2O-Verluste gering halten. Dasselbe wird durch Senken der Sintertemperatur mit Hilfe von Zusätzen wie ZrO_2 oder CuO zu erreichen versucht [852, 839].

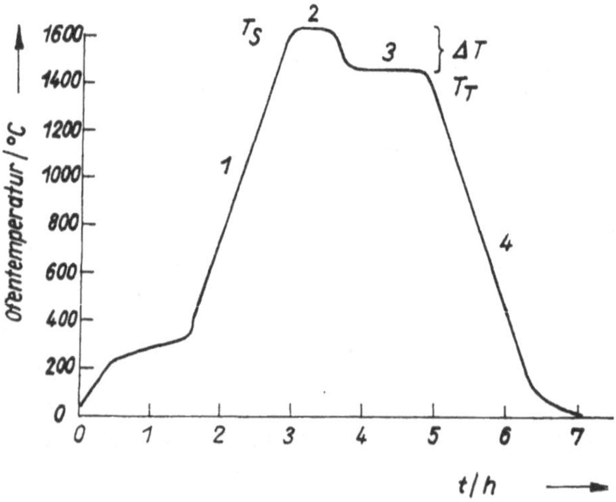

Bild 4.62. Brennkurve beim Sinterprozeß nach [898]

T_S – Sintertemperatur; T_T – Tempertemperatur; ΔT – beträgt 100···200 K

1 – Aufheizen (15 K/min); *2* – Sintern (30 min); *3* – Tempern (60 min); *4* – Abkühlen (–15 K/min)

Die Herstellung der Zelle muß unter anaeroben Bedingungen und in trockener Schutzgasatmosphäre erfolgen, da das Natrium sehr reaktiv ist. Teilweise wird deshalb auch das Einbringen von elementarem Natrium umgangen, indem man die Zelle mit den Produkten der Entladereaktion füllt und Natrium erst im Ladeprozeß formiert [868].

4.8.2.8. Eigenschaften und Anwendungsgebiete des Natrium-Schwefel-Akkumulators

Die Vorteile der Natrium-Schwefel-Zelle bestehen in folgendem:
- hohe spezifische Leistung (acht- bis zehnmal so groß wie die des Bleiakkumulators),
- hohe spezifische Energie (dreimal so groß wie die des Bleiakkumulators),
- hoher Energiewirkungsgrad (80···85%) und 100%iger Stromwirkungsgrad und
- hoher Weltvorrat der Reaktanten; auch die Vorkommen in der DDR sind groß, so daß der Natrium-Schwefel-Akkumulator aus einheimischen Rohstoffen (Na, S) gefertigt werden kann.

Dem stehen folgende Nachteile gegenüber:
- komplizierte anaerobe Fertigungstechnologie,
- ständige Kontrolle und Regelung des Arbeitsregimes und
- Gefahr des Bruchs des Festelektrolyten infolge Havarie besonders bei der Elektrotraktion.

Mit der Entwicklung und Fertigung des Natrium-Schwefel-Akkumulators sind folgende Probleme verbunden:
- Erhöhung der Korrosionsbeständigkeit billiger Behälter- und Dichtungsmaterialien [812, 827, 834, 851, 872, 899–901],
- Verminderung der Störanfälligkeit größerer Batterien,
- weitere reproduzierbare Erhöhung der Zyklen- und Thermal-Lebensdauer des Festelektrolyten und
- Einführung neuer ökonomischer Massenproduktionstechnologien, insbesondere für β-Aluminiumoxid.

Die Lösung dieser Probleme ist Voraussetzung für eine ökonomische Serienproduktion (Herstellungskosten sollen niedriger als beim Blei-Akkumulator sein), die für den Zeitraum 1985/90 erwartet wird.

Obwohl der Natrium-Schwefel-Akkumulator eine große spezifische Leistung und spezifische Energie aufweist, ist sein Anwendungsgebiet durch die hohe Arbeitstemperatur, die Zusatzeinrichtungen wie Isolation, Kühlung, Temperaturkontrolle und -regelung erfordert, eingeengt. Es werden nur größere Systeme zum Einsatz kommen (um das Verhältnis der Massen von Akkumulator und Zusatzeinrichtungen günstig zu gestalten), die überwiegend kontinuierlich betrieben werden, damit ein Abkühlen und Wiederanheizen des Akkumulators und der damit verbundenen mechanischen Belastung des Festelektrolyten vermieden wird.

Die Hauptanwendungsgebiete sind deshalb Elektrotraktion (städtisches Elektroauto, Elektrolokomotive) und Spitzenlastkraftwerke.

4.8.3. *Lithium-Chalkogen-Akkumulatoren*

4.8.3.1. *Lithium-Schwefel-, Lithium-Selen- und Lithium-Tellur-Akkumulator*

Die im Jahre 1961 begonnenen Untersuchungen an elektrochemischen Zellen mit Alkalimetallelektroden und schmelzflüssigen Elektrolyten, die zunächst auf thermisch regenerative Zellen ausgerichtet waren, führten etwa 1967 zur Entwicklung der Lithium-Chalkogen-Zellen, von denen die Lithium-Schwefel-Zelle die größte Bedeutung besitzt.

Die Zellenreaktion wird durch die Gleichung

$$2\,\mathrm{Li} + Y \underset{\text{Laden}}{\overset{\text{Entladen}}{\rightleftharpoons}} \mathrm{Li_2}Y \tag{4.78.}$$

mit $Y = \mathrm{S, Se, Te}$ beschrieben.

Prinzipiell wird die minimale Betriebstemperatur der Zelle durch die jeweils höchste Schmelztemperatur der Reaktanten (Li 170 °C; S 118 °C; Se 220 °C; Te 450 °C), der entsprechenden Reaktionsprodukte oder des Elektrolyten festgelegt. Die maximale Betriebstemperatur wird durch die Siedetemperatur dieser Materialien festgelegt, wobei nur der Schwefel ($\vartheta_V = 444\,°\mathrm{C}$) zu Problemen führt.

Bei Schwefel- und Selenzellen wird die Betriebstemperatur, die bei 350 bis 400 °C liegt, vor allem durch die Schmelztemperatur des Elektrolyten oder der Reaktionsprodukte und bei der Tellurzelle (etwa 475 °C) durch die Schmelztemperatur dieses Reaktanten bestimmt.

Der Aufbau einer Lithium-Schwefel-Laborzelle ist in Bild 4.63. schematisch dargestellt. Sowohl das Lithium als auch die Chalkogene werden durch Kapillarkräfte in einer Matrix gehalten. Für Lithium besteht das Matrixmaterial

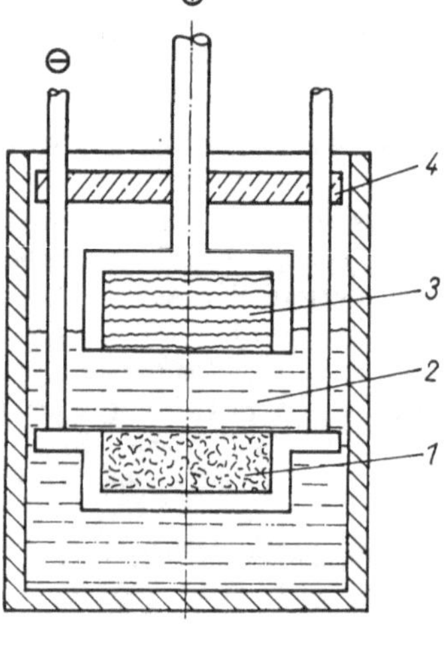

Bild 4.63. Schema einer Lithium-Schwefel-Zelle nach [904]

1 — Lithiumanode;
2 — Elektrolyt (Salzschmelze);
3 — Schwefelkatode;
4 — Isolator

aus Edelstahlfilz; für die Chalkogene wird vorwiegend Graphit verwendet. Als Elektrolyt benutzt man geschmolzene Salze.

Die Reaktion an der negativen Elektrode nach der Gleichung

$$\mathrm{Li} \rightleftharpoons \mathrm{Li}^{+} + e^{-} \qquad (4.79.)$$

verläuft weitgehend ungehemmt. Sie hat bei 400 °C eine hohe Austauschstromdichte (2 A/cm²), und selbst bei einer Stromdichte von 5 A/cm² beträgt ihre Überspannung nur 100 mV [905].

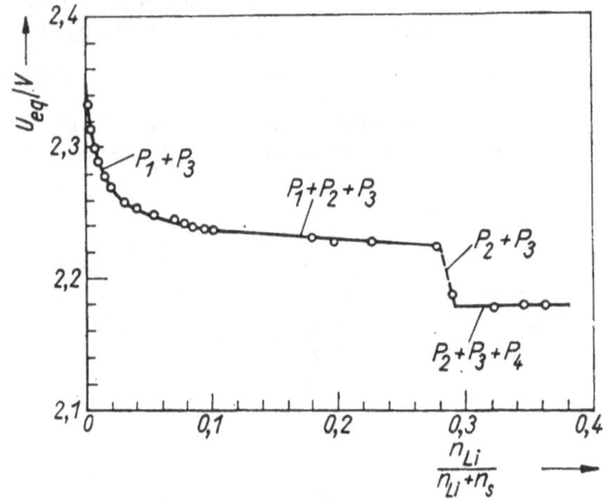

Bild 4.64. Abhängigkeit der Gleichgewichtszellenspannung einer Lithium-Schwefel-Zelle (Li/LiF, LiCl, LiJ/Li_2S_x, S) vom Molenbruch des Lithiums in der Schwefelelektrode nach [906]

Schwefelkatode:

P_1 – reine flüssige Schwefelphase; P_2 – flüssige Mischphase aus in Schwefel gelöstem Li_2S_x; P_3 – Elektrolytphase; P_4 – festes Li_2S

Die Reaktion an der positiven Elektrode verläuft je nach vorliegendem Chalkogen über einen komplizierteren Mechanismus. An der Schwefelelektrode befolgt die Elektrodenreaktion die Gleichung

$$\mathrm{S} + 2e^{-} \rightleftharpoons \mathrm{S}^{2-}. \qquad (4.80.)$$

Dem Verlauf der Gleichgewichtszellenspannung in Abhängigkeit vom Molenbruch des Lithiums in der Schwefelelektrode (Bild 4.64.), der vom Entladegrad der Zelle bestimmt wird, ist zu entnehmen, daß die Zellenreaktion in mehreren Stufen abläuft.

Man kann den Kurvenverlauf unter Berücksichtigung des zugehörigen Phasendiagramms [906] folgendermaßen interpretieren: Im geladenen Zustand der Zelle liegen bei Betriebstemperatur die reine flüssige Schwefelphase und der Elektrolyt nebeneinander vor. Im Laufe des Entladens wird der Schwefel zum Polysulfid reduziert, und es bildet sich eine dritte Phase, die aus in Schwefel gelöstem Li_2S_x besteht. Diese flüssige Mischphase existiert jedoch nur oberhalb 365 °C, so daß die Betriebstemperatur der Zelle zweckmäßig auf einen höheren Wert eingestellt wird. Mit fortschreitendem Entladen verbraucht sich die reine Schwefelphase, und im weiteren werden der Schwefel und das Polysulfid der Mischphase reduziert; gleichzeitig wird festes Li_2S, das einzige stabile Lithiumsulfid, abgeschieden. Beim Laden kehren sich diese Vorgänge um. Unterhalb von 365 °C zerfällt die Mischphase in Li_2S und Schwefel.

Prinzipiell ähnlich sind die Vorgänge an der Selenelektrode, die sich gegenüber der Schwefelelektrode aber durch eine höhere elektronische Leitfähigkeit auszeichnet.

Tabelle 4.10. Schmelztemperaturen und Dichten verschiedener als Elektrolytschmelzen in Lithiumzellen gebräuchlicher eutektischer Salzmischungen (zum Vergleich die Schmelztemperaturen der reinen Lithiumhalogenide)

Zusammensetzung in Mol-%	ϑ_F in °C	d (350 °C) in g/cm³
3,5 LiCl – 9,2 LiBr – 52,4 LiJ – 15,7 KJ – 19,2 CsJ	184	3,14
57,2 LiCl – 13,3 KCl – 29,2 CsCl	265	2,3
8,5 LiCl – 59,0 LiJ – 32,5 KJ	265	2,95
59,0 LiBr – 41,0 RbBr	278	2,88
11,7 LiF – 29,1 LiCl – 59,2 LiJ	341	2,8
54,0 LiCl – 42,0 KCl – 4,0 KJ	347	1,78
58,8 LiCl – 41,2 KCl	352	1,7
LiF	848	
LiCl	610	
LiBr	547	
LiJ	469	

Noch größer ist die spezifische Leitfähigkeit von Tellur ($2{,}5 \cdot 10^3$ S cm^{-1} bei 500 °C). Da auch die Viskosität des geschmolzenen Tellurs ziemlich gering ist, bleibt die Überspannung insgesamt sehr niedrig. Nachteilig sind die große Äquivalentmasse, die hohe Schmelztemperatur und die Korrosivität gegenüber den Baumaterialien. Der Reaktionsmechanismus unterscheidet sich etwas von dem der Schwefel- und der Selenelektrode, da auch Einzelelektronenschritte zu berücksichtigen sind [907].

Die Ruhezellenspannungen der Lithium-Chalkogen-Zellen mit S, Se oder Te liegen bei 2,3, 2,2 bzw. 1,75 V. Die spezifische Leistung fällt aber nicht unbedingt in dieser Reihenfolge, da vom Schwefel zum Tellur die elektronische Leitfähigkeit steigt.

Als Elektrolyte für Lithium-Chalkogen-Zellen wurden bisher nur schmelzflüssige eutektische Salzmischungen (Tab. 4.10.) verwendet.

Für die Auswahl des Elektrolyts ist neben der niedrigeren Schmelztemperatur und der geringen Dichte vor allem die Leitfähigkeit entscheidend. Diese ist zwar bei den nur aus Lithiumsalzen bestehenden eutektischen Mischungen auf Grund der hohen Lithiumionenkonzentration am größten, führt aber zu höheren Dichten und niedrigeren Zersetzungsspannungen. Die Zersetzungsspannung der schmelzflüssigen Lithiumhalogenide fällt in der Reihe LiF > LiCl > LiBr > LiJ.

Am häufigsten wurden bisher für Lithium-Chalkogenid-Zellen die eutektischen Mischungen LiF—LiCl—LiJ und LiCl—KCl verwendet. Für Lithium-Selen- und Lithium-Tellur-Zellen, deren Innenwiderstand geringer als der von

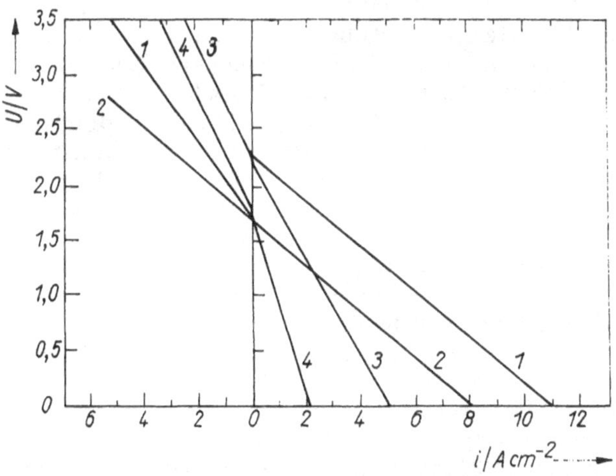

Bild 4.65. Vergleich der Strom-Spannungs-Kurven von Li—Se- und Li—Te-Zellen mit Flüssig- und Pastenelektrolyt nach [908]

Flüssigelektrolyt:
1 — Li—Se (375 °C); *2* — Li—Te (470 °C)

Pastenelektrolyt:
3 — Li—Se (375 °C); *4* — Li—Te (470 °C)

Lithium-Schwefel-Zellen ist, wurden z. T. auch Pastenelektrolyte mit $LiAlO_2$-Matrix eingesetzt [908], die gleichzeitig Separatorfunktion haben, aber auf Grund der geringeren Leitfähigkeit die Leistungsdichte erniedrigen (Bild 4.65.).

Neben den in Abschn. 2.2.3. aufgeführten Anforderungen an den Elektrolyten ist bei schmelzflüssigen Elektrolyten zusätzlich das Verhältnis der Stromkollektorbenetzung durch Elektrolyt und Reaktant zu berücksichtigen, das im ungünstigen Fall zur Verdrängung der Reaktanten vom Kollektor führen kann.

Festelektrolyte wurden auf Grund ihrer im Temperaturbereich 350···450 °C zu geringen Leitfähigkeit bisher nicht eingesetzt. Zum Beispiel haben Li_2SO_4 und Li_2WO_4 erst bei Temperaturen über 600 °C bzw. 680 °C eine ausreichende Leitfähigkeit von $> 1\ S\ cm^{-1}$. Das führte zu ihrem Einsatz in thermisch aktivierbaren Lithiumprimärzellen. Li-β-Aluminiumoxid hat zwar eine genügend große Leitfähigkeit, zersetzt sich aber in Gegenwart von Lithium. Von der großen Anzahl der untersuchten Lithiumfestelektrolyte [232, 909–912] scheinen am aussichtsreichsten das Li_3N ($\varkappa$ (450 °C) = 1,7 · 10^{-1} S cm^{-1}) und Materialien mit Antifluoritstruktur wie Li_5AlO_4 ($\varkappa$ (450 °C) = 3 · 10^{-1} S cm^{-1}) zu sein.

Die in Bild 4.65. wiedergegebenen Strom-Spannungs-Kurven von Lithium-Chalkogen-Zellen haben einen typischen Verlauf. Ihre Linearität deutet auf das Fehlen von Konzentrations- und Durchtrittsüberspannungen hin. Es liegt hauptsächlich Widerstandsüberspannung vor. Entscheidend für die Leistung der Zelle ist deshalb ihr Innenwiderstand. Um ihn möglichst gering zu halten, verzichtet man insbesondere bei Schwefelzellen auf die günstigen Pastenelektrolyte und strebt durch vorteilhaftes Kollektormaterial und kompakte konstruktive Gestaltung eine hohe elektronische Leitfähigkeit an. Dem kommt z. B. eine alternierend geschichtete Anordnung von mit Schwefel gefülltem, porösem Graphit und von mit Elektrolyt gefülltem, geschäumtem Molybdän entgegen, da sie eine große Berührungsfläche zwischen Schwefel und Elektrolyt schafft [904]. Mit solchen Lithium-Schwefel-Zellen wurden etwa 200 Zyklen erhalten. Wenn man während des Betriebs Bauteile auswechselt und Elektrolyt nachfüllt, was für die Praxis aber einen zu hohen Wartungsaufwand bedeutet, können bis zu 2000 Zyklen erreicht werden.

Die Hauptschwierigkeiten bei dieser Zelle sind in der Korrosion, im Schwefelverlust und in der Kurzschlußgefahr zu suchen.

Bei 400 °C sind vor allem Lithium, aber auch der Elektrolyt und Schwefel sehr aggressiv, zerstören insbesondere die Stromkollektoren und Dichtungen. Das macht den Einsatz teurer Materialien notwendig.

Der Schwefelverlust ist auf eine gewisse Löslichkeit von Schwefel und Sulfid im Elektrolyten zurückzuführen [913] (bei Se ist die Löslichkeit noch höher), aber auch darauf, daß bei nicht hermetisch verschlossenen Zellen ein Teil des Schwefels verdampft. Der praktische Ausnutzungsgrad des Schwefels von etwa 40% ist noch unbefriedigend.

Auch das in der porösen Edelstahlmatrix gespeicherte Lithium wird beim Entladen zurückgehalten, und seine Ausnutzung ist ebenfalls nicht optimal. Außerdem kann Lithium zur positiven Elektrode wandern und dadurch einen inneren Kurzschluß auslösen.

Die genannten Probleme versuchte man durch Variation der Elektroden zu lösen. So wurde an Stelle der Schwefelelektrode z. B. eine halbfeste Schwefel-Arsen-Kohlenstoff-Elektrode eingeführt [914], bei der das Arsen den Schwefelverlust eindämmen und der Kohlenstoff die Elektrodenstabilität und Leitfähigkeit verbessern soll. Noch bessere Resultate wurden durch den Ersatz der Schwefelelektrode durch eine Sulfidelektrode erreicht. Dafür sind Eisen-, Kupfer-, Nickel-, Chrom- und Mangansulfide geprüft worden. Die besten Ergebnisse erzielte man mit Eisen- [915, 916] und Kupfersulfid [921, 960]. An Stelle der flüssigen Lithiumelektrode setzte man eine feste Lithium-Aluminium-Legierung ein [917, 961–964]. Mit diesen Maßnahmen kam man schließlich zu einer neuen Generation von Lithium-Schwefel-Akkumulatoren, den Lithium-Sulfid-Akkumulatoren.

4.8.3.2. Lithium-Sulfid-Akkumulator

Mit Lithium-Sulfid-Akkumulatoren wird ein Kompromiß zwischen der großen spezifischen Energie der Lithium-Schwefel-Zellen und einer möglichst hohen Lebensdauer erreicht. Die besten Ergebnisse sind mit der Zelle Li(Al)/LiCl, KCl/FeS_2 erzielt worden [917—920]. Daneben fanden als Elektrodenmaterialien auch FeS [918—920] und CuS [921] sowie Li—Si und Li—Ga [922—924] Verwendung.

Die Gleichung der elektrochemischen Zellenreaktion und die wichtigsten Kennziffern der Li—FeS_2-Zelle sind in Tab. 4.1. enthalten. Ihre Betriebstemperatur liegt bei etwa 400 °C. Die theoretische spezifische Energie dieser Zelle ist gegenüber der des Lithium-Schwefel-Akkumulators erheblich vermindert. Das hat seine Ursache in der zusätzlichen Masse des Eisens und des Aluminiums und in der Verringerung der Enthalpie und damit der Zellenspannung um die Beträge der Sulfid- und Legierungsbildung. Auf die Ruhezellenspannung der vollgeladenen Zellen wirkt sich das wie folgt aus. Lithium-Sulfid-Akkumulatoren mit Fe_2S-, FeS- oder CuS-Katode haben die Ruhezellenspannung 2,03 V, 1,62 V bzw. 1,68 V. Auf Grund der Legierungsbildung des Lithiums mit dem Aluminium (Massenverhältnis etwa 1:1) kommt es zu einer Verringerung der Lithiumaktivität und damit zur Abnahme der Zellenspannung um 0,3 V.

Die feste Lithium-Aluminium-Elektrode hat verschiedene Vorteile gegenüber der flüssigen Lithiumelektrode, die vor allem in einer leichteren Realisierbarkeit der Elektrodenform und in einer besseren Verträglichkeit mit den vorwiegend keramischen Baumaterialien liegen. Sie kann nach unterschiedlichen Methoden hergestellt werden [919, 917, 925, 926]; durch

— elektrochemische Formation in einem komprimierten Aluminiumfasersubstrat,
— Heißpressen von gepulverter Elektrolytmischung und pyrometallurgisch produzierter Li—Al-Legierung sowie
— Vibrationsladen von Li—Al-Pulver in porösem Aluminium oder Nickel.

Die Kapazität dieser Elektrode ist in starkem Maße von ihrer Dicke und der Stromdichte abhängig, da die elektrochemische Reaktion im porösen Elektrodenmaterial (Porosität 30···40%) diffusionsbestimmt ist.

Die feste Sulfidelektrode vermindert die Schwefelverluste gegenüber denen bei der flüssigen Schwefelelektrode erheblich.

Da die Leitfähigkeit der Sulfide gering ist, muß durch konstruktive Maßnahmen für einen möglichst geringen elektrischen Widerstand der Elektrode gesorgt werden. Dazu wird entweder nur pulverförmiges oder mit Graphit gemischtes Sulfid in Molybdännetze oder -streckmetall eingepreßt oder eine Mischung aus Sulfid und Ruß als Elektrodenmaterial verwendet. Um die hohen Kosten zu reduzieren, die durch das Molybdän entstehen, kann man auch Eisenkollektoren einsetzen. Da aber FeS_2 mit dem Eisen reagiert, kann nur FeS als Reaktant verwendet werden. Das bedeutet jedoch eine weitere Spannungs- und Energieverminderung.

Zum FeS_2 wird teilweise von vornherein Li_2S zugegeben, um die Benetzung des Kohlenstoffs durch den Elektrolyten zu verbessern, z. T. auch CoS_2, um die Leitfähigkeit zu erhöhen [927, 928].

Die FeS_2-Elektrode und die FeS-Elektrode schwellen während der ersten Lade-Entlade-Zyklen an. Diese Erscheinung kann durch Zusätze von Cu_2S zurückgedrängt werden [929]. Ein anderer Weg ist der Zusammenbau der Zelle im entladenen Zustand. Dazu wird für die positive Elektrode heißgepreßtes Li_2S und Fe und für die negative Elektrode poröses Aluminium verwendet [918, 930, 931].

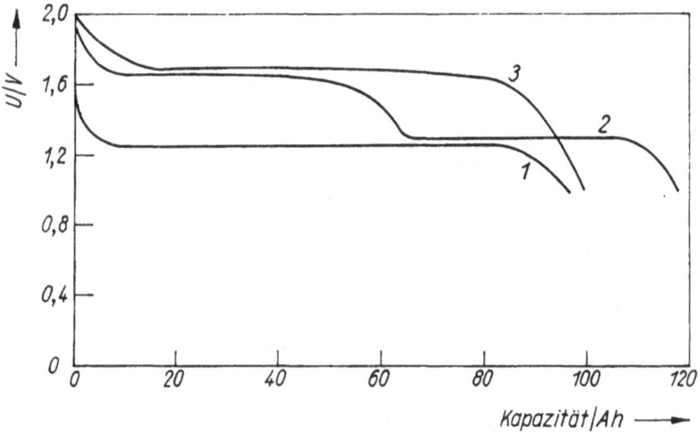

Bild 4.66. Entladekurven von Li(Al)—FeS_x-Zellen nach [918]

1 — Li—FeS-Zelle; *2* — Li—FeS_2-Zweiplateau-Zelle; *3* — Li—FeS_2-Hochplateau-Zelle

Damit werden gleichzeitig auch eine Reihe anderer Probleme bezüglich Handhabung der hochreaktiven Li—Al-Elektrode, ungleichmäßiger Aktivmasseverteilung und schwacher Gasentwicklung während der ersten Zyklen gelöst [918, 930, 931].

Von Lithium-Eisensulfid-Zellen gibt es drei Typen. Sie unterscheiden sich in der Zusammensetzung und Arbeitsweise der Eisensulfidelektrode.

Typ 1: FeS-Elektrode (FeS $\rightarrow$ Fe),

Typ 2: FeS_2-Zweiplateau-Elektrode ($FeS_2 \rightarrow FeS \rightarrow Fe$),

Typ 3: FeS_2-Hochplateau-Elektrode ($FeS_2 \rightarrow FeS$).

Die Entladekurven dieser Zellentypen sind in Bild 4.66. dargestellt.

In allen Fällen soll der Entladevorgang durch die Polarisation der positiven Elektrode begrenzt sein. Hochplateau-Zellen sind vor allem für Einsatzgebiete, die hohe Leistungen erfordern, vorgesehen.

Zum Teil wird als Katode auch CuS verwendet, weil Lithium-Sulfid-Zellen mit diesem Aktivmaterial eine geringere Selbstentladungsrate haben als solche mit Eisensulfiden. Da die Reaktion über die Stufen $CuS \rightarrow Cu_2S \rightarrow Cu$ verläuft, sollte man auch ein Zweiplateau-Verhalten der Zellenspannung erwarten. Da sich die Elektrodenpotentiale von CuS und Cu_2S nur um 20 mV unterscheiden, bleibt das aber praktisch belanglos [921].

Um in Lithium-Sulfid-Akkumulatoren bei kleinstmöglichem Elektrodenabstand die Kurzschlußgefahr zu minimieren, werden Separatoren eingesetzt. Hierzu findet vor allem ein Bornitridgewebe oder -papier (BN) Verwendung, das jedoch nicht in ausreichendem Maße die feinverteilten Aktivmassenpartikeln zurückhält [932, 933]. Deshalb wird noch eine innenliegende Hülle aus ZrO_2 verwendet, die durch ein Molybdän- oder Stahlnetz (bei FeS) gestützt wird. Der Separator hat gleichzeitig Matrixfunktion für den LiCl—KCl-Elektrolyten. Durch die Kombination von BN, ZrO_2 und Metallnetz werden jedoch Menge und Volumen des Elektrolyten relativ groß. Verwendet man eine dünne, stabile Keramikhülle als Separator, so kann der Elektrodenabstand weiter verringert werden [920].

Lithium-Sulfid-Akkumulatoren werden als zylindrische Zelle [936] und prismatische Zelle [937] hergestellt. Das Muster einer zylindrischen Lithium-Eisensulfid-Zelle (FeS_2 oder FeS) mit der Kapazität von 135 Ah hat z. B. einen Durchmesser von 13 cm, ist 3···5 cm hoch und ihre Masse liegt zwischen 1 und 1,5 kg. Ihre zentrale Stromableitung kann so ausgelegt werden, daß ein Ineinanderstecken der Zellen möglich wird. Manche zylindrischen Zellen enthalten in der Mitte einen Heizstab, so daß sie auf Betriebstemperatur erwärmt werden können.

Mit prismatischen Zellen soll eine noch etwas höhere Kompaktheit erreicht werden [938]. Das Muster einer prismatischen Lithium-Eisensulfid-Zelle hat eine Abmessung von $13 \times 15 \times 2\ cm^3$ und ist für 120 Ah ausgelegt (Bild 4.67.).

In der Leistungscharakteristik unterscheiden sich beide Zellenmuster nicht wesentlich. Bei einem Ladefaktor von etwa 1,0 wird ein Energiewirkungsgrad von 70···80% erreicht. Die bisher mit diesen Zellen bei 5stündiger Entladung erreichten spezifischen Energien und die zugehörigen theoretischen Werte (bezogen auf die Gleichgewichtszellenspannung) sind neben anderen Kenndaten in Tab. 4.1. angegeben.

Die Lebensdauer dieser Zellen beträgt zur Zeit 200 Zyklen; einzelne Zellen sollen jedoch bereits 500 Zyklen erreicht haben. Sie wird durch die Li(Al)-Elektrode begrenzt, die mit der Zeit zu Pulver zerfällt. Die Zugabe geringer Mengen von Indium oder Zinn drängt diesen Effekt zurück [920].

Die Aufnahme der Produktion von Lithium-Eisensulfid-Akkumulatoren im kommerziellen Maßstab wird allgemein in den 80er Jahren erwartet. Die Kosten der Zelle werden aber wegen des relativ hohen Lithiumpreises etwa doppelt so hoch sein wie die eines vergleichbaren Natrium-Schwefel-Akkumulators.

Das Anwendungsgebiet von Lithium-Sulfid-Zellen ist analog dem des Na—S-Akkumulators, d. h. also Elektrotraktion und Spitzenlastausgleich. Es ist jedoch fragwürdig, ob die Lithiumreserven eine große Massenproduktion zulassen.

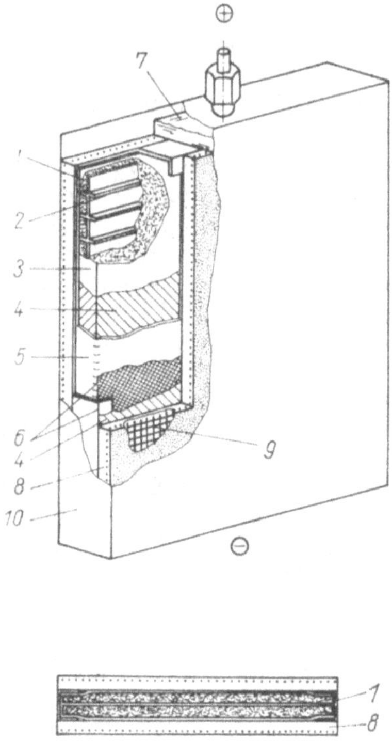

Bild 4.67. Prismatische Li(Al)—FeS_x-Zelle im Schnitt [938]

1 – positive Elektrodenplatte;
2 – Rippen des Eisengitters;
3 – Umhüllung der positiven Platte;
4 – ZrO_2-Gewebe;
5 – Separator aus BN-Gewebe;
6 – Eisensiebrahmen;
7 – Elektrolyt;
8 – negative Elektrodenplatte;
9 – Eisensieb (Stromkollektor);
10 – Zellengefäß aus Eisen

4.8.4. *Lithium-Chlor-Akkumulator*

Der Lithium-Chlor-Akkumulator wurde erstmalig im Jahre 1966 vorgestellt [940—942]. Die Zellenreaktion und die wichtigsten Kenndaten dieses Systems sind in Tab. 4.1. angegeben. Als Elektrolyt wird eine LiCl-Schmelze benutzt ($\vartheta_F = 608\,°C$). Damit sind Elektrolyt und Reaktionsprodukt identisch. Das hat den Vorteil, daß keine kinetischen Hemmungen beim Abtransport des Reaktionsprodukts auftreten können. Diesem Vorteil steht aber die damit verbundene hohe Betriebstemperatur der Zelle von 650 °C gegenüber, die vor allem Materialprobleme mit sich bringt. Für die Geschwindigkeit der elektrochemischen Reaktion ist sie allerdings günstig, so daß mit dieser Zelle Stromdichten von 20 A/cm² erreicht wurden (Bild 4.68.), die kein anderes System aufweist.

An der Lithiumelektrode tritt selbst bei Stromdichten von 40 A/cm² keine Polarisation auf. Komplizierter ist die Chlorelektrode, bei der die Reaktion an einer Dreiphasengrenze abläuft. Als Kollektormaterial hat sich poröser Kohlenstoff oder Graphit bewährt, die auf Grund ihrer guten elektrokatalytischen Eigenschaften hohe Stromdichten zulassen. Geschwindigkeitsbestimmend ist der Transport des Chlors zur Dreiphasengrenze. Dieser Prozeß wird wesentlich von der Reinheit des Chlors und der Porenstruktur der Elektrode (optimaler Porendurchmesser 6 μm) beeinflußt. Beimengungen an inaktiven Gasen wie CO_2 oder N_2 sammeln sich in den Poren an und behindern die Chlordiffusion. Problematisch ist auch das Laden des Akkumulators, da das an der Kohlenstoffelektrode gebildete Chlor in den Elektrolyten gelangt und in der Zelle nach oben steigt, anstatt über die poröse Elektrode in einen Vorratsraum einzutreten. Eine auf den Kohlenstoff aufgetragene Schicht von elektronisch nichtleitender, poröser Keramik (z. B. BeO oder Al_2O_3), die gut vom Elektrolyt benetzt wird, bewirkt, daß das Chlor in die poröse Elektrode diffundiert.

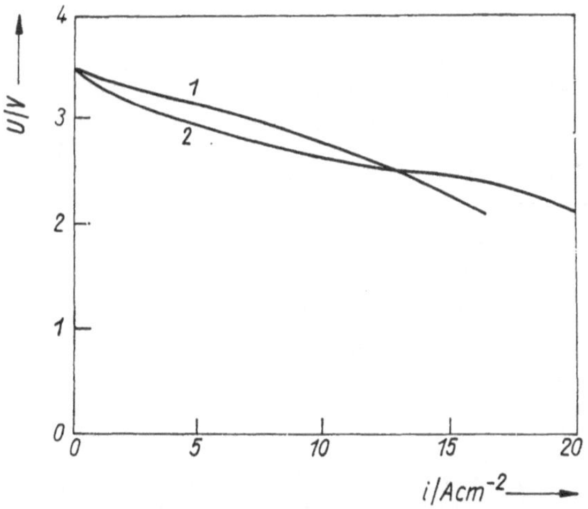

Bild 4.68. Stromdichte-Spannungs-Kurven von Li—Cl_2-Zellen in Abhängigkeit vom Chlordruck bei 680 °C
Chlordruck:
1 — 0,15 MPa; *2* — 0,3 MPa

Der Aufbau der Zelle ist in Bild 4.69. dargestellt. Das Lithium ist in einer Matrix aus Edelstahlfilz untergebracht, in dem der Massentransport durch Kapillarkräfte erfolgt. Die Chlorelektrode ist komplizierter gestaltet, da sie die Zu- und Abführung von gasförmigem Chlor ermöglichen muß, das in einem externen Reservoir (bis 1,5 MPa Überdruck) unter großem Volumenaufwand gespeichert wird. Beim Entladen arbeitet somit die Chlorelektrode wie die einer Brennstoffzelle.

Die Wahrscheinlichkeit für eine technische Realisierung dieses Systems ist ziemlich gering, da bei der hohen Betriebstemperatur von 650 °C unter dem Einfluß von Lithium und Chlor die Gefäß- und Isolatormaterialien ($LiAlO_2$, AlN, Y_2O_3, BeO) sowie vor allem die Verbindungsstellen zwischen Gefäß und Isolator korrodieren. Man muß z. B. auch verhindern, daß Lithium mit dem Graphitkollektor zusammenkommt, mit dem es sofort reagieren würde. Weiterhin kommt es trotz der hohen Temperaturen unter dem erhöhten Druck zu einer merklichen Löslichkeit des Chlors im Elektrolyten und damit zur Selbstentladung.

Spezielle Typen von Lithium-Chlor-Zellen, die nur auf Entladung optimiert wurden (quasi-Primärzelle), sollen 940 W/kg und 400 Wh/kg erreicht haben [943].

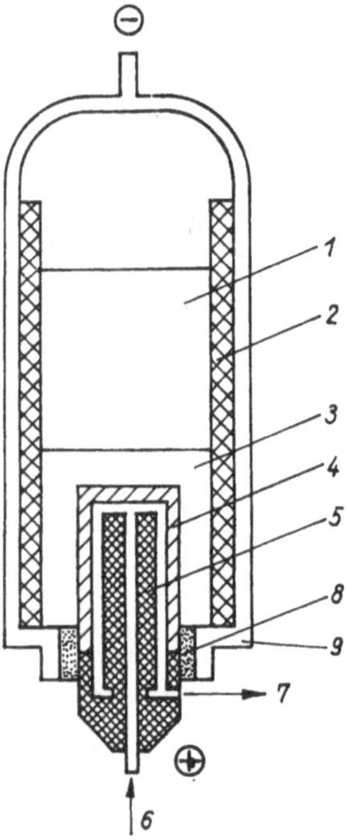

Bild 4.69. Schema einer Li—Cl_2-Zelle nach [940]

1 – Lithium;
2 – Lithium in Edelstahlfilz;
3 – LiCl-Elektrolyt;
4 – poröser Graphit;
5 – dichter Graphit;
6 – Chloreintritt;
7 – Chloraustritt;
8 – keramischer Isolator;
9 – Zellengefäß

Die Betriebstemperatur versucht man durch Einsatz eines LiCl—KCl-Elektrolyten auf 400···450 °C herabzusetzen. Gleichzeitig werden aus Korrosionsschutzgründen und um die Bildung von Metallnebeln zu verhindern, flüssige und feste Lithium-Legierungen wie Li—Al und Li—Zn eingesetzt [944—946]. Damit wurde eine höhere Lebensdauer der Akkumulatoren bei Stromdichten von 0,2 A/cm^2 (Ladung) bzw. 0,5 A/cm^2 (Entladung) und niedriger Selbstentladung erhalten. Bei 2stündiger Entladung soll eine spezifische Energie von 320 Wh/kg erreichbar sein [808].

Das Problem der externen Chlorspeicherung versucht man durch Einsatz von Aktivkohle mit einer spezifischen Oberfläche von 1000 m^2/g zu umgehen, die bei Raumtemperatur 0,9 g Chlor/g Kohlenstoff anlagert [947]. Der Kohlenstoff dient dann gleichzeitig als Elektrode und Chlorspeicher. Diese bei 450 °C arbeitenden Zellen (Li(Al)/LiCl, KCl/Cl_2/C) erreichen aber auf Grund der begrenzten Speicherbarkeit des Chlors in der Aktivkohle nur eine spezifische Energie von etwa 70 Wh/kg [948].

4.8.5. *Andere Hochtemperaturakkumulatoren*

Neben den ausführlich beschriebenen Hochtemperaturakkumulatoren sind noch andere Systeme untersucht worden, von denen einige in Tab. 4.11. aufgeführt sind. Außer dem Al—Cl_2-System werden sie aber kaum Bedeutung erlangen.

Tabelle 4.11. Hochtemperaturakkumulatorsysteme mit geringerer Bedeutung

System	Elektrolyt	Betriebs-temperatur in °C	Zellenreaktion	Theor. spez. Energie in Wh/kg	U_0 in V	Literatur
Al/Cl_2	schmelzflüssig ($AlCl_3-NaCl-KCl$)	120…150	$2\,Al + 3\,Cl_2 \rightleftharpoons 2\,AlCl_3$	1750	2,1	[949–953]
Na(Hg)/ Luft	schmelzflüssig, wäßrig (NaOH)	135	$2\,Na + \frac{1}{2}\,O_2 + H_2O \rightleftharpoons 2\,NaOH$	1940	2,6	[954, 955]
$Li/TeCl_4$	schmelzflüssig ($LiCl-KCl$)	400	$4\,Li + TeCl_4 \rightleftharpoons 4\,LiCl + Te$ $2\,Li + Te \rightleftharpoons Li_2Te$	1360	3,1	[956–958]
Be/MeF_2	schmelzflüssig (BeF_2-LiF)	800…850	$Be + MeF_2 \rightarrow BeF_2 + Me$	200 (prakt.)	1,5 (250 mA/cm^2)	[869]
Al/S	schmelzflüssig ($AlCl_3-NaCl-KCl$)	200…300	$2\,Al + 3\,S \rightarrow Al_2S_3$	1275	1,19	[959]

5. Brennstoffzellen

Eine Brennstoffzelle ist eine galvanische Zelle, in der die chemische Energie einer Brennstoffoxydationsreaktion unmittelbar in elektrische Energie umgewandelt wird, wobei ständig Brennstoff und Oxydationsmittel den jeweiligen Elektroden getrennt zugeführt werden [968, 969]. Damit sich die Zusammensetzung des Systems während der Erzeugung des elektrischen Stromes nicht ändert, ist für eine kontinuierliche Entfernung der Reaktionsprodukte zu sorgen. Zum Betreiben technischer Brennstoffzellen ist eine Reihe von Hilfs- und Steuereinrichtungen erforderlich. Aggregate aus Brennstoffzellenbatterien und diesen Hilfs- und Steuereinrichtungen werden als elektrochemische Generatoren bezeichnet.

5.1. Aufbau und Funktionsprinzip der Brennstoffzelle

Das Prinzip der elektrochemischen Brennstoffzelle wurde durch Grove (1839) im Zusammenhang mit Arbeiten zur Wasserelektrolyse entdeckt.

Der Vorgang in der Wasserstoff-Sauerstoff-Brennstoff-Zelle ist der Wasserelektrolyse entgegengesetzt. Das bedeutet, daß die Umsetzung von Wasserstoff und Sauerstoff zu Wasser als elektrochemische Zellenreaktion durchgeführt wird, wobei Wasserstoffoxydation und Sauerstoffreduktion als getrennte Elektrodenvorgänge ablaufen.

In Bild 5.1. sind der Aufbau und die prinzipielle Funktionsweise einer Brennstoffzelle schematisch dargestellt. Beide Elektroden enthalten in der Regel Katalysatoren zur Beschleunigung der Elektrodenreaktion. Am Minuspol erfolgt die anodische Oxydation des Brennstoffes und am Pluspol die katodische Reduktion des Oxydationsmittels.

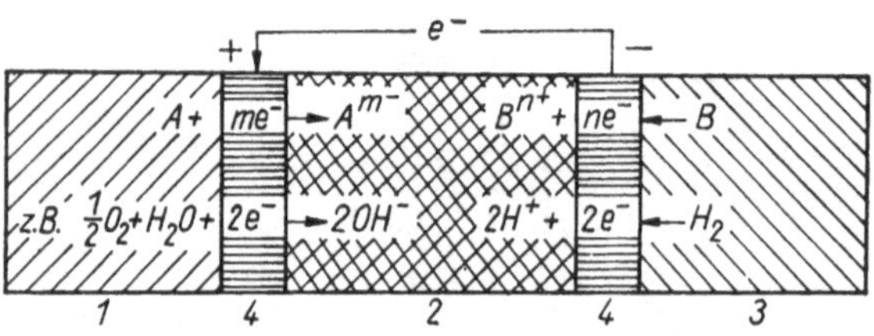

Bild 5.1. Schema einer elektrochemischen Brennstoffzelle

1 – Oxydationsmittel; *2* – Elektrolyt; *3* – Brennstoff; *4* – Elektroden (porös)

5.2. Arten von Brennstoffzellen

Eine Klassifizierung der Brennstoffzellen kann nach folgenden Merkmalen vorgenommen werden [970, 971]:

— Arbeitstemperatur,
— Art der Reaktanten,
— Elektrolyttyp,
— Elektrodentyp und
— Katalysatormaterial.

Für die schematische Übersicht entsprechend Bild 5.2 wurden davon Arbeitstemperatur, Brennstoffart und Elektrolyttyp berücksichtigt.

Bezüglich der Arbeitstemperatur erfolgt die Einteilung in

— Niedertemperaturzellen (< 150 °C),
— Mitteltemperaturzellen (150···400 °C) und
— Hochtemperaturzellen (> 400 °C).

Nach der Art der Reaktanten unterscheidet man zwischen
— gasförmigen und
— flüssigen
Brennstoffen und Oxydationsmitteln in allen Kombinationen.

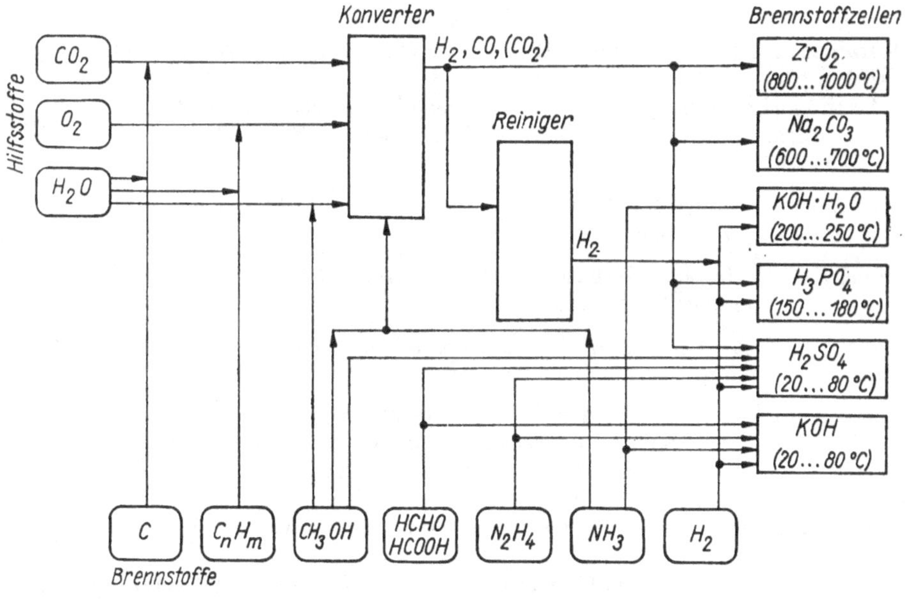

Bild 5.2. **Übersichtsschema zu verschiedenen Brennstoffzellen, klassifiziert nach Arbeitstemperatur, Brennstoff und Elektrolyt einschließlich Konverter und Reiniger**

Entsprechend dem eingesetzten Elektrolyttyp können Brennstoffzellen in solche mit

- Elektrolytlösungen (saure und alkalische),
- Salzschmelzen,
- Festelektrolyten und
- Ionenaustauschermembranen

eingeteilt werden.

Die Haupttypen von Elektroden sind

- Gasdiffusionselektroden (Dreiphasenelektroden) und
- Flüssigkeitselektroden (Zweiphasenelektroden).

Die Auswahl des Katalysatormaterials ist stark an die Eigenschaften von Brennstoff, Oxydationsmittel und Elektrolyt gebunden und beeinflußt die Anwendungsmöglichkeit bestimmter Elektrodentypen und Arbeitstemperaturbereiche.

5.3. Reaktanten

Voraussetzung für den Reaktionsablauf in einer Brennstoffzelle ist, daß die Oxydation des Brennstoffs und die Reduktion des Oxydationsmittels als Elektrodenreaktionen mit möglichst großer Geschwindigkeit realisiert werden können. Diese Forderung schränkt die Anzahl der für den Einsatz in Brennstoffzellen geeigneten Brennstoffe und Oxydationsmittel erheblich ein [971 bis 977].

Als mögliche Brennstoffe, die direkt oder über vorgeschaltete Bearbeitungsstufen einzusetzen sind, werden vor allem folgende Materialien in Betracht gezogen:

Gasförmig: Wasserstoff, Formaldehyd, Ammoniak, Kohlenmonoxid, Erdgas, Methan, Schwefeldioxid.

Flüssig: Hydrazin, Methanol, Ethanol, Ameisensäure, flüssige Kohlenwasserstoffe, Natriumamalgam.

Wasserstoff ist davon am besten geeignet und findet auch die häufigste Anwendung. Die wesentlichsten Vorteile des Wasserstoffs sind

- die große Reaktivität in der Brennstoffelektrode,
- die geringe Löslichkeit im Elektrolyten, so daß unerwünschte Nebenreaktionen an der Gegenelektrode vermieden werden,
- seine hohe spezifische Ladung,
- die vergleichsweise hohe Zellenspannung bei Kombination mit einer Sauerstoffelektrode,
- seine Herstellung auf einfachem Wege nach großtechnischen Verfahren und
- die Bildung des umweltfreundlichen Reaktionsproduktes Wasser in der Wasserstoff-Sauerstoff-Brennstoffzelle.

Die Nachteile des Wasserstoffs ergeben sich hauptsächlich aus

— der Notwendigkeit des Einsatzes von Dreiphasenelektroden zur Umsetzung in der Brennstoffzelle,
— der Bildung explosibler Knallgasgemische mit Luft und
— der schwierigen Speicherbarkeit.

Die Speicherung des Wasserstoffs erfolgt als Gas, als Flüssigkeit oder in Form von festen Metallhydriden (s. Abschn. 5.10.2.1.). Neuerdings werden als leichte, transportable Druckgasbehälter armierte Kunststoffflaschen verwendet.

Hydrazin und Formaldehyd sind als Brennstoffe für Brennstoffzellen ebenfalls gut geeignet. Ihre Vorteile sind

— die relativ große Reaktivität an katalytisch aktiven Elektrodenmaterialien,
— die Möglichkeit des Umsatzes des Reaktanten an Zweiphasenelektroden,
— ihre hohe Energiedichte,
— ihre leichte Speicherbarkeit und
— die Bildung umweltfreundlicher Reaktionsprodukte bei Verwendung von Sauerstoffgegenelektroden in der Zelle.

Die wichtigsten Nachteile dieser beiden Brennstoffe bestehen in

— ihrem verhältnismäßig hohen Preis,
— der gesundheitsschädigenden Wirkung und
— der Notwendigkeit, die Elektrodenräume der Zelle zu trennen, um Verluste durch rein chemische Oxydation des Brennstoffs an der Gegenelektrode zu vermeiden.

Hydrazin hat zudem den Nachteil, daß es an der Brennstoffelektrode katalytisch zu Stickstoff und Wasserstoff zersetzt wird, wodurch einerseits die Zellenspannung von Hydrazinzellen weit unter der theoretisch zu ermittelnden bleibt und andererseits Materialverluste eintreten.

Natrium bietet auch bei seinem in Gegenwart eines wäßrigen Elektrolyten erforderlichen Einsatz als Amalgam den Vorteil, daß damit Amalgam-Luftsauerstoff-Brennstoffzellen relativ hoher Zellenspannung gebaut werden können, die bei Kombination mit den Chloralkalielektrolysezellen des Quecksilberverfahrens zu einer erheblichen Einsparung von Elektroenergie beitragen würden. Einer anderen Anwendung dieser Brennstoffzellen stehen hauptsächlich die unbequeme Handhabung und der Preis des Natriums entgegen.

Alle sonstigen prinzipiell in Frage kommenden Brennstoffe wie Ammoniak, Kohlenmonoxid, Methanol und Kohlenwasserstoffe haben auch bei Einsatz der zur Zeit bekannten Katalysatoren eine zu geringe Reaktivität, so daß sie zum Teil nur bei höherer Betriebstemperatur oder in Verbindung mit einer vorgeschalteten Spaltung (Konverter) oder Vergasung (bei Kohle) eingesetzt werden können [973, 976, 977].[1]

[1] Ursprüngliche Versuche, auch die sogenannte „direkte" Brennstoffzelle mit Kohle als Brennstoff zu verwirklichen, waren wegen der Reaktionsträgheit des Kohlenstoffs und wegen der in der Kohle enthaltenen unbrennbaren Bestandteile zum Scheitern verurteilt.

Als mögliche Oxydationsmittel kommen folgende Stoffe in Betracht:

Gasförmig: Sauerstoff oder Luft, Fluor, Chlor.

Flüssig: Salpetersäure, Wasserstoffperoxid, Brom.

Unter diesen Oxydationsmitteln hat der Sauerstoff vorrangige Bedeutung. Er steht als Luftsauerstoff in praktisch unbegrenzter Menge zur Verfügung.

Zur Energieversorgung von Raumflugkörpern wird er als Flüssigsauerstoff in reiner Form mitgeführt. Ein Nachteil des Sauerstoffs ist, daß er in Dreiphasenelektroden umgesetzt werden muß. Außerdem ist zu berücksichtigen, daß sich das Potential der Sauerstoffelektrode nicht reversibel einstellt, wodurch stets Überspannungsverluste auftreten. Bei Luftsauerstoff kommt noch ein weiterer Verlust hinzu, da infolge des hohen Stickstoffanteils das Elektrodenpotential wegen der Diffusionsüberspannung und des kleinen Sauerstoffpartialdruckes vermindert ist. Um die Carbonatisierung alkalischer Elektrolyte in der Brennstoffzelle zu vermeiden, muß die ihr zuzuführende Luft zur Entfernung des Kohlendioxids durch einen Absorber geleitet werden.

5.4. Elektrolyte

In Brennstoffzellen werden flüssige und feste Elektrolyte eingesetzt. Die wichtigsten dieser Elektrolyte sind dadurch charakterisiert, daß eine der vier Ionensorten OH^-, H^+, CO_3^{2-} oder O^{2-} den elektrischen Ladungstransport übernimmt. In Bild 5.3. sind die auf dieser Basis arbeitenden prinzipiellen Systeme am Beispiel der Wasserstoff-Luft-Brennstoffzelle dargestellt. Die Zellen *A* und *B* sind Nieder- und Mitteltemperaturzellen, in denen hauptsächlich konzentrierte Kalilauge als alkalisches Medium und Schwefel- oder Phosphorsäure als saures Medium verwendet werden [970, 971, 978]. Der wäßrige Elektrolyt kann auch in der Form eingesetzt werden, daß mit ihm eine feste Matrix, z. B. ein Asbestdiaphragma, durchtränkt wird. Auch Ionenaustauschermembranen mit hoher Leitfähigkeit können die Funktion des Elektrolyten übernehmen. Die auf dieser Basis aufgebauten Membranbrennstoffzellen haben den Vorteil, daß der Elektrolyt gleichzeitig als Separator dient, so daß ein Vermischen der Reaktanten ausgeschlossen ist und ein Verdünnen des Elektrolyten durch häufig als Reaktionsprodukt auftretendes Wasser nicht erfolgen kann [3, 978, 979]. Ihr Nachteil besteht im gegenüber freien Elektrolyten etwas höheren elektrischen Widerstand und im schwerer zu beherrschenden Wasserhaushalt der Zelle. Die Zellen *C* und *D* in Bild 5.3. sind Hochtemperaturzellen, die entweder mit Salzschmelzen oder mit Festelektrolyten realisierbar sind. Als Salzschmelzen finden vor allem Alkalicarbonate [971, 972] Anwendung, meist in einer porösen Matrix fixiert, und als Festelektrolyte Sauerstoffionenleiter [971, 972, 976, 977] vom Typ der Nernst-Masse (s. Abschn. 2.2.3.), die gleichzeitig Separatorfunktion haben.

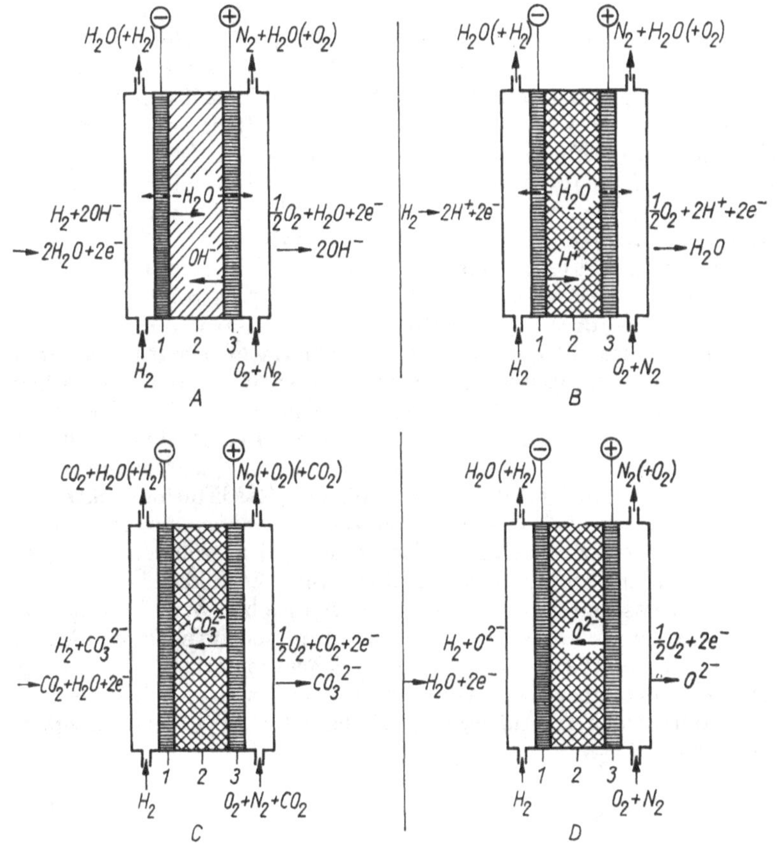

Bild 5.3. Einteilung der Brennstoffzellen nach den wichtigsten Elektrolyttypen am Beispiel der Wasserstoff-Luft-Brennstoffzelle

A, *B* – Nieder- und Mitteltemperaturzellen mit OH^-- bzw. H^+-Ionen als Ladungsträger
C, *D* – Hochtemperaturzellen mit CO_3^{2-}- bzw. O^{2-}-Ionen als Ladungsträger
1 – Anode; *2* – Elektrolyt; *3* – Katode

5.5. Elektroden

Eine der wichtigsten Aufgaben der Brennstoffzellenentwicklung ist die Herstellung aktiver Elektroden, in denen der für eine bestimmte Elektrodenreaktion geeignete Elektrokatalysator optimal wirksam werden kann. Günstig sind Elektroden mit großer Phasengrenzfläche zwischen Elektrodenkörper und Elektrolyt, da die Geschwindigkeit der hierbei meist geschwindigkeitsbestimmenden Durchtrittsreaktion proportional dieser Phasengrenzfläche ist. Aber auch die Größe der Grenzfläche zwischen Festkörper und Gasphase oder zwischen Elektrolyt und Gasphase kann bezüglich der Transportvorgänge in einer Elektrode von wesentlicher Bedeutung sein. Aus diesen Gründen werden gut belastbare Elektroden für Brennstoffzellen häufig mit großer Porosität und/oder Oberflächenrauhigkeit gestaltet. In Abhängigkeit von der Arbeitsweise sind als Haupttypen die Flüssigkeits- und die Gasdiffusionselektroden zu unterscheiden [968, 970, 980]. Bei Flüssigkeitselektroden mit festen und flüssigen elektronenleitenden Materialien, deren Oberfläche vollkommen mit Elektrolyt benetzt ist, liegt der Reaktionsort in der Zweiphasengrenze fest—flüssig bzw. flüssig—flüssig, wobei der Reaktant entweder im Elektrolyten oder in der Elektrode gelöst eingesetzt wird oder die Elektrode selbst darstellt. In porösen Flüssigkeitselektroden sind alle Poren mit Elektrolyt gefüllt. Bei Gasdiffusionselektroden, deren eine Seite mit dem Elektrolyten und deren andere Seite mit dem Gas in Kontakt steht, liegt der Reaktionsort in der Dreiphasengrenze fest—flüssig—gasförmig und in der Zweiphasengrenze zwischen der Porenwand und dem dünnen Elektrolytfilm, der in hydrophilen Elektroden einen Teil der Wandung gasgefüllter Poren benetzt. Der Reaktant gelangt gasförmig, an der Festkörperoberfläche adsorbiert oder im Elektrolyten gelöst durch Diffusion zum Reaktionsort. In hydrophoben Gasdiffusionselektroden diffundiert der Reaktant auch durch die im Elektrodenkörper vorhandenen gasgefüllten feinen Poren zu den Elektrolyt enthaltenden gröberen Poren, so daß sich die Dreiphasengrenze relativ weit ausdehnt. Die Bilder 5.4. und 5.5. stellen einen schematischen Schnitt durch eine hydrophile bzw. hydrophobe Gasdiffusionselektrode dar und geben die Situation in den zugehörigen idealen Gleichgewichtsporen an. Die Ausbildung des Gleichgewichtszustandes in einer Pore erfolgt, wenn der Über- oder Unterdruck Δp_g des Gases gleich ist der Summe aus Kapillardruck p_k und hydrostatischem Druck p_h der Flüssigkeit [968, 971, 981, 982]:

$$\Delta p_g = p_k + p_h \quad \langle\text{Gleichgewicht}\rangle \tag{5.1.}$$

Für den Kapillardruck gilt die Gleichung

$$p_k = \frac{2\sigma \cos \vartheta}{r}, \tag{5.2.}$$

wobei σ die Oberflächenspannung, ϑ den Randwinkel und r den Porenradius bedeuten.

Im praktischen Betrieb einer Gasdiffusionselektrode ist die Aufrechterhaltung des Gleichgewichtszustandes in den Poren außerordentlich schwer. Hat sich nämlich in einer idealen zylinderförmigen Pore mit homogener innerer Oberfläche das Gleichgewicht entsprechend Gl. (5.1.) eingestellt, so führt schon jede differentielle Druckänderung entweder zum Durchtritt des Gases in den Elektrolytraum („Blubbern“) oder des Elektrolyten in den Gasraum („Ersaufen“ der Poren). Das macht sich bei den Elektroden wegen des im allgemeinen ungleichen Durchmessers ihrer Poren noch wesentlich stärker bemerkbar, so daß ein Teil der Poren für den Elektrodenprozeß unwirksam bleibt, da sich in ihnen die Dreiphasengrenze nicht ausbildet. In hydrophilen Elektroden

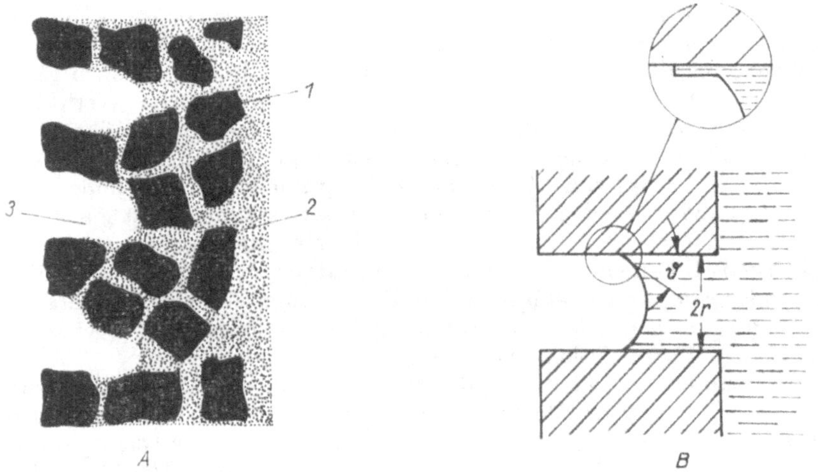

Bild 5.4. Schematischer Schnitt durch eine hydrophile Gasdiffusionselektrode (*A*) und durch eine zugehörige Gleichgewichtspore (*B*)

1 – Katalysator; 2 – Elektrolyt; 3 – Gas

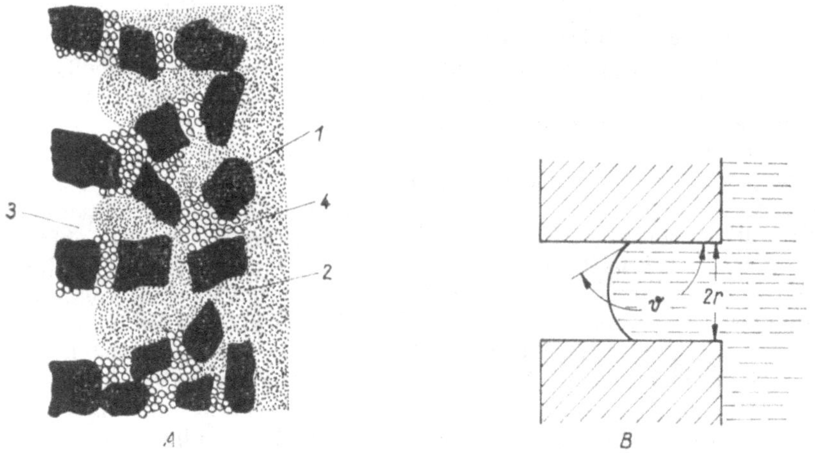

Bild 5.5. Schematischer Schnitt durch eine hydrophobe Gasdiffusionselektrode (*A*) und durch eine zugehörige Gleichgewichtspore (*B*)

1 – Katalysator; 2 – Elektrolyt; 3 – Gas; 4 – Binder

($0° \leqq \vartheta < 90°$), die stets mit einem Gasüberdruck betrieben werden müssen, sind zu große Poren vollkommen mit Gas gefüllt und lassen einen Teil davon ungenutzt in den Elektrolyten austreten, während zu kleine Poren überflutet werden, wodurch Elektrolyt in den Gasraum eindringt. In hydrophoben Elektroden ($90° < \vartheta < 180°$), in denen der Kapillardruck negative Werte annimmt, kehren sich die Verhältnisse um, so daß zu kleine Poren vollkommen mit Gas gefüllt sind und der Elektrolyt durch zu große Poren tritt. Da der hydrostatische Druck verhältnismäßig klein ist, lassen hydrophobe Gasdiffusionselektroden leicht einen großen Teil des Gases ungenutzt zur Elektrolytphase hindurchtreten. Deshalb können sie nur unter Atmosphärendruck oder höchstens bei einem sehr geringen Gasüberdruck betrieben werden. Das ist aber andererseits von erheblichem Vorteil, weil damit prinzipiell Elektroden zur Verfügung stehen, die das Reaktionsgas selbst ansaugen, sogenannte „selbstatmende" Gasdiffusionselektroden.

Als Maßnahme zur Verhinderung des Durchtritts ungenutzten Gases ist der Einsatz von Doppel- oder Mehrschichtelektroden sowie von Folieelektroden und isoporen Elektroden geeignet. Um ein möglichst stabiles Gleichgewicht im Innern der porösen Elektrode zu erreichen, wendet man Doppelschichtelektroden an, bei denen sich die beiden Schichten durch ihren mittleren Porenradius und/oder den Benetzungsrandwinkel unterscheiden, so daß entsprechend den Gln. (5.1.) und (5.2.) auch bei Druckschwankungen eine stabile Dreiphasengrenze in der Elektrode erhalten bleibt. Als technisch realisierbar kommen prinzipiell vier Grundtypen von Gasdiffusionselektroden in Frage (Bild 5.6.).

Typ *A* sind hydrophile Doppelschichtelektroden, deren Elektrodenkörper aus einer grobporigen und einer feinporigen Schicht besteht [968, 970, 971, 978, 980, 984], so daß sich gemäß Gl. (5.2.) infolge der verschieden großen Porenradien für beide Schichten ein unterschiedlicher Kapillardruck ergibt. Beim Betreiben der Elektrode führt man der grobporigen Schicht das Gas zu, während die feinporige Schicht mit dem Elektrolyten in Berührung steht. Mit Hilfe des Gasdruckes wird der Flüssigkeitsmeniskus so einreguliert, daß die Reaktionszone im Idealfall an der Grenze zwischen den beiden Schichten liegt und die vollkommen mit Elektrolyt gefüllten Poren in der Deckschicht ein Hindurchtreten des Gases in den Elektrolytraum verhindern. Zur Herstellung dieser biporösen Elektroden werden meist Metallpulver, z. B. Carbonylnickel, zu Preßlingen verarbeitet und gesintert. Bei Nickelelektroden ist der Porendurchmesser der gasseitigen Arbeitsschicht $10\cdots30\,\mu m$ und der der elektrolytseitigen Deckschicht etwa $1{,}5\,\mu m$. Doppelskelett-Katalysator-Elektroden (DSK-Elektroden) [968, 985], die aus einem Ranay-Katalysator auf einem Sintermetallgerüst bestehen, werden häufig im Typ *A* ausgeführt.

Typ *B* stellt hydrophobierte Elektroden dar, die ohne oder mit einem nur geringen Überdruck arbeiten [968, 970, 971, 978, 984], wobei sich vor allem durch verschieden starke Hydrophobierung, die auch verschiedene Randwinkel bedingt, gemäß Gl. (5.2.) für beide Schichten ein unterschiedlicher Kapillardruck ergibt. Dieser Typ ist insbesondere bei Kohleelektroden gebräuchlich,

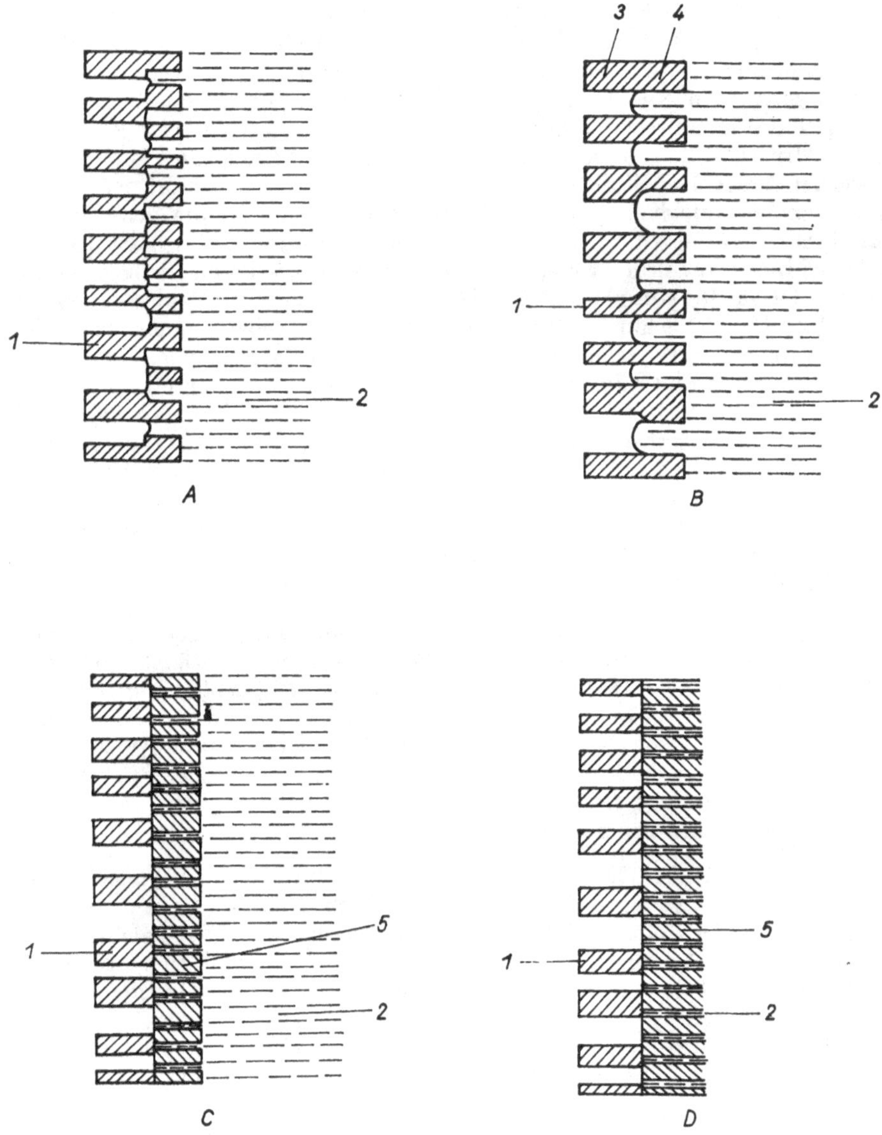

Bild 5.6. Grundtypen von Gasdiffusionselektroden für Brennstoffzellen

1 – Elektrode; *2* – Elektrolyt; *3* – hydrophobe Schicht; *4* – hydrophile oder schwächer hydrophobe Schicht; *5* – Diaphragma

die aus Aktivkohlepulver und/oder Ruß unter Zusatz eines organischen Binders hergestellt werden. Das Kohlematerial ist elektrisch leitend, selbst schwach hydrophob, wegen seiner Porosität gasdurchlässig und wegen seiner großen spezifischen Oberfläche ein idealer Träger für Katalysatoren. Der hydrophobe Charakter des Kohlematerials ist wegen der Veränderung seiner Oberfläche bei Betrieb in Gegenwart wäßriger Elektrolyte aber nur von kurzer Dauer. Deshalb nimmt man eine Hydrophobierung des Kohlepulvers durch geeignete Auswahl des organischen Binders vor. Als am besten geeignet hat sich hierfür das Teflon (PTFE) erwiesen; Polyethylen (PE) zeigte sich als schon weniger wirksam. Die Kohle-Gasdiffusionselektroden werden aus Schichten gestaffelter Hydrophobie aufgebaut. Bei der Zweischichtelektrode ist die den Elektrokatalysator enthaltende, elektrolytseitig angeordnete Arbeitsschicht (Aktivschicht) nur schwach hydrophobiert oder hydrophil, während die sogenannte Gasschicht stark hydrophobiert ist. Dadurch bildet sich die Reaktionszone in der Aktivschicht bis hin zur Berührungsfläche beider Schichten aus, wobei bei gut arbeitenden Elektroden weder Elektrolyt in den Gasraum noch Reaktionsgas in den Elektrolytraum austreten darf. Die elektrische Kontaktierung wird in der Regel durch ein mit der Gasschicht in Berührung stehendes inertes Kollektormaterial bewerkstelligt, wobei sich gleichzeitig die mechanische Stabilität der Elektrode erhöht. Als Kollektor bringt man entweder ein Metallnetz oder Streckmetall in die Gasschicht der Elektrode ein oder man verbindet die Gasschicht mit einem porösen Sintermetall oder einer perforierten Metallfolie. Selbsttragende Elektroden können durch Anpressen an einen Metall- oder Graphitring kontaktiert werden.

Typ *C* sind Katalysatorpulverelektroden mit einer feinporigen, nichtleitenden Deckschicht [968, 970, 971]. Diese Deckschicht ist ein Diaphragma aus Glasfaserpapier, Asbestpapier oder mikroporöser PVC-Folie („PORVIC“) [986] von < 1 mm Dicke, in das der Elektrolyt eindringt und den elektrischen Kontakt zum Elektrokatalysator im gasgefüllten Elektrodenkörper herstellt. Im Elektrolytraum der mit Pulverelektroden gestalteten Zelle wird oft ein grobmaschiges Stützgerüst angeordnet, wodurch man zu den sogenannten „gestützten“ Elektroden gelangt.

Typ *D* sind Elektroden, die mit dem Elektrolytträger kombiniert sind, wobei der Elektrolyt in der Zelle vollkommen von dem als Träger dienenden Diaphragma aufgesaugt ist [968, 970, 984]. Durch dieses Diaphragma wird die Gas-Flüssigkeits-Phasengrenzfläche in den einschichtigen (homoporösen) Elektroden stabilisiert. Für die einwandfreie Arbeitsweise von Systemen mit diesem Elektrodentyp ist wesentlich, daß weder das Diaphragma austrocknen noch die Elektrode überflutet werden darf. An Stelle des Diaphragmas kann auch eine Ionenaustauschermembran oder ein Festelektrolyt verwendet werden.

Eine „ideale“ Gasdiffusionselektrode ist die porenfreie Folienelektrode. Jedoch gibt es nur wenige Systeme, die für die Konstruktion einer solchen Elektrode brauchbar sind [968, 983, 984]. Insbesondere ist die Herstellung einer Wasserstoffdiffusonselektrode mit Palladium- oder Palladium-Silber-Folie möglich, da Wasserstoff bei einer Arbeitstemperatur der Brennstoffzelle von 100···200 °C durch diese Metalle leicht diffundiert. Dabei findet gleichzeitig ein Reinigungsprozeß des Brennstoffes statt. Da außer der Überwindung technologischer Schwierigkeiten noch teure Platinmetalle für die Elektroden erforderlich sind, wurde aber eine technische Brennstoffzelle auf dieser Basis bisher nicht bekannt.

5.6. Katalysatoren

Das zentrale Problem für den Bau einer funktionsfähigen Brennstoffzelle ist die Herstellung hochwirksamer Elektroden, an denen die elektrochemische Durchtrittsreaktion ohne wesentliche kinetische Hemmung abläuft. Da die Geschwindigkeit der Durchtrittsreaktion vor allem durch elektrochemisch aktive Katalysatorenmaterialien beeinflußt werden kann, bestimmen die Erfolge auf dem Gebiet der Elektrokatalyse in entscheidendem Maße den Fortschritt der Brennstoffzellenentwicklung. Unter Elektrokatalyse ist die Erscheinung zu verstehen, daß die Geschwindigkeit einer gegebenen, unter ein und denselben Bedingungen ablaufenden elektrochemischen Reaktion in Gegenwart bestimmter Stoffe, der Katalysatoren, beschleunigt wird. Der Katalysator ist dabei ein aktiver Reaktionsteilnehmer. Er nimmt als Reaktant an der über verschiedene Zwischenstufen verlaufenden Reaktion teil, aus der er jedoch wieder vollständig regeneriert hervorgeht. Als Aktivität des Katalysators bezeichnet man die durch seine Gegenwart zu erzielende relative Vergrößerung der Geschwindigkeit einer bestimmten Reaktion. Als Selektivität des Katalysators bezeichnet man seine Fähigkeit, von verschiedenen Parallelreaktionen eine ausgewählte in besonders starkem Maße zu beschleunigen.

Die durch den Einsatz geeigneter Materialien in den Elektroden bewirkte Elektrokatalyse stellt eine besondere Anwendung der heterogenen Katalyse dar, wobei der Katalysator auch über eine gute elektronische Leitfähigkeit verfügen muß, um den An- und Abtransport der Elektronen zum bzw. vom Reaktionsort nicht zu hemmen. Voraussetzung für die katalytische Wirkung ist die Adsorption der Ausgangsstoffe an der Katalysatoroberfläche, wobei einerseits eine Anreicherung erfolgt, so daß die Reaktanten in hinreichender Menge zur Umsetzung gelangen können, und andererseits eine Orientierung der umzusetzenden Molekeln stattfindet, die zur Lockerung oder Spaltung der für die Elektrodenreaktionen wichtigen Bindungen führt. Die Adsorption darf jedoch nicht zu stabilen chemischen Oberflächenverbindungen führen, die nicht weiterreagieren. Schließlich müssen die Reaktionsprodukte leicht desorbierbar sein, damit sie den weiteren Reaktionsablauf nicht blockieren.

Wirksame Elektrokatalysatoren findet man unter den Übergangsmetallen und Halbleitern. So besteht z. B. bezüglich der Katalyse der Wasserstoffelektrodenreaktion eine gute Korrelation zwischen der Besetzung der d-Orbitale der Metalle und ihrer elektrokatalytischen Aktivität (s. Bild 5.15.). Die höchste Aktivität haben Platin, Palladium und Nickel. Das sind solche Metalle, die den Wasserstoff mäßig gut adsorbieren. In Bild 5.7. ist die Austauschstromdichte der Wasserstoffelektrode als Maß der katalytischen Aktivität verschiedener Übergangsmetalle in Abhängigkeit von der molaren freien Standardreaktionsenthalpie der Wasserstoffadsorption nach der TAFEL-Reaktion (s. Abschn. 5.9.1.1.) dargestellt. Sowohl die Metalle, die Wasserstoff schlecht adsorbieren (z. B. Zn, Cd, Hg, Pb), als auch solche, die ihn gut adsorbieren (z. B. Nb, Mo, W), weisen eine schlechte katalytische Aktivität aus.

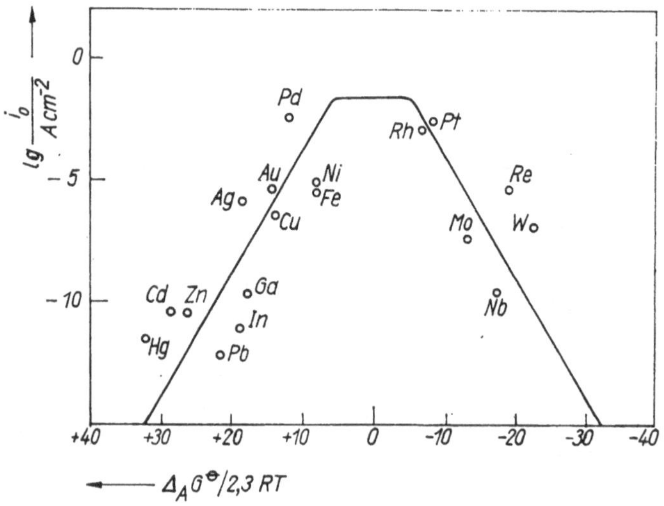

Bild 5.7. Austauschstromdichte der Wasserstoffelektrode in Abhängigkeit von der molaren freien Standardreaktionsenthalpie der Wasserstoffadsorption an verschiedenen Übergangsmetallen

Die meisten Elektrokatalysatoren sind Halbleiter, deren katalytische Eigenschaften mit den elektronischen in Beziehung stehen [987, 988]. So wird auch die Wirkung der Übergangsmetallkatalysatoren darauf zurückgeführt, daß ihre Oberfläche in Gegenwart von Sauerstoff, Stickstoff oder Wasserstoff mit einer festhaftenden Schicht eines halbleitenden Oxids, Nitrids oder Hydrids bedeckt ist. Katalytische Aktivität und Selektivität eines Halbleiters werden durch die im Inneren und an seiner Oberfläche ablaufenden Elektronenprozesse bedingt. Die Reaktionsgeschwindigkeit hängt von der Lage der FERMI-Niveaus an der Katalysatoroberfläche ab, dessen Energie für das Elektronengas eines Leiters oder Halbleiters nach der Gleichung

$$E_F = \frac{h^2}{8m_e}\left(\frac{3}{\pi} N_E\right)^{2/3} \qquad (5.3.)$$

berechnet werden kann, mit

h — PLANCKsches Wirkungsquantum ($6{,}62 \cdot 10^{-34}$ Ws^2)
m_e — Masse des Elektrons ($9{,}11 \cdot 10^{-31}$ kg)
N_E — Anzahl der freien Elektronen je cm^3

Bei dotierten Halbleitern liegt das FERMI-Niveau in der verbotenen Zone zwischen Valenz- und Leitungsband. Seine Lage ist abhängig vom Dotierungsgrad, der die Anzahl freier Elektronen in der Volumeneinheit bestimmt. Von der Lage des FERMI-Niveaus hängt die Konzentration des Elektronen- und Defektelektronengases an der Kristalloberfläche ab [987—989], wobei die Ladungsdichte an der Oberfläche von Halbleitern prinzipiell geringer ist als die an Metalloberflächen. Der Potentialverlauf in der Randschicht wird durch Überschußladungen so verändert, daß sich der Abstand des Valenz- und Leitungsbandes vom FERMI-Niveau vergrößert oder verringert (Bild 5.8.).

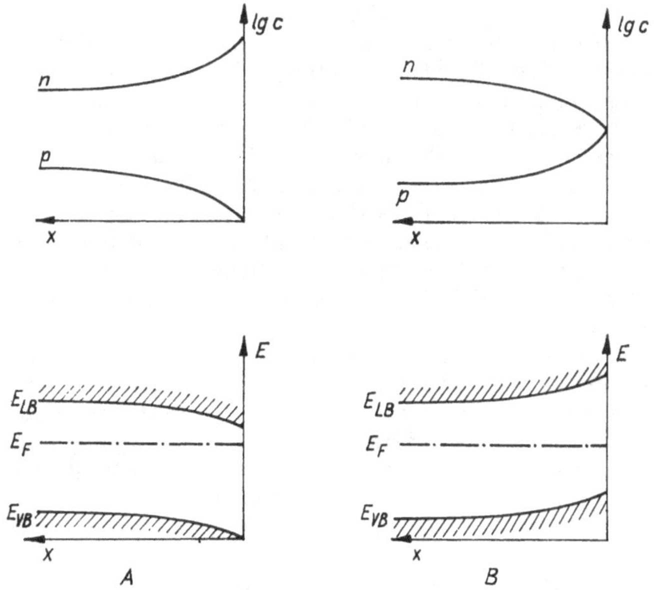

Bild 5.8. Randschichttypen an einem n-Halbleiter nach [989]

A – Anreicherungsschicht; *B* – Verarmungsschicht; *n* – negative Ladungsträger (Elektronen); *p* – positive Ladungsträger (Defektelektronen); E_F – FERMI-Niveau; E_{LB} – Energie des Leitungsbandes; E_{VB} – Energie des Valenzbandes

Bezüglich der Elektrokatalyse an Halbleiteroberflächen sind folgende Einflüsse wesentlich, die von der Lage des FERMI-Niveaus bestimmt werden [987, 988].

— Die Chemisorptionsfähigkeit eines Reaktanten hängt von der Ladungsträgerkonzentration an der Oberfläche ab, wobei durch die Chemisorption in der Regel eine Änderung der Ladungsdichte erfolgt. Größe und Vorzeichen der Oberflächenladung werden von der Natur des chemisorbierten Teilchens und des Adsorbens bestimmt. Infolge der Chemisorption ändern sich Elektronenaustrittsarbeit und elektrische Leitfähigkeit eines Halbleiters. Die Ermittlung der Stärke der Chemisorption gelöster Stoffe an

Elektrodenoberflächen ist aus Stromdichte-Spannungs-Kurven möglich [990]. Sie ist im Gegensatz zur Physisorption nicht oder nur gering vom Elektrodenpotential abhängig. Zu Vergleichszwecken werden häufig Untersuchungen der weniger komplizierten Adsorption aus der Gasphase mittels verschiedener Methoden [991] vorgenommen sowie Adsorptionsisothermen, Adsorptionswärmen u. a. bestimmt.

— Mit steigendem Bedeckungsgrad, der bei Elektrodenoberflächen z. B. mit Hilfe von Doppelschichtkapazitätsmessungen, Ladekurven, Impulsmethoden sowie radiochemischen und ellipsometrischen Verfahren ermittelt werden kann [992], erhöht sich die Wechselwirkung zwischen den chemisorbierten Teilchen und der Zustand des Gesamtsystems, wodurch sich das FERMI-Niveau an der Oberfläche verschiebt und seinerseits die Reaktionsfähigkeit der chemisorbierten Teilchen beeinflußt. Während die katalytische Aktivität eines Halbleiters durch die Lage des FERMI-Niveaus an der Kristalloberfläche bestimmt wird, ist für die elektrische Leitfähigkeit die Lage des FERMI-Niveaus im Kristallinneren und die Stärke der „Bandverbiegung" in der Randschicht verantwortlich. Durch Verschiebung des FERMI-Niveaus an der Oberfläche (und damit der Stärke der „Bandverbiegung") ändern sich gleichzeitig Leitfähigkeit und katalytische Aktivität des Halbleiters. Je nach Art der Reaktion und Typ des Halbleiters (*n*- oder *p*-Halbleiter) erfolgen die Änderungen parallel oder entgegengesetzt gerichtet.

— Durch Störstellen im Kristallgitter des Halbleiters wie Leerstellen, Wirts- oder Fremdatome auf Zwischengitterplätzen, Fremdatome auf regulären Gitterplätzen oder an der Kristalloberfläche kann die Lage des FERMI-Niveaus an der Oberfläche verschoben werden, wodurch sich Aktivität und Chemisorptionsfähigkeit des Katalysators weitgehend verändern lassen. Darin liegt die Wirkung von Promotoren und Katalysatorgiften begründet, die häufig in schon geringer Konzentration die katalytische Aktivität erheblich vergrößern bzw. vermindern können. Auf dieselbe Ursache zurückzuführen ist auch der synergetische Effekt bei der Katalyse. Das ist die Erscheinung, daß bei Zusammenwirken von zwei Katalysatormaterialien in einem Kontakt eine Verstärkung ihrer Aktivität um ein Mehrfaches erfolgen kann.

— Bei Belichtung eines Halbleiters verursachen die Lichtquanten geeigneter Frequenz einen inneren Fotoeffekt, wodurch es zu einer Veränderung der Ladungsträgerkonzentration an der Oberfläche kommt, so daß sich auch die katalytische Aktivität und die Chemisorptionsfähigkeit ändern (s. Abschn. 5.10.2.2.).

— Unter dem Einfluß eines elektrischen Feldes findet eine „Bandverbiegung" in der Randschicht statt, wodurch ebenfalls Aktivität und Adsorptionsfähigkeit des Katalysators verändert werden. Bei Katalysatorelektroden ist der Einfluß des Elektrodenpotentials auf die Geschwindigkeit der Durchtrittsreaktion vor allem auf die Veränderung der Ladungsträgerkonzentration an der Oberfläche in Abhängigkeit vom Potential zurückzuführen.

Die für die Katalyse wesentliche Chemisorptionsfähigkeit und die elektronischen Eigenschaften des Halbleiterkatalysators sind gemeinsam auf seine quantenchemische Struktur zurückzuführen. Für die Chemisorption sind dabei sowohl elektronische als auch geometrische Faktoren zu berücksichtigen, die sich gegenseitig bedingen. Die Chemisorptionsbindung an der Katalysatoroberfläche ist auf quantenmechanischer Grundlage mit Hilfe der Molekülorbitaltheorie (MO-Theorie) quantitativ zu beschreiben [991, 993—997]. Die MO-Theorie hat sich zur Erklärung des Zusammenhangs zwischen elektrokatalytischer Aktivität und Struktur der Oberflächenkomplexe als geeignet erwiesen. Das wurde zum Beispiel für die elektrokatalytische Oxydation von Wasserstoff und Formaldehyd an Übergangsmetallcarbiden und -siliciden [66] sowie für die elektrokatalytische Sauerstoffreduktion an N_4-Chelaten von Übergangsmetallen [998, 999] gezeigt.

Mit Hilfe der Kombination von MO- und Gruppentheorie fanden Sarholz und Baresel [1000] eine Beziehung zwischen der Stärke der Chemisorptionsbindung und der Katalysatoraktivität am Beispiel der Übergangsmetallcarbide. Die Bindungsstärke zwischen den Orbitalen des Reaktanten und des Katalysators wird durch die Größe Z' wiedergegeben, die nach der Gleichung

$$Z' = n_d \sum S_i \qquad (5.4.)$$

berechnet werden kann, wobei n_d die Anzahl der freien d-Elektronen des Metallions und S_i das Überlappungsintegral des i-ten Metallionenorbitals mit dem s-Orbital des Wasserstoffs bedeuten. Die Größe Z' steht in guter Korrelation zur Katalysatoraktivität (Bild 5.9.). Von diesen Nichtedelmetallkatalysatoren hat sich das Wolframcarbid für die anodische Oxydation von Wasserstoff und anderen Brennstoffen in sauren Elektrolyten als am besten geeignet erwiesen, was zu einer intensiven Untersuchung dieses Katalysatormaterials führte [970, 1000—1042].

Die katalytische Wirkung der Phthalocyanine, Tetraarylporphyrine und Tetraazaannulene (N_4-Chelate) auf die Sauerstoffreduktion läßt sich ebenfalls mit Hilfe der MO-Theorie erklären [67, 67a]. Die Orbitale des zyklisch konjugierten π-Elektronensystems des makrozyklischen organischen Liganden treten mit den d-Orbitalen des Zentralions in Wechselwirkung, so daß bei der Komplexbildung durch das Ligandenfeld die Entartung der d-Niveaus der freien Metallionen aufgehoben wird, wobei bei den Übergangsmetallen nur teilweise besetzte Niveaus entstehen und zuerst die energetisch tieferliegenden d_{xy}-, d_{xz}- und d_{yz}-Orbitale besetzt werden.

Da man annehmen kann, daß der makrozyklische Ligand planar um das Zentralatom angeordnet ist, kommt es zur Ausbildung von vier koordinativen Bindungen zwischen dem Zentralatom und dem N_4-Chelat. Dabei bleiben die beiden axialen Positionen des Zentralatoms unbesetzt. Die eine Position kann durch Wechselwirkung mit dem Elektrodenträgermaterial (Kohle) besetzt werden, während die andere der Anlagerung eines Sauerstoffmoleküls vorbehalten bleibt. In Bild 5.10. ist dargestellt, wie sich die d_{z^2}-Orbitale des Übergangsmetalls mit den bindenden π-Orbitalen des Sauerstoffs überlappen. Zur Rückbindung werden nur Elektronen aus vollständig gefüllten d_{xz}- und

d_{yz}-Orbitalen verwendet, die auf ein antibindendes π^*-Orbital des Sauerstoffmoleküls übergehen und eine Trennung der Sauerstoff-Sauerstoff-Bindung bewirken. Somit müßte das System mit völlig besetzten d_{xy}-, d_{xz}- und d_{yz}-Orbitalen und leerem d_{z^2}-Orbital des Zentralions die besten katalytischen

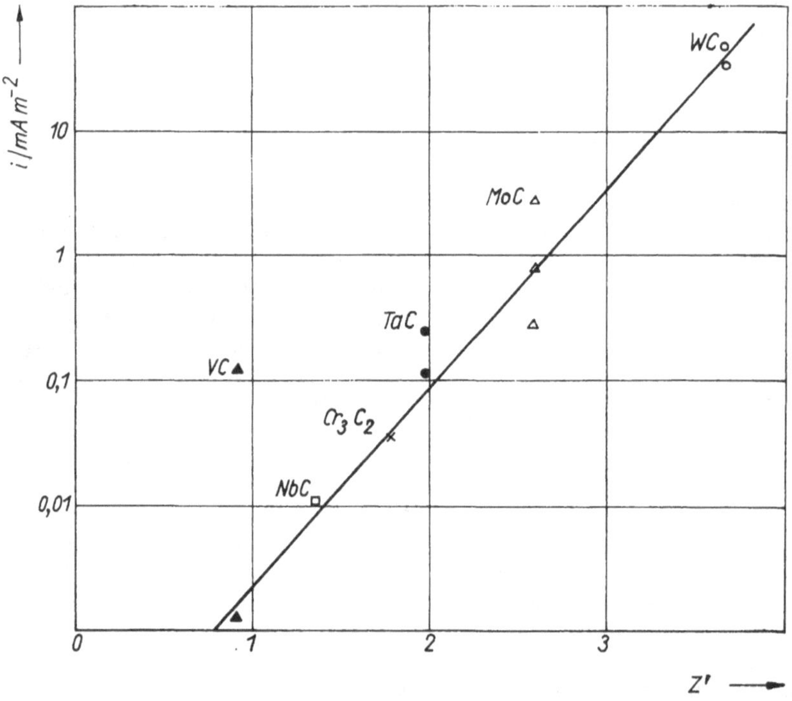

Bild 5.9. Stromdichte der anodischen Wasserstoffoxydation an Übergangsmetallcarbiden ($U_H = 350$ mV, 70 °C, 3 N H_2SO_4) als Funktion von Z' nach [1000]

Eigenschaften aufweisen. Das trifft für das Eisen(II)-ion zu (Bild 5.10.) und wurde durch die praktischen Ergebnisse bestätigt. In Verbindung mit Kohleträgermaterialien haben sich als Nichtedelmetallkatalysatoren für die Sauerstoffreduktion polymere Eisenphthalocyanine sowie bei 600···900 °C im Inertgasstrom (Ar, N_2) vorbehandelte Kobalttetraarylporphyrine und Kobalttetraazaannulene am wirksamsten erwiesen, was umfangreiche Untersuchungen auf diesem Gebiet ergaben [970, 998, 999, 1043—1096].

Für seinen Einsatz in technischen Systemen werden an einen Elektrokatalysator folgende Anforderungen gestellt:

— gute selektive elektrokatalytische Aktivität,
— hohe chemische und elektrochemische Stabilität,

- gute elektrische Leitfähigkeit,
- weitgehende Unempfindlichkeit gegenüber Katalysatorgiften,
- Reproduzierbarkeit bei der Herstellung sowie
- relativ niedrige Herstellungskosten.

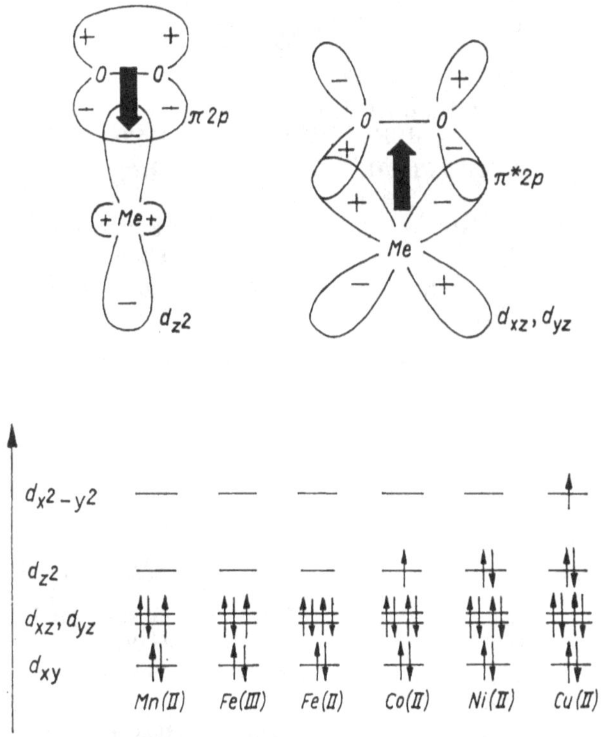

Bild 5.10. Überlappung der Orbitale des Sauerstoffmoleküls und des komplex gebundenen Übergangsmetallions sowie π-Elektronenkonfiguration der Zentralionen verschiedener N_4-Chelate nach [998]

Insbesondere für Niedertemperaturzellen sind zur Erhöhung der Geschwindigkeit sowohl der anodischen als auch der katodischen Elektrodenreaktion geeignete Katalysatoren erforderlich. Tab. 5.1. enthält eine Zusammenstellung der wichtigsten Elektrodenkatalysatoren für Elektroden von Brennstoffzellen mit unterschiedlichen Elektrolyten. Im bisher günstigsten System, der Wasserstoff-Sauerstoff-Brennstoffzelle, können bei Verwendung eines sauren Elektrolyten als Katalysatoren für die Wasserstoffelektrode Platin, Palladium oder Wolframcarbid eingesetzt werden und für die Sauerstoffelektrode Platin, Palladium, Kohlenstoffmaterialien sowie mit Spinellen, Phthalocyaninen oder

Tabelle 5.1. Elektrokatalysatoren für Elektroden von Brennstoffzellen mit unterschiedlichen Elektrolyten

Katalysator	Elektrolyt	Reaktanten	Literatur
Pt	sauer	H_2, konvertierte Kohlenwasserstoffe, Alkohole (CH_3OH, C_2H_5OH u. a.), HCHO, HCOOH, Kohlenwasserstoffe (C_2H_6, C_3H_8, C_2H_4 u. a.); O_2, Cl_2	[3, 968, 1116 bis 1119]
	alkalisch	H_2, N_2H_4, CH_3OH, HCOOH, C_2H_5OH, HCHO, C_2H_6; O_2	[3, 968, 1116 bis 1119]
	NH_4SCN in flüss. NH_3	$N_2H_6SO_4$, KBH_4	[975]
	Carbonatschmelze	H_2, CO; O_2	[3 968, 972, 1120]
	Feste Ionenleiter	H_2, CO, Kohlenwasserstoffe (CH_4, C_3H_8 u. a.); O_2	[968, 976, 977, 1118, 1119]
Pd	sauer	H_2, CH_3OH, O_2	[3, 968]
	alkalisch	H_2, N_2H_4, CH_3OH, HCOOH; O_2	[3, 968, 1116, 1117]
Ag	alkalisch	O_2	[3, 968, 1116, 1119]
	Carbonatschmelze	O_2	[3, 968, 1116]
	Feste Ionenleiter	O_2	[968, 1116]
Ni	alkalisch	H_2, N_2H_4, Alkohole (CH_3OH u. a.); O_2	[3, 968, 1116 bis 1119]
	Carbonatschmelze	H_2, CO, konvertierte Kohlenwasserstoffe	[968, 972, 1116]
	Feste Ionenleiter	H_2, CO, Kohlenwasserstoffe	[968, 1116, 1118, 1119, 1121]
Ni_2B	alkalisch	H_2, N_2H_4	[3, 968, 1116, 1118, 1119]
WC	sauer	H_2, Stadtgas, konvertierte Kohlenwasserstoffe, HCHO, HCOOH, N_2H_4	[3, 968, 1000 bis 1042, 1116, 1117]
C	sauer	O_2, Cl_2	[968, 1116 bis 1119, 1122]
	alkalisch	O_2	[968, 1116]
Spinelle	sauer	O_2	[1123]
(z. B. $CoAl_2O_4$)	alkalisch	O_2	[3, 968, 1116, 1124]

Tabelle 5.1. (Fortsetzung)

Katalysator	Elektrolyt	Reaktanten	Literatur
Phthalocyanine	sauer	O_2	[3, 970, 998, 999, 1043 bis
	alkalisch	O_2	1088, 1115]
Porphyrine	sauer	O_2	[1047, 1049, 1064, 1065, 1085, 1089 bis
	alkalisch	O_2	1096]
Tetraaza-annulene	sauer	HCOOH, $(COOH)_2$, N_2H_4, HCHO, CO; O_2	[1047, 1049, 1064, 1085]
	alkalisch	CO	

Porphyrinen belegte Aktivkohle; bei Verwendung eines alkalischen Elektrolyten sind für die Wasserstoffelektrode Platin, Palladium, Nickel und Nickelborid geeignet sowie für die Sauerstoffelektrode Platin, Palladium, Silber, Nickel, Kohlenstoff selbst und mit Spinellen belegte Aktivkohle. Während die Aktivität der Edelmetallkatalysatoren schon durch Spuren von Beimischungen im Reaktanten wie Kohlenmonoxid, Schwefelwasserstoff und dergleichen aufgehoben wird, ist die Wirkung dieser typischen Katalysatorgifte auf Nichtedelmetallkatalysatoren in der Regel wesentlich geringer; Wolframcarbid- und Kohlekatalysatoren sind ihnen gegenüber weitgehend inert.

5.7. Aufbau des elektrochemischen Generators

Der elektrochemische Generator (Bild 5.11.) ist ein Brennstoffzellenaggregat, das aus den Brennstoffzellen und den zum Dauerbetrieb erforderlichen Hilfs- und Steuereinrichtungen besteht [3, 968, 982, 1097]. Er ist das Kernstück

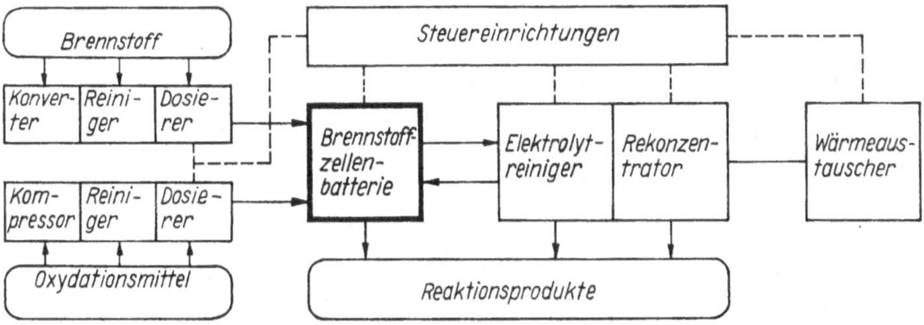

Bild 5.11. Prinzipschema eines elektrochemischen Generators

jeder Brennstoffzellenanlage, zu der außerdem die Vorratsbehälter für Brennstoff, Oxydationsmittel und Austauschelektrolyt sowie Abwassergefäße, Haltevorrichtungen, Wärmeisolationen, Gebäude und dergleichen gehören.

In Tab. 5.2. sind in einer Übersicht die gebräuchlichen Bezeichnungen für die Baugruppen der Brennstoffzellentechnik zusammengestellt; man unterscheidet Zellen, Batterien, Aggregate und Anlagen.

Tabelle 5.2. Bezeichnung der Baugruppen in der Brennstoffzellentechnik

Zelle	kleinste zur Stromerzeugung brauchbare Einheit, bestehend aus Anode, Katode und Elektrolytraum
Batterie (Zellengruppe, Zellenblock, Modul)	elektrische Vereinigung mehrerer Zellen; als Zellenblock oder Modul werden gewöhnlich die aus in Reihe geschalteten Zellen bestehenden Zellengruppen bezeichnet
Aggregat (elektrochemischer Generator)	eine oder mehrere Batterien mit Hilfs- und Steuereinrichtungen
Anlage (Elektroenergieanlage)	Aggregat und Zubehör an allgemeinen Arbeitsmitteln (z. B. Vorratsgefäße, Gebäude, Einrichtungen)

Da eine einzelne Zelle nur selten den Anforderungen bezüglich Spannung und Strom genügt, werden mehrere Zellen durch Reihen- und Parallelschaltung zu Batterien vereinigt. Mit dem Aufbau von Modulen, die man häufig sehr kompakt mit bipolaren oder mit zweiseitigen Gasdiffusionselektroden gestaltet, läßt sich der thermodynamisch bedingte Nachteil der geringen Zellenspannung von etwa 1 V durch Reihenschaltung der Zellen umgehen (Bild 5.12.). Dafür werden zwei prinzipielle Bauweisen angewandt, die Filterpressen- und die Gießharzzellenbauweise.

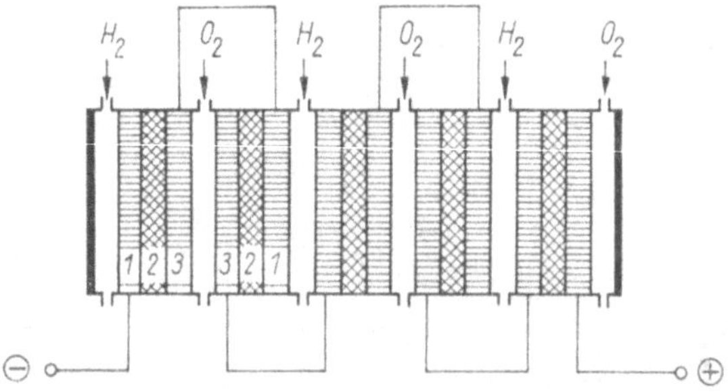

Bild 5.12. Schema eines Brennstoffzellenblocks mit zweiseitigen Gasdiffusionselektroden am Beispiel von Wasserstoff-Sauerstoff-Brennstoffzellen

1 – Anode; *2* – Elektrolyt; *3* – Katode

Der Vorteil des filterpressenartigen Moduls (Bild 5.13.) besteht in der Austauschmöglichkeit einzelner defekter Zellen, während sein Nachteil im Problem der ausreichenden und dauerhaften Dichtung liegt. Umgekehrt ist der Vorteil

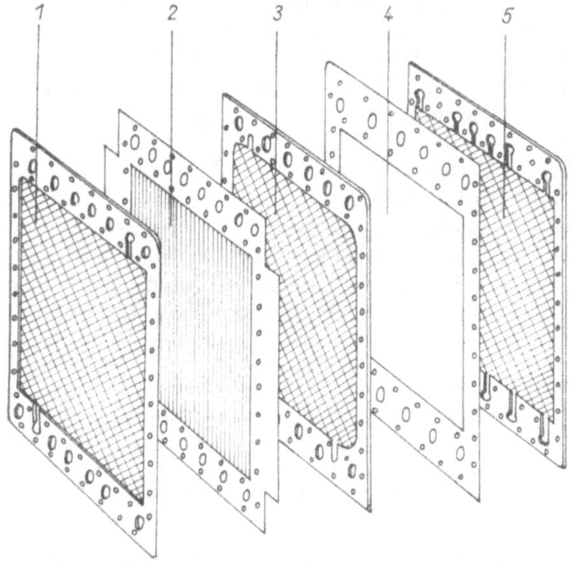

Bild 5.13. Anordnung der Elemente eines Brennstoffzellenmoduls (Filterpressenbauweise)

1 – Wasserstoffverteilernetz; *2* – Anode; *3* – Verteilernetz im Elektrolytraum; *4* – Katode; *5* – Sauerstoffverteilernetz

des im Gießharz eingegossenen Moduls, daß er vollständig dicht bleibt, und sein Nachteil, daß für einzelne defekte Zellen keine Reparaturmöglichkeit besteht. Die sogenannten bipolaren Elektroden (Bild 5.14.-A) gestatten die

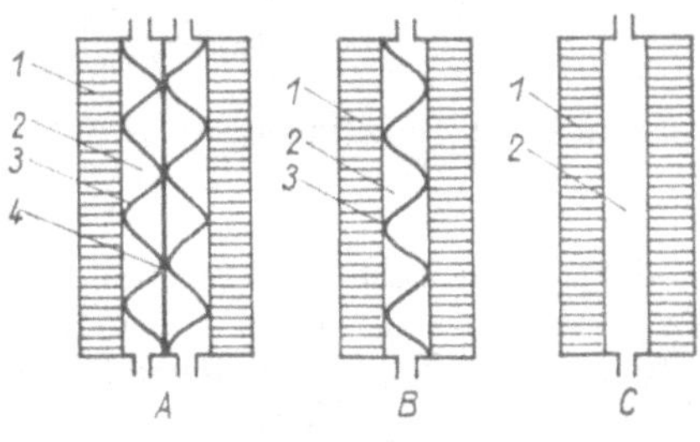

Bild 5.14. Konstruktionsschema von Gasdiffusionselektroden für Brennstoffzellenbatterien

A – bipolare Elektroden; *B* – zweiseitige Elektroden mit innerem Kontakt; *C* – zweiseitige Elektroden ohne inneren Kontakt
1 – poröser Elektrodenkörper; *2* – Gasraum; *3* – Kontaktgerüst; *4* – gasdichte Metallfolie

Hintereinanderschaltung der Zellen ohne äußere Stromleitungen. Bei diesen Elektroden werden die Gasräume für Brennstoff und Oxydationsmittel durch gasdichte Metallfolien getrennt, die sowohl zur Anode als auch zur Katode elektrischen Kontakt haben. Die Anwendung von zweiseitigen Gasdiffusionselektroden erlaubt eine Verminderung der Gasraumanzahl unter Wegfall der Trennfolien, da von einem Gasraum aus jeweils zwei Zellen mit dem entsprechenden Reaktanten beschickt werden. Jedoch ist hierbei eine äußere Kontaktierung erforderlich. Zweiseitige Elektroden mit innerem Kontakt (Bild 5.14.-B) können nur parallel geschaltet werden, während solche ohne inneren Kontakt (Bild 5.14.-C) die Reihenschaltung zu Modulen gestatten. Durch elektrischen Zusammenschluß mehrerer Module in Parallel- und/oder Reihenschaltung erhält man große Brennstoffzellenbatterien.

Die im elektrochemischen Generator zur Gewährleistung eines kontinuierlichen Betriebs der Brennstoffzellenbatterien notwendigen Zusatzeinrichtungen bestimmen Leistungsdichte und Wirkungsgrad des gesamten Aggregats maßgeblich mit. Da sich jedoch im allgemeinen die Dimensionierung dieser Zusatzeinrichtungen mit der Vergrößerung der Batterie kaum erhöht, sind Leistungsdichte und Gesamtwirkungsgrad bei größeren Einheiten günstiger. Zu den Hilfs- und Steuereinrichtungen des Brennstoffzellenaggregats (Bild 5.11.) gehören:

- Brennstoffaufbereitungsapparaturen zur Erzeugung gasförmiger Reaktanten (z. B. Konverter und Spaltanlagen für Kohlenwasserstoffe, Methanol oder Ammoniak),
- Gasreiniger (z. B. zur Entfernung von CO_2 aus Spaltgasen oder Luft),
- Dosierungseinrichtungen für Brennstoffe, Oxydationsmittel und Elektrolyte,
- Gaskreislaufsysteme mit Gaspumpen, Druckreguliereinrichtungen, Inertgasausbringung und Kondensatoren (zur Wasserentfernung),
- Elektrolytkreislaufsysteme mit Pumpen und Elektrolytreinigern (z. B. Filter),
- Systeme zur Entfernung der Reaktionsprodukte,
- Wärmeaustauscher zur Abführung der Reaktionswärme und Aufheizung der gasförmigen Reaktanten,
- Vorwärmer für den Elektrolyten (bei Inbetriebnahme),
- Temperaturreguliereinrichtungen,
- Spannungsregler und Gleichspannungswandler.

5.8. Vor- und Nachteile von elektrochemischen Generatoren mit Brennstoffzellen

Für die Elektroenergieerzeugung weisen elektrochemische Generatoren mit Brennstoffzellen sowohl gegenüber der Wärmekraftmaschinen-Generator-Einheit als auch gegenüber den anderen elektrochemischen Stromquellen eine Reihe von Vorteilen auf. Sie bestehen insbesondere in folgendem:

- Elektrochemische Generatoren haben einen hohen Gesamtwirkungsgrad und eine große Energiedichte.
- Sie arbeiten geräuscharm, da sie außer in Hilfs- und Steuereinrichtungen keine bewegten mechanischen Teile enthalten.

- Sie verursachen keine oder nur geringe Umweltverschmutzung durch schädliche Abgase.
- Ihr Lastbereich ist bei günstigem Teillastverhalten und kurzzeitig möglicher Überlastbarkeit relativ groß.
- Geeignete Brennstoffzellenanlagen können zur Speicherung von Elektroenergie verwendet werden, indem eine Elektrolyse durchgeführt wird, wobei sich unter Umkehr des stromliefernden Vorgangs Brennstoff und Oxydationsmittel zurückbilden.
- Brennstoffzellen können kontinuierlich betrieben werden, da kein Aufladen erforderlich ist.
- Sie sind leicht zu regulieren und ihr völlig automatischer Betrieb ist möglich.
- Im Ruhezustand kann die Selbstentladung vollkommen eingeschränkt werden.

Dagegen bestehen die Nachteile der elektrochemischen Generatoren vor allem in folgendem:

- Brennstoffzellen haben eine niedrige Zellenspannung (etwa 1 V).
- Die theoretisch mögliche Zellenspannung wird bei Belastung je nach dem System, insbesondere bei Verwendung billiger Reaktanten, mehr oder weniger stark verringert. Zum Ablauf der meist gehemmten Elektrodenreaktionen sind deshalb spezielle und oftmals teure Katalysatoren erforderlich, deren Empfindlichkeit gegenüber Katalysatorgiften den Einsatz hochreiner Reaktionspartner notwendig macht, so daß in den meisten Fällen eine Aufbereitung der Betriebsstoffe (Brennstoffe, Oxydationsmittel, Elektrolyte) erfolgen muß.
- Bei Verwendung gasförmiger Reaktionspartner müssen von der Struktur und der Zusammensetzung her komplizierte Dreiphasenelektroden eingesetzt werden.
- Die Investitions- und Betriebskosten für Brennstoffzellenanlagen und damit die Kosten für die Elektroenergie sind hoch.

5.9. Ausgewählte Systeme von Brennstoffzellen und elektrochemischen Generatoren

5.9.1. Brennstoffzellen und elektrochemische Generatoren mit Wasserstoff als Brennstoff

Unter allen für den Einsatz in Brennstoffzellen erprobten Reaktanten nehmen Wasserstoff und Sauerstoff aus den in Abschn. 5.4. dargelegten Gründen einen hervorragenden Platz ein. Deshalb ist auch die Entwicklung der Wasserstoff-Sauerstoff-Brennstoffzellen am weitesten fortgeschritten und für bestimmte Anwendungsgebiete (z. B. Energieversorgungvon Raumfahrzeugen; autonome Anlagen für entlegene Gebiete Brennstoffzellenkraftwerk) zur technischen Reife geführt worden.

5.9.1.1. Zellenreaktion und Elektrodenmechanismen

Die Zellenreaktion in der Wasserstoff-Sauerstoff-Brennstoffzelle ist die stark exotherme Umsetzung des Wasserstoffs mit Sauerstoff zu Wasser. Sie ergibt sich als Summe der Elektrodenreaktionen für die anodische Oxydation des Wasserstoffs und die katodische Reduktion des Sauerstoffs. Im sauren Medium gelten dafür die Gleichungen

$$H_2 \rightarrow 2H^+ + 2e^- \qquad \langle\text{Anode}\rangle \qquad (5.5.)$$

$$\frac{1}{2}O_2 + 2H^+ + 2e^- \rightarrow H_2O \qquad \langle\text{Katode}\rangle \qquad (5.6.)$$

$$H_2 + \frac{1}{2}O_2 \rightarrow H_2O \qquad \langle\text{Zelle}\rangle, \qquad (5.7.)$$

und im alkalischen Medium gilt

$$H_2 + 2OH^- \rightarrow 2H_2O + 2e^- \qquad \langle\text{Anode}\rangle \qquad (5.8.)$$

$$\frac{1}{2}O_2 + H_2O + 2e^- \rightarrow 2OH^- \qquad \langle\text{Katode}\rangle \qquad (5.9.)$$

$$H_2 + \frac{1}{2}O_2 \rightarrow H_2O \qquad \langle\text{Zelle}\rangle. \qquad (5.10.)$$

Die Vorgänge an beiden Elektroden sind jedoch wesentlich komplizierter und noch nicht vollständig aufgeklärt. Für die anodische Wasserstoffoxydation ergeben sich aus kinetischen Untersuchungen folgende Teilschritte.

- Antransport des molekularen Wasserstoffs aus der Gasphase oder aus dem Elektrolyten zur Elektrodenoberfläche.
- Adsorption des Wasserstoffs unter Aufspaltung in Atome, Ionisation und Hydratation. Dazu gibt es im wesentlichen zwei Reaktionswege, die für den sauren Bereich wie folgt zu beschreiben sind.

Tafel-Volmer-Mechanismus:

An die dissoziative Adsorption des Wasserstoffs

$$H_2 \rightarrow 2H_{ad} \qquad \langle\text{Tafel}\rangle \qquad (5.11.)$$

schließen sich Ionisation und Hydratation der adsorbierten Wasserstoffatome an

$$H_{ad} \rightarrow H^+ + e^- \qquad \langle\text{Volmer}\rangle. \qquad (5.12.)$$

Heyrovský-Volmer-Mechanismus:

An die Aufspaltung, Ionisation und Hydratation, die quasi in einem Schritt ablaufen

$$H_2 \rightarrow H_{ad} + H^+ + e^- \qquad \langle\text{Heyrovský}\rangle \qquad (5.13.)$$

schließt sich zur Oxydation der hierbei anteilig entstehenden adsorbierten Wasserstoffatome die Volmer-Reaktion entsprechend Gl. (5.12.) an. Eine Präzisierung der Heyrovský-Reaktion ist mit der Annahme adsorbierter Wasserstoffmoleküionen durch Horiuti vorgenommen worden:

$$H_2 \rightarrow (H_2^+)_{ad} + e^-, \tag{5.14.}$$

$$(H_2^+)_{ad} \rightarrow H_{ad} + H^+. \tag{5.15.}$$

— Abtransport der hydratisierten Wasserstoffionen.

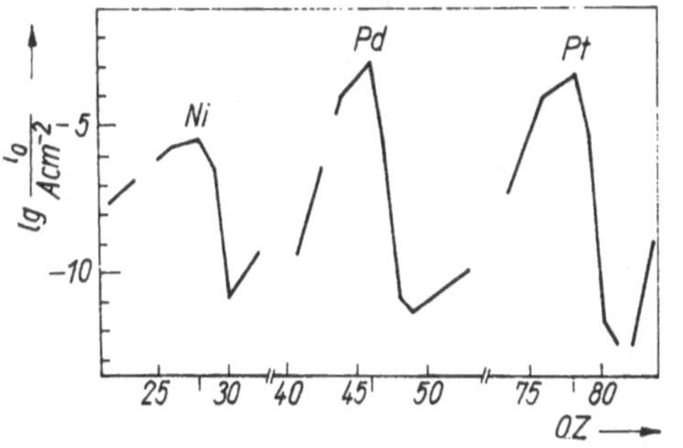

Bild 5.15. Periodizität der Austauschstromdichte der Wasserstoffelektrode nach Kita [1100]

Im alkalischen Bereich verläuft die Reaktion in entsprechenden Teilschritten. Nach welchem Mechanismus der Reaktionsablauf tatsächlich erfolgt, hängt vom Elektrodenmaterial und von den Arbeitsbedingungen ab. Zu seiner Untersuchung werden insbesondere potentiostatische und potentiodynamische Messungen an rotierenden und ruhenden Scheibenelektroden sowie Impulsmethoden herangezogen. Unter Auswertung der damit erhaltenen Stromdichte-Spannungs-Kurven und Ladekurven sind gewisse Rückschlüsse auf den Elektrodenmechanismus möglich [989, 990, 992, 1098, 1099]. Bei der Untersuchung der Wasserstoffelektrodenreaktion an verschiedenen Übergangsmetallen hat Kita [1100] eine auffällige periodische Abhängigkeit der Austauschstromdichte (s. Abschn. 2.4.) von der Ordnungszahl dieser Metalle festgestellt (Bild 5.15.).

Die elektrokatalytische Aktivität, deren Maß die Austauschstromdichte ist, wird vor allem durch die charakteristischen Eigenschaften des Elektrodenmaterials bestimmt; gewisse Schwankungen bei ein und demselben Material treten durch Unterschiede im Oberflächenzustand der Elektrode und in der Zusammensetzung des Elektrolyten auf. Die höchste Aktivität zur Beschleunigung der Wasserstoffelektrodenreaktion haben Platin, Palladium und Nickel (s. Abschn. 5.6.).

Für die katodische Sauerstoffreduktion werden auf der Grundlage kinetischer Untersuchungen verschiedene Reaktionsmechanismen diskutiert. Wegen der gleichzeitig ablaufenden Parallel- und Folgereaktionen, bei denen als wichtiges Zwischenprodukt Wasserstoffperoxid auftritt, ist die Anzahl der möglichen Teilschritte größer als bei der anodischen Wasserstoffoxydation.

An- und Abtransport der Reaktionspartner, Zwischen- und Endprodukte sind notwendige Voraussetzungen für den Reaktionsablauf und erfolgen analog zu den Transportprozessen bei der Wasserstoffelektrode.

Nach Bagockij [1101—1103] ist im sauren Bereich das in Bild 5.16. dargestellte Reaktionsschema der Sauerstoffreduktion zu berücksichtigen. Der dem Weg (1) entsprechende 4-Elektronen-Mechanismus

$$O_2 + 4H^+ + 4e^- \rightarrow 2H_2O \qquad (5.16.)$$

verläuft als „direkter" Übergang nur an hochaktiven Katalysatoren (z. B. Platin) bei relativ geringen Stromdichten [1104, 1105], während der dem Weg

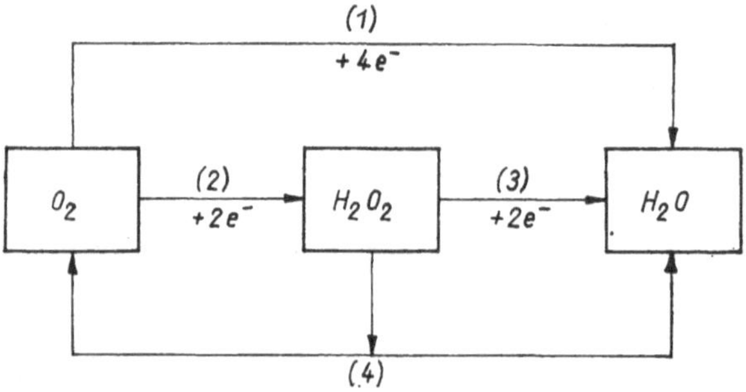

Bild 5.16. Schema der katodischen Sauerstoffreduktion

(2) entsprechende 2-Elektronen-Mechanismus

$$O_2 + 2H^+ + 2e^- \rightarrow H_2O_2 \qquad \langle\text{Berl}\rangle \qquad (5.17.)$$

durch das Auftreten von Wasserstoffperoxid an vielen Elektrodenmaterialien, insbesondere bei der Sauerstoffreduktion an Kohleelektroden, nachgewiesen wurde [69, 1106, 1111]. In jedem Fall unterliegt die dissoziative Adsorption des Sauerstoffs entsprechend Gleichung

$$O_2 \rightarrow 2O_{ad} \qquad (5.18.)$$

einer sehr starken Reaktionshemmung. Deshalb wird auch beim 4-Elektronen-Mechanismus ein Reaktionsablauf über die Peroxidstufe angenommen, wobei im ersten Teilschritt gemäß

$$O_2 + H^+ + e^- \rightarrow HO_2\cdot \qquad (5.19.)$$

Perhydroxylradikale entstehen [1112, 1113], die in zwei weiteren Teilschritten entweder nach

$$HO_2\cdot \rightarrow \cdot OH + \frac{1}{2}O_2 \qquad (5.20.)$$

$$\langle\text{Fabjan-Azizian}\rangle$$

$$\cdot OH + H^+ + e^- \rightarrow H_2O \qquad (5.21.)$$

oder nach

$$HO_2\cdot + H^+ + e^- \rightarrow H_2O_2 \qquad \langle\text{Frumkin}\rangle \qquad (5.22.)$$

$$H_2O_2 \rightarrow \frac{1}{2} O_2 + H_2O \qquad (5.23.)$$

zu Sauerstoff und Wasser umgesetzt werden.

Sehr wahrscheinlich ist aber der 4-Elektronen-Mechanismus im wesentlichen dadurch bestimmt, daß die intermediär gebildeten Perhydroxylradikale und/oder Wasserstoffperoxidmoleküle an hochaktiven Katalysatoren sehr schnell zersetzt werden. Dagegen sind merkliche Mengen an Wasserstoffperoxid immer dann zu beobachten, wenn der Sauerstoff an Elektrodenmaterialien, an denen die Wasserstoffperoxidzersetzung nur langsam vor sich geht, und/oder bei großer Stromdichte reduziert wird [1109, 1110, 1112, 1114]. Daraus resultiert der 2-Elektronen-Mechanismus gemäß Gl. (5.17.). Das dabei entstehende Wasserstoffperoxid zerfällt hauptsächlich entsprechend Weg (4) in einer chemischen Reaktion gemäß Gl. (5.23.) oder es wird entsprechend Weg (3) in einer allerdings stark gehemmten elektrochemischen Reaktion nach der Gleichung

$$H_2O_2 + 2H^+ + 2e^- \rightarrow 2H_2O \qquad (5.24.)$$

zu Wasser reduziert.

Im alkalischen Bereich können für die Sauerstoffreduktionsvorgänge analoge Teilschritte formuliert werden.

5.9.1.2. Technische Ausführung von Wasserstoff-Sauerstoff-Brennstoffzellensystemen

Die mit Wasserstoff und Sauerstoff arbeitenden Brennstoffzellen („Knallgaszellen"), deren Funktionsprinzip bei Verwendung verschiedener Elektrolyttypen aus Bild 5.3. ersichtlich ist, sind in unterschiedlichen Ausführungsformen zur technischen Reife entwickelt worden und haben sich bisher für Spezialanwendungen (Stromversorgung von Raumfahrzeugen, Fernsehumsetzern in entlegenen Gebieten u. dgl.) als gut geeignet erwiesen. Ihre Konstruktion wird von vielen Faktoren wie Reinheitsgrad der Reaktanten, Elektrolyt, Katalysatormaterial, Arbeitstemperatur, Zusammensetzung und Struktur der leistungsfähigsten Elektroden, Art der Entfernung des Reaktionswassers u. a. beeinflußt. Für die Zellen werden hauptsächlich platten- oder röhrchenförmige Elektroden verwendet, die häufig als Doppel- und Mehrschichtelektroden gestaltet sind. Bei Zellen, in denen wäßrige Elektrolytlösungen, Ionenaustauschermembranen oder Festelektrolyte zum Einsatz kommen, haben sich insbesondere die im folgenden an Hand einiger Beispiele gezeigten prinzipiellen Gestaltungsmöglichkeiten bewährt. Die hauptsächlichsten Bauformen sind die in Filterpressen- und Gießharztechnik gestalteten

Module, in denen Plattenelektroden zum Einsatz kommen. In Bild 5.17. ist eine für die filterpressenartige Modulbauweise vorgesehene Zellenkonstruktion dargestellt, bei der sowohl die Zufuhr der gasförmigen Reaktanten als auch der Elektrolytkreislauf über entsprechende Rundringräume erfolgt [1125]. Sobald metallische Rundringe (Edelstahl) Verwendung finden, dienen diese gleichzeitig zur elektrischen Kontaktierung der Zellen im Modul, wobei durch geeignete Anordnung von Kontakten und Isolationen die Reihenschaltung gewährleistet wird. Die Ableitungsöffnung der Rundringe wird in der Zelle so angeordnet, daß entweder Kondenswasser und durch die Elektroden hindurchtretender Elektrolyt nach unten ablaufen oder in den Elektrolytraum gelangende Gasblasen nach oben entweichen können. Dieses vorteilhafte Konstruktionsprinzip kann auch bei größeren technischen Modulen (Bild 5.13.) angewandt werden. Vorrangig kommen mehrschichtige hydrophobe und hydrophile Gasdiffusionselektroden (Bild 5.6.) zum Einsatz.

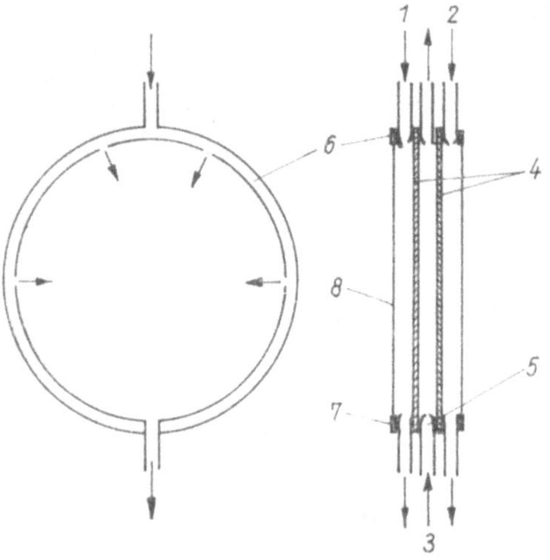

Bild 5.17. Wasserstoff-Sauerstoff-Brennstoffzelle mit Plattenelektroden und Rundringzuführungen

1 – Wasserstoff;
2 – Sauerstoff (Luft);
3 – Elektrolyt;
4 – Elektroden;
5 – Rundring für Elektrolytzufuhr (elektrisch isoliert);
6 – Rundring für Gaszufuhr;
7 – Graphitdichtung;
8 – Trennfolie aus Metall

Bei Verwendung von hydrophoben Elektroden, die meist aus Kohlenmaterial, Katalysator (Tab. 5.1.) und Teflon bestehen, können Niedertemperatur-Normaldruck-Zellen hergestellt werden [3, 968, 970, 1118, 1119, 1125–1129], wobei im alkalischen Elektrolyten die Sauerstoffreduktion schon allein durch den Kohlenstoff katalysiert wird. Die Zellen arbeiten mit alkalischem (25···50% KOH) oder saurem Elektrolyten (20···60% H_2SO_4; 90···98% H_3PO_4) im Bereich von 20···180 °C bei Normaldruck oder unter einem geringen Überdruck.

Unter Verwendung hydrophiler Elektroden, die meist aus porösen Sinterplatten katalytisch wirkender Nichtedelmetalle (Tab. 5.1.) bestehen, werden Niedertemperaturzellen und Mitteltemperatur-Hochdruck-Zellen gefertigt [2, 3, 968, 970, 1118, 1119, 1127, 1129], da sowohl die erhöhte Temperatur wegen der notwendigen Umsatzgeschwindigkeit als auch der Gasüberdruck wegen der Aufrechterhaltung der Dreiphasengrenze in der Reaktionszone erforderlich sind. Die Hochdruckzellen arbeiten mit gesinterten Nickel-Doppelschichtelektroden und alkalischen Elektrolyten (50···85% KOH) im Bereich von 200···300 °C unter einem Betriebsdruck bis zu 5 MPa. Bei günstiger Zellen- und Elektrodenkonstruktion kann man den Druck auf 0,15 MPa reduzieren.

Im Niedertemperaturbereich hat sich der Einsatz von DSK-Elektroden (s. Abschn. 5.5.) als sehr vorteilhaft erwiesen. Zur Herstellung der negativen DSK-Elektrode wird Nickelpulver (Carbonylnickel) mit einer feinpulverigen Nickel-Aluminium-Legierung gemischt, geformt und gesintert. Danach wird das Aluminium mit Kalilauge aus dem Sinterkörper herausgelöst, so daß schließlich ein auf dem Carbonylnickelgerüst fein verteiltes hochaktives Raney-Nickel entsteht (Doppelskelett-Katalysator) [2, 3, 968, 970, 985, 1129—1135]. Durch Zusatz von Promotoren kann die Aktivität der Elektroden noch erhöht werden [3, 1136, 1137], während ein Titanzusatz (etwa 2%) zur Nickel-Aluminium-Legierung die Skelettstruktur stabilisiert und gegen Luft unempfindlich macht [1118]. Oft wird auch die positive Elektrode nach der DSK-Technik hergestellt. Dazu sintert man Carbonylnickel mit einer Silber-Zink-Legierung und löst anschließend das Zink mit Kalilauge aus der porösen Elektrodenplatte heraus. Eine Steigerung der katalytischen Aktivität kann durch Zusätze von Platin oder Palladium erreicht werden (s. Abschn. 5.6.).

In Bild 5.18. ist die typische Konstruktion von Brennstoffzellen mit konzentrischen Röhrchenelektroden, die meist aus hydrophobiertem und mit Katalysator imprägniertem Kohlematerial gefertigt werden, dargestellt. Die so gestalteten Zellen weisen einen geringen Elektrolytwiderstand und eine relativ große Elektrodenoberfläche auf, was sich insbesondere bei Einsatz von „selbstatmenden" Luftsauerstoffelektroden vorteilhaft auswirkt [1129].

In Bild 5.19. ist das Konstruktionsprinzip einer Brennstoffzelle mit Ionenaustauschermembran wiedergegeben [968, 984, 1138—1140], wobei meist Kationenaustauscher zum Einsatz gelangen. Als Kationenaustauscher dienen organische oder anorganische Polymere mit Carbonsäure-, Sulfonsäure- oder Phosphorsäuregruppen, die im Polymergerüst fixiert sind, während im allgemeinen leicht bewegliche Wasserstoffionen den Ladungstransport übernehmen. Wegen ihrer chemischen Resistenz und guten Ionenleitfähigkeit besonders geeignet sind Ionenaustauschermembranen aus polymeren Fluorkohlenwasserstoffsulfonsäuren („NAFION"). Auf die gut durchfeuchtete, dünne Membran (0,2···0,5 mm) wird von beiden Seiten eine Elektrode gepreßt, die das Katalysatorpulver enthält. Somit ist auf dieser Basis der Aufbau sehr dünner Zellen möglich, so daß in filterpressenartigen Modulen eine hohe Stapeldichte erreicht werden kann. Günstig ist auch, daß das Reaktionswasser nur an der Sauerstoffelektrode entsteht, von wo es abläuft oder über ein kapillares Dochtsystem leicht entfernt werden kann [968]. Der Nachteil der Ionenaustauscherzellen besteht vor allem darin, daß ihr elektrischer Widerstand relativ groß ist und die Ableitung der Reaktionswärme durch die Membran gehemmt wird. Das macht ein ständiges gleichmäßiges Befeuchten der Membran erforderlich, da es sonst durch örtlich überhöhte Strom- und Temperaturbelastung zu ihrer Zerstörung kommt. Außerdem werden die organi-

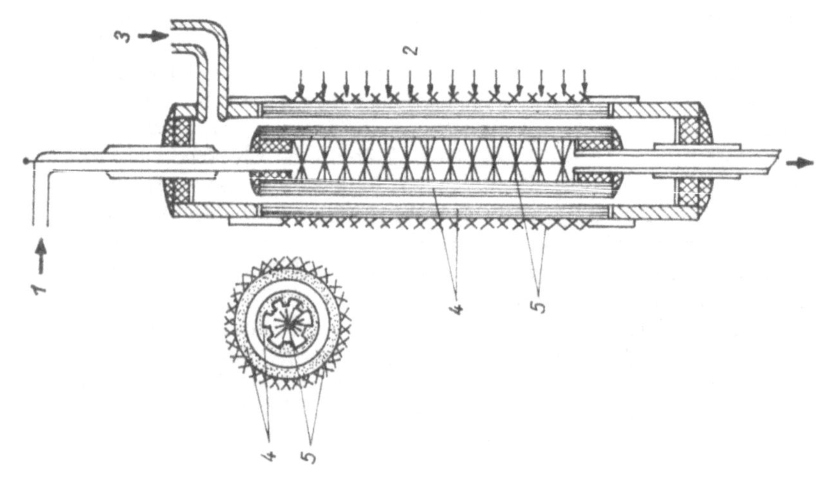

Bild 5.18. Konzentrische Wasserstoff-Luft-Brennstoffzelle nach [1129]

1 – Wasserstoff; 2 – Luft (Sauerstoff); 3 – Elektrolyt; 4 – Elektroden; 5 – Stromkollektor

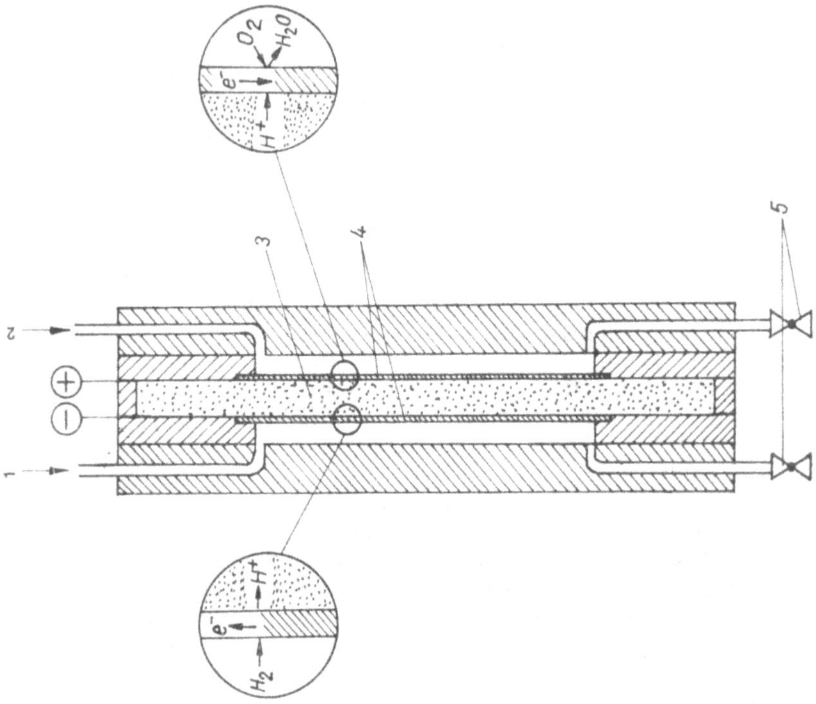

Bild 5.19. Wasserstoff-Sauerstoff-Brennstoffzelle mit Ionenaustauschermembran

1 – Wasserstoff; 2 – Sauerstoff (Luft); 3 – Ionenaustauschermembran (wasserstoffionenleitend); 4 – Elektroden; 5 – Ventile

schen Ionenaustauscher von den an den Elektroden als Zwischenprodukte auftretenden Radikalen (s. Abschn. 5.9.1.1.) angegriffen. Diese negativen Einflüsse wirken sich bei den stabilen NAFION-Membranen weniger aus.

In Bild 5.20. ist das Konstruktionsschema einer Brennstoffzelle mit Festelektrolyt dargestellt. Meist werden diese Zellen als konusförmige Röhrchen aus sauerstoffionenleitender Keramik gestaltet, deren Innen- und Außenflächen mit porösen Elektroden belegt sind [976, 977, 1121]. Die selbsttragenden Zellen werden zum Aufbau von Modulen ineinandergesteckt, wobei ihre Kontaktierung über Stromkollektoren erfolgt. In diesen Brennstoffzellen sind sowohl Prinzipien der Ionenaustauscherzellen als auch der konzentrischen

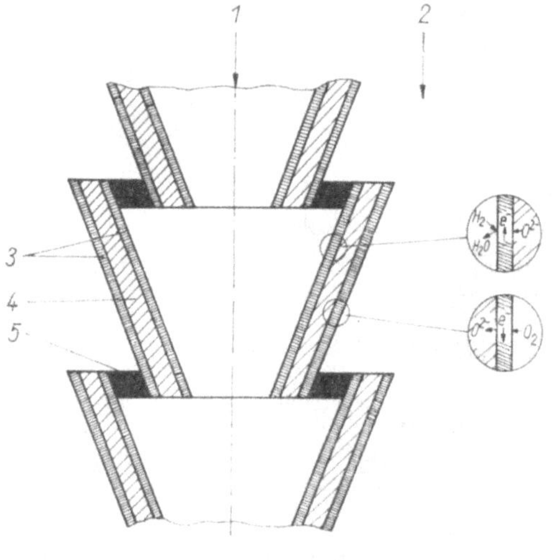

Bild 5.20. Wasserstoff-Sauerstoff-Festelektrolytbrennstoffzelle

1 – Wasserstoff;
2 – Sauerstoff (Luft);
3 – Elektroden; *4* – Festelektrolyt (sauerstoffionenleitend);
5 – Kontaktierung (Stromkollektoren)

Röhrchenzellen vereint. Sie arbeiten jedoch nur bei hohen Temperaturen (800···1000 °C), da erst unter diesen Bedingungen der Festelektrolyt eine ausreichende Leitfähigkeit besitzt (s. Abschn. 5.11.2.). Als Reaktionsprodukt bildet sich an der Wasserstoffelektrode gasförmiges Wasser, das leicht abgeführt werden kann.

Um die beschriebenen Brennstoffzellen möglichst kontinuierlich und wartungsarm zu betreiben, werden sie mit verschiedenen Hilfsgeräten zu einem kompletten Aggregat vereinigt (s. Abschn. 5.7.). Ob deren Einsatz jeweils erforderlich ist, wird vor allem von der Art der Zelle, des Elektrolyten, des Katalysators und des zur Umsetzung vorgesehenen Brennstoffs bestimmt. Die der Wasserstoff-Sauerstoff-Brennstoffzelle zuzuführenden Reaktanten liegen in unterschiedlichem Reinheitsgrad vor. In reiner Form erfolgt ihre Aufbewahrung hauptsächlich in Druckgasflaschen, für spezielle Einsatzgebiete (z. B. Raumfahrt) aber auch verflüssigt in geschlossenen DEWAR-Gefäßen. Sauerstoff wird größtenteils der Luft entnommen, während Wasserstoff auch aus leichter zu handhabenden flüssigen Kohlenwasserstoffen oder Methanol in einem Generator herstellbar ist.

Als Wasserstoffgeneratoren stehen Konverter zur thermischen Spaltung, Dampfreformierung oder partiellen Oxydation der organischen Brennstoffe zur Verfügung. Den Brennstoffzellen mit sauren Elektrolyten und vergiftungsfesten Nichtedelmetallkatalysatoren kann der Konverter unmittelbar vorgeschaltet werden (Bild 5.21.), da die beigemischten Fremdgase nicht stören [1142, 1143]. Edelmetallkatalysatoren werden dagegen insbesondere durch Kohlenmonoxid und Schwefelwasserstoff schnell vergiftet. Zum Teil kann man der Vergiftung von Edelmetallkatalysatoren durch höhere Reaktionstemperaturen entgegenwirken, wobei jedoch oft eine verstärkte Rekristallisation des Katalysators unter Bildung weniger aktiver, gröberer Kristallite eintritt.

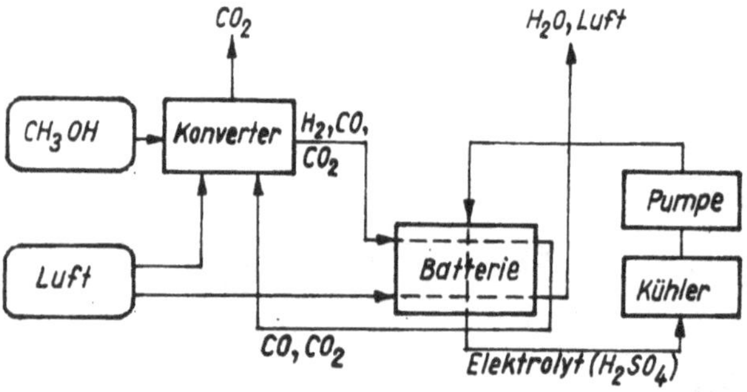

Bild 5.21. Fließschema eines Wasserstoff-Luft-Brennstoffzellenaggregats mit saurem Elektrolyten und Wasserstoffgenerator nach [1142]

Für Brennstoffzellen mit alkalischen Elektrolyten setzt man in der Regel kohlendioxidfreie Reaktanten ein, um den Elektrolyten nicht zu verändern. Sofern im Konverter erzeugter Wasserstoff zur Verwendung gelangen soll, muß er vor Eintritt in die Zelle durch einen Kohlendioxidabsorber geleitet werden. Ganz entsprechend ist auch das Kohlendioxid der Luft zu entfernen. Als Absorptionsmittel dienen bei der Wasserstoffreinigung vorwiegend Ethanolamin, das durch Erwärmen ($> 100\,°C$) regeneriert werden kann, und bei der Luftreinigung Kalilauge, Natronasbest oder eine durch Elektrodialyse regenerierbare wäßrige Kaliumcarbonat-Kaliumhydroxid-Mischung [1144]. In Bild 5.22. ist das Fließschema für die Luft- und Elektrolytzirkulation eines Brennstoffzellenaggregats mit alkalischem Elektrolyten dargestellt, das außer der Batterie einen in die Luftzufuhr eingeschalteten Kohlendioxidabsorber, einen Elektrolytrekonzentrator sowie Wärmeaustauscher zur Kondensation des mit der Luft aus Rekonzentrator und Zelle herangeführten Wasserdampfes enthält. Der infolge Diffusion durch die porösen Elektroden in den Gaskreislauf gelangende Wasserdampf wird in einem Kühler kondensiert. Bei einigen Zellentypen nutzt man diese Wasserdampfdiffusion durch die Elektroden zur vollständigen Entfernung des Reaktionswassers (ELOFLUX-Prinzip, [3]). Meist wird aber das Rekonzentrieren des Elektrolyten extern durchgeführt.

Als sehr wirksamer Rekonzentrator arbeitet der Diffusionsspaltverdampfer [3, 1116, 1117, 1146–1148], dessen Prinzip aus Bild 5.23 ersichtlich ist. Er besteht aus zwei porösen Sinterplatten, von denen die eine (Verdampferscheibe) mit dem Elektrolyten und die andere (Kondensatorscheibe) mit dem Kühlwasser in Berührung steht. Der schmale Spalt (etwa 2 mm) zwischen Ver-

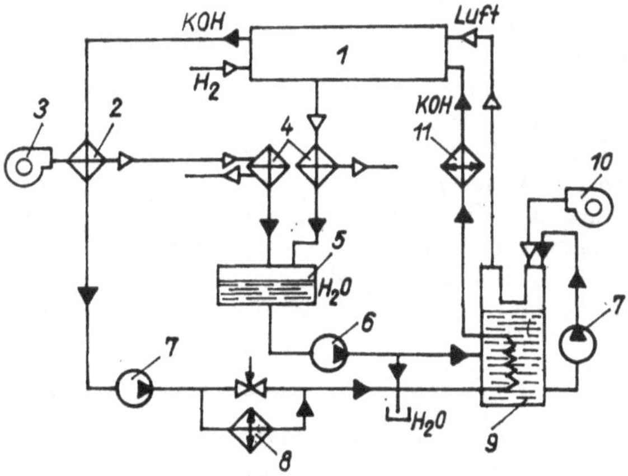

Bild 5.22. Fließschema für die Luft- und Elektrolytzirkulation eines Wasserstoff-Luft-Brennstoffzellenaggregats mit alkalischem Elektrolyten nach [1145]

1 – Brennstoffzellenbatterie; *2* – Elektrolytrekonzentrator; *3* – Luftventilator; *4* – Luft-Luft-Wärmeaustauscher (Kondensator); *5* – Wasserbehälter; *6* – Wasserpumpe; *7* – Laugenpumpe; *8* – Vorwärmer; *9* – Kohlendioxidabsorber; *10* – Luftkompressor; *11* – Kühler

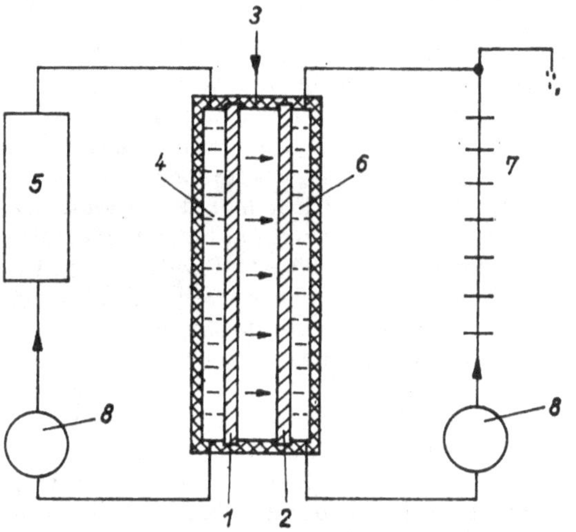

Bild 5.23. Prinzip des Diffusionsspaltverdampfers nach [1117]

1 – Verdampferscheibe; *2* – Kondensatorscheibe; *3* – Wasserstoff; *4* – Elektrolyt im Kreislauf (ϑ_1); *5* – Brennstoffzelle; *6* – Kühlwasser im Kreislauf (ϑ_2); *7* – Kühler; *8* – Pumpe

dampfer- und Kondensatorscheibe ist mit Wasserstoff unter einem Überdruck von etwa 0,02 MPa gefüllt, um die Trennung zwischen Gas- und Flüssigkeitsräumen aufrechtzuerhalten. Wegen der höheren Temperatur des Elektrolyten ($\vartheta_1 = 50\cdots60\,°C$) gegenüber der des Kühlwassers ($\vartheta_2 = 10\cdots20\,°C$), tritt Wasserdampf durch die Poren der Verdampferscheibe in den Diffusionsspalt ein und wird an der Kondensatorscheibe niedergeschlagen, durch deren Poren das flüssige Wasser schließlich in den Kühlkreislauf gelangt.

Eine Inertgaskontrolle ist deshalb erforderlich, weil sich im Verlaufe der Umsetzung in der Brennstoffzelle die inerten Bestandteile der Reaktionsgase anreichern und die Zellenreaktion zum Erliegen bringen. Sie müssen von Zeit zu Zeit abgelassen werden. Um die Inertgasentfernung möglichst unter geringen Verlusten an Reaktionsgas durchzuführen, werden die Gasräume hintereinandergeschaltet, so daß sich das Inertgas an der letzten Elektrode sammelt. Die Spannung der entsprechenden Zelle fällt am stärksten ab und wird zur elektronischen Steuerung des am Gasraum der letzten Elektrode angebrachten Inertgasventils benutzt.

5.9.1.3. Eigenschaften der Wasserstoff-Sauerstoff-Brennstoffzellensysteme

Die mit Wasserstoff und Sauerstoff oder Luft arbeitenden Brennstoffzellensysteme haben die größte Aussicht auf eine kommerzielle Nutzung, insbesondere wenn sie mit sauren Elektrolyten und hochwirksamen, langlebigen Nichtedelmetallkatalysatoren unter Einsatz ungereinigten Wasserstoffs betrieben werden können. Gegenwärtig sind aber Zellen mit alkalischem Elektrolyten technisch weiter ausgereift. Die wichtigsten Kenndaten der Wasserstoff-Sauerstoff-Brennstoffzellen im Vergleich zu denen anderer Brennstoffzellentypen werden in Tab. 5.3. wiedergegeben.

Bild 5.24. zeigt die Stromdichte-Spannungs- und Stromdichte-Flächenleistungsdichte-Kurven verschiedener Brennstoffzellen und weist bezüglich des Leistungsvermögens die Wasserstoff-Sauerstoff-Zellen mit alkalischem Elektrolyten als die besten aus. Davon ist die mit gesinterten Nickel- und Silber-Gasdiffusionselektroden in 85%iger Kalilauge ausgerüstete Zelle das bisher günstigste System, obwohl der notwendige Überdruck und die erhöhte Betriebstemperatur einen größeren Aufwand für Konstruktion, Betrieb, Regelung und Kontrolle erforderlich machen. Prinzipiell ist der Verlauf der Stromdichte-Spannungs-Kurven einer Wasserstoff-Sauerstoff-Brennstoffzelle sowohl vom Druck (Partialdruck der Reaktionsgase an der Elektrode) als auch von der Temperatur abhängig. Die bei einer bestimmten Klemmenspannung an den Elektroden vorhandene Stromdichte ist um so größer, je höher z. B. der Sauerstoffpartialdruck (Bild 5.25.) oder die Temperatur (Bild 5.26.) eingestellt wird. Jedoch ergeben sich gerade bei Zellen, die eine hohe Stromdichte zulassen infolge der auftretenden beträchtlichen Reaktionswärme gewisse Schwierigkeiten in der Beherrschung des Wärmehaushalts. Bei unter erhöhter Temperatur arbeitenden Brennstoffzellen wird für die Ableitung der Reaktionswärme das zur Umgebung bestehende große Temperaturgefälle genutzt.

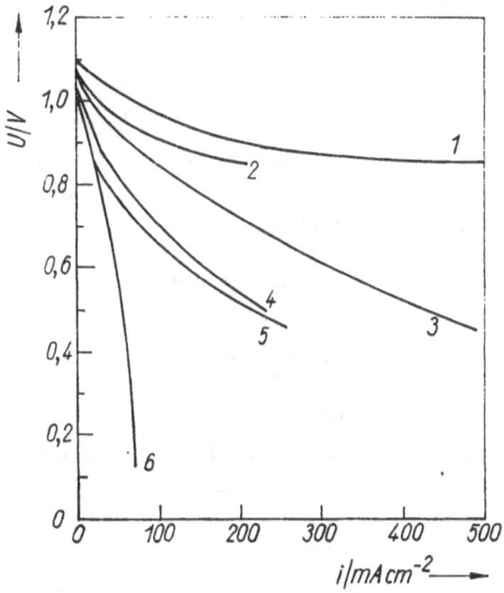

A

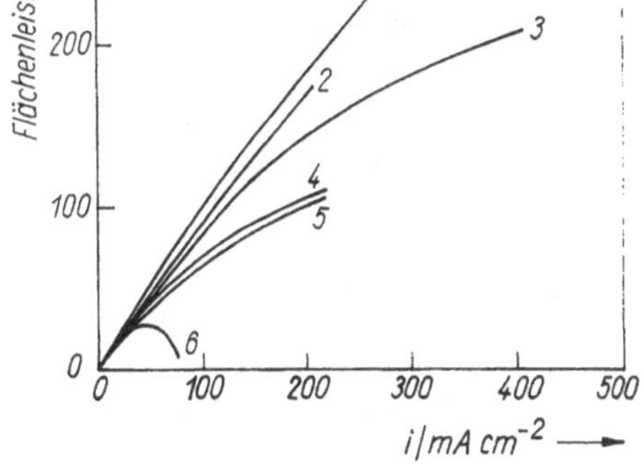

B

Bild 5.24. Klemmenspannung und Flächenleistungsdichte verschiedener Brennstoffzellentypen als Funktion der Stromdichte

A – Stromdichte-Spannungs-Kurven
B – Stromdichte-Flächenleistungsdichte-Kurven
1 – Wasserstoff-Sauerstoff-Zelle mit hydrophilen DSK-Gasdiffusionselektroden im alkalischen Elektrolyten
2 – Wasserstoff-Sauerstoff-Zelle mit platinaktivierten hydrophoben Kohle-Gasdiffusionselektroden im alkalischen Elektrolyten
3 – Hydrazinzelle mit DSK-Elektroden im alkalischen Elektrolyten
4 – Wasserstoff-Sauerstoff-Zelle mit Festelektrolyt
5 – Wasserstoff-Sauerstoff-Zelle mit platinaktivierten hydrophoben Wolframcarbid- bzw. Kohle-Gasdiffusionselektroden im sauren Elektrolyten
6 – Wasserstoff-Sauerstoff-Zelle mit Ionenaustauschermembran

Tabelle 5.3. Kenndaten verschiedener Brennstoffzellentypen

Zellentyp	Elektrolyt	Anode	Katode	Betriebstemperatur in °C
Wasserstoff—Sauerstoff	38%ige KOH-Lösung	Hydrophobierte Kohleelektrode (PTFE) mit Platinkatalysator	Hydrophobierte Kohleelektrode (PTFE) mit Platinkatalysator	20···65
Wasserstoff—Sauerstoff	85%ige KOH-Lösung	Gesinterte Nickelelektrode	Gesinterte Silberelektrode mit Nickelgerüst (platinaktiviert)	180···260
Wasserstoff—Luft	27%ige KOH-Lösung	Nickel-DSK-Elektrode	Hydrophobierte Kohleelektrode (PTFE) mit Platinkatalysator	70···90
Wasserstoff—Luft	36%ige H_2SO_4	Hydrophobierte Wolframcarbidelektrode (Kohle, PTFE)	Hydrophobierte Kohleelektrode (PTFE) mit Platinkatalysator	70···90
Wasserstoff—Luft	98%ige H_3PO_4	Hydrophobierte Kohleelektrode (PTFE) mit Platinkatalysator	Hydrophobierte Kohleelektrode (PTFE) mit Platinkatalysator	140···180
Wasserstoff—Luft	Ionenaustauschermembran	Platin	Platin—Palladium	20···40
Hydrazin—Sauerstoff	27%ige KOH-Lösung	Nickel-DSK-Elektrode	Silber-DSK-Elektrode mit Nickelgerüst	40···50
Hydrazin—Wasserstoffperoxid	27%ige KOH-Lösung	Nickel-DSK-Elektrode	Silber-DSK-Elektrode mit Nickelgerüst	70···90
Methanol—Luft	40%ige KOH-Lösung	Gesinterte Nickelelektrode mit Platinkatalysator	Hydrophobierte Kohleelektrode (PTFE) mit Palladiumkatalysator	5···30
Kohlenwasserstoffe—Luft (innere Konversion)	$Z_rO_2—Y_2O_3$-Festionenleiter	Nickel	Platin	700···1000

Betriebsdruck (Überdruck) in MPa	Stromdichte in mA/cm² (bei zugehöriger Zellenspannung)	f_m in W/kg	f_v in W/l	Lebensdauer in h	Literatur
0,06	100 (0,9 V)	40···65	50···75	> 8000	[3, 968, 1097, 1116, 1165 bis 1167]
0,1···2,7	200 (0,9 V)	50···65	50···75	> 15000	[3, 968, 973, 1097, 1116, 1165, 1167, 1168]
0,02	100 (0,6 V)	25···50	15···25	> 5000	[1097, 1116, 1165, 1166]
	100 (0,5 V)	15···25		> 10000	[973, 1116, 1142, 1166]
	200 (0,7 V)			2000	[1116, 1169]
	20 (0,8 V)	7	3		[3, 968, 984, 1116]
0,1	100 (0,8 V)	30···50	40···65	> 3000	[3, 968, 973, 1097, 1116, 1150, 1165, 1166]
	200 (0,8 V)	100···200	140···300	> 1000	[3, 968, 1097, 1116, 1166]
	10 (0,4 V)	2	2	> 10000	[968, 1097, 1116, 1165, 1166]
	100 (0,5 V)	15···25		> 2000	[968, 973, 1097, 1166]

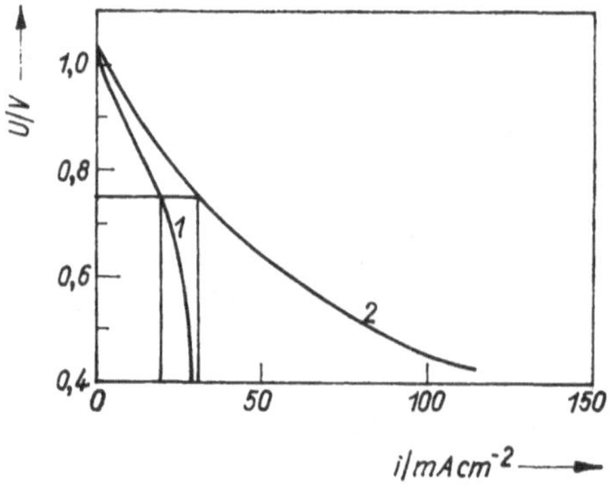

Bild 5.25. Stromdichte-Spannungs-Kurven einer Wasserstoff-Sauerstoff-Brennstoffzelle mit alkalischem Elektrolyten (0,19 MPa; 30 °C) bei unterschiedlichem Sauerstoffpartialdruck
Sauerstoffelektrode:
1 – mit Luft (p_{O_2} = 0,04 MPa);
2 – mit Sauerstoff (p_{O_2} = 0,19 MPa)

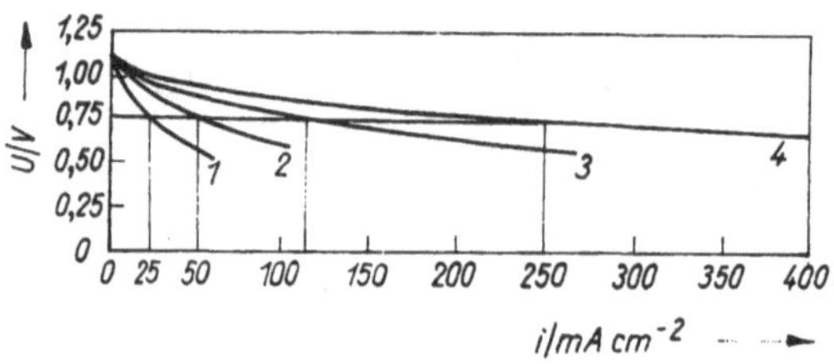

Bild 5.26. Stromdichte-Spannungs-Kurven einer Wasserstoff-Sauerstoff-Brennstoffzelle mit alkalischem Elektrolyten bei verschiedenen Temperaturen
1 – −5 °C; *2* – 20 °C; *3* – 50 °C; *4* – 80 °C

5.9.2. *Brennstoffzellen und elektrochemische Generatoren mit Hydrazin als Brennstoff*

Hydrazin wird in einem Brennstoffzellenaggregat entweder direkt oder nach Zerlegung in Wasserstoff und Stickstoff auf indirektem Wege umgesetzt. Das durch thermische Spaltung des Hydrazins zu erzeugende Wasserstoff-Stickstoff-Gemisch kann einer Wasserstoff-Sauerstoff-Zelle (s. Abschn. 5.9.1.) unmittelbar als Brennstoff zugeführt werden, da es keine störenden Verunreinigungen enthält. Jedoch steht dieser Art der Wasserstofferzeugung der im Vergleich zu anderen Brennstoffen extrem hohe Preis des Hydrazins entgegen, der selbst die im folgenden zu beschreibenden „direkten" Hydrazinbrennstoffzellen ökonomisch untragbar macht, so daß sie gegenwärtig nur für Spezialanwendungen (z. B. Militärtechnik) vorgesehen sind.

5.9.2.1. *Zellenreaktion und Elektrodenmechanismen*

Da bei der elektrochemischen Hydrazinoxydation nur Stickstoff und Wasser entstehen, kann man mit dem an sich bezüglich Katalysatoraktivität und Stabilität der Konstruktionsmaterialien günstigeren alkalischen Elektrolyten arbeiten, der durch diese Reaktionsprodukte nicht verändert wird.

Die Elektrodenreaktionen in einer Hydrazin-Sauerstoff-Brennstoffzelle mit alkalischem Elektrolyten können durch folgende Gleichungen beschrieben werden.

Anode:

$$N_2H_4 + 4\,OH^- \rightarrow N_2 + 4\,H_2O + 4e^- \qquad \langle U_H^\ominus = -1{,}16\ V\rangle, \qquad (5.25.)$$

Katode:

$$O_2 + 2\,H_2O + 4e^- \rightarrow 4\,OH^- \qquad \langle U_H^\ominus = +0{,}40\ V\rangle. \qquad (5.26.)$$

Für die Zellenreaktion ergibt sich damit die Gleichung

$$N_2H_4 + O_2 \rightarrow N_2 + H_2O \qquad \langle U^\ominus = 1{,}56\ V\rangle. \qquad (5.27.)$$

Würden die Elektrodenreaktionen tatsächlich nur entsprechend der Gln. (5.25.) und (5.26.) verlaufen, so müßten die aus thermodynamischen Daten berechneten Standardelektrodenpotentiale für die praktisch realisierbaren Elektroden zutreffend sein. Das ist jedoch nicht der Fall, da an der Hydrazinelektrode wie an der Sauerstoffelektrode (s. Abschn. 5.9.1.1.) kinetische Hemmungen und Nebenreaktionen auftreten, so daß sich das Potential nicht reversibel einstellt. Die Hydrazinelektrode weist ein positiveres und die Sauerstoffelektrode ein negativeres Ruhepotential aus als für die Reaktionen gemäß der Gln. (5.25.) und (5.26.) berechnet wird. Dadurch bleibt auch die Ruhezellenspannung einer Hydrazin-Sauerstoff-Zelle stets relativ weit unter ihrem theoretischen Wert.

Für das Zustandekommen des Mischpotentials an der Hydrazinanode sind verschiedene Nebenreaktionen zu berücksichtigen [968, 970, 982, 1149]. Da im alkalischen Elektrolyten das Standardpotential der Hydrazinelektrode um etwa 300 mV negativer ist als das der Wasserstoffelektrode (—0,83 V), erfolgt an einem Elektrokatalysator, wenn an ihm die Wasserstoffüberspannung gering ist (z. B. Platin) parallel zur anodischen Hydrazinoxydation auch bei größeren Stromdichten (etwa 40 mA/cm²) eine katodische Reduktion des Wassers zu Wasserstoff nach der Gleichung

$$2\,H_2O + 2e^- \rightarrow H_2 + 2\,OH^- \qquad \langle U_H^\ominus = -0{,}83\ V\rangle. \qquad (5.28.)$$

Außerdem wird durch rein chemische Zersetzung des Hydrazins am Katalysator (z. B. Platin, Nickel) Wasserstoff gebildet:

$$N_2H_4 \rightarrow N_2 + 2\,H_2. \qquad (5.29.)$$

Der Elektrodenmechanismus verläuft sehr wahrscheinlich über atomar adsorbierten Wasserstoff, der nach der Gleichung

$$N_2H_4 \rightarrow N_2 + 4\,H_{ad} \qquad (5.30.)$$

als Zwischenprodukt entsteht und unter Ausbildung eines anodischen Stroms entsprechend der Gleichung

$$H_{ad} + OH^- \rightarrow H_2O + e^- \qquad (5.31.)$$

oxydiert wird. In geringem Maße tritt bei der Selbstzersetzung des Hydrazins an der Anode auch Ammoniak auf:

$$2N_2H_4 \rightarrow N_2 + H_2 + 2NH_3. \qquad (5.32.)$$

Das Potential der Sauerstoffkatode wird durch Hydrazin stark beeinflußt, da sich Hydrazin im Gegensatz zu Wasserstoff an typischen Katalysatoren der Sauerstoffreaktion (z. B. Silber, Kohle) umsetzen läßt. Dabei erfolgt sowohl eine anodische Oxydation gemäß Gl. (5.25.) als auch die chemische Umsetzung des Hydrazins mit Sauerstoff nach den Gleichungen

$$N_2H_4 + O_2 \rightarrow N_2 + 2H_2O, \qquad (5.27.)$$

die der Zellenreaktion entspricht, und

$$2N_2H_4 + \frac{1}{2} O_2 \rightarrow N_2 + 2NH_3 + H_2O, \qquad (5.33.)$$

so daß sich einerseits ein negativeres Mischpotential an der Sauerstoffelektrode einstellt, woraus eine kleinere Zellenspannung resultiert, und andererseits Hydrazin- und Sauerstoffverluste auftreten. Um diese Verluste zu vermeiden, muß der Antransport des Hydrazins zur Sauerstoffelektrode verhindert werden.

5.9.2.2. Technische Ausführung von Brennstoffzellensystemen mit Hydrazin

Für mit Hydrazin betriebene Brennstoffzellen [968, 970, 982, 1127, 1149—1151] kommen als Oxydationsmittel Sauerstoff oder Luft sowie Wasserstoffperoxid in Frage. Das Funktionsprinzip einer Hydrazin-Luft-Zelle ist aus Bild 5.27. ersichtlich.

Ihr wesentlicher Unterschied zur Wasserstoff-Luft-Zelle besteht darin, daß der Brennstoff dem Elektrolyten zugemischt und an einer Flüssigkeitselektrode umgesetzt wird. Für Sauerstoff (Luft) als Oxydationsmittel ist selbstverständlich eine Gasdiffusionselektrode erforderlich, während bei Einsatz des ebenfalls dem Elektrolyten zuzusetzenden Wasserstoffperoxids eine Flüssigkeitselektrode Verwendung findet. Als Elektrolyt wird hauptsächlich Kalilauge verwendet, so daß außer den Platinmetallen an der Anode Raney-Nickel und Nickelborid und an der Katode Raney-Silber geeignete Katalysatoren sind. Mit Hilfe konstruktiver Maßnahmen muß eine Trennung von Katoden- und Anodenraum vorgenommen werden, um die störende Diffusion des Hydrazins zur Katode und des Oxydationsmittels zur Anode weitgehend einzuschränken. Das kann genügend wirksam schon durch ein Asbestdiaphragma erreicht werden. In einer solchen Brennstoffzelle wird sowohl das Hydrazin als auch das Wasserstoffperoxid in Kalilauge gelöst in getrennten Elektrolytkreisläufen der Rückseite poröser Elektroden zugeführt, die ihrerseits mit dem laugegetränkten Asbestdiaphragma in Berührung stehen. Bild 5.28. zeigt das Fließschema eines mit Hydrazin und Luft arbeitenden Brennstoffzellenaggregats.

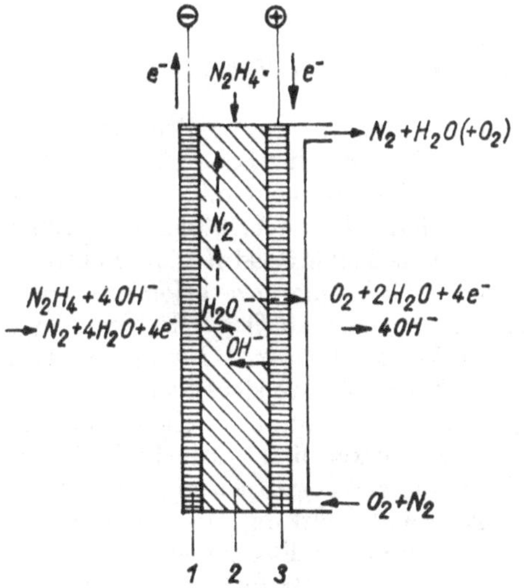

Bild 5.27. Prinzip der Hydrazin-Luft-Brennstoffzelle

1 – Anode (Hydrazin);
2 – Elektrolyt (KOH);
3 – Katode (Sauerstoff)

Da die Zufuhr des Brennstoffs und ggf. auch des Oxydationsmittels (H_2O_2) durch einfaches Nachfüllen vorgenommen werden kann, sind als Hilfsgeräte hauptsächlich Dosiereinrichtungen, Wärmeaustauscher im Verein mit Elek-

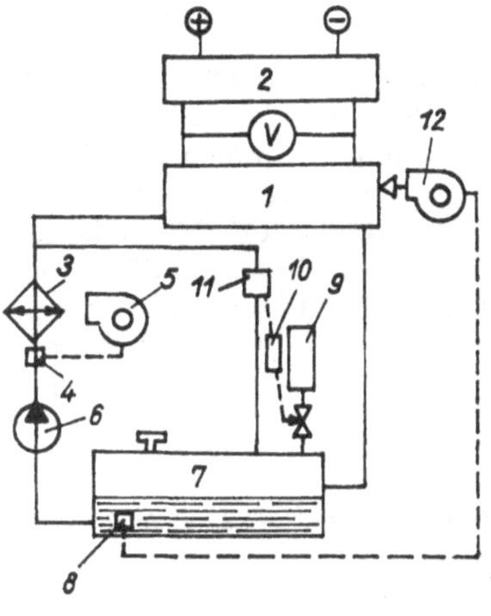

Bild 5.28. Fließschema eines Hydrazin-Luft-Brennstoffzellenaggregats nach [1152]

1 – Brennstoffzellenbatterie;
2 – Spannungsregler;
3 – Wärmeaustauscher;
4 – Temperaturfühler;
5 – Ventilator;
6 – Pumpe;
7 – Elektrolytvorratsgefäß;
8 – Meßfühler für KOH-Konzentration;
9 – Hydrazintank;
10 – Dosiervorrichtung für Hydrazin;
11 – Meßfühler für N_2H_4-Konzentration;
12 – Luftzufuhr

trolytrekonzentratoren zur Wasserentfernung sowie Vorrichtungen zur Inertgasausbringung erforderlich. Wasser entsteht als Reaktionsprodukt, wird aber auch in die entsprechenden Aggregate zum großen Teil mit dem Wasserstoffperoxid eingetragen, das meist als 30%ige Lösung zur Verfügung steht. Als Inertgas ist vor allem Stickstoff zu berücksichtigen, der bei der anodischen Hydrazinoxydation entsteht sowie bei Verwendung von Luftelektroden in die Zelle gelangt.

5.9.2.3. *Eigenschaften der Brennstoffzellensysteme mit Hydrazin*

Trotz seiner Giftigkeit ist das Hydrazin ein nahezu idealer Brennstoff für elektrochemische Zellen, da es leicht speicherbar ist, eine hohe Energiedichte und Reaktivität besitzt und seine Reaktionsprodukte nicht mit dem Elektrolyten reagieren. Außerdem ist von Vorteil, daß der Brennstoff im Elektrolyten gelöst eingesetzt wird und zumindest als Anode keine Gasdiffusionselektrode mit der Schwierigkeit der Einstellung der Dreiphasengrenze erforderlich ist. Prinzipiell kann als Katode ebenfalls eine Flüssigkeitselektrode verwendet werden, wenn an Stelle des Sauerstoffs Wasserstoffperoxid zum Einsatz gelangt. Jedoch sind dann zwei getrennte Elektrolytkreisläufe sowie ein erhöhter Aufwand zur Wasserentfernung erforderlich und zum hohen Preis des Hydrazins käme noch der des Wasserstoffperoxids hinzu. Die in Tab. 5.3. enthaltenen Kenndaten weisen das Hydrazin-Wasserstoffperoxid-System als die Brennstoffzelle mit der höchsten spezifischen Leistung aus, während sie bezüglich der Stromdichte-Spannungs-Kurve und der Flächenleistungsdichte (Bild 5.24.) etwas hinter der Wasserstoff-Sauerstoff-Brennstoffzelle zurückbleibt.

5.9.3. *Brennstoffzellen und elektrochemische Generatoren mit organischen Brennstoffen*

Als organische Brennstoffe, die in Niedertemperaturbrennstoffzellen mit sauren oder alkalischem Elektrolyten an geeigneten Elektrokatalysatoren (z. B. Raney-Platin [970, 1153, 1154] oxydiert werden können, kommen nur Methanol, Formaldehyd und Ameisensäure bzw. Formiat in Frage. Kohlenwasserstoffe sowie längerkettige Alkohole und Aldehyde sind unter diesen Bedingungen sehr reaktionsträge, wobei die Alkohole und Aldehyde im alkalischen Medium auch noch Reaktionsprodukte ergeben, die die Elektrode vergiften. Sie kommen deshalb nur mittelbar zum Einsatz, indem sie einem Wasserstoffgenerator zugeführt werden, der einer in Abschn. 5.9.1.2. beschriebenen Wasserstoff-Sauerstoff-Brennstoffzelle vorgeschaltet ist.

5.9.3.1. *Elektrodenreaktionen bei der anodischen Methanoloxydation*

Die anodische Oxydation des Methanols verläuft im sauren und alkalischen Medium nach dem prinzipiellen Schema

$$CH_3OH \xrightarrow{k_1} HCHO \xrightarrow{k_2} HCOOH \xrightarrow{k_3} CO_2$$

bzw.

$$CH_3OH \xrightarrow{k_1'} HCHO \xrightarrow{k_2'} HCOO^- \xrightarrow{k_3'} CO_3^{2-}$$

über Formaldehyd und Ameisensäure bzw. Formiat zum Kohlendioxid bzw. Carbonat, wobei die Zwischenprodukte tatsächlich nachweisbar sind.

Tab. 5.4. gibt für alle in diesem System möglichen Reaktionen die Standardelektrodenpotentiale an, die aus thermodynamischen Daten berechnet wurden. Die Ruhepotentiale stellen sich aber nicht reversibel ein, da die Oxydation in jeder Stufe nach einem komplizierten, noch nicht vollständig aufgeklärten Radikalmechanismus verläuft [968, 982, 1122]. Im wesentlichen erfolgt im

Tabelle 5.4. Standardelektrodenpotentiale der Elektrooxydation von Methanol, Formaldehyd und Ameisensäure (25 °C)

Elektrodenreaktion im sauren Medium	$U_H^\ominus$ in V
$CH_3OH \rightarrow HCHO + 2H^+ + 2e^-$	+0,29
$CH_3OH + H_2O \rightarrow HCOOH + 4H^+ + 4e^-$	+0,11
$CH_3OH + H_2O \rightarrow CO_2 + 6H^+ + 6e^-$	+0,01
$HCHO + H_2O \rightarrow HCOOH + 2H^+ + 2e^-$	−0,07
$HCHO + H_2O \rightarrow CO_2 + 4H^+ + 4e^-$	−0,13
$HCOOH \rightarrow CO_2 + 2H^+ + 2e^-$	−0,18

Elektrodenreaktion im alkalischen Medium	$U_H^\ominus$ in V
$CH_3OH + 2OH^- \rightarrow HCHO + 2H_2O + 2e^-$	−0,52
$CH_3OH + 5OH^- \rightarrow HCOO^- + 4H_2O + 4e^-$	−0,85
$CH_3OH + 8OH^- \rightarrow CO_3^{2-} + 6H_2O + 6e^-$	−0,90
$HCHO + 3OH^- \rightarrow HCOO^- + 2H_2O + 2e^-$	−1,17
$HCHO + 6OH^- \rightarrow CO_3^{2-} + 4H_2O + 4e^-$	−1,09
$HCOO^- + 3OH^- \rightarrow CO_3^{2-} + 2H_2O + 2e^-$	−1,00

ersten Schritt eine sukzessive Abspaltung des Wasserstoffs aus dem organischen Molekül (Bild 5.29.), wobei Radikale entstehen, die wie der atomare Wasserstoff am Katalysator adsorbiert werden. Die im zweiten Schritt erfolgende Oxydation des adsorbierten Wasserstoffs nach den Gleichungen

$$H_{ad} \rightarrow H^+ + e^- \qquad (5.12.)$$

bzw.

$$H_{ad} + OH^- \rightarrow H_2O + e^- \qquad (5.34.)$$

geht leicht vonstatten, während die organischen Radikale fest adsorbiert sind und die Elektrode für die weitere elektrochemische Reaktion vergiften.

Bagockij u. Mitarb. [1064] konnten nachweisen, daß vor allem das chemisorbierte COH-Radikal bei geringer Überspannung ($U_H < +0{,}35$ V) im Laufe der Zeit an der Oberfläche immer fester gebunden und dadurch schwerer oxydierbar wird. Das ist offenbar die entscheidende Ursache für die Vergiftung der Elektrode. Die Radikale werden nur bei größerer anodischer Polarisation unter Beteiligung von Hydroxylradikalen desorbiert (Bild 5.29.), die nach den Gleichungen

$$H_2O \rightarrow OH_{ad} + H^+ + e^- \quad (5.35.)$$

bzw.

$$OH^- \rightarrow OH_{ad} + e^- \quad (5.36.)$$

entstehen. Die auftretende Blockierung der Elektroden kann durch partielle Bedeckung der Oberfläche (Submonoschicht) mit Fremdatomen („*ad*-Atomen") wie S, Cu, Pb, Se, Te, Ru, Sn oder Ge zurückgedrängt werden [1155—1160].

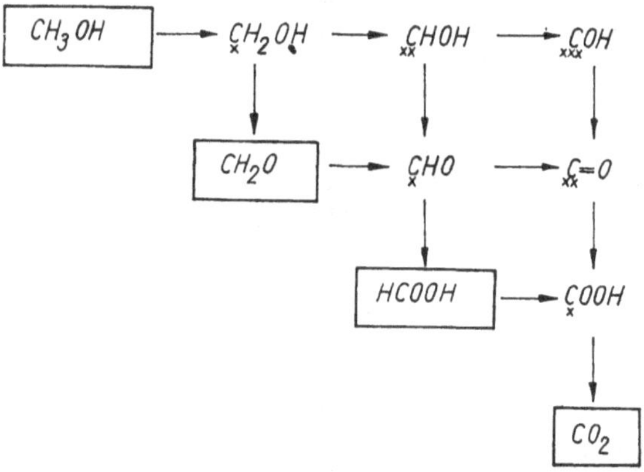

Bild 5.29. Reaktionsschema der Methanoloxydation
waagerecht: H-Radikal-Abspaltung; senkrecht: OH-Radikal-Anlagerung; *x* – Elektronenlücke

Die Wirkung der *ad*-Atome z. B. des Rutheniums auf Platin bei der anodischen Methanoloxydation ist so zu erklären, daß die Adsorption der OH-Radikale am Ruthenium bereits bei kleineren Potentialen ($U_H \geqq +0{,}35$ V) erfolgt als am Platin ($U_H \geqq +0{,}75$ V).

Die Geschwindigkeit der anodischen Oxydation von Methanol, Formaldehyd und Ameisensäure hängt von ihrer Konzentration, dem Katalysator, der Temperatur und vom pH-Wert ab. An platinierten Platinelektroden gilt z. B. für die Geschwindigkeitskonstanten des oben genannten Schemas [982, 1122]

im sauren Elektrolyten: $k_1 \ll k_2 < k_3$

und im alkalischen Elektrolyten: $k_1 < k_3 \ll k_2$.

Um die Carbonatisierung zu vermeiden, bringen gerade bei organischen Brennstoffen saure Elektrolyte offensichtliche Vorteile, da das als Endprodukt auftretende Kohlendioxid gasförmig entweichen kann. Deshalb wurden modifizierte Platinkatalysatoren und Wolframcarbid auf ihre Eignung zur elektrokatalytischen Oxydation von Methanol, Formaldehyd und Ameisensäure in verschiedenen schwerflüchtigen Säuren getestet [1027, 1036, 1161—1164]. An Platin werden alle diese Substanzen im sauren Medium gut oxydiert; an Wolframcarbid erfolgt nur die Elektrooxydation des Formaldehyds zur Ameisensäure mit ausreichenden Stromdichten, während Ameisensäure sehr langsam und Methanol praktisch nicht umgesetzt wird.

5.9.3.2. *Ausführung und Eigenschaften von Methanol- und Formiatbrennstoffzellen*

Das Funktionsprinzip einer Methanol-Luft-Brennstoffzelle mit alkalischem bzw. saurem Elektrolyten ist aus Bild 5.30. ersichtlich. Während die Zellen mit alkalischem Elektrolyten carbonatisieren, so daß ein häufiger Elektrolytwechsel erforderlich ist oder die Batterien in Form und Art von Primärzellen verwendet werden, arbeiten Brennstoffzellen mit saurem Elektrolyten über längere Zeit. Jedoch verläuft sowohl die anodische Methanoloxydation als auch die katodische Sauerstoffreduktion im sauren Medium wesentlich langsamer als im alkalischen. Außerdem stellt der saure Elektrolyt höhere Anforderungen an die Korrosionsbeständigkeit der Konstruktionsmaterialien. Deshalb werden meist alkalische Elektrolyte verwendet. Da der Brennstoff im Elektrolyten

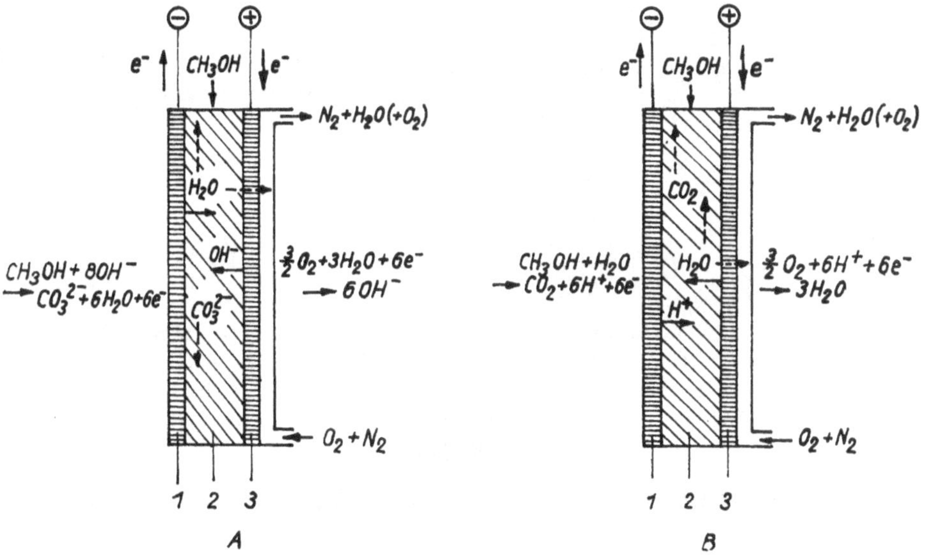

Bild 5.30. Prinzip der Methanol-Luft-Brennstoffzelle

A — alkalischer Elektrolyt; *B* — saurer Elektrolyt; *1* — Anode (Methanol); *2* — Elektrolyt; *3* — Katode (Luft)

gelöst eingesetzt wird, kommen als Anoden Flüssigkeitselektroden mit Platin, Palladium, Silber oder Nickel zur Anwendung. Bei geeigneter Katalysatorauswahl arbeiten die Elektroden so selektiv, daß auch die Sauerstoffelektrode in den methanolhaltigen Elektrolyten eintauchen kann, ohne daß nennenswerte Verluste auftreten. Ganz entsprechend können die Formiat-Luft-Zellen gestaltet werden, während Formaldehyd-Luft-Zellen kaum gebaut wurden, da der Formaldehyd einige Unzulänglichkeiten besitzt, wie Aufbewahrung als 40%ige Lösung mit einem relativ großen Ballast an Wasser und Methanol sowie notwendige Stabilisatorzusätze.

5.10. Sondertypen von Brennstoffzellen

5.10.1. *Biochemische Brennstoffzellen* [984, 1119, 1170, 1171]

In biochemischen Brennstoffzellen sollen vorwiegend pflanzliche und tierische Abfallprodukte (Müll, Fäkalien, Kompost mit reaktiven Komponenten wie z. B. Methan, Harnstoff, Alkohole) und spezielle Naturprodukte (Kohlehydrate, Fette, Eiweiße) mit Hilfe biologischer Katalysatoren, die größtenteils auch bei Stoffwechselprozessen eine Rolle spielen (Enzyme, Fermente, Bakterien), unter Erzeugung von elektrischer Energie umgesetzt werden. Diese Brennstoffzellen sind damit ein potentielles Instrument im Rahmen des Umweltschutzes und der Sekundärrohstoffverwertung.

Bei der Reaktionsführung gibt es zwei Möglichkeiten:

— die direkte anodische Oxydation und katodische Reduktion der Reaktanten, z. B. der Glucose [1172, 1173] bzw. des Sulfations, unter dem Einfluß eines Biokatalysators nach den Gleichungen

$$C_6H_{12}O_6 \xrightarrow[\text{Elektrode}]{\text{Enzym oder Bakterien}} C_6H_{10}O_6 + 2H^+ + 2e^- \qquad (5.37.)$$

und

$$SO_4^{2-} + 4H_2O + 8e^- \xrightarrow[\text{Elektrode}]{\text{Bakterien}} S^{2-} + 8OH^-; \qquad (5.38.)$$

— die indirekte Umsetzung der Reaktanten durch vorherige biokatalytische Abspaltung aktiver Komponenten (z. B. Wasserstoff, Sauerstoff, Formaldehyd, Ameisensäure) und anschließende elektrochemische Reaktion derselben [1174]; z. B. bei Glucose mit einem vorhergehenden biochemischen Vorgang entsprechend den Gleichungen

$$C_6H_{12}O_6 \xrightarrow{\text{Bakterien}} H_2 + CO_2 + \text{andere Produkte} \qquad (5.39.)$$

und

$$H_2 \xrightarrow{\text{Elektrode}} 2H^+ + 2e^- \qquad (5.40.)$$

oder bei CO_2 mit einem vorangehenden fotochemischen Vorgang nach den Gleichungen

$$6\,CO_2 + 6\,H_2O \xrightarrow[\text{Algen}]{\text{Lichtenergie}} C_6H_{12}O_6 + 6\,O_2 \tag{5.41.}$$

und

$$O_2 + H_2O + 4e^- \xrightarrow{\text{Elektrode}} 4\,OH^- . \tag{5.42.}$$

Für die direkte anodische Oxydation der Glucose und katodische Reduktion des Sulfatanions nach den Gln. (5.37.) bzw. (5.38.) sind die Stromdichte-Potential-Kurven in den Bildern 5.31. und 5.32. dargestellt. In kompletten Zellen wurde aber die Umsetzung von Glucose meist indirekt unter Einsatz des Bakterienstammes Clostridium butyricum erprobt [1172, 1173, 1178, 1179]. Speziell untersucht wurde auch die direkte und indirekte Oxydation von Harnstoff, wobei in jedem Falle Ammoniak als Zwischenprodukt [1175 — 1177] auftritt.

Biochemische Brennstoffzellen haben bisher allerdings noch kein technisches Interesse erregt. Das liegt an den Nachteilen, die in der Natur der biologischen

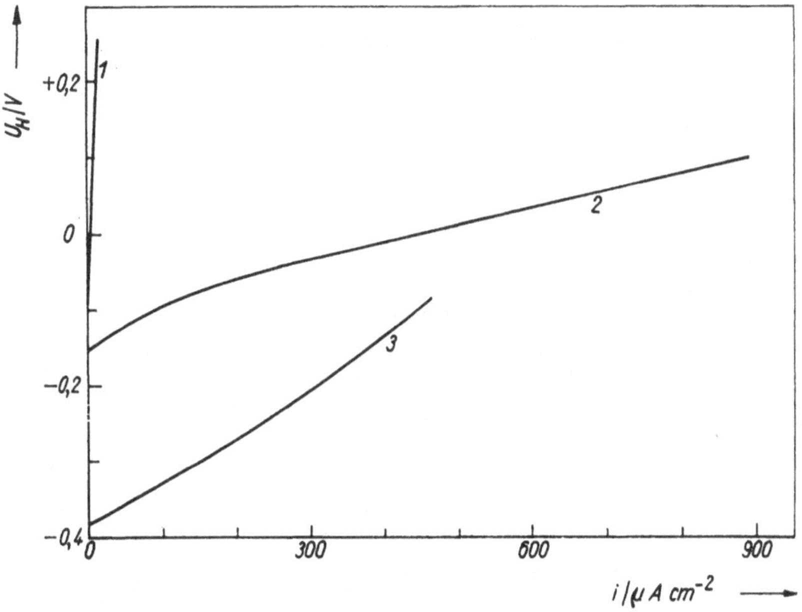

Bild 5.31. Bioanoden mit Glucose als Brennstoff (platiniertes Platin in Phosphatpuffer mit 0,1 M Glucose) bei 25°C nach [1175]

1 – ohne biochemischen Katalysator
2 – Enzym (1 mg/cm³); 0,1 M Puffer; pH = 5,7
3 – Bakterie; 0,05 M Puffer; pH = 7,0

Systeme begründet sind. Biologische Systeme arbeiten bei Normaltemperatur in nahezu neutralem Medium bei geringer Konzentration an Salzen und Reaktanten. Daraus resultieren bei direkten Zellen niedrige spezifische Reaktionsgeschwindigkeiten, d. h. niedrige Stromdichten bei großen Überspannungen und hohen Ohmschen Spannungsverlusten ($i = 1 \cdots 3$ mA/cm² bei einer Zellenspannung von 0,4···0,5 V), sowie auf Grund der speziellen Erfordernisse bei der Aufbereitung und Handhabung der Biokatalysatoren [984] besondere apparative Aufwendungen. Ihre Aufbereitung für technische Prozesse ist deshalb aufwendig, weil Biokatalysatoren sehr empfindlich gegen Umwelteinflüsse (Medium, Temperatur) sind und leicht denaturiert und vergiftet werden. Da außer der biologischen Kultur in biochemischen Brennstoffzellen meist noch teuere Edelmetallelektroden eingesetzt werden, erfordern diese Systeme niedrigerer Leistungsdichte und Energieausbeute hohe spezifische Investitionskosten.

Am ehesten könnten noch die indirekten Zellen Anwendung finden, weil durch die Trennung des Gesamtprozesses die elektrochemische Reaktion unter optimalen Bedingungen (Elektrolyt, Temperatur) in konventionellen Brennstoffzellen durchgeführt werden kann. In Frage kommen dafür aber nur solche Prozesse, bei denen die aktive Komponente aus dem biologischen System gut abtrennbar ist (gasförmige Stoffe).

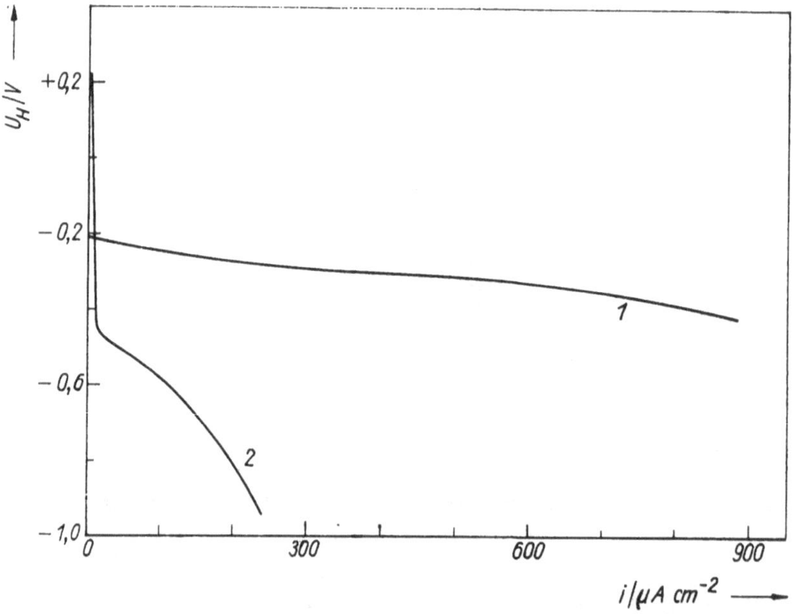

Bild 5.32. Biokatode mit Sulfationen als Oxydationsmittel (Platin in Seewasser mit 0,27% Na_2SO_4; pH = 6,8) bei 25°C nach [1175]

1 – mit Bakterie Desulfovibrio desulfuricans *2* – ohne biochemischen Katalysator

Bei Raumflügen werden biochemische Brennstoffzellen sicherlich kaum einen Beitrag zur Verarbeitung menschlicher Exkremente leisten können, wofür sie ehemals vorgesehen waren [1180].

Prinzipiell interessant sind biochemische Brennstoffzellen, implantiert in den lebenden Organismus, als Energiequellen für Organstimulatoren, z. B. Herzschrittmacher, die sich theoretisch nie erschöpfen. Wenn aus praktischer Sicht die Chancen dieser Zellen nicht sehr groß sind, so liegt das an deren ungenügender Betriebssicherheit und der geringen Vergiftungsfestigkeit der Elektroden.

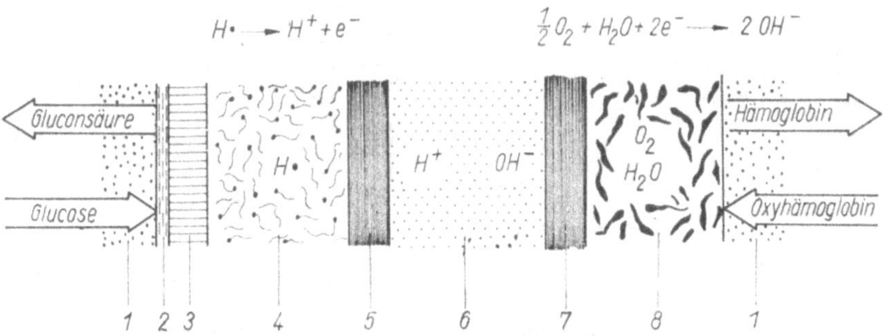

Bild 5.33. Schema einer implantierten biochemischen Brennstoffzelle

1 – Membran; *2* – poröse Silber-Gold-Folie; *3* – Teflonschicht mit Katalysator; *4* – Palladium-Silber-Diffusionsschicht; *5* – Anode; *6* – Kationenaustauschermembran; *7* – Katode; *8* – mikroporöse Reduktionsschicht

Das Prinzip der implantierten Brennstoffzelle mit Glucose und Oxyhämoglobin als Reaktanten wird in Bild 5.33. wiedergegeben. Gebhardt, Rao und Richter [1170, 1181] beschreiben eine solche Zelle mit Kohlekatoden und Raney-Platin-Folienanoden, in die metallisches Wolfram, Tantal und Eisen eingelagert sind, wobei das letztere kontrolliert herausgelöst wird.

5.10.2. *Regenerative Brennstoffzellen*

Die regenerativen Brennstoffzellen (Bild 5.34.) unterscheiden sich von den bisher behandelten Typen dadurch, daß eine bestimmte Menge an Reaktanten der Zelle nur einmal zugegeben und im Kreislauf regeneriert wird. Die Regenerierung der Reaktionsprodukte erfolgt im allgemeinen außerhalb der Zelle durch Zufuhr von Energie. Statt der kontinuierlichen Zuführung von Brennstoff und Oxydationsmittel wird kontinuierlich Energie eingespeist.

Die Energie kann dabei in folgenden Formen benutzt werden:

– Wärme (thermisch regenerative Zellen),
– Energie der radioaktiven Strahlung (radiolytisch regenerative Zellen),
– Lichtenergie (fotoelektrochemische Zellen),
– elektrische Energie (elektrolytisch regenerative Zellen) und
– chemische Energie (Redoxzellen).

Potentielle Anwendungen regenerativer Brennstoffzellen sind:

- Ausnutzung von Verlust- und Abwärme,
- Ausnutzung der Strahlungsenergie (Licht, radioaktive Strahlung),
- Elektroenergiespeicher für Spitzenlastbetrieb und
- elektrochemische Umsetzung von reaktionsträgen Produkten.

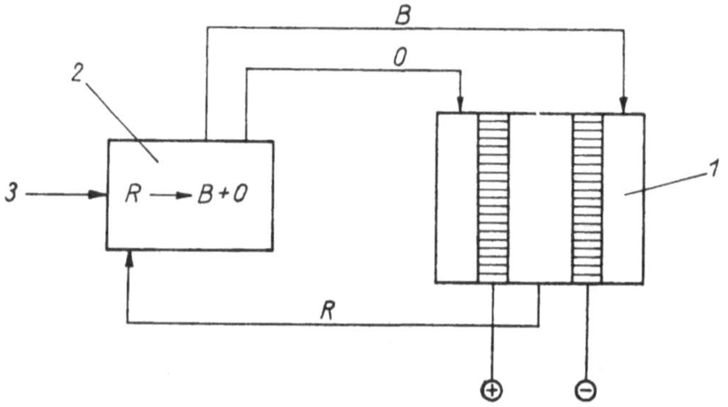

Bild 5.34. Prinzipschema einer regenerativen elektrochemischen Brennstoffzelle
R – Reaktionsprodukt; *B* – Brennstoff; *O* – Oxydationsmittel; *1* – Brennstoffzelle; *2* – Regenerator; *3* – Energie

5.10.2.1. Thermisch regenerative Zellen [1182, 1183]

Neben einer Reihe physikalischer Methoden zur Konvertierung von Wärme in elektrische Energie wie thermoelektrische, thermionische und magnetohydrodynamische Wandlung werden auch elektrochemische Möglichkeiten diskutiert und untersucht.

Redoxzellen, deren Gleichgewichtslage stark temperaturabhängig ist [1184]

Ein Beispiel hierfür ist die Zinn-Chromchlorid-Zelle

(–) Hg, Sn/Sn^{2+}, Cr^{2+}, Cr^{3+}/Pt/C (+),

bei der sich die Zellenreaktion zwischen 15 und 95 °C umkehrt:

$$Sn + 2Cr^{3+} \underset{15^\circ C}{\overset{95^\circ C}{\rightleftharpoons}} Sn^{2+} + 2Cr^{2+}. \qquad (5.43.)$$

Voraussetzung für die elektrochemische Reaktionsführung ist, daß die Gleichgewichtseinstellung der rein chemischen Reaktion mindestens bei einer der beiden Temperaturen langsam verläuft, während die der Elektrodenreaktion an einer Redoxelektrode mit Katalysator quasi ungehemmt vor sich geht. Im genannten Beispiel trifft das für die Gleichgewichtseinstellung bei der hohen Temperatur zu. Wenn die elektrochemische Zelle, bestehend aus einer

Zinnamalgamanode und einer Cr^{3+}/Cr^{2+}-Redoxkatode mit platinierter Kohle als Katalysator auf 95 °C erwärmt wird, vermag sie elektrische Energie zu erzeugen, bis die Reaktanten weitgehend verbraucht sind. Die Ruhezellenspannung beträgt 0,37 V. Durch Abkühlung auf die niedrige Temperatur (15 °C) werden durch rein chemische Reaktionen die Ausgangskomponenten zurückgebildet.

Diesem Prinzip sind auch die sogenannten thermisch regenerativen Metallhydridzellen zuzuordnen, denen folgende Zellenreaktion zugrunde liegt:

$$Me + \frac{n}{2} H_2 \underset{T_2}{\overset{T_1}{\rightleftharpoons}} MeH_n. \tag{5.44.}$$

Bei der niedrigeren Temperatur T_1 bildet sich in einer elektrochemischen Reaktion unter Erzeugung von Elektroenergie aus dem Wasserstoff und dem Metall das Metallhydrid, das bei der höheren Temperatur T_2 auf thermischem Wege wieder in die Ausgangskomponenten zerlegt wird. Im kontinuierlichen Betrieb dieses Systems sind die Reaktionsprodukte ständig abzuführen, außerhalb der Zelle zu regenerieren und die Reaktionskomponenten der Zelle wieder zuzuführen. Deshalb sollen die an der Reaktion beteiligten Stoffe flüssig oder gasförmig sein. Die Arbeitstemperatur der Zelle muß so eingestellt werden, daß sie einerseits oberhalb der Schmelztemperatur der Metalle und andererseits möglichst weit unter der Zersetzungstemperatur der Hydride liegt, um eine genügend große Ruhezellenspannung zu erreichen. Das ist praktisch nur bei Alkalihydridzellen gewährleistet, da die Schmelztemperatur der Alkalimetalle im Vergleich zur Zersetzungstemperatur ihrer Hydride ausreichend niedrig liegt (Tab. 5.5.).

Experimentelle Untersuchungen wurden an Lithium-Wasserstoff-Zellen durchgeführt [1185—1189]. Mit einer LiCl(80%)—LiF(20%)-Schmelze als Elektrolyt (ϑ_F = 485 °C) ergibt sich bei 570 °C eine Ruhezellenspannung von 0,25 V. Alle anderen Systeme verhalten sich ungünstiger.

Tabelle 5.5. Zersetzungstemperatur der Alkali- und Erdalkalihydride im Vergleich mit der Schmelztemperatur der entsprechenden Metalle

Hydrid	ϑ_Z (Hydrid) (p_{H_2} = 0,1 MPa) in °C	ϑ_F (Metall) in °C
LiH	850	186
NaH	425	97,5
KH	432	66,3
CsH	479	28,5
CaH_2	985	810
SrH_2	840	800
BaH_2	730	850

Natriumkonzentrationszelle [1190, 1191]

Bei der Zelle

(—) Na/NaCl, NaF/Na, Sn (+)

wird die Potentialdifferenz der Elektroden durch deren unterschiedliche Natriumkonzentration verursacht. Die Regenerierung der Zelle erfolgt durch Abdampfen des Natriums aus dem Zinn.

Schwefelsäurekonzentrationszelle [1192]

Diese Zelle enthält Schwefelsäure unterschiedlicher Konzentration in durch ein Diaphragma getrennten Elektrodenräumen. Bei der elektrochemischen Reaktion wird an der Katode die konzentrierte Schwefelsäure unter Wasserstoffabscheidung verbraucht, während das der Anode zugeführte Wasserstoffgas unter Aufkonzentrierung der verdünnten Schwefelsäure umgesetzt wird. Den Ladungstransport im Inneren der Zelle übernehmen die Sulfationen. Die Regenerierung erfolgt durch destillative Aufkonzentrierung der H_2SO_4; das Wasser wird dem Anodenraum und die konzentrierte H_2SO_4 dem Katodenraum zugeführt.

Zellen mit unterschiedlicher Elektrodentemperatur

Dafür sind ein hoher Temperaturkoeffizient der freien Reaktionsenthalpie sowie die Stabilität des Elektrolyten in einem großen Temperaturbereich Voraussetzung, die z. B. die Jodzelle nach Weininger [1119, 1192] mit einem α-AgJ-Festelektrolyten, auf den zwei Jodelektroden angepreßt werden, erfüllt. An der wärmeren Elektrode (+550 °C) wird Jod reduziert (Pluspol) und an der kälteren Elektrode (+350 °C) Jodid oxydiert (Minuspol). Der Jodaustausch zwischen den Elektroden erfolgt über den Gasraum. Den Ladungstransport im Elektrolyten übernehmen die Silberionen. Die Ruhezellenspannung beträgt 0,26 V.

Kombination der thermochemischen Wasserspaltung mit einer Wasserstoff-Sauerstoff-Brennstoffzelle

Die thermochemische Wasserspaltung wird mit der Umsetzung der dabei erzeugten Gase Wasserstoff und Sauerstoff in einer Brennstoffzelle verbunden. Da die direkte thermische Spaltung des Wassers erst bei Temperaturen über 2000 °C erfolgt, sind zur praktischen Realisierung der Erzeugung von Wasserstoff und Sauerstoff aus Wasser Kombinationen mehrerer thermischer Prozesse vorgeschlagen worden, von denen jeder bei wesentlich geringerer Temperatur abläuft, z. B. der Zyklus [1194, 1195] mit der Reaktionsfolge entsprechend den Gleichungen

$$6\,FeCl_2 + 8\,H_2O \xrightarrow{650\,°C} 2\,Fe_3O_4 + 12\,HCl + 2\,H_2, \qquad (5.45.)$$

$$2\,Fe_3O_4 + 3\,Cl_2 + 12\,HCl \xrightarrow{120\,°C} 6\,FeCl_3 + 6\,H_2O + O_2, \qquad (5.46.)$$

$$6\,FeCl_3 \xrightarrow{420\,°C} 6\,FeCl_2 + 3\,Cl_2, \qquad (5.47.)$$

$$2\,H_2O \rightarrow 2\,H_2 + O_2. \qquad (5.48.)$$

Thermisch regenerative Zellen sind vom Prinzip her Wärmekraftmaschinen, die den Wirkungsgradbegrenzungen des zweiten Hauptsatzes der Thermodynamik unterliegen. Bei den praktisch möglichen Temperaturdifferenzen sind deshalb sowohl die Wirkungsgrade als auch die Zellenspannungen niedrig. Hinzu kommen, insbesondere wegen der Korrosion bei hoher Arbeitstemperatur, schwer zu lösende Materialfragen, so daß die Aussichten auf eine praktische Anwendung dieser Zelle gering sind.

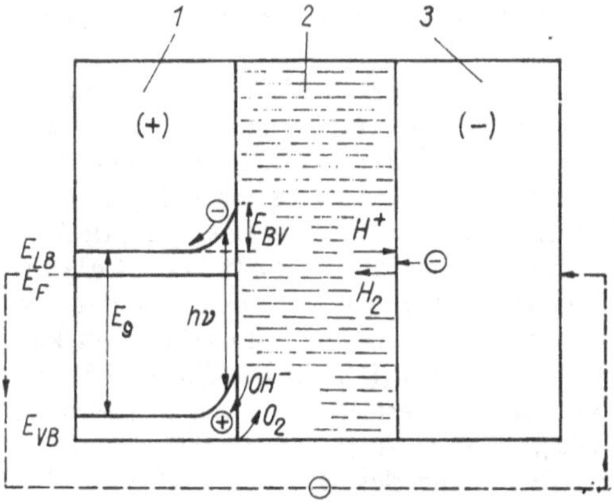

Bild 5.35. Schema einer fotovoltaischen Zelle

E_{LB} – Energie des unteren Randes des Leitbandes; E_{VB} – Energie des oberen Randes des Valenzbandes; E_F – FERMI-Energie; E_{BV} – Bandverbiegungsenergie; E_g – Bandabstandsenergie; *1* – n-Halbleiteranode; *2* – Elektrolyt; *3* – Metallkatode

5.10.2.2. *Fotoelektrochemisch und strahlenchemisch regenerative Zellen* [1196–1198]

Die direkte Ausnutzung der Energie des Lichtes oder der radioaktiven Strahlung in elektrochemischen Zellen kann auf zweierlei Weise erfolgen:

- durch Foto- oder Strahlenelektrokatalyse zur Beschleunigung elektrochemischer Vorgänge[1] [1199, 1200] oder
- durch Aufbringung des erforderlichen Betrages der freien Reaktionsenthalpie, um den Ablauf elektrochemischer Prozesse überhaupt erst zu ermöglichen (z. B. Elektrolyse ohne Einspeisung von Elektroenergie in die elektrochemischen Zellen).

In der sogenannten f o t o v o l t a i s c h e n Z e l l e (Bild 5.35.) werden an Halbleiterelektroden durch die Strahlungsenergie Elektronen aus dem Valenzband in das Leitband gehoben und fließen über einen äußeren Elektronenleiter zur Gegenelektrode (Metall). Entsprechend dem Bandabstand lädt sich die Halb-

[1] Foto- und Strahlenelektrokatalyse sind also keine Methoden zur Wandlung von Strahlungsenergie in elektrische Energie.

leiterelektrode (Anode) positiv gegenüber der Gegenelektrode (Katode) auf. Je größer der Bandabstand ist, um so höher ist die sich zwischen beiden Elektroden ausbildende Spannung.

Um diese Spannung direkt für eine Elektrolysereaktion ausnutzen zu können, muß der Bandabstand möglichst groß sein. Da es aber nicht ausreicht, wenn die aus dem Bandabstand resultierende Spannung U_g der theoretischen Elektrolysespannung entspricht, weil durch die Bandverbiegung und den Abstand von Leitband und FERMI-Niveau sowie durch die Überspannung für die Elektrodenreaktionen an Katode und Anode und durch den elektrischen Widerstand Energie verloren geht, muß U_g je nach den Verlustgrößen um etwa 1 V höher sein als sich aus thermodynamischer Sicht für die Elektrolysespannung ergibt. Die geringsten Verluste treten auf, wenn sich das FERMI-Niveau nahe am Leitband befindet (der Halbleitercharakter muß allerdings noch erhalten bleiben) und die Verbiegung des Leitbandes gering ist. Der Anforderung eines möglichst großen Bandabstandes steht aber entgegen, daß das Energiespektrum des Sonnenlichtes ein Intensitätsmaximum bei 1,4 eV aufweist. Wenn bei einem größeren Bandabstand nur die in viel geringerer Intensität vorliegenden höherenergetischen UV-Anteile ausgenutzt werden können, sinkt die Effektivität der Fotoanode erheblich [1201]. Die Fotoelektrolyse ist bisher vor allem im Hinblick auf die Wasserzersetzung zur Wasserstofferzeugung untersucht worden [1202], wofür eine Quantenausbeute von $10^{-6} \cdots 10\%$ berechnet wurde [1203, 1204]. Für das Beispiel der Wasserelektrolyse in einer fotovoltaischen Zelle (Bild 5.35.) wäre entsprechend

$$U_g = \frac{\Delta_R G^{\ominus}}{z_r F} + \frac{(E_{LB} - E_F)}{z_r F} + \frac{E_{BV}}{z_r F} - \eta_{H_2} + \eta_{O_2} + \eta_{\Omega} \qquad (5.49.)$$

$$\approx 1{,}23\ V + 0{,}15\ V + 0{,}15\ V - (-0{,}05\ V) + 0{,}4\ V + 0{,}15\ V$$

eine Fotospannung von etwa 2,2 V zum Ablauf des Elektrolyseprozesses notwendig, wobei in der Praxis aber nur eine geringe Quantenausbeute erreicht wird. Wenn die auftretende Fotospannung zu gering ist, um die Elektrolyse ablaufen zu lassen, kann eine kleine Zusatzspannung in Reihe geschaltet werden. Bei Nutzung des Intensitätsmaximums des Sonnenlichtes ($U_g = 1{,}4$ V) ist die erforderliche Elektrolysespannung für die Wasserzerlegung von etwa 1,9 V durch Einspeisung einer Zusatzspannung von 0,3···0,8 V pro Zelle zu erreichen, so daß sich die Wasserelektrolyse unter Lichteinwirkung bei dieser geringen Spannung durchführen läßt.

Der Nachteil dieser fotovoltaischen Zelle besteht z. Z.

- in ihrer niedrigen Effektivität infolge der kleinen Quantenausbeute und geringen elektrokatalytischen Aktivität der Halbleiterelektroden (bei GaAs ist der Wirkungsgrad 22%) sowie
- in der Korrosion der Halbleiterelektrode durch den flüssigen Elektrolyten und der daraus resultierenden geringen Lebensdauer von nur wenigen Wochen.

Tabelle 5.6. Bandabstandenergie einiger Halbleiter für fotovoltaische Zellen

	E_g in eV		E_g in eV
Ge	0,67	CdSe	1,74
Si	1,10	CuO	1,95
GaAs	1,4	CdO	2,2
GaP	2,3	Cu_2O	2,02
CdS	2,4	NiO	4,0
ZnO	3,2	V_2O_5	2,23
CdTe	1,5	$CoTiO_3$	2,2

In der strahlenchemisch regenerativen Zelle erfolgt die Energieübertragung der Strahlung auf Bestandteile des Elektrolyten. Man unterscheidet fotogalvanische Zellen für Lichtstrahlung und radiolytisch regenerative Zellen für ionisierende Strahlung.

Zum Beispiel gehen in Gegenwart bestimmter organischer Komplexbildner bei Lichteinstrahlung Eisen(II)-Ionen unter Abgabe eines Elektrons an die Elektrode in Eisen(III)-Ionen über. In der Dunkelheit kehrt sich der Prozeß um. Die Energieausbeute solcher Prozesse ist z. Z. noch sehr niedrig ($\eta \approx 0{,}06\%$). Casey [1205] berichtete bereits 1960 über eine fotochemische Brennstoffzelle, in der an einer belichteten glatten Platinelektrode $FeSO_4$ fotochemisch unter Wasserstoffentwicklung in $Fe_2(SO_4)_3$ übergeht:

$$2Fe^{2+} + 2H^+ \rightarrow 2Fe^{3+} + H_2. \quad (5.50.)$$

An derselben Elektrode werden die Eisen(III)-Ionen katodisch wieder zu Eisen(II)-Ionen reduziert, während der fotochemisch erzeugte Wasserstoff zur Gegenelektrode gelangt und anodisch oxydiert wird. Auf diese Weise sollen Ruhezellenspannungen von 0,83 V erzielt worden sein.

Effektiver ist es aber, die Energie radioaktiver Strahlung auszunutzen [1118, 1206, 1207]. In schwefelsaurer Lösung gehen Eisen(II)-Ionen bei γ-Bestrahlung (z. B. Co-60) ebenfalls entsprechend Gl. (5.50.) in Eisen(III)-Ionen unter gleichzeitiger Wasserstoffbildung über. In einer an den Wasserstoffgenerator angeschlossenen galvanischen Zelle werden die Ausgangsstoffe unter Erzeugung elektrischer Energie zurückgebildet. Bei Stromdichten bis zu 10 mA/cm² wird eine Zellenspannung von etwa 0,5 V erreicht. Somit sind prinzipiell zwei verschiedene technische Realisierungsvarianten möglich. Entweder befinden sich die Katoden direkt in der Bestrahlungszone, und nur der radiolytisch erzeugte Wasserstoff wird in den durch ein Diaphragma getrennten, nicht bestrahlten Anodenraum geleitet oder der strahlenchemische ist vom elektrochemischen Vorgang völlig getrennt, wobei zusätzlich zum Wasserstoff auch der Elektrolyt im Kreislauf geführt werden muß. Technisch einfacher zu beherrschen ist die zweite Variante. Auch ist der damit erzielbare Gesamtwirkungsgrad von 3% höher als bei der ersten Variante mit 1,7···2%.

Weiterhin ist die Verbindung von Wasserradiolyse und Brennstoffzelle, d. h. die Umsetzung der radiolytisch erzeugten Produkte H_2, H_2O_2 und O_2, getrennt oder als Gemisch an selektiv wirkenden Elektroden in Knallgaszellen sowie der H- und OH-Radikale in einer direkten elektrochemischen Reaktion vorgeschlagen worden. Die erzielten Gesamtwirkungsgrade lagen dabei aber unter 1%.

Die elektrochemische Reduktion von radiolytisch oder fotochemisch erzeugtem Ozon bei gleichzeitiger anodischer Sauerstoffabscheidung läßt sich ebenfalls prinzipiell zur Erzeugung elektrischer Energie heranziehen ($U^{\ominus} = 0{,}87$ V).

Eine praktische Anwendung der radiolytisch regenerativen Zellen ist z. Z. wegen des niedrigen Wirkungsgrades im Vergleich zu den hohen apparativen Kosten nicht zu erwarten.

5.10.2.3. Elektrolytisch regenerative Zellen [2, 3, 1208]

Der Einsatz elektrischer Energie unter Wiedererzeugung elektrischer Energie ist verständlicherweise nur im Zusammenhang mit der zeitweiligen Speicherung elektrischer Energie von Interesse. Dieses allgemeine Prinzip wird bei den Akkumulatoren (s. Abschn. 4.) realisiert. Unter elektrolytisch regenerativen Zellen versteht man aber im Gegensatz zu den klassischen Akkumulatoren Einrichtungen, bei denen ein elektrolytisch erzeugter Reaktant außerhalb der Zelle gespeichert wird, also keine Ladungsbegrenzung von der Zelle her vorliegt. Das einzig praktisch interessante System ist heute die Kombination der Wasserelektrolyse mit einer Wasserstoff-Sauerstoff-Brennstoffzelle [1208 bis 1210], die für den Spitzenlastausgleich in Betracht kommt. Der Vorteil liegt in dem bereits vorliegenden hohen technischen Entwicklungsstand beider Anlagen und dem billigen, gut verfügbaren Reaktionsmedium Wasser. Voraussetzung für eine technische Anwendung ist jedoch, den Wirkungsgrad sowohl der Elektrolysezelle als auch der Brennstoffzelle zu erhöhen, um die Verluste der zweifachen Umformung in ökonomisch vertretbaren Grenzen zu halten, zumal auch noch bei der Wandlung des üblichen Wechselstroms in Gleichstrom und umgekehrt Energie verloren geht.

Prinzipiell sehr aussichtsreich für die Wasserzersetzung zur Energiespeicherung sind die Druckelektrolysezellen, weil im Vergleich zur Wasserelektrolyse unter Normaldruck

— die Gase unter dem gewünschten Speicherdruck entstehen und Kompressoranlagen eingespart werden können,
— die Zellen eine höhere Leistungsdichte besitzen und
— der spezifische Energieverbrauch geringer ist, so daß höhere Wirkungsgrade erreicht werden.

Letzteres ist insofern bemerkenswert, weil in der Zelle mit der zugeführten Enthalpie nicht nur die Zersetzungsarbeit, sondern auch noch die Arbeit zur Komprimierung der Gase verrichtet wird. Theoretisch wäre mit Erhöhung des Druckes der Elektrolyseprodukte auch ein Anstieg der Elektrolysespannung zu erwarten. Praktisch wird jedoch bei Erhöhung des Druckes auf etwa $4 \cdot 10^6$ Pa eine Verminderung der Spannung um rund 0,3 V bei einer Stromdichte von 1500 A/m² beobachtet. Mit der Erhöhung des Druckes steigt die Rekombinationsgeschwindigkeit der Gasatome, was eine Herabsetzung der Reaktionsüberspannung zur Folge hat. Außerdem kommt es auch zu einer Erniedrigung des OHMschen Spannungsverlustes durch Verkleinerung des Gasblasenvolumens im Elektrolyten. Für die bessere Leistungsdichte ist die gegenüber Normaldruckanlagen erhöhte Betriebstemperatur ausschlaggebend, die wegen der Siedetemperaturerhöhung der Elektrolytlösung möglich ist. Mit Druckelektrolysezellen benötigt man zur Erzeugung von 1 m³ Wasserstoff unter Normalbedingung nur 4,3 kWh gegenüber 4,5···6 kWh bei Normaldruckanlagen. Wenn in jüngster Zeit der Normaldruck-Wasser-Elektrolyse im Vergleich zu der Hochdruckelektrolyse eine bessere Anwendungschance eingeräumt wird, so liegt das an den Fortschritten der Elektrokatalyse und Zellenoptimierung, was ebenfalls eine Senkung des spezifischen Elektroenergiebedarfs zur Folge hat, und an den höheren Investitionskosten der Druckelektrolysen.

Sehr aussichtsreich könnte auch die Hochtemperatur-Wasserdampfelektrolyse bei 800···1000 °C werden, die praktisch einer Elektrolyse in einer Hochtemperatur H_2—O_2-Brennstoffzelle gleichkommt (Bild 5.20. mit umgekehrter Richtung der Elektrodenprozesse), wenn die damit verbundenen technologischen Probleme beherrschbar werden. Dabei käme es zu einer erheblichen Gesamtwirkungsgradverbesserung, da der Elektroenergiebedarf auf 3,0 kWh/m_N^3 H_2 fällt.

Vorschläge, die Wasserelektrolyse und die Brennstoffzellenreaktionen an denselben Elektroden durchzuführen [1211], waren im Endeffekt nicht erfolgreich, da es nicht gelang, die Sauerstoffelektrode so zu gestalten, daß sie einerseits hochaktiv für die Sauerstoffreduktion und andererseits stabil gegen den bei der Elektrolyse auftretenden Sauerstoff in statu nascendi ist. Nach JUSTI [1212] läßt sich die Elektrolyse- und Brennstoffzelle auch in einer Dreielektrodenzelle zusammenfassen, da für die Sauerstoffentwicklung und -reduktion getrennte Elektroden erforderlich sind.

Die Speicherung von Wasserstoff erfolgt als Gas sowie in flüssiger oder gebunden in fester Form. Gasförmiger Wasserstoff kann in Gasbehältern (z. Z. bis 60000 m³), unterirdischen Kavernen (z. B. bei Paris mit 368 · 10⁶ m³) oder in erschöpften Erdgasquellen gespeichert werden. Ein Nachteil ist das große Speichervolumen des gasförmigen Wasserstoffs bzw. bei Hochdruckspeicherung die Notwendigkeit dickwandiger schwerer und teurer Behälter. Verflüssigter Wasserstoff muß in gut isolierenden Gefäßen aufbewahrt werden und verlangt zur Verflüssigung den Einsatz zusätzlicher, nicht wieder gewinnbarer Energie (etwa 20 kWh/kg Wasserstoff).

Flüssigwasserstoffspeicherung empfiehlt sich wegen der zusätzlichen Verflüssigungskosten nur bei gleichzeitigem Energietransport in Form von Flüssiggastransport. Es liegen bereits Erfahrungen an Kryogen-Wasserstoff-Speichern bis zu einem Volumen von 3400 m³ vor; das entspricht einem Energieinhalt von 11 GWh [5, 6]. In gebundener fester Form kann Wasserstoff als Metallhydrid gespeichert werden [1214, 1215], wobei der Speichervorgang über die Temperatur und den Druck zu steuern ist. Dafür kommen Lanthan-Nickel- und Eisen-Titan-Hydride infrage ($LaNi_5H_6$, $FeTiH_2$). Nachteilig an diesen

Systemen sind die hohe Speichermasse und die hohen Materialkosten. Günstige Legierungen zur Hydridbildung sind teuer.

Der Realisierung eines Energiespeichersystems auf der Basis der Kombination von Wasserelektrolyse und Wasserstoff-Sauerstoff-Brennstoffzelle stehen als Nachteile entgegen:

- der relativ niedrige Speicherwirkungsgrad, resultierend aus dem verhältnismäßig großen Gesamtenergieverlust beider Teilprozesse (s. Bild 1.2.),
- die aufwendige Speicherung des gasförmigen Wasserstoffs und
- die hohen spezifischen Investitionskosten, die sich auch aus einer gegenwärtig für diese Anwendung noch nicht ausreichenden Lebensdauer der Brennstoffzelle ergeben.

Chancen für eine technische Verbreitung sollte die Kombination Wasserelektrolyse-Brennstoffzelle unbedingt bei einer sogenannten Wasserstoffenergiewirtschaft finden [1213], d. h. zu einem Zeitpunkt, zu dem die fossilen flüssigen Treibstoffe auf der Erde nicht mehr ausreichend verfügbar sind und neue Energieträger, insbesondere im Verkehrswesen, angewandt werden müssen. Dann könnte der aus beliebigen anderen Primärenergieformen leicht zu erzeugende Wasserstoff auch wegen seiner hohen Energiedichte diese Funktion übernehmen. Wasserstoff läßt sich außer auf elektrolytischem Wege auch durch Konvertierung von Kohle, durch thermochemische Wasserspaltung sowie strahlenchemisch herstellen. Voraussetzung ist das Vorhandensein einer billigen Primärenergie; für die Zukunft kann das neben den im Weltmaßstab noch relativ reichlichen Kohlevorkommen nur die Kern- und Sonnenenergie sein. Für den Wasserstoff als Energieträger sprechen dessen Umweltfreundlichkeit (als Reaktionsprodukt entsteht reines Wasser), der dem Erd- und Stadtgas analoge Transport und die universelle Anwendung als Brennstoff und Reaktant in Industrie und Haushalt. Ein Problem stellt dann aber nach wie vor die Speicherbarkeit des Wasserstoffs dar, insbesondere bei mobilen Anwendungen als Energieträger für Fahrzeuge. Ehe die Wasserstoffenergiewirtschaft Verbreitung finden kann, ist also noch eine große Anzahl prinzipieller Fragen zu lösen.

5.10.2.4. Redoxbrennstoffzellen [1216—1219]

In Redoxzellen werden die an den Elektrodenvorgängen teilnehmenden Reaktanten innerhalb oder häufiger außerhalb der elektrochemischen Zelle durch eine chemische Reaktion kontinuierlich regeneriert.

Redoxzellen sind dann vorteilhaft, wenn die direkte elektrochemische Reaktion bestimmter Stoffe stark gehemmt ist und andere an den Elektroden umzusetzende Reaktanten die Aufgabe eines Redoxüberträgers übernehmen. Diese Reaktanten liegen meist gelöst im Elektrolyten vor. Voraussetzungen für den freiwilligen Verlauf des aus mindestens zwei Reaktionen (elektrochemische und rein chemische Reaktion) aufgebauten Redoxzyklus ist, daß die freie Reaktionsenthalpie für jede dieser Reaktionen einen negativen Wert annimmt. Lediglich für die selteneren induzierten oder gekoppelten Prozesse ist die Ungleichung

$$\Delta_R G_1 + \Delta_R G_2 < 0 \qquad (5.51.)$$

zutreffend. Für die Sauerstoffelektrode in saurer Lösung gilt z. B. die Reaktionsfolge entsprechend den Gleichungen

$$l\,Red + m\,O_2 \rightarrow k\,Ox \qquad (\Delta_R G_1) \qquad (5.52.)$$

$$k\,Ox + 4m\,e^- + 4m\,H^+ \rightarrow l\,Red + 2m\,H_2O \qquad (\Delta_R G_2) \qquad (5.53.)$$

$$m\,O_2 + 4m\,e^- + 4m\,H^+ \rightarrow 2m\,H_2O \qquad (\Delta_R G_3). \qquad (5.54).$$

Obwohl sich unter Zwischenschaltung der Redoxüberträger eine niedrigere Gleichgewichtszellenspannung ergibt, sind die bei Stromentnahme praktisch zu erreichenden Zellenspannungen wegen des weniger gehemmten Ablaufs der Teilprozesse größer als die für die direkte elektrochemische Reaktion der umzusetzenden Stoffe. Zur Beschleunigung der Sauerstoffelektrodenreaktion in saurer Lösung sind verschiedene Substanzen vorgeschlagen worden, wie z. B. Salpetersäure oder Kupfercystamin. Bei der katodischen Reduktion bildet sich in der Salpetersäure salpetrige Säure oder Stickoxid als Redoxüberträger, während im Kupfercystamin bei einem pH-Wert von 4,5 ein Wertigkeitswechsel des Kupfers stattfindet, wobei das gebildete Kupfer(I)-Ion durch die Cystamindisulfidbrücke stabilisiert wird, bevor eine Rückoxydation zu Kupfer(II)-Ionen durch Sauerstoff erfolgt.

Beispiele für Redoxzellen sind die von Rideal und Posner beschriebene Kohlenstoff-Luftsauerstoff-Zelle mit den Redoxsystemen Sn^{2+}/Sn^{4+} und Br_2/Br^- [1216] sowie die Wasserstoff-Luftsauerstoff-Zelle in schwefelsaurem Elektrolyten nach Carson und Feldmann mit Ti^{3+}/TiO^{2+} und ebenfalls Br_2/Br^- als Redoxsysteme [1217]. Die Teilreaktionen beider Prozesse werden durch folgende Gleichungssysteme wiedergegeben.

Kohle-Luftsauerstoff-Zelle:

Katode: $2Br_2 + 4e^- \rightarrow 4Br^-$, (5.55.)

Regenerierung (K): $4Br^- + 4H^+ + O_2 \rightarrow 2Br_2 + 2H_2O$, (5.56.)

Anode: $2Sn^{2+} \rightarrow 2Sn^{4+} + 4e^-$, (5.57.)

Regenerierung (A): $2Sn^{4+} + 2H_2O + C \rightarrow CO_2 + Sn^{2+} + 4H^+$, (5.58.)

Bruttoreaktion: $C + O_2 \rightarrow CO_2$. (5.59.)

Aussichtsreicher erscheint das entsprechende System mit gasförmigem Kohlenmonoxid an Stelle des Kohlenstoffs zur Anolytregenerierung [1220].

Wasserstoff-Luftsauerstoff-Zelle:

Katode: $2Br_2 + 4e^- \rightarrow 4Br^-$, (5.55.)

Regenerierung (K): $4Br^- + 4H^+ + O_2 \rightarrow 2Br_2 + 2H_2O$, (5.56.)

Anode: $4Ti^{3+} + 4H_2O \rightarrow 4TiO^{2+} + 8H^+ + 4e^-$, (5.60.)

Regenerierung (A): $2H_2 + TiO^{2+} + 4H^+ \rightarrow 4Ti^{3+} + 4H_2O$, (5.61.)

Bruttoreaktion: $2H_2 + O_2 \rightarrow 2H_2O$. 5.62.)

Auch die Kombination der Ti^{3+}/Ti^{4+}-Redoxelektrode mit einer Fe^{3+}/Fe^{2+}-Redoxelektrode wurde als Redoxzelle zur Elektroenergiespeicherung erfolgreich erprobt [1221].

Nach Binder u. Mitarb. [1222] sind Chinone, insbesondere das Chloranil, katodische Redoxüberträger hoher Effektivität. Die entsprechenden Redoxsysteme sind in aprotischen organischen Elektrolyten anwendbar.

Von Young [1223] wird eine biochemische Redoxzelle beschrieben, wobei die Regenerierung des als anodischer Redoxüberträger dienenden Hexacyanoferrats(II) entsprechend der Gleichung

$$C_6H_{12}O_6 + 24[Fe(CN)_6]^{3+} + 6H_2O \rightarrow 6CO_2 + 24H^+ + 24[Fe(CN)_6]^{4+} \quad (5.63.)$$

durch Glucose unter dem Einfluß des Bakterienstammes Escherichia coli in einem Phosphatpuffersystem außerhalb der elektrochemischen Zelle erfolgt. In Kombination mit einer Sauerstoffelektrode soll eine anodische Stromdichte von 40 mA/cm^2 bei einem Potential von +300 mV gegen die Referenzwasserstoffelektrode in demselben Elektrolyten erzielt worden sein.

Prinzipielle Voraussetzung für das Funktionieren einer Redoxzelle sind wirksame Elektroden sowie ein weitgehend selektives, langzeitstabiles, korrosionsfestes Diaphragma mit möglichst niedrigem ionischen Widerstand zur Trennung von Anolyt und Katolyt. An geeigneten Zweiphasenelektroden verlaufen die elektrochemischen Vorgänge wenig gehemmt. Die Schwierigkeiten liegen häufig in der Regenerierung. So muß z. B. die Reduktion der Zinn(IV)-Salzlösung mittels Kohlepulver im Autoklaven bei 180 °C vorgenommen werden; die Regenerierung der Bromidlösung mit Luft verläuft demgegenüber in Gegenwart von salpetriger Säure oder Stickoxiden bei Normaltemperatur. Problematisch sind außerdem die bei der Regenerierung und wegen der ungenügenden Separierbarkeit von Anoden- und Katodenraum auftretenden Verluste an Redoxüberträgern, die hohen Aufwendungen für Hilfsaggregate wegen der Kreisläufe und die den Anforderungen oftmals nicht genügenden Diaphragmen. Deshalb haben Redoxzellen trotz ihrer prinzipiellen Vorteile bei der Umsetzung reaktionsträger, insbesondere auch fester Brennstoffe, bisher keine technische Entwicklung erfahren.

5.11. Hochtemperaturbrennstoffzellen

Das ursprüngliche Anliegen der Entwicklung von Brennstoffzellen bestand darin, aus dem verbreitetsten Energieträger Kohle mit einem höheren Wirkungsgrad als in Verbrennungskraftwerken Elektroenergie zu gewinnen. Die Reaktionsträgheit des Kohlenstoffs und auch diejenige vieler kohlenstoffhaltiger Verbindungen in galvanischen Zellen mit wäßrigen Elektrolyten zwang frühzeitig zum Übergang auf hohe Temperaturen und auf schmelzflüssige oder feste Elektrolyte (1. Patent 1916) [1224].

5.11.1. Brennstoffzellen mit Salzschmelzen

Die ersten Untersuchungen an Brennstoffzellen mit schmelzflüssigen Elektrolyten gehen auf Baur zurück. Seine in den zwanziger und dreißiger Jahren dieses Jahrhunderts vorgenommenen Entwicklungen scheiterten jedoch an der unzulänglichen mechanischen Stabilisierung der Salzschmelze und an Korrosionsproblemen.

In derartigen Brennstoffzellen werden gegenwärtig als Elektrolytsysteme hauptsächlich Alkalicarbonatschmelzen (z. B. K_2CO_3 (38 Mol-%)—Li_2CO_3 (62 Mol.-%); Li_2CO_3 (52)—Na_2CO_3 (48); Li_2CO_3 (43,5)—Na_2CO_3 (31,5)—K_2CO_3 (25) [1225]) in Verbindung mit einer stabilisierenden Matrix (MgO, $LiAlO_2$ [1226, 1227]) bei Betriebstemperaturen von 600···750 °C eingesetzt. Der Elektrolyt kann entweder im schmelzflüssigen Zustand von der vorgefertigten porösen Matrix aufgesaugt oder häufiger sofort bei der Herstellung der Matrix eingebracht werden, indem eine Pulvermischung des Matrixmaterials mit dem Salz (Masseverhältnis 1:1) in den gewünschten Abmessungen verpreßt (oftmals Heißpressen bei 480 °C [1226]) und anschließend gesintert wird.

In der Salzschmelze wird der Ladungstransport von den Carbonationen übernommen (s. Abschn. 5.4.), wie die folgenden Gleichungen für das Beispiel einer Kohlenmonoxid-Luft-Brennstoffzelle zeigen.

Anode:

$$2CO + 2CO_3^{2-} \rightarrow 4CO_2 + 4e^-, \qquad (5.64)$$

Katode:

$$O_2 + 2CO_2 + 4e^- \rightarrow 2CO_3^{2-}, \qquad (5.65.)$$

Zelle:

$$2CO + O_2 \rightarrow 2CO_2. \qquad (5.66.)$$

Beim Betrieb der Zelle muß dem Oxydationsmittel (meist Luftsauerstoff) Kohlendioxid zugesetzt werden, das beim Anodenprozeß wieder freigesetzt und in der Zelle im Kreislauf geführt wird. Häufig enthält das der Katode zugeführte Gas 70 Vol.-% Luft und 30 Vol.-% CO_2. Durch Verwendung eines

Gemisches von reinem Sauerstoff und Kohlendioxid kann die Zellenspannung nahezu unabhängig von der Belastung um etwa 100 mV verbessert werden [1227]. An der Anode können alle gasförmigen Brennstoffe umgesetzt werden. Außer Kohlenmonoxid sind das Wasserstoff sowie die bei der Dampfreformierung leichter Kohlenwasserstoffe, der partiellen Oxydation schwerer Kohlenwasserstoffe und der Kohlevergasung anfallenden Brennstoffgase mit folgendem Gehalt an Hauptbestandteilen: 14···25 Vol.-% CO, 11···15 Vol.-% CO_2, 18···45 Vol.-% H_2 und 7···14 Vol.-% Wasserdampf. Sofern das Kohlenmonoxid in höheren Konzentrationen vorliegt, wird es bei der Arbeitstemperatur der Zelle in Gegenwart von Wasserdampf teilweise noch zu Wasserstoff und Kohlendioxid konvertiert. In Brennstoffzellen mit Carbonatschmelzen werden vorwiegend poröse Nickelanoden und Nickeloxidkatoden verwendet, wobei Arbeitsstromdichten bis zu 2 A/cm² bei etwa 0,8 V Zellenspannung zu erreichen sind [1227]. Die Elektrodenpolarisation steigt zwar durch schwefelhaltige Komponenten im Reaktionsgas an; eine vollständige Blockierung erfolgt aber nicht [1228].

Unbefriedigend ist jedoch z. Z. noch die Lebensdauer der Zelle (etwa 2000 h). Das hat seine Ursachen vor allem in

— der Korrosion der Elektroden, insbesondere der Katode, sowie
— der Alterung und partiellen Blockierung der Elektroden durch Fremdstoffe.

Die Lebensdauer wird auch durch wiederholtes Aufheizen auf Arbeitstemperatur und Abkühlen auf Umgebungstemperatur negativ beeinflußt. Erhöhte Temperaturen (> 650 °C) führen außerdem zu einer partiellen Verdampfung des Elektrolyten.

Wenn dieser Brennstoffzellentyp in jüngster Zeit erneut das Interesse erregt hat, so liegt das in der Hauptsache daran, daß die Zellen eine hohe Flächenleistungsdichte (> 1,5 W/cm²) aufweisen, keine Edelmetallkatalysatoren erforderlich sind, billige, unveredelte Brennstoffe umgesetzt und Korrosionsprobleme besser beherrscht werden können. Außerdem besteht die weltweite Notwendigkeit der effektiveren Erzeugung elektrischer Energie, wofür diese Zellen bei Einsatz in kleineren dezentralen Kraftwerken gut geeignet erscheinen.

5.11.2. Festelektrolytbrennstoffzellen

Im Jahre 1936 kam Baur nach etwa dreißigjährigen erfolglosen Versuchen an vielen verschiedenen Zellen mit flüssigen Elektrolyten zu dem Schluß, daß Brennstoffzellen völlig trocken gebaut werden müßten [1229]. Als Festelektrolyte wurden empirisch Gläser, Porzellane, Tone und verschiedenartige Oxidgemische geprüft, wobei sich zeigte, daß Festelektrolyte mit gemischter Ionenleitung nicht zu stabilen Brennstoffzellen führen. Auch wurde deutlich, daß der direkte Umsatz technischer Kohle auf Grund der Verunreinigungen mit Asche und der Probleme des Stofftransports nicht realisierbar ist.

Diesen Ergebnissen entsprechend erfolgte in den fünfziger Jahren eine Konzentration auf die Entwicklung von Brenngaszellen mit oxidionenleitenden

Festelektrolyten [1230]. An Festelektrolyten [1231] vom Typ der NERNST-Masse (85 Masse-% ZrO_2 + 15 Masse-% Y_2O_3) ließen sich die an Hochtemperaturbrenngaszellen theoretisch zu erwartenden Zellenspannungen 1958 exakt experimentell realisieren [1232].

Besonderen Auftrieb erhielt die Entwicklung der Festelektrolyt-Brenngas-Zellen in den sechziger Jahren auf Grund der Perspektive, durch Umsatz von Wasserstoff und Sauerstoff aus verflüssigten Vorräten zur Versorgung von Raumfahrzeugen mit Elektroenergie und Wasser zu dienen [1233]. 1965 konnten 100-W-Versuchsbatterien vorgestellt werden. Zur wirtschaftlichen Nutzung der in der Raumfahrt sich nicht wesentlich auswirkenden Ergebnisse wurde versucht, die Entwicklung wieder auf kohleumsetzende Systeme zu lenken [1234, 1235]. Die rasche Verwirklichung der großen Projekte (100-MW-Anlage bis 1974) [1235] war nicht möglich, doch hat man bis heute ein relativ abgerundetes Bild von den Herstellungsmöglichkeiten und -problemen der Festelektrolytbrennstoffzellen gewonnen.

Festkörper mit großer Oxidionenleitfähigkeit findet man nur unter den heterotypen Mischoxiden mit Fluoritgitter. Schließt man leicht reduzierbare und radioaktive Stoffe aus, so verbleibt als Hauptkomponente für oxidische Festelektrolyte nur das Zirkoniumdioxid. Es bildet mit Calcium-, Scandium-, Yttriumoxid und einigen Lanthaniden Mischoxide, in denen das Kationenteilgitter vollständig besetzt ist. Im Oxidionenteilgitter sind dagegen Leerstellen vorhanden, da beispielsweise jedes Calciumion nur ein, jedes Yttriumion nur $1^1/_2$ Oxidion mitbringt, im Fluoritgitter aber je Kation jeweils zwei Plätze für Anionen existieren. Für die Oxidionenleitfähigkeit sind die besonderen räumlichen und energetischen Bedingungen im Fluoritgitter wesentlich (Bild 5.36.). Die Kationen werden von je 8 Anionen relativ dicht umschlossen, wogegen die Anionen von je 4 Kationen so umgeben sind, daß relativ viel Platz für ein Entweichen über die Mitten der Kationentetraederflächen vorhanden ist. Außerdem werden im Fluoritgitter vierwertige Kationen mit 65%, die Oxidionen dagegen nur mit 17,5% der Gitterenergie auf ihren Plätzen festgehalten. Durch diese Umstände bestehen für die großen Oxidionen speziell im Fluoritgitter viel günstigere Bewegungsmöglichkeiten als für die wesentlich kleineren Kationen [1230, 1231, 1236]. Nach Untersuchungen mit Radioisotopen ist der Selbstdiffusionskoeffizient der Oxidionen noch bei 1500 °C mehr als 7 Zehnerpotenzen größer als der der Zirkoniumionen [1237].

Von den Oxiden, die mit Zirkoniumdioxid Fluoritphasen bilden, liefern diejenigen mit den kleinsten Kationenradien die Festelektrolyte mit der größten Oxidionenleitfähigkeit. Scandiumoxid ist zu teuer, doch wird Ytterbiumoxid neben Yttriumoxid häufig als Mischungskomponente herangezogen. Ein Teil des Yttriumoxids läßt sich ohne Verlust an Stabilität zur Kosteneinsparung durch Magnesiumoxid ersetzen. Die für Brennstoffzellen am häufigsten verwendeten Festelektrolyte entsprechen etwa folgenden Formeln:

$Zr_{0,85}Y_{0,15}O_{1,925}$;

$Zr_{0,84}Y_{0,08}Yb_{0,08}O_{1,92}$;

$Zr_{0,82}Y_{0,10}Mg_{0,08}O_{1,87}$.

Die Leitfähigkeit steigt exponentiell mit der Temperatur; sie erreicht zwischen 900 und 1000 °C 0,1 S cm^{-1} und bis 1200 °C den von SCHOTTKY 1935 auf Grund theoretischer Betrachtungen [1238] geforderten Wert 0,3 S cm^{-1}. Die Leitfähigkeit des Festelektrolyten mit Ytterbium [1239] ist mehr als doppelt so groß als die Leitfähigkeit der beiden anderen wesentlich billigeren Festelektrolyte [1240].

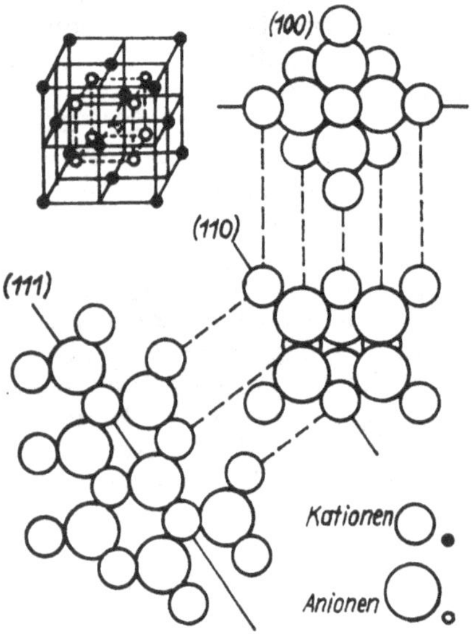

Bild 5.36. Elementarzelle des Fluoritstrukturtyps und Schnitt durch drei Ebenen des Gitters mit den Ionen im natürlichen Größenverhältnis an der unteren Existenzgrenze des Gittertyps

Das Festelektrolytmaterial kann durch keramische Verfahren und Sinterungen um 1800°C zu gasdichten Körpern z. B. in Form von Rohren, Konen oder Platten verarbeitet werden. Aufwendige Versuche sind zur rationellen Fertigung ganzer Festelektrolytzellen als Rotationskörper aus plasmagespritzten Schichten unternommen worden, wobei von einer ablösbaren Aluminiumfolie [1241] oder von einem als Träger verbleibenden porösen Keramikrohr [1242] ausgegangen wurde. Die bei den Keramikkörpern günstigste Wanddicke von 0,5···1 mm kann mit den Spritzverfahren unterboten werden, doch treten hier Probleme der Gasdichtheit und der Vermischung von Festelektrolyt- und Elektrodensubstanzen auf.

Die Aufgabe der Elektroden, schnelle große Reaktionsumsätze zwischen Gaskomponenten, Elektronen und Oxidionen zu vermitteln, kann nur mit dünnen porösen Schichten mit möglichst großer elektronischer Leitfähigkeit erfüllt werden. In der Katode werden aus O_2-Molekülen der Luft unter Aufnahme von Elektronen Oxidionen gebildet, die durch den Festelektrolyten zur Anode wandern können (Bild 5.20.). In der Anode reagieren Oxidionen unter Abgabe von Elektronen mit H_2- und CO-Molekülen zu H_2O und CO_2.

Für die Anode, die gegen heißes Brenngas beständig sein muß, bieten sich eine Reihe von Metallen an, von denen sich insbesondere Nickel bewährt hat.

Poröse festhaftende Schichten werden durch Plasmaspritzen von Nickel [1243] oder durch Aufsintern von feingemahlenem NiO bei 1500 °C und Reduktion im Brenngas hergestellt. Damit sich die Porosität der Nickelschicht im Gebrauch nicht zu schnell vergrößert, setzt man dem NiO unreduzierbares feines Material, z. B. stabilisiertes Zirkoniumdioxid, zu.

Für die Katode ist Material erforderlich, das als poröse, auf dem Festelektrolyten festhaftende Schicht bei 1000 °C der Oxydation in Luft widersteht. Bestrebungen, mit Silberkatoden bei Temperaturen unter 900 °C zu arbeiten [1244—1246], mußten aufgegeben werden [1243]. Als Ersatz für Platin konnte eine Reihe oxidischer Systeme gefunden werden [1243, 1247 bis 1249]: SnO_2 mit 8···27 Mol-% SbO_2; In_2O_3 mit 2 Mol-% SnO_2; reine, gemischte oder mit SrO dotierte Cobaltate Seltener Erden; oxidische Mischphasen, vorwiegend aus Seltenen Erden, Strontium-, Chrom-, Nickel-, Cobalt- und Manganoxid. Zum Teil erreicht man Leitfähigkeiten bis in die Größenordnung der des Graphits (Bild 5.37.). Bei der Auswahl des optimalen Stoffsystems entscheiden neben Kosten und elektronischer Leitfähigkeit auch die Eindiffusion in den oder die Reaktion mit dem Festelektrolyten, die besonders mit dem Ausdehnungskoeffizienten zusammenhängende Haftfestigkeit auf dem Festelektrolyten und als wesentliche Faktoren für die Polarisationswiderstände die Oxidionenleitfähigkeit sowie Umfang und Temperaturstabilität der Porosität daraus hergestellter Schichten.

Bei hohen Stromdichten können anodische Schichten durch den Gasdruck (H_2O) zur Ablösung gebracht und katodische Schichten durch Reduktionsprozesse zerstört werden. Schichten vor allem aus Festelektrolyt und einem Zusatz von Urandioxid, die sowohl Oxidionen als auch Elektronen leiten und die die Stoffumsätze von den Festelektrolyt-Elektronenleiter-Kontakten auf Festelektrolytoberflächen ohne Elektronenleiterbedeckung ausdehnen [1250], wirken gegen solche Zerstörungen und verringern vor allem die Polarisierbarkeit der Elektroden [1244, 1245, 1248].

Das Streben nach hohen Leistungsparametern (Leistung pro Fläche, Volumen und Masse) führt zu ganz bestimmten geometrischen Formen und Anforderungen an einzelne Zellenteile. Der Oxidionenstrom fließt auf großer Fläche kurze Strecken durch den Festelektrolyten, der Elektronenstrom dagegen auf der kleinen Fläche des Elektrodenquerschnittes lange Strecken längs der Festelektrolytoberfläche. Damit die Energieverluste in den Elektroden nicht untragbar groß sind, muß die Leitfähigkeit der Elektronenleiter der Elektroden möglichst 4 Zehnerpotenzen größer als die des Festelektrolyten sein (Bild 5.37.). Außerdem ist es erforderlich, kleine Festelektrolytzellen in Serie zu schalten. Nach Optimierungsberechnungen sollte die aktive Zellänge nur 0,6 [1233] oder sogar nur 0,2 cm betragen. Zur Erzielung großer Leistungen müssen dann Millionen von Zellen zu Aggregaten zusammengeschaltet werden [1242].

Die Reihenschaltung, für die zahlreiche Gestaltungsmöglichkeiten angegeben worden sind [1249, 1251] (Bild 5.38.), rief die Frage nach einem elektronischen Leiter hervor, der sowohl in oxydierenden wie reduzierenden heißen Gasen Stabilität und große Leitfähigkeit besitzt und mit dem jeweils die Katode

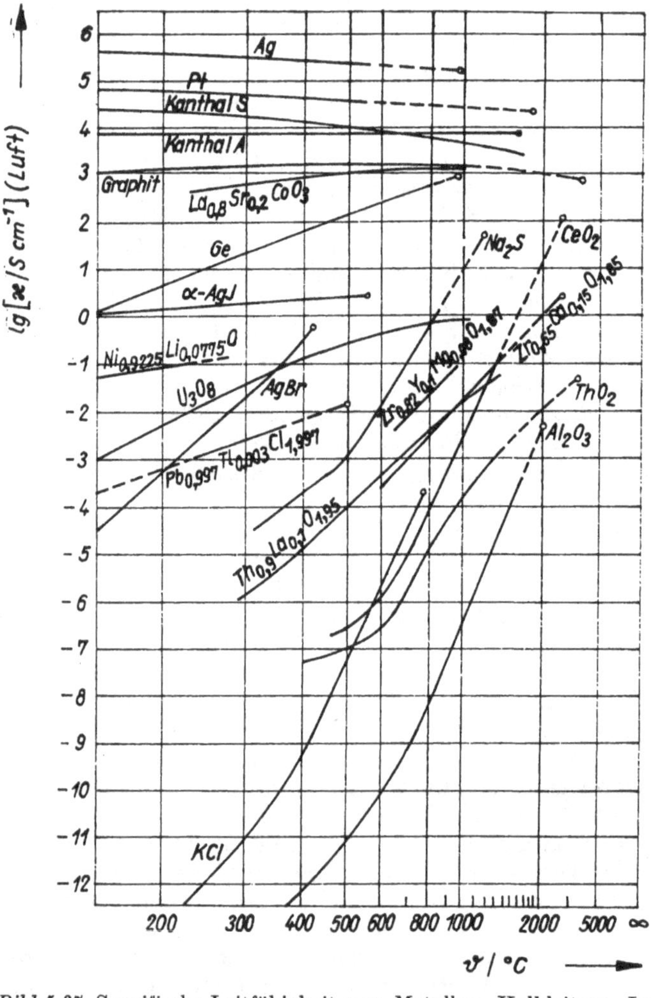

Bild 5.37. Spezifische Leitfähigkeit von Metallen, Halbleitern, Ionenleitern und Isolatoren als Funktion der reziproken absoluten Temperatur

Die gestrichelten Kurven stellen Extrapolationen dar; die Kreise am Kurvenende deuten die Schmelztemperatur an. Als beste unipolare Ionenleiter sind der Silberionenleiter α-AgJ, der Natriumionenleiter Na_2S, der Chlorionenleiter $PbCl_2$, mit TlCl-Dotierung sowie einige Sauerstoffionenleiter eingezeichnet

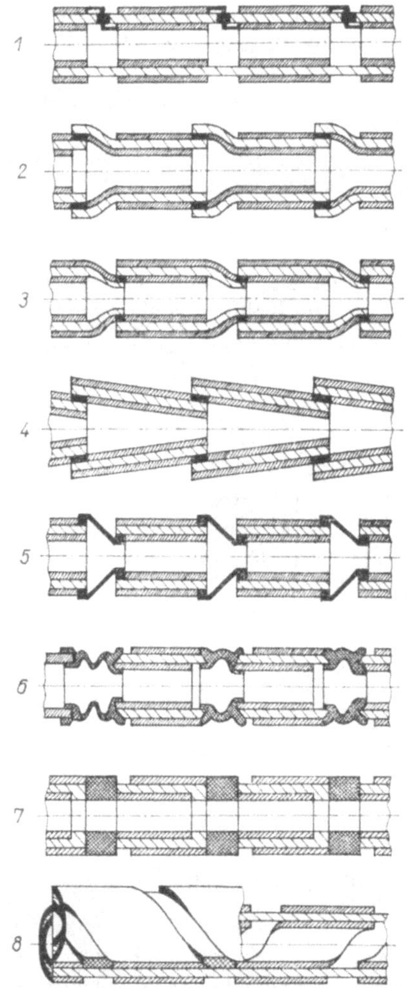

Bild 5.38. Schematische Darstellung von Möglichkeiten der Reihenschaltung elektrochemischer Brennstoffzellen aus oxidionenleitenden Festelektrolytrohren

Die Außenelektroden der Zellen sind jeweils mit der Innenelektrode der rechts folgenden Zelle elektrisch verbunden
1 – durchbohrtes Rohr, eingeschmolzene Drahtverbindung
2 – Rohrstücke mit äußerer Fassung, gelötete Steckverbindung
3 – Rohrstücke mit innerer Fassung, gelötete Steckverbindung
4 – konische Rohrstücke, gelötete Steckverbindung
5 – gerade Rohrstücke, gelötete Blechverbindung
6 – gerade Rohrstücke, angespritzte Wellblechverbindung
7 – vollständig gespritzte Rohrzelle
8 – Halbrohre mit Spiralsegmenten, zusammengelötet und verschmolzen

einer Brennstoffzelle mit der Anode der benachbarten Zelle gasdicht verbunden werden kann. Als möglicherweise geeignet hat sich z.B. $La_{0,8}Sr_{0,2}Cr_{0,8}Ni_{0,2}O_3$ erwiesen [1249].

An ytterbiumhaltigen Festelektroden mit 0,1 mm Dicke und beiderseitiger uranhaltiger Zwischenschicht unter Schichten aus Cobalt bzw. zinndotiertem Indiumoxid konnten unter Wasserstoff bei 0,5 V Klemmenspannung und bei 900 °C Flächenleistungsdichten von 690 mW/cm² erreicht werden [1248]. Ohne Zwischenschichten an ytterbiumhaltigen Festelektrolyten mit 0,5 mm Dicke lagen die maximalen Flächenleistungsdichten einzelner Zellen je nach verwendetem Brenngas bei 1000 °C zwischen 300 und 400 mW/cm² [1252].

In Batterien ergeben sich bei der Reihenschaltung Verluste; außerdem muß man mit Leistungsreserve arbeiten, so daß praktisch mit etwa 150 mW/cm^2 zu rechnen ist [1252].

Der Gesamtwirkungsgrad ergibt sich entsprechend Gl. (2.32.) als Produkt des thermodynamischen $[\Delta_R G(1000\,°C)/\Delta_R H(25\,°C)]$, Spannungs-, Umsatz- und Betriebswirkungsgrades. Für den Umsatz von reformiertem Methan unter Abgabe von Gleichstrom wird z. B. der Gesamtwirkungsgrad zu

$$\eta_G = 0{,}89 \cdot 0{,}602 \cdot 0{,}8 \cdot 0{,}95 = 0{,}41$$

angegeben [1252]. Nur wenn die Abhitze weitgehend zur endothermen Gaserzeugung, z. B. zur Herstellung von $CO + H_2$ aus Kohle und Wasserdampf, genutzt wird, gelangt man zu größeren Wirkungsgraden bis etwa 0,6 [1230, 1234, 976].

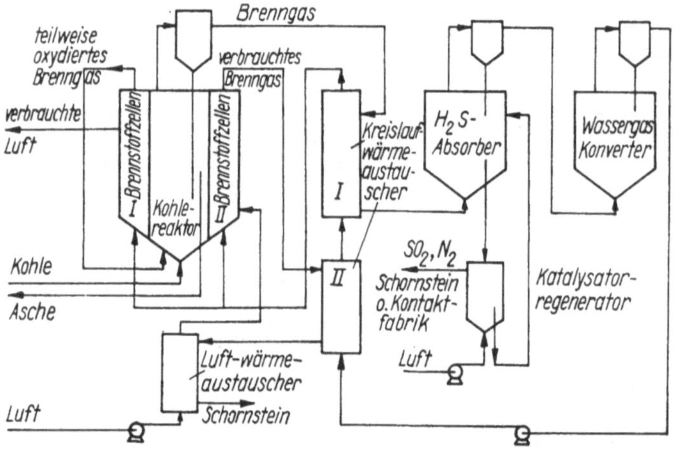

Bild 5.39. Fließschema des Projekts einer 100-kW-Kohle-Brennstoffzellen-Anlage

Bereits bei Kohlenwasserstoffen muß man zur Vermeidung von Rußbildung CO_2 und H_2O zusetzen und den Zellen einen Konverter vorschalten [1243, 1252]. Der Umsatz von Kohle erfordert ein System von Wärmeaustauschern und Gasaufbereitungsanlagen, durch das Anlagen mit dem Charakter chemischer Fabriken entstehen [1234] (Bild 5.39.). Um die feingliedrigen Zellenaggregate mit vielen Gas- und Stromleitungen technisch beherrschen zu können, sieht man eine Untergliederung in austauschbare Module vor.

Sind alle Probleme der Herstellung, des Wärmehaushalts und Dauerbetriebs von Festelektrolyt-Brennstoffzellen-Anlagen gelöst, so verbleiben Fragen der Kosten und der Konkurrenzfähigkeit mit anderen Energieerzeugungsanlagen. Die hohe Empfindlichkeit gegen verschiedene Einflüsse sowie Kostenbetrachtungen haben 1975 zu einer weitgehenden Einstellung der Arbeiten an Festelektrolytbrennstoffzellen geführt [1253].

Die eingehenden Untersuchungen galvanischer Zellen mit oxidischen Festelektrolyten erweisen sich heute in anderen Anwendungsrichtungen als sehr nützlich. Man gelangte zu Sauerstoffmeßzellen, die beim Einsatz direkt in Rauch- oder Auspuffgase Signale zur optimalen brennstoffsparenden Regelung von Verbrennungsprozessen liefern. Außer verschiedenen analytischen Verfahren sind auch Verfahren zur Dosierung, Reinigung und Elektrolyse [1241, 1247] von Gasen mit Hilfe von Festelektrolytzellen erschlossen worden [1251].

5.12. Energetische Optimierung großtechnischer elektrochemischer Prozesse

Der Gedanke WILHELM OSTWALDS, mit Brennstoffzellen eine effektivere Erzeugung elektrischer Energie in großem Stile vorzunehmen, wurde bisher in der Kraftwerkstechnik nicht realisiert. Es bietet sich aber die Möglichkeit, durch Ausnutzung der in Brennstoffzellen angewandten Prinzipien einen Beitrag zur energetischen Optimierung großtechnischer elektrochemischer Prozesse zu leisten.

5.12.1. Amalgambrennstoffzellen

Die relativ große elektrochemische Aktivität des Natriums im Amalgam führte zur Erprobung der Natriumamalgamelektrode für Brennstoffzellen. Das Standardpotential dieser Elektrode bei 25 °C beträgt −1,96 V. Wegen der hohen Überspannung des Wasserstoffs am Quecksilber ist die Zersetzung des Amalgams in Gegenwart von Wasser aber so gering, daß Natriumamalgamelektroden in wäßrigen Elektrolyten angewandt werden können. Das Gleichgewichtspotential der Natriumamalgamelektrode folgt der Gleichung

$$U_{H,eq} = -1{,}96\ \mathrm{V} + F_N \lg \frac{a_{\mathrm{Na}^+}}{a_{\mathrm{Na}}} \qquad (5.67.)$$

und hängt somit von der Natriumionenaktivität in der wäßrigen Lösung und der Natriumaktivität im Quecksilber ab.

In der Amalgambrennstoffzelle wird eine Natriumamalgamanode mit einer geeigneten Katode kombiniert. Beim Einsatz dieser Zelle in der elektrochemischen Industrie kann ein Teil der Elektroenergie, die im sogenannten Quecksilberverfahren zur Chloralkalielektrolyse aufgewandt werden muß, wieder zurückgewonnen werden, indem das Natrium aus dem elektrolytisch erzeugten Amalgam anodisch in Lösung geht. Katodisch wird entweder wie bei der katalytischen Zersetzung des Amalgams Wasserstoff entwickelt oder unter Verwendung von Luftelektroden Sauerstoff reduziert.

Für die Zelle $(-)\mathrm{Hg,Na/Na^+,OH^-,H_2/C}(+)$ mit der Zellenreaktion entsprechend der Gleichung

$$2\mathrm{Na} + 2\mathrm{H_2O} \rightarrow 2\mathrm{NaOH} + \mathrm{H_2} \qquad (5.68.)$$

ergeben sich in Abhängigkeit von der Natriumkonzentration im Amalgam und der Laugekonzentration bei 25° folgende Gleichgewichtszellenspannungen:

$|U_{eq}| = 0{,}92$ V (0,2% Na in Hg; 19%ige NaOH),

$|U_{eq}| = 0{,}63$ V (0,2% Na in Hg; 50%ige NaOH),

$|U_{eq}| = 0{,}68$ V (0,5% Na in Hg; 50%ige NaOH).

In der Praxis beträgt die beim Einsatz dieser Zelle zurückgewinnbare Elektroenergie nur etwa 10% der Elektrolyseenergie, so daß der geringe Nutzen den zusätzlichen technischen Aufwand nicht rechtfertigt.

Wenn hingegen durch Anwendung einer Zelle mit Luftelektrode $(-)Hg, Na/Na^+, OH^-, O_2/C(+)$, in der die Zellenreaktion nach der Gleichung

$$4Na + 2H_2O + O_2 \rightarrow 4NaOH \tag{5.69.}$$

abläuft, auf anfallenden Wasserstoff verzichtet wird, so ergibt sich bei 25 °C eine Erhöhung der Gleichgewichtszellenspannung um 1,23 V; für eine Konzentration von 0,2% Natrium in Quecksilber und 50%iger Natronlauge ergibt sich damit $|U_{eq}| = 1{,}86$ V. Experimentelle Untersuchungen, die die Möglichkeiten und Grenzen dieses Verfahrens zu beurteilen gestatten, wurden von Schwabe und Gäbler [1254] an vertikal angeordneten Amalgamelektroden in Verbindung mit silberimprägnierten Kohle-Sauerstoff-Elektroden durchgeführt. Bei einem Natriumabreicherungsgrad von 90···95% und einer Leistungsdichte von 155 mW/cm² betrug die Elektroenergierückgewinnung 30%.

Bezüglich der technischen Realisierung müssen jedoch folgende Einschränkungen gemacht werden.

— Außer dem Wegfall des bei der chemischen Zersetzung des Amalgams entstehenden Wasserstoffs muß zusätzlich Sauerstoff aufgebracht und an die Dreiphasengrenze der als Katode einzusetzenden Gasdiffusionselektrode transportiert werden. Bei Verwendung von Luftsauerstoff muß unbedingt eine Zwangsumwälzung der Luft erfolgen. Der Einsatz von reinem Sauerstoff ist ökomomisch nicht vertretbar.

— Um eine möglichst hohe Energieausbeute zu erzielen, muß die Stromdichte der Brennstoffzelle möglichst niedrig sein, so daß unter technischen Aspekten, wo man ein Optimum zwischen Energieeinsparung, Anlagenkosten und Platzbedarf finden muß, eine Energierückgewinnung von 30% kaum zu erreichen ist; sie wird nur etwa 25% betragen.

— Beim herkömmlichen Quecksilberverfahren kann der chemische Zersetzer als kurzgeschlossene Zelle aufgefaßt werden. Die Stromdichte in der Brennstoffzelle hingegen liegt weit unter der Kurzschlußstromdichte, so daß neben einem erhöhten Platzbedarf auch größere Quecksilbermengen notwendig sind.

— Bei direkter elektrischer Kopplung der Brennstoffzellen mit der Elektrolysezelle müssen die durch beide Zellen fließenden Ströme gleich sein, was wegen der chemischen Selbstzersetzung des Amalgams sowie der Nebenreaktionen bei der Elektrolyse zu einem Amalgamdefizit und damit zu einer erzwungenen Auflösung von Quecksilber führen würde. Deshalb muß man die Differenz in der Strombilanz durch eine parallelgeschaltete äußere Stromquelle oder durch eine zusätzliche von außen gespeiste Elektrolysezelle ausgleichen.

— Nicht zuletzt setzt die technische Realisierung eine leistungsfähige, langzeitstabile, vergiftungsfeste, großflächige Sauerstoffelektrode voraus. Betriebszeiten von 10000 Stunden müssen garantiert sein.

Wegen der hohen Austauschstromdichten, die Natriumamalgamelektroden zulassen, wurden auch spezielle Natriumamalgam-Sauerstoff-Zellen [1255] erprobt, die nur zur Elektroenergieerzeugung dienten, wobei reines Natrium dem Quecksilberzirkulationssystem zugegeben wurde. Derartige Einheiten mit einer Leistung bis zu 75 kW wurden erprobt. Mit silberaktivierten Nickelkatoden, einer Natriumkonzentration im Amalgam von 0,5% und einer Natronlaugekonzentration von 17% wurde bei 60 °C eine Leistungsdichte von 180 mW/cm^2 erreicht. Diese Zellen wurden als Energieträger für Kleinunterseeboote eingesetzt, wobei die entstehende Natronlauge ungenutzt abgelassen wurde. Amalgambrennstoffzellen als autonome Energieträger haben sich bisher nicht durchsetzen können wegen der hohen Brennstoff- und Betriebskosten, des hohen technologischen Aufwands, so daß selbst eine Anwendung im militärischen Bereich gegenwärtig wenig aussichtsreich erscheint

5.12.2. *Andere Verfahren zur energetischen Optimierung technischer elektrochemischer Prozesse*

Auch bei der Chloralkalielektrolyse nach dem Diaphragmaverfahren kann elektrische Energie eingespart werden, wenn man eine Sauerstoffelektrode als Katode einsetzt und auf den sich normalerweise entwickelnden Wasserstoff verzichtet. Dadurch kann die Elektrolysespannung um etwa 0,8 V herabgesetzt werden, was eine Elektroenergieeinsparung auf Kosten des Wasserstoffs von 20···25% entspricht. Als Sauerstoffelektroden können prinzipiell die gleichen porösen Elektroden wie bei Amalgambrennstoffzellen Verwendung finden. Sie müssen jedoch auch in Gegenwart von Chloridionen ausreichend arbeitsfähig bleiben. Mit praktischen Untersuchungen unter Verwendung von Mehrschichtkohleelektroden, die aus der Brennstoffzellenforschung stammen, wurde die prinzipiell mögliche Durchführung dieses Prozesses nachgewiesen. Für stark alkalische Elektrolyte liegen Kohleelektroden mit billigen Katalysatoren (Spinelle) vor. Problematisch bei diesem Prozeß ist allerdings, daß durch Bildung von Natriumperoxiden als Zwischenprodukte der Sauerstoffreduktion die Poren der porösen Elektroden verstopft werden. Dasselbe kann auch infolge Carbonatisierung der Natronlauge durch das im Luftsauerstoff vorhandene CO_2 geschehen.

Beim Einsatz von Wasserstoffelektroden in der elektrolytischen Metallgewinnung erfolgt eine Substitution der anodischen Oxydation des Wassers durch die des Wasserstoffs, wobei auf Kosten des sich normalerweise entwickelnden Sauerstoffs eine Verringerung der Elektrolysespannung eintritt.

Wenn man z. B. bei der elektrolytischen Zinkgewinnung an Stelle der Zellenreaktion entsprechend der Gleichung

$$2ZnSO_4 + 2H_2O \rightarrow 2Zn + 2H_2SO_4 + O_2 \quad \langle U_H^\ominus = 1{,}99 \text{ V}\rangle \qquad (5.70.)$$

die Zellenreaktion nach Gleichung

$$ZnSO_4 + H_2 \rightarrow Zn + H_2SO_4 \quad \langle U_H^\ominus = 0{,}76 \text{ V}\rangle \qquad (5.71.)$$

durchführt, resultiert aus thermodynamischer Sicht ein Spannungsgewinn von 1,23 V. Berücksichtigt man aber noch, daß die Überspannung an der Wasserstoffelektrode viel niedriger als an der Sauerstoffelektrode ist, so sind prinzipiell etwa 1,6 V Spannungsgewinn möglich. Natürlich erfordert das einen zusätzlichen Wasserstoffeinsatz. Jedoch ist die Wasserstofferzeugung über den Wassergasprozeß aus Kohle weniger verlustreich als die Elektroenergieerzeugung, wenn man gleichzeitig bedenkt, daß bei der Verwendung von schwefelsauren Elektrolyten in der Zelle keine Abtrennung des mit dem Wasserstoff beim Wassergasprozeß entstehenden Kohlendioxids notwendig ist. Eine technische Realisierung ist aber nur dann möglich, wenn es gelingt, völlig edelmetallfreie Wasserstoffanoden, z. B. auf der Basis der von Brennstoffzellen mit sauren Elektrolyten entlehnten Wolframcarbidanoden, einzusetzen.

Bei großtechnischen Redoxprozessen mit negativer freier Reaktionsenthalpie kann bei elektrochemischer Reaktionsführung neben dem Hauptanliegen der Erzeugung eines wertvollen chemischen Stoffes zusätzlich elektrische Energie erhalten werden, wenn die zu oxydierende Komponente der Anode und das Oxydationsmittel der Katode zugeleitet wird [974, 1256]. Besonders interessant sind dafür solche Reaktionen, die mit einer starken Abnahme der freien Enthalpie ablaufen [1257]. Wenn es gelänge die maximale Nutzarbeit ($\Delta_R G$) entsprechend Gl. (2.23.) verlustlos als elektrische Energie zu gewinnen, so ergäbe sich allein für die Erzeugung einiger Grundchemikalien die in Tab. 5.7. wiedergegebene theoretische elektrische Energieausbeute. Undiskutabel sind solche freiwillig verlaufende Prozesse, bei denen die freie Reaktionsenthalpie nur wenig von Null verschieden ist. Als ein Beispiel dafür ist die Ammoniaksynthese anzusehen, die mit einer theoretischen Zellenspannung von 90 mV sofort ausgeschieden werden kann.

Der elektrochemische Chlorknallgasprozeß ist dagegen besonders wegen der hohen Gleichgewichtszellenspannung von 1,36 V interessant. Der Entladevorgang verläuft dabei an beiden Elektroden weitgehend ungehemmt. Dieser Prozeß könnte dann besonders technische Bedeutung erlangen, wenn auf diese Weise auch das in der chemischen Industrie in hoher Verdünnung mit einem Inertgas anfallende Abfallchlor bis hinunter zu einem Chlorgehalt von 2% umgesetzt werden könnte oder die bei Chlorierungsprozessen anfallende verdünnte Salzsäure leicht aufzukonzentrieren wäre. Da Wasserstoff und Chlor gasförmig sind, läßt sich eine entsprechende Brennstoffzelle in naher Anlehnung an die Wasserstoff-Sauerstoff-Zelle verwirklichen [1122, 1258—1260]. In einer von Schwabe und König [1122] beschriebenen Zelle wurden hydro-

Tabelle 5.7. Theoretische Energieausbeute bei elektrochemischer Reaktionsführung von technischen Prozessen bei 25 °C

Hergestelltes Produkt	Reaktion	$\Delta_R H$ in kJ/mol	$\Delta_R G$ in kJ/mol	$\|z_r\|$	$\|U_{eq}\|$ in V	Theoretische elekt. Energieausbeute in MWh/t erzeugtes Produkt
Ammoniak	$0{,}5\,N_2 + 1{,}5\,H_2 \rightarrow NH_3(aq)$	−80,8	−26,8	3	0,09	0,44
Salzsäure	$0{,}5\,H_2 + 0{,}5\,Cl_2 \rightarrow HCl(aq)$	−167,2	−131,5	1	1,36	1,00
Salpetersäure	$NH_3(g) + 2\,O_2 \rightarrow HNO_3(aq) + H_2O(l)$	−447,2	−332,4	8	0,43	1,47
Schwefelsäure	$SO_2(g) + H_2O(l) + 0{,}5\,O_2 \rightarrow H_2SO_4(aq)$	−298,9	−203,9	2	1,06	0,58
Tetrachlorkohlenstoff	$CH_4 + 4\,Cl_2 \rightarrow CCl_4(l) + 4\,HCl(aq)$	−697,1	−535,5	8	0,69	0,97
Dichlorethan (1,2)	$C_2H_4 + Cl_2 \rightarrow CH_2ClCH_2Cl(l)$	−218,6	−148,6	2	0,77	0,41
Aceton	$CH_3CH(OH)CH_3(l) + 0{,}5\,O_2 \rightarrow CH_3COCH_3(l) + H_2O(l)$	−222,7	−226,5	2	1,17	1,08
Maleinsäure	$C_6H_6(l) + 4{,}5\,O_2 \rightarrow$ HOOCCHCHCOOH $+ 2\,CO_2 + H_2O(l)$	−1907,1	−1775,2	18	1,02	4,23
Phthalsäure	 $(s) + 4{,}5\,O_2 \rightarrow$  COOH COOH $(s) + H_2O(l) + 2\,CO_2$	−1922,2	−1807,0	18	1,04	3,01

phobierte poröse Kohleelektroden (Katode mit Platin imprägniert) in Verbindung mit 1 M HCl als Elektrolyt verwendet. Die Zelle arbeitete ohne Diaphragma. Das im Elektrolyten gelöste Chlor beeinflußt die Leistung der Wasserstoffelektrode nur unwesentlich. Die Ruhepotentiale beider Elektroden weichen nur wenig vom Gleichgewichtspotential ab. Bei 25 °C wird bei einer Stromdichte von 200 mA/cm² eine Klemmenspannung von 0,77 V erzielt, was einer Flächenleistungsdichte von 154 mW/cm² entspricht.

Wegen ihres hohen Produktionsvolumens ist die Schwefelsäureherstellung betrachtenswert, für die eine elektrochemische Prozeßführung der Oxydation des SO_2 mit Luftsauerstoff unter H_2SO_4-Bildung von praktischem Interesse sein kann. Die theoretische elektrische Energieausbeute liegt mit 580 kWh pro Tonne erzeugten Produktes wegen der relativ großen Äquivalentmasse der Schwefelsäure allerdings etwas niedrig. Die Reaktanten Schwefeldioxyd und Sauerstoff sind unter Normalbedingungen gasförmig, so daß man mit einer reinen Gaszelle arbeiten kann. Schwefeldioxid läßt sich gegebenenfalls im Elektrolyten anreichern, wodurch auch die Kombination Brennstoff (gelöst im Elektrolyten)/Oxydationsmittel (gasförmig) in Betracht zu ziehen ist. Die anodische Oxydation des Schwefeldioxids in einer Schwefeldioxid-Sauerstoff-Zelle mit schwefelsaurem Elektrolyten wurde unter Verwendung von platindotiertem Mischoxid-Kohle-Elektroden von Wiesener [1256] untersucht. Unter Eliminierung des IR-Abfalls konnten folgende maximale Flächenleistungsdichten erreicht werden:

56 mW/cm² (0,41 V und 136 mA/cm²) bei 25 °C,

82 mW/cm² (0,38 V und 215 mA/cm²) bei 40 °C,

102 mW/cm² (0,34 V und 300 mA/cm²) bei 60 °C.

Dieses Verfahren läßt sich auch auf die Entfernung der Schadstoffkomponente Schwefeldioxid aus Abgasen übertragen, das bis hinunter zu einem Gehalt von 0,1% Schwefeldioxid wegen dessen der elektrochemischen Oxydation vorgelagerten Absorption im Elektrolyten durchgeführt werden kann (Bild 5.40.).

Mit Ausnahme der elektroorganischen Synthese von Aceton aus Isopropanol sind die übrigen elektrochemischen Oxydationsreaktionen organischer Verbindungen lediglich aus thermodynamischen Betrachtungen abgeleitet worden [1261]. Auffällig ist hierbei die hohe theoretische Energieausbeute bei der Darstellung von Phthalsäure aus Naphthalin und von Maleinsäure aus Benzol.

Die thermodynamisch errechnete Gleichgewichtszellenspannung für die Realisierung einer chemischen Reaktion als elektrochemische Zellenreaktion stellt prinzipiell nur eine theoretische Größe dar. Die kinetischen Hemmungen führen bei der elektrochemischen Prozeßführung dazu, daß die experimentell erzielten Größen mehr oder weniger unter den thermodynamisch errechneten liegen. Neben diesen Beschränkungen sind bei der Überführung solcher Ver-

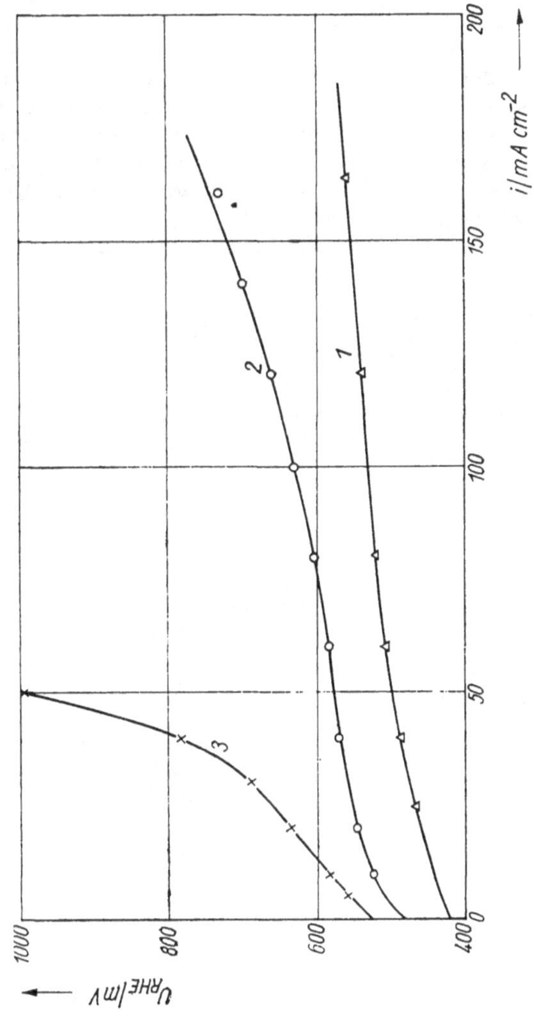

Bild 5.40. Stromdichte-Potential-Kurven der anodischen SO_2-Oxydation in schwefelsaurem Elektrolyten bei 60°C

Konzentration des SO_2 im Reaktionsgas: *1* – unverdünnt; *2* – 2%; *3* – 0,1%

fahren vom Labormaßstab in den großtechnischen Maßstab weitere, meist entscheidende leistungsbeeinflussende Faktoren zu erwarten.

Ein Haupthemmnis für die technische Anwendung der elektrochemischen an Stelle der heterogen-katalytischen Reaktionsführung ist die geringere Raum-Zeit-Ausbeute, d. h. der Stoffumsatz pro Volumen- und Zeiteinheit. Außerdem ist der Innenwiderstand der Zelle als wichtiger Parameter zu berücksichtigen, da er sich nicht nur entscheidend auf den Spannungsabfall und den Wirkungsgrad, sondern auch auf den Wärmehaushalt der Zelle auswirkt. Ein weiteres technisches Problem ist die Herstellung entsprechend großer Elektroden. Zweifellos sind dazu zusätzlich Stütz- und Ableitungsgerüste notwendig, oder man wird die großen Elektroden facettenförmig aus kleinen zusammensetzen müssen. Am wenigsten genau kann der kontroll- und regeltechnische Aufwand abgeschätzt werden.

Von allen Verfahren der chemischen Großindustrie können

- die Chloralkalielektrolyse,
- der Chlorknallgasprozeß und
- die Oxydation von SO_2 zu H_2SO_4

am ehesten zu einer elektrochemischen Prozeßführung für die Elektroenergiegewinnung herangezogen und technisch realisiert werden.

6. Anwendungsgebiete und ökonomische Aspekte elektrochemischer Stromquellen

Die Anwendungsgebiete für elektrochemische Stromquellen liegen auf dem Sektor der Energiespeicherung und -erzeugung sowohl in stationären als auch in mobilen Anlagen. Dazu werden an die elektrochemischen Systeme spezielle Anforderungen gestellt, die durch den Anwender vorzugeben sind.

Diese Forderungen beziehen sich in der Regel auf

- spezifische Energie und spezifische Leistung bzw. Energie- und Leistungsdichte,
- Kosten (Investitions- und Betriebskosten),
- Lebensdauer,
- elektrisches Betriebsverhalten sowie
- Betriebssicherheit und Wartungsaufwand.

Die entsprechenden Minimalwerte dieser Forderungen leiten sich aus ökonomischen Überlegungen ab, die oft durch andere Lösungsvarianten bestimmt werden.

In Bild 6.1. ist die Beziehung zwischen spezifischer Energie und spezifischer Leistung für verschiedene elektrochemische Stromquellen dargestellt. Günstig sind die Systeme, die eine hohe spezifische Leistung und spezifische Energie aufweisen und mit zunehmender Belastung, d. h. mit Erhöhung der spezi-

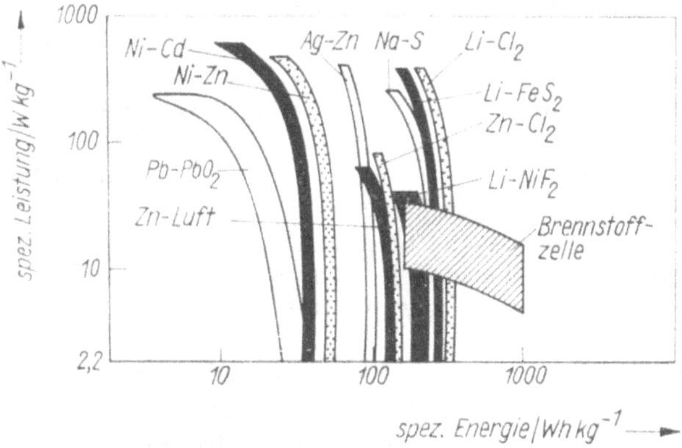

Bild 6.1. Zusammenhang zwischen spezifischer Energie und spezifischer Leistung einiger elektrochemischer Stromquellen

fischen Leistung, nur eine unwesentliche Abnahme der spezifischen Energie zeigen. Die Kennlinie muß also nahezu parallel zur Ordinate verlaufen, wie das z. B. für das Natrium-Schwefel- und Silber-Zink-System der Fall ist.

Die Produktion elektrochemischer Stromquellen ist auf Grund des ständig steigenden Bedarfs für herkömmliche Anwendungen und durch die Erschließung neuer Anwendungsgebiete stark angestiegen; Tab. 6.1. enthält Daten der Weltproduktion von 1972. Damit ist aber auch ein erhöhter Verbrauch der vielfach nur begrenzt vorhandenen Rohstoffe zur Fertigung der Batterien eingetreten. Nicht nur erhöhte Rohstoffpreise, sondern eine absehbare Erschöpfung des gesamten Weltvorrats insbesondere an Cadmium, Nickel, Blei und Antimon ist die Konsequenz. Es bleibt deshalb für die Zukunft keine andere Alternative als in noch stärkerem Maße Sekundärrohstoffe durch Aufarbeitung verbrauchter Batterien zu nutzen [1262], womit gleichzeitig ein Beitrag zum Umweltschutz geleistet wird.

Elektrochemische Stromquellen können Verwendung finden für

- den Betrieb netzunabhängiger, tragbarer elektrischer Kleingeräte (0,1 mW··· 10W), z. B. Taschenlampe, Kofferradio, Taschenrechner;
- den Betrieb netzunabhängiger, mobiler elektrischer Geräte mittlerer Größe (0,5···3 kW), z. B. Rasenmäher, Staubsauger;
- den Betrieb von Hilfseinrichtungen größerer mobiler und stationärer Geräte und Anlagen (0,5···10 kW), z. B. für Fahrzeuge, Signal- und Regeltechnik;
- den Antrieb von Elektrofahrzeugen (6···300 kW), z. B. Gabelstapler, Grubenlokomotiven, Elektroautos;
- die Versorgung autonomer ortsfester Elektroenergieverbraucher (0,001··· 500kW), z. B. Fernsehumsetzer, Bojen, Ansiedlungen, Unterwasserstationen;
- die Versorgung zentraler ortsfester Elektroenergieverbraucher (0,1···50 kW) z. B. Telefonzentrale, Funkstation, Notstromzwecke;
- Elektroenergiespeicher zum Spitzenlastausgleich (bis 20 MW);
- die großtechnische Elektroenergieerzeugung (im MW-Bereich).

6.1. Betrieb netzunabhängiger, tragbarer elektrischer Kleingeräte

In diese Gruppe fällt die Elektroenergieversorgung z. B. von Taschenlampen, Radios, elektromechanischen und elektronischen Kleingeräten.

Hauptkriterium für die Anwendung ist die Energiedichte der Stromquellen. Auch sollten die Zellen keine Wartung erfordern, denn diese kann durch den Laien, der zu den Hauptanwendern dieser Gruppe zählt, kaum fachgerecht erfolgen.

Es bieten sich deshalb in erster Linie Primärzellen an. Diese haben zwar einen hohen spezifischen Wh-Preis; aber auf Grund des geringen Energiebedarfs der Geräte bleibt der Absolutpreis der Zelle relativ niedrig.

Neben der Energiedichte muß auch die Lecksicherheit beachtet werden, denn vor allem bei entladenen Zellen kann Elektrolyt auslaufen und zur

Tabelle 6.1. Erzeugung der wichtigsten Rohstoffe für elektrochemische Stromquellen 1972

Elektrochemische Stromquelle	Jahresweltproduktion	Wichtigste Rohstoffe	Rohstoffverbrauch in Mill. t Anteil der Gesamterzeugung	Geologische Reserven der Rohstoffe in Mill. t	Zeit bis zur völligen Erschöpfung der Reserven in Jahren
Bleiakkumulator	200 Mill. Einheiten	Blei	2,01 (55%)	103,1	40···64
LECLANCHÉ-Zellen	9000 Mill. Einheiten	Zink	0,230 (5,2%)	113,0	50
		MnO_2	0,560 (5,0%)	635,0	94
Alkalische Batterien	2000 Mill. Ah	Nickel	0,010 (0,8%)	32	96
(Fe—Ni; Ni—Cd)		Eisen	vernachlässigbar gering	232000	173

Korrosion sowie Zerstörung von zum Teil teuren Geräteteilen führen. Die Zellen werden deshalb je nach dem Anwendungszweck ohne oder mit zusätzlichem Leckschutz (Stahlmantel, Kunststoffmantel, kunststoffverstärkter Papiermantel) versehen.

Eine weitere wichtige Bedingung für diesen Anwendungszweck ist die Lagerfähigkeit von etwa zwei Jahren. Das bedeutet, daß die Selbstentladung niedrig sein muß, damit während der Lagerung kein zu hoher Kapazitätsrückgang auftritt. Die Forderung nach niedriger Selbstentladung ist auch deshalb wichtig, weil die unerwünschte Selbstentladung das Undichtwerden der Zelle unterstützt.

Tabelle 6.2. Spezifische Energie, Energiedichte und Energiekosten wichtiger Primärzellen

System	Spez. Energie in Wh/kg	Energiedichte in Wh/l	Energiekosten in M/Wh
$Li-SO_2$	235	447	0,89
$Li-CF_x$	214	384	1,00
$Li-CuS$	141	300	0,45
alkal. MnO_2	80	210	0,20
Ag_2O_2-Zn	155	370	1,00
$HgO-Zn$	90	320	0,50
LECLANCHÉ	55	110	0,10

Die Energieversorgung der konventionellen Verbraucher Taschenlampe und Kofferradio ist durch die herkömmliche LECHANCHÉ-Zelle problemlos möglich. Mit der Einführung von elektromechanischen Geräten (Recorder, Rasierapparate, Zahnbürsten, Filmkameras, Spielwaren usw.) kam es jedoch zu einem erheblich höheren Strombedarf, dem die LECLANCHÉ-Zelle ebensowenig gerecht wurde wie der Minimierung der Gerätegröße, die vor allem durch die Entwicklung der Mikroelektronik möglich war. Das verlangt vor allem Zellen mit einem geringeren Volumen, bei gleichbleibendem Energieinhalt und einer guten Spannungskonstanz, die für Armbanduhren, Taschenrechner, Miniempfänger und -sender, tragbare Meßgeräte, Nachtangelposen u. a. sowie im medizinischen Bereich für Hörbrillen und Herzschrittmacher [1263—1265] verwendet werden. Hierfür finden alkalische Braunsteinzellen, Quecksilberoxid-Zink-, Silberoxid-Zink-, Zink-Luft- und Lithiumzellen Verwendung, die eine höhere Energiedichte (Tab. 6.2.) und eine bessere Spannungskonstanz als die LECLANCHÉ-Zelle haben.

Aus ökonomischen Gründen ist stets die auf den Anwendungszweck abgestimmte Batterie einzusetzen, denn bei einer Verdopplung der Energiedichte wird die Energie mit mehr als dem zweifachen Preis bezahlt (Tab. 6.2.). Das ist bei den Lithiumzellen vor allem auf technologische Schwierigkeiten ihrer Herstellung zurückzuführen. Sollte die Technologie besser beherrscht und vereinfacht werden können, so wäre es möglich, daß sich die spezifischen Energiekosten von Lithiumzellen vermindern. Andere Primärzellen könnten dann im größeren Umfang durch Lithiumzellen abgelöst werden.

Zellen mit extrem hoher Energiedichte werden bevorzugt für Herzschrittmacher eingesetzt. Wenn sich die Arbeitsfähigkeit eines implantierten Herzschrittmachers auf Grund der höheren Energiedichte bei gleichzeitig verbesserter Lagerfähigkeit von 3 auf etwa 8 Jahre erhöhen läßt, so kann beim Patienten ein operativer Eingriff, der einschließlich des damit verbundenen stationären Klinikaufenthaltes etwa 2000,— M kostet, eingespart werden. Deshalb ist für dieses Anwendungsgebiet auch ein extrem hoher Zellenpreis (etwa 500 M bei 8 Wh), wie das für spezielle Lithiumzellen zutrifft, noch ökonomisch vertretbar. Herzschrittmacher sind ein ideales Anwendungsgebiet für Lithiumzellen, da ihre Leistungsaufnahme gering ist (Lithiumzellen sind wegen der relativ geringen Leitfähigkeit aprotischer oder fester Elektrolyte nur niedrig belastbar) und Lithiumzellen eine extrem niedrige Selbstentladung (entscheidend für den Langzeitbetrieb) aufweisen. Für Langzeitanwendungen, meist verbunden mit niedriger Leistungsaufnahme, eignen sich besonders die Primärzellen mit festem Elektrolyten (s. Abschn. 3.5.), bei denen die Selbstentladung nahezu entfällt. Der höhere Energiepreis der Festelektrolytzellen gegenüber den Primärzellen mit wäßrigen Elektrolyten wird durch die geringeren Verluste infolge Selbstentladung ausgeglichen.

Aus ökonomischen Erwägungen sollte man für Anwendungen mit einer im vorgegebenen Zeitraum relativ langen Betriebsdauer und nicht zu großen Forderungen hinsichtlich der Energiedichte keine Primärzellen, sondern Sekundärzellen wie z. B. gasdichte Nickel-Cadmium-Akkumulatoren in Kombination mit einem Ladegerät einsetzen. Nach etwa 30 Lade-Entlade-Zyklen ist der Energiepreis bereits niedriger als bei entsprechenden Primärzellen.

Bei speziellen Anwendungen in der Militärtechnik oder im Seenotdienst tritt im Bedarfsfall ein hoher Verbrauch an netzunabhängiger Elektroenergie auf. Um die Selbstentladeverluste auszuschalten, setzt man für diese Zwecke Füll- oder Reserveelemente ein, die erst bei Gebrauch aktiviert werden. Damit wird die Einsatzbereitschaft der entsprechenden Geräte und Anlagen zu jeder Zeit gewährleistet, ohne die Batterien wegen Selbstentladung zu häufig ungenutzt austauschen zu müssen.

6.2. Betrieb netzunabhängiger, mobiler elektrischer Geräte mittlerer Größe

In diese Gruppe fällt der Antrieb von netzunabhängigen Küchengeräten, Reinigungsgeräten (z. B. Staubsauger), Rasenmäher, Bohr-, Sägemaschinen u. a. Die erzeugten Stückzahlen dieser Geräte sind jedoch sehr klein. Die Kriterien für die Anwendung sind prinzipiell analog denen der in Abschn. 6.1. beschriebenen Gruppe. Auf Grund des relativ hohen Energiebedarfs der Geräte dieser Gruppe ist aber der Einsatz von Primärzellen unökonomisch. Man verwendet hierfür vielmehr herkömmliche Sekundärzellen. Wenn auch deren Investitionskosten hoch sind, so ergibt sich doch durch die vielfache elektrische Ladung der Zelle ein wesentlich niedrigerer Energiepreis als bei Primärzellen (Tab. 6.3.). Es werden vor allem Blei- und Nickel-Cadmium-Batterien eingesetzt.

Tabelle 6.3. Spezielle Batteriekennziffern für Systeme zum Betrieb netzunabhängiger Geräte mittlerer Größe nach [1266]

Batterie	Spez. Energie in Wh/kg	Energiedichte in Wh/*l*	Zyklenzahl	Investitionskosten in M/kWh Speicherkapazität
Ag_2O_2—Zn	120	315	100···200	1800
Ni—Cd	40	130	300···2000	1200
Ni—Fe	33	50	3000	800
Pb	25	100	1500···2000	100···200

6.3. Betrieb von Hilfseinrichtungen größerer mobiler und stationärer Geräte und Anlagen

Diese Gruppe umfaßt vor allem Energiequellen zur Stromversorgung von Hilfs- oder Nebeneinrichtungen für Fahrzeuge. Für Verbrennungskraftfahrzeuge dienen sie zur Energieversorgung des Anlassers, der Beleuchtung und der Zündung (im Englischen: engine *s*tarting, *l*ighting, *i*gnition — s.l.i.-Systeme).

Auch die Stromversorgung von Niederspannungsrelaisanlagen in der Schalt- und Regeltechnik, der Beleuchtung von Reisezugwagen, der Bordelektrik von Schiffen und Weltraumfahrzeugen zählt zu dieser Gruppe.

Das Hauptkriterium für die Anwendung stellen in den meisten Fällen die Kosten dar. Energiedichte und spezifische Energie sind (Weltraumtechnik ausgenommen) nicht bestimmend, da größtenteils die Masse des Energiesystems gegenüber der Masse des Gesamtsystems sehr gering ist. Es kommt deshalb in erster Linie der Bleiakkumulator in Frage; in den Fällen, wo Tiefentladung gefordert wird, auch der Nickel-Cadmium-Akkumulator.

In der Weltraumtechnik hingegen ist oberstes Auswahlprinzip die spezifische Energie, denn die Kosten für den Transport eines Kilogramms Masse in den Weltraum liegen heute noch zwischen 1000 und 30000 M (abhängig von der Schubkraft der Trägerrakete). Man muß deshalb die für den Anwendungszweck (Einsatzdauer des kosmischen Objekts) optimale Stromquelle einsetzen. Für kurze und mittlere Einsatzdauer (vorwiegend bemannte Weltraumobjekte) werden Brennstoffzellen eingesetzt [1118, 1267]. Bei Brennstoffzellen ist man in der Lage, durch günstiges Gestalten des Verhältnisses Reaktantenmasse zur Gesamtmasse des Systems eine hohe spezifische Energie zu erzielen. Vorwiegend wird das System Wasserstoff-Sauerstoff verwendet, wobei gleichzeitig Trinkwasser für die Besatzung produziert werden kann. Für die amerikanische Apollo-Raumschiff-Serie wurde von der Firma Pratt und Whitney die in Bild 6.2. dargestellte Einheit entwickelt. Diese hatte folgende Daten [1267]:

Normalspannung	27···31 V,
Normalbelastung	563···1420 W,
Maximallast	2295 W bei 20 V,
Masse ohne Montagerahmen	120 kg.

Bild 6.2. Fotografie des APOLLO-Brennstoffzellenmoduls nach [1267]

Drei dieser Einheiten wurden im Raumschiff verwendet. Den längsten Weltraumaufenthalt erzielte Apollo 7 mit 779 h. Beim Mondflug von Apollo 8 wurden 291,7 kWh Elektrizität und über 100 *l* Wasser produziert. Später wurden auch 5-kW-Einheiten mit einer spezifischen Energie von 500 Wh/kg entwickelt [1129, 1267]. Die Kosten für die Brennstoffzellen sind jedoch außerordentlich hoch.

Für längere Einsatzdauer (vorwiegend Nachrichtensatelliten und unbemannte Stationen zu anderen Planeten) benutzt man Akkumulatoren, die durch Solarzellen wieder aufgeladen werden. In erster Linie verwendet man Silberoxid-Zink-Akkumulatoren [1268]. Für einen Langzeiteinsatz ist deren Lebensdauer jedoch zu gering, so daß man auf gasdichte Nickel-Cadmium-Akkumulatoren zurückgreift. Es wird auch der Einsatz von $Ni(OH)_2-H_2$-Zellen erprobt [738, 739, 1269].

6.4. Antrieb von Elektrofahrzeugen [242a]

An konventionelle Elektrofahrzeuge, wie Gabelstapler, Elektrokarren, kleine Lokomotiven und Motorboote, Paketzustellfahrzeuge u. a. werden keine allzu großen Forderungen hinsichtlich Geschwindigkeit und Reichweite bei vorgegebener Nutzlast gestellt. Deshalb wird hierfür hauptsächlich die Blei-Panzerplatten-Batterie eingesetzt.

Im Zusammenhang mit der Verringerung des fossilen Brennstoffvorrates und der durch die Verbrennungsmotoren hervorgerufenen Umweltverschmutzung plant man für die Zukunft, einen Teil der Fahrzeuge mit Verbrennungsmotor auf Elektroantrieb umzustellen. Das trifft sowohl auf Straßen- als auch auf Schienenfahrzeuge zu. Dafür werden aber weitaus größere Forderungen hinsichtlich der Reichweite, Geschwindigkeit und Beschleunigung gestellt als gegenwärtig realisierbar sind [1270—1275]. Für eine Reihe von Straßenfahrzeugen sind diese Anforderungen, einschließlich der an die Batterie, in Tab. 6.4. und Bild 6.3. zusammengestellt. Wegen der insbesondere beim Anfahren erforderlichen hohen Leistung kommt als Energiequelle in erster Linie der Akkumulator in Frage.

An eine Elektrotraktionsbatterie, die im städtischen Verkehr universell einsetzbar wäre, werden folgende Mindestanforderungen gestellt [1277—1280]:

spezifische Energie	> 100 Wh/kg,
mittlere spezifische Leistung	> 50 W/kg,
maximale spezifische Leistung	> 150 W/kg,
spezifische Investitionskosten	< 200 M/kWh,
Lebensdauer	> 1000 Vollzyklen (oder 5 Jahre bei 55%iger Entladung)

Da diese Werte z. Z. noch nicht erreicht werden, geht man zur Einführung der Elektrotraktion folgende Wege:

Variante 1: Einsatz optimierter herkömmlicher Batterien und Weiterentwicklungen auf ihrer Basis (z. B. Ni—Zn) für Fahrzeuge mit nicht zu hohen Anforderungen hinsichtlich der Energie- und Leistungsparameter (z. B. Kleinlasttransporter mit täglichen Fahrstrecken < 100 km);

Variante 2: Einsatz optimierter herkömmlicher Batterien in Hybridsystemen zur Reichweitenverlängerung von Stadtfahrzeugen (z. B. Kombination von Brennstoffzelle bzw. Verbrennungsmotor und Generator mit einem Akkumulator oder wechselseitiger Batterie- und Oberleitungsbetrieb bei Omnibussen);

Variante 3: verstärkte Entwicklung von Hochleistungsbatterien für alle städtischen Fahrzeuge.

Variante 1

In vielen Ländern wird die Entwicklung von Elektro-Kleinsttransportern (1 t Nutzlast) intensiv betrieben [1271, 1274, 1281, 1282]. Neben den herkömmlichen Transportern, die nur auf Elektroantrieb umgerüstet wurden, werden auch leichtgewichtige Spezialfahrzeuge eingesetzt [1283]. Als Energiequelle dient vor allem der Bleiakkumulator, der durch spezielle Entwicklungen (z. B. dünne Platten, hohe Säuredichten) verbessert werden konnte [1274, 1284—1289]. So wird z. B. eine Zelle mit der spezifischen Energie (bei 5stündiger Entladung) von 50 Wh/kg beschrieben [1274]. Dabei sollte sich aber die Lebensdauer stark vermindern.

Tabelle 6.4. Anforderungen an Elektrofahrzeuge verschiedenen Typs nach [1276]

		Privat-Pkw	Versorgungsfahrzeug	Rettungsfahrzeug	Stadt-Taxi	Stadtbus
Beschleunigung	auf: km/h	90	45	60	60	45
	in: s	15	10	20	15	15
Reichweite	in km	300	75	90	225	180
Fahrzeugmasse	in t	2	0,8	3,5	2	15
Batteriemasse	in kg	636	280	790	700	3000
Maximale Leistung	in kW	70	12	50	36	135
Spezifische Energie	in Wh/kg	190	40	73	140	120
Spezifische Leistung	in W/kg	132	62	80	66	55

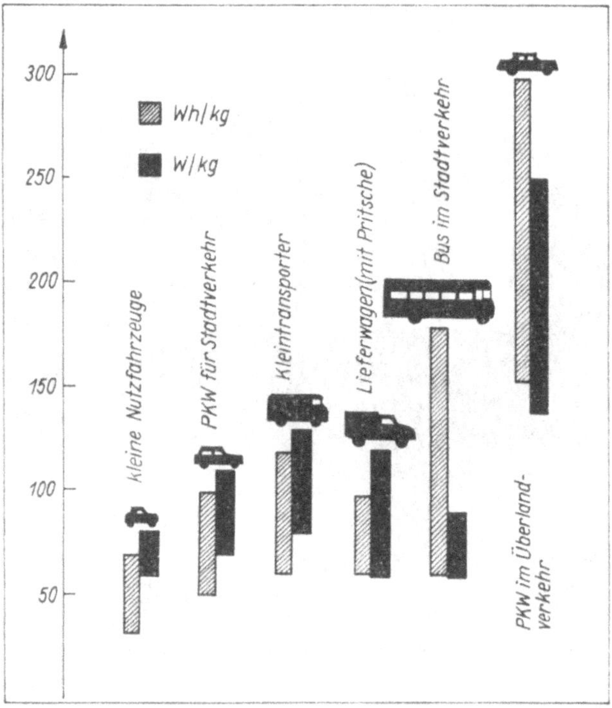

Bild 6.3. Geforderte spezifische Energie und spezifische Leistung für verschiedene Elektrofahrzeuge nach [746]

Ein typisches Beispiel für einen Kleinlasttransporter zeigt der in Bild 6.4. dargestellte „Elektrobarkas“, der in Zusammenarbeit zwischen der TH Karl-Marx-Stadt und der VVB Automobilbau entwickelt wurde. Er weist folgende technische Daten auf:

zulässige Gesamtmasse	3000 kg,
Nutzmasse	700 kg,
maximale Geschwindigkeit	62 km/h,
bisher erzielte maximale Reichweite im Stadtverkehr	83 km,
Motor	GS-Nebenschlußmotor,
Motormasse	115 kg,
maximale Drehzahl	4500 U/min,
Dauerleistung	21 kW,
Kurzzeitleistung	32 kW,
Steuerverfahren	Tastverhältnisstellung mit Stromregelkreis,
maximaler Strom	400 A,
Batterietyp	5 Gt 325 Ah,
Nennspannung	104 V,
Nennkapazität (5 h)	325 Ah,
installierte Energie	33,8 kWh
Batteriemasse	1010 kg,
spezifische Energie	33,5 Wh/kg.

Bild 6.4. Elektrobarkas. Davor zwei Bleiakkumulatoren; insgesamt werden davon im Fahrzeug 52 Stück verwendet

Eine Verbesserung von Reichweite, Geschwindigkeit usw. könnte durch Einsatz der Systeme Nickel-Zink und Nickel-Eisen [1274, 1284] erreicht werden. Aber selbst wenn das günstige Entwicklungstempo dieser Systeme weiter anhält, wird es auf Grund der im Weltmaßstab zur Verfügung stehenden niedrigen Nickelmengen zu keiner Massenproduktion kommen, so daß diese Batterien nur eine Zwischenlösung darstellen.

Auch Elektrobusse, die als Energiequelle einen Bleiakkumulator (360 V, 280 Ah, 4000 kg) enthalten [1290], sind bekannt und werden bereits zu Versuchszwecken im Liniendienst eingesetzt [1274, 1277, 1290]. Die Batterien sind unterflur oder auch in einem speziellen Anhänger untergebracht.

Variante 2

Eine andere bereits angewendete Möglichkeit der Reichweitensteigerung besteht im Einsatz von Hybridsystemen. Einige elektrochemische Systeme mit relativ hoher Energiedichte haben auf Grund ihrer geringen spezifischen und maximalen Leistung nur untergeordnete Bedeutung für den Fahrzeugantrieb. Wenn man sie aber mit einem Akkumulator hoher Leistung (z. B. Bleiakkumulator) so kombiniert, daß sie die Funktion eines Ladeaggregats für diesen Akkumulator übernehmen und dieser als Speicher- und eigentliche Antriebszelle wirkt (Hybrid), können diese elektrochemischen Systeme ebenfalls in der Elektrotraktion angewendet werden [1291].

Dafür kommen neben Metall-Luft-Zellen wie Eisen-Luft- und Zink-Luft-Zellen [808, 1274, 1285—1287, 1292, 1293] auch Brennstoffzellen in Frage, wenn ihr Preis ökonomisch gestaltet werden kann. Bei Brennstoffzellen werden in erster Linie die Systeme Wasserstoff-Luftsauerstoff und Hydrazin-Luftsauerstoff verwendet.

Kordesch [1294, 1295] betrieb in der Zeit von 1971 bis 1975 einen Elektro-Pkw mit einem Hybridsystem, bestehend aus einer Bleibatterie (84 V, 90 Ah, 20···30 kW, 150 kg) und einer Wasserstoff-Luft-Brennstoffzelle (90 V, etwa 400 Ah, 6 kW, 250 kg) über insgesamt 21000 km.

Verschiedentlich wurde auch der wenig erfolgreiche Versuch unternommen, die „Ladebatterie" allein zum Fahrzeugantrieb einzusetzen. So sind Beispiele eines Pkw-Antriebs mit Zink-Luft-Zellen [746] sowie des Antriebs eines Traktors, eines Kleinbusses, eines Gabelstaplers (Bild 6.5.) u. a. auf Brennstoffzellenbasis [1296] bekannt geworden. Neben der etwas zu niedrigen Leistungsdichte ist vor allem der hohe Preis für die geringe Bedeutung von Brennstoffzellen auf dem Gebiet der Elektrotraktion verantwortlich. So kostete z. B. die 32-kW-Wasserstoff-Sauerstoff-Versuchsbrennstoffzelle (1650 kg) eines Elektrokleinbusses (3320 kg) etwa 500000 M. Die Anlage nahm außerdem große Teile des Transportraumes ein [1268].

Prinzipiell kann in einem Hybridsystem auch ein Verbrennungsmotor eingesetzt werden, der entweder über einen Generator den Akkumulator lädt (echtes Hybridsystem) oder direkt mechanisch an die Antriebsachse gekoppelt ist. Der Verbrennungsmotor wird erst dann eingeschaltet, wenn der Entladegrad der Batterie ein Laden mit 100%iger Stromausbeute zuläßt, d. h., wenn die Batterie schon zu 50% oder mehr entladen ist [1297], oder die städtischen

Ballungsgebiete verlassen worden sind. Beim echten Hybridsystem hat man gegenüber dem Fahrzeug mit reinem Verbrennungsmotor den Vorteil, den Motor bei konstanter Last im Arbeitsbereich der höchsten Effektivität bei gleichzeitig minimaler Abgas- und Lärmumweltbelästigung laufen lassen zu können [1281, 1297, 1298].

Das in nächster Zeit realisierbare Haupteinsatzgebiet für das Hybridsystem ist der innerstädtische kommunale Personentransport [1299–1301].

Eine andere Quasi-Hybrid-Konzeption besteht darin, daß ein städtischer Elektrobus die Elektroenergie in den Außenbezirken aus einer Oberleitung entnimmt, wobei gleichzeitig die Batterien aufgeladen werden, und im Stadtkern mit Batteriebetrieb fährt, um eine höhere Beweglichkeit zu erreichen.

Bild 6.5. 3-kW-Elektrogabelstapler mit Hydrazin-Luft-Brennstoffzellen, entwickelt im VEB Berliner Akkumulatoren- und Elementefabrik

Variante 3

Mit dem Einsatz von Hochleistungsbatterien (spezifische Energie > 100 Wh/kg, spezifische Leistung > 100 W/kg) könnte der ökonomische Antrieb aller städtischen Elektrofahrzeuge gesichert werden. Für den Einsatz im individuellen Überlandbereich müßte die spezifische Energie dagegen Werte von etwa 300 Wh/kg erreichen.

Erfolgversprechend sind in erster Linie die Systeme Natrium-Schwefel und LiAl–FeS [869, 1274, 1278, 1279, 1284–1287, 1302, 1303], aber erst in zweiter Linie das System Zink-Chlor, das zwar günstige Energie- und Leistungsparameter aufweist und sich in einem ziemlich fortgeschrittenen Entwicklungsstadium befinden soll, jedoch auf Grund seiner komplizierten Arbeitsweise und der durch das giftige Chlor bestehenden Gefährdung für einen Masseneinsatz keine großen Zukunftsaussichten haben dürfte.

Die Systeme Natrium-Schwefel und LiAl–FeS stellen bekanntlich Hochtemperaturzellen (Arbeitsbereich 300···350 °C bzw. 400···450 °C) dar. Das birgt

Probleme der Aufrechterhaltung der Arbeitstemperatur und der Sicherheit in sich. Man ist jedoch in der Lage, diese Batterien thermisch so gut zu isolieren, daß sie noch einen Tag nach dem Abschalten sofort einsatzbereit sind. Beim Aufladen und während des Betriebes wird zum Heizen die JOULEsche Wärme genutzt; bei längeren Stillstandszeiten hält man zweckmäßigerweise durch Heizen mittels Netzstrom oder über die Batterie selbst die Temperatur im Arbeitsbereich. Auf jeden Fall ist ein Abkühlen des Akkumulators zu vermeiden, da ein Wiederaufheizen nur sehr langsam erfolgen kann, die Energiebilanz ungünstig beeinflußt wird und die Lebensdauer abnimmt.

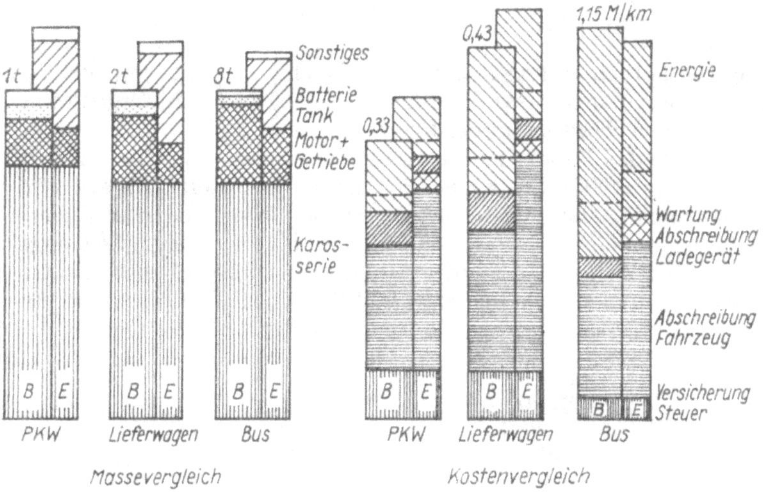

Bild 6.6. Vergleich der Masse und der Kilometerkosten von Benzinfahrzeugen (*B*) und mit Natrium-Schwefel-Akkumulatoren ausgerüsteten Elektrofahrzeugen (*E*) nach [1279]

Bei einem eventuellen Unfall reicht die Reaktionsenthalpie der Umsetzung von Natrium und Schwefel aus, um die Batterie auf über 1000 °C zu erwärmen. Man ist aber mit bestimmten Sicherheitsmaßnahmen (z. B. Reduzierung der Reaktionsfläche) in der Lage, dieses Risiko minimal werden zu lassen.

Berechnungen für einen Einsatz von Natrium-Schwefel-Batterien bei der Elektrotraktion [1279] unter bestimmten Voraussetzungen (mechanischer Energiebedarf an den Rädern 120 Wh pro km und t Fahrzeuggewicht; 4 h Fahrt bis zur entladenen Batterie bei Pkw und Lieferwagen; 8 h beim Bus; mittlere Leistung und Spitzenleistung am Rad analog wie bei Fahrzeugen mit Verbrennungsmotor) ergaben bezüglich der Masse und der Kilometerkosten die in Bild 6.6. dargestellten Relationen im Vergleich zum Benzinfahrzeug. Aus dem Vergleich ergibt sich, daß der Elektro-Pkw um etwa 20% schwerer ist. Beim Lieferwagen und Bus ist die Differenz geringer. Die Kosten sollen etwa in derselben Größenordnung liegen.

Bereits 1972 wurde ein Kleinlasttransporter mit einer Natrium-Schwefel-Batterie ausgerüstet, die 960 Zellen hatte (s. Abschn. 4.8.2.5.). Es war bislang das einzige Fahrzeug dieser Art. Im Jahre 1977 wurde aber auch in Japan von Elektrofahrzeugen auf der Basis des Natrium-Schwefel-Akkumulators berichtet [1304]. So wurde ein 1,2-t-Lieferwagen mit einer 630-Einzelzellen-Batterie angetrieben, die folgende Daten aufwies:

Spannung	60 V
Kapazität (5 h)	486 Ah
spezifische Energie (5 h)	91 Wh/kg
spezifische Leistung (5 h)	40 W/kg
Masse	320 kg

Er legte dabei mit einer kontinuierlichen Geschwindigkeit von 40 km/h 230 km zurück. Die maximale Geschwindigkeit betrug 50 km/h. Gegenwärtig sollen etwa 1000 Versuchswagen in der Erprobung sein.

In England wurde das Projekt zum Antrieb eines Busses und eines Kleinsttransporters bekannt [1305]. Die zugehörige 450-kWh-Batterie soll aus 1320 Zellen bestehen und 2200 kg Masse haben, wobei 775 kg auf die Peripherie entfallen. Das würde einer Batterie mit einem hohen Energie-Leistungs-Verhältnis entsprechen. 1978/79 wurde in den USA eine LiAl/FeS-Elektrotraktionsbatterie entwickelt, die aus zwei 20-kWh-Modulen besteht und einschließlich Zusatzeinrichtungen folgende Charakteristika aufweist:

Spannung	144 V
Kapazität (5 h)	278 Ah
spezifische Energie (5 h)	59 Wh/kg
spezifische Leistung (5 h)	44W/kg
Masse	680 kg.

Diese Batterie, in einen VW-Elektrokleinsttransporter eingebaut, soll bei einer Geschwindigkeit von 40 km/h eine Reichweite von 264 km (Bleiakku 93 km) und bei 72 km/h eine Reichweite von 132 km (Bleiakku 45 km) ermöglichen [1305a]. Auf Grund der z. Z. relativ hohen Lithiumkosten sollte ihr Preis aber etwas höher liegen als der einer äquivalenten Natrium-Schwefel-Batterie.

Problematisch bei der Verwendung von Akkumulatoren, auch von Hochleistungsbatterien, ist die beträchtliche Ladezeit. Man kann die damit verbundene Stillstandszeit des Fahrzeuges aber durch Austausch der entladenen Batterie gegen eine geladene erheblich reduzieren. Diese Batteriewechseltechnik [1271, 1290] erlaubt einen Wechsel in weniger als 5 Minuten. Nachteilig hierfür ist der damit verbundene Kostenanstieg durch die zweite Batterie und den Bau der Wechselanlagen sowie die relative Ortsgebundenheit.

Zur Zeit sind nur die ersten beiden genannten Lösungsvarianten gangbar. Sie werden sich in größerem Maße aber nur in industriellen Ballungsgebieten durchsetzen können, denn man rechnet heute selbst bei einer Serienproduktion von Elektrofahrzeugen mit Mehrkosten im Unterhalt von etwa 20···40% gegenüber den Fahrzeugen mit Verbrennungsmotor. Auch liegen die Investitionskosten beträchtlich höher [1299]. Diesen Nachteil muß man mit den Vorteilen (z. B. bezüglich der Ökologie) abwägen, die für Wohngebiete in industriellen Zentren überwiegen können. Die Fahrzeuge mit herkömmlichen Akkumulatoren werden aber dann zur Anwendung gelangen, wenn der Erdölvorrat beträchtlich sinkt und damit die Benzinpreise spürbar ansteigen. Unter optimalen Bedingungen kann z. Z. etwa 1 kg Vergaserkraftstoff durch 4 kWh substituiert werden [1306].

Die dritte Lösungsvariante wäre eine echte Alternative zum konventionellen, mit Verbrennungsmotor betriebenen Stadtfahrzeug sowohl bezüglich des Preises als auch der Fahreigenschaften. Mit einer ökonomischen Realisierung kann in den nächsten 10···15 Jahren gerechnet werden.

6.5. Versorgung autonomer ortsfester Elektroenergieverbraucher

Diese Gruppe umfaßt Stromquellen zum Betrieb ortsfester Elektroenergieverbraucher, deren Versorgung auf Grund ihrer komplizierten geographischen Lage über das elektrische Netz wenig sinnvoll ist. Daraus leitet sich auch ein möglichst wartungsfreier Dauerbetrieb über Monate oder Jahre ab. Zu diesen autonomen Elektroenergieverbrauchern gehören

- maritime Anlagen wie Bojen, Plattformen mit Meß- und Signalgeräten (Leuchtturm) sowie Unterwasserstationen,
- terrestrische Anlagen wie Funk- und Wetterstationen, Fernsehumsetzer und Signalanlagen sowie dezentral gelegene kleinere Ansiedlungen oder Gehöfte.

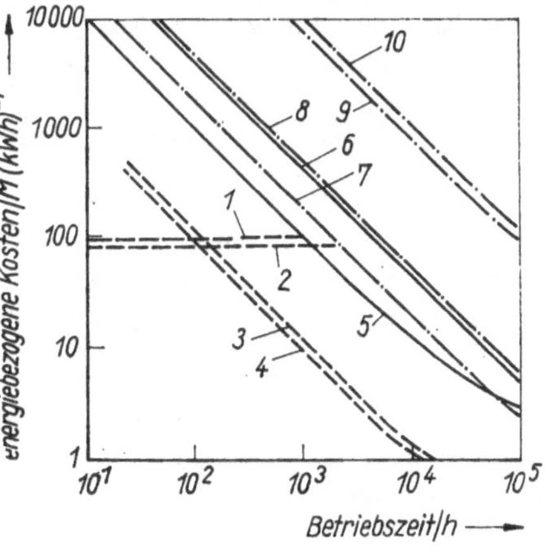

Bild 6.7. Energiebezogene Kosten verschiedenartiger 100-W-Stromquellen in Abhängigkeit von der Betriebszeit nach [1307]

1 – Zink-Luft-Zelle;
2 – Zink-Braunstein-Zelle;
3 – Nickel-Cadmium-Akkumulator;
4 – Bleiakkumulator;
5 – Wasserstoff-Sauerstoff-Brennstoffzelle;
6 – Methanol-Luft-Brennstoffzelle;
7 – Windgenerator;
8 – Wellengenerator;
9 – Radionuklidbatterie;
10 – 50-km-Kabel

Die Leistungsanforderungen liegen für

- Meß-, Signal-, Funk- und Fernsehanlagen im allgemeinen im Bereich von 1 W bis 1 kW,
- Unterwasserstationen im Bereich von 5 kW bis 500 kW,
- Ansiedlungen im Bereich von 10 kW bis 100 kW.

Prinzipiell eignen sich zur Energieversorgung solcher Objekte außer elektrochemischen Stromquellen auch Dieselaggregate und Radionuklidbatterien oder Kernreaktoren. Deshalb sind diese Alternativen bei ökonomischen Betrachtungen stets mit heranzuziehen [1307—1312]. Für die Auswahl der Energiesysteme sind vor allem der Wh-Preis und die spezifische Energie entscheidend. Diese Größen hängen von der Betriebszeit ab, wie Bild 6.7. am Beispiel der Kosten zeigt.

Für die Einsatzgebiete Meß-, Signal-, Funk- und Fernsehanlagen mit den niedrigsten Leistungsanforderungen wären, von der Kostenfrage abgesehen, die Brennstoffzellen am geeignetsten. Bei einem entsprechenden Brennstoffvorrat garantieren sie lange wartungsfreie Betriebszeiten, wobei nur ein Nachtransport von Brennstoff (besonders geeignet in flüssiger Form wie Methanol oder Hydrazin) und nicht des gesamten Systems erforderlich ist. Letzteres ist für fernab gelegene terrestrische Energieverbraucher besonders wichtig. Deshalb wird hier die Brennstoffzelle den Vorzug erhalten. Aus Kostenfragen wird man bei maritimen Objekten, bei denen der Transport von Akkumulatoren nicht besonders beschwerlich ist, Sekundärzellen vorziehen.

Der Einsatz von Sekundärzellen ist auch in Hybridsystemen als Speicher in Kombination mit einem Ladeaggregat aus Brennstoffzellen z. B. für Meßstationen möglich. Zur Meßwerterfassung ist der Leistungsbedarf in der Regel gering, zur Funkübertragung dieser Daten jedoch kurzzeitig hoch. Als Ladeaggregate können auch Wind- oder Wellengeneratoren sowie Solarzellen verwendet werden.

Es ist eine Reihe von Versuchssystemen sowohl auf der Basis reiner Brennstoffzellen als auch deren Hybridkombinationen mit Akkumulatoren bekannt, die sehr zuverlässig gearbeitet haben, z. B. eine 100-W-Wasserstoff-Luft-Batterie für Leuchttürme [1313], ein 50-W-Nickel-Cadmium-Brennstoffzellen-Hybrid [1313], eine 24- bis 50-W-Methanol-Luft-Batterie für Fernsehumsetzer [1314] sowie eine 30- bis 60-W-Methanol-Luft-Batterie für Bojen [1315].

Bild 6.8. zeigt eine solche Batterie im Einsatz. Ihr sind bei 400 *l* Brennstoff-Elektrolyt-Gemisch 180 kWh zu entnehmen. Bei einer Klemmenspannung von 6 V kann die Batterie mit durchschnittlich 5 A belastet werden. Bei vierstündiger täglicher Betriebsdauer (etwa 2 s Lastdauer, 4 s Ruhe) wäre somit ein wartungsfreier Betrieb von 2···3 Jahren möglich. Die spezifische Energie liegt bei 250···300 Wh/kg.

Zur Energieversorgung von Unterwasserstationen eignet sich neben elektrochemischen Stromquellen, Dieselgeneratoren und Kernreaktoren auch ein Seekabel. Die Energieerzeuger können sowohl auf der Meeresoberfläche in Bojen als auch in der Station selbst untergebracht werden. Bei Unterwassereinsatz verlangt das aber für Brennstoffzellen und Dieselaggregate Luftsauerstoffzufuhr über bruchsichere Rohrsysteme. Die Auswahl der Energiequelle richtet sich nach Leistung und Betriebszeit der Unterwasserstationen [1307, 1312]. Die kostengünstigsten Lösungen sind aus Bild 6.9. zu entnehmen. Praktische Anwendungen von bemannten Unterwasserstationen in größerem Rahmen sind nicht bekannt geworden.

Bild 6.8. Methanol-Luft-Batterie im Einsatz auf einer Leuchttonne nach [1315]

Für dezentral gelegene Ansiedlungen kann die Verlegung eines elektrischen Netzes unter Umständen so kostenaufwendig sein, daß man sich für autonome Elektroenergiespeicher entscheiden wird. Am geeignetsten dafür wäre die geräusch- und abgasarm arbeitende Brennstoffzelle, wenn für sie nicht zu hohe Kosten entstünden. Daneben ist stets auch das Dieselaggregat in Erwägung zu ziehen.

Für Versuchszwecke wurden mehrere erdgasgespeiste, komplette (Erdgasreformer, Brennstoffzelle, Stromumrichter) 12,5-kW-Wasserstoff-Luft-Brennstoffzelleneinheiten zur Hausenergieversorgung eingesetzt [1316—1319]. Es wurden damit folgende Geräte und Anlagen gespeist: Kühlschrank, Waschmaschine, Gastrockner, Spülmaschine, Klimaanlage, Telefonapparate, Lichtanschlüsse und weitere kleinere Verbraucheraggregate. Das Prozeßschema dieser Anlagen (Reformer 0,18 m³, Stromumrichter 0,45 m³, Brennstoffzellenbatterie 0,77 m³) ist in Bild 6.10. dargestellt.

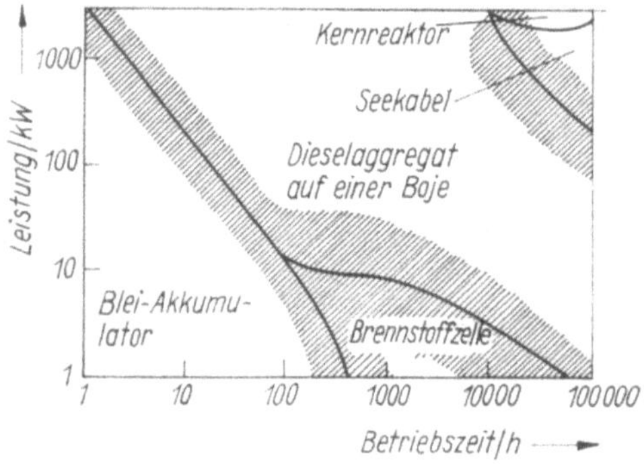

Bild 6.9. Kostengünstigste Gebiete von Energiequellen für bemannte Unterwasserstationen nach [1307]

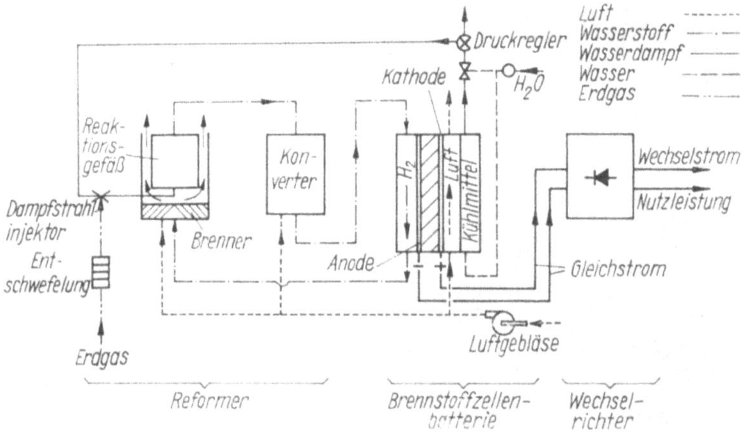

Bild 6.10. Vereinfachtes Prozeßschema der Brennstoffzellenanlage POWERCELL 11 A-1 von Pratt und Whitney, nach [1319]. Rückgewinnung des Reaktionswassers nicht gezeichnet

6.6. Versorgung zentraler ortsfester Elektroenergieverbraucher

Für Notstromzwecke, vorwiegend für die Notbeleuchtung in zentralen Gebäuden (Theater, Kino, Warenhäuser, Kongreß- und Versammlungszentren), aber auch für die Energieversorgung lebensnotwendiger Einrichtungen wie Krankenhäuser bei Ausfall des allgemeinen Stromnetzes sowie für Steuerzentralen, Fernsprechanlagen und Funkstationen werden als elektrochemische Stromquellen Akkumulatoren eingesetzt, deren Ladung in der Regel über einen

Gleichrichter erfolgt. Diese Stromquellen haben auch dort Bedeutung, wo eine völlig oberwellenfreie konstante Gleichspannung benötigt wird, wie z. B. in wissenschaftlichen Forschungseinrichtungen sowie Eich- und Prüfstellen.

Die Energiebereitstellung kann auf verschiedene Art und Weise vorgenommen werden:

- Bei reinem Batteriebetrieb erfolgt die Energiezuführung zum Verbraucher ausschließlich von der Batterie und das Aufladen der Batterie anschließend getrennt vom Verbraucher.
- Bei Parallelbetrieb (gemischter Batteriebetrieb) erfolgt die Energiezuführung zum Verbraucher gleichzeitig sowohl von der Batterie als auch vom Netz oder einem Elektroenergieerzeuger.

  Hat die Batterie hierbei vorwiegend die Aufgabe, bei großen Belastungsschwankungen durch ihre Entladung die Leistungsspitzen abzusichern, um bei lastarmen Phasen wieder aufgeladen zu werden, so arbeitet sie im Pufferbetrieb. Dabei brauchen die Zuleitungen nur auf die mittlere Belastung ausgelegt zu werden.

  Steht die mit dem Netz verbundene Stromquelle nur in Bereitschaft, um bei Netzausfall sofort Elektroenergie zu liefern, so arbeitet sie im Bereitschaftsparallelbetrieb. Je nach der Länge der etwa zu erwartenden Betriebszeit muß die Kapazität der Batterie ausgelegt sein. Mit größerer Kapazität wächst die Sicherheit der Elektroenergiebereitstellung bei Netzausfall. Als Richtwert gilt, daß die Batterie drei Stunden lang arbeitsfähig sein muß.
- Bei Umschaltbetrieb erfolgt die Energiezuführung zum Verbraucher normalerweise vom Netz oder einem Elektroenergieerzeuger und die nicht gleichzeitig von demselben Netz gespeiste Batterie wird erst bei Netzausfall automatisch auf den Verbraucher geschaltet.

Bei Parallelbetrieb wird also der Batterie permanent ein sehr geringer Ladestrom zugeführt, um ihren Volladezustand zu sichern, während bei Umschaltbetrieb die Batterie in gewissen Zeitabständen aufgeladen werden muß. Wegen des ortsfesten Betriebs spielt die spezifische Energiedichte der Akkumulatoren eine untergeordnete Rolle, dafür wird aber eine hohe Lebensdauer (bis zu etwa 20 Jahren) gefordert. Deshalb kommen die schweren, aber robusten Großoberflächenplatten-Bleiakkumulatoren (Gro) in halboffenen Akkumulatorgefäßen und speziellen Batterieräumen zur Anwendung. Die Kapazität von Zellensätzen für ortsfeste Batterien ist bis zu 9000 Ah ausgelegt worden (z. B. 32 parallel angeordnete 288-Ah-Platten), wobei die Masse eines solchen Großoberflächenplatten-Zellensatzes im betriebsfähigen Zustand etwa 1800 kg beträgt. Die obere Batteriespannung einer Anlage ist im allgemeinen 220 V. Mit den zunehmenden Rohstoffkosten sind die sehr bleiintensiven Akkumulatoren allerdings ökonomisch ungünstiger geworden und werden mehr und mehr durch die ebenfalls langzeitig arbeitenden (etwa 10 Jahre) Panzerplatten-Bleiakkumulatoren (*Pz*) verdrängt. Die Panzerplatte bedarf dann allerdings einer etwas anderen Fertigung als bei ihrer Anwendung für Elektroantriebs- oder Zugbeleuchtungsbatterien, z. B. mit sehr korrosionsfesten Bleigittern und mit Elektrodenhüllen, die ein Abschlammen der positiven Aktivmasse völlig verhindern.

6.7. Elektroenergiespeicher zum Spitzenlastausgleich

Diese Gruppe umfaßt Systeme zum Spitzenlastausgleich im MW-Bereich. Gegenwärtig wird der Spitzenlastausgleich vorwiegend mit Gasturbinen und Pumpspeicherwerken vorgenommen. Prinzipiell kann man dazu auch elektrochemische Stromquellen einsetzen [777, 1266, 1319a]. Elektrochemische Stromquellen haben gegenüber der Gasturbine und dem Pumpspeicherwerk den Vorteil, daß sie weder Erdöl oder Erdgas zum Betrieb benötigen noch an topographische Bedingungen gebunden sind. Sie erfordern aber wesentlich höhere Kosten, wobei berücksichtigt werden muß, daß die entsprechenden Anlagen einen Wechsel-Gleich- und Gleich-Wechselstrom-Umrichter benötigen.

Die Energiedichte, die Aussagen über den Platzbedarf zuläßt, ist gegenüber den Kosten ein untergeordnetes Kriterium für die Errichtung solcher Anlagen. Wichtig aber sind ein breites Belastungsspektrum und ein gleichbleibend hoher Energiewirkungsgrad, d. h. niedrige Energieverluste beim Lade-Entlade-Prozeß.

Prinzipiell sind für diesen Einsatzzweck nur Akkumulatoren und elektrolytisch regenerative Brennstoffzellen (s. Abschn. 5.10.2.3.) geeignet. An solche Batterien stellt man folgende Anforderungen [936, 1279, 1320]:

spezifische Investitionskosten	$<$ 100M/kWh
Energiewirkungsgrad	$>$ 70%
Lebensdauer	$>$ 1800 Zyklen (5 Jahre bei 1 Zyklus pro Tag)

Diese Anforderungen können herkömmliche Batterien nicht erfüllen. Trotzdem werden sie für den Spitzenlastausgleich in Erwägung gezogen [2, 1118, 1321].

Prinzipiell kommen dafür folgende Systeme in Frage:

- Bleiakkumulatoren,
- Zink-Chlor- und Zink-Brom-Akkumulatoren,
- Hochtemperaturakkumulatoren (Na—S, LiAl—FeS),
- Redoxsysteme,
- Kombination von Wasserstoff-Sauerstoff-Brennstoffzelle und Wasserelektrolyseur.

Bleiakkumulatoren waren die ersten für den Spitzenlastausgleich in Betracht gezogenen elektrochemischen Speicher. Sie verfügen über einen hohen Energiewirkungsgrad, insbesondere auch bei Teillast, verlangen einen relativ niedrigen Wartungsaufwand und sind recht betriebssicher. Die Investitionskosten sind aber wegen des teueren Reaktanten Blei so hoch, daß der Bleiakkumulator eingedenk der zunehmenden Rohstoffpreise kaum als Großspeicher angewendet werden wird.

Hochtemperaturakkumulatoren sind von seiten ihrer prognostizierten Kosten als Speichersysteme gut geeignet. Auch sollten die Probleme der Sicherheit und der Erhaltung der Arbeitstemperatur bei stationärem und kontinuierlichem Betrieb fast problemlos sein. Verschiedene Firmen planen den Einsatz von Natrium-Schwefel-Akkumulatoren [853, 871, 1266, 1322, 1323], so z. B. für den Bau einer 20-MW-Speicheranlage mit folgenden Daten [1322, 1324]:

Arbeitsspannung	1000 V
Kapazität	100 MWh
Energiewirkungsgrad	75%
Zyklus	5 h Entladen/7 h Laden
Flächenenergiedichte	> 86 kWh/m²
spezifische Investitionskosten	70 M/kWh; 350 M/kW

Auch das System LiAl—FeS, soll zum Einsatz kommen. So plant man Anfang der achtziger Jahre Tests von 50-kWh-Einheiten, die folgende Daten aufweisen sollen:

Lebensdauer	500···1000 Zyklen
spezifische Energie	60···80 Wh/kg
spezifische Leistung	12···20 W/kg
Zyklus	5 h Entladen/7 h Laden
spezifische Investitionskosten	
für Prototyp	400 M/kWh
bei Serienproduktion	50···60 M/kWh

Danach ist der Bau von Anlagen im MW-Bereich vorgesehen, wobei dann alle oben genannten Daten, vor allem aber die Zyklenlebensdauer (auf 3000), verbessert werden sollen [920, 936, 1266, 1325—1328].

Das System Zink—Chlor ist in seiner Entwicklung relativ weit fortgeschritten. Nach Erprobung einer 1-MW-Anlage mit der Kapazität von 5 MWh im Jahre 1979 soll die Errichtung kompletter Großanlagen (20 MW/100 MWh) noch vor 1985 erfolgen [766a, 1266, 1321, 1329—1331]. Nachteilig bei diesem System macht sich jedoch der niedrige Wirkungsgrad (etwa 50%) bemerkbar. Von den Entwicklungsfirmen wird jedoch ein Wirkungsgrad von 65···70% prognostiziert [766a].

Neuerdings wird auch dem System Zink—Brom eine gewisse Anwendungschance eingeräumt, wobei im Vergleich zum Chlor zwar die günstigere Speicherbarkeit des Broms einen Vorteil darstellt, demgegenüber aber als Nachteile die Zerstörung der organischen Separatoren und der Elektroden, die etwas niedrigere spezifische Energie und die höheren Kosten des Broms berücksichtigt werden müssen.

Der Einsatz von Redoxzellen ist zur Zeit erst in der Phase der Diskussion, was auf den niedrigen Entwicklungsstand dieser Systeme zurückzuführen ist. Man verspricht sich aber niedrige Investitionskosten, auf Grund der Möglichkeit einer externen Speicherung der im Elektrolyten gelösten Aktivmaterialien in Tanks [1118, 1266, 1321].

Für die Kombination von Wasserelektrolyseur und Wasserstoff-Sauerstoff-Brennstoffzelle [2, 1316, 1321, 1332, 1333] ist die in den letzten Jahren verstärkt betriebene Entwicklung von Wasserelektrolyseuren mit erhöhtem Wirkungsgrad und verminderten Kosten von großer Bedeutung. Auch die Anwendung thermochemischer Prozesse zur Wasserspaltung wird diskutiert. Sie scheint aber kostenungünstig zu sein [1332].

Die Wasserstoffspeicherung in komprimierter Form stellt technisch kein Problem dar, ist aber mit einem sehr großen Platzbedarf verbunden und läßt auch ökonomische Fragen offen. Weiterhin ist die Speicherung in kryogener Form oder chemisch als Metallhydrid möglich. Da die kryogene Speicherung aber für große Anlagen zu teuer ist, scheint die chemische Speicherung am günstigsten zu sein. Sie muß aber noch technisch weiterentwickelt werden.

Zur Rückgewinnung der elektrischen Energie aus dem Wasserstoff sind prinzipiell wasserstoffbeheizte Wärme- oder Gasturbinenkraftwerke möglich, scheiden aber auf Grund ihres niedrigen Wirkungsgrades aus. Vielmehr kommen Wasserstoff-Luft-Brennstoffzellen in Frage, die einen Wirkungsgrad bis etwa 60% haben können, aber zur Zeit noch sehr teuer sind. Die Kosten für diese Energiespeicherung sind trotz des Einsatzes des billigen Wassers als Energieträgermedium noch höher als bei den gegenwärtig angewandten Verfahren.

Einige kleinere Prototypen dieser Speichersysteme sind bereits in der Testphase. Auf der Basis von Elektrolysewasserstoff, Eisentitanhydrid-Speicherung und saurer Brennstoffzellen soll der Bau von 26-MW-Speicherkraftwerken vorbereitet werden [1316, 1334]. Auch der Einsatz einer Kombination von Wasserstoff-Chlor-Brennstoffzelle und Salzsäureelektrolyseur wird diskutiert, die ökonomischer als die entsprechende Wasserstoff-Sauerstoff-Kombination arbeiten soll [1335].

Sollte es einmal zur Wasserstoffenergiewirtschaft (s. Abschn. 1.2.) kommen und die Energiewandler auf der Verbraucherseite den durch Rohrleitungen transportierten Wasserstoff wieder in elektrische Energie umformen, dann werden Brennstoffzellenkraftwerke von besonderer Bedeutung sein.

Von allen elektrochemischen Systemen haben die Hochtemperaturzellen für eine ökonomische Anwendung die größten Anwendungsaussichten. Inwieweit es jedoch zu einer Realisierung eines derartigen Projekts kommt, hängt vom Vergleich mit anderen prinzipiell möglichen Systemen zur Energiespeicherung ab (Tab. 6.5.). Die wichtigste Kenngröße beim Vergleich sind die Stromerzeugungskosten (Abschreibung und Energiedifferenzkosten). Für die wichtigsten Systeme sind sie in Abhängigkeit von der täglichen Betriebszeit in Bild 6.11. dargestellt.

Es ist ersichtlich, daß bei kleinen Betriebszeiten der Natrium-Schwefel-Speicher (die Umrichterkosten sind berücksichtigt) mit den anderen Spitzenlastausgleichssystemen kostenmäßig auf einer Stufe steht.

Den Verbraucher interessieren aber weniger die Stromerzeugungskosten, sondern vielmehr die Stromkosten am Ort des Verbrauchs. In diese Kosten gehen noch die Abschreibungskosten für das elektrische Netz ein, das man normalerweise für Spitzenlast auslegt. Bis zum elektrochemischen Speicher genügt es aber, das Netz für die mittlere Verbraucherleistung auszulegen, mit der der Speicher geladen werden soll. Nur die Strecke zwischen Speicheranlage und Verbraucher muß mit Spitzenlast beanspruchbar sein. Die Netzeinsparung ist damit um so größer, je näher das Speichersystem beim Verbraucher statio-

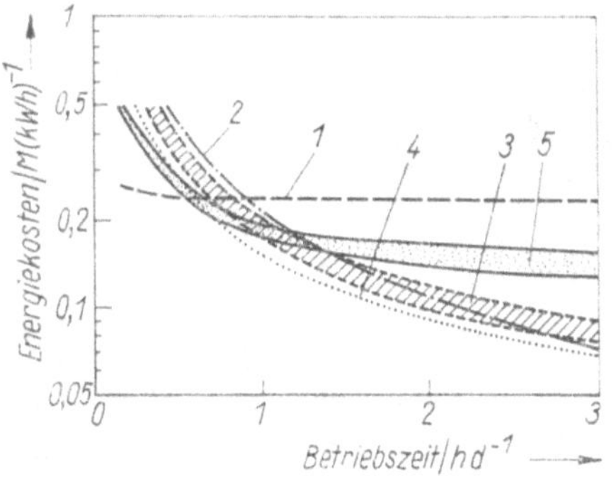

Bild 6.11. Energiekosten verschiedener Spitzenstromerzeuger am Ausgang der Anlagen in Abhängigkeit von der täglichen Betriebszeit nach [1279]

1 – Pumpspeicher;
2 – Gasturbine;
3 – Luftspeicher und Gasturbine;
4 – Dampfspeicher und Dampfturbine;
5 – Natrium-Schwefel-Akkumulator

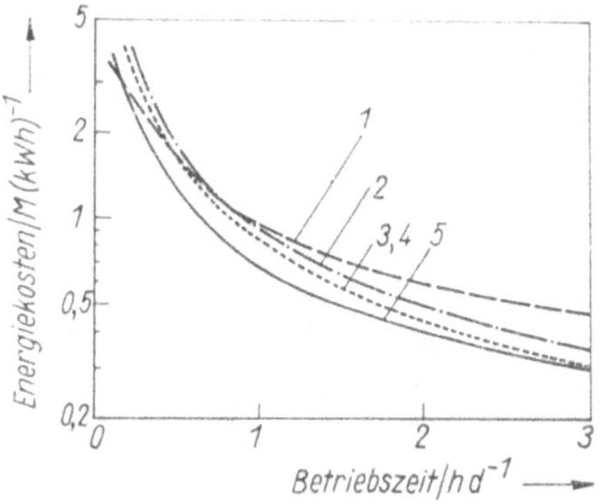

Bild 6.12. Energiekosten verschiedener Spitzenstromerzeuger am Ende des Verteilungsnetzes in Abhängigkeit von der täglichen Betriebszeit nach [1279]

1 – Pumpspeicher;
2 – Gasturbine;
3 – Luftspeicher und Gasturbine sowie;
4 Dampfspeicher und Dampfturbine;
5 – Natrium-Schwefel-Akkumulator

niert ist. Die Einsparung kann bis zu 30% der Netzinvestitionskosten betragen [807]. Rechnet man beim Natrium-Schwefel-Speicher mit dieser Größe, so ergäben sich die in Bild 6.12. dargestellten Kosten.

6.8. Großtechnische Elektroenergieerzeugung

Diese Gruppe umfaßt Systeme zur Elektroenergieerzeugung im MW-Bereich. Prinzipiell kommen hierfür nur Brennstoffzellen in Frage. Sie werden dann in großem Umfang eingesetzt, wenn ihre Energiekosten mit denen der konventionellen Energieerzeuger wie Wärmekraftwerke vergleichbar sind.

Tabelle 6.5. Charakteristik und Entwicklungsstand einiger Energiespeichersysteme [1321]

Typ	Speicherwirkungsgrad in %	Spezifische Kosten C_L in M/kW	C_E in M/kWh	Energiedichte in kWh/dm³	Entwicklungsstand	Potentielle Anwendung
Mechanisch						
Pumpspeicher	65···75	200···280	4···30[a])	0,001[b])	bereits angewendet; Ingenieurstudien für Untertageanwendung	zentrale Energiestationen für Pufferbetrieb und Spitzenlastausgleich
Druckluft-Gasturbinen-System	65···72	200···400	8···40	0,003···0,015	erste kommerzielle Anwendung 1977	zentrale Energiestationen für Pufferbetrieb u. Spitzenlastausgleich; Leistungsreserve für Energieerzeugung
Schwungradspeicher	70···85	140···200	200···600	0,015···0,06	Beginn der Entwicklung	dezentrale Energiestationen; Korrektur des Leistungsfaktors; Notstromkapazität
Thermisch						
Dampf (Druckkessel)	70···80	300···500	60···140	bis zu 0,03	bereits angewendet; Ingenieurstudien für moderne Anlagen	zentrale Energiestationen
Heißölspeicher	65···80	300···500	20···40	—		
Batterien						
Bleiakkumulator	60···75	120···200	80···100[c])	0,03···0,06	technischer Gegenwartsstand	dezentrale Energiestationen für Spitzenlastausgleich
Hochentwickelte wäßrige Systeme	60···75	120···200	40···60[c])	0,03···0,08	kleine Prototypen	
Hochtemperatursysteme	70···80	120···200	40···80[c])	0,06···0,14	Laborzellen	
Redoxsysteme	60···70	200···400	10···30[c])	0,015···0,06	konzeptionelle u. Laborstudien	

Chemisch						
Wasserstoff (Elektrolyse u. Brennstoffzelle)	35⋯55	600⋯800	10⋯60	—[d])	fortgeschrittene Entwicklung von Teilsystemen	zentrale Energiestationen mit dezentraler Erzeugung; kombinierte Gas-Elektroenergie-Systeme
Reaktionssysteme mit geschlossenem Kreislauf ($CH_4 + H_2O \rightarrow CO + 3H_2$)	—	—	—	—[d])	Konzeptionelle Studien u. Beginn d. Entwicklung	Umwandlung, Speicherung u. Transport von Kern- u. Sonnenenergie
Elektromagnetisch						
Supraleitende Magnete	80⋯90	80⋯100	60⋯400	0,015⋯0,03	Konzept, maßgebliche Teile in Entwicklung befindl.	zentrale Energiestationen und Systemstabilisierung (nur Großausführung)

[a]) es wird ein Reservoir (See) angenommen,
[b]) es wird eine Druckhöhe von 1000 m angenommen,
[c]) nicht eingerechnet die Installation (40⋯100 M/kWh),
[d]) nicht zutreffend.

$$C_G = C_L + C_E \cdot t_{max}$$

C_G — Spezielle Gasamtkosten des Speichersystems in M/kW
C_L — Teil der spezifischen Gesamtkosten, die proportional der Leistung sind, in M/kW
C_E — Teil der spezifischen Gesamtkosten, die proportional der Speicherkapazität sind, in M/kWh
t_{max} — maximaler Dauerentladebetrieb bei projektierter Leistung

Grundsätzlich weisen Brennstoffzellenkraftwerke folgende Vorteile gegenüber den konventionellen Kraftwerken auf:

- höherer Wirkungsgrad (besonders bei Teilbelastung),
- geringere Schadstoffemission (Bild 6.13.),
- geräuscharme, statische Arbeitsweise,
- geringerer Platzbedarf, kraftwerksuntypisches Aussehen (Bild 6.14.),
- dezentrale Bauweise erfordert geringere Kosten für das elektrische Verteilungsnetz.

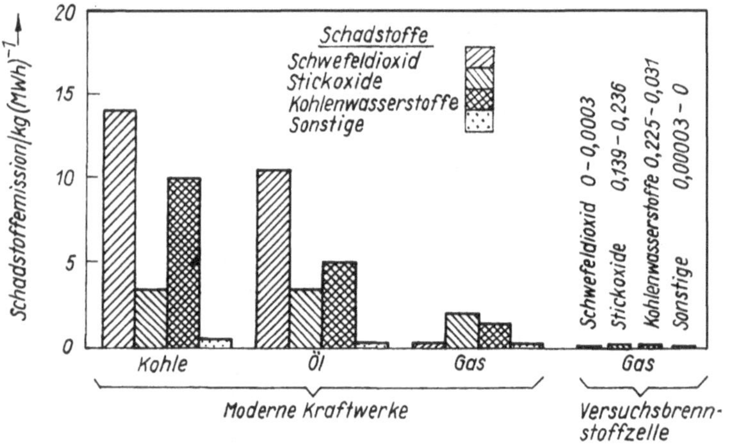

Bild 6.13. Gegenüberstellung der Schadstoffemission verschiedener Kraftwerkstypen nach [1318]

Bild 6.14. Modell eines 26-MW-Brennstoffzellen-Kraftwerkes nach [1316]

Nachteilig sind jedoch die gegenwärtig enorm hohen Kosten, was sowohl die Investitionskosten (teure Elektrokatalysatoren; erhöhte Temperatur; bisher nicht ausreichende Lebensdauer, die 10 Jahre betragen soll; komplizierte Zusatzeinrichtungen) als auch die Betriebskosten (Einsatz veredelter Brennstoffe wie z. B. H_2 erforderlich) anbelangt. Dieser Nachteil überwiegt zur Zeit die Vorteile bei weitem.

Die bei Weltraumprojekten auf dem Gebiet der Brennstoffzellen gesammelten technischen Erfahrungen bestärkten die Konzeption eines Brennstoffzellenkraftwerks jedoch sehr stark. In den USA z. B. wurde 1967 für dieses Projekt eine Gruppe, TARGET (*T*eam to *A*dvance *R*esearch for *G*as *E*nergy *T*ransformation) genannt, ins Leben gerufen, die ein derartiges Kraftwerk konzipierte [1318], das aus den folgenden drei Anlagenteilen bestehen soll:

— Spaltanlage zur Umwandlung von Erdgas oder anderer kohlenwasserstoffhaltiger Brennstoffe in eine für Brennstoffzellen günstige Form, insbesondere Wasserstoff;
— Brennstoffzelleneinheiten und
— Umrichter für Gleich- in Wechselstrom.

Bild 6.15. 300-KW-Brennstoffzellen-Aggregat der United Technology Systems nach [1335a]

Als Brennstoffzellen sind Wasserstoff-Luft-Systeme vorgesehen. Sie arbeiten entweder im sauren Medium (Phosphorsäure; edelmetallkatalysierte Aktivkohleelektroden (Pt < 1 mg/cm^2); Arbeitstemperatur etwa 150 °C) oder im schmelzflüssigen Medium (Lithium-Natrium-, Kaliumcarbonat-Lithiumaluminat-Paste; gesintertes Nickel als Anode; gesintertes Nickeloxid als Katode; Arbeitstemperatur etwa 650 °C).

Bei Systemen mit sauren Elektrolyten ist die Entwicklung relativ weit vorangeschritten, wobei eine Anzahl von 12,5-kW-Einheiten mit Erdgasreformen bereits mit Erfolg über lange Zeiten getestet wurden [1316—1319]. In neuester Zeit hat man, aufbauend auf den mit diesen Anlagen gewonnenen Erfahrungen, 300-kW-Einheiten (Bild 6.15.) gebaut, die zu einem 4,8-MW-Block zusammengestellt in New York als Kleinstkraftwerk auf Versuchsbasis laufen [1335a].

Problematisch ist aber nach wie vor ihr Preis. Eine Studie [1336] zeigte jedoch, daß für Kraftwerke im Bereich bis zu 200 MW durchaus vergleichbare Kosten möglich wären, wenn die Investitionskosten der Brennstoffzellenanlagen auf etwa 300 M pro Kilowatt installierter Leistung gesenkt werden könnten. Bei weiterer günstiger Entwicklung sollte dieser Wert erreichbar sein. Man hat sich bereits jetzt entschieden, in wenigen Jahren ein 26 MW-System zu bauen, das genügen würde, eine Ortschaft von 20000 Einwohnern mit Elektroenergie zu versorgen [1316, 1337].

Sollte dieses Projekt tatsächlich relativ kostengünstig ausfallen, dann hätten Brennstoffzellenkraftwerke eine gute Perspektive. Sie könnten sowohl in industriellen Ballungsgebieten (fast keine Schadstoffemission) oder in dezentralen Gebieten (Einsparung des Elektrizitätsnetztes) eingesetzt werden.

6.9. Artfremde Anwendung von Ergebnissen der Entwicklung elektrochemischer Stromquellen

Die Entwicklung der elektrochemischen Stromquellen hat die Weiterführung anderer technischer elektrochemischer Disziplinen entscheidend gefördert, insbesondere:

- die Elektrokatalyse zur Synthese chemischer Verbindungen,
- die Wasserelektrolyse (z. B. Raney-Nickel-Elektrode),
- die Chloralkalielektrolyse (Diaphragma; Sauerstoffkatode an Stelle der Wasserstoffkatode zur Erniedrigung der Elektrolysespannung),
- die Metallgewinnungselektrolyse (Wasserstoffanode an Stelle der Sauerstoffanode zur Erniedrigung der Elektrolysespannung),
- die Erfassung von Luftverunreinigungen mittels elektrochemischer Zellen (z. B. SO_2-, CO-, NO_2- und Cl_2-Nachweis),
- die β-Al_2O_3-Herstellung zum Einsatz für Natriumreinigung, Natriumchloridelektrolyse [1338] und im thermoelektrischen Generator [1339].

7. Literatur

[1] W. Ostwald, Z. Elektrochem. **1** (1894), 122
[2] K. Wiesener, Technik **27** (1972), 251
[3] H. H. v. Döhren, H. J. Euler, „*Brennstoffelemente*", Verlag VDI, Düsseldorf 1971, S. 175
[4] F. Dietzel, Energie **27** (1975), 107
[5] W. Seifritz, Chimia **28** (1974) 323
[6] N. Weyss, Energie **26** (1974), 1
[7] K. H. M. Braeuer, "Organic Electrolyte High Energy Density Batteries — A Staus Report", Proc. 20. Annual Power Sources Conf. (1966), S. 57
[8] D. P. Boden, „Electrolytes for Non-Aqueous Batteries", Proc. 20. Annual Power Spurces Conf. (1966), S. 63
[9] A. S. Dworkin, H. R. Bronstein, M. A. Bredig, J. Phys. Chem. **66** (1962), 572
[10] J. W. Patterson, J. Electrochem. Soc. 118 (1971), 1033
[11] J. Hladik, „*Physics of Electrolytes*" Vol. 1 and 2, Academic Press, London — New York
[12] R. A. Auggins, in "*Advances in Electrochemistry and Electrochem. Engin.*", Vol. 10 (H. Gerischer, C. W. Tobias, ed.), John Wiley and Sons, New York 1977, S. 323
[13] S. Geller (Ed.), "*Solid Electrolytes*", Springer Verlag, Berlin — Heidelberg — New York 1977
[14] S. Pizzini, G. Bianchi, La Chimica e l'Industria **54** (1972), 224
[15] T. Takahashi, O. Yamamoto, J. Electrochem. Soc. **122** (1975), 83
[16] A. F. Sammels, J. Z. Gougoutas, B. Owens, J. Electrochem. Soc. **122** (1975), 1291
[17] M. Lazzari, B. Scrosati, 28. ISE-Meeting, Varna 1977, Abstr., Vol. 2, S. 513
[18] M. Lazzari, G. Razzini, B. Scrosati, J. Power Sources **1** (1976/77), 57
[19] J. E. Bauerle, J. Hrizo, J. Phys. Chem. Solids **30** (1969)
[20] C. S. Krishnan, D. Chakravorty, Mat. Res. Bull. **6** (1971), 91
[20a] J. A. Lee, W. C. Maskell, F. L. Tye, "*Separators and Membranen in Electrochemical Power Sources*" in: "*Membrane Separation Prozeß*" (P. Mearse, ed.) Elsevier Scientific Publishing Company, Amsterdam 1976, S. 399—476
[21] V. N. Dame, N. F. Rysuchin, „*Proizv. perv. chim. ist. toka*", Izd. Vyssaja Skola, 1975
[22] N. C. Cahoon, G. W. Heise (Ed.) "*The Primary Battery*", John Wiley and Sons, New York 1976
[23] R. Huber, „*Trockenbatterien*", Verlag VDI, Düsseldorf 1968
[24] Autorenkollektiv, „*Fertigung und Wartung von galvanischen Elementen*", VEB Deutscher Verlag für Grundstoffindustrie, Leipzig 1976
[25] G. W. Vinal, "*Primary Batteries*", John Wiley and Sons, London 1950
[26] R. Jasinski, "*High-Energy Batteries*", Plenum Press, New York 1967

[27] A. L. Rotinjan (Ed.), „*Prikladnaja Elektrochimija*", Izd. Chimija, Leningrad 1974
[28] N. T. Kudrjavcev (Ed.), „*Prikladnaja Elektrochimija*", Izd. Chimija, Moskva 1975
[29] K. V. Kordesch (Ed.), "*Batteries I*", Marcel Dekker, New York 1974
[30] N. C. Cahoon, Kap. 1 "Leclanche and Zinc Chloride Cells" in "*The Primary Battery*" (N. C. Cahoon, G. W. Heise, ed.) John Wiley and Sons, New York 1976, S. 1–149
[31] G. Leclanche, Compt. Rend. **83** (1876) 54, 1236
[32] K. Miyazaki, J. Electrochem. Soc. **116** (1969), 1429
[33] K. Miyazaki, "Power Sources 3 (1970)" (D. H. Collins, ed.) Oriel Press, Newcastle upon Tyne 1971, S. 607
[34] C. Drucker, R. Huettner, Z. phys. Chem. **131** (1928), 237
[35] S. Kaneko, J. Soc. Chem. Ind. (Japan) **32** (1929), 120
[36] M. Thompson, M. de Kay, Trans. Electrochem. Soc. **68** (1935), 167
[37] C. Drotschmann, „*Moderne Primärbatterien*", Nikolaus Branz, Berlin-Schöneberg, S. 11
[38] W. M. Latimer, "*The Oxidation state of the Elements and their Potentials in Aqueous Solutions*", Prentice-Hall, Englwood Cliffs 1952
[39] N. C. Cahoon, Kap. 1 "Leclanche and Zinc Chloride Cells" in "*The Primary Battery*" (N. C. Cahoon, G. W. Heise, ed.), John Wiley and Sons, New York 1976, S. 15
[40] J. Caudle, K. G. Summer, F. L. Tye, J. Chem. Soc. Far. Trans. I (1973) 876, 885
[41] H. Bode, A. Schmier, Ber. Bunsenges. physik. Chem. **68** (1964), 954
[42] A. Kozawa, 27. ISE-Meeting, Zürich 1976, Abstr. 263, 264; Manganese Dioxide Symposium Vol. I, S. 470, Cleveland
[43] V. Z. Leger, R. J. Brodd, "Power Sources 6 (1976)" (D. H. Collins, ed.), Academic Press, London, S. 369
[44] J. Ambrose, A. K. Covington, H. R. Thrsk, "Power Sources 2 (1968)" (D. H. Collins, ed.), Pergamon Press, Oxford, S. 303
[45] J. Kandler, G. Mietens, E. Preisler, E. Petrell, DBP 2, 104, 128 (1971)
[46] S. B. Kanungo, B. R. Sant, J. Sci. Ind. Res. **31** (1972), 264
[47] H. Bode, A. Schmier, "*Batteries*" (D. H. Collins, ed.), Pergamon Press, Oxford, S. 329
[48] P. Brouillet, A. Grund, F. Jolas, P. Mellett, "*Batteries 2*" (D. H. Collins, ed.), Pergamon Press, Oxford 1965, S. 189
[49] Y. Kumano, A. Nishino, Y. Noguchi, K. Sonetaka, Japan Pat. 7235677 (1968)
[50] J. Mc Breen, "Power Sources 5 (1974)" (D. H. Collins, ed.), Academic Press, London 1975, S. 525
[51] J. P. Brenet, "*Batteries 2*" (D. H. Collins, ed.), Pergamon Press, Oxford 1965, S. 247
[52] C. A. Betts, J. Caudle, F. L. Tye, "Power Sources 2 (1968)" (D. H. Collins, ed.), Pergamon Press, Oxford 1970, S. 319
[53] J. Caudle, D. B. Ring, F. L. Tye, "Power Sources 3 (1970)" (D. H. Collins, ed.), Oriel Press, Newcastle upon Tyne 1971, S. 607
[54] J. Caudle, K. G. Summer, F. L. Tye, "Power Sources 6 (1976)" (D. H. Collins, ed.), Academic Press, London 1977, S. 447
[55] F. Aufenast, J. Müller, in "*Batteries*" (D. H. Collins, ed.), Pergamon Press, Oxford 1963, S. 335
[56] P. Cerfon, DBP 2402164 (1973)
[57] S. M. Davis, US-Pat. 3877993 (1973)

[58] S. Atlung, K. West, T. Jacobson, "Power Sources 6 (1976)" (D. H. Collins, ed.), Academic Press, London 1977, S. 403
[59] J. Watanabe, S. Hosoi, M. Kuwazaki, I. Shirai, Japan.-Pat. 7500,095 (1968)
[60] R. A. Specker, DBP 2444514, (1973)
[61] A. Agopsowicz, R. Brett, J. F. A. Shaw, F. L. Tye, "Power Sources" (D. H. Collins, ed.), Academic Press, London 1975, S. 503
[62] B. Jr. Schumm, US-Pat. 3615859 (1969)
[63] H. L. C. Nuijens, R. T. M. Doedee, A. C. J. M. Smethorst, DBP 2421230 (1973)
[64] A. M. Bredland, J. W. Paulson, T. G. Messing, B. C. Bergum, "Power Sources 6 (1976)" (D. H. Collins, ed.), Academic Press, London, S. 383
[65] A. G. Hellfritzsch, "Power Sources 2 (1968)" (D. H. Collins, ed.), Pergamon Press, Oxford 1970, S. 335
[65a] J. W. Paulsen, Kap. 5 "Low-Temperature Aqueous Battery Systems" in "*The Primary Battery*" (N. C. Cahoon, G. W. Heise, ed.), John Wiley and Sons, New York 1976, S. 239–262
[66] R. J. Brodd, R. M. Wilson, Kap. 9 "Reversibility of Battery Systems" in "The Primary Battery" (N. C. Cahoon u. G. W. Heise, ed.), John Wiley and Sons, New York, S. 391
[67] B. Siller, „Luftsauerstoffelemente", Verlag VDI, Düsseldorf 1968
[68] M. Schultz, DDR-Pat. 81674 (1969)
[69] W. G. Berl, Trans. Electrochem. Soc. **83** (1943), 253
[70] N. Shilov u. a., Z. Phys. Chemie (A) **149** (1930), 211
[71] A. Frumkin, Z. Phys. Chem. (A) **150** (1930), 421
[72] N. Dubinin, Z. Phys. Chem. (A) **140** (1929), 81
[73] K. Bratzler, Z. Elektrochem. **54** (1950), 81
[74] B. Siller, „*Luftsauerstoffelemente*" Verlag VDI, Düsseldorf 1968, S. 108
[75] E. Markental, DRP 727327 (1940)
[76] B. Siller, DBP 1187696 (1961)
[77] A. Faure, DRP 57316 (1890)
[78] K. V. Kordesch, Kap. 2 "Alkaline Manganese Dioxide Zinc Batteries" in "*Batteries I*" (K. V. Kordesch, ed.), Marcel Dekkar, New York 1975
[79] K. V. Kordesch, Ber. Bunsenges. physik. Chem. **77** (1973), 754
[80] A. Kozawa, J. F. Yeager, J. Electrochem. Soc. **112** (1965), 959
[81] R. Huber, G. S. Bell, J. Electrochem. Soc. **111** (1964), 1
[82] T. P. Dirkse, "Power Sources 3 (1970)" (D. H. Collins, ed.), Oriel Press, Newcastle upon Tyne 1971, S. 485
[83] R. J. Bennet, W. G. Darland, R. J. Brodd, R. A. Powers, "Power Sources 2 (1968)" (D. H. Collins, ed.), Pergamon Press, Oxford 1970, S. 461
[84] P. L. Howard, J. R. Huff, "Power Sources 2 (1968)" (D. H. Collins, ed.), Pergamon Press, Oxford 1970, S. 401
[85] J. P. G. Farr, N. A. J. Hampson, J. Electroanal. Chem. **13** (1967), 433
[86] J. Turner, P. F. Hutchison, "Power Sources 6 (1976)" (D. H. Collins, ed.), Academic Press, London 1977, S. 335
[87] T. P. Dirkse, D. Dewit and R. Shoemaiker, J. Electrochem. Soc. **115** (1968), 442
[88] T. P. Dirkse, "Power Sources 2 (1968)" (D. H. Collins, ed.), Pergamon Press, Oxford 1970, S. 411
[89] K. L. Hampartzumian, R. V. Moshtev, "Power Sources 3 (1970)" (D. H. Collins, ed.), Oriel Press, Newcastle upon Tyne 1971, S. 495
[90] I. Tochikubo, K. Yokoyama, S. Kirihara, Jap.-Pat. 7532437 und 7532438 (1973)
[91] L. Hrabel, 28. ISE-Meeting, Varna 1977, Abstr., Vol. 2, S. 385
[92] R. N. Snyder, J. J. Lander, Electrochem. Technol. **3** (1965), 161

[93] R. LANDSBERG, H. BARTELT, Z. Elektrochem. **61** (1957), 1162
[94] Z. P. ARKHANGELSKAYA, G. P. ANDREEVA, M. N. MASHEVICH, Ž. prikl. chim. **41** (1968), 107
[95] M. W. BREITER, Electrochimica Acta **16** (1971), 1169
[96] J. EULER, Electrochimica Acta **11** (1966), 701
[97] N. C. LIDORENKO, F. K. NABIULLIN, Z. M. BUZOVA, E. M. GERCIK, J. J. KOVAL', 28. ISE-Meeting, Varna 1977, Abstr., Vol. 2, S. 355
[98] S. RUBEN, US-Pat. 3006179 (1962)
[99] S. RUBEN, US-Pat. 3485675 (1969)
[100] F. K. NABIULLIN, Z. M. BUZOVA, E. M. GERCIK, J. J. KOVAL, Elektrotechnika **41** (5) (1970), 21
[101] A. WATANABE, K. SUGIMOTO, DBP 2218469 (1971)
[102] F. J. JAMMET, US-Pat. 3556861 (1971)
[103] R. E. RALSTON, US-Pat. 3669754 (1972)
[104] D. H. MORELL, D. W. SMITH, "Power Sources 1 (1966)" (D. H. COLLINS, ed.), Pergamon Press, Oxford 1967, S. 207
[105] F. PRZYBYLA, F. J. KELLY, "Power Sources 2 (1968)" (D. H. COLLINS, ed.), Pergamon Press, Oxford 1970, S. 373
[106] L. B. GRIFFITHS, K. H. KROCK, US-Pat. 3655447 (1972)
[107] P. GARINE, US-Pat. 2838590 (1958)
[108] J. GOODKIN, Proc. 22. Annual Power Sources Conf. (1968), S. 90
[109] E. E. LEGER, US-Pat. 2993947 (1961)
[110] W. WICHMANN, S. WISCHER, DDR-Pat. 93583 (1971)
[111] F. V. NABIULLIN, Elektrotechn. Weltkongreß, Moskau 1977, Vortrag 5V/8
[112] F. V. NABIULLIN, Z. M. BUZOVA, E. M. GERCIK, USSR-Pat. 444279, 10. Juni 1973
[113] R. J. BRODD, R. M. WILSON, Kap. 9 "Reversibility of Battery Systems" in "*The Primary Battery*" (N. C. CAHOON u. G. W. HEISE, ed.), John Wiley and Sons 1976, S. 371–426
[114] W. J. VAN DER GRINTEN, US-Pat. 3516862 (1970)
[115] Eveready Battery Applications and Engineering Data, Union Carbide Corp., New York 1971
[116] K. V. KORDESCH, R. E. STARK, US-Pat. 3113050 (1963)
[117] K. V. KORDESCH, US-Pat. 2962540 (1960)
[118] P. A. MARSAL, A. TASCH, L. F. URRY, US-Pat. 2977401 (1961)
[119] R. W. POWERS, Electrochem. Technol. **5** (1967), 429
[120] A. R. DESPIC, J. DIGGLE, J. O. M. BOCKRIS, J. Electrochem. Soc., **115** (1968), 507
[121] A. FLEISCHER, J. J. LANDER, "*Zinc Silver Oxide Batteries*", John Wiley and Sons, New York 1971
[122] J. Y. MACHAT, J. C. SOHM, DBP 2309580 (1972)
[123] P. L. HOWARD, U.S. Pat. Tech. Inform. Serv. AD Rep. 1971, Nr. 72712633
[124] J. ČERNÝ, 28. ISE-Meeting, Varna 1977, Abstr., Vol. 2, S. 359
[125] K. APPELT, L. MALANOWSKI, 28. ISE-Meeting, Varna 1977, Abstr., Vol. 2, S. 362
[126] A. J. APPLEBY, G. CREPY, G. FENILLADE, "Power Sources 6 (1976)" (D. H. COLLINS, ed.), Academic Press, London 1977, S. 549
[127] W. A. ARMSTRONG, "Power Sources 5 (1974)" (D. H. COLLINS, ed.), Academic Press, London 1975, S. 393
[128] G. W. HEISE, E. A. SCHUHMACHER, Trans. Electrochem. Soc. **62** (1932), 383
[129] E. R. MUSGROVE, G. W. WALKIDEN, "Power Sources 3 (1970)" (D. H. COLLINS, ed.), Oriel Press, Newcastle upon Tyne 1971, S. 511
[130] R. E. BIDDICK, J. W. CRETZMEYER, D. L. DOUGLAS, "Power Sources 5 (1974)" (D. H. COLLINS, ed.), Academic Press, London 1975, S. 411

[131] H. R. ESPIG, D. F. PORTER, "Power Sources 4 (1972)" (D. H. COLLINS, ed.), Oriel Press, Newcastle upon Tyne 1973, S. 327
[132] K. L. HAMPARTZUMIAN, L. DRENSKY, 28. ISE-Meeting, Varna 1977, Abstr., Vol. 2, S. 366
[133] J. W. CRETZMEYER, H. R. ESPIG, R. S. MELROSE, "Power Sources 6 (1976)" (D. H. COLLINS, ed.), Academic Press, London 1977, S. 269
[134] K. WIESENER, W. GLÄSER, R. PELZ, "Power Sources 5 (1974)" (D. H. COLLINS, ed.), Academic Press, London 1975, S. 425
[135] R. PELZ, W. GLÄSER, K. WIESENER, J. Power Sources **1** (1976/77), S. 221
[136] J. L. ROBINSON, Kap. 2 "Magnesium Cells" in "*The Primary Battery*" (N. C. CAHOON, G. W. HEISE, ed.), John Wiley and Sons, New York 1976, S. 149–169
[137] P. A. SZONERT, 28. ISE-Meeting, Varna 1977, Vol. 2, S. 424
[138] A. R. DESPIC, D. M. DRAZIC, S. K. ZECEVIC, T. D. GROZDIC, "Power Sources 6 (1976)" (D. H. COLLINS, ed.) Academic Press, London 1977, S. 361
[139] M. M. PURENOVIC, A. R. DESPIC, D. M. DRAZIC, Elektrochimija **2** (1976), 296
[140] D. M. DRAZIC, A. R. DESPIC, M. ATANACKOVIC, S. ZECEVIC, I. ILIEV, 28. ISE-Meeting, Varna 1977, Abstr., Vol. 2, S. 370
[141] J. H. STOKES, D. BELITSKUS, Kap. 3 "Aluminium Cells" in "*The Primary Battery*" (N. C. CAHOON, G. W. HEISE, ed.), John Wiley and Sons, New York 1976, S. 171 bis 186
[142] G. EICHINGER, J. O. BESENHARD, J. Electroanal. Chem. **68** (1976), 1, **72** (1976), 1
[143] F. P. DOUSEK, J. JANSTA, J. ŘIHA, J. Electroanal. Chem. **38** (1972), 445, **39** (1972), 217, **44** (1973), 263, **46** (1973), 74 (1976), 195
[144] H. N. SEIGER, A. F. LYALL, R. C. SHAIR, "Power Sources 2 (1968) (D. H. COLLINS, ed.), Pergamon Press, Oxford 1970, S. 267
[145] R. J. JASINSKI, S. CAROLL, J. Elektrochem. Soc. **117** (1970), 218
[146] A. N. DEY, B. P. SULLIVAN, J. Elektrochem. Soc. **117** (1970), 222
[147] H. LIEBIG, Chemikerzeitung **95** (1971), 301
[148] J. J. AUBORN, N. MARINCIC, "Power Sources 5 (1974)" (D. H. COLLINS, ed.), Academic Press, London 1975, S. 683
[149] G. LEHMANN, G. GERBIER, A. BRYCH, J. P. GABANO, "Power Sources 5 (1974)" (D. H. COLLINS, ed.), Academic Press, London 1975, S. 695
[150] G. PISTOIA, D. DERESSI, B. SCROSATI, J. Electrochem. Soc. **117** (1970), 500
[151] F. W. DAMPIER, J. Electrochem. Soc. **121** (1974), 656
[151a] R. A. HUGGINS, Electrochim. Acta **22** (1977), 773
[152] M. BREANT, Bull. Soc. Chim. Fr. (1971) 461
[153] D. BRO, R. HOLMES, N. MARINCIC, H. TAYLOR, "Power Sources 5 (1974)" (D. H. COLLINS, ed.), Academic Press, London 1975, S. 703
[154] M. FUKUDA, T. IIJIMA, "Power Sources 5 (1974)" (D. H. COLLINS, ed.), Academic Press, London 1975, S. 713
[155] R. G. GUNTHER, "Power Sources 5 (1974)" (D. H. COLLINS, ed.), Academic Press, London 1975, S. 729
[156] M. FUKUDA, J. Electrochem. Soc. Japan **41** (1973), 593
[157] A. N. DEY, R. W. HOLMES, US-Pat. 3736184 (1972)
[158] T. KAWAI, Jap. Pat. 7638030 (1974)
[159] G. W. JACKSON, G. E. BLOMGREN, J. Electrochem. Soc. **116** (1969), 1483
[160] B. BURROWS, S. KIRKLAND, J. Electrochem. Soc. **115** (1968), 365
[161] E. LITTAUER, J. REDLIEN, Proc. 26. Annual Power Sources Conf. (1974), S. 57
[162] A. N. DEY, Electrochimica Acta **21** (1976), 377
[163] S. G. MEIBUHR, J. Electrochem. Soc. **117** (1970), 56 u. **118** (1971), 1320

[164] R. F. Scarr, J. Electrochem. Soc. **117** (1970), 295
[165] A. N. Dey, Electrochimica Acta **21** (1976), 855
[166] P. Cignini, M. Ieovi, S. Panero, G. Pistoia, J. Power Sources 3 (1978), S. 347
[167] G. Pistoia 28. ISE-Meeting, Varna 1977, Abstr., Vol. 2, S. 609
[168] G. Pistoia, U. Moncinelli, Electrochimica Acta **22** (1977), 1141
[169] S. Conte, V. Filippeschi, G. Pistoia, J. Power Sources 1 (1976/77), 193
[170] I. A. Rotinjan, S. V. Shishkina, K. J. Tikhonov, Elektrochimija **10** (1974), 662
[171] J. Weber, T. Loucka, "Power Sources 3 (1970)" (D. H. Collins, ed.), Oriel Press, Newcastle upon Tyne 1971, S. 455
[172] R. Coleman, M. W. Bates, "Power Sources 2 (1968)" (D. H. Collins, ed.), Pergamon Press. Oxford 1970, S. 289
[173] C. C. Liang, P. Bro, J. Electrochem. Soc. **116** (1969), 1322
[174] C. C. Liang, J. Epstein, G. H. Boyle, J. Electrochem. Soc. **116** (1969), 1452
[175] B. Scrosati, M. Torroni, Electrochimica Acta **18** (1973), 225
[176] D. Murphy, F. Trumbore, J. Carides, J. Electrochem. Soc. **124** (1977), 325
[177] D. Perché, A. le Méhaute, 28. ISE-Meeting Varna 1977 Abstr. Vol. 2, S. 632
[178] D. W. Murphy, F. A. Trumbore, J. N. Carides, J. Electrochem. Soc. **124** (1977), 1894
[179] M. S. Wittingham, J. Electrochem. Soc. **124** (1977), 1893
[180] J. Weininger, F. Secor, J. Electrochem. Soc. **121** (1974), 315
[181] A. A. Lobanov, S. P. Polykov, A. J. Saritsky, E. A. Kachenko, A. N. Fedotov, DDR-Patent 103759 (1974)
[182] E. Littauer, K. Tsou, J. Electrochem. Soc. **123** (1976), 771
[183] I. A. Kedrinskii, u. a., Electrochimija **12** (1976), 1458, 1631
[184] N. Margalit, J. Electrochem. Soc. **117** (1970), 574
[185] J. O. Besenhard, Schöllhorn, J., Power Sources 1 (1976/77), S. 267
[186] B. di Pietro, V. Filippeschi, M. Lazzari, G. Pistoia, B. Scrosati, "Power Sources 6 (1976)" (D. H. Collins, ed.), Academic Press, London 1977, S. 527
[187] G. Lehmann, T. Rassinoux, G. Gerbier, J. P. Gabano, "Power Sources 4 (1972)" (D. H. Collins, ed.), Oriel Press, Newcastle upon Tyne 1973, S. 493
[188] J. P. Gabano, V. Deachenaux, G. Gerbier, J. Jammet, J. Electrochem. Soc. **119** (1972), 459
[189] M. Lang, I. R. Backlund, E. C. Weidner, Proc. 26. Annual Power Sources Conf. (1974), S. 37
[190] J. J. Auborn, K. W. French, S. J. Liebermann, V. K. Shab, A. Heller, J. Electrochem. Soc. **120** (1973), 1613
[191] D. Linden, N. Wilburn, E. Brooks, "Power Sources 4 (1972)" (D. H. Collins, ed.), Oriel Press, Newcastle upon Tyne 1973, S. 483
[192] H. F. Hunger, G. J. Heymach, J. Electrochem. Soc. **120** (1973), 1161
[193] N. Marincic, J. Appl. Electrochem. **6** (1976) 51 u. 263
[194] G. Gerbier, G. Lehmann, P. Lentant, J. P. Rivault, "Power Soorces 6 (1976)" (D. H. Collins, ed.), Academic Press, London 1977, S. 483
[195] H. Taylor, Proc. 12. IECEC (1977), S. 288
[196] M. Marincic, A. Lombardi, C. R. Schlaikjer, Proc. 27. Annual Power Sources Conf. (1976)
[197] A. N. Dey, D. Bro, "Power Sources 6 (1976)" (D. H. Collins, ed.), Academic Press, London, 1977, S. 493
[198] R. V. Moshtev, Y. Geranov, B. Puresheva, A. Nasalevska, 28. ISE-Meeting, Varna 1977, Abstr., Vol. 2, S. 655
[199] W. van Gool (Ed.), "*Fast Ion Transport in Solids*", Verl. North Holland, Amsterdam 1973

[200] B. B. Owens, "Solid Elektrolyte Batteries" in "*Advances in Electrochemistry and Electrochem. Engin.*", Vol. 8 (P. Delahay, G. W. Tobias, ed.), John Wiley and Sons, New York 1971
[201] E. A. Ukshe, N. G. Bukun u. a., Elektrochimija 8 (1972), 1248; **9** (1973), 406, 1872; **10** (1974), 677, 1606; **11** (1975), 340, 822, 1397; **12** (1976), 1842; **13** (1977), 145, 411
[202] W. Baukal, "Solid oxide electrolytes with time dependent conductivity" in "*From Electrocatalyst to Fuel Cells*" (G. Sandstede, ed.), Battelle Seattel Center by the University of Washington Press, Seattle—London 1972, S. 247
[203] T. Takahashi, N. Wekabayashi, O. Yamamoto, J. Electrochem. Soc. **123** (1976), 129
[204] M. Lazzari, B. Scrosati, C. A. Vincent, Electrochimica Acta **22** (1977), 51
[205] G. R. Argue, I. J. Groce, B. B. Oven, "Power Sources 2 (1968)" (D. H. Collins, ed.), Pergamon Press, Oxford 1970, S. 389
[206] J. E. Oxlex, B. B. Owens, "Power Sources 3 (1970)" (D. H. Collins, ed.), Oriel Press, Newcastle upon Tyne 1971, S. 535
[207] B. Scrosati, M. Torroni, A. D. Butherus, "Power Sources 4 (1972)" (D. H. Collins, ed.), Oriel Press, Newcastle upon Tyne 1973, S. 453
[208] R. D. Armstrong, T. Dickinson, A. R. Thirsk, R. Whitfield, "Power Sources 3 (1970)" S. 525 und "Power Sources 4 (1972)" S. 467 (D. H. Collins, ed.), Oriel Press, Newcastle upon Tyne 1971 u. 1973
[209] F. I. Kukoz, A. M. Kolomoets, N. P. Kuzmin, I. O. Vershinin, Elektrochimija **12** (1976), 643
[210] H. B. Lal, K. Shaki, S. Chandra, Indian J. Technol. **13** (1975), 211
[211] M. de Rossi, G. Pistoia, B. Scrosati, J. Electrochem. Soc. **116** (1969), 1642
[212] R. Jasinski, "*High Energy Batteries*", Plenum Press, New York 1967, S. 209
[213] D. J. Doan, Kap. 7 "Wateractivated Batteries" in "*The Primary Battery*" (N. C. Cahoon, G. W. Heise ed.), John Wiley and Sons, New York 1976, S. 295 bis 319
[214] J. Mullen, P. Howard, Trans. Electroch. Soc. **90** (1946), 529
[215] H. Robinson, Trans. Electroch. Soc. **90** (1946), 529
[216] L. J. Pearce, R. Holland, "Power Sources 4 (1972)" (D. H. Collins, ed.), Oriel Press, Newcastle upon Tyne 1973, S. 63
[217] A. Gibson, L. J. Pearce, D. C. P. Burt, "Power Sources 5 (1974)" (D. H. Collins, ed.), Academic Press, London 1975, S. 447
[218] N. E. Bagshaw, A. C. Brown, "Power Sources 5 (1974)" (D. H. Collins, ed.), Academic Press, London 1975, S. 465
[219] G. L. Bowser, D. Harney, F. Tepper, "Power Sources 6 (1976)" (D. H. Collins, ed.), Academic Press, London 1977, S. 537
[220] B. A. Askew, R. Holland, "Power Sources 4 (1972)" (D. H. Collins, ed.), Oriel Press, Newcastle upon Tyne 1973, S. 21
[221] L. Langrish. "Power Sources 6 (1976)" (D. H. Collins, ed.), Academic Press, London 1977, S. 291
[222] A. A. Vyselkov, I. T. Kopjev, V. A. Naumenko, Elektrotechnika **12** (1969), 50
[223] J. R. Coleman, "Power Sources 4 (1972)" (D. H. Collins, ed.), Oriel Press, Newcastle upon Tyne 1973, S. 33
[224] N. Margalit, J. Electrochem. Soc. **122** (1975), 1005
[225] W. W. Carson, C. E. Kent, "Power Sources 1 (1966)" (D. H. Collins, ed.), Pergamon Press, Oxford 1967
[226] P. A. Boter, M. D. Wijuen, H. L. C. Nuyens, "Power Sources 2 (1968)" (D. H. Collins, ed.), Pergamon Press, Oxford 1970, S. 215

[227] H. B. Urbach, H. C. Cervi, Soc. 12. IECEC (1977), S. 276
[228] E. Weidlich, U. Wenzel, R. Richter, F. v. Sturm, Ber. Bunsenges. physik. Chem. **77** (1973), 783
[229] D. H. Thow, "Power Sources 3 (1970)" (D. H. Collins, ed.), Pergamon Press, Oxford 1971, S. 579
[230] C. W. Jennings, Kap. 6 "Thermal Batteries" in "*The Primary Battery*" (N. C. Cahoon, G. W. Heise, ed.), John Wiley and Sons, New York 1976, S. 263–294
[231] D. Bush, A. Baldwin, "Power Sources 5 (1974)" (D. H. Collins, ed.), Academic Press, London 1975, S. 581
[232] R. D. Shannon, B. E. Taylor, R. D. English, T. Berzins, Electrochimica Acta **22** (1977), 783
[233] A. A. Schneider, W. Greatbach, R. Mead, "Power Sources 5 (1974)" (D. H. Collins, ed.), Academic Press, London 1975, S. 651
[234] B. Heed, A. Lunden, K. Schroeder, Electrochimica Acta **22** (1977), 705
[235] U. v. Alpen, G. H. Talat, 28. ISE-Meeting, Varna 1977, Abstr., Vol. 2, S. 522
[236] R. A. Huggins, Electrochimica Acta **22** (1977), 773
[236a] B. A. Boukamp, R. A. Huggins, Mat. Res. Bull. (Pergamon Press. Inc.) **13** (1978), 23
[237] B. Heed, A. Lunden, "Power Sources 5 (1974)" (D. H. Collins, ed.), Academic Press, London 1975, S. 573
[238] G. Eichinger, Electrochimica Acta **22** (1977), 559
[239] C. H. Elzinga, C. G. Vermeulen, "Power Sources 5 (1974)" (D. H. Collins, ed.), Academic Press, London 1975, S. 603
[240] R. Jasinski, "*High Energey Batteries*", Plenum Press, New York 1967, S. 220
[241] L. Jumenau, „*Les accumulateurs électriques*", Georges Carré, Paris 1904
[242] G. W. Vinal, "*Storage Batteries*", John Wiley and Sons, New York 1955
[242a] K. V. Kordesch (Ed.), "*Batteries*", Vol. 2: "Lead-Acid Batteries and Electric Vehicles", Marcel Dekker, New York–Basel 1977
[242b] H. Bode, "*Lead Acid Batteries*", John Wiley and Sons, New York–London–Sidney–Toronto 1977
[242c] Y. Miyake, A. Kozawa (Ed.), "*Rechargeable Batteries in Japan*", JEC Press, Cleveland 1977
[243] J. H. Gladstone, A. Tribe, Nature **25** (1882), 221
[244] H. Cassel, F. Tödt, Angew. Chem. **36** (1923), 227
[245] G. W. Vinal, D. N. Craig, J. Res. Nat. Bur. Stand. **24** (1940), 482
[246] W. H. Beck, W. F. K. Wynne-Jones, Trans. Farad. Soc. **50** (1954), 136
[247] B. N. Kabanov, "Sb. naučno issl. rab. po chim. ist. toka" 3, Leningrad 1938, S. 41
[248] A. K. Lorenz, "Sb. naučno issl. rab. po chim. ist. toka" 4, Leningrad 1939, S. 35
[249] S. Ghosh, Electrochimica Acta **14** (1969), 1161
[250] F. D. Gibson, Chem. Abstr. **67** (1967), 7537
[251] H. Bode, E. Voss, Z. Elektrochem. **60** (1956), 1053
[252] P. Ruetschi, B. D. Cahan, J. Electrochem. Soc. **104** (1957), 406
[253] A. J. Zaslavsi, J. D. Kondrasov, S. S. Tolkacev, Dokl. Akad. Nauk SSSR **75** (1950), 559
[254] J. A. Darbyshire, J. Chem. Soc. **134** (1932), 211
[255] I. M. Golovanov, Zop. Vses. Mineral-Obohchest 8 (1955), 333
[256] U. B. Thomas, Trans. Electrochem. Soc. **94** (1948), 42
[257] M. L. Huggins, Phys. Rev. **21** (1923), 719
[257a] J. Burbank, J. Electrochem. Soc. **113** (1966), 10
[257b] D. Handtmann, K. Reuter, Bosch Techn. Ber. 2 (1967), 3

[258] P. Ruetschi, R. T. Angstadt, B. N. Cahan, J. Electrochem. Soc. **106** (1959), 547
[259] N. N. Fedorova, I. A. Aguf, L. M. Levinton, M. A. Dasojan, Sb. rab. chim. ist. toka 1 (1966), 252
[260] V. A. Kirkinskij, Ž. neorg. chim. **10** (1965), 1966
[261] J. Burbank, J. Electrochem. Soc. **106** (1959), 369
[262] P. Ness, Electrochimica Acta **12** (1967), 161
[263] W. B. White, F. Dachille, R. Roy, J. Am. Ceram. Soc. **44** (1961), 170
[264] J. A. Duisman, W. F. Giaque, J. Phys. Chem. **72** (1968), 562
[265] R. A. Baker, J. Electrochem. Soc. **109** (1962), 337
[266] A. Olin, Acta Chem. Scand. **14** (1960), 126, 314
[267] A. Olin, Sven. Kem. Tidskr. **73** (1961), 482
[268] L. Pajdowski, A. Olin, Acta Chem. Scand. **16** (1962), 983
[269] B. Carell, A. Olin, Acta Chem. Scand. **16** (1962), 2350
[270] P. Ruetschi, B. D. Cahan, J. Electrochem. Soc. **105** (1958), 369
[271] W. Feitknecht, A. Gäumann, J. Chim. Phys. **49** (1952), 135
[272] M. Fleischmann, M. Liler, Trans. Farad. Soc. **54** (1958), 1370
[273] J. P. Carr, N. A. Hampson, Chemical Reviews **72** (1972), 679
[274] N. E. Bagshaw, R. L. Clarke, B. Halliwell, J. Appl. Chem. **16** (1966), 180
[275] R. T. Angstadt, P. Ruetschi, J. Sklarchuk, Electrochimica Acta **8** (1963), 333
[276] A. I. Zaslavskij, S. S. Tolkachev, Ž. fiz. chim. **26** (1952), 743
[277] E. Voss, J. Freundlich, "Batteries (1962)" (D. H. Collins, ed.), Pergamon Press, Oxford 1963, S. 73
[278] A. B. Gancy, J. Electrochem. Soc. **116** (1969), 1496
[279] W. C. Vosburg, D. N. Craig, J. Am. Chem. Soc. **51** (1929), 2
[280] W. J. Hamer, J. Am. Chem. Soc. **57** (1935), 9
[281] W. H. Beck, W. F. K. Wynne-Jones, Trans. Farad. Soc. **112** (1965), 1133
[282] R. T. Angstadt, C. J. Venuto, P. Ruetschi, J. Electrochem. Soc. **109** (1962), 177
[283] A. K. Covington, J. V. Dobson, W. F. K. Wynne-Jones, Trans. Farad. Soc. **61** (1965), 2050
[284] B. N. Kabanov, „Sb. naučno issl. rab. po chim. ist. toka", 2, Leningrad 1935, S. 28
[285] N. N. Muljutin, N. N. Oziganora, Ž. prikl. chim. **43** (1970), 1686
[286] A. Bystron, Arkiv. Kemi Min. Geol. **A 25** (1947), Nr. 13
[287] J. Bousquet, J. M. Blanchard, J. C. Remy, G. Perachon, J. Chim. Phys. Physico Chim. Biol. **66** (1969), 1726
[288] S. M. Caulder, J. S. Murday, A. C. Simon, J. Electrochem. Soc. **120** (1973), 1515
[289] P. Ruetschi, J. B. Ockermann, R. F. Amlie, J. Electrochem. Soc. **107** (1960), 325
[290] G. Buttler, G. L. Copp, J. Chem. Soc. (1956), 725
[291] P. V. V. Rao, H. V. K. Udupta, Electrochimica Acta **10** (1965), 651
[292] W. Fischer, Dissertation, Univ. Dortmund 1971
[293] M. Leblanc, E. Eberius, Z. phys. Chem. **A 160** (1932), 69
[294] W. Fischer, H. Rickert, Ber. Bunsenges. physik. Chem. **7** (1973), 975
[295] H. Rickert, Z. phys. Chem. N. F **95** (1975), 47
[296] J. P. Pohl, H. Rickert, Z. phys. Chem. N. F **95** (1975), 59
[297] K. J. Vetter, Ber. Bunsenges. physik. Chem. **69** (1965), 589
[298] J. A. Aguf, Ž. fiz. chim. **30** (1965), 1127
[299] H. Rickert, „*Einführung in die Elektrochemie fester Stoffe*", Springer-Verlag, Berlin—Heidelberg—New York 1973
[300] D. Spahrbier, Dissertation, Stuttgart 1960

[301] H. B. Mark, W. C. Vosburgh, J. Electrochem. Soc. **108** (1961), 615
[302] G. D. McDonald, E. Y. Weissmann, T. S. Roemer, J. Electrochem. Soc. **119** (1972), 660
[303] N. A. Hampson, P. C. Jones, R. F. Phillips, Canad. J. Chem. **46** (1968), 1325
[304] J. P. Carr, N. A. Hampson, R. Taylor, J. Electroanalyt. Chem. **27** (1970), 109
[305] J. P. Carr, N. A. Hampson, J. Electroanalyt. Chem. **28** (1970), 65
[306] F. Beck, H. Bohn, Ber. Bunsenges. physik. Chem. **79** (1975), 233
[307] N. A. Hampson, P. C. Jones, R. F. Phillips, Canad. J. Chem. **45** (1967), 2039
[308] N. A. Hampson, P. C. Jones, R. F. Phillips, Canad. J. Chem. **45** (1967), 2045
[309] J. P. Carr, N. A. Hampson, R. Taylor, Ber. Bunsenges. physik. Chem. **74** (1970), 557
[310] J. P. Carr, N. A. Hampson, R. Taylor, J. Electroanalyt. Chem. **27** (1970), 201
[311] J. P. Carr, N. A. Hampson, J. Electrochem. Soc. **118** (1971), 1262
[312] J. P. Carr, N. A. Hampson, R. Taylor, J. Electroanalyt. Chem. **27** (1970), 466
[313] S. Ikary, S. Ioshizawa, J. Electrochem. Soc. Jap. **28** (1960), 138
[314] S. Ikary, S. Ioshizawa, J. Electrochem. Soc. Jap. **28** (1960), 284
[315] M. A. Dasojan, J. A. Aguf, „*Sovrem. teor. svinc. akkum.*", Energija, Leningrad 1975, S. 117
[316] L. J. Ljamina, N. I. Korol'kova, K. M. Gorbunova, Electrochimica Acta **15** (1970), 1597
[317] L. J. Ljamina, N. I. Korol'kova, K. M. Gorbunova, Elektrochimija 8 (1972), 611
[318] M. Fleischmann, H. R. Thirsk, Trans. Farad. Soc. **51** (1955), 71
[319] W. H. Beck, R. Lind, W. F. K. Wynne-Jones, Trans. Farad. Soc. **50** (1954), 147
[320] W. Feitknecht, Z. Elektrochem. **62** (1958), 795
[321] H. Bode, E. Voss, Electrochimica Acta **6** (1962), 11
[322] M. Leblanc, „*Lehrbuch der Elektrochemie*", Halle 1895, S. 223
[323] L. V. Vanjurova, M. M. Isaeva, B. N. Kabanov, Dokl. Akad. Nauk SSSR **143** (1962), 377
[324] P. Ruetschi, J. Power Sources **2**, (1977/78), 3
[325] K. J. Euler, Bull. Schweiz. Elektrotechn. Ver. **61** (1970), 1054
[326] V. N. Varypaev, N. P. Fedot'ev, Tr. Leningrad. Technol. Inst. im. Lensoveta **46** (1958), 103
[327] N. A. Hampson, P. C. Jones, R. F. Phillips, Can. J. Chem. **47** (1969), 2171
[328] G. Sterr, E. Voss, „*Aktuelle Batterieforschung*", Varta, Frankfurt/Main 1966, S. 101
[329] A. C. Simon, S. M. Caulder, J. T. Stemmle, J. Electrochem. Soc. **122** (1975), 461
[330] J. L. Weininger, L. R. Morelock, J. Electrochem. Soc. **122** (1975), 1161
[331] P. Casson, N. A. Hampson, K. Peters, P. Whyatt, J. Appl. Electrochem. **7** (1977), 257
[332] P. Reinhardt, M. Vogt, K. Wiesener, J. Power Sources **1** (1976/77), 127
[333] S. Hattori, M. Yamaura, M. Kohno, Y. Ohtani, M. Yamane, H. Nakashima, "Power Sources 5 (1974)" (D. H. Collins, ed.), Academic Press, London 1975, S. 139
[334] D. Berndt, E. Voss, "Batteries 2 (1964)" (D. H. Collins, ed.), Pergamon Press, Oxford 1965, S. 17
[335] H. B. Mark, W. C. Vosburg, J. Electrochem. Soc. **108** (1961), 615
[336] H. B. Mark, J. Electrochem. Soc. **109** (1962), 634, **110** (1963), 945
[337] I. J. Astakhov, I. G. Kiseleva, B. N. Kabanov, Dokl. Akad. Nauk SSSR **126** (1959), 1041
[338] I. G. Kiseleva, B. N. Kabanov, Dokl. Akad. Nauk SSSR **122** (1958), 1052

[339] M. Fleischmann, H. R. Thirsk, Electrochimica Acta **1** (1959), 146, **2** (1960), 22
[340] M. Fleischmann, J. R. Mansfield, H. R. Thirsk, H. G. B. Wilson, L. Wynn-Jones, Electrochimica Acta **12** (1967), 967
[341] I. A. Aguf, Elektrochimija **6** (1968), 1130
[342] P. Ruetschi, J. Sklarchuk. R. T. Angstadt, "Batteries (1962)" (D. H. Collins, ed.), Pergamon Press, Oxford 1963, S. 89
[343] E. F. Wolf, C. F. Bonilla, Trans. Electrochem. Soc. **79** (1941), 307
[344] S. Sekido, S. Katch, J. Electrochem. Soc. Jap. **37** (1969), 550
[345] R. F. Amlie, J. B. Ockermann, P. Ruetschi, J. Electrochem. Soc. **108** (1961), 377
[346] P. Ruetschi, P. Delahay, J. Chem. Phys. **23** (1955), 596
[347] M. I. Gillibrand, G. R. Lomax, Trans. Faraday Soc. **55** (1959), 643
[348] S. Glasstone, J. Chem. Soc. **121** (1922), 1459, **121** (1922), 2091
[349] N. B. Kabanov, E. S. Veisberg, J. L. Romanova, E. V. Krivolapova, Electrochimica Acta **9** (1964), 1197
[350] B. N. Kabanov, Tr. 4. soveshch. elektrochim., Moskau 1956 (1959), 252
[351] I. G. Kiseleva, B. N. Kabanov, Dokl. Akad. Nauk SSSR **108** (1956), 864
[352] P. Kivalo, V. Vuorio, Suom. Kemistilehti **34** (1962), 1079
[353] A. J. Krasil'schikow, Ž. fiz. chim. **37** (1963), 531
[356] E. V. Krivolapova, E. S. Veisberg, B. N. Kabanov, Tr. 4. soveshch. elektrochim., Moskau 1956 (1959), 757
[357] A. C. Makrides, J. Electrochem. Soc. **113** (1966), 1158
[358] E. M. Otto, J. Electrochem. Soc. **113** (1966), 525
[359] M. S. V. Pathy, H. V. K. Udupa, Electrochimica Acta **10** (1965), 1185
[360] G. A. Kokarev, N. G. Bakhchisaraits'yan, V. V. Panteleeva, Trans. Mosk. Chim., Technol. Inst. **54** (1967), 161
[361] M. A. Dasojan, I. A. Aguf, A. I. Rusin, „Novoe v proizv. svinc. akkum." Informstandardelektro, Moskau 1970, S. 67
[362] P. Ruetschi, R. T. Angstadt, J. Electrochem. Soc. **105** (1958), 555
[363] K. R. Bullock, D. H. McClelland, J. Electrochem. Soc. **123** (1976), 327
[364] N. C. Baranova, Elektrochimija **8** (1972), 864
[365] J. Garche, K. Wiesener, 28. ISE-Meeting, Varna 1977, Abstr., Vol. 2, S. 93
[366] J. Garche, K. Wiesener, 3. Intern. Symposium Elektrochem. Stromquellen, Dresden 1978, Referate, S. 97
[367] K. Wiesener, J. Garche, 11. Intern. Power Sources Symp., Brighton 1978, Abstr. 2
[368] K. J. Euler, E. Rieder, ETZ **85** *A* (1964), 557
[369] I. L. Romanova, I. A. Selickij, Elektrochimija **6** (1970), 1776
[370] D. Simonsson, J. Electrochem. Soc. **120** (1973), 151
[371] D. Ohms, K. Wiesener, Chem. Techn. **27** (1975), 229
[372] D. Bernd, Electrochimica Acta **10** (1965), 1067
[373] H. Keiser, K. D. Beccu, M. A. Gutjahr, Electrochimica Acta **21** (1976), 539
[373a] S. Sekido, H. Ichimura, J. Electrochem. Soc. Japan **36** (1968), 609
[374] H. Leibssle, Reber, W. Herrmann, F. Zehender, Bosch Techn. Ber. **4** (1968), 1533
[375] H. Bode, H. S. Panesar, E. Voss, Naturwissenschaften **55** (1968), 541
[376] H. Häbler, H. S. Panesar E. Voss Electrochimica Acta **15** (1970) 1421
[377] V. S. Daniel'-Beck Ž. fis. chim. **22** (1948) 693
[378] V. S. Daniel'-Beck Elektrochimija **1** (1965), 1319
[379] V. S. Daniel'-Beck, Elektrochimija **2** (1966), 627
[380] J. A. Aguf, Sb. rab. chim. ist. toka **3** (1968), 587

[381] O. S. Ksenzhek, V. V. Stender, Dokl. Akad. Nauk SSSR **107** (1956), 280
[382] O. S. Ksenzhek, Ž. fis. chim. **36** (1962), 243
[383] O. S. Ksenzhek, Ž. fis. chim. **36** (1962), 633
[384] V. N. Kosolkin, O. S. Ksenzhek, Sbornik issled, v. obl. chim. ist. toka, Saratovsk. Univ. 1971, S. 43
[385] J. Euler, W. Nonnenmacher, Electrochimica Acta 2 (1960), 268
[386] K. J. Euler, Electrochimica Acta **13** (1968), 1533
[387] K. J. Euler, Electrochimica Acta **15** (1970), 1233
[388] J. Newman, C. Tobias, J. Electrochem. Soc. **109** (1962), 1183
[389] J. Newman, W. Tiedemann, J. Am. Inst. Chem. Eng. **21** (1975), 25
[390] E. A. Grens, Electrochimica Acta **15** (1970), 1047
[391] A. Winsel, J. Electrochem. Soc. **66** (1962), 287
[392] I. A. Aguf, Elektrotechnika (1968) Nr. 11, 38
[393] I. A. Selickij, V. S. Jančenko, Elektrochimija 1 (1965), 701
[394] V. S. Jančenko, I. A. Selickij, Elektrotechnika (1968) Nr. 9, 49
[395] R. S. Alkire, E. A. Grens, C. M. Tobias, J. Electrochem. Soc. **116**, (1969), 1328
[396] H. Lehning, ETZ **93** *A* (1972), 62
[397] W. Stein, Dissertation, TH Aachen, 1959
[398] V. V. Berend, V. E. Dmitrenko, Elektrotechnika (1965) Nr. 2, 59
[399] K. Micka, Collect. Czechoslov. Chem. Commun. **29** (1964), 1998
[400] K. Micka, I. Roušar, Electrochim. Acta **18** (1973), 629
[401] K. Micka, I. Roušar, Electrochim. Acta **19** (1974), 499
[402] K. Micka, I. Roušar, Electrochimica Acta **20** (1975), 41
[403] K. Micka, I. Roušar, Intern. Konferenz Elektrochem. Stromquellen, Prag 1975, Referate, S. 41
[404] W. Runge, ETZ 93 *A* (1972), 67
[405] R. de Levie, in: "*Advances in Electrochemistry and Electrochem. Engin.*", Vol. 6 (P. Delahay, G. W. Tobias, ed.), Interscience, New York 1967, S. 329
[406] J. S. Dunning, D. N. Bennion, J. Newman, J. Electrochem. Soc. **118** (1971), 1251
[407] J. S. Dunning, D. N. Bennion, J. Newman, J. Electrochem. Soc. **120** (1973), 906
[408] D. Simonsson, J. Appl. Electrochem. **3** (1973), 261
[409] D. Simonsson, J. Appl. Electrochem. **4** (1974), 109
[410] S. C. Nijhawan, Brit. Patent 1401479 (1975)
[411] K. Peters, Brit. Patent 1461260 (1977)
[412] K. Peters, Brit. Patent 1461266 (1977)
[413] V. Pätzold, Gießereitechnik **20** (1974), 14
[414] U. Heubner, H. Sanding, 4. Intern. Lead Conf., London 1971
[415] D. Berndt, S. C. Nijhawan, J. Powers Sources **1** (1976/77), 1
[416] J. A. Gonzalez, I. J. Royuela, S. Feliu, "Lead 68" Proc. 3. Intern. Lead Conf., Pergamon Press, Oxford 1969, S. 331
[417] T. Rogatschev, W. Karoleva, D. Pavlov, Metalloberfl. **24** (1970), 421
[418] G. W. Mao, J. G. Larson, Metallurgija **78** (1968), 236
[418a] U. Heubner, Metall **32** (1978), 462
[419] E. J. Ritchie, J. Burbank, J. Electrochem. Soc. **117** (1970), 299
[420] Don E. Swets, J. Elektrochem. Soc. **120** (1973), 925
[421] J. Burbank, J. Electrochem. Soc. **111** (1964), 1112
[422] T. P. Sharde, J. Electrochem. Soc. **124** (1977), 168
[423] D. Kordes, Chem. Ing. Techn. **38** (1966), 638
[424] W. Hermann, G. Proepstl, Z. Electrochem. **61** (1957), 1134

[424] A. C. Simon, S. M. Caulder, E. J. Ritchie, J. Electrochem. Soc. **117** (1970), 1264
[426] J. L. Devitt, M. Myers, J. Electrochem. Soc. **123** (1976), 1769
[427] K. Eberts, "Power Sources 2 (1968)" (D. H. Collins, ed.), Pergamon Press, London 1970, S. 69
[428] H. Bode, E. Voss, Electrochimica Acta **6** (1962), 13
[429] E. Voss, DOS 2509779 (1976)
[430] I. A. Aguf, Ž. prikl. chim. **45** (1972), 984
[431] S. Tudor, A. Weisstuch, S. H. Darvang, Electroch. Technol. **4** (1966), 406
[432] T. J. Hughel, R. H. Hammer, US-Patent 3933524 (1976)
[432a] H. Reber, BRD-Auslegeschrift 1571961 (1973)
[433] K. Eberts, O. Jache, Proc. 2. Intern. Lead Conf., Pergamon Press, Oxford 1965, S. 199
[434] M. V. Rose, J. A. Young, Proc. 5. Intern. Lead Conf., Metal Bulletin Ltd., 1974, S. 37
[435] U. B. Thomas u. a., Trans. Electrochem. Soc. **92** (1947), 313
[436] N. E. Bagshaw, 28. ISE-Meeting, Varna 1977, Abstr., Vol. 2, S. 32
[437] Lead Power News, (8) (1977), 9
[438] J. Euler, L. Horn, Arch. Elektrotechn. **50** (1965), 85
[439] N. E. Bagshaw, K. P. Bromelow, J. Eaton, "Power Sources 6 (1976)" (D. H. Collins, ed.), Academic Press, London 1977, S. 1
[440] J. Brinkmann u. a., BRD-Patent 2132690 (1972)
[441] G. Bianchi u. a., Britisch Patent 1394694 (1975)
[442] H. Krug, H. Niklas, R. Thornblad, British Patent 1441678 (1976)
[443] N. E. Bagshaw, K. D. Wilson, Electrochimica Acta **10** (1965), 867
[444] P. Faber, "Power Source 4 (1972)" (D. H. Collins, ed.), Oriel Press, Oxford 1973, S. 525
[445] D. H. Walker, DOS 2510215 (1975)
[445a] M. Inai, C. Iwakura, H. Tamura, J. Appl. Elektrochem. 8 (1978), 515
[446] E. Y. Torikai, Y. N. Kawami, DOS 2537100 (1976)
[447] R. Thomas, "Lead 68" Proc. 3. Intern. Lead Conf., Pergamon Press, London 1969, S. 169
[448] M. Calabek, J. Šandera, Kniznice Odbornych Ved. Spisu Uceni Techn., Brno (ČSSR) **32** (1972), 259
[449] S. Shima, H. Kadowaki, E. Muto, I. Okazaki, U.S. Patent 3183300 (1974)
[450] S. Ito, T. Ohya, S. Nagai, DOS 2330134 (1974)
[451] N. E. Bagshaw, T. A. Hughes, "Batteries 2 (1962)" (D. H. Collins, ed.), Pergamon Press, Oxford 1963, S. 1
[452] B. D. Cahan, P. Ruetschi, J. Electrochem. Soc. **106** (1959), 543
[453] R. P. Vasil'eva, E. A. Mendzheritskij, Elektrochimija 8 (1972), 526
[454] D. Pavlov, R. Popova, Electrochimica Acta **15** (1970), 1483
[455] D. Pavlov, Electrochimica Acta **13** (1968), 2051
[456] D. Pavlov, N. Iordanov, J. Electrochem. Soc. **117** (1970), 1103
[457] D. Pavlov, C. N. Poulieff, E. Klaya, N. Iordanov, J. Electrochem. Soc. **116** (1969), 316
[458] D. Pavlov, T. Rogachev, 28. ISE-Meeting, Varna 1977, Abstr., Vol. 2, S. 87
[459] D. Pavlov, Ber. Bunsenges. physik. Chem. **71** (1967), 398
[460] P. Ruetschi, R. T. Angstadt, J. Electrochem. Soc. **111** (1964), 1323
[461] P. Ruetschi, J. Electrochem. Soc. **120** (1973), 331
[462] E. M. L. Valeriote, L. D. Gallopp, J. Electrochem. Soc. **124** (1977), 370
[463] H. S. Panesar, "Power Sources 3 (1970)" (D. H. Collins, ed.), Oriel Press, Newcastle upon Tyne 1971, S. 88

[464] J. P. Carr, N. A. Hampson, R. Taylor, J. Electroanalyt. Chem. **33** (1971), 109
[465] T. F. Sharpe, J. Electrochem. Soc. **122** (1975), 845
[466] M. P. J. Brennan, B. N. Stirrup, N. A. Hampson, J. Appl. Electrochem. **4** (1974), 49
[467] T. G. Chang, M. M. Wright, E. M. L. Valeriote, "Power Sources 6 (1976)" (D. H. Collins, ed.), Academic Press, London 1977, S. 69
[467a] D. Pavlov, Electrochimica Acta **23** (1978), 845
[467b] T. Rogatchev, G. Papazov, D. Pavlov, „Progress in Batteries and Solar Cells **2** (1979), 145
[468] I. I. Astachov, E. S. Vejsberg, B. N. Kabanov, Dokl. Akad. Nauk SSSR **154** (1964), 1414
[469] E. Willihnganz, Electrochem. Technol. **6** (1968), 338
[470] A. G. Cannone, P. O. Feder, R. V. Biagetti, Bell Synt. Tech. J. **49** (1970), 1279
[471] N. J. Maskalick, J. Electrochem. Soc. **127** (1975), 19
[472] M. Pavlovic, J. Garche, K. Wiesener, I. Doroslovački, 3. Internat. Symposium Elektrochem. Stromquellen, Dreden 1978, Referate, S. 83
[473] S. M. Caulder, J. T. Stemmle, A. C. Simon, Report ILZRO Project No. LE-128 for the Period January 1972 to March 1973
[474] A. C. Simon, S. M. Caulder, J. Electrochem. Soc. **121** (1974), 531
[475] J. L. Weininger, J. Electrochem. Soc. **121** (1974), 1454
[476] J. L. Weininger, F. W. Secor, J. Electrochem. Soc. **121** (1974), 1541
[477] A. N. Fleming, J. A. Harrison, Electrochimica Acta **21** (1976), 905
[478] A. C. Simon, Electrochem. Technol. **3** (1965), 307
[479] B. N. Kabanov, D. I. Leikis, Z. Elektrochem. **61** (1958), 660
[480] M. J. Gillibrand, G. R. Lomax, Electrochimica Acta **11** (1966), 281
[481] E. Willihnganz, Trans. Electrochem. Soc. **92** (1947), 281
[482] Ja. B. Kasparov, E. C. Jampol'skaja, B. N. Kabanov, Ž. prikl. chim. **37** (1964), 1936
[483] E. G. Jampol'skaja, J. A. Smirnova, M. I. Erschova, I. I. Astachov, B. N. Kabanov, Elektrochimija **2** (1966), 1327
[484] V. F. Lasarev, V. J. Ovčarenko, A. I. Levin, V. M. Rudoj, Ž. prikl. chim. **38** (1965), 1305
[485] T. F. Sharpe, Electrochimica Acta **14** (1969), 635
[486] G. Archdale, J. A. Harrinson, J. Electroanal. Chem. **47** (1973), 93; **34** (1972), 21; **43** (1973), 321; **39** (1972), 357
[487] I. A. Aguf, M. A. Dasojan, L. A. Ivanenko, Elektrochimija **6** (1970), 1667
[488] E. T. Ritchie, Trans. Electrochem. Soc. **92** (1947), 229
[489] Th. J. Hughel, R. H. Hammer, "Power Sources 3 (1970)" (D. H. Collins, ed.), Oriel Press, Newcastle upon Tyne 1971, S. 35
[490] M. P. J. Brennan, N. A. Hampson, J. Electroanal. Chem. **48** (1973), 465; **52** (1974), 1; **52** (1974), 263
[491] E. G. Jampol'skaja, Elektrochimija **8** (1972), 1325
[492] A. Simon, S. M. Caulder, P. J. Gurluski, J. R. Pierson, J. Electrochem. Soc. **121** (1974), 463
[493] E. G. Jampol'skaja, B. N. Kabanov, 28. ISE-Meeting, Varna 1977, Abstr., Vol. 2, S. 14
[494] D. Pavlov, S. Zanova, G. Papazov, 28. ISE-Meeting, Varna 1977, Abstr., Vol. 2, S. 64
[495] A. Le Mehaute, J. Appl. Electrochem. **6** (1976), 543

[496] Z. A. Iofa, Ž. fiz. chim. **19** (1945), 118
[497] J. L. Dawson, "Power Sources 3 (1970)" (D. H. Collins, ed.), Oriel Press, Newcastle upon Tyne 1971, S. 1
[498] J. L. Dawson, M. I. Gillibrand, J. Wilkinson, J. Inorg. Nucl. Chem. **32** (1970), 501
[499] H. E. Hintermann, C. J. Venuto, J. Electrochem. Soc. **115** (1968), 10
[500] E. V. Parsikova, I. A. Aguf, M. A. Dasojan, Elektrotechnika **10** (1964), 53
[501] P. Ruetschi, U.S. Patent 2994626 (1966)
[502] R. G. Robinson, R. L. Walker, "Batteries 2 (1962)" (D. H. Collins, ed.), Pergamon Press, Oxford 1963, S. 15
[503] K. J. Euler, Electrochimica Acta **15** (1970), 33
[504] A. Kozawa, 28. ISE-Meeting, Varna 1977, Abstr., Vol. 2, S. 41
[505] U.S. Patent 3434883 (1969)
[505a] M. A. Dasojan, I. A. Aguf, „*Osnovy rasčeta konstruirovanija i technologii proizvodstva svincovych akkumuljatorov*", Energija, Leningrad 1978
[505b] P. J. Moll, „*Die Fabrikation von Bleiakkumulatoren*", Akadem. Verlagsgesellschaft Geest und Portig, Leipzig 1952
[506] S. Feliu, L. Galan, J. A. Gonzalez, Werkstoffe und Korrosion **23** (1972), 554
[507] M. A. Dasojan, G. N. Gorbjakova, L. A. Bubylina, Sb. rab. chim. ist. toka **5** (1970), 5
[507a] N. J. Maskalick, U.S. Patent 3881954 (1975)
[508] V. Iliev, D. Pavlov, 28. ISE-Meeting, Varna 1977, Abstr., Vol. 2, S. 109
[509] V. V. Kuroschkina, A. I. Rusin, N. A. Mikhalkov, M. A. Dasojan, Sb. rab. chim. ist. toka **8** (1973), 32
[510] J. R. Pierson, "Power Sources 2 (1968)" (D. H. Collins, ed.), Pergamon Press, Oxford 1970, S. 103
[511] J. Burbank, E. J. Ritchie, J. Electrochem. Soc. **116** (1969), 125
[512] J. R. Pearson, C. K. Morehouse, Chemical Power Sources Symposium, Poznan 1973
[513] C. W. Fleischmann, W. J. Schlotter, J. Electrochem. Soc. **123** (1976), 969
[514] H. Bode, E. Voss, Electrochimica Acta **1** (1959), 318
[515] D. Pavlov, V. Iliev, Elektrochimija **12** (1975), 1735
[516] C. F. Yarnell, J. Electrochem. Soc. **117** (1970), 246
[517] J. Burbank, J. Electrochem. Soc. **113** (1966), 10
[518] G. Liptay, L. Sors, Thermochimica Acta **14** (1976), 279
[519] R. F. Dapo, J. Electrochem. Soc. **121** (1974), 253
[520] V. H. Dodson, J. Elektrochem. Soc. **108** (1961), 401
[521] W. O. Butler, C. J. Venuto, D. V. Wisler, J. Electrochem. Soc. **117** (1970), 1339
[522] J. Armstrong, I. Dugdale, W. J. McCusker, "Power Sources 1 (1966)" (D. H. Collins, ed.), Pergamon Press, Oxford 1967, S. 163
[523] G. Sterr, Electrochimica Acta **15** (1970), 1221
[524] A. I. Rusin, M. A. Dasojan, N. N. Fedorova, Elektrotechnika **38** (1967), 4
[525] D. Pavlov, G. Papazov, V. Iliev, J. Electrochem. Soc. **119** (1972), 8
[526] T. I. Popova, B. N. Kabanov, Ž. prikl. chim. **32** (1959), 326
[527] E. F. Bordt, G. A. Kolinova, V. V. Novodereshkin, M. A. Dasojan, Sb. rab. chim. ist. toka **7** (1972), 55
[528] D. Pavlov, V. Iliev, G. Papazov, E. Bashtavelova, J. Electrochem. Soc. **121** (1974), 854
[529] D. Pavlov, J. Electroanal. Chem. **72** (1976), 319
[530] E. Skoluda, B. Szczesniak, S. Tabat, Przemysl Chemniczny **54** (1975), 648

[530a] J. Malik, V. Malikova, Elektrotechn. Obz. **54** (1965), 85
[530b] D. Pavlov, S. Ruevski, J. Electrochem. Soc. **126** (1979), im Druck
[530c] J. Garche, N. Anastasijević, K. Wiesener, Elektrochemica Acta **25** (1980), im Druck
[530d] V. M. Halsall, R. R. Wiethaup, SAE Automotive Engineering Congress, Detroit 1972, SAE-Nr. 720041
[531] P. J. Moll, Batterien **15** (1961), 150
[532] K. Wiesener, J. Rother, DDR-Patent WP H 01 m/193977 (1976)
[533] N. Lahme, I. Mund, DOS 2460399 (1976), 2419107 (1975)
[534] St. C. Foulkes, DOS 2546688 (1976)
[535] H. Niklas, DOS 2337258
[536] S. Hattori, "Lead 68" Proc. 3. Intern. Lead Conf., Pergamon Press, London 1969, S. 155
[537] J. R. Smyth, J. P. Malloy, D. T. Forrell, Proc. 2. Intern. Lead Conf., Pergamon Press, Oxford 1965, S. 193
[538] R. Jeannin, Franz. Pat. 102709 (1950)
[539] P. Ruetschi, U.S. Patent 3124488 (1964)
[540] F. Zehender, W. Hermann, H. Leibssle, Electrochimica Acta **9** (1964), 55
[541] H. Niklas, Elektrotechnischer Weltkongreß, Moskau 1977, Vortrag 5 V/04
[542] J. Atkin, R. Bonaterre, J.-F. Laurent, "Power Sources 6 (1976)" (D. H. Collins, ed.), Academic Press, London 1977, S. 91
[543] D. McClelland, J. Devitt, U.S. Patent 3704133 (1970)
[544] B. Kmahato, E. I. Weissman, E. C. Laird, J. Electrochem. Soc. **121** (1974), 13
[545] B. Kmahato, E. C. Laird, "Power Sources 5 (1974)" (D. H. Collins, ed.), Academic Press, London 1975, S. 23
[546] I. A. Aguf, 28. ISE-Meeting, Varna 1977, Abstr., Vol. 2, S. 1
[547] P. Ruetschi, U.S. Patent 2951106 (1960)
[548] P. Ruetschi, J. B. Ockermann, J. Electrochem. Soc. **116** (1969), 1222
[549] H. Reber, Bosch Techn. Ber. 3 (Aug. 1970)
[550] P. Ruetschi, B. D. Cahan, U.S. Patent 3080440 (1963)
[551] P. Ruetschi, J. B. Ockermann, Electrochem. Technol. **4** (1966), 383
[552] S. Sekido u. a., U.S. Patent 3904434 (1975)
[553] J. I. Dyson, E. Sundberg, "Power Sources 4 (1972)" (D. H. Collins, ed.), Oriel Press, Newcastle upon Tyne 1973, S. 505
[554] D. J. Haworth, K. Peters, J. S. Throw, "Powers Sources 6 (1976)" (D. H. Collins, ed.), Academic Press, London 1977
[555] W. R. Jacob, DOS 2524653 (1975)
[555a] A. O. Isenberg, 154. Fall Meeting. Electrochem. Soc., Pittsburgh 1978, Abstr. Nr. 80
[556] J. T. Redmon, U.S. Patent 3525639 (1970)
[557] H. A. Bernholtz, J. P. Badger, U.S. Patent 3591422 (1971)
[558] L. E. Solomon, U.S. Patent 3067275 (1962)
[559] D. L. Douglas, R. E. Biddick, J. B. Ockermann, "Power Sources 2 (1968)" (D. H. Collins, ed.), Pergamon Press, Oxford 1970, S. 93
[560] R. F. Amlie, E. Y. Weissmann, C. K. Morehouse, N. M. Qureshi, J. Electrochem. Soc. **119** (1972), 568.
[560a] A. G. Cannone, D. O. Feder, R. V. Biagetti, Bell System Techn. J. **49** (1970), 1321
[561] J. C. White u. a., Trans. Electrochem. Soc. **91** (1974), 73
[562] F. Beck, Chem.-Ing.-Techn. **46** [1974), 127
[563] F. Beck, J. Electroanal. Chem. **65** (1975), 231

[564] F. Beck, 28. ISE-Meeting, Varna 1977, Abstr., Vol. 2, S. 130
[565] P. Faber, "Power Sources 6 (1976)" (D. H. Collins, ed.), Academic Press, London 1977, S. 45
[565a] A. I. Rusin, S. R. Jubilevič, Sb. rab. chim. ist. toka 9, (1974), 3
[566] O. B. Lindström, DOS 2541239 (1976)
[567] D. H. Collins, "Powder Sources 3 (1970)" (D. H. Collins, ed.), Oriel Press, Newcastle upon Tyne 1971, S. 551
[567a] D. Berndt, "Power Sources 2 (1968)" (D. H. Collins, ed.), Pergamon Press, Oxford 1970, S. 17
[567b] E. Witte, „*Blei- und Stahlakkumulatoren*", Otto-Krauskopf-Verlag, Mainz 1967
[567c] K. Ekler, Canad. J. Chem. **42** (1964), 1355
[567d] T. Takagaki, Progress in Batteries and Solar Cells **1** (1978), 17
[567e] BCI Technical Commettee Report 1970
[567f] J. J. Lander, J. Electrochem. Soc. **105** (1958), 281
[567g] S. F. Radke, Metall **27** (1973), 1036
[567h] S. M. Caulder, A. C. Simon, J. Electrochem. Soc. **121** (1974), 1546
[567i] V. V. Bajunov, M. A. Dasojan, Elektrotechnika **1974**, 61
[568] J. H. Gladstone, A. Tribe, Nature **25** (1882) 221, 461; **26** (1882) 251, 342, 603; **27** (183) 583
[569] R. Kinzelbach, „*Stahlakkumulatoren*", Verlag VDI, Düsseldorf 1968
[570] S. U. Falk, A. J. Salkind, "*Alkine Storage Batteries*", John Wiley and Sons, New York 1969
[571] W. Jungner, Schwed. Pat. 11487 (1899) u. 15567 (1901)
[572] T. A. Edison, US-Pat. 678722 (1901) u. 692507 (1902)
[573] O. Glemser, J. Einerhand, Z. Elektrochem. **54** (1950), 302
[574] G. Pfeiderer, F. Spoun, P. Gmelin, K. Ackermann, Deutsches Pat. 491498 (1928)
[575] W. Feitknecht, H. R. Christen, H. Studer, Z. Anorg. Allgem. Chem. **268** (1956), 88
[576] R. W. Bramham, R. J. Doran, St. E. A. Pomroy, J. Thompson, "Power Sources 6 (1976)" (D. H. Collins, ed.), Academic Press, London 1977, S. 129
[577] O. Rademacher, K. Wiesener, H. Winkler, E. Prikryl, Z. phys. Chem. **256** (1975), 133
[578] O. Rademacher, K. Wiesener, E. Prikryl, Z. phys. Chem. **257** (1976), 354
[579] O. Rademacher, K. Wiesener, E. Prikryl, Z. phys. Chem. **258** (1977), 113
[580] O. Rademacher, K. Wiesener, Z. phys. Chem. **258** (1977), 967
[581] L. N. Sagojan, Ju. M. Guljamov, V. S. Barsukov u. a., 28. ISE-Meeting, Varna 1977, Abstr., Vol. 2, S. 334; Elektrochimija **9** (1973), 1253 u. 1480
[582] P. D. Lukovtsev, C. J. Slaidin, Electrochimica Acta (1962), 17
[583] D. M. MacArthur, "Power Sources 3 (1970)" (D. H. Collins, ed.), Oriel Press, Newcastle upon Tyne 1971, S. 91
[584] H. Bode, K. Dehmelt, J. Wille, Chem.-Ing.-Techn. **36** (1964), 671; Electrochimica Acta **11** (1966), 1079; Z. Anorg. Allgem. Chem. **366** (1969), 1
[585] R. U. Panich, A. G. Sukharev, Tr. Mosk. Energ. Inst. **112** (1972), 98
[586] J. L. Weininger, M. W. Breiter, "Power Sources 1 (1966)" (D. H. Collins, ed.), Pergamon Press, Oxford 1967, S. 269
[587] R. Barnard, J. A. Lee, A. H. Rafinski, F. L. Tye, "Power Sources 5 (1974)" (D. H. Collins, ed.), Academic Press, London 1975, S. 183
[588] S. Gross, 28. ISE-Meeting, Varna 1977, Abstr., Vol. 2, S. 437
[589] D. Chua, R. J. Diefendorf, Proc. Annual Power Sources Conf. (1972), S. 52
[590] O. C. Wagner, U.S. NTIS, AD Rep. 1975 AD – AO 17117
[591] D. Geana, A. A. Miligy, W. J. Lorenz, J. Appl. Electrochem. **4** (1974), 337

[592] J. Labat, J. C. Jarroussean, J. F. Laurent, "Power Sources 3 (1970)" (D. H. Collins, ed.), Oriel Press, Newcastle upon Tyne 1971, S. 238
[593] A. M. Nowakowski, S. A. Gruschina, T. M. Koslowa, Sb. rab. chim. ist. toka 11 (1976), 68
[594] Y. Geronov, T. Tomov, 28. ISE-Meeting, Varna 1977, Abstr., Vol. 2, S. 420
[595] J. Atkin, R. Bonnaterre, J. F. Laurent, "Power Sources 6 (1976)" (D. H. Collins, ed.), Academic Press, London 1977, S. 91
[596] D. J. Gordy, E. Luksha, G. J. Menard, J. Electrochem. Soc. **120** (1973), 1447
[597] G. Grespy, R. Schmitt, H. A. Gutjahr, H. Sänfterer, Proc. 11. Int. Power Sources Symp., Brighton 1978, Nr. 13
[598] K. Appelt, U. Frackowiak, L. Helak, 28. ISE-Meeting, Varna 1977, Abstr., Vol. 2, S. 413
[599] M. Cenek, O. Kouřil, J. Šandera, A. Touškova, M. Calabek, "Power Sources 6 (1976)" (D. H. Collins, ed.), Academic Press, London 1977, S. 215
[600] J. Jindra, J. Mrha, K. Micka, Z. Zábransky, B. Braunstein, J. Malík, V. Koudelka, "Power Sources 6 (1976)" (D. H. Collins, ed.), Academic Press, London 1977, S. 181
[601] J. Jindra, J. Mrha, B. Braunstein, V. Koudelka, J. Malík, J. Miškovsky, Z. Zabransky, 28. ISE-Meeting, Varna 1977, Abstr., Vol. 2, S. 401 u. 405
[602] J. Mrha, B. Braunstein, V. Koudelka, J. Malík, J. Jindra, 28. ISE-Meeting, Varna 1977, Abstr., Vol. 2, S. 409
[603] J. Mrha, J. Krejci, B. Klapste, B. Braunstein, J. Koudelka, J. Malík, Proc. 11. Int. Power Sources Symp., Brighton 1978, Abstr. Nr. 10
[604] E. Hausler, ETZ — *B* 18 (1966), 888
[605] J. Šandera, M. Cenek, A. Tonskova, M. Calabek, J. Mrha, J. Jindra, Proc. 11. Int. Power Sources Symp., Brighton 1978, Abstr. Nr. 14
[606] Yu. A. Kuzmin, M. Mashevich, N. Yu. Uflyand, S. P. Frolova, Sb. rab. chim. ist. toka, **7** (1972), 163
[607] V. V. Romanov, P. J. Sandler, Z. prikl. chim. **49** (1976), 242
[608] D. J. Gordy, Sci. Techn. Aerosp. Rep. **13** (24) (1975), Nr. N 75-33493
[609] F. E. Ford, "Power Sources 4 (1972)" (D. H. Collins, ed.), Oriel Press, Newcastle upon Tyne 1973, S. 277
[610] A. H. Baker, S. D. Toner, W. F. Cuthrell, Gov. Rep. Annonnce (US) **75** (15) (1975), 98
[611] P. B. Životinskij, T. M. Bessonova, N. J. Ivanova, N. A. Lygovsova, Sb. rab. chim. ist. toka, **5** (1970), 63
[612] B. J. Center, V. V. Tenkovcev, V. A. Nikolskij, S. V. Darydova, USSR-Pat. 458907
[613] H. N. Seiger, V. J. Puylisi, P. F. Rittermann, D. F. Pickett, Proc. 9. IECEC (1974), S. 868
[614] S. Sathyanarayana, M. L. Copikanth, L. N. Sridharan, "Power Sources 6 (1976)" (D. H. Collins, ed.), Academic Press, London 1977, S. 201
[615] J. Marek, I. Mohyla, M. Stompfe, 28. ISE-Meeting, Varna 1977, Abstr., Vol. 2, S. 397
[616] S. Ohnuma, O. Ishido, Jap. Pat. 7521233 (1973)
[617] K. D. Beccu, H. Stöhr, "Power Sources 3 (1970)" (D. H. Collins, ed.), Oriel Press, Newcastle upon Tyne 1971, S. 169
[618] Yu. M. Pozin, Poroš. Met. **10** (1970), 43
[619] J. Birge, J. T. Brown, W. Feduska, C. C. Harman, W. Pollack, R. Rosey, J. Seidel, "Power Sources 6 (1976)" (D. H. Collins, ed.), Academic Press, London 1977, S. 111

[620] P. D. Lukovcev, O. G. Maladin, "Power Sources 2 (1968)" (D. H. Collins, ed.), Pergamon Press, Oxford 1970, S. 141
[621] R. V. Boldin, A. D. Akbulotova, F. F. Karpova, Sb. rab. chim. ist. toka, **10** (1975), 177
[622] M. V. Petrova, V. V. Tenkovcev, M. A. Dasojan, Sb. rab. chim. ist. toka 8 (1973), 96
[623] B. P. Ivanov, Izv. Vysš. Učebn. Zaved. Energ. **17** (1974), 130
[624] E. W. Broomann, J. Mc. Callum, E. A. Roeger, G. H. Miller, US Nat. Tech. Inform. Serv. AD Rep. 1972, Nr. 748252
[625] B. J. R. Hodge, "Power Sources 5 (1974)" (D. H. Collins, ed.), Academic Press, London 1975, S. 211
[626] M. V. Ardabatokaga, V. V. Tenkovcev, Sb. rab. chim. ist. toka **10** (1975), 190
[627] H. H. von Döhren, K. Wandschneider, BRD-Pat. 1771330 (1968)
[628] O. C. Wagner, D. D. Williams, "Proc. 26. Annual Power Sources Conf. (1974), S. 96
[629] F. K. Andrjusenko, B. J. Boiracnyj, A. P. Nekrasov, M. G. Popova, Izv. Vysš. Učeb. Zaved. Chim. Technol. **17** (1974), 409
[630] J. M. Evjen, Proc. 26. Annual Power Sources Conf. (1974), S. 99
[631] K. Feldman, R. L. Haines, W. A. te Page, Proc. 26. Annual Power Sources Conf. 1974, S. 80 und 27. Conf. (1976), S. 95; Gov. Rep. Annonnce (US) **75** (*18*) (1975), 92 u. 98
[632] B. J. R. Hodge, Y. Lecoufte, "Power Sources 3 (1970)" (D. H. Collins, ed.), Oriel Press, Oxford 1971, S. 191
[633] H. L. Brown, E. S. Carr, Govt. Rep. Annonnce (US) **72** (*3*) (1972), 82
[634] W. C. Harsch, D. V. Gordon, Govt. Rep. Annonnce (US) **72** (*21*) (1972), 92
[635] J. D. Harkness, Sci. Tech. Aerosp. Rep. **13** (*21*) (1975), Nr. N 75-30652
[636] J. Eliason, Proc. 10. IECEC (1975), S. 1297
[637] R. H. Kinsey, D. Gordon, Proc. 10. IECEC (1975), S. 1291
[638] D. E. Christy, Govt. Rep. Annonnce (US) **74** (*2*) (1974), 120
[639] E. Levy, R. L. Kerr, Proc. Annual Power Sources Conf. (1972), S. 47
[640] C. Tanis, J. L. Lander, Proc. Annual Power Sources Conf. (1972), S. 55
[641] S. U. Falk, A. J. Salkind, "*Alkaline Storage Batteries*", John Wiley and Sons, New York 1969, S. 25–28, 155–175, 222–233, 347–359, 420–431
[642] E. W. Jungner, Schwed. Pat. Nr. 10177, Nr. 11132 (1899)
[643] E. W. Jungner, US-Patent 692238 (1900)
[644] H. Andre, Bull. Soc. Franc. Electriciens **1** (*6*) (1941), 132; US Pat. 2317711 (1943), 2594710 (1952), 2594711 (1952)
[645] J. C. White, Trans. Electrochem. Soc. **90** (1946), 273
[646] S. Eidensohn, J. Electrochem. Soc. **99** (1952), 252
[647] J. A. Dibrov, V. A. Bykov, D. M. Gorelik, Ž. prikl. chim. **47** (1974), 2384
[648] J. E. Oxley, NASA-Rep. CR-377 (Febr. 1966)
[649] R. V. Moshtev, P. Zlatilova, 28. ISE-Meeting, Varna 1977, Abstr., Vol. 2, S. 393
[650] G. Wrangler, Electrochimica Acta **2** (1960), 130
[651] J. O'M. Bockris, Z. Nagy, D. Dražić, J. Electrochem. Soc. **120** (1973), 30
[652] N. T. Kudryatsev, Z. fiz. chim. **26** (1952), 270
[653] R. W. Powers, J. Electrochem. Soc. **118** (1971), 685
[654] K. W. Choi, D. Hamby, D. N. Bennion, J. Electrochem. Soc. **123** (1976), 1616 u. 1628
[655] V. P. Kukarin, S. E. Bechin, UdSSR-Pat. 534814 (1976)
[656] A. Charkey, Gov. Rep. Annonnce (US) **76** (11) (1976), 122
[657] E. N. Molotkova, E. N. Yarochkina, Ž. prikl. chim. **48** (1975), 1773

[658] L. B. Adams, P. J. Fydelor, G. Patridge, R. H. West, "Power Sources 4 (1972)" (D. H. Collins, ed.), Oriel Press, Newcastle upon Tyne 1973, S. 141
[659] H. J. Schwartz, D. G. Soltis, "Power Sources 4 (1972)" (D. H. Collins, ed.), Oriel Press, Newcastle upon Tyne 1973, S. 185
[660] P. Jonville, J. M. Fresnel, J. Bezaudun, "Power Sources 5 (1974)" (D. H. Collins, ed.), Academic Press, London 1975, S. 283
[661] H. Forst, J. Heitbaum, W. Vielstich, J. Power Sources **2** (1977/78), 177
[662] C. P. Wales, "Power Sources 4 (1972)" (D. H. Collins, ed.), Oriel Press, Newcastle upon Tyne 1973, 163
[663] W. A. Cunningham, L. E. Pucher, US Pat. 2931846 (1960)
[664] J. Goodkin, F. Solomon, "Batteries 2 (1965)" (D. H. Collins, ed.), Pergamon Press, Oxford, S. 475
[665] J. C. Duddy, US Pat. 3003015 (1961) u. 3121029 (1964)
[666] J. Šandera, A. Touškova, M. Cenek, O. Kouřil, 28. ISE-Meeting, Varna 1977, Abstr., Vol. 2, S. 381
[667] J. R. Colemann, T. E. King, "Power Sources 1 (1966)" (D. H. Collins, ed.), Pergamon Press, Oxford 1967, S. 193
[668] B. Cahan, J. B. Ockermann, R. F. Amlie, P. Ruetschi, J. Electrochem. Soc. **107** (1960), 725
[669] W. W. Jakobi, "Batteries, Secondary", in: "*Encyclopedie of Chemical Technology*", Vol. 3 (Kirk-Othmen, ed.), Interscience, New York 1964
[670] G. P Andreeva, Z. P. Archangelskaja, Sb. rab. chim. ist. toka, **5** (1970), 132
[671] C. Ph. Donnel, Sci. Tech. Aerospace Rep. **14** (*18*) (1976), N 76-27673
[672] N. E. Bashow, A. C. Brown, "Power Sources 5 (1974)" (D. H. Collins, ed.), Academic Press, London 1975, S. 465
[673] E. G. Ivanov, P. G. Levinfish, J. Ja. Palmskaja, Sb. rab. chim. ist. toka, **10** (1975), 322
[674] M. S. Imanura, R. L. Donovan, J. W. Lear, Sci. Tech. Aerosp. Rep. **14** (*23*) (1976), No. N 76-32651
[675] A. J. Shilnikov, USSR-Pat. 497662 (1974)
[676] M. Andjelie, P. Rakin, K. Popov, M. Roknić, M. Vojnović, Hem. Ind. **29** (*11*) (1975), 525
[677] J. A. Dibrov, V. A. Bykov, T. V. Grigoreva, Ž. prikl. chim. **47** (1974), 2770 u. **49** (1976), 2023
[678] J. L. Lewis, Eng. Mater. Design. (1964, Nov.) 748
[679] H. J. Strauss, Electronics World **74** (1965), 49
[680] F. Soloman, G. W. Work, "Batteries 2 (1965)" (D. H. Collins, ed.), Pergamon Press, Oxford, S. 463
[681] A. J. Oshe, J. J. Astachov, Z. Ja. Nikitina, J. F. Reznik, V. S. Bagockij, Ž. prikl. chim. **34** (1961), 2254
[682] T. Z. Palagyi, J. Electrochem. Soc. **108** (1961), 201
[683] T. P. Dirkse, Electrochem. Technol. **4** (1966), 163
[684] H. K. Farmery, W. A. Smith, "Batteries (1963)" (D. H. Collins, ed.), Pergamon Press, Oxford, S. 173
[685] J. W. Lear, M. S. Imanura, Proc. 12. IECEC (1977) Vol. 1, S. 311
[686] S. U. Falk, A. J. Salkind, "*Alkaline Storage Batteries*", John Wiley and Sons, New York 1969, S. 25–30, 176–179, 359–366
[687] Z. P. Archangelskaja, E. G. Ivanov, S. G. Kotonsov, Sb. rab. chim. ist. toka **10** (1975), 249
[688] A. M. Frink, Proc. 16. u. 17. Annual Power Sources Conf. (1962) u. (1963)

[689] G. P. ANDREEVA, V. A. NIKOLSKIJ, E. J. POPAZOVA, Sb. rab. chim. ist. toka, **10** (1975), 292
[690] J. N. SHUVALOVA, T. V. FEDEROVA, Z. P. ARCHANGELSKAJA, Sb. rab. chim. ist. toka, **7** (1972) 171 u. 175
[691] E. J. POPAZOVA, V. A. NIKOLSKI, G. P. ANDREEVA, E. A. BERKMAN, Sb. rab. chim. ist. toka, **6** (1971), 134
[692] N. B. LIPUNOVA, E. N. MOLOTKOVA, Sb. rab. chim. ist. toka, **5** (1970), 138; **6** (1971), 107 u. **7** (1972), 181
[693] N. J. ALEKSEEVA, E. A. BERKMAN, R. P. IVANOVA, Sb. rab. chim. ist. toka, **10** (1975), 334
[694] A. CHARKEY, "Power Sources 4 (1972)" (D. H. COLLINS, ed.), Oriel Press, Newcastle upon Tyne 1973, S. 93
[695] M. P. MASHEVICH, Z. P. ARCHANGELSKAJA, Sb. rab. chim. ist. toka, **8** (1973), 188
[696] T. DE MICHALOWSKI, Brit. Pat. 15370 (1899) DRP 112351 (1899)
[697] J. M. FOY, J. J. DRUM, The Railway Engineer (1933) 258, S. 280
[698] V. V. ROMANOV, P. D. LUKOVTOV, Ž. prikl. chim. **33** (1960), 1556
[699] P. GOLDBERG, Proc. 21. Annual Power Sources Conf. (1967)
[700] V. N. FLEROV, Ž. prikl. chim. **32** (1959), 1306
[701] D. P. BODEN, E. PEARLMANN, "Power Sources 4 (1972)" (D. H. COLLINS, ed.), Oriel Press, Newcastle upon Tyne 1973, S. 103
[702] F. A. SCHNEIDER, Z. DOMINCZAK, "Power Sources 4 (1972)" (D. H. COLLINS, ed.), Oriel Press, Newcastle upon Tyne 1973, S. 115
[703] G. FENILLADE, P. CORD, BRD-Pat. 2309123 (1972)
[704] G. KUCERA, H. G. PLUST, G. SCHNEIDER, SAE (Tech. Paper) (1-975), Nr. 750147
[705] T. TAKAMIRA, DBP 2601571 (1975)
[706] F. P. KOBER, A. CHARKEY, "Power Sources 3 (1970)" (D. H. COLLINS, ed.), Oriel Press, Newcastle upon Tyne 1971), S. 313
[707] A. A. BACHAEV, V. N. FLEROV, Tr. GORK, Politech. Inst. **28** (*13*) (1972), 57
[708] N. A. ZHULIDOV, F. I. YEFREMOV, Vestn. Elektroprom. **2** (1963), 74
[709] N. S. LIDORENKO, V. E. DMITRENKO, 28. ISE-Meeting, Varna 1977, Abstr., Vol. 2, S. 433
[710] S. TAJIMA, M. NEKAMURA, T. MORI, "Power Sources 6 (1976)" (D. H. COLLINS, ed.), Academic Press, London 1977, S. 321
[711] G. BENCZUR-ÜRMÖSSY, K. v. BENDA, F. HASCHKA, "Power Sources 5 (1974)" (D. H. COLLINS, ed.), Academic Press, London 1977, S. 303
[712] M. MAKSIMOVIĆ, P. RAKIN, D. KECA, K. POPOV, M. VOJNOVIĆ, Hem. Ind. **30** (*2*) (1976), 57
[713] K. v. BENDA, DBP 2232055 1972
[714] O. v. KRUSENSTIERNA, "Power Sources 6 (1976)" (D. H. COLLINS, ed.), Academic Press, London 1977, S. 303
[715] M. A. GUTJAHR, H. BUCHNER, K. D. BECCU, H. SÄUFERER, "Power Sources 4 (1972)" (D. H. COLLINS, ed.), Oriel Press, Newcastle upon Tyne 1973, S. 79
[716] M. KLEIN, NASA Contr. Rep. 1977, NASA-CR-135200
[717] J. D. DUNLOP, G. v. OMMERING, M. W. EARL, "Power Sources 6 (1976)" (D. H. COLLINS, ed.), Academic Press, London 1977, S. 231
[718] K. V. KORDESCH, S. J. CIESZEWSKI, "Power Sources 6 (1976)" (D. H. COLLINS, ed.), Academic Press, London 1977, S. 249
[719] J. D. DUNLOP, J. STOCKEL, G. v. OMMERING, "Power Sources 5 (1974)" (D. H. COLLINS, ed.), Academic Press, London 1975, S. 315
[720] M. KLEIN, "Power Sources 5 (1974)" (D. H. COLLINS, ed.), Academic Press, London 1975. S. 347

[721] B. J. Center, A. J. Kloss, Elektrochimija **13** (1977), 1719
[722] B. J. Center, u. a., Sb. rab. chim. ist. toka, **8** (1973), 181; **9** (1974), 65; **11** (1976), 60; UdSSR-Pat. 457126 (1964)
[723] G. L. Molleck, M. J. Turchan, F. S. Shuker, D. J. De Biccari, P. O. D. Offenhartz, Proc. 11. Int. Power Sources Symp., Brighton 1978, Nr. 16
[724] M. Klein, B. S. Baker, Proc. 9. IECEC (1974), S. 118
[725] L. E. Miller, Proc. 26. Annual Power Sources Conf. (1974), S. 21
[726] M. G. Klein, NASA Contr. Rep. 1975, NASA-CR-134878
[727] H. Seiger, V. J. Puglisi, Proc. 27. Annual Power Sources Conf. (1976), S. 115
[728] S. Font, J. Goualard, "Power Sources 5 (1974)" (D. H. Collins, ed.), Academic Press, London 1975, S. 331
[729] H. H. Rogers, Proc. 27. Annual Power Sources Conf. (1976), S. 128
[730] W. Luft, A. Koplan, V. Mikal, R. E. Patterson, D. Wanous, Proc. 27. Annual Power Sources Conf. (1976), S. 131
[731] F. A. Lewis, M. C. Witherspoon, A. Oberman, "Power Sources 5 (1974)" (D. H. Collins, ed.), Academic Press, London 1975, S. 361
[732] M. W. Earl, E. W. Justi, K. Stephan, H. Ewe, Energy Conversion **13** (*3*) (1973), 109
[733] M. W. Earl, J. D. Dunlop, Proc. 26. Annual Power Sources Conf. (1974), S. 24
[734] F. A. Lewis, A. Oberman, R. V. Bucur, J. N. Bell, W. F. N. Leiteh, "Power Sources 6 (1976)" (D. H. Collins, ed.), Academic Press, London 1977, S. 259
[735] F. Haschka, R. Linkohr, H. G. Plust, DBP 2307851 (1973)
[736] R. J. Haas, D. C. Brigge, Proc. 8. IECEC (1973), S. 116
[737] P. Antoine, P. Fongere, Proc. 11. Int. Power Sources Symp., Brighton 1978, Nr. 17
[738] G. v. Ommering, F. J. Stockel, Proc. 27. Annual Power Sources Conf. (1976), S. 124
[739] R. E. Patterson, R. H. Spark, Proc. 10. IECEC (1975), S. 1281
[740] K. J. Euler, Metalloberfläche **26** (1972), 51
[741] D. S. Adams, "Power Sources 4 (1972)" (D. H. Collins, ed.), Oriel Press, Newcastle upon Tyne 1973, 347
[742] S. Hattori, M. Yamaura, C. Kawamura, S. Yochida, "Power Sources 4 (1972)" (D. H. Collins, ed.), Oriel Press, Newcastle upon Tyne 1973, S. 361
[743] M. J. Gillibrand, J. Gray, F. J. Gudger, "Power Sources 4 (1972)" (D. H. Collins, ed.), Oriel Press, Newcastle upon Tyne 1973, 297
[744] S. M. Chodosh, B. Jagid, E. Katulis, "Power Sources 2 (1968)" (D. H. Collins, ed.), Pergamon Press, Oxford 1970, S. 423
[745] V. Manev, A. Nassalevska, 28. ISE-Meeting, Varna, 1977, Abstr., Vol. 2, S. 442
[746] A. J. Appleby, M. Jacquier, J. Power Sources **1** (1976/77), 17
[747] R. S. Gumicio, US-Pat. 3219486 (1965)
[748] M. M. Bertioli, DBP 1942331 (1970)
[749] A. Langer, DBP 2004418 (1970)
[750] H. Cnobloch, G. Siemsen, F. v. Sturm, "Power Sources 4 (1972)" (D. H. Collins ed.), Oriel Press, Newcastle upon Tyne 1973, S. 311
[751] H. Cnobloch, D. Gröppel, W. Nippe, F. v. Sturm, Chem.-Ing.-Techn. **45** (1973), 203
[752] H. Cnobloch, D. Gröppel, D. Kühl, W. Nippe, S. Siemsen, "Power Sources 5 (1974)" (D. H. Collins, ed.), Academic Press, London 1975, S. 261
[753] O. Lindström, Schwed. Pat. 360952 (1970)
[754] O. Lindström, "Power Sources 5 (1974)" (D. H. Collins, ed.), Academic Press, London 1975, S. 283

[755] N. P. Yao, "Batterie development in Japan", Battery Workshop, Argonne Nat. Lab. ANL-76-8 (1976)
[756] L. Öjefors, L. Carlsson, J. Power Sources **2** (1978), 287
[757] K. Smrček, M. Cenek, 28. ISE-Meeting, Varna 1977, Abstr., Vol. 2
[758] J. E. Pearce, Brit. Pat. 356261 (1887)
[759] P. G. Symons, P. Cowr, Proc. IECEC 1973, S. 72
[760] P. G. Symons, US-Pat. 3940283 (1970)
[761] P. Carr, C. J. Amato, US-Pat. 3881958 (1973)
[762] J. T. Kim, J. Jorne, J. Electrochem. Soc. **124** (1977), 1473
[763] J. Epelboin, E. Lejay, R. Wiant, C. R. Acad. Sci Ser. C. **274** (1972), 1780
[764] L. Gaier, K. E. Hensler, Electrochimica Acta **15** (1970), 161
[765] H. Cnobloch, F. v. Sturm, DBP 1921157 (1969)
[766] T. Yokoyama, M. Enyo, Electrochimica Acta **15** (1970), 1921
[766a] "Zink-Chlorine Energy Storage Systems", Firmenschrift von Energy Development Associates, Madison Heights 1975
[767] P. Carr, US-Pat. 3909298 (1971)
[768] DBP 2440621 (1975)
[769] H. K. Bjorkman, Can.-Pat. 999337 (1976)
[770] G. Clerici, M. de Rossi, M. Marchetto, "Power Sources 5 (1974)" (D. H. Collins, ed.), Academic Press, London 1975, 167
[771] H. S. Lim, A. M. Lackner, R. C. Knechtli, J. Electrochem. Soc. **124** (1977), 1154
[772] F. G. Will, Proc. 12. IECEC (1977), S. 250
[773] F. G. Will, Proc. 11. IECEC (1976), Nr. 19
[774] M. de Rossi, DBP 1938580 (1970); Fr. Pat. 1581214 (1969)
[775] H. B. Smith, US-Pat. 3692703 (1971)
[776] R. J. Bellows, D. J. Eustace, P. Grimes, J. A. Shropshire, M. C. Tsien, A. F. Veneto, Proc. IECEC **11** (1976), Nr. 18
[777] A. B. Hart, A. H. Webb, "Power Sources 6 (1976)" (D. H. Collins, ed.), Academic Press, London 1977, S. 627
[778] G. Crespy, K. D. Beccu, 26. ISE-Meeting Wien 1975, Abstr. Nr. 31
[779] K. D. Beccu, Chem.-Ing.-Tech. **46** (1974), 95
[780] W. Kangro, H. Pieper, Electrochimica Acta **7** (1962), 435
[781] L. Je. Ftig, G. J. Manning, Electroanal. Chem. **26** (1970), 195
[782] J. K. Dohrmann, K. J. Vetter, Ber. Bunsenges. phys. Chem. **73** (1969), 1068
[783] H. Binder, R. Knödler, A. Köhling, G. Sandstede, G. Walter, "Power Sources 6 (1976)" (D. H. Collins, ed.), Academic Press, London 1977, S. 643
[784] J. P. Gabano, G. Gerbier, J. F. Lousent, Chem.-Ing.-Techn. **42** (1970), 210
[785] Varta AG, Fr. Pat. 2236284 (1973)
[786] M. S. Whittingham, DBP 2442411 (1973)
[787] R. D. Rauh, G. F. Pearson, S. B. Brummer, Proc. IECEC (1977), S. 283
[788] R. Selim, P. Bro, J. Electrochem. Soc. **121** (1974), 1457
[789] R. D. Rauh, S. B. Brummer, Electrochimica Acta **22** (1976), 75 u. 1339; **23** (1978), 55
[790] G. L. Holleck, J. R. Driscoll, F. S. Shuker, Gev. Rep. Annonce (US) **76** (1976), 127
[791] J. T. Kummer, N. Weber, SAE Automotive Engineering Congress, Detroit 1967, SAE-Nr. 670179
[792] A. Gibson, "Power Sources 6 (1976)" (D. H. Collins, ed.), Academic Press, London 1977, 673
[793] J. Gibson, Int. Symp. Molten Electrol. High Temp. Batt., Brighton 1977, Abstracts
[794] G. Weddigen, 28. ISE-Meeting, Varna 1977, Abstr., Vol. 2, S. 472

[795] R. P. TISCHER, F. A. LUDWIG, Publications Preprint von Ford Research (1976) wird veröffentlicht in "*Advances in Electrochemistry and Electrochemical Engineering*", Vol. 10, (C. W. TOBIAS, H. GERISCHER, ed.)
[796] R. J. BONES, R. J. BROOK, T. L. MARKIN, "Power Sources 5 (1974)" (D. H. COLLINS, ed.), Academic Press, London 1975, S. 539
[797] K. D. SOUTH, J. L. SUDWORTH, J. G. GIBSON, J. Electrochem. Soc. **119** (1972), 554
[798] F. A. LUDWIG, R. P. TISCHER, D. A. AIKENS, K. W. FUNG, Electrochem. Soc. Meeting (1975), Vortrag-Nr. 386
[799] S. M. SELIS, Electrochimica Acta **15** (1970), 1285
[800] M. P. J. BRENNAN, "Power Sources 6 (1976)" (D. H. COLLINS, ed.), Academic Press, London 1977, 693
[801] J. D. SUDWORTH, A. R. TILLEY, K. D. SOUTH, Fast Ion. Transp. Solides, Solid State Batteries Dev., Proc. NATO Adv. Study Inst. 1972, (Publ. 1973) 581–90
[802] R. D. ARMSTRONG, T. DICKINSON, M. REID, Electrochimica Acta **21** (1976), 935
[803] R. S. NICHOLSON, I. SHAIN, Anal. Chem. **36** (1964), 706
[804] N. S. LIDORENKO, V. I. MOISEEV, G. F. MUTSCHNIK, Izv. Akad. Nauk SSSR, Energetika u. Transport (1975), 102
[805] J. G. GIBSON, J. Appl. Electrochem. **4** (1974), 125
[806] H. KLEINSCHMAGER, W. HAAR, G. WEDDIGEN, W. FISCHER, "Power Sources 6 (1976)" (D. H. COLLINS, ed.), Academic Press, London 1977, S. 711
[807] M. L. KYLE, E. J. CAIRNS, D. S. WEBSTER, Report ANL-Nr. 7958, Argonne National Laboratory 1973
[808] S. GROSS, Energy Conversion **15** (1976), 95
[809] G. WEDDIGEN, BRD-Patentanmeldung vom 15. 8. 1976
[810] G. WEDDIGEN, W. FISCHER, Chem.-Ing.-Techn. **49** (1977), 345
[811] M. P. J. BRENNAN, J. Electrochem. Soc. **125** (1978), 705
[812] J. L. SUDWORTH, M. D. HAMES, "Power Sources 2 (1970)" (D. H. COLLINS, ed.), Pergamon Press, Oxford 1971, S. 227
[813] D. G. OEI, Inorg. Chem. **12** (1973), 435
[814] D. DETRY, J. DROWART, P. GOLDFINGER, H. KELLER, H. RICKERT, Z. phys. Chemie N. F. **55** (1967), 314
[815] B. CLEAVER, A. J. DAVIES, Electrochimica Acta **18** (1973), 733
[816] G. J. MAY, J. Power Sources **3** (1978), 1
[817] J. B. GOODENOUGH, H. Y.-P. HONG, J. A. KAFALAS, Mat. Res. Bull. **11** (1976), 203
[818] G. YAMAGUCHI, K. SUZUKI, Bull. Soc. Chem. Japan **41** (1968), 93
[819] N. WEBER, A. F. VENERO, Techn. Rep. Nr. SR 69–86, 69–102, Ford Motor Co., Daeborn 1969
[820] C. A. BEEVERS, M. A. ROSS, Z. Krist. **97** (1937), 59
[821] R. RIDGWAY, A. KLEIN, W. O'LEARY, Trans. Electrochem. Soc. **70** (1936), 71
[822] W. L. BRAGG, C. GOTTFRIED, J. WEST, Z. Krist. **77** (1931), 255
[823] C. R. PETERS, M. BETTMANN, J. W. MOORE, M. D. GLICK, Acta Cryst. **827** (1971), 1826
[824] M. S. WITTINGHAM, 24. ISE-Meeting, Eindhoven 1973, Abstr. 16
[825] B. J. DUNBAR, "Kinetics and mechanism (s) of Na^+-transport in single and polycrystalline β-Alumina" Thesis 1975, Universität Washington
[826] Y. Y.-F. YAO, J. T. KUMMER, J. Inorg. Nucl. Chem. **29** (1967), 2453
[827] J. L. SUDWORTH, M. D. HAMES, M. A. STOREY, M. F. AZIM, A. R. TILLEY, "Power Sources 4 (1972)" (D. H. COLLINS, ed.), Oriel Press, Newcastle upon Tyne 1973, 1
[828] M. S. WITTINGHAM, R. A. HUGGINS, Proc. 5. Material Research Symposium (1972)
[829] A. V. DANILOV, Z. N. ŠACHADIDINOV, V. V. SMIRNYJ, N. J. DELAROVA, Ž. prikl. chim. **47** (1974), 2053

[830] J. T. KUMMER, Progr. Solid. State Chem. 7 (1972), 141
[831] J. FALLY, C. LASNE, Y. LAZENNEC, P. MARGOTIN, J. Electrochem. Soc. **120** (1973), 1296
[832] L. WYNN-JONES, L. J. MILES, Proc. Brit. Ceram. Soc. **19** (1971), 161
[833] A. IMAI, M. HARATA, Jap. J. appl. Phys. **11** (1972), 180
[834] Ford Motor Co. "Research on Electrodes and Electrolyte for the Ford Sodium-Sulfur-Battery", Annual Report 1975, Deaborn 1976
[835] W. BAUKAL, H.-P. BECK, W. KUHN, R. SIEGLEN, "Power Sources 6 (1976)" (D. H. COLLINS, ed.), Academic Press, London 1977, 655
[836] M. D. HAMES, J. H. DUNCAN, Automotive Engineering Congress, Detroit 1975, SAE-Nr. 750375
[837] J. H. KENNEDY, A. F. SAMMELS, J. Electrochem. Soc. **119** (1972), 1609
[838] R. W. POWERS, R. A. GIDDINGS, US. Pat. 3881661 (1975)
[839] A. IMAI, M. HARATA, Y. OGAWA, S. HASEGAWA, US. Pat. 3671324 (1972)
[840] A. V. VIRKAR, R. S. GORDON, 6. Ceram. Microstruct. Proc. Int. Mater. Symp. (1976), 1977, 610
[841] G. WILLMANN, G. HEIMKE, W. HAAR, Ber. Dtsch. Keram. Ges. **54** (1977), 380
[842] Ford Motor Co., Brit. Pat. 1137079 (1968)
[843] K. INQUE, DOS 2006639 (1970)
[844] K. O. HEVER, J. T. KUMMER, US. Pat. 3499796 (1970)
[845] R. J. CHARLES, S. P. MUTOFF, W. G. MORRIS, US. Pat. 3607435 (1971)
[846] Brit. Railways Board, Belg. Pat. 778927 (1972)
[847] J. P. BOILOT, A. KAHN, J. THERY, u. a. Electrochimica Acta **22** (1977), 741
[848] R. COLLUNGUES, 28. ISE-Meeting, Varna 1977, Abstr., Vol. 2, S. 464
[849] R. KNÖDLER, W. BAUKAL, J. Power Sources **3** (1978), 23
[850] Y. LAZENNEC, ISE-Meeting, Marcoussis 1975, Abstr. S. 45
[851] H. A. WEINER, Automotive Engineering Congress, Detroit 1975, SAE-Nr. 750149
[852] J. FALLY, C. LASNE, Y. LAZENNEC, Y. LE CARS, P. MARGOTIN, J. Electrochem. Soc. **120** (1973), 1292
[853] L. J. MILES, L. WYNN-JONES, "Power Sources 3 (1970)" (D. H. COLLINS, ed.), Oriel Press, Newcastle upon Tyne 1971, S. 245
[854] G. J. TENNENHOUSE, R. C. KU, R. H. RICHMAN, T. J. WHALEN, Amer. Ceram. Soc. Bull. **54** (1975), 523
[855] M. S. WITTINGHAM, R. A. HUGGINS, J. Electrochem. Soc. **118** (1971), 1
[856] R. D. ARMSTRONG, T. DICKINSON, J. TURNER, Electrochimica Acta **19** (1974), 187
[857] R. H. RICHMAN, G. J. TENNENHOUSE, J. Am. Ceram. Soc. **58** (1975), 63
[858] Y. LAZENNEC, C. LASNE, P. MARGOTIN, J. FALLY, J. Electrochem. Soc. **122** (1975), 734
[859] J. L. SUDWORTH, Proc. 10. IECEC (1975), S. 616
[860] A. K. RAY, O. SUBBARA, Mat. Res. Bull. **10** (1975), 583
[861] W. BAUKAL, R. KNOEDLER, W. KUHN, DOS 2456018
[862] J. L. SUDWORTH, A. R. TILLEY, DOS 2401726
[863] TERASAKI, MASANAO, Jap. Pat. 4911127 (1974); 4911128 (1974)
[864] D. B. HALLIDAY, L. S. EVANS, J. R. HARBAR, DOS 2424639 (1974)
[865] I. W. JONES, G. T. ROBINSON, T. I. BIRD, DOS 2506287 (1975)
[866] S. HATTORI, M. YAMAURA, S. KIMURA, S. IWABUCHI, Power Sources Symp., Brighton 1974, Kurzreferate No. 28
[867] I. WYNN-JONES, Electrochimica Acta **22** (1977), 681
[868] J. SUDWORTH, DOS 2158976 (1972)
[869] N. S. LIDORENKO, I. I. GRUDYANOV, A. I. RODIONOV, Elektrotechnischer Weltkongress (1977), Moskau, Vortrag 5 V/26

[870] L. S. Marcoux, R. R. Sayano, E. T. Seo, H. P. Silverman, Proc. 10. IECEC (1975), S. 624
[871] E. T. Seo, R. R. Sayano, M. L. Mc Clanahan, H. P. Silverman, Proc. 26. Annual Power Sources Conf., 1974
[872] S. Gratch, J. V. Petrochelli, R. P. Tischer, R. W. Minck, T. J. Whalen, Proc. 7. IECEC (1972), S. 38
[873] J. Fally, J. Richez, Y. Lazennec, C. Lasne, Franz. Patent 2129864 (1971)
[874] P. Knorr, US-Patent 3475220 (1969)
[875] R. W. Mink, Proc. 7. IECEC (1972)
[876] R. J. Bones, D. A. Teagle, J. Power Sources **3** (1978), 45
[877] C. A. Levine, R. G. Heitz, W. E. Brown, Proc. 7. IECEC (1972), S. 50
[878] C. A. Levine, Proc. 10. IECEC (1975), S. 621
[879] J. N. Kennedy, A. F. Sammels, J. Electrochem. Soc. **121** (1974), 1
[880] M. B. Armand, Adv. Study Instr. 1972 (Publ. 1973), 665
[881] M. Cadman, M. Voinov, H. Tannenberger, DOS 2334512 (1973)
[882] E. W. Brooman, J. E. Clifford, SAMPE Journal Jan./Febr. 1976, S. 4
[883] K. M. Abraham, R. D. Rauh, S. B. Brummer, Electrochimica Acta **23** (1978), 501
[884] A. M. Chreitzberg, J. C. Sklarchuk, Int. Symp. Molten Electrol. High. Temp. Batt. Brighton 1977, Abstr.
[886] N. G. Bukun, E. A. Uksche, N. S. Lidorenko, A. A. Lanin, UdSSR-Patent 366517 (1971)
[887] T. Chiku, K. Ninomiya, N. Hayashi, US-Patent 3707589 (1972)
[888] H. Saalfeld, Z. Anorg. Allg. Chem. **286** (1956), 174
[889] Ford Motor Comp. Brit. Patent 1142799 (1969)
[890] T. Chiku, Takewo, Shigo, DOS 1940057 (1970)
[891] D. R. Messier, G. E. Gazza, Bull. Am. Ceram. Soc. **51** (1972), 692
[892] R. M. Dell, Proc. 7. Int. Symposium Reactivity of Solids (1972), Chapman and Hall, New York, S. 553
[893] R. Caillat, J. P. Cuer, J. Elston, u. a., Bull. Soc. Chim. France (1959), 152
[894] F. J. Schnettler, F. R. Monforte, W. W. Rhodes, "*Science of Ceramics*", Vol. 4, The British Ceramics Society, S. 79
[895] F. K. Roehrig, T. R. Wright, J. Vac. Sci. Technol. **9** (1972), 1368
[896] R. W. Powers, J. Electrochem. Soc. **122** (1975), 490
[897] J. H. Kennedy, A. Foissy, J. Electrochem. Soc. **122** (1975), 482
[898] G. Willmann, G. Heimke, W. Haar, Ber. Dt. Keram. Ges. **53** (1976), 333
[899] R. Knoedler, W. Baukal, Electrochem. Soc. Spring Meeting (1976), Vortrag Nr. 17
[900] J. G. Gibson, J. H. Duncan, Brit. Pat. 1356312
[901] A. R. Tilley, DOS 2401636 (1974)
[902] C. N. Poulieff, R. Kvachkov, I. M. Balkanov, 28. ISE-Meeting, Varna 1977, Abstr., Vol. 2, S. 505
[903] J. D. Tretjakov, Vestn. Moskovs. Univ. **6** (1974), 643
[904] E. C. Gay, W. W. Schertz, F. J. Martino, K. E. Anderson, Proc. 9. IECEC (1974), Paper Nr. 749112
[905] E. J. Cairns, F. A. Cafasso, P. T. Cunningham, u. a., US Atomic Energy Commission, Report ANL-7823, Argonne National Laboratory (1971)
[906] E. J. Cairns, R. K. Steunenberg, "High Temperature Batteries" in "*Progress in High Temperature Physics and Chemistry*", Vol. 5, Pergamon Press 1973, S. 63
[907] M. S. Foster, G. H. Kucera, US Atomic Energy Commission, Report ANL-7575, Argonne National Laboratory (1969), S. 140

[908] E. J. Cairns, R. K. Steunenberg, H. Shimotake, "*Kirk-Othmer Encyclopedia of Chemical Technology*" (Ergänzungsband), Interscience, New York 1971
[909] G. C. Farrington, W. C. Roth, Electrochimica Acta 22 (1977), 767
[910] R. A. Huggins, Electrochimica Acta 22 (1977), 771
[911] M. Lazzari, B. Scrosati, J. Power Sources 1 (1976/77), 33
[912] B. M. L. Rao, B. G. Silbernagel, A. J. Jacobson, J. Power Sources 3 (1978), 59
[913] M. J. Weaver, D. Inman, Electrochimica Acta 20 (1975), 929
[914] P. A. Nelson, A. A. Chilenskas, W. J. Walsh, u. a., Proc. 3. Intern. Electric Vehicle Symp. (1974)
[915] P. A. Nelson, Winter Meeting of the Great Lakes Power Club (1974)
[916] D. R. Vissers, Z. Tomczuk, R. K. Steunenberg, J. Electrochem. Soc. **121** (1974), 665
[917] C. A. Melendres, 28. ISE-Meeting, Varna 1977, Abstr., Vol. 2, S. 549
[918] W. J. Walsh, H. Shimotake, "Power Sources 6 (1976)" (D. H. Collins, ed.), Academic Press, London 1977, 720
[919] E. G. Gay, D. R. Vissers, N. P. Yao, F. J. Martino, T. D. Kaun, Z. Tomczuk, "Power Sources 6 (1976)" (D. H. Collins, ed.), Academic Press, London 1977, 730
[920] H. Shimotake, P. A. Nelson, L. G. Bartholme, Elektrotechn. Weltkongreß, Moskau 1977, Vortrag 5 V/19
[921] G. Eichinger, J. Power Sources **1** (1976/77), 237
[922] L. R. Mc Coy, L. A. Heredy, Proc. 11. IECEC (1976), Vol. 1, S. 485
[923] S. Sudor, L. A. Heredy, J. C. Hell, L. R. Mc Coy, Proc. 12. IECEC (1977), S. 368
[924] S.-C. Lai, A. F. Sammels, Proc. IECEC (1977), S. 315
[925] N. P. Yao, W. J. Walsh, H. Shimotake, J. D. Arntzen, P. A. Nelson, Electrochem. Soc. Meeting, Boston 1973
[926] A. A. Chilenskas, W. J. Walsh, L. E. Trevorrow, D. S. Webster, E. J. Cairns, Report ANL-MDAP-71, Argonne National Laboratory (1971)
[927] C. C. Mc Pheeters, W. W. Schertz, N. P. Yao, Electrochem. Soc. Fall Meeting (1975)
[928] C. C. Mc Pheeters, u. a., Report ANL-75-1 (1975), 29, Argonne National Laboratory
[929] Z. Tomczuk, A. E. Martin, Report ANL-75-36 (1975), 77, Argonne National Laboratory
[930] H. Shimotake, L. G. Bartholme, Report ANL-76-8 (1976), B 210, Argonne National Laboratory
[931] W. J. Walsh, J. D. Arntzen, Report ANL-76-9 (1976), Argonne National Laboratory
[932] P. A. Nelson, u. a., USAEC Report ANL-8038, Argonne National Laboratory (1974)
[933] J. P. Mathers, T. W. Olszanski, J. E. Battles, J. Electrochem. Soc. **124** (1977), 1149
[934] Ford Motor Co., Research on Electr. a. Electrol. for the Ford Sodium — Sulfur Battery, Semiannual Report 30. 6. 1976—30. 12. 1976, Dearborn 1977
[935] M. K. Jaquier, J. P. Pompon, 4. Int. Elektromobil. Symp., Düsseldorf 1976
[936] W. J. Walsh, J. W. Allen, J. D. Arntzen, L. G. Bartholme, H. Shimotake, H. C. Tsai, M. P. Yao, Proc. 9. IECEC (1974), Paper 749140
[937] P. A. Nelson u. a., Report ANL 76-9 (1976), 7, Argonne National Laboratory
[938] R. O. Ivins, u. a., Proc. IEEE-Southeaston, Charlotte 1975, S. 30-2-1
[939] E. H. Hietbrink, A. Poirer, Report No. AFAPL-TR-70-92 (1971), General Motors Corp. Electric Powerplants Dept.

[940] D. A. J. Swinkels, J. Electrochem. Soc. **113** (1966), 6; Electrochem. Techn. **5** (1967), 327; J. Electrochem. Soc. **114** (1967), 812; Electrochem. Techn. **5** (1967), 396, IEEE-Spectrum 5 (1968), 71
[941] T. G. Bradley, Report GMR-795, General Motors Research Lab. (1968)
[942] D. A. J. Swinkels, R. N. Seefurt, J. Electrochem. Soc. **115** (1968), 994
[943] E. H. Hietbrink u. a., Report No. AFAPL-TR-67-89 (1967) General Motor Corp. Electric Powerplants Dept.
[944] Z. Takehara, S. Morimoto, Y. Ito, S. Yosnizawa, Proc. 7. IECEC (1972), S. 63
[945] S. Yoshizawa, Z. Takenhara, Y. Ito, S. Morimoto, Memoirs of the Faculty of Engin. Kyoto Univers. **36** (1974), 1
[946] M. Matsunaga, Y. Ito, S. Yoshizawa, J. Power Sources **1** (1976/77), 159
[947] J. Werth, E. J. Zeitner, Proc. IECEC (1967), S. 927
[948] R. A. Rightmire, A. L. Jones, Proc. 21. Annual Power Sources Conf. (1967), S. 42
[949] J. Giner, G. L. Holleck, Report NADA-CR 1541 (1970)
[950] B. S. del Duca, J. Electrochem. Soc. **118** (1971), 405
[951] A. A. Fannic, Jr., L. A. King, D. W. Seegmiller, J. Electrochem. Soc. **119** (1972), 801
[952] G. L. Holleck, J. Electrochem. Soc. **119** (1972), 1161
[953] D. A. Crouch, Electrochem. Soc. Fall Meeting (1972), Abstr.
[954] E. Yeager, "*Fuell Cells*" (W. Mitchell, ed.), Academic Press, New York 1963, S. 300
[955] L. Heredy, M. Iverson, L. Mc Coy, R. Oldencamp, Adv. Battery Techn. Symp. (1967), S. 49
[956] J. W. Sprague, D. L. Boos, R. A. Rightmire, D. L. Beals, R. L. Rowland, Electrochem. Soc. Meeting, Philadelphia 1966, Abstr., S. 140
[957] J. E. Metcalfe, J. C. Benak, R. A. Rightmire, US. Patent 3567516 (1971)
[958] J. E. Metcalfe, E. J. Chaney, R. A. Rightmire, Proc. 6. IECEC (1971), S. 685
[959] L. Redey, I. Porubszky, I. Molnar, "Power Sources 5 (1974)" (D. H. Collins, ed.), Academic Press, London 1975, S. 559
[960] L. R. Mc Coy, S. Lai, R. C. Saunders, L. A. Heredy, Proc. 26. Annual Power Sources Conf. (1974)
[961] N. Yao, L. Heredy, R. Saunders, J. Electrochem. Soc. **118** (1971), 1039
[962] S. D. James, Electrochem. Soc. Spring Meeting (1972), Abstr. 189
[963] H. A. Adams, US. Patent 3445228 (1969)
[964] E. S. Buzzelli, US. Patent 3428493 (1969)
[965] B. Cleaver, A. J. Davies, H. D. Hames, Electrochimica Acta **18** (1973), 727
[966] R. P. Tischer, Electrochem. Soc. Meeting (1972) Abstr., S. 435
[967] B. Cleaver, A. J. Davies, H. D. Hames, Electrochimica Acta **18** (1973), 719
[968] F. v. Sturm, „*Elektrochemische Stromerzeugung*", Verlag Chemie, Weinheim/Bergstraße 1969
[969] T. Erdey-Gruz, „*Die chemischen Quellen der Energie*", Akademiai Kiadó, Budapest 1971
[970] G. Sandstede, "*From Electrocatalysis to Fuel Cells*", Battelle Seattle Research Center by the University of Washington Press, Seattle—London 1972
[971] F. Bayer, Ch. Fabjan, G. Gutmann, Elektrotechnik und Maschinenbau **86** (1969), 443
[972] K. Schwabe, R. Köpsel, K. Wiesener, E. Winkler, Chem. Techn. **15** (1963), 257
[973] F. A. Pohl, Bull. Schweiz. Elektrotechn. Vereins **63** (1972), 910
[974] K. Wiesener, Wiss. Z. Techn. Univers. Dresden **21** (1972), 507

[975] M. H. MILES, P. M. KELLETT, J. Electrochem. Soc. **115** (1968), 1225
[976] H.-H. MÖBIUS, Elektrie **22** (1968), 387
[977] H. H. MÖBIUS, Wiss. Z. Univers. Rostock **18** (1969), 935
[978] C. BERGER (Ed.), *"Handbook of Fuel Cell Technology"*, Prentice-Hall, Engelwood Cliffs 1968
[979] G. J. YOUNG, (Ed.), *"Fuel Cells"*, Vol. 2, Reinhold Publ. Chapman a. Hall, New York—London 1963
[980] M. W. BREITER, *"Electrochemical Processes in Fuel Cells"*, Springer-Verlag, Berlin—Heidelberg—New York 1969
[981] K. SCHWABE, K. WIESENER, Chem. Techn. **23** (1971), 735
[982] N. V. KOROVIN, *„Elektrochimičeskie generatory"*, Izd. Energija, Moskva 1974
[983] E. BAUR, J. TOBLER, Z. Elektrochem. **39** (1933), 169
[984] K. R. WILLIAMS (Ed.), *"An Introduction to Fuel Cells"*, Elsevier Publishing Comp., Amsterdam—London—New York 1966
[985] E. JUSTI, W. SCHEIBE, A. WINSEL, DBP 1019361 (1954)
[986] D. M. DRAŽIĆ, R. R. ADZIĆ, A. R. DESPIĆ, J. Electrochem. Soc. **116** (1969), 885
[987] Th. WOLKENSTEIN, *„Elektronentheorie der Katalyse an Halbleitern"*, VEB Deutscher Verlag der Wissenschaften, Berlin 1964
[988] F. F. VOLKENŠTEJN, *„Fiziko-chimija poverchnosti poluprovodnikov"*, Izd. Nauka, Moskva 1973
[989] R. LANDSBERG, H. BARTELT, *„Elektrochemische Reaktionen und Prozesse"*, VEB Deutscher Verlag der Wissenschaften, Berlin 1977
[990] T. ERDEY-GRUZ, *„Kinetik der Elektrodenprozesse"*, Akademiai Kiado, Budapest 1975
[991] G. WEDLER, *„Adsorption"*, Verlag Chemie, Weinheim-Bergstraße 1970
[992] B. B. DAMASKIN, O. A. PETRII, V. V. BATRAKOV, *„Adsorption organischer Verbindungen an Elektroden"*, Akademie-Verlag Berlin 1975
[993] H. MOESTA, *„Chemisorption und Ionisation in Metall-Metall-Systemen"*, Springer-Verlag Berlin—Heidelberg—New York 1968
[994] T. B. GRIMLEY, Proc. phys. Soc. **72** (1958), 103
[995] T. B. GRIMLEY, Adv. Catal. rel. Subj. **12** (1960), 1
[996] T. B. GRIMLEY, Proc. phys. Soc. **90** (1967), 751
[997] T. B. GRIMLEY, Proc. phys. Soc. **92** (1967), 776
[998] H. ALT, H. BINDER, G. SANDSTEDE, J. Catal. **28** (1973), 8
[999] H. ALT, H. BINDER, u. a., J. Electroanal. Chem. **31** (1971), Appl. 19
[1000] W. SARHOLZ, D. BARESEL, Bosch Techn. Ber. **4** (1974), 329
[1001] H. BÖHM, F. A. POHL, Wiss. Ber. AEG-Telefunken **41** (1968), 46
[1002] F. A. POHL, H. BÖHM, 3. Intern. Symposium Brennstoffzellen, Brüssel 1969, Referate
[1003] H. BÖHM, F. A. POHL, 3. Intern. Symposium Brennstoffzellen, Brüssel 1969, Referate S. 183
[1004] H. BÖHM Electrochimica Acta **15** (1970) 1273
[1005] F. A. POHL H. BÖHM, Erdöl und Kohle-Ærdgas-Petrolchemie **23** (1970) 301
[1006] R. FLEISCHMANN, L. BAUDENDISTEL u. a., Intern. Konferenz Elektrochem. Stromquellen, Prag 1975, Referate S. 133
[1007] R. FLEISCHMANN, H. BÖHM, Electrochimica Acta **22** (1977) 1123
[1008] G. SCHULZ-EKLOFF, D. BARESEL, J. HEIDEMEYER, Collection Czechoslov. Chem. Commun. **36** (1971), 928
[1009] J. HEIDEMEYER, D. BARESEL u. a., Collection Czechoslov. Chem. Commun. **36** (1971), 944
[1010] D. BARESEL, W. GELLERT u. a., Angew. Chem. **83** (1971), 213

[1011] D. Baresel, J. Heidemeyer, G. Schulz-Ekloff, Bosch Techn. Ber. **4** (1972), 35
[1012] K. Mund, G. Richter, F. v. Sturm, Collection Czechoslov. Chem. Commun. **36** (1971), 439
[1013] H. Binder, A. Köhling, G. Sandstede, 158. Nat. Meeting Amer. Chem. Soc. **13** (1969), 99
[1014] V. Š. Palanker, I. Prejza u. a., Elektrochimija **9** (1973), 854
[1015] E. N. Bajbatyrov, V. Š. Palanker, D. V. Sokolskij, Elektrochimija **10** (1974), 158
[1016] E. N. Bajbatyrov, V. Š. Palanker, D. V. Sokolskij, Elektrochimija **10** (1974), 162
[1017] V. Š. Palanker, E. N. Bajbatyrov, Elektrochimija **11** (1975), 308
[1018] V. Š. Palanker, R. A. Gadžijev, Elektrochimija **11** (1975), 503
[1019] V. Š. Palanker, R. A. Gadžijev, Elektrochimija **11** (1975), 1075
[1020] R. A. Gadzijev, V. Š. Palanker, D. V. Sokolskij, Elektrochimija **11** (1975), 1340
[1021] D. V. Sokolskij, V. Š. Palanker u. a., Trudy IOKE AN Kaz. SSR **12** (1976), 92
[1022] V. S. Palanker, E. N. Bajbatyrov, D. V. Sokolskij, Electrochimica Acta **20** (1975), 51
[1023] D. V. Sokolskij, V. Š. Palanker, E. N. Bajbatyrov, Electrochimica Acta **20** (1975), 71
[1024] V. Š. Palanker, R. A. Gadžijev, D. V. Sokolskij, Electrochimica Acta **22** (1977), 133
[1025] V. Š. Palanker, D. V. Sokolskij, u. a., J. Power Sources **1** (1976/77), 169
[1026] V. Š. Palanker, 28. ISE-Meeting, Varna 1977, Abstr., Vol. 2, S. 276
[1027] J. Jindra, Chem. zvesti **27** (1973), 766
[1028] M. Svatá, Z. Zábranský, 2. Intern. Symposium Elektrochem. Stromquellen, Dresden 1974, Referate, S. 18
[1029] V. Mareček, M. Svatá, Intern. Konferenz Elektrochem. Stromquellen, Prag 1975, Referate, S. 141
[1030] M. Svatá, Z. Zábranský, Powder Technology **11** (1975), 183
[1031] M. Svatá, S. Rudolf, J. Power Sources **1** (1976/77), 277
[1032] V. Mareček, M. Svatá, J. Weber, Collekt. Czechoslov. Chem. Commun. **42** (1977), 3363
[1033] I. Nikolov, M. Svatá u. a., 28. ISE-Meeting, Varna 1977, Abstr., Vol. 2, S. 263
[1034] K. Wiesener, 4. Yugoslav. Symp. Electrochem., Dubrovnik 1975, Abstr., S. 601
[1035] N. D. Hung, K. Wiesener, Intern. Konferenz Elektrochem. Stromquellen, Prag 1975, Referate, S. 137
[1036] H. D. Nguyen, K. Wiesener, Wiss. Z. Techn. Univers. Dresden, **25** (1976), 169
[1037] N. D. Hung, S. Rudolf, O. Rademacher, K. Wiesener, Z. Chem. **16** (1976), 30
[1038] W. Schneider, E. Winkler, K. Wiesener, 3. Intern. Symposium Elektrochem. Stromquellen, Dresden 1978, Referate, S. 64
[1039] A. Sadkowski, J. Wild, P. Zoltowski, 28. ISE-Meeting, Varna 1977, Abstr., Vol. 2, S. 202
[1040] A. Sadkowski, J. Wild, P. Zoltowski, 3. Intern. Symposium Elektrochem. Stromquellen, Dresden 1978, Referate, S. 69
[1041] G. Vértes, G. Horányi, J. Electroanal. Chem. **54** (1974), 445
[1042] G. Horányi E. M. Rizmayer J. Electroanal. Chem. **70** (1976), 377
[1043] R. Jasinski, Nature **201** (1964), 1212
[1044] R. Jasinski, J. Electrochem. Soc. **112** (1965), 526
[1045] H. Jahnke, Ber. Bunsenges. phys. Chem. **72** (1968), 1053

[1046] H. JAHNKE, M. SCHÖNBORN, 3. Intern. Symposium Brennstoffzellen, Brüssel 1969, Referate, S. 60
[1047] H. JAHNKE, M. SCHÖNBORN, G. ZIMMERMANN, Bosch Techn. Ber. **4** (1973), 98
[1048] W. BEYER, F. v. STURM, Angew. Chem. **84** (1972), 154
[1049] H. JAHNKE, M. SCHÖNBORN, G. ZIMMERMANN, "Organic Dyestufts in Catalysts for Fuel Cells", in: "*Topics of Current Chemistry*", Heidelberg 1975, S. 133
[1050] F. BECK, Ber. Bunsenges. phys. Chem. **77** (1973), 353
[1051] H. MEIER, W. ALBRECHT u. a., Ber. Bunsenges. phys. Chem. **77** (1973), 843
[1052] H. G. JAHNKE, M. F. SCHÖNBORN, G. ZIMMERMANN, Proc. Symp. Electrocatalysis Electrochem. Soc., Princeton 1974, S. 303
[1053] H. BEHRET, H. BINDER, G. SANDSTEDE, Proc. Symp. Electrocatalysis Electrochem. Soc., Princeton 1974, S. 319
[1054] H. ZINER, H. FISCHER, U. KROG, „*Herstellung und Untersuchung von Phthalocyaninen als Katalysatoren für Brennstoffzellen*", R. Bosch GmbH, Stuttgart 1976
[1055] B. D. BEREZIN, A. V. LOŠČILOVA, Kinetika i kataliz 8 (1967), 592
[1056] B. D. BEREZIN, G. V. SENNIKOVA, Kinetika i kataliz **9** (1968), 528
[1057] B. D. BEREZIN, L. G. ŠORMANOVA, Vysokomol. sojedin., **B 10** (1968), 784 u. **A 11** (1969), 1033
[1058] E. G. KOMISSAROV, Ž. fiz. chim. **47** (1973), 1633
[1059] G. A. ALTNOV, V. J. SEVASTJANOV, Elektrochimija **11** (1975), 827
[1060] Yu. S. SHUMOV, M. HEYROVSKY, J. Electroanal. Chem. **65** (1975), 469
[1061] V. A. BOGDANOVSKAJA, M. R. TARASEVIČ, Elektrochimija **11** (1975), 914
[1062] K. A. RADJUŠKINA, O. A. LEVINA u. a., Elektrochimija **11** (1975), 989
[1063] K. A. RADJUŠKINA, M. R. TARASEVIČ, S. I. ANDRUSJOVA, Elektrochimija **11** (1975), 1079
[1064] V. S. BAGOCKIJ, M. R. TARASEVIČ, N. A. ŠUMILOVA, Elektrotechn. Weltkongreß, Moskau 1977, Vortrag 5 V/24
[1065] V. S. BAGOCKIJ, 28. ISE-Meeting, Varna 1977, Abstr., Vol. 2, S. 157
[1066] A. KOZAWA, V. E. ZILIONIS, R. J. BRODD, J. Electrochem. Soc. **117** (1970), 1470
[1067] J. MANASSEN, A. BAR-ILAN, J. Catalysis **17** (1970), 86
[1068] J. P. COUNTER, P. LERIFANT, A. K. VIJH, J. Catalysis **29** (1973), 8
[1069] M. MUSILOVA, J. MRHA, J. JINDRA, J. Appl. Electrochem. **3** (1973), 213
[1070] J. MRHA, M. MUSILOVA u. a., Intern. Konferenz Elektrochem. Stromquellen, Prag 1975, Referate, S. 148
[1071] J. MRHA, I. ILIEV u. a., J. Power Sources **1** (1976), 47
[1072] L. Y. JOHANSSON, J. MRHA, R. LARSSON, Electrochimica Acta 18 (1973), 255
[1073] R. LARSSON, J. MRHA, Electrochimica Acta **18** (1973), 391
[1074] L. Y. JOHANSSON, R. LARSSON, Intern. Konferenz Elektrochem. Stromquellen, Prag 1975, Referate, S. 152
[1075] M. SAVY, P. ANDRO, C. BERNARD, Electrochimica Acta **18** (1973), 191
[1076] M. SAVY, P. ANDRO, C. BERNARD, Electrochimica Acta **19** (1974), 403
[1077] M. SAVY, C. BERNARD, G. MAGNER, Electrochimica Acta **20** (1975), 383
[1078] I. ILIEV, S. GAMBURZEV u. a., Isv. Otd. Chim. Nauki, Bulg. Akad. Nauk **7** (1974), 223
[1079] C. KRETZSCHMAR, K. WIESENER, Intern. Konferenz Elektrochem. Stromquellen, Prag 1975, Referate, S. 144
[1080] C. KRETZSCHMAR, K. WIESENER, Z. phys. Chemie, Leipzig **257** (1976), 39
[1081] K. WIESENER, C. KRETZSCHMAR, Elektrotechn. Weltkongreß, Moskau 1977, Vortrag 5 V/12
[1082] C. KRETZSCHMAR, K. WIESENER, I. ILIEV, A. KAISHEVA, 28. ISE-Meeting, Varna 1977, Abstr., Vol. 2, S. 286

[1083] C. Kretzschmar, K. Wiesener, A. Kaisheva, I. Iliev, J. Power Sources 2 (1977/78), 361
[1084] C. Kretzschmar, K. Wiesener, M. Musilova, J. Mrha, R. Dabrowski, J. Power Sources 2 (1977/78), 351
[1085] K. Wiesener, 3. Intern. Symposium Elektrochem. Stromquellen, Dresden 1978, Referate, S. 17
[1086] J. Mrha, A. Kaisheva, C. Kretzschmar u. a., 3. Intern. Symposium Elektrochem. Stromquellen, Dresden 1978, Referate, S. 37
[1087] L. Kreja, 3. Intern. Symposium Elektrochem. Stromquellen, Dresden 1978, Referate, S. 43
[1088] J. Ulstrup, J. Electroanal. Chem. **79** (1977), 191
[1089] G. Sandstede u. a., J. Electroanal. Chem. **31** (1971), Appl. 19
[1090] G. Sandstede u. a., Ber. Bunsenges. phys. Chem. **75** (1971), 1140
[1091] V. S. Bagockij, 3. Intern. Symposium Elektrochem. Stromquellen, Dresden 1978, Referate, S. 29
[1092] J. Manassen u. a., J. Catalysis **33** (1974), 68
[1093] J. Manassen u. a., J. Catalysis **33** (1974), 133
[1094] K. M. Kadish u. a., J. Amer. Chem. Soc. **98** (1976), 3326
[1095] K. M. Kadish u. a., J. Amer. Chem. Soc. **98** (1976), 3484
[1096] A. Fuhrmann, Ch. Kretzschmar, K. Wiesener, 3. Intern. Symposium Elektrochem. Stromquellen, Dresden 1978, Referate, S. 46
[1097] N. V. Korovin, „*Novyje chimiceskie istočniki toka*", Izd. Energija, Moskva 1978
[1098] K. J. Vetter, „*Elektrochemische Kinetik*", Springer-Verlag Berlin—Göttingen—Heidelberg 1961
[1099] W. Forker, „*Elektrochemische Kinetik*", Akademie-Verlag Berlin 1966
[1100] H. Kita, J. Electrochem. Soc. **113** (1966), 1095
[1101] V. S. Bagockij, N. A. Šumilova, V. Ju. Filinovskij, Elektrochimija **4** (1968), 840
[1102] V. S. Bagockij, M. R. Tarasevič, V. Ju. Filinovskij, Elektrochimija **5** (1969), 1218
[1103] V. S. Bagockij, N. A. Šumilova u. a., Electrochimica Acta **17** (1972), 1625
[1104] J. J. Lingane, J. Electroanal. Chem. **2** (1964), 296
[1105] C. C. Liang, A. L. Juliard, J. Electroanal. Chem. **3** (1965), 930
[1106] M. O. Davies, M. Clark u. a., J. Electrochem. Soc. **106** (1959), 56
[1107] L. Müller, L. M. Nekrassov, Electrochimica Acta **9** (1964), 1015
[1108] A. Damjanovic, M. A. Genshaw, J. O'M. Bockris, J. Chem. Phys. **45** (1966), 4057
[1109] A. Damjanovic, M. A. Genshaw, J. O'M. Bockris, J. Electrochem. Soc. **114** (1967), 466
[1110] A. Damjanovic, M. A. Genshaw, J. O'M. Bockris, J. Electrochem. Soc. **114** (1967), 1108
[1111] M. A. Genshaw, A. Damjanovic, J. O'M. Bockris, J. Phys. Chem. **71** (1967), 3722
[1112] Ch. Fabjan, M. Azizian, Ber. Bunsenges. phys. Chem. **80** (1976), 560
[1113] A. N. Frumkin, Dokl. Akad. Nauk SSSR (1955), 402
[1114] J. P. Hoare, "*The Electrochemistry of Oxygen*", John Wiley and Sons, New York 1968, S. 117
[1115] J.-P. Randin, Electrochimica Acta **19** (1974), 83
[1116] A. Winsel, Brennstoffzellen, in „*Ullmanns Encyklopädie der technischen Chemie*", 3. Aufl., Erg.-Bd., Urban und Schwarzenberg München—Berlin—Wien 1970 S. 703

[1117] A. WINSEL, Chem.-Ing.-Tech. **48** (1976) 103
[1118] W. VIELSTICH, „*Brennstoffelemente*", Verlag Chemie Weinheim 1965
[1119] W. VIELSTICH, "*Fuel Cells*", Wiley-Interscience, London—New York—Sydney—Toronto 1970
[1120] E. J. CAIRNS, D. C. BARTOSIK, J. Electrochem. Soc. **111** (1964), 1205
[1121] W. FISCHER, H. KLEINSCHMAGER u. a., Chem.-Ing.-Techn. **44** (1972), 726
[1122] K. SCHWABE, D. KÖNIG, Abhandl. d. Sächs. Akad. Wiss. Leipzig, math.-nat. Kl. **49** (1968), 283
[1123] D. BARESEL, W. SARHOLZ u. a., Ber. Bunsenges. phys. Chem. **78** (1974), 608
[1124] O. HLADIK, G. GEILER, K. WIESENER, Z. Chem. **12** (1972), 192
[1125] O. LINDSTRÖM, T. NILSSON u. a., 11. Int. Power Sources Symp., Brighton 1978, Abstr. 26
[1126] R. F. GOULD, "Fuel Cell Systems II", American Chemical Society, Washington 1969
[1127] H.-R. SCHRÖDER, Elektro-Anzeiger **24** (*3*) (1971), 43
[1128] K. HÖHNE, Siemens Forsch.- u. Entwickl.-Ber. **5** (1976), 266
[1129] K. V. KORDESCH, J. Electrochem. Soc. **125** (1978), 77C
[1130] A. WINSEL, 2. Intern. Symposium Brennstoffzellen, Brüssel 1967, Referate, S. 28
[1131] E. JUSTI, A. WINSEL, DBP 1002829 (1965)
[1132] E. JUSTI, A. WINSEL, „*Kalte Verbrennung — Fuel Cells*", Franz Steiner Verlag, Wiesbaden 1962
[1133] E. JUSTI, Brit. J. Appl. Phys. **14** (1963), 840
[1134] M. JUNG, H. H. v. DÖHREN, „*Aktuelle Batterieforschung*", Varta AG, Frankfurt (Main) 1966, S. 58
[1135] V. A. TRACEY, Nickelberichte **26** (*4*) (1968), 61
[1136] H. H. KRÖGER, M. JUNG, DBP 1156768 (1960) und DBP 1137779 (1961)
[1137] M. MAVRODIN-TARABIC, I. ONACA, I. SOLACOLU, J. Appl. Electrochem. **6** (1976), 135
[1138] W. T. GRUBB, DAS 1036345 (1956) u. US-Pat. 2913511 (1959)
[1139] W. T. GRUBB, L. W. NIEDRACH, J. Electrochem. Soc. **107** (1960), 131
[1140] L. W. NIEDRACH, W. T. GRUBB, in: W. MITCHEL (Ed.), "*Fuel Cells*", Academic Press, New York—London 1963, S. 253
[1141] W. BAUKAL, H. DÖBRICH, W. KUHN, Chem.-Ing.-Techn. **48** (1976), 132
[1142] H. BÖHM, J. Power Sources **1** (1976/77), 177
[1143] H. BÖHM, K. MAASS, Progress in Batteries and Solar Cells **1** (1978), 195
[1144] J. JACQUELIN, J. P. POMPON, "Power Sources 3 (1970)" (D. H. COLLINS, ed.), Oriel Press, Newcastle upon Tyne 1971, Abstr., S. 391
[1145] H. SCHMIDT, W. VIELSTICH, Chem.-Ing.-Techn. **40** (1968), 145
[1146] H.-J. SCHWARTZ, A. WINSEL, DBP 16199329 (1967)
[1147] W. FRIE, F. KOZDON, Chem.-Ing.-Techn. **40** (1968), 159
[1148] H. GUTBIER, Chem.-Ing.-Techn. **40** (1968), 1209
[1149] H. SCHMIDT, W. VIELSTICH, Chem.-Ing.-Techn. **41** (1969), 765
[1150] H. KOHLMÜLLER, H. CNOBLOCH, F. v. STURM, "Power Sources 3 (1970)" (D. H. COLLINS, ed.), Oriel Press, Newcastle upon Tyne 1971, Abstr., S. 373
[1151] M. B. SANGLAY, J. E. CATACUTAN, E. N. TERRADO, Philipp. J. Sci. **103** (1974),
[1152] G. G. FEE, E. STORTO, Proc. 23. Power Sources Conf. (1969)
141
[1153] G. D. VOVČENKO, u. a., Ž. fiz. chim. **51** (1977), 1811
[1154] G. D. VOVČENKO, u. a., Elektrochimija **13** (1977), 1043
[1155] H. BINDER, A. KÖHLING, G. SANDSTEDE, J. Electroanal. Chem. **17** (1968), 111
[1156] H. BINDER, A. KÖHLING, G. SANDSTEDE, Metalloberfläche **25** (1971), 447

[1157] R. WETZEL, L. MÜLLER, E. KRAUS, J. Electroanal. Chem. **71** (1976), 103
[1158] R. R. ADZIĆ, D. N. SIMIĆ u. a., J. Electroanal. Chem. **80** (1977), 81
[1159] M. WATANABE, S. MOTOO, J. Electroanal. Chem. **60** (1975), 267 u. 275
[1160] M. WATANABE, S. MOTOO, J. Electroanal. Chem. **69** (1976), 429
[1161] M. R. ANDREW, J. S. DRURY u. a., J. Appl. Electrochem. **6** (1976), 99
[1162] M. R. ANDREW, B. D. McNICOL u. a., J. Appl. Electrochem. **7** (1977), 153
[1163] V. B. HUGHES, B. D. McNICOL, u. a., J. Appl. Electrochem. **7** (1977), 161
[1164] H. SCHMIDT, W. VIELSTICH, Chem.-Ing.-Techn. **41** (1969), 701
[1165] K. SCHWABE, K. WIESENER, Chem. Techn. **24** (1972), 155
[1166] W. VIELSTICH, H. SCHMIDT, Chem.-Ing.-Techn. **42** (1970), 1266
[1167] K. V. KORDESCH, Allg. prakt. Chem. **17** (1966), 39
[1168] R. B. FERGUSON, Proc. 23. Annual Power Sources Conf. (1969)
[1169] L. B. WELSH, R. W. LEYERLE u. a., 11. Int. Power Sources Symp., Brighton 1978, Paper 41
[1170] U. GEBHARDT, J. R. RAO, G. J. RICHTER, J. Appl. Electrochem. **6** (1976), 127
[1171] F. D. SISLER, Prog. Ind. Microbiol. **9** (1971), 1
[1172] H. A. VIDELA, A. J. ARVIA, Biotechnol. Bioeng. **17** (1975), 1529
[1173] B. U. C. WAN, A. C. C. TSEUNG, Med. Biol. Eng. **12** (1974), 14
[1174] G. C. BLANCHARD, R. T. FALCY, J. Electrochem. Soc. **118** (1971), 1232
[1175] G. H. ROHRBACK, W. R. SCOTT, J. H. CANFIELD, Proc. 16. Annual Power Sources (1962), S. 18
[1176] R. A. WYNVEEN, Symp. Amer. Chem. Soc., Chikago 1961, Abstr. B 49
[1177] J. BRAKE, W. MOMYER u. a., Proc. 17. Annual Power Sources Conf. (1963), S. 56
[1178] I. KARUBE, T. MASUNAGA u. a., Biotechnol. Bioeng. **19** (1977), 1727
[1179] H. P. SILVERMANN, AIChE Symp. Ser. **72** (158) (1976), 49
[1180] R. J. McNEIL, Proc. S. Dak. Acad. Sci. **48** (1969), 174
[1181] G. RICHTER, K. MUND u. a., DBP 2405475 (5. 2. 1974)
[1182] R. E. HENDERSON, B. AGRUSS, Progr. Astronaut. Rocketry **3** (1961) 411 u. AGARDograph **81** (1964), 795
[1183] G. WURZBACHER, Chem.-Ing.-Techn. **37** (1963), 532
[1184] M. ABRAHAM, M. GAUTHIER, Electrochimica Acta **15** (1970), 1399
[1185] R. C. WERNER, R. E. SHEARER, P. A. CIARLARIELLO, Proc. 13. Power Sources Conf. (1959), S. 122
[1186] R. E. SHEARER, J. W. MAUSTELLER u. a., Proc. 14. Power Sources Conf. (1960), S. 76, 97 u. 122
[1187] M. E. INDIG, R. N. SNYDER, J. Electrochem. Soc. **109** (1962), 9
[1188] J. A. PLAMBECK, J. P. ELDER, H. A. LAITINEN, J. Electrochem. Soc. **113** (1966), 931
[1189] P. A. CIARLARIELLO, R. C. WERNER, Chem. Eng. Progr. **57** (1961), 42
[1190] B. AGRUSS, US-Pat. 3245836 (23. 2. 1960)
[1191] B. AGRUSS, J. Electrochem. Soc. **110** (1963), 1097
[1192] J. KING, F. A. LUDWIG, J. J. ROWLETTE, in: "*Energy Conversion for Space Power*", Vol. 3 (N. W. SNYDER, ed.), Acedemic Press, New York 1961, S. 387
[1193] J. L. WEININGER, J. Electrochem. Soc. **111** (1964), 769
[1194] K. F. KNOCHE, J. SCHUBERT, VDI-Forschungsheft 549 (1972)
[1195] W. SEIFRITZ, Chimia **28** (1974), 323
[1196] H. SILVERMANN, W. MOMYER, M. EISENBERG, Proc. 14. Annual Power Sources Conf. (1960), S. 72 u. 114
[1197] H. SILVERMANN, W. MOMYER, M. EISENBERG, Proc. 15. Annual Power Sources Conf. (1961), S. 38 u. 53

[1198] N. KAMIYA, M. OKAWARA, J. Electrochem. Soc. Japan (Overseas ed.) **37** (1969), 81
[1199] K. SCHWABE, R. KÖPSEL, K. WIESENER, E. WINKLER, Electrochimica Acta **9** (1964), 413
[1200] F. SALCEDO, M. LANG, Meeting Electrochem. Soc., Detroit 1961, Abstr. 30
[1201] A. BOURASSE, G. HOROWITZ, J. Phys. Lett. (Paris) **38** (1977), 291
[1202] K. IKEDA, M. HARA, S. MURAKAMI, Jap. Pat. 7798680 bis 7798683 (1976)
[1203] J. O'M. BOCKRIS, K. UOSAKI, Adv. Chem. Ser. **163** (1977), 33
[1204] J. O'M. BOCKRIS, K. UOSAKI, J. Electrochem. Soc. **124** (1977), 1348
[1205] E. J. CASEY, Proc. 2. Int. Symp. Batteries, Bournemouth 1960, Abstr. 21
[1206] AD-422728 (24. 5. 1963) Contr. NOBS 78828
[1207] J. F. YEAGER, R. J. BENNETT, D. R. ALLENSON, Proc. 16. Annual Power Sources Conf. (1962)
[1208] J. E. CLIFFORD, E. W. BROOMAN, Proc. Symp. Energy Storage, Princeton 1975, S. 179
[1209] J. EULER, Brennstoff-Wärme-Kraft **16** (1964), 458
[1210] J. S. S. HSU, W. E. MORROW, J. B. GOODENOUGH, Proc. 10. IECEC 1975, S. 553
[1211] M. KLEIN, E. FINDS, Proc. 20. Power Sources Conf. (1966), S. 49
[1212] E. W. JUSTI, H. H. EWE, VDI-Ber. **223** (1974), 109
[1213] K. WIESENER, Technik **32** (1977), 74
[1214] J. R. POWELL, F. J. SALZANO, Proc. 10. IECEC (1975), S. 1339
[1215] C. E. LUNDIN, F. E. LYNCH, Proc. 10. IECEC (1975), S. 1380
[1216] A. M. POSNER, Fuel **34** (1955), 330
[1217] W. CARSON, M. FELDMAN, Proc. 13. Power Sources Conf. (1959)
[1218] Ju. M. POVAROV, A. M. TRUCHAN, P. D. LUKOVCEV, Elektrochimija **6** (1970), 602
[1219] S. PALOUS, Bull. Soc. Chim. France (*1962*) 1606 u. (*1963*) 982
[1220] G. LEHMANN, M. ROLIN, Chim. Ind. Genic Chim. **97** (1967), 17
[1221] S. ASHIMURA, Y. MIYAKA, J. Electrochem. Soc. Japan **44** (1976), 46
[1222] H. ALT, H. BINDER, u. a., Chem.-Ing.-Tech. **44** (1972), 195
[1223] T. G. YOUNG, Experienta, Suppl. **18** (1971), 675
[1224] E. BAUR, W. D. TREADWELL, DRP 325783 (1916)
[1225] P. ANG, A. F. SAMMELLS, Proc. 154. Fall Meeting Electrochem. Soc. (1978), S. 993
[1226] J. W. SIM, K. KINOSHITA u. a., Proc. 154. Fall Meeting Electrochem. Soc. (1978), S. 137
[1227] K. F. BLURTON, L. G. MARIANOWSKI, E. H. CAMARE, 11. Int. Power Sources Symp., Brighton 1978, Abstr. 28
[1228] A. F. SAMMELLS, S. B. NICHOLSON, P. Ang. Proc. 154. Fall Meeting Electrochem. Soc. (1978), S. 991
[1229] E. BAUR, R. BRUNNER, Z. Elektrochem. **43** (1937), 725
E. BAUR, H. PREIS, Z. Elektrochem. **43** (1937) 727 u. **44** (1938), 695
[1230] H.-H. MÖBIUS, Diss. Rostock 1958; Mitteilungsbl. chem. Ges. DDR **6** (1959), 45; Mbr. Dt. Akad. Wiss. Berlin **1** (1959), 34
[1231] H.-H. MÖBIUS, Naturwiss. **52** (1965), 529
[1232] H. PETERS, H.-H. MÖBIUS, Z. physik. Chemie (Leipzig) **209** (1958), 298; Naturwiss. **45** (1958), 309
[1233] D. H. ARCHER et al., Techn. Document Rep. No. ASD-TDR-63-448 (July 1963); Proc. 18. Annual Power Sources Conf. (1964); Advances Chem. Ser. **47** (1965), 332
[1234] D. H. ARCHER, R. L. ZAHRADNIK, Chem. Engineering Progr. Symp. Ser. **63** (1957), 55

[1235] D. H. ARCHER, Mechanical Engineering (March 1968), 42
[1236] H.-H. MÖBIUS, Z. Chem. **2** (1962), 100 u. **4** (1964), 84
[1237] W. H. RHODES, R. E. CARTER, J. Amer. Ceram. Soc. **49** (1966), 244
[1238] W. SCHOTTKY, Wiss. Veröff. Siemens u. Halske **14** (1935), (*2*), 1
[1239] R. STEINER, Energy Conversion **12** (1972), 31
[1240] B. ROHLAND, H.-H. MÖBIUS, Abhandl. Sächs. Akad. Wiss. Leipzig, Math.-naturwiss. Kl. **49** (1968), 355
[1241] H. S. SPACIL, S. S. TEDMON, J. Electrochem. Soc. **116** (1969), 1627
[1242] E. F. SVERDRUP, C. J. WARDE, R. L. EBACK, Energy Conversion **13** (1973), 129
[1243] H.-H. EYSEL, H. KLEINSCHMAGER, Brown Boveri Nachr. **54** (1972), 13
[1244] H.-H. MÖBIUS, B. ROHLAND, Abhandl. Sächs. Akad. Wiss. Leipzig, Math.-naturwiss. Kl. **49** (1968), 343
[1245] B. ROHLAND, Dissertation, Univ. Greifswald 1972
[1246] H.-H. EYSEL, H. KLEINSCHMAGER, Brown Boveri Nachr. **51** (1969), 654
[1247] C. JACOBS, Dissertation, Univ. Greifswald 1975
[1248] H. TANNENBERGER, P. VAN DEN BERGHE, DOS 2551936 (1976)
[1249] W. BAUKAL, W. KUHN, J. Power Sources **1** (1976/77), 91 u. 203
[1250] H.-H. MÖBIUS, DDR-P. 22030 (1961)
[1251] H.-H. MÖBIUS, Mitt.-Bl. Chem. Ges. DDR **21** (1974), 177
[1252] W. FISCHER, F. J. ROHR, R. STEINER, Brown Boveri Nachr. **54** (1972), 4
[1253] K.-J. EULER, Verfahrenstechn. **11** (1977), 755
[1254] K. SCHWABE, E. GÄBLER, Chem. Techn. **19** (1967), 421
[1255] J. A. LEDUC, J. G. KOURILO, Ch. LURIE, J. Electrochem. Soc. **116** (1959), 546
[1256] K. WIESENER, 2. Intern. Symposium Brennstoffzellen, Brüssel 1965, Referate, S. 193
[1257] L. RIEKERT, Chem.-Ing. Tech. **47** (1975), 48
[1258] G. BIANCHI, C. Traini, Chim. e Ind. (Milano) **46** (1964), 363
[1259] S. YOSHIZAWA, Z. TAKAHARA, J. Electrochem. Soc. Japan (Overseas Ed.) **30** (1962), 10
[1260] S. YOSHIZAWA, Z. TAKAHARA, J. Electrochem. Soc. Japan **32** (1964) 25 und **35** (1967), 294
[1261] S. H. LANGER, US-Pat. 3485728 (1967)
[1262] H. DLASKA, Proc. 5. Intern. Lead Conf. (1974), No. 13
[1263] K. J. EULER, in: "*Advances in Pacemaker Technology*" (M. SCHALDACH, S. FURMAN, ed.), Springer-Verlag, Berlin 1975, S. 329
[1264] K. TAKAHASHI, Progress in Batteries and Solar Cells **1** (1978), 59
[1265] J. WATANABE, H. OGAWA, R. OKAZAKI, Progress in Batteries and Solar Cells **1** (1978), 39
[1266] D. L. DOUGLAS, Am. Chem. Soc., Div. Fuel Chem., Pepr. **19** (1974) 135
[1267] K. V. KORDESCH, Elektrotech. u. Maschinenbau **86** (1969), 450
[1268] F. KURTH, Elektrizitätsverwertung **47** (1972), 104
[1269] J. STOCKEL, A. GAUDET, Proc. 11. IECEC (1976), S. 510
[1270] E. DUNNER, Elektrizitätsverwertung **47** (1972), 89
[1271] K.-J. OEHMS, Elektrizitätsverwertung **47** (1972), 91
[1272] B. STOY, Elektrizitätsverwertung **47** (1972), 98
[1273] H.-G. MÜLLER, ETZ-A **94** (1973), 618; **98** (1977), 4
[1274] Report "Research and Development of Electric Vehicles in Japan", Agency of Industrial Science and Technology Ministry of International Trade and Industry Society of Automative Engineers of Japan, Inc. (1977)
[1275] H.-J. BUDDE, ETZ-A **98** (1977), 10

[1276] Study of Electric Vehicles, Dept. Health, Education and Welfare, PH 86-67-108, Arthur D. Little, Inc. (1968)
[1277] D. V. Ragone, Int. Autom. Engng. Congr., Detroit 1968, SAE-Paper 680453
[1278] P. A. Nelson, A. A. Chilenskas, R. K. Steunenberg, Report ANL-8075 (1974), Argonne National Laboratory
[1279] W. Fischer, Technika **24** (1975), 1337
[1280] K. V. Kordesch, "*Power Sources of Electric Vehicles*", in: "*Modern Aspects of Electrochemistry*" Vol. 10 (J. O'M. Bockris, ed.), Plenum Publ., New York 1975
[1281] J.-P. Altendorf, A. Kalberlah, N. Saridakis, ETZ-A **94** (1973), 666
[1282] J.-P. Altendorf, F. Werner, K. H. Stracke, ETZ-A **98** (1977), 44
[1283] H.-G. Raschbinder, ETZ-A **94**, (1973), 679
[1284] W. Vielstich, ETZ-A **98** (1977), 79
[1285] J. H. B. George, Report "Electrochemical Power Sources for Electric Highway Vehicles" TS-4044 (1972), Arthur D. Little, Inc.
[1286] H. J. Schwartz, NASA-Technical Memorandum NASA-TM x-71471, presented at Electrochem. Soc. Meeting, Boston 1973
[1287] G. Gloss, Symposium Batteries for Traction and Propulsion, Columbus 1972
[1288] K. Salamoon, G. Kramer, ETZ-A **98** (1977), 69
[1289] G. Friedheim, ETZ-A **98** (1977), 61
[1290] H. Hagen, ETZ-A **94** (1973), 671
[1291] K. V. Kordesch, Allg. Prakt. Chem. **22** (1971), 185
[1292] A. J. Appleby, J. P. Pompon, M. Jacquier, Proc. 10. IECEC (1975), S. 811
[1293] E. W. Brooman, J. E. Clifford, Automotive Engin. **83** (1975), 30
[1294] K. V. Kordesch, J. Electrochem. Soc. **118** (1971), 812
[1295] K. V. Kordesch, "Fuel Cells for Electric Vehicles", 28. ISE-Meeting, Varna 1977
[1296] D. Sprengel, Chem.-Ing.-Techn. **46** (1974), 967
[1297] K. V. Kordesch, "Performance of Lead Batteries in a Generator Hybrid Vehicle", 28. ISE-Meeting, Varna 1977
[1298] P. Strifler, ETZ-A **98** (1977), 41
[1299] H. Albrecht, D. v. Scarpatetti, ETZ-A **94** (1973), 661
[1300] A. H. Müller-Berner, P. Strifler, Automobiltechn. Z. **72** (1970), 78
[1301] P. Strifler, Städtehygiene **22** (1971), 237
[1302] W. Fischer, W. Baukal, ETZ-A **98** (1977), 69
[1303] F. J. Port, Bull. Schw. Elektr. Ver. **68** (1977), 129
[1304] S. Iwabuchi, S. Hattori, Progress in Batteries and Solar Cells **1** (1978), 149
[1305] R. M. Dell, L. S. Evans, in: "*Electrode Processes in Solid State Ionics*" (M. Kleitz, J. Dupuy, ed.), D. Riedel Publishing Company, Dordrecht—Boston 1976, S. 411
[1305a] P. A. Nelson, Intern. Assembly on Energy Storage, Dubrovnik 1979
[1306] K.-H. Knapp, Dissertation, TH Karl-Marx-Stadt 1977
[1307] W. Fischer, VDI-Z. **117** (1975), 415
[1308] R. D. Terry, "Energy Sources and Energy Conversion Ocean. Engng." Vol. 3, Nat. Security Ind. Assoc., 1966
[1309] A. J. Pascyc, E. Giorgi, Proc. IECEC (1968), S. 811
[1310] W. Fischer, Interocean '70, Düsseldorf 1970
[1311] R. A. Johnson, L. M. Maki, Advances in Energie Conversion Engng., Am. Soc. Mech. Eng. 1967, S. 783
[1312] R. N. Edwards, M. E. Cohen, J. A. Hill, Proc. IECEC (1969), Washington 1969, S. 692
[1313] M. Barack, IEE Reviews **117** (1970), 2561

[1314] W. VIELSTICH, "*Batteries 2*" (D. H. COLLINS, ed.), Pergamon Press, Oxford 1965, S. 359
[1315] E. GUTH, H. J. HAASE, H. G. PLUST, W. VIELSTICH, Proc. 7. Int. Conf. Lighthouses and other Aids to Navigation
[1316] H. BINDER, G. SANDSTEDE, Chem.-Ing.-Tech. **47** (1975), 51
[1317] J. GELSENKIRCHEN, Metalloberfl. **26** (1972), 389
[1318] L. G. MARIANOWSKI, R. B. ROSENBERG, International Gas Union Natural Gas Symposium, Karlsruhe 1972; gwf-gas/erdgas **114** (1973), 527
[1319] S. ORLOFSKY, 8. Weltenergiekonf., Bukarest 1971, Vortrag 2, S. 5
[1319a] N. P. YAO, J. R. BIRK, Proc. 10. IECEC (1975), S. 1107
[1320] Y. Z. EL-BARDY, J. ZEMKOWSKI, Proc. 20. Annual Power Sources Conf. (1966), S. 57
[1321] F. R. KALHAMMER, R. J. BIRK, J. W. PEPPER, Elektrotechn. Weltkongreß, Moskau 1977, Vortrag 5 V/27
[1322] D. CHATTERJI, S. P. MITOFF, M. W. BREITER, Report 77 CRD 183 (1977), General Electric
[1323] H. P. SILVERMAN, E. T. SEO, G. H. GELB, N. A. RICHARDSON, Fall Meeting Electrochem. Soc., Miami Beach 1972
[1324] EPRI-Bericht EM 266, Project 128-3, Annual Report, 1976
[1325] W. J. WALSH, Elektrotechn. Weltkongreß, Moskau 1977, Vortrag 5 V/17
[1326] L. A. HEREDY, W. E. PARKINS, IEEE Conference, Paper C 72234-8
[1327] E. J. CAIRNS, A. SHIMOTAKE, Science **164** (1969), 1347
[1328] L. R. MCCOY, S. LAI, R. C. SAUNDERS, L. A. HEREDY, Proc. 26. Annual Power Sources Conference (1974)
[1329] J. CASAZZA, S. MALLARD, Elektrotechn. Weltkongreß Moskau, 1977, Vortrag 5 V/20
[1330] P. C. SYMONS, US-Pat. 3713888 (1973)
[1331] P. C. SYMONS, SAE-Paper 730253 (1973)
[1332] J. FUNK, Report EPRI Projekt RP 467, University of Kentucki, Bloomfield 1976
[1333] A. J. APPLEBY, Proc. Int. Symp. Workshop. Hydr. Econ. (1973), S. 197
[1334] J. M. BURGER, P. A. LEWIS, R. J. ISLER, F. J. SALZANO, J. M. KING Jr., Proc. 9. IECEC (1974)
[1335] E. GILEADI, S. SRINIVASAN, F. J. SALZANO, C. BRAUN, A. BEAUFRERE, S. GOTTESFELD, J. Power Sources **2** (1977/78), 181
[1335a] EPRI Paolo Alto, Fuel Symposium (Juni 1978)
[1336] W. J. LUECKEL, L. G. EKLUND, S. H. LAW, Winter Meeting of Institute of Electrical and Electronics Engineers, New York 1972
[1337] Chem. Engng. **27**. 5. 1974, 62
[1338] S. YOSHIZAWA, Soda To Enso **28** (1977), 249
[1339] N. WEBER, Energy Conversion **14** (1974), 1

8. Register

FSC
www.fsc.org
MIX
Papier | Fördert gute Waldnutzung
FSC® C083411

Kolibri 360 GmbH
Ferdinand-Jühlke-Straße 7
99095 Erfurt, Deutschland
produktsicherheit@kolibri360.de